U0323354

内蒙古达里诺尔国家级自然保护区
综合科学考察报告

Comprehensive Report of Scientific Exploration to the Dalinuoer National Nature Reserve in the Inner Mongolia

内蒙古达里诺尔国家级自然保护区管理处 / 编著

中国林业出版社

图书在版编目(CIP)数据

内蒙古达里诺尔国家级自然保护区综合科学考察报告 / 内蒙古达里诺尔国家级自然保护区管理处编著 .-- 北京：中国林业出版社，2015.12
ISBN978-7-5038-8368-2

Ⅰ. ①内… Ⅱ. ①内… Ⅲ. ①自然保护区 - 科学考察 - 考察报告 - 克什克腾旗 -2011 ~ 2012 Ⅳ. ① S759.992.264

中国版本图书馆 CIP 数据核字（2016）第 021228 号

中国林业出版社 · 生态保护出版中心

责任编辑：肖静

出版 中国林业出版社（100009 北京西城区德内大街刘海胡同 7 号）
http: //lycb.forestry.gov.cn 电话：(010)83143577

制版 北京八度出版服务机构

印刷 北京卡乐富印刷有限公司

版次 2016 年 11 月第 1 版

印次 2016 年 11 月第 1 次

开本 889mm × 1194mm 1/16

印张 31.75

字数 767 千字

定价 188.00 元

编委会

EDITORIAL BOARD

主　　任：任福生

副主任：乌日娜　陈春雷　童慧泉　韩力峰　蔡永慧　薛德凯　刘海涛　韩国苍　赛汉

成　　员：邢莲莲　李瑶　赵利清　孟和平　李文军　韩磊　薛丽　钱达木尼　白树军　宋丽军
王利民　高玉奎　付德彬　杨久辉　胡其图　宋希恩　巴达仁贵　冯俊杰　柳玉海

主　　编：韩国苍

副主编：邢莲莲　宋丽军　李瑶　赵利清　孟和平

编写人员：邢莲莲　李瑶　赵利清　杜昭宏　孟和平　李志明　安明　张建华　张利　高杰
王宝文　安晓萍　翟继武　李靖　宋丽军　杨久辉　胡其图　张连成　孙玉骞

统稿人员：邢莲莲

植被资源调查人员：赵利清　王乐　旭日　葛欢　秦帅　陈龙　宋丽军　胡其图　张连成

陆生脊椎动物调查人员：邢莲莲　宋丽军　杨久辉　胡其图　张连成

水生生物资源及水质调查人员：孟和平　杜昭宏　李志明　安明　张建华　张利　高杰　王宝文
安晓萍　刘慧　王哲奇　乌兰托亚　张和平　周志峰　宝丽波　包敏志　郭培备
刘晓郁　白亚荣　高玉奎　宋丽军　冯俊杰　柳玉海　杨久辉

昆虫资源调查人员：李瑶　杨贵生　李俊兰　胡其图　张连成　李奥祥

自然地理环境、社会经济、旅游资源调查人员：陈宏宇　翟继武　李靖　李晓辉　田嘉菁
谢文波　陈蕾蕾　王薇薇　崔亚楠　宋丽军　胡其图　张连成　李奥祥

摄　　影：宋丽军　赵国君　李晓辉　杨孝　邢莲莲

制　　图：翟继武

序言

FOREWORD

达里诺尔是蒙古语，意为“大海一样的湖泊”，是形容达里诺尔湖群的深邃无垠。

达里诺尔湖群已有4亿多年的演替历史，是历经早古生代的西拉沐沦地壳深断裂、断裂破碎带下陷及新生代第三纪末和第四纪初的火山喷发、玄武岩熔岩流溢出、第四纪冰川堆积等地质和气候变迁而形成的巨型断裂堰塞湖群。

达里诺尔国家级自然保护区是由河湖、沼泽、湿草甸组成的湿地生态系统和熔岩台地、火山锥、花岗岩风蚀丘陵等上覆草原及浑善达克沙地独特的疏林草原共同组成的复杂草原生态系统等复合而成的特殊的自然景观，成为不可多得的自然遗产，至今仍然发挥着本地区重要的生态服务功能。

达里诺尔自然保护区自成立以来，采取了多种保护对策和科学研究模式，对环境及生物多样性实施长期监测，并通过恢复湖岸植被、拦截盐碱入湖等措施，对保护区范围内的环境及生物多样性进行了全面的保护和管理。

达里诺尔自然保护区2011—2012年受国家级自然保护区能力建设专项补助资金项目支持，开展了保护区第二次综合科学考察工作，对达里诺尔的自然地理环境、生物多样性、人文历史、社会经济、旅游资源等进行了全面调查。各方面专家学者和保护区工作人员共同努力，获取了丰富的第一手资料，进行了动态分析研究，在此基础上完成了《内蒙古达里诺尔国家级自然保护区综合科学考察报告》。考察报告对生物多样性进行了编目，记述了维管束植物545种、陆生脊椎动物335种、昆虫364种、浮游生物和底栖动物146属，记录新发现维管束植物和鸟类170种。该考察报告是达里诺尔本底调查和研究的一项重要专著。

谨此在本书出版之际，向为此次综合科学考察付出努力和辛苦的各位专家、学者、工作人员致以诚挚的慰问！这本书的出版也将为其他保护区的建设与管理提供有益的经验，推动保护区科研工作迈向一个新的起点。

内蒙古自治区环境保护厅副厅长：

2016年1月

前　言

PREFACE

达里诺尔国家级自然保护区是以保护珍稀鸟类及其赖以生存的湖泊、湿地、草原、林地等多种生态系统为主的综合性自然保护区，是我国北方重要的候鸟迁徙通道及驿站。该地区多样的生态系统、丰富的物种资源和重要的科学价值及潜在的社会、经济效益早已引起人们的关注。1975—1976年辽宁省淡水水产研究所和旅大水产专科学校（现大连水产学院）以“达里诺尔湖渔业资源调查和增殖研究”为课题，对达里诺尔地区的水环境、浮游生物、底栖动物和鱼类资源进行了详细的普查；1983—1985年受国家环境保护局自然保护处委托和资助，由内蒙古城乡建设环境保护厅牵头，内蒙古师范大学和赤峰市环境保护办公室组成联合考察组，以“达里诺尔的珍稀鸟类及其在候鸟迁徙中的地位”为课题进行了为期3年的考察研究，研究成果表明达里诺尔湿地具有独特的生态系统组合，成为多种珍稀鸟类的繁殖地和鸟类迁徙途中的重要能量补给和集散地。1987年，经克什克腾旗人民政府批准，达里诺尔鸟类自然保护区成立。1994—1995年，大连水产学院以“达里诺尔湖区渔业基础调查及渔业利用的研究”为课题，再一次对达里诺尔湖地区的水环境、水生生物、渔业资源等进行了调查研究。1995年，受内蒙古环境保护局和赤峰市环境保护局委托，内蒙古环境监测中心站、赤峰环境保护局、赤峰市环境监测中心站、克什克腾旗环境保护办公室组成联合考察队，对达里诺尔地区的植物资源、湿地类型及景观生态类型进行了初步考察，分春、夏、秋再次对鸟类进行了详细考察研究。综合以上研究成果，第一部《达里诺尔自然保护区综合科学考察汇编》编制而成。依据以上调查成果，保护区1996年晋升为自治区级自然保护区，1997年经国务院批准晋升为国家级自然保护区。

2011年，根据环境保护部2009年颁发的《国家级自然保护区规范化建设和管理导则（试行）》中关于“自然保护区每十年开展一次综合科学考察，编制科学考察及分析报告”的规定，按照国家财政部、环境保护部《关于申报2011年国家级自然保护区专项资金的通知》要求，达里诺尔自然保护区申请到了2011—2012年国家级自然保护区能力建设补助资金405万元，其中160万元用于开展保护区综合科学考察。为了深入研究保护区的生物多样性及其与环境的关系、主要威胁因素、生物多样性动态及民众的环境意识与保护工作的关系、社会经济状况，进一步确定自然保护区的保护价值，进行有效的保护和管理，保护区组织了本次综合科学考察。

2012年初，根据环境保护部颁布的《自然保护区综合科学考察规程（试行）》制订了综合科学考察实施方案，按规程开展保护区综合科学考察和编制科学考察报告。考察范围涵盖了保护区所有区域。根据科学考察专业要求划分了陆生脊椎动物调查组，水生生物资源及水质调查组，植被资源调查组，昆虫资源调查组及自然地理环境、社会经济、旅游资源和制图五个组。分别聘请了内蒙古大学邢莲莲教授负责陆生脊椎动物资源调查，内蒙古自治区水产技术推广站负责水生生物资源及水质调查，内蒙古大学赵利清教授负责植被资源调查，内蒙古大学李瑶副教授负责昆虫资源调查，赤峰市环境监测中心站负责自然地理环境、社会经济、旅游资源等方面的调查和制图工作。科学考察总协调人为赤峰市环境保护局韩力峰副局长，保护区领导及工作人员全程参与了本次科学考察。本次科学考察得到了自治区环境保护厅、赤峰市环境保护局、克什克腾旗人民政府、克什克腾旗环境保护局及参加科考项目单位的大力支持和帮助，历时2年完成了野外调查任务，于2014年12月编制完成科学考察报告。

2012年5月，野外调查工作正式开始。其中，陆生脊椎动物调查在6月、7月、9月、10月共进行了4次野外实地调查，2013年4月又进行了补充调查。水生生物资源及水质调查在6月、8月、9月、12月共进行了4次集中野外调查，2013年6月进行了查缺补漏。植被资源调查在2012年7月和2013年的7月、9月进行了3次集中野外调查。昆虫资源调查于2013年6月、8月、9月、10月进行了4次集中调查。考察队员克服天气多变、蚊虫叮咬等不利条件，团结一致、科学严谨、不辞辛苦，足迹踏遍了保护区各个生境类型，2013年10月末圆满完成了全部野外调查任务。

通过本次科学考察及调查研究，不仅摸清了达里诺尔保护区的生物多样性、自然地理环境、社会经济状况等情况，而且还发现了新物种。其中，新记录到鸟类59种、高等植物111种。昆虫调查在保护区尚属首次。自2013年11月起，各专业组开始科学考察报告的编写工作，经反复修改完善，至2014年10月，各专业组提交正式科学考察报告。综合科学考察报告由邢莲莲教授统稿，报告主要由前言、第一章总论、第二章自然地理环境、第三章植物多样性、第四章陆生脊椎动物多样性、第五章水生生物资源、第六章昆虫、第七章旅游资源、第八章社会经济、第九章自然保护区管理、第十章自然保护区评价等篇章构成。其中，前言编写人员为宋丽军；第一章第一节至第五节编写人员为宋丽军、杨久辉，第六节编写人员为邢莲莲；第二章第一节、第二节、第三节、第四节、第七节编写人员为宋丽军、杨久辉、孙玉骞，第五节编写人员为杜昭宏、孟和平、李志明、安明、张建华、张利、高杰、王宝文、安晓萍，第六节编写人员为翟继武；第三章编写人员为赵利清；第四章编写人员为邢莲莲；第五章编写人员为杜昭宏、孟和平、李志明、安明、张建华、张利、高杰、王宝文、安晓萍；第六章编写人员为李瑶；第七章编写人员为翟继武、李靖；第八章第一节、第二节编写人员为杨久辉，第三节、第四节编写人员为翟继武、李靖；第九章编写人员为宋丽军、杨久辉、胡其图；第十章第一节、第二节编写人员为宋丽军、杨久辉，第三节、第四节、第五节、第六节编写人员为邢莲莲。

《内蒙古达里诺尔国家级自然保护区综合科学考察报告》一书是在本次科学考察的基础上，结合保护区原各项调查成果，并参考了大量的文献资料，综合编制而成。它的出版将使上述珍贵的科学考察资料得以有效地保存，能够让更多的人了解达里诺尔的科学价值、保护价值和经济价值，为今后加强达里诺尔自然保护区的管理、科研、宣传教育、社区发展、开展生态旅游等工作奠定基础。本次科学考察工作，为保护区的建设与管理树立了新的里程碑，为达里诺尔自然保护区的有效管理打下了良好的基础。

由于时间仓促，加之水平有限，本书肯定存在许多不足之处，恳请读者多提出宝贵意见。

内蒙古达里诺尔国家级自然保护区管理处
2016年1月

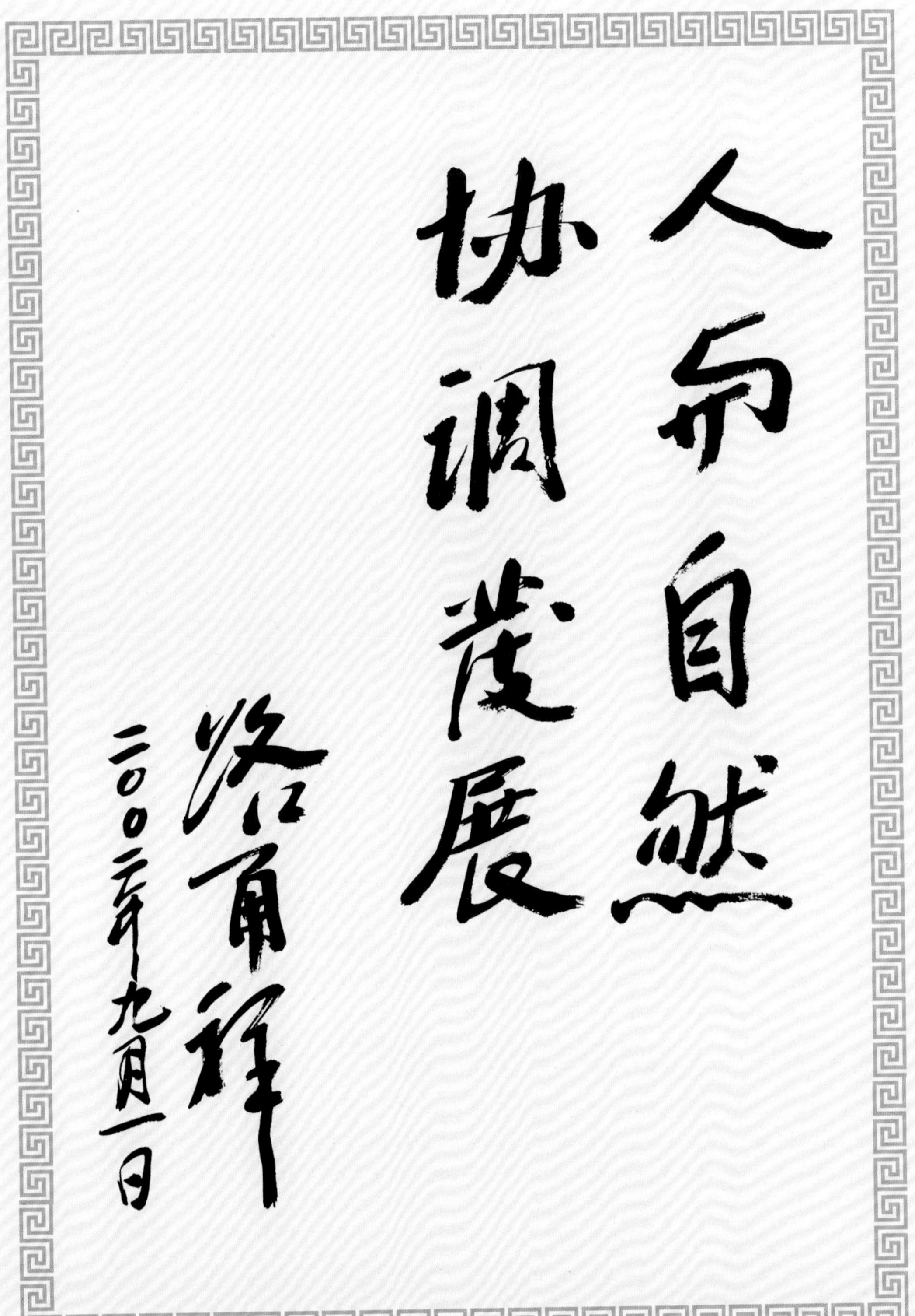

▲原全国人民代表大会常务委员会副委员长路甬祥题词

▲达里诺尔国家级自然保护区

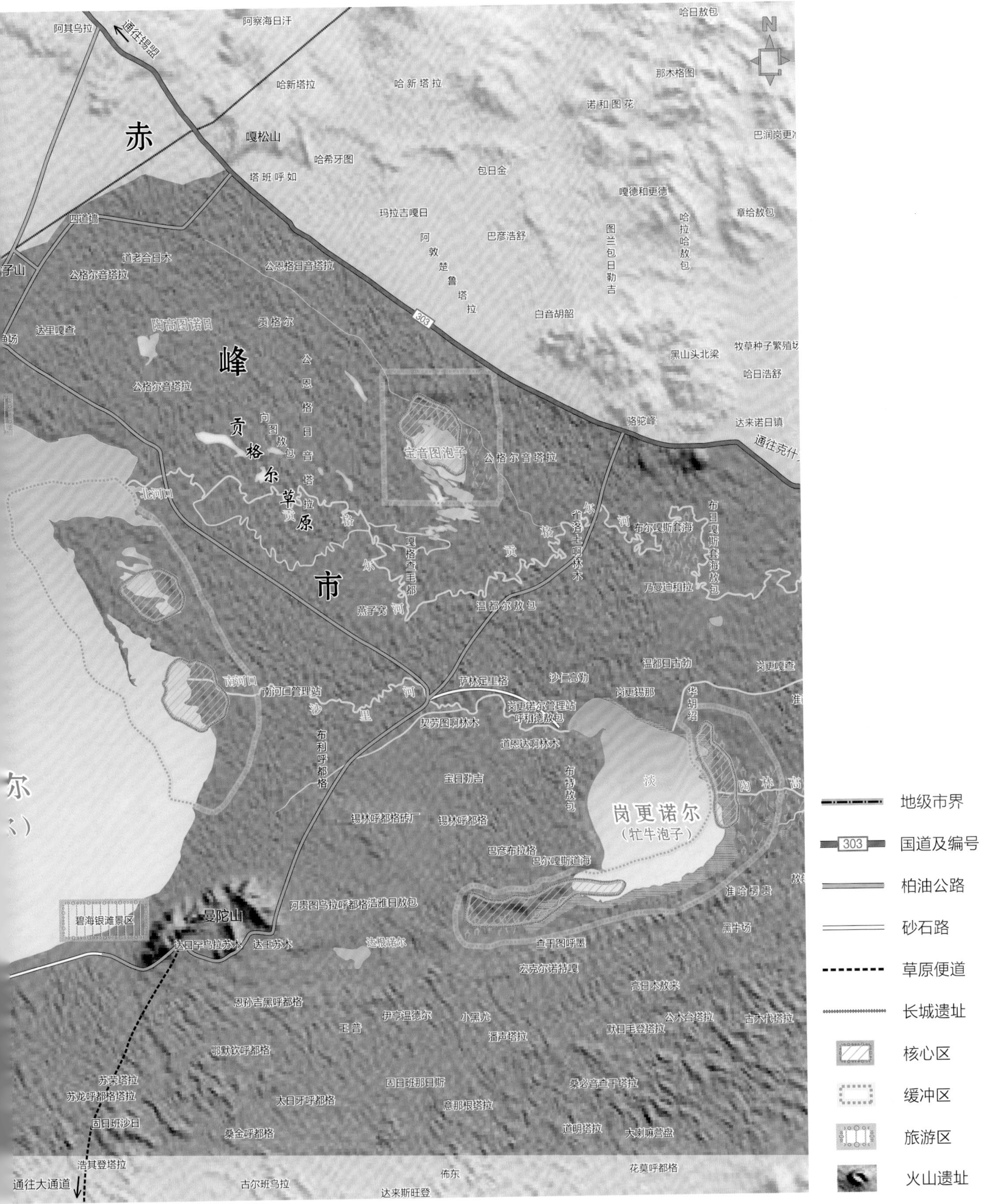

地级市界
国道及编号
柏油公路
砂石路
草原便道
长城遗址
核心区
缓冲区
旅游区
火山遗址
赤
峰
市
贡格尔草原
岗更诺尔
（牤牛泡子）
宝音图泡子
曼陀山
碧海银滩景区

▲达里诺尔湖

▼岗更诺尔湖

▲多伦诺尔湖

▼贡格尔河河口（北河口）

▲沙里河

▼亮子河源头

▲亮子河河口

▼耗来河

▲塔头湿地

▼贡格尔草原蓑羽鹤

▲熔岩台地侵蚀断崖

▼砧子山（死火山锥）

▲曼陀山
▼沙地榆树疏林

▲火山口

▼退化的草原——
狼毒群落

▲植被资源调查

▲陆生脊椎动物资源调查

▲昆虫资源调查

▲水样采集

目录

CONTENTS

第一章 总论

第一节 自然保护区地理位置

达里诺尔国家级自然保护区位于内蒙古自治区赤峰市克什克腾旗西部，距旗政府所在地经棚镇约90km。保护区地跨达日罕乌拉苏木和达来诺日镇两个苏木（镇），西北部与内蒙古锡林郭勒草原国家级自然保护区相邻，南部为浑善达克沙地的东段，东距白音敖包国家级自然保护区约80km。地理坐标为东经116°22′～117°00′，北纬43°11′～43°27′。

第二节 自然地理环境概况

达里诺尔地区东邻大兴安岭南段山地，其山体呈北北东走向，以黄岗梁中山为中心，构成了山地森林草原景观；南部和东南部为浑善达克沙地，沙丘和水泡子交相衬照，形成一个特异的生态环境；北部和西北部为波状起伏、宽阔坦荡的熔岩台地，台地上发育着典型草原景观。这样，从较大的范围看来，本地区呈一个以湖群为中心，由湿地、山地、沙地和草原组成的生态综合体。由此，达里诺尔地区就得以保存多种珍稀鸟类，并成为鸟类迁徙中的一个重要通道。

达里诺尔地区中心为达里诺尔湖群，湖群由位于中央主湖的达里诺尔湖和东西两侧的岗更诺尔湖（牤牛泡子）和多伦诺尔湖（鲤鱼泡子）三湖组成。据赤峰市环境监测站2012年卫片解译数据，达里诺尔湖面积最大，湖区面积195.52km^2；岗更诺尔湖在达里诺尔湖东侧15km处，面积23.89km^2；达里诺尔湖西侧4km处的多伦诺尔湖面积较小，只有2.26km^2。岗更诺尔湖和多伦诺尔湖均有河流与达里诺尔湖相通。流入达里诺尔湖的河流共有4条，给达里诺尔湖以淡水补充。四条河流中最大的为贡格尔河，发源于大兴安岭的尾脉阿拉烧哈山，弯弯曲曲，总长120km，由东北部的北河口入湖；沙里河发源于经棚山西侧，流程20km，先入岗更诺尔，再流15km，由南河口入达里诺尔湖；第三条河是亮子河，发源于湖的南部沙丘地带，由西南部入湖；第四条河是耗来河，发源于西部丘陵，由西部穿经多伦诺尔湖后再流入达里诺尔湖。

岗更诺尔湖滨地区、各河入口处及各河河谷多有大片沼泽和湿生草甸存在。南部沙地沙丘间分布有许多大小不一的塔拉和水泡子，往往沼泽化程度很高，也是群鸟争鸣、生机盎然。

第三节　自然资源概况

达里诺尔国家级自然保护区是以保护珍稀鸟类及其赖以生存的湖泊、湿地、草原、林地、沙地等多样的生态系统和火山遗迹、历史文化古迹为主的综合性自然保护区。达里诺尔是我国北方重要的候鸟迁徙通道及集散地之一，具有地理位置的特殊性，生态系统的稀有性、脆弱性、自然性以及生物多样性等特点。保护区生物多样性程度极高、水域宽广、河流纵横、湖泊星罗棋布，具有多样的湿地类型和原生的湿地生态系统，是鸟类、两栖类、鱼类栖息繁殖的天然乐园，是从事湿地生物生态学研究和进行湖泊生态系统演变规律研究的理想场所。保护区境内的达里诺尔火山群和浑善达克沙地被列入克什克腾世界地质公园九大园区。

保护区特殊的地貌类型和复杂的自然地理条件导致了生态系统的多样化。保护区主要由3个大的自然景观区域构成：西北部为波状起伏、宽阔坦荡的台地草原及湖积平原草原景观，南部为内蒙古四大沙地之一的浑善达克沙地景观，中央及东部为以达里诺尔湖为中心的独特的高原内陆湖群以及由湖群及河流发育形成的湿地景观。三大景观面积占总景观面积的99.81%。山地景观、农业景观和人工建筑景观镶嵌在其中。在这些不同的区域中分布有林地、草原、湿地、山地等生态系统，特别是遍布保护区全境的湖泊、河流、沼泽及湿草甸等构成的湿地生态系统尤为突出和具有代表性。

一、物种资源

保护区独特的地形地貌不仅造就了多样的生态系统，同时也孕育了丰富的物种资源。初步查明达里诺尔国家级自然保护区有野生维管束植物73科276属545种，其中药用植物298种，中等以上优质牧草200余种，人可食用的野果和野菜有10余种。达里诺尔的湖泊里生长着20余种野生鱼类，其中瓦氏雅罗鱼和鲫以其肉质细嫩、营养丰富、味道鲜美而闻名，被国家有机食品发展中心认定为有机食品。达里诺尔是著名的百鸟乐园，现已查明有鸟类资源18目48科297种，其中国家一级重点保护野生鸟类10种，国家二级重点保护野生鸟类43种。这里以候鸟种类多、数量大而闻名。每到春秋季节，数以万计的鸟类在这里栖息，秋季大天鹅的数量最多达到过8万只，使这里成为名副其实的内蒙古高原上的“天鹅湖”。

二、水资源

保护区目前有3个永久性湖泊，即达里诺尔湖、岗更诺尔湖、多伦诺尔湖，还分布有部分季节性水泡，总面积为256.44km^2，占保护区总面积的21.47%。三个永久性湖泊中，达里诺尔湖最大，湖区面积195.52km^2，储水量约11亿m^3。达里诺尔湖的河道补水分别由贡格尔河、亮子河、沙里河及耗来河供给，其中水量最大的河流为贡格尔河。近年来，四条河流年补给水总量为0.56亿m^3/年，其中贡格尔河的补给量为0.32亿m^3/年，占河流补给量的57%；沙里河的补给量为0.12亿m^3/年，亮子河的为0.11亿m^3/年，耗来河的为0.01亿m^3/年。

达里诺尔湖属于内蒙古高原干旱区的封闭性湖泊，由于湖面年蒸发量超过湖水补给量，补水带入湖中的盐分积存于湖内并日渐浓缩，致使湖水含盐量增加，碱度大、pH值高、钾钠少、钙镁多、磷含量低以及硫酸盐少等是湖水的最主要特点，达里诺尔湖属于苏打型半咸水湖。

三、景观资源

保护区内主要的自然景观有：草原景观，作为克什克腾贡格尔草原的一部分，主要分布于西部的台地、达里诺尔湖的东岸和北岸以及一些山地的顶部，总面积为544km^2；沙地景观，这里是浑善达克沙地中天然植被最好的地方，分布有典型的沙地榆树疏林景观；山地景观，保护区的南部有著名的古老残山——曼陀山，这里岩石表面浑圆、形状各异、姿态万千，山上有水云洞和元代龙兴寺遗迹；湿地景观，达里诺尔的湿地总面积为427km^2，主要分为湖泊系统、河流系统和沼生系统三种类型。湖泊主要由达里诺尔湖、岗更诺尔湖、多伦诺尔湖三个湖泊和众多季节性积水的小泡子组成；河流系统主要由贡格尔河、沙里河、亮子河、耗来河四条河流组成，其中耗来河被誉为世界上最窄的河，河的最窄处只有十几厘米，岗更诺尔湖及多伦诺尔湖分别由沙里河和耗来河与达里诺尔湖相连；沼生生态系统湿地主要有挺水植物型湿地、湿草甸型湿地、灌丛型湿地等。保护区西北部的达里诺尔火山群、火山锥、火山口等散落在广袤的草原上，还具有众多的动植物资源。

第四节　社会经济概况

达里诺尔国家级自然保护区辖区范围内有2个苏木（镇）7个嘎查46个独贵龙1127户牧民，总人口4425人，其中分布于保护区缓冲区内的有16户54人，其余全部分布于保护区实验区内，以蒙古族为主体，由蒙、汉、回、满等多民族构成。岗更嘎查属达来诺日镇，都日诺日嘎查、达来嘎查、那日苏嘎查、巴音西勒嘎查、达根诺尔嘎查、贡格尔嘎查等6个嘎查属达日罕乌拉苏木。

保护区内主要以畜牧养殖、渔业生产、生态旅游三大产业为主。其中畜牧业年产值8000余万元，渔业年产值2000余万元，旅游业年产值3000万元以上。

第五节　保护区范围及功能区划

保护区地理坐标为东经116°22′～117°00′，北纬43°11′～43°27′。总面积119413.55hm^2，共划分为5个核心区、3个缓冲区和1个实验区。5个核心区分别是：宝音图柳灌丛湿地核心区、湖滩岛芦苇湿地核心区、沙里河河口湿地核心区、岗更诺尔沼泽草甸核心区、葫芦嘴灌丛草甸核心区，总面积为1414hm^2，占保护区总面积的1.18%。根据保护区5个核心区的分布和特点，共设置了3个缓冲区，缓冲区总面积为6508hm^2，占保护区总面积的5.45%；实验区面积为111491.55hm^2，占保护区总面积的93.37%。

第六节　综合评价

内蒙古典型草原蜚声中外，达里诺尔国家级自然保护区坐落于典型草原，在自然演替的历程中，经历了地壳沉降、火山喷发、第四纪冰期洗礼，演变为草原、湿地、沙地等多种生态系统复合而成的独特景观，成为生命的支持系统。各种生物遵循变异、自然选择、适应等自然法则，与环境协同演化，形成了别具特色、丰富的生物多样性。因此，达里诺尔自然保护区具有自然历史研究的科学价值和保护价值。

达里诺尔砧子山等地有保存完好的岩画，以兽类岩画为最多，这些岩画是古代人们游猎生活的写照和当时大型动物的真实记述。至今，许多牧民仍然过着散养家畜的生活，以肉类、奶食、炒米为主要食物，若有庆典，五彩缤纷的民族服饰和雄壮的马队便是他们最为引以为自豪的民族风情，牧民们传承着祖先留下的民俗文化、饮食文化、服饰文化。金长城、应昌路遗址记述着人类历史发展的过程，追忆一个朝代的辉煌、衰落直至更迭的历史原因及动力，这些遗址均被列入国家重点文物保护单位。

达里诺尔自然保护区的生态环境是自然历史的产物，多种生态系统是生物多样性的支持系统，成千上万的植物、动物、微生物构成了极其复杂的食物网，推动着物质循环、能量流动等生态过程。良性生态过程在碳固定和污染控制、调节地区湿润度和小气候、保护生物多样性及珍稀动植物物种等方面发挥着重大作用。

至今，保护区境内已记录到维管束植物545种，其中国家重点保护野生植物8种、药用植物298种、观赏植物52种、饲用植物214种、食用植物29种、油料资源植物20种、单宁植物19种、纤维植物15种、芳香油植物8种、材用植物8种、农药资源植物6种、茶饮植物5种；记录到鸟类297种、哺乳动物30种，其中国家Ⅰ级、Ⅱ级重点保护野生动物55种，有185种鸟类终年留居或者在保护区内繁殖，约占62.29%，保护区已经成为它们繁衍后代的家园，其他鸟类为保护区的旅鸟，它们中的很多水禽在亚洲和北美洲的苔原带繁殖，却迁往上万公里之外的澳大利亚越冬。达里诺尔正处于东亚至澳大利亚世界鸟类迁徙的一条路线上，是鸟类迁徙途中的驿站，候鸟在此集结并补充能量，每年秋季可见到十几万只的雁鸭类混合群，上万只蓑羽鹤及几千只鹬鸻类迁徙群。除此之外，保护区境内的所有生物物种都在生存竞争中获得了自己的生态位，它们中有的并不为人们所关注，甚至依人类利益为标准被确定为有害生物，但是所有生物在维持生态系统的有序性中发挥着各自的功能。而且每种生物均携带有独特的遗传信息，作为珍贵的基因库资源，将是无可估量的自然财富。保护区努力维护境内的自然属性，保护潜在的资源是十分必要的，具有十分重要的意义。

随着人口数量的激增和现代科学技术水平的不断提高，人类大量挤占生物的栖息地，很多生物在人类活动范围的缝隙中苟延残喘，甚至灭绝。建立自然保护区是手握现代科技的人类保护生物及其生存环境的措施之一。达里诺尔国家级自然保护区的建立正是执行这一伟大工程的一部分。保护区恪守职责，努力完成保护和管理工作，守护着达里诺尔这颗半干旱区的草原明珠。

保护区坐落于草原，畜牧业收入是当地蒙古族人民的支柱性经济来源，由于牧场与保护区边界不清，在保护区境内的局部牧场常常出现超载过牧，今后可望以生态补偿的方法内化社会成本，减少畜牧业对植被及动物栖息地的压力。

第二章 自然地理环境

第一节 地质概况

达里诺尔位于中国新华夏构造带第三拗陷带内、阴山东西复杂构造带的北缘，处在这两大构造带的截接复合部位。湖区内地质构造复杂，岩浆活动频繁。

一、地 层

达里诺尔自然保护区出露地层以中生界侏罗系及新生界第三系火山岩系为主，次则为古生界的二叠系、石炭系、志留系，缺失太古界，元古界，古生界的寒武系、奥陶系，中生界的三叠系、白垩系。

上第三系（N）上新统（N_2）：主要出露于达里诺尔北岸的砧子山，西北部的马蹄山，东北部的嘎松山等火山锥及达里诺尔湖盆西部、西北部、北部玄武岩台地边缘，多伦诺尔西岸、北岸、东北岸、东岸玄武岩台地边缘，岩层产状近于水平。岩性主要为辉石橄榄玄武岩及橄榄辉石玄武岩，间夹1～4层泥岩和1～3层砂砾岩。顶部相与底部相为气孔状。杏仁状玄武岩内部相为致密玄武岩，厚100～435m。

第四系（Q）：分布广泛，地层较全，沉积厚度较大，成因类型复杂，有冰水湖积、湖积、坡洪积、冲积、湖沼堆积、风积等，其中以冰水湖积、湖积、风积为主。

在与达里诺尔邻近的大兴安岭山区的河谷阶地冰水湖积地层中，发现了更新世晚期的冰缘动物——披毛犀（*Coelodonta antiquitatis*）、松花江猛犸象（*Mammuthus lavelephaussungari*）及草原动物——蒙古野驴（*Eguus hemionus*）、森林动物——马鹿（*Cervus elaphus*）等化石。

湖积物分布于达里诺尔湖、岗更诺尔湖、多伦诺尔湖一带，构成平坦的湖积高平原，岩性为灰褐色亚黏土、灰白色细砂及扁平状砂砾石，厚10～20m。在达里诺尔湖区的达里苗圃，发现全新世初期地层中含丰富的腹足类与瓣鳃类，有折迭罗卜螺（*Radixplicatula benson*）、土堝（*Galbasp*）及球蚬（*Sphaeriumsp*）等淡水湖沼生活的生物化石。

风积物主要分布于达里诺尔湖南部，东南部浑善达克拗陷东段的冰水湖积、湖积高平原上，岩性为灰黄色粉细砂，厚20～40m。

二、岩浆岩

达里诺尔湖区的岩石分为沉积岩、变质岩、岩浆岩三类，其中岩浆岩面积约占总基岩面积的85%以上，岩浆活动频繁，主要有火山喷出岩和侵入岩。

火山喷出岩：有酸性、中性、基性和超基性四类，中性熔岩以安山岩、安山珍岩为主，分布于黄岗梁西南山麓等地；基性、超基性熔岩以玄武岩、橄榄辉石玄武岩、辉石橄榄玄武岩为主，分布于达里诺尔湖盆西部、西北部、北部，多伦诺尔西岸、北岸、东北岸、东岸及达里诺尔玄武岩台地等。

侵入岩：出露较广，尤以燕山期岩浆旋廻最发育。按其侵入顺序可分为：燕山中期r_5^{2-2}岩石，有中细粒斜长花岗岩、二长花岗岩、石英斑岩、黑云母花岗岩，分布于道坡秀一带；燕山中期r_5^{2-3}岩石，有花岗斑岩，斑状、似斑状花岗岩，分布于黄岗梁及黄岗梁西南麓；燕山晚期r_5^{3-1}岩石，有中细粒斜长花岗岩、不等粒斜长花岗岩、黑云母斜长花岗岩，分布于达尔罕一带。

三、构　造

达里诺尔地区属内蒙古中部地槽褶皱系的浑善达克拗陷地带东缘，从中生代至新生代均为拗陷盆地，盆地北界为断层所截，南部边界无断层迹象，目前该拗陷尚在断续下沉，湖泊、沙地广布。

（一）西拉沐沦深断裂

该断裂形成于古生代早期的北部洋壳向华北地台俯冲作用，为超岩石圈的地壳深断裂，莫霍面深度约40km，在克什克腾旗北部造成近东西向延展的挤压带。深断裂是达里诺尔湖区主要构造体系，与本地区大地构造、演化有着密切联系，控制着该地区岩浆活动、火山活动、沉积建造等地质活动。

（二）西拉沐沦河逆断层

该断层发育于华力西期，位于湖区东南，近于东西向延伸，倾角60°～70°，长度大于70km，影响地层古生界。

（三）华夏系构造

（1）九地向斜：发育于华力西期，位于湖区东部，走向45°左右，在向斜内有次一级背斜，仅保留西北翼，倾向130°，倾角45°，形成单斜层，长度大于10km，影响地层主要为古生界上石炭统。

（2）道坡秀—奈林沟复式背斜：发育于华力西期，位于湖区东南，向南西倾伏，核部为燕山期花岗岩体，两翼由上石炭统、下二叠统组成，在背斜两翼形成北东—南西褶皱群，褶皱向南东倾斜。

（3）龙王庙—娘娘庙断裂：发育于华力西期，位于湖区东南，呈北东—南西向延伸，见有挤压带等压性断裂，断层面向南西倾斜，形成长达几十公里、宽逾50m的破碎带。影响地层为古生界。

（四）新华夏构造

该构造在本湖区大地构造中发育最为普遍，形成于燕山运动的褶皱，和压扭性断裂沿北东20°方向互相平行排列。

（1）黄岗河冲逆断层：主要发育于燕山期，次之华力西期，位于湖区东北部，走向北东20°，倾角60°，长度大于18km，为压扭性逆冲平移断层，断层走向呈弧形弯曲。下二叠统地层冲逆到中侏罗统之上。影响地层为古生界、中生界。

（2）好鲁库背斜：发育于燕山期，位于湖区东南部，呈北北东向延伸15°～20°，岩层为侏罗纪酸性喷出岩和燕山晚期的侵入岩。影响地层为中生界。

（3）新生代断陷盆地：位于湖区南部，属于浑善达克拗陷东段，呈北东向展布。好鲁库背斜将盆地分为那尔苏、源水头两个小型盆地，盆地中堆积了厚达200m以上的第四系地层。

第二节　地貌特征

达里诺尔自然保护区既有开阔坦荡的高原，又有波状起伏的沙丘，还有层峦叠嶂的山地及低山丘陵台地，大部分为高平原，高平原由东南向西北倾斜。东部山区东北高、西南低，湖区海拔高度一般在1220～1600m。

湖区的地貌主要由湖盆、河湖漫滩、冰水湖积冲积高平原、沙丘高平原、玄武岩熔岩台地、大兴安岭南端西坡低山丘陵、微地貌——岛状山和湖岸地貌遗迹八种类型构成。

一、湖　盆

达里诺尔的湖盆呈不规则的多边形，南部广阔，北部稍窄，形似一个面东而卧的巨大白熊。湖盆西深东浅，向东逐步过渡到湖滨浅滩。西侧距湖岸20m，水下就是陡崖。其最深处在湖盆偏西的中心位置。湖盆的湖岸除西北有陡崖，坡度较大外，东北、东、南湖岸都较平浅。

二、河湖漫滩

（1）达里诺尔东岸、南岸、北岸环湖一带有较宽阔的湖漫滩和沼泽湿地，地表有浅水覆盖，生长有芦苇、香蒲、湿生千里光等植物，有机物、浮游动植物丰富，为众多水鸟营巢育雏、隐蔽觅食提供了优越的环境。

（2）岗更诺尔湖漫滩及湖东岸套林河入湖处，形成近10km^{2}的沼泽带，湖西、南葫芦嘴有近3km^2

的沼泽带。沼泽湿地、湿草甸及其上的柳灌丛、芦苇塘，湿生植物繁茂，昆虫、浮游动植物丰富，是大量水禽、涉禽珍稀鸟类隐蔽繁殖的理想场所。

（3）亮子河沿岸有6km^{2}的沼泽带，各河入湖处、河流两岸漫滩发育形成大片沼泽湿地、湿草甸及以小红柳为主的柳灌丛，湿生植物、有机物、昆虫十分丰富，是鸟类栖息繁衍的天堂。

三、冰水湖积冲积高平原

冰水湖积冲积高平原位于湖区中部、东部、东北部，属内蒙古高原的东南边缘，海拔1250～1560m，为新华夏内陆沉降带，主要由中生代和第三纪的砂岩、砂砾岩、泥岩组成，上覆较薄的第四纪沉积物。此地带开阔坦荡，结构单调，切割轻微，缓穹岗阜与宽广浅盆地、平地相间，并有不同时期形成的夷平面，构成起伏和缓的波状丘平原——塔拉，广袤无垠，丛绿蔽野，水草肥美，是湖区重要的畜牧业基地。

四、沙丘高平原

沙丘高平原位于湖区南部高平原，属浑善达克沙地东缘，海拔1240～1400m。此地带多固定或半固定沙丘，沙丘大部分为垄状、链状，少部分为新月状，大致呈北西—南东向展布。丘高一般10～30m，由全新统浅黄色粉细沙组成。沙丘间分布有大小不一的塔拉和短小的内流河、小湖泊及沼泽地，沼泽化程度很高，水位较浅，草原发育好。这里人烟稀少，昆虫、浮游动植物丰富，是鸟类栖息繁殖的良好场所和主要畜牧业基地。

五、玄武岩熔岩台地

玄武岩熔岩台地位于湖区西部、西北部，海拔1250～1450m，属西拉沐沦深断裂控制下的火山熔岩带。台地呈北东—南西展布，台面平坦开阔，在台地边缘多有陡崖分布，由于久经剥蚀造成台状地和方山。由玄武岩组成的台地地形比较完整，可见5级平台，台地基岩由花岗岩、片麻岩、砂岩等组成，其上覆盖有第三纪玄武岩与湖相沉积交替。在台地上发育大小不等的火山锥，呈15°～25°方向展布，火山口外貌特征显著，多呈圆锥状，天然植被很好，水草肥美，是良好的夏牧场。

六、大兴安岭南端西坡低山丘陵

大兴安岭南端西坡低山丘陵位于湖区东北部，大兴安岭南端西坡平缓，山体外缘由低山、山麓丘陵及山前洪积、冲积平原组成，海拔1250～1600m，是由森林向草原过渡的地带。此地带土质肥沃，水热条件较好，适宜发展畜牧业。

七、微地貌——岛状山

微地貌——岛状山分布于冰水湖及高平原上，海拔1300～1380m，相对高度小于50m，呈圆顶状、长垣状，一般孤零分布、似岛状，如本湖区的曼陀山、砧子山、嘎松山、骆驼峰等。

主要岛状山有以下6座。

（1）砧子山：位于达里诺尔湖北部2km，海拔1347.1m，自早更新世即耸立于湖泊之中，是玄武岩喷发形成的孤峰。石壁上存有古代岩画。

（2）嘎松山：位于达里诺尔湖东北部，海拔1561.1m，为玄武岩喷发形成的火山锥。山上建有微波站。

（3）马蹄山：位于达里诺尔湖西北部，海拔1400m以上，是玄武岩2次喷发而形成的一缺口向南的马蹄形火山锥。

（4）曼陀山：位于达里诺尔湖畔东南，海拔1367.9m，是一列孤立的花岗岩山丘，生成于燕山晚期。在高湖面时期，曼陀山成为湖中小岛。其山南麓有达王庙遗址，东麓有净梵天水云洞景观，为元代龙兴寺遗址。

（5）骆驼峰：位于达来诺日镇西部2.5km，是一列孤立的山丘—岛状山。

（6）哈尔呼舒（蒙古语，汉译黑山头）：位于达来诺日镇西南部2km，海拔1325m，属大兴安岭山地丘陵区，高湖面时期成为湖中小岛，山顶保留有典型的湖蚀地貌。从西侧遥望，像一尊仰卧的大佛。

八、湖岸地貌遗迹

达里诺尔湖盆周围，保留有大量的古湖岸线的痕迹，主要有湖积阶地、湖蚀平台、湖蚀穴、湖蚀龛、湖蚀凹槽、湖蚀陡崖、湖蚀石垛、湖岸堤、湖蚀龙脊及湖蚀线等。

（一）湖蚀阶地及湖蚀平台

（1）曼陀山西北坡湖蚀阶地发育良好，在海拔1300m、1280m、1260m三级阶地保留完整。东坡也同样保留了海拔1300m、1280m两级湖蚀阶地。

（2）沃灵达巴发育三级典型湖蚀湖积阶地，如海拔1260m阶地，其上由0.5～4.5m的砾石层组成。

（3）白音胡绍——达来诺日镇位于大兴安岭山麓丘陵区，海拔1280m处发育有湖蚀平台及湖蚀阶地，保留典型的湖滨砾石层，厚0.5～1.0m。

（4）达里诺尔北部玄武岩台地边缘陡崖下为一级大型湖蚀平台，海拔1280～1285m，宽300～500m，在湖蚀平台上保留有典型的湖滨砂砾石沉积。

（二）湖蚀穴

（1）曼陀山东坡阿布盖附近山坡发育一湖蚀穴，称“水云洞”，海拔1280～1285m，湖蚀穴高3.2m、宽6m、深9m。

（2）砧子山西陡崖海拔1280～1283m处发育一典型的湖蚀穴，湖蚀穴高2.0m、宽2.1m、深1.8m。

（3）达来诺日镇西2km基岩丘陵东坡海拔1280～1283m处发育一典型湖蚀穴，湖蚀穴高2.0m、宽2.1m、深1.8m。

达里诺尔湖区三处湖蚀穴大小相近，发育地貌部位相似，海拔相同，说明三者在同一高湖面时期由湖浪长期侵蚀而成。在湖盆周围还保留一些小的湖蚀穴。

（三）湖蚀龛与湖蚀凹槽

曼陀山东坡阿布盖附近山坡上，海拔1280～1285m高度处发育有保存完好的湖蚀龛与湖蚀凹槽，凹入岩壁呈扁圆形，单穴者为湖蚀龛，多穴者为湖蚀凹槽。湖蚀龛高1.5～1.8m、深0.5～1.0m、长1～2m，龛口上部有下垂的龛檐，龛内壁和龛檐内均呈圆凹形。湖蚀凹槽呈长槽形，沿同一高程水平延伸30m以上，也有垂悬的龛檐，龛内壁呈圆凹形。这些湖蚀龛与湖蚀凹槽的形态、大小、规模充分反映了当时高湖面时期湖面之广阔和湖泊风浪之大。

（四）湖蚀陡崖

（1）达里诺尔北部玄武岩台地边缘普遍存在陡崖，其上限高度海拔1300m左右，陡崖是由玄武岩流、断裂活动和湖蚀等综合作用形成的。

（2）砧子山南侧海拔1260～1300m处有湖蚀陡崖。西侧也保留了海拔1260～1280m湖蚀陡崖。

（五）湖蚀石垛

湖蚀石垛位于达来诺日镇西南2km、哈尔呼舒山南端，存于海拔1300m以上的山顶。

（六）湖岸堤

（1）达里诺尔西岸的加拉呼绍敖包西南湖湾的湖岸堤尤为典型，湖岸堤比高1～2m，前湖坡较陡，后坡较缓，由玄武岩次菱角砾石及粗砂组成。湖岸堤绕湖湾呈环状分布，在海拔1254m以下，发育了6级湖岸堤。

（2）在达里诺尔湖积平原及砧子山地区海拔1265m以下的地方，可见到7～9级湖岸堤，湖岸堤断续分布，均由湖相细砂及玄武岩砾石组成，比高0.5～1.0m，由湖面向上，湖岸堤的高度逐渐加大，但不超过2m。

（七）湖蚀龙脊（离岸堤）

在砧子山西侧形成一典型湖蚀龙脊（离岸堤），海拔1260m。

（八）湖蚀线

达里诺尔湖盆周边陡崖湖蚀线发育普遍，曼陀山、砧子山岩壁湖蚀线清晰可见，保留完好。

第三节　气　候

达里诺尔湖区地处内蒙古高原东南边缘，深居大陆，处在夏季风的边缘地带，受冬季风影响很大，属温带半干旱大陆性季风气候，与内蒙古大兴安岭以西、阴山以北广大地区具有同样的气候特征，冬季漫长严寒，夏季短促温热，春温骤升，秋温骤降，降水多集中于七八月份。气候干燥，日照充足，日温差和年温差大，风沙多，蒸发旺盛。

一、四季气候

（一）春　季

4月下旬至7月初（平均气温低于20℃）为春季，是全年中大风最多的季节，大风日数（7～8级）达14～17天，占全年大风日数的50%，并时常伴沙尘出现，形成沙尘暴天气，最大瞬间风速高达11级，气候多变，气温上升迅速，蒸发异常强烈，为同期降水的几倍至几十倍，多数年份都有春旱，有“十年九旱”之说。

（二）夏　季

7月初至8月初（平均气温高于20℃）为夏季，气候温和。夏季的暖湿气流姗姗迟来，与北方南下的冷空气交互作用。降雨集中，近年来降水量达200mm左右，占全年降水量的65%以上，表现出雨热同季的特点，降水分布不均，暴雨伏旱时有发生，最热的7月份极端最高气温为36. 5 ℃。

（三）秋　季

8月初至10月初（平均气温5～20℃）为秋季，冬季风增强南下，夏季风开始撤退，雨带迅速南移，降水明显减少，气温骤降。多晴朗天气，大气透明度较好。降水量50～60mm，占全年降水的20%左右，大于8级以上的大风日数为4～6天，占全年大风日数的13%。

（四）冬　季

10月初至翌年4月下旬（平均气温低于5℃）为冬季，达6个月之久，是一年中时间最漫长、最寒冷、降水最少的季节。日最低温度低于–30℃的日数达40多天，降水量为10～15mm，占全年降水的5%左右，大于8级以上大风日数为10～14天，占全年大风日数的32%。每次冷空气到来，气温急剧下降，干燥寒冷空气形成的强大冬季风，自西北–东南方向横扫坦荡的高原湖区，暴风雪天气频繁出现。

二、气候要素①

（一）气 温

湖区年平均气温为0.375℃。≥10℃积温为1300～1700℃。1月份最冷，平均气温−20℃，极端最低气温达到−40.6℃，年最低气温在−20℃以下的日数逾100天；7月份最热，平均气温为17.7℃，极端最高气温为36.5℃，地温变化与气温变化均呈单峰型，最大冻土厚度为260cm（表2−1，表2−2）。

表2−1 湖区历年各月平均气温参考表

℃

月份	1	2	3	4	5	6	7	8	9	10	11	12	年平均气温
温度	−20	−16.5	−7.9	3.3	10.6	15.1	17.7	15.9	9.8	2.1	−8.7	−16.9	0.375

表2−2 极端最低、最高气温出现时间参考表

℃

年份	极端最高气温	出现日期	极端最低气温	出现日期
1967	32.2	8月	−40.6	1月
1977	34.0	7月	−33.8	1月
1987	36.5	7月	−34.5	1月
1997	36.5	7月	−36.3	1月
2005	36.2	7月	−32.1	12月
2013	35.7	7月	−35.4	2月

（二）光 能

湖区海拔较高，大气透明度好，光能资源十分丰富，年日照时数2700～3000h，日照百分率62%～65%，植物生长的4～9月的日照时数为1540～1700h（表2−3），日照百分率为60%～61%，年太阳总辐射量为5.7×10^5～$5.8\times10^5J/cm^2$，植物生长期4～9月，太阳总辐射量为3.5×10^5～$3.6\times10^5J/cm^2$。

表2−3 历年各月平均日照时数参考表

h

月份	1	2	3	4	5	6	7	8	9	10	11	12	年日照时数
应照时数	295.3	300.5	374.6	407.1	460.1	464.9	470.5	436.3	379.2	346	295.2	283.8	4513.5
实照时数	209.6	211.7	269.5	263.3	300.1	277.8	268.1	264.1	251.1	242.2	210.7	197.1	2965.3

（三）降 水

湖区年降水量为300mm左右，多集中在夏季，降水量为200mm左右，占全年降水量的65%以上；秋季降水量为50～60mm，占全年降水量的20%左右；春季降水量为40～50mm，占全年降水量的10%左右；冬季降水最少，降水量为10mm左右，占全年降水量的3%左右（表2−4，表2−5）。

① 达里诺尔地区在2008年之前没有详细的气象记录，主要气候要素均是参考经棚镇地区，与近年来达里诺尔地区气象数据计算列参考表。

表2-4 历年各月平均降水日数、降水量参考表

月份	1	2	3	4	5	6	7	8	9	10	11	12	全年
≥0.1mm降水日数（d）	4.3	4.4	4.4	5.0	7.4	11.0	14.0	11.0	7	5.8	5.0	4.5	83.8
降水量（mm）	2.5	4.0	7.0	15.2	22.5	60.1	95.3	95.3	31	20.1	7.1	2.4	372.2

表2-5 2003～2013年达里诺尔降水量统计

mm

年度	2003	2004	2005	2006	2007	2008	2009	2010	2011	2012	2013
降水量	156	120	135	99	196	134	215	189	148	301	203

（四）蒸　发

湖区地处高原，风速大，蒸发强烈。冬季气温低，蒸发量小。湖区年平均蒸发量在1665.6mm，为年降水量的5～7倍。一年中，1月蒸发量最小，为15～22mm，5、6月份蒸发量最大，月蒸发量为200～300mm（表2-6）。

表2-6 历年各月平均蒸发量参考表

mm

月份	1	2	3	4	5	6	7	8	9	10	11	12	全年
蒸发量	21.4	34.6	89.2	212.5	288.3	248.6	217.5	189.8	155.5	122.3	60.6	25.3	1665.6

（五）风

湖区处于中纬度西风带区，风速年平均为2.8～3.0m/s。一年中以春季大风为最多，大于8级以上大风日数为15～20天。5月以后，由于西风带槽稍有减弱，风速逐渐减小，8月为最低值，9月以后，西风带槽又加强，风速逐渐加大，12月达到最高峰（表2-7）。风速的日变化，其规律为昼大于夜，日最大风速9级以上，历年出现次数都较多，有时瞬间风速高达11级，这样大风会给渔牧业生产造成危害。

表2-7 历年各月风的情况参考表

月份	1	2	3	4	5	6	7	8	9	10	11	12	全年
平均风速（m/s）	4.48	4.12	3.69	3.8	3.2	2.27	1.81	1.58	2.11	3.82	3.97	4.64	2.8～3.0
最多风向及其频率（%）	西 30	西 40	西 34	西 22	西 17	西 12 东 10	西 12	西 13 东 11	西 17	西 21 西北 15	西 33 西北 38	西 45	西 28
≥8级大风日数（天）	3.5	2.8	3.7	8	6.3	3.2	1.7	1.2	2.3	3.6	4	3.7	44

（六）霜　期

克什克腾旗年均无霜期60～130天，达里诺尔湖区地处克什克腾旗西部，海拔较高，初霜一般在8月下旬，终霜在6月初左右，无霜期60～100天（表2-8）。

表2-8 初、终霜日期参考表

年份	终霜	初霜	无霜期（天）	年份	终霜	初霜	无霜期（天）
1964	6月5日	9月4日	89	1985	5月29日	8月30日	91
1967	6月1日	8月14日	74	1987	6月30日	9月13日	77
1970	6月9日	9月4日	86	1989	5月25日	8月21日	86
1973	6月11日	8月30日	72	1999	5月29日	8月26日	88
1977	6月5日	8月12日	68	2003	6月8日	9月2日	85
1981	5月27日	8月26日	70	2005	6月6日	9月9日	94
2008	5月30日	8月28日	88	2009	6月2日	9月8日	96

第四节 水 文

保护区属内陆水系，主要由3个永久性湖泊和4条河流以及很多季节性水泡组成。3个永久性湖泊为达里诺尔湖、岗更诺尔湖、多伦诺尔湖，4条河流为贡格尔河、沙里河、亮子河和耗来河。

一、水量平衡

任何区域任一段时间内，收入水量与支出水量之间的差额必等于其蓄水量的变化，这被称为水量平衡。

（1）补水量：达里诺尔的补水来源可分为大气降水、河流、地下水三部分。湖区年均降水量为300mm左右，按年均降水量计算，达里诺尔的降水补给约为0.714亿m^3/年。

（2）河流注入量：贡格尔河、沙里河、亮子河、耗来河等河流注入总量约为0.56亿m^3/年（近10年平均数据）。

（3）地下水补给：地下水在达里诺尔补给水中占有很大比例，是水量来源的重要组成部分。其中较大的有南岸曼陀山下的大水泉、小水泉及众多的地下水来源。地下水补给丰富与达里诺尔处于地层断裂带有关。

（4）失水量：达里诺尔地处低洼湖盆、无外排水，因此排水主要靠蒸发。据辽宁淡水水产研究所1976年调查结果，以年蒸发量1300mm、湖面积195.52km^2、0.8折减系数测算，年蒸发量约为2.475亿m^3。20世纪70年代中期以前，达里诺尔湖水位变化不大，即水量增减基本平衡，因此可以推算出，地下水对达里诺尔的补给量应在每年1亿m^3以上。

（5）湖区周围生活用水：20世纪60年代，锡林郭勒盟的白音库伦军马场在多伦诺尔西建泵站一处，抽取灰腾河水，供应其总场及分布于逾50km沿线的各连队分场的人畜饮水，日抽取量超过600m^3。20世纪80年代，达里诺尔渔场在耗来河中游处建泵站为阿其乌拉人畜引水工程水源点，向达里诺尔渔场及沿途附近嘎查牧民供水，日抽取量为400～500m^3。

至20世纪70年代后期，达里诺尔水量平衡态势被打破，失水量远大于补水量，湖水水位持续下降。天气干旱，降水减少，加之人为地随意截取河水，造成达里诺尔的主要供给河流——贡格尔河自70年代后出现过不同程度的断流。20世纪60年代初，贡格尔河年均流量约为0.457亿m^3，1969年位于上游的五道石门水库建成后，库容1470万m^3，放水时流量0.6m^3/s，年径流量为0.1715亿m^3，仅为过去自然流量的1/3。该水库的修建既控制了水流量，同时大大增加了流域段渗漏量和蒸发量。

（6）水库下游农、牧业用水：1968年建成的联合灌渠位于贡格尔河中游右岸，渠道在姜根敖包嘎查至达里军马场（现阿其乌拉），干渠全长52km，支渠12km，设计流量3m^3/s，贡格尔河1/2的水量流入灌渠。

（7）贡根草原灌渠：位于贡格尔河下游，1975年建成，渠首位于达来诺日镇西部5km处，达日罕乌拉苏木的红旗、原阿其乌拉苏木的贡根、达里嘎查和达里诺尔渔场受益，干渠长28km。由于管理不善，未起到灌溉草原的作用，只供两岸人畜饮水之用。

（8）布格台草原灌渠：渠首位于贡格尔河支流的布格台下游，1980年建成，干渠长24km，尾水注入岗更诺尔湖。每年春季水渠落闸截水，下游水位降低，大量鱼卵因缺水而无法孵化。

二、水　位

（一）年内变化

达里诺尔湖水位年内变化总趋势为下降，受季节影响也有波动，呈春升秋降，年内变幅在10～40cm。达里诺尔湖冬季冰雪覆盖时间较长（11月至翌年4月），此时水位变幅相对最小，主要原因一是冰冻后，注入河流补给基本停止，二是降水和蒸发对水位影响极小，三是沿岸涌泉部分被封冻。春天河水进入解冻期（4月中旬），流域内积雪融化，河流得到迅速补充，注入湖内径流量增大，而这时气温较低，蒸发量不大，水位略有上升，但到夏秋，湖面明显回落。过去年内水位变幅约在10cm范围内，但近10年来由于自然和人为的因素，年内水位降幅均有增加。

（二）历年变化

1960—1973年的13年间，达里诺尔湖水位下降1.5m，年均降幅接近12cm。1973—2009年的36年间，年均降幅约6cm。2000—2009年，年均降幅超过20cm。2008年测得湖水面实际面积200km^2，最大水深12m，总蓄水量由年16亿m^3减至约11亿m^3（表2-9）。

岗更诺尔湖除河流和降水外，湖东岸、南岸泉水众多，为三湖中补给水源最丰沛的，而且外泄河流又有闸门控制其去水量，除极端特殊自然条件外，蓄水量较稳定。

多伦诺尔湖“遍地皆泉”、“收支平衡”，多年来的水位一直处于较平稳的状态。

表2-9　2001—2013年湖泊水位变化情况表

cm

年份	2001	2002	2003	2004	2005	2006	2007	2008	2009	2010	2011	2012	2013
达里诺尔湖	↓21	↓23	↓24	↓26	↓28	↓29	↓38	↓19	↓32	↓17	↓22	↑14	↓5
岗更诺尔湖	—	—	—	—	—	—	↓46	↓15	↓29	↓40	↓25	↑19	↓1

注：↓代表下降；↑代表上升。

三、湖水运动及影响

（一）湖 流

湖流是指湖水沿一定方向前进的运动，按其成因可分为风成流和梯度流。风成流主要是由风的切应力引起的，风力强、持续时间长、湖面大，风成流就强，它是大型湖泊最显著的水流方式，为暂时性水流。风静止后，风成流也就逐渐平息下来。

达里诺尔东岸北河口一带地势平坦，湖岸岸坡比降小，距湖边逾200m远的达里诺尔渔场场部仅高出湖面约35cm（1959年8月测量）（1956年建场时场部距湖岸约2000m，至1959年湖面上涨东扩至近场部逾200m的距离）。1959年8月中旬，湖水饱满，连日的强西风使湖水东岸水位上升，并沿湖滩湖岸涌至场部附近，场部及职工家属居住区受到水浸威胁，于1960年举场迁至现址。

（二）波 浪

水体的波动现象叫波浪，湖中波浪主要是由风引起的。达里诺尔夏季多偏南风，强大的风浪在北岸的深水与浅水分界处堆积起东西向的卵石岗，断续地将浅水水域与深水水域隔开。2004年，湖水水位下降，石岗已成为湖岸旅游观光路。湖北岸西段由于湖盆陡坡，风浪直冲坡岸而形成卵石岸滩。

风浪还对水生生物产生一定影响，往往将水生动植物卷到岸边浅水，鱼类也随之觅食。

风浪对产卵季节的鲫经常造成损失。每年的5月末至6月初，大量的怀卵鱼聚集湖东岸浅水区产卵，有时一场西风，湖流涌岸，风停水退后，大量鲫遗留在岸滩，少则几千斤[①]，多则逾万斤。

四、泥 沙

达里诺尔几条主要注入河流的主体部分都在草原上，河流长时间在平坦的草原洄转流动，流速很小，大部分泥沙已在河床中沉淀。因此，各河含沙量都不大。最大河流贡格尔河1960年年平均含沙量为0.727g/m^3。

五、冰 情

初冰一般在九月中旬，终冰在五月底六月初。因达里诺尔水量较大，又有4.5‰以上的盐分，所以结冰和开冰都较池塘、河流为晚。一般11月上旬全湖结冰，全湖解冰在5月上旬，封冻期180天左右，冰层最大厚度达120cm。贡格尔河、沙里河、耗来河11月下旬即封冻断流，4月上旬融冰通水。亮子河断流稍晚，开河略早。

初冬多西北风，封湖阶段风浪运动产生的波能使已冻冰层破裂并随风积向下风湖面，有的年份反复的封冻过程之后最终形成的冰面凸凹不平，而在冰下则形成“豆腐脑”冰（冰水相混呈粥状），会给车辆行驶及冬渔生产带来一定影响。严冬渐深，冰层渐厚，“豆腐脑”冰消失，此时方可顺利下网。

---

① 1斤 = 0.5kg，下同。

第五节　水　质

一、水质调查采样方法及采样点介绍

本次水质调查监测按照《渔业水域污染事故调查处理方法》、《内陆水域渔业自然资源调查规范》和相关标准进行。达里诺尔湖面积较大，在湖中设10个采样点；岗更诺尔湖设5个采样点；多伦诺尔湖面积较小，设2个采样点。达里诺尔湖周边有贡格尔河、沙里河、亮子河、耗来河四条河流入湖，笔者选择了其中两条入湖水量较为稳定的贡格尔河、亮子河进行了水质调查监测。贡格尔河取上游、下游2个采样点，亮子河取下游河段1个采样点进行监测。各采样点根据水深不同，采用不同的方法取样（溶解氧测定取中层水），水深2m以上的采样点采上、中、下三层水混匀后取样，水深2m以下的采样点取中上层水。所有样品在现场加不同药物固定后带回实验室分析测定。具体采样点位置详见图2-1、表2-10。分别在2012年的春季、夏季、秋季、冬季四个季节进行了水质调查监测。

水质测定项目包括：pH值、氯离子、硫酸盐、总碱度、碳酸盐、重碳酸盐、总硬度、钙离子、镁离子、总含盐量等水体中主要离子，还有溶解氧、硝酸盐、亚硝酸盐、铵氮、总氮、磷酸盐、总磷等水中主要营养盐类，另外，还有高锰酸钾指数、化学需氧量、非离子氨、挥发酚、氰化物、氟化物、硫化物、砷，重金属铜、锌、铅、镉、汞等污染指标。其中水质污染指标只在春季和夏季进行了2次调查。

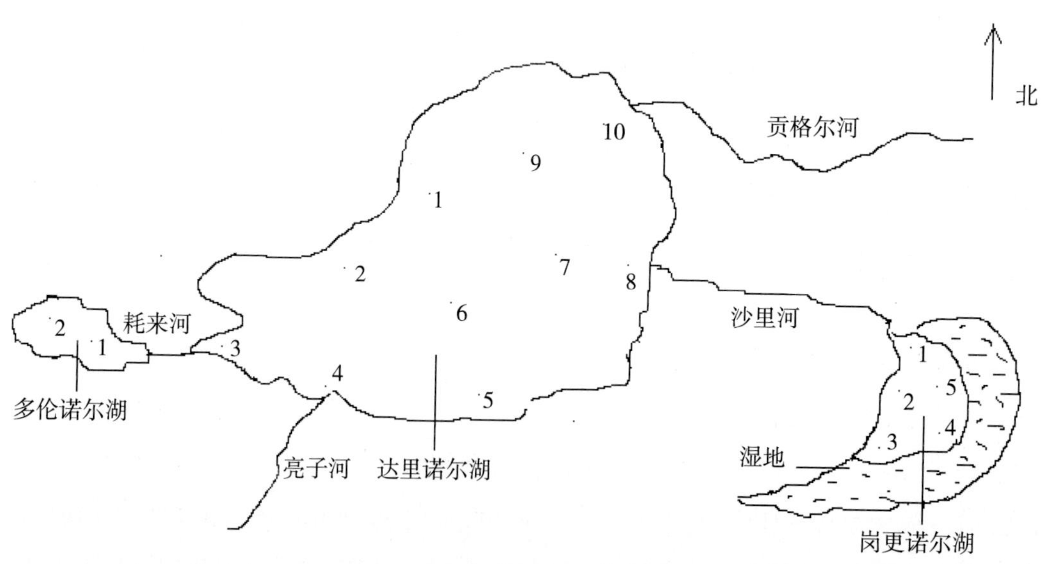

图2-1　达里诺尔及其附属水体采样点示意图

表2-10 达里诺尔三湖采样点具体情况一览表

采样点		地名	N	E	水深（m）
达里诺尔湖	1	烧锅木	43°19.786′	116°36.029′	6.10
	2	一棵树	43°15.661′	116°33.615′	9.38
	3	耗来河入口	43°14.380′	116°29.347′	5.00
	4	亮子河入口	43°13.792′	116°31.918′	7.96
	5	小水泉	43°14.518′	116°41.212′	3.47
	6	湖中西南	43°16.523′	116°37.713′	8.46
	7	湖中东	43°17.737′	116°39.829′	8.00
	8	南河口	43°19.433′	116°42.374′	4.28
	9	北河口大岗	43°21.499′	116°39.401′	7.00
	10	北河口	43°22.322′	116°40.952′	1.77
岗更诺尔湖	1	门前	43°17.899′	116°54.130′	1.78
	2	北大湾	43°17.025′	116°54.201′	1.82
	3	西葫芦头	43°15.200′	116°54.093′	1.76
	4	东南角	43°15.538′	116°56.320′	1.75
	5	东岸	43°16.692′	116°56.461′	1.66
多伦诺尔湖	1	湖东	43°15.163′	116°25.400′	1.72
	2	湖西	43°15.075′	116°25.108′	3.28
贡格尔河上游			43°21.497′	116°54.312′	/
贡格尔河下游			43°22.266′	116°44.103′	/
亮子河下游			43°13.149′	116°31.416′	/

二、调查结果

（一）达里诺尔湖水质调查

达里诺尔湖是内蒙古自治区第二大湖泊，位于赤峰市克什克腾旗境内，为封闭式碳酸盐型半咸水湖。湖面海拔1226m，总储水量11亿m^3，面积约为195.52km^2，平均水深6.7m，最大水深12m。该湖水源主要靠周边的贡格尔河、亮子河、沙里河及耗来河四条入湖河流，年补水量约0.56亿m^3。湖面接受降水年补水量约为0.714亿m^3，另外还有一些地下水补给。而该湖区年蒸发量为2.475亿m^3，远大于入湖水量。近年来，由于气候干旱，达里诺尔湖水位不断下降，面积也逐年减小。由于湖水pH值高，盐碱含量大，湖中只有鲫鱼和瓦氏雅罗鱼两种经济鱼类。

1. 达里诺尔湖全年水质状况

通过4次调查结果可见，达里诺尔湖水质pH值、总碱度、氯离子含量较高，pH值年平均为9.62，总碱度平均为61.91mmol/L，氯离子平均为45.02mmol/L。湖水总硬度和钙、镁离子含量低，总硬度平均为3.11mmol/L，湖水总含盐量平均为7.28‰。按阿列金分类法，达里诺尔湖水质属于碳酸盐Ⅰ型钠质水。湖水溶解氧年平均为8.45mg/L。有效氮含量全年平均为0.608mg/L，主要为铵氮和硝态氮，亚硝态氮含量较低，总氮平均为4.65mg/L。总磷平均为2.741mg/L，磷酸盐为1.273mg/L。从春季、夏季两次调查采样可以看出，达里诺尔湖水质耗氧量较高，高锰酸钾指数测定值在22mg/L以上，化学需氧量在230mg/L以上。另外，达里诺尔湖水质中非离子氨、氟化物和砷含量较高，非离子氨含量随着pH值和水温的增高而升高，年平均值为0.195mg/L，湖水氟化物和砷含量2次测定平均值分别为3.90mg/L和0.085g/L。重金属铜在春季含量较高，平均值为0.035mg/L，在夏季调查采样时明显降低。

湖中各种离子含量春季较高，夏、秋季虽有不同程度的波动，但总体趋于平稳，由于本年度雨水量大，入湖水量大于湖面蒸发量，所以夏、秋两季水质变化不大。冬季由于湖面结冰，水体中各种离子浓缩析出，故盐碱度及各种离子含量明显增加。达里诺尔湖全年水质变化情况详见表2-11、表2-12。

表2-11　达里诺尔湖水质中主要离子年变化情况

mmol/L

项目	pH值	Cl^-	SO_4^{2-}	总碱度	CO_3^{2-}	Ca^{2+}	Mg^{2+}	总硬度	总含盐量（‰）
春季	9.57	45.19	6.68	62.05	32.83	0.49	2.91	3.39	7.28
夏季	9.57	43.11	5.45	60.94	28.02	0.53	2.41	2.94	7.15
秋季*	9.57	44.59	6.60	60.42	32.64	0.35	2.59	2.94	7.11
冬季	9.78	47.20	6.12	64.21	32.19	0.59	2.57	3.18	7.56
年平均	9.62	45.02	6.21	61.91	31.42	0.49	2.62	3.11	7.28

注：秋季检测数据取1#～9#采样点的平均值。

表2-12　达里诺尔湖溶解氧及主要营养盐类年变化情况

mg/L

项目	溶解氧	NO_3-N	NO_2-N	NH_4-N	总氮	PO_4^{3-}	总磷	非离子氨
春季	7.75	0.100	0.007	0.526	4.80	1.331	2.987	0.250
夏季	8.04	0.247	0.002	0.414	4.50	1.466	2.534	0.278
秋季*	8.00	0.098	0.004	0.263	4.21	0.967	3.003	0.131
冬季	10.02	0.486	0.006	0.278	5.10	1.329	2.440	0.122
年平均	8.45	0.233	0.005	0.370	4.65	1.273	2.741	0.195

注：秋季检测数据取1#～9#采样点的平均值。

2. 达里诺尔湖各季节水质情况

（1）春季调查结果

春季，达里诺尔湖区风多浪大，采样在2012年6月3日进行，湖水温度平均为12.7℃（12～13.5℃），水体透明度平均为44.7cm（36～50cm），水体pH值平均为9.57（9.55～9.58），总碱度平均为62.05mmol/L（59.94～63.18mmol/L），氯离子平均为45.19mmol/L，总硬度为3.39mmol/L，总含盐量约为7.28‰。湖水溶解氧平均为10.13mg/L，总氮平均为5.11mg/L，总磷平均为2.937mg/L。湖水耗氧量高，高锰酸钾指数平均为25.9mg/L，化学需氧量平均值为238mg/L。由于水中pH值高，经换算湖水非离子氨含量较高，平均为0.250mg/L。水体氟化物、砷和重金属铜含量较高，平均值分别为3.94mg/L、0.086mg/L和0.035mg/L。水体挥发酚、氰化物、铅、镉、汞等污染物未检出。具体调查测定结果详见表2-13、表2-14、表2-15。

表2-13 6月初达里诺尔湖各采样点主要离子测定结果 mmol/L

项目	pH值	Cl^-	SO_4^{2-}	总碱度	CO_3^{2-}	Ca^{2+}	Mg^{2+}	总硬度	总含盐量（‰）
1#	9.55	45.80	6.84	62.64	32.40	0.43	3.01	3.44	7.39
2#	9.57	45.52	6.84	62.10	37.80	0.43	3.01	3.44	7.16
3#	9.57	45.52	6.84	63.18	35.64	0.69	2.75	3.44	7.32
4#	9.57	45.80	6.84	61.56	32.40	0.69	2.75	3.44	7.30
5#	9.58	45.52	6.63	61.56	31.32	0.43	3.01	3.44	7.30
6#	9.57	45.38	6.84	62.64	34.56	0.43	3.01	3.44	7.30
7#	9.57	45.10	6.67	62.64	31.32	0.43	2.84	3.27	7.37
8#	9.57	44.96	6.67	61.56	32.40	0.43	2.84	3.27	7.24
9#	9.57	44.96	6.84	62.64	32.40	0.43	3.01	3.44	7.34
10#	9.57	43.29	5.81	59.94	28.08	0.43	2.84	3.27	7.08
平均	9.57	45.19	6.68	62.05	32.83	0.49	2.91	3.39	7.28

表2-14 6月初达里诺尔湖各采样点溶解氧及主要营养盐类测定结果 mg/L

项目	溶解氧	NO_3-N	NO_2-N	NH_4-N	总氮	PO_4^{3-}	总磷	高锰酸钾指数	化学需氧量
1#	7.75	0.100	0.007	0.526	4.80	1.331	2.987	22.2	257
2#	11.18	0.085	0.004	0.543	5.17	1.310	2.873	25.5	251
3#	9.46	0.058	0.002	0.456	5.32	1.372	2.957	24.9	246
4#	8.98	0.075	0.002	1.115	5.40	1.332	2.837	28.1	279
5#	10.28	0.152	0.003	0.800	5.11	1.372	3.136	30.1	251
6#	7.67	0.087	0.003	0.607	4.92	1.352	2.987	26.2	219
7#	11.83	0.156	0.005	0.549	5.01	1.435	2.927	24.9	224
8#	8.81	0.049	0.003	0.514	5.11	1.406	2.837	26.8	224
9#	8.73	0.109	0.002	0.526	5.29	1.455	2.987	25.5	219
10#	16.65	0.072	0.005	0.496	4.96	1.393	2.837	25.5	213
平均	10.13	0.094	0.004	0.613	5.11	1.376	2.937	25.9	238

表2-15 6月初达里诺尔湖各采样点主要污染指标测定结果 mg/L

项目	非离子氨	硫化物	氟化物	铜	锌	铅①	镉②	砷	汞
1#	0.209	0.082	3.84	0.012	0.029	<0.003	<0.005	0.089	<0.0001
2#	0.222	0.091	3.69	0.015	0.062	<0.003	<0.005	0.089	<0.0001
3#	0.187	0.119	3.84	0.013	0.063	<0.003	<0.005	0.090	<0.0001
4#	0.456	0.079	3.69	0.060	0.064	<0.003	<0.005	0.089	<0.0001
5#	0.332	0.089	4.00	0.013	0.064	<0.003	<0.005	0.090	<0.0001
6#	0.243	0.069	3.84	0.028	0.084	<0.003	<0.005	0.092	<0.0001
7#	0.225	0.078	4.17	0.062	0.085	<0.003	<0.005	0.093	<0.0001
8#	0.210	0.069	4.17	0.077	0.040	<0.003	<0.005	0.089	<0.0001
9#	0.215	0.078	4.35	0.050	0.086	<0.003	<0.005	0.088	<0.0001
10#	0.203	0.076	3.84	0.016	0.036	<0.003	<0.005	0.052	<0.0001
平均	0.250	0.083	3.94	0.035	0.061	<0.003	<0.005	0.086	<0.0001

注：①当铅含量低于0.003mg/L时，仪器检测不出具体值，即被视为“未检出”。以下同。
②当镉含量低于0.005mg/L时，仪器检测不出具体值，即被视为“未检出”。以下同。

（2）夏季调查结果

2012年夏季，达里诺尔湖地区雨水较多，采样时间为7月19日，湖水温度平均为21.8℃（18～23℃），水体透明度平均为79.7cm（50～95cm）。水体各项检测指标较春季调查有所降低。pH值平均为9.57（9.56～9.61），总碱度平均为60.94mmol/L（60.5～61.6mmol/L），氯离子平均为43.11mmol/L，总硬度为2.94mmol/L，总含盐量约为7.15‰。湖水溶解氧平均为8.04mg/L，总氮平均为4.50mg/L，总磷平均为2.534mg/L。湖水耗氧量高，高锰酸钾指数平均为22.09mg/L，化学需氧量平均为289mg/L。由于水中pH值高、水温升高，湖水非离子氨平均值高达0.278mg/L。氟化物含量平均为3.85mg/L，砷含量平均值为0.084mg/L。重金属铜含量明显下降，平均值为0.007mg/L。挥发酚、氰化物、铅、镉、汞等污染物均未检出。10#采样点位于贡格尔河入湖口附近，水质盐碱含量较其他采样点偏低。具体调查测定结果详见表2-16、表2-17、表2-18。

表2-16　7月达里诺尔湖各采样点主要离子测定结果

mmol/L

项目	pH值	Cl^-	SO_4^{2-}	总碱度	CO_3^{2-}	Ca^{2+}	Mg^{2+}	总硬度	总含盐量（‰）
1#	9.56	44.96	5.98	61.00	30.20	0.430	2.58	3.01	7.21
2#	9.56	45.10	5.98	60.50	25.90	0.520	2.49	3.01	7.31
3#	9.57	44.96	5.98	61.00	27.00	0.520	2.49	3.01	7.31
4#	9.56	44.54	5.98	61.00	30.20	0.520	2.49	3.01	7.18
5#	9.57	45.24	5.89	61.60	28.10	0.520	2.40	2.92	7.34
6#	9.57	45.24	5.98	61.00	28.10	0.520	2.49	3.01	7.29
7#	9.57	44.96	5.89	61.00	27.00	0.430	2.49	2.92	7.31
8#	9.57	44.96	5.89	60.50	28.10	0.520	2.40	2.92	7.23
9#	9.58	44.12	5.98	61.00	27.00	0.600	2.41	3.01	7.26
10#	9.61	27.05	3.40	60.75	28.65	0.690	1.89	2.58	6.02
平均	9.57	43.11	5.45	60.94	28.02	0.527	2.41	2.94	7.15

表2-17　7月达里诺尔湖各采样点溶解氧及主要营养盐类测定结果

mg/L

项目	溶解氧	NO_3-N	NO_2-N	NH_4-N	总氮	PO_4^{3-}	总磷	高锰酸钾指数	化学需氧量
1#	8.16	0.339	0.002	0.444	4.65	1.455	2.569	24.40	273
2#	10.28	0.324	<0.002	0.409	4.67	1.476	2.479	24.40	212
3#	6.52	0.223	0.002	0.420	4.91	1.580	2.688	20.40	311
4#	6.03	0.159	<0.002	0.339	4.87	1.455	2.539	22.40	318
5#	7.83	0.236	<0.002	0.426	4.65	1.435	2.628	25.10	326
6#	8.00	0.281	0.006	0.456	4.46	1.497	2.628	22.40	386
7#	10.61	0.209	<0.002	0.456	4.76	1.559	2.658	21.70	311
8#	7.76	0.243	<0.002	0.362	4.55	1.414	2.598	20.40	311
9#	8.81	0.133	<0.002	0.333	4.36	1.393	2.389	21.00	280
10#	6.37	0.327	0.003	0.491	3.15	1.393	2.166	18.70	163
平均	8.04	0.247	0.002	0.414	4.50	1.466	2.534	22.09	289

表2-18 7月达里诺尔湖各采样点主要污染指标测定结果 mg/L

项目	非离子氨	硫化物	氟化物	铜	锌	铅	镉	砷	汞①
1#	0.295	0.032	3.04	0.008	0.020	<0.003	<0.005	0.081	<0.0001
2#	0.272	0.032	4.24	0.009	0.042	<0.003	<0.005	0.081	<0.0001
3#	0.281	0.035	4.07	0.007	0.022	<0.003	<0.005	0.082	<0.0001
4#	0.226	0.040	3.45	0.004	0.015	<0.003	<0.005	0.062	<0.0001
5#	0.285	0.035	4.24	0.008	0.035	<0.003	<0.005	0.083	<0.0001
6#	0.305	0.038	4.24	0.007	0.026	<0.003	<0.005	0.090	<0.0001
7#	0.305	0.038	4.24	0.007	0.021	<0.003	<0.005	0.091	<0.0001
8#	0.242	0.034	3.75	0.008	0.015	<0.003	<0.005	0.092	<0.0001
9#	0.224	0.034	4.24	0.007	0.027	<0.003	<0.005	0.089	<0.0001
10#	0.344	0.059	2.97	0.007	0.028	<0.003	<0.005	0.092	<0.0001
平均	0.278	0.038	3.85	0.007	0.025	<0.003	<0.005	0.084	<0.0001

注：①当汞含量低于0.0001mg/L时，仪器检测不出具体值，即被视为“未检出”。以下同。

（3）秋季调查结果

秋季采样在9月21日，当天正遇到寒流气温下降，湖中风浪较大，湖水温度平均为13.5℃（12～14℃），水体透明度平均为49.4cm（42～52cm）。pH值平均为9.58（9.55～9.61），总碱度平均为55.94mmol/L（15.66～61.02mmol/L），氯离子平均为41.18mmol/L，总硬度为2.96mmol/L，总含盐量约为6.59‰。湖水溶解氧平均为7.98mg/L，总氮平均为3.95mg/L，总磷平均为2.921mg/L。由于水温较低，非离子氨含量下降，平均为0.135mg/L。本次调查采样中达里诺尔湖10#采样点除pH值外，盐碱含量及主要离子明显低于其他采样点，其原因应是该采样点位于贡格尔河入湖口附近，秋季贡格尔河入湖水量较大，另外，湖中有许多淡水泉眼，该采样可能正处在泉眼附近。各采样点具体调查测定结果详见表2-19、表2-20。

表2-19 9月达里诺尔湖各采样点主要离子测定结果 mmol/L

项目	pH值	Cl^-	SO_4^{2-}	总碱度	CO_3^{2-}	Ca^{2+}	Mg^{2+}	总硬度	总含盐量（‰）
1#	9.55	44.54	6.59	61.02	32.400	0.340	2.580	2.92	7.16
2#	9.56	44.40	6.59	60.48	33.480	0.340	2.580	2.92	7.08
3#	9.56	44.54	6.59	60.48	32.400	0.340	2.580	2.92	7.12
4#	9.57	43.98	6.57	60.48	33.480	0.340	2.670	3.01	7.05
5#	9.58	44.96	6.51	60.48	32.400	0.340	2.500	2.84	7.14
6#	9.58	44.96	6.68	61.02	31.320	0.340	2.670	3.01	7.23
7#	9.58	44.96	6.59	59.94	32.400	0.340	2.580	2.92	7.10
8#	9.59	45.10	6.68	59.94	32.400	0.340	2.670	3.01	7.11
9#	9.59	43.84	6.59	59.94	33.480	0.430	2.490	2.92	7.00
1#～9#平均	9.57	44.59	6.60	60.42	32.640	0.340	2.590	2.94	7.11
10#	9.61	10.47	2.04	15.66	5.400	0.430	2.670	3.10	1.90
平均	9.58	41.18	6.14	55.94	29.916	0.358	2.599	2.96	6.59

表2-20　9月达里诺尔湖各采样点溶解氧及主要营养盐类测定结果　mg/L

项目	溶解氧	NO_3-N	NO_2-N	NH_4-N	总氮	PO_4^{3-}	总磷	非离子氨
1#	8.24	0.036	0.004	0.247	3.90	0.932	2.987	0.120
2#	6.76	0.090	0.003	0.241	4.16	0.765	3.136	0.119
3#	6.92	0.264	0.004	0.241	4.02	0.915	3.046	0.119
4#	9.89	0.059	0.004	0.220	4.55	0.998	3.136	0.110
5#	8.40	0.075	0.004	0.316	4.12	1.048	3.136	0.159
6#	8.08	0.079	0.003	0.236	4.44	0.965	3.076	0.119
7#	8.40	0.070	0.003	0.279	4.08	0.998	2.987	0.140
8#	7.09	0.088	0.003	0.327	4.59	1.114	2.837	0.166
9#	8.24	0.119	0.004	0.257	4.06	0.965	2.688	0.131
1# ~9# 平均	8.00	0.098	0.004	0.263	4.21	0.967	3.003	0.131
10#	7.74	0.150	0.009	0.327	1.54	0.491	2.180	0.170
平均	7.98	0.103	0.004	0.269	3.95	0.919	2.921	0.135

（4）冬季调查结果

冬季采样时间为12月28日，此时正是达里诺尔湖一年一度的冬捕季节。湖面封冰厚度约为0.7m。冰下湖水温度平均为3.5℃（2～4℃）。pH值平均为9.78（9.77～9.79），总碱度平均为64.21mmol/L，（42.64～66.63mmol/L），氯离子平均为47.20mmol/L，总硬度为3.18mmol/L，总含盐量约为7.56‰。湖水溶解氧平均为10.02mg/L，总氮平均为5.10mg/L，总磷平均为2.44mg/L。非离子氨含量较秋季有所下降，平均为0.122mg/L。冬季，达里诺尔湖入湖河流全部封冰，无河流补水的10#采样点处水质与其他采样点无明显差异，而4#采样点盐碱含量及主要离子明显低于其他采样点，其原因应是该采样点位于较大的泉眼附近，由于湖面封冰，冰下湖水不流动，处于静止状态，泉眼附近的水体盐碱含量相对较低。具体调查测定结果详见表2-21、表2-22。

表2-21　12月末达里诺尔湖各采样点主要离子测定结果　mmol/L

项目	pH值	Cl^-	SO_4^{2-}	总碱度	CO_3^{2-}	Ca^{2+}	Mg^{2+}	总硬度	总含盐量（‰）
1#	9.79	49.26	6.290	66.63	34.110	0.520	2.850	3.10	7.83
2#	9.78	48.97	6.370	66.63	34.110	0.520	2.660	3.18	7.82
3#	9.79	47.97	6.370	66.33	34.110	0.600	2.850	3.18	7.77
4#	9.77	32.93	4.140	42.64	17.060	0.770	1.900	2.67	5.25
5#	9.79	46.25	6.370	66.63	34.110	0.600	2.580	3.18	7.67
6#	9.79	48.40	6.290	66.63	34.110	0.520	2.580	3.10	7.79
7#	9.79	48.40	6.370	66.63	34.110	0.520	2.660	3.18	7.79
8#	9.78	49.54	6.290	66.63	33.050	0.690	2.410	3.10	7.89
9#	9.77	50.12	6.370	66.63	33.050	0.520	2.660	3.18	7.92
10#	9.77	50.12	6.370	66.63	34.110	0.600	2.580	3.18	7.89
平均	9.78	47.20	6.123	64.21	32.193	0.586	2.573	3.18	7.56

表2-22 12月末达里诺尔湖各采样点溶解氧及主要营养盐类测定结果 mg/L

项目	溶解氧	NO_3-N	NO_2-N	NH_4-N	总氮	PO_4^{3-}	总磷	非离子氨
1#	12.24	0.246	0.005	0.407	7.33	1.372	2.300	0.180
2#	9.63	0.646	0.006	0.456	4.85	1.310	2.419	0.199
3#	10.04	0.652	0.007	0.225	4.95	1.414	2.240	0.100
4#	6.53	0.558	0.005	0.214	4.06	1.289	2.150	0.092
5#	9.46	0.585	0.006	0.289	4.71	1.435	2.330	0.128
6#	9.63	0.232	0.006	0.209	5.01	1.393	2.628	0.092
7#	10.04	0.181	0.005	0.225	4.81	1.248	2.539	0.100
8#	10.04	0.584	0.006	0.263	5.19	1.268	2.569	0.115
9#	11.18	0.588	0.007	0.247	5.43	1.281	2.688	0.106
10#	11.42	0.593	0.006	0.252	4.67	1.289	2.539	0.107
平均	10.02	0.486	0.006	0.278	5.10	1.329	2.440	0.122

3. 近年来达里诺尔湖水质变化情况

内蒙古自治区水产技术推广站从2005年开始对达里诺尔湖水质进行常规监测。选择每年春季的监测数据进行比较，可以看出达里诺尔湖水质正在逐渐恶化，盐碱含量不断升高，水中总氮、总磷也呈现出不断升高的趋势。照此发展速度，该湖水质盐碱化程度将在一定时期达到并超过湖中现有鱼类无法继续承受的最大耐受值。各年度水质变化情况详见表2-23。

表2-23 近年达里诺尔湖水中主要离子年变化情况 mmol/L

项目	pH值	Cl^-	SO_4^{2-}	总碱度	总硬度	NH_4-N（mg/L）	总氮（mg/L）	总磷（mg/L）	总含盐量（‰）
2005年春	9.60	38.58	5.78	51.73	2.48	0.576	3.87	1.309	6.27
2008年春	9.53	40.76	5.58	56.93	2.80	0.430	2.95	2.075	6.66
2009年春	9.48	41.58	5.50	58.51	3.03	0.294	3.81	2.520	6.76
2010年春	9.77	43.92	6.01	59.21	3.43	0.364	5.95	2.369	7.00
2011年春	9.87	44.09	5.83	61.89	3.64	0.516	4.18	2.640	7.18
2012年春	9.57	45.19	6.68	62.05	3.39	0.613	5.11	2.937	7.28

（二）岗更诺尔湖水质调查

岗更诺尔湖（岗更湖）是达里诺尔湖的姊妹湖，位于达里诺尔湖的东南部，面积为23.89km^2，平均水深约1.7m，最大水深达2.5m。在湖的西北岸经沙里河与达里诺尔湖相连接。岗更诺尔湖属淡水湖，湖中盛产鲤、鲫、鲢、瓦氏雅罗鱼。

1. 岗更诺尔湖全年水质状况

由2012年的4次调查结果可见，岗更诺尔湖水质盐碱含量很低，属淡水湖泊，pH值平均为8.76，总碱度平均为5.30mmol/L，氯离子平均为0.78mmol/L，总硬度平均为3.89mmol/L，总含盐量平均为0.46‰。按阿列金分类法，岗更诺尔水质属碳酸盐Ⅰ型镁质水。岗更诺尔湖水溶解氧平均为9.16mg/L，总氮平均为3.04mg/L，总磷平均为0.251mg/L。水质中非离子氨含量较高，年平均值为0.094mg/L。水质耗氧量较高，特别是在春季，湖中高锰酸钾指数平均为31.96mg/L，化学需氧量平均为246mg/L，最高值可达344mg/L，夏季调查水质时耗氧量有所下降。

各种离子含量在春、夏、秋季虽有不同程度的波动，但总体趋于平稳。由于本年度雨水量大，入湖水量大于湖面蒸发量，所以夏、秋两季水质变化不大。冬季由于湖面结冰，水体中各种离子浓缩析出，故盐碱度和其他各种离子含量明显增加。具体测定结果详见表2-24、表2-25。

表2-24 岗更诺尔湖水中主要离子年变化情况

mmol/L

项目	pH值	Cl^-	SO_4^{2-}	总碱度	CO_3^{2-}	Ca^{2+}	总硬度	总含盐量（‰）
春季	8.70	0.73	0.32	4.71	0.43	1.05	3.94	0.41
夏季	8.88	0.76	0.03	4.97	0.43	1.55	3.59	0.43
秋季	8.86	0.71	<0.01	4.45	0.43	1.27	3.22	0.38
冬季	8.62	0.91	<0.01	7.08	0.21	1.93	4.80	0.61
年平均	8.76	0.78	0.09	5.30	0.38	1.45	3.89	0.46

表2-25 岗更诺尔湖溶解氧及主要营养盐类年变化情况

mg/L

项目	溶解氧	NO_3-N	NO_2-N	NH_4-N	总氮	PO_4^{3-}	总磷	非离子氨
春季	8.72	0.113	0.006	0.542	3.00	0.052	0.112	0.054
夏季	10.16	0.124	0.006	0.654	2.80	0.153	0.442	0.204
秋季	8.37	0.118	0.004	0.483	2.90	0.118	0.284	0.084
冬季	9.37	0.667	0.007	0.611	3.47	0.041	0.164	0.034
年平均	9.16	0.256	0.006	0.570	3.04	0.091	0.251	0.094

2. 岗更诺尔湖各季节水质情况

（1）春季调查结果

春季调查是在5月底，湖水平均温度为14℃，水体透明度为37.8（35～40）cm。pH值平均为8.70，总碱度平均为4.71mmol/L，总硬度为3.94mmol/L，总含盐量约为0.41‰。湖水溶解氧平均为8.72mg/L，总氮平均为3.00mg/L，总磷平均为0.112mg/L。湖水耗氧量高，高锰酸钾指数平均为31.96mg/L，化学需氧量平均为246mg/L。湖水非离子氨含量平均为0.054mg/L，氟化物含量平均为1.55mg/L、砷含量平均为0.032mg/L。水中铜、锌含量较低，挥发酚、氰化物、铅、镉、汞等污染物未检出。具体调查测定结果详见表2-26、表2-27、表2-28。

表2-26 5月岗更诺尔湖各采样点水中主要离子测定结果

mmol/L

项目	pH值	Cl^-	SO_4^{2-}	总碱度	CO_3^{2-}	Ca^{2+}	总硬度	总含盐量（‰）
1#	8.65	0.73	0.25	4.75	0.43	0.86	3.87	0.41
2#	8.63	0.78	0.42	4.75	0.43	1.12	4.04	0.43

（续）

项目	pH值	Cl^-	SO_4^{2-}	总碱度	CO_3^{2-}	Ca^{2+}	总硬度	总含盐量（‰）
3#	8.74	0.70	0.42	4.75	0.43	1.12	4.04	0.42
4#	8.80	0.73	0.25	4.54	0.43	1.03	3.87	0.39
5#	8.70	0.73	0.25	4.75	0.43	1.12	3.87	0.41
平均	8.70	0.73	0.32	4.71	0.43	1.05	3.94	0.41

表2-27　5月岗更诺尔湖各采样点溶解氧及主要营养盐类测定结果　mg/L

项目	溶解氧	NO_3-N	NO_2-N	NH_4-N	总氮	PO_4^{3-}	总磷
1#	8.98	0.143	0.008	0.566	3.13	0.054	0.105
2#	8.40	0.049	0.006	0.572	3.19	0.046	0.119
3#	8.57	0.096	0.004	0.508	2.62	0.046	0.113
4#	8.65	0.132	0.005	0.543	3.39	0.058	0.119
5#	8.98	0.144	0.006	0.520	2.68	0.054	0.105
平均	8.72	0.113	0.006	0.542	3.00	0.052	0.112

表2-28　5月岗更诺尔湖各采样点主要污染指标测定结果　mg/L

项目	非离子氨	高锰酸钾指数	化学需氧量	硫化物	氟化物	铜	锌	砷
1#	0.049	38.30	333	0.049	1.49	0.003	0.008	0.032
2#	0.047	39.70	344	0.054	1.62	0.009	0.012	0.032
3#	0.054	28.40	197	0.047	1.55	0.004	0.012	0.031
4#	0.065	26.30	158	0.062	1.62	0.007	0.017	0.034
5#	0.057	28.10	197	0.062	1.49	0.005	0.017	0.032
平均	0.054	31.96	246	0.055	1.55	0.006	0.013	0.032

注：氰化物<0.002、挥发酚<0.002、重金属铅<0.003、镉<0.005、汞<0.00001未检出。

（2）夏季水质调查结果

夏季调查是在7月，当地雨水较多，湖水平均温度为25.7℃，水体透明度为72（60～85）cm。pH值平均为8.88，总碱度平均为4.97mmol/L，总硬度为3.59mmol/L，总含盐量约为0.43‰。湖水溶解氧含量较高，平均为10.16mg/L，总氮平均为2.80mg/L，总磷较春季有所增高，平均为0.442mg/L。高锰酸钾指数、化学需氧量较春季明显下降，检测平均值分别为17.7mg/L、80.1mg/L。湖水非离子氨较春季明显增加，平均值为0.204mg/L，氟化物含量平均为1.55mg/L。水中铜、锌含量较低，挥发酚、氰化物、铅、镉、汞、砷等污染物未检出。具体调查测定结果详见表2-29、表2-30、表2-31。

表2-29　7月岗更诺尔湖各采样点水中主要离子测定结果　mmol/L

项目	pH值	Cl^-	SO_4^{2-}	总碱度	CO_3^{2-}	Ca^{2+}	总硬度	总含盐量（‰）
1#	8.84	0.78	<0.01	4.97	0.43	1.38	3.44	0.44

（续）

项目	pH值	Cl^-	SO_4^{2-}	总碱度	CO_3^{2-}	Ca^{2+}	总硬度	总含盐量（‰）
2#	8.97	0.73	0.08	4.97	0.43	1.63	3.70	0.43
3#	8.86	0.75	0.08	4.97	0.43	1.63	3.70	0.43
4#	8.84	0.81	<0.01	4.97	0.43	1.55	3.53	0.43
5#	8.91	0.75	<0.01	4.97	0.43	1.55	3.61	0.43
平均	8.88	0.76	0.03	4.97	0.43	1.55	3.59	0.43

表2-30　7月岗更诺尔湖各采样点溶解氧及主要营养盐类测定结果

mg/L

项目	溶解氧	NO_3–N	NO_2–N	NH_4–N	总氮	PO_4^{3-}	总磷
1#	11.42	0.127	0.005	0.625	2.87	0.116	0.269
2#	10.93	0.115	0.007	0.637	2.40	0.075	0.149
3#	8.85	0.125	0.005	0.555	2.65	0.062	0.314
4#	8.81	0.134	0.005	0.654	2.12	0.187	0.403
5#	13.06	0.121	0.006	0.800	3.98	0.324	1.075
平均	10.16	0.124	0.006	0.654	2.80	0.153	0.442

表2-31　7月岗更诺尔湖各采样点主要污染指标测定结果

mg/L

项目	非离子氨	高锰酸钾指数	化学需氧量	硫化物	氟化物	铜	锌
1#	0.183	17.7	90.9	0.018	1.63	0.010	0.038
2#	0.221	16.3	60.6	0.025	1.44	0.007	0.020
3#	0.167	17.7	90.9	0.018	1.50	0.010	0.019
4#	0.191	17.7	75.2	0.018	1.63	0.011	0.047
5#	0.258	19.0	82.7	0.018	1.56	0.008	0.025
平均	0.204	17.7	80.1	0.019	1.55	0.009	0.029

注：氰化物<0.002、挥发酚<0.002、砷<0.0001、重金属铅<0.003、镉<0.005、汞<0.00001未检出。

（3）秋季水质调查结果

秋季调查在9月下旬，湖水平均温度为16℃，水体透明度为37.8（34～40）cm。pH值平均为8.86，总碱度平均为4.45mmol/L，总硬度为3.22mmol/L，总含盐量约为0.38‰。湖水溶解氧平均为8.86mg/L，总氮平均为2.80mg/L，总磷平均为0.284mg/L。具体调查测定结果详见表2-32、表2-33。

表2-32　9月岗更诺尔湖各采样点水中主要离子测定结果

mmol/L

项目	pH值	Cl^-	SO_4^{2-}	总碱度	CO_3^{2-}	Ca^{2+}	总硬度	总含盐量（‰）
1#	8.97	0.78	<0.1	4.32	0.43	1.20	3.18	0.38
2#	8.88	0.70	<0.1	4.54	0.43	1.20	3.18	0.39
3#	8.81	0.67	<0.1	4.75	0.43	1.38	3.18	0.41
4#	8.83	0.70	<0.1	4.32	0.43	1.38	3.27	0.37

（续）

项目	pH值	Cl^-	SO_4^{2-}	总碱度	CO_3^{2-}	Ca^{2+}	总硬度	总含盐量（‰）
5#	8.83	0.70	<0.1	4.32	0.43	1.20	3.27	0.37
平均	8.86	0.71	<0.1	4.45	0.43	1.27	3.22	0.38

表2-33　9月岗更诺尔湖各采样点溶解氧及主要营养盐类测定结果　mg/L

项目	溶解氧	NO_3-N	NO_2-N	NH_4-N	总氮	PO_4^{3-}	总磷
1#	11.87	0.155	0.004	0.434	3.37	0.104	0.299
2#	7.42	0.070	0.004	0.525	2.97	0.129	0.314
3#	8.40	0.146	0.008	0.536	2.63	0.141	0.299
4#	6.67	0.111	0.003	0.445	3.07	0.037	0.119
5#	7.50	0.106	0.003	0.477	2.48	0.179	0.388
平均	8.37	0.118	0.004	0.483	2.90	0.118	0.284

（4）冬季水质调查结果

冬季采样时间为12月底，湖面封冰厚度约为0.8m，冰下湖水温度平均为3℃（2～4℃）。pH值平均为8.62，总碱度平均为7.08mmol/L，总硬度为4.80mmol/L，总含盐量约为0.61‰。湖水溶解氧含量较高，平均为9.37mg/L，总氮平均为3.74mg/L，总磷平均为0.164mg/L。具体调查测定结果详见表2-34、表2-35。

表2-34　12月岗更诺尔湖各采样点水中主要离子测定结果　mmol/L

项目	pH值	Cl^-	SO_4^{2-}	总碱度	CO_3^{2-}	Ca^{2+}	总硬度	总含盐量（‰）
1#	8.55	0.76	<0.1	7.25	0.21	1.89	4.82	0.62
2#	8.63	0.89	<0.1	7.25	0.21	1.89	4.82	0.63
3#	8.54	0.94	<0.1	6.82	0.21	1.98	4.73	0.59
4#	8.65	1.00	<0.1	7.04	0.21	1.98	4.90	0.61
5#	8.74	0.94	<0.1	7.04	0.21	1.89	4.73	0.61
平均	8.62	0.91	<0.1	7.08	0.21	1.93	4.80	0.61

表2-35　12月岗更诺尔湖各采样点溶解氧及主要营养盐类测定结果　mg/L

项目	溶解氧	NO_3-N	NO_2-N	NH_4-N	总氮	PO_4^{3-}	总磷
1#	7.01	0.658	0.008	0.686	3.15	0.054	0.119
2#	10.12	0.702	0.005	0.520	3.11	0.033	0.194
3#	6.77	0.798	0.006	0.584	3.05	0.037	0.105
4#	9.79	0.542	0.007	0.584	3.21	0.050	0.149
5#	13.14	0.635	0.007	0.681	4.85	0.029	0.254
平均	9.37	0.667	0.007	0.611	3.47	0.041	0.164

3. 近几年岗更诺尔湖水质变化情况

近几年，内蒙古自治区水产技术推广站一直对岗更诺尔水质进行常规监测，选择每年春季水质监测数据进行比较，可以看出岗更诺尔湖为纯淡水湖，水中各种离子含量呈波动变化，但变化幅度不大，这应与岗更诺尔湖入湖水量较稳定有关。从对比结果看，水质pH值变化相对较大，这与采样时间和当时天气情况有一定关系，如在清晨或是在阴天情况下采样，水中浮游植物光合作用能力较低，则水质pH值相对较低；当晴天的午后采样，水中浮游植物光合作用强烈，水质pH值就相对较高。岗更诺尔湖水耗氧量高，2009年春季测定高锰酸钾指数平均值为35.47mg/L，化学需氧量平均值为185mg/L；本次调查中春季采样的高锰酸钾指数平均值为31.96mg/L，化学需氧量平均值为246mg/L。岗更诺尔水质中其他污染指标含量较低。近年来，湖中主要离子和几种营养盐类变化情况见表2-36。

表2-36　近几年岗更诺尔湖水中主要离子年变化情况

mmol/L

项目	pH值	Cl^-	总碱度	总硬度	NO_3-N	NO_2-N	NH_4-N（mg/L）	总氮（mg/L）	总磷（mg/L）
2008年春	8.98	0.60	4.27	3.45	0.121	0.025	1.180	3.66	0.363
2009年春	8.41	0.59	3.98	2.80	0.041	0.013	0.522	4.57	0.249
2010年春	8.22	0.63	4.86	4.02	0.038	0.007	0.561	3.81	0.116
2011年春	7.90	0.80	4.86	4.24	0.163	0.003	0.684	2.68	0.234
2012年春	8.70	0.73	4.71	3.94	0.113	0.006	0.542	3.00	0.112

（三）多伦诺尔湖及两条主要河流水质调查

多伦诺尔湖（鲤鱼湖）位于达里诺尔湖的西北部，面积为2.26km^2，经耗来河与达里诺尔湖连接，平均水深约1.7m，最大水深达3.5m。多伦诺尔湖属淡水湖，湖中盛产鲤、鲫、鲢、瓦氏雅罗鱼。

达里诺尔湖周边有贡格尔河、沙里河、亮子河、耗来河4条河流入湖，我们选择其中2条入湖水量较稳定的贡格尔河、亮子河进行了水质调查监测。

1. 多伦诺尔湖及两条河流全年水质状况

（1）多伦诺尔湖水质状况

从2012年4次调查结果可见，多伦诺尔湖水质含盐量低，为纯淡水湖泊，但水体酸碱度较大，pH值年平均为9.04，氯离子含量平均为0.76mmol/L，总碱度平均为3.97mmol/L，总硬度平均为2.97mmol/L，湖水总含盐量为0.36‰。湖水有效氮含量平均为0.68mg/L，主要为铵态氮和硝态氮，亚硝态氮含量较低。总氮含量平均为1.90mg/L，总磷含量平均为0.156mg/L。多伦诺尔湖水耗氧量较高，特别是在春季，化学需氧量平均为352mg/L，最高值出现在湖的西部，可达617mg/L，夏季调查时湖水耗氧量明显降低。另外，湖水中非离子氨含量较高，年平均值为0.13mg/L。各种离子含量在春、夏、秋季虽有不同程度的波动，但总体趋于平稳。由于本年度雨水量大，入湖水量大于湖面蒸发量，所以夏、秋两季水质变化不大。冬季由于湖面结冰，水体中各种离子浓缩析出，故盐碱度及各种离子含量明显增加。具体结果详见表2-37、表2-38。

表2-37 多伦诺尔湖水中主要离子年变化情况 mmol/L

项目	pH值	Cl^-	SO_4^{2-}	总碱度	CO_3^{2-}	Ca^{2+}	总硬度	总含盐量（‰）
春季	8.97	0.63	0.77	3.30	0.33	0.86	3.27	0.32
夏季	9.19	0.67	0.08	3.02	0.43	0.78	2.32	0.27
秋季	9.25	0.60	<0.10	3.03	0.22	0.60	2.28	0.27
冬季	8.75	1.13	<0.10	6.51	0.21	1.68	4.00	0.59
年平均	9.04	0.76	0.24	3.97	0.30	0.98	2.97	0.36

表2-38 多伦诺尔湖溶解氧及主要营养盐类年变化情况 mg/L

项目	溶解氧	NO_3-N	NO_2-N	NH_4-N	总氮	PO_4^{3-}	总磷	非离子氨
春季	8.86	0.111	0.006	0.499	1.51	0.059	0.125	0.076
夏季	7.43	0.088	0.004	0.666	1.99	0.044	0.127	0.306
秋季	8.24	0.073	0.004	0.359	1.91	0.061	0.212	0.121
冬季	13.83	0.836	0.006	0.266	2.20	0.048	0.161	0.019
年平均	9.59	0.227	0.005	0.448	1.90	0.053	0.156	0.130

（2）贡格尔河水质状况

贡格尔河冬季全河封冰，故只在明水期进行了3次调查监测。从3次调查结果可见，贡格尔河水质呈碱性，pH值平均为8.45，总碱度平均为3.02mmol/L，总硬度平均为2.91mmol/L，河水中其他各种离子含量较低，总含盐量仅为0.27‰。贡格尔河水有效氮含量平均为0.653mg/L，其中主要成分为铵态氮，亚硝态氮含量很低。河水总氮平均为0.73mg/L，总磷平均为0.190mg/L。春季河水耗氧量较高，尤其是上游河段，高锰酸钾指数为28.4mg/L，化学需氧量达437mg/L，夏季调查时两项指标明显下降。夏季由于水温升高，非离子氨含量也明显升高。具体监测结果详见表2-39、表2-40。

表2-39 贡格尔河水中主要离子年变化情况 mmol/L

项目	pH值	Cl^-	SO_4^{2-}	总碱度	CO_3^{2-}	Ca^{2+}	总硬度	总含盐量（‰）
春季	8.54	0.32	0.56	2.38	0.22	1.08	2.84	0.22
夏季	8.75	0.45	0.16	3.43	0.22	1.89	2.92	0.30
秋季	8.06	0.42	0.18	3.24	0.00	1.81	2.96	0.29
年平均	8.45	0.40	0.30	3.02	0.15	1.59	2.91	0.27

表2-40 贡格尔河溶解氧及主要营养盐类年变化情况 mg/L

项目	溶解氧	NO_3-N	NO_2-N	NH_4-N	总氮	PO_4^{3-}	总磷	非离子氨
春季	9.88	0.072	0.005	0.674	0.87	0.037	0.126	0.041
夏季	8.65	0.074	0.005	0.619	0.63	0.062	0.149	0.158
秋季	8.41	0.092	0.002	0.418	0.69	0.054	0.294	0.012
年平均	8.98	0.079	0.004	0.570	0.73	0.051	0.190	0.070

（3）亮子河水质状况

亮子河由于冬季封冰，也是在明水期进行了3次调查。从调查结果可见，亮子河水质呈碱性，pH值平均为8.31，总碱度平均为2.99mmol/L，总硬度平均为2.93mmol/L，河水其他各种离子含量较低，总含盐量为0.28‰。亮子河水有效氮平均为0.707mg/L，其中主要成分为铵态氮。河水总氮平均为0.86mg/L，总磷平均为0.207mg/L。春季河水耗氧量相对较高，夏季调查时明显下降。夏季由于水温升高，非离子氨含量也明显升高。具体调查结果详见表2-41、表2-42。

表2-41　亮子河水中主要离子年变化情况

mmol/L

项目	pH值	Cl^-	SO_4^{2-}	总碱度	CO_3^{2-}	Ca^{2+}	总硬度	总含盐量（‰）
春季	8.31	0.31	0.60	2.70	0.00	1.12	2.84	0.27
夏季	8.39	0.22	0.17	3.02	0.00	1.89	2.84	0.26
秋季	8.23	0.34	0.43	3.24	0.00	1.89	3.10	0.30
年平均	8.31	0.29	0.40	2.99	0.00	1.63	2.93	0.28

表2-42　亮子河溶解氧及主要营养盐类年变化情况

mg/L

项目	溶解氧	NO_3-N	NO_2-N	NH_4-N	总氮	PO_4^{3-}	总磷	非离子氨
春季	11.26	0.078	0.008	0.613	0.78	0.079	0.113	0.025
夏季	7.83	0.104	0.011	0.742	1.09	0.137	0.284	0.096
秋季	7.09	0.123	0.002	0.440	0.71	0.087	0.224	0.023
年平均	8.73	0.102	0.007	0.598	0.86	0.101	0.207	0.048

2. 多伦诺尔湖及两条主要河流各季节水质情况

（1）春季水质调查结果

春季调查是在5月底，多伦诺尔湖水平均温度为13℃，水体透明度为40cm，pH值平均为8.97，总碱度平均为3.30mmol/L，总硬度为3.27mmol/L，总含盐量约为0.325‰。湖水溶解氧平均为8.86mg/L，总氮平均为1.51mg/L，总磷平均为0.125mg/L。湖水耗氧量高，尤其是湖西部采样点，高锰酸钾指数为32.1mg/L，化学需氧量为617.0mg/L。湖水非离子氨含量平均为0.076mg/L。水中氟化物、砷和重金属铜、锌含量较低，挥发酚、氰化物、铅、镉、汞等污染物未检出。

贡格尔河上游采样点水耗氧量较高，高锰酸钾指数为28.4mg/L，化学需氧量为437mg/L，下游水耗氧量明显降低。两条河流各种主要离子和其他污染物含量较低。具体测定结果详见表2-43、表2-44、表2-45。

表2-43　5月多伦诺尔湖及两条河流各采样点水中主要离子测定结果

mmol/L

项目	pH值	Cl^-	SO_4^{2-}	总碱度	CO_3^{2-}	Ca^{2+}	总硬度	总含盐量（‰）
多伦诺尔湖东	8.94	0.61	0.77	3.35	0.22	0.86	3.27	0.330

（续）

项目	pH值	Cl^-	SO_4^{2-}	总碱度	CO_3^{2-}	Ca^{2+}	总硬度	总含盐量（‰）
多伦诺尔湖西	8.99	0.64	0.77	3.24	0.43	0.86	3.27	0.320
平均	8.97	0.63	0.77	3.30	0.33	0.86	3.27	0.325
贡格尔河上	8.58	0.31	0.51	2.38	0.22	1.03	2.84	0.220
贡格尔河下	8.49	0.34	0.60	2.38	0.22	1.12	2.84	0.230
亮子河	8.31	0.31	0.60	2.70	0.00	1.12	2.84	0.270

表2-44 5月多伦诺尔湖及两条河流各采样点溶解氧及主要营养盐类测定结果 mg/L

项目	溶解氧	NO_3–N	NO_2–N	NH_4–N	总氮	PO_4^{3-}	总磷
多伦诺尔湖东	9.22	0.109	0.007	0.508	1.50	0.046	0.137
多伦诺尔湖西	8.49	0.113	0.005	0.491	1.52	0.071	0.113
平均	8.86	0.111	0.006	0.499	1.51	0.059	0.125
贡格尔河上	10.04	0.069	0.004	0.438	0.82	0.042	0.134
贡格尔河下	9.71	0.074	0.006	0.911	0.92	0.032	0.119
亮子河	11.26	0.078	0.008	0.613	0.78	0.079	0.113

表2-45 5月多伦诺尔湖及两条河流各采样点主要污染指标测定结果 mg/L

项目	非离子氨	高锰酸钾指数	化学需氮量	硫化物	氟化物	铜	锌	砷
多伦诺尔湖东	0.075	13.2	87.4	0.018	0.40	0.009	0.021	0.021
多伦诺尔湖西	0.078	32.1	617.0	0.018	0.43	0.006	0.012	0.017
平均	0.076	23.2	352.5	0.018	0.42	0.008	0.017	0.019
贡格尔河上	0.032	28.4	437.0	0.032	0.84	0.006	0.024	0.028
贡格尔河下	0.050	12.7	82.0	0.032	0.71	0.006	0.018	0.027
亮子河	0.025	11.5	87.4	0.018	0.51	0.004	0.010	0.026

注：氰化物<0.002、挥发酚<0.002、重金属铅<0.003、镉<0.005、汞<0.00001未检出。

（2）夏季水质调查结果

夏季调查是在7月下旬，多伦诺尔水湖平均温度为24.2℃，水体透明度为51.5cm，pH值平均为9.19，总碱度为3.02mmol/L，总硬度为2.32mmol/L，总含盐量约为0.27‰。湖水溶解氧平均为7.43mg/L，总氮平均为1.99mg/L，总磷平均为0.127mg/L。湖水耗氧量较春季明显下降，高锰酸钾指数为12.55mg/L，化学需氧量为60.6mg/L。湖水非离子氨和重金属铜含量升高，平均值分别为0.306mg/L、0.018mg/L。水中氟化物、硫化物和重金属锌含量较低，挥发酚、氰化物、铅、镉、汞等污染物未检出。

贡格尔河、亮子河耗氧量较春季明显降低，而非离子氨和重金属铜含量有所增高，其他检测指标较低。具体测定结果详见表2-46、表2-47、表2-48。

表2-46　7月多伦诺尔湖及两条河流各采样点水中主要离子测定结果　　mmol/L

项目	pH值	Cl^-	SO_4^{2-}	总碱度	CO_3^{2-}	Ca^{2+}	总硬度	总含盐量（‰）
多伦诺尔湖东	9.22	0.73	0.08	3.02	0.43	0.78	2.32	0.27
多伦诺尔湖西	9.16	0.61	0.08	3.02	0.43	0.78	2.32	0.27
平均	9.19	0.67	0.08	3.02	0.43	0.78	2.32	0.27
贡格尔河	8.75	0.45	0.16	3.43	0.22	1.89	2.92	0.30
亮子河	8.39	0.22	0.17	3.02	0.00	1.89	2.84	0.26

表2-47　7月多伦诺尔湖及两条河流各采样点溶解氧及主要营养盐测定结果　　mg/L

项目	溶解氮	NO_3-N	NO_2-N	NH_4-N	总氮	PO_4^{3-}	总磷
多伦诺尔湖东	7.34	0.115	0.004	0.368	2.26	0.046	0.105
多伦诺尔湖西	7.51	0.060	0.003	0.964	1.72	0.042	0.149
平均	7.43	0.088	0.004	0.666	1.99	0.044	0.127
贡格尔河	8.65	0.074	0.005	0.619	0.63	0.062	0.149
亮子河	7.83	0.104	0.011	0.742	1.09	0.137	0.284

表2-48　7月多伦诺尔湖及两条河流各采样点主要污染指标测定结果　　mg/L

项目	非离子氨	高锰酸钾指数	化学需氮量	硫化物	氟化物	铜	锌
多伦诺尔湖东	0.178	12.90	68.2	0.027	0.49	0.013	0.025
多伦诺尔湖西	0.433	12.20	53.0	0.037	0.49	0.023	0.033
平均	0.306	12.55	60.6	0.032	0.49	0.018	0.029
贡格尔河	0.158	12.20	30.1	0.018	0.80	0.018	0.063
亮子河	0.096	8.82	22.6	0.029	0.55	0.022	0.036

注：氰化物<0.002、挥发酚<0.002、砷<0.0001、重金属铅<0.003、镉<0.001、汞<0.00001未检出。

（3）秋季水质调查结果

秋季调查多伦诺尔湖平均水温为13℃，水体透明度为30cm，pH值平均为9.25，总碱度为3.03mmol/L，总硬度为2.28mmol/L，总含盐量约为0.27‰。湖水溶解氧平均为8.24mg/L，总氮平均为1.91mg/L，总磷平均为0.212mg/L。

两条河流各种离子和营养盐类含量无明显变化。具体测定结果详见表2-49、表2-50。

表2-49　9月多伦诺尔及两条河流各采样点水中主要离子　　mmol/L

项目	pH值	Cl^-	SO_4^{2-}	总碱度	CO_3^{2-}	Ca^{2+}	总硬度	总含盐量（‰）
多伦诺尔湖东	9.24	0.59	<0.10	2.81	0.22	0.60	2.24	0.25
多伦诺尔湖西	9.26	0.61	<0.10	3.24	0.22	0.60	2.32	0.29
平均	9.25	0.60	<0.10	3.03	0.22	0.60	2.28	0.27
贡格尔河上	8.05	0.39	0.25	3.46	0.00	1.81	3.18	0.31
贡格尔河下	8.06	0.45	0.10	3.02	0.00	1.81	2.75	0.27
亮子河	8.23	0.34	0.43	3.24	0.00	1.89	3.10	0.30

表2-50 9月多伦诺尔湖及两条河流各采样点溶解氧及主要营养盐类测定结果 mg/L

项目	溶解氮	NO_3-N	NO_2-N	NH_4-N	总氮	PO_4^{3-}	总磷	非离子氨
多伦诺尔湖东	8.40	0.074	0.003	0.311	1.64	0.054	0.179	0.103
多伦诺尔湖西	8.08	0.071	0.005	0.407	2.18	0.067	0.245	0.138
平均	8.24	0.073	0.004	0.359	1.91	0.061	0.212	0.121
贡格尔河上	8.90	0.127	0.003	0.434	0.87	0.067	0.343	0.013
贡格尔河下	7.91	0.056	0.001	0.402	0.51	0.042	0.245	0.012
亮子河	7.09	0.123	0.002	0.440	0.71	0.087	0.224	0.023

（4）冬季水质调查结果

冬季调查时多伦诺尔封冰，冰层厚度约为70cm。冰下水温约为3℃，水质pH值平均为8.75，总碱度为6.51mmol/L，总硬度为4.00mmol/L，总含盐量约为0.59‰。湖水溶解氧较高，平均为13.83mg/L，总氮平均为2.20mg/L，总磷平均为0.161mg/L。由于水温较低，非离子氨含量明显降低。

贡格尔河、亮子河通体封冰，没有采到水质样品。具体测定结果详见表2-51、表2-52。

表2-51 12月多伦诺尔湖各采样点水中主要离子测定结果 mmol/L

项目	pH值	Cl^-	SO_4^{2-}	总碱度	CO_3^{2-}	Ca^{2+}	总硬度	总含盐量（‰）
多伦诺尔湖东	8.82	1.09	<0.1	5.76	0.21	1.63	3.96	0.52
多伦诺尔湖西	8.67	1.17	<0.1	7.25	0.21	1.72	4.04	0.65
平均	8.75	1.13	<0.1	6.51	0.21	1.68	4.00	0.59

表2-52 12月多伦诺尔湖各采样点溶解氧及主要营养盐类测定结果 mg/L

项目	溶解氧	NO_3-N	NO_2-N	NH_4-N	总氮	PO_4^{3-}	总磷	非离子氨
多伦诺尔湖东	12.48	0.595	0.004	0.236	2.04	0.046	0.113	0.020
多伦诺尔湖西	15.18	1.076	0.007	0.295	2.36	0.050	0.209	0.018
平均	13.83	0.836	0.006	0.266	2.20	0.048	0.161	0.019

3. 多伦诺尔湖近几年水质变化情况

近几年对多伦诺尔水质监测较少，只在2005年进行过一次全年四个季度的调查监测，2010年春季进行过一次水质常规监测。从这几次监测结果看，各项测定指标虽有一定的波动，但变化幅度不大。具体情况详见表2-53。

表2-53 近几年多伦诺尔湖水中主要离子年变化情况

mmol/L

项目	pH值	Cl^-	总碱度	总硬度	NO_3-N	NO_2-N	NH_4-N (mg/L)	总氮 (mg/L)	总磷 (mg/L)
2005年春	8.73	0.46	3.33	2.50	0.024	0.008	0.372	3.08	0.249
2010年春	8.61	0.62	3.71	3.38	0.035	0.012	0.191	3.35	0.115
2012年春	8.97	0.63	3.30	3.27	0.111	0.006	0.499	1.51	0.125

第六节 土 壤

保护区地带性土壤为栗钙土，由于地貌类型及小气候条件的不同，影响到各区域的水热条件的再分配，从而使土壤类型也有所不同。北部及西部的玄武岩台地上分布有大面积的暗栗钙土，在湖盆洼地、河流滩地以及丘间低地上分布有草甸土、沼泽土及盐土，南部的浑善达克沙地上广泛分布有风沙土。曼陀山分布有少量粗骨土。

达里诺尔自然保护区的土壤在母质、气候、水文、生物、地形、成土时间等自然因素的综合作用下，形成6个土类10个亚类。依据中国土壤分类系统，达里诺尔国家级自然保护区土壤分类详见表2-54。

表2-54 达里诺尔国家级自然保护区土壤类型表

土纲	土类	亚类	分布
腐殖土	草甸土	盐化草甸土	达日罕乌拉苏木和贡格尔河、耗来河流域，以及达里诺尔东部的湖泊洼地、岗更诺尔湖东部湖滨区
		石灰性草甸土	
钙层土	栗钙土	暗栗钙土	大面积分布于达里诺尔湖西部和北部玄武岩台地，在岗更诺尔湖北部及达里诺尔湖南部浑善达克沙地有零星分布
		草甸栗钙土	
初育土	风沙土	流动风沙土	南部的浑善达克沙地，在达里诺尔东南部也有少量分布
		半固定风沙土	
		固定风沙土	
	粗骨土	钙质粗骨土	曼陀山
水成土	沼泽土	泥炭沼泽土	岗更诺尔湖周边及亮子河沿岸有季节性积水的低洼地区
盐碱土	盐土	草甸盐土	达里诺尔湖东部湖滨区及岗更诺尔湖盆区域

现将土类的分布与性状加以说明。

一、草甸土

达里诺尔自然保护区草甸土包括盐化草甸土和石灰性草甸土两个亚类，主要分布在达日罕乌拉苏木和贡格尔河、耗来河流域，以及达里诺尔东部的湖泊洼地、岗更诺尔湖东部湖滨区。土壤母质以冲积物和湖积物为主，成土过程为腐殖质积累过程和氧化还原过程交替进行，表土腐殖质层厚40～50cm，暗灰色和棕灰色，有机质含量平均为5.47%～26.00%，pH值7.0～8.9，呈中性或微碱性反应，草甸土肥力较高，植被为湿生型草甸植被，如鹅绒委陵菜草甸、柳灌丛等。

二、栗钙土

达里诺尔国家级自然保护区栗钙土包括暗栗钙土和草甸栗钙土两个亚类，是达里诺尔周围草原植被下发育的典型草原土壤，大面积分布于达里诺尔湖西部和北部玄武岩台地上，在岗更诺尔湖北部及达里诺尔湖南部浑善达克沙地也有零星分布。

栗钙土是温带半干旱地区干草原下形成的土壤，表层为栗色或暗栗色的腐殖质层，厚度为25～45cm，有机质含量平均为2.33%，腐殖质层以下为含有多量灰白色斑状或粉状石灰的钙积层，石灰含量达10%～30%。典型的剖面构型为Ah-Bk-C。pH值7.5～9.0，呈碱性反应。达里诺尔国家级自然保护区的栗钙土具少腐殖质、少盐化、少碱化和无石膏或深位石膏及弱黏化特点，植被为较耐旱的多年生草本植物，如大针茅、克氏针茅等，伴生有部分耐旱的小灌木，如小叶锦鸡儿，是典型草原植被下发育的草原土壤，适宜发展畜牧业。

三、风沙土

达里诺尔自然保护区风沙土包括流动风沙土、半固定风沙土和固定风沙土三个亚类，主要分布于南部的浑善达克沙地，在达里诺尔东南部也有少量分布。

风沙土是干旱与半干旱地区于沙性母质上形成的幼年土，处于土壤发育的初始阶段，成土过程微弱。风沙土的形成始终贯穿着风蚀沙化的风蚀过程和植被固沙的生草化过程，其形成大致分为三个阶段，即流动风沙土阶段、半固定风沙土阶段和固定风沙土阶段。

风沙土的颗粒组成十分均一，细沙粒（0.25～0.05mm）含量高达80%以上。流动风沙土的表层为一疏松的干沙层，厚度一般为5～20cm，含水量低于1%。干沙层以下水分比较稳定，含水量为20～30g/kg，对耐旱的沙生先锋植物的定居有利，降水多的季节含水量可达40～60g/kg，亦能满足耐旱的草灌和乔木的生长。半固定和固定风沙土由于植物吸收与蒸腾，上层土壤水分含量更低。风沙土的有机质含量低，一般在1～6g/kg，长期固定或耕种的风沙土的有机质可达5g/kg左右。土壤钾素丰富，氮磷缺乏，阳离子交换量2～5cmol/kg，供肥能力差，土壤贫瘠。pH值在8～9，呈弱碱至碱性反应。表土腐殖质层平均厚21.14cm，呈灰棕色，表层有机质平均含量为1.65%～3.12%，下部是母质层，植被覆盖度在20%～90%，乔、灌、草混生，以榆树疏林为主，林下草本植物有黄蒿、麻花头、画眉草、糙隐子草等植物。

四、粗骨土

达里诺尔自然保护区粗骨土为钙质粗骨土，仅在曼陀山有少量分布。

粗骨土的理化性状与母岩风化物的性质密切相关，如土壤细粒部分的质地可从砂土到黏土。土壤反应酸性、中性及石灰性均有，pH值5.4～8.5。土壤有机质含量多数在20～25g/kg，低的1g/kg左右，高的可达40g/kg以上，这与植被生长疏密程度有关。一般林地的土壤有机质比草地的高，自然土的比耕作土的高。全磷含量平均为0.5g/kg左右，全钾在20g/kg以下。

粗骨土是一类生产性能不良的土壤，一般不宜农用。达里诺尔国家级自然保护区以疏林灌丛草地或裸地为多，植被多为稀疏灌丛草类，生长有楼斗叶绣线菊、大果榆、克氏针茅等植物，植被覆盖率较高，地面有较多的凋落物积累，土壤持水量较大，有明显的生物量积累特征。

五、沼泽土

达里诺尔自然保护区沼泽土只有一个亚类，为泥炭沼泽土，主要分布于岗更诺尔湖周边及亮子河沿岸有季节性积水的低洼地区。

沼泽土是发育于长期积水并生长喜湿植物的低洼地土壤。其表层积聚大量分解程度低的有机质或泥炭，土壤呈微酸性至酸性反应；底层有低价铁、锰存在。沼泽土的形成被称为沼泽化过程。它包括了潜育化过程、腐泥化过程或泥炭化过程。

沼泽土大都分布在低洼地区，具有季节性或长年的停滞性积水，地下水位都在lm以上，并具有因沼生植物的生长和有机质的嫌气分解而形成潜育化过程的生物化学过程。沼生植被一般是低地的低位沼泽植被，如芦苇沼泽、水葱沼泽、苔草草甸等。

六、盐　土

达里诺尔自然保护区盐土以草甸盐土为主，主要分布于达里诺尔东部湖滨区及岗更诺尔湖盆区域。

盐土是一种含水溶性盐类较多的低产土壤，表面有盐霜或盐结皮，pH值一般不超过8.5。盐土中常见的水溶性盐类有钠、钾、钙、镁的氯化物，硫酸盐，碳酸盐和碳酸氢盐等。表层含盐量多在3%～10%，个别高的可达30%，甚至50%，心土含盐也在1%～2%以上。

积盐状况有下列几种：①分布在洼地边缘的盐土。生长地表植物有小果白刺、碱蓬、碱茅、滨藜和碱蒿等，盖度<10%。表层有薄层盐结皮，盐分组成以氯化镁、氯化钠为主，这种盐土叫结皮盐土。有的结皮中含较多碳酸氢钠，碱性较大，可叫碱化结皮盐土。②分布在地形微高起部位的盐土。生长植物以芨芨草为主，表层除形成盐结皮外，下面还有2～5cm疏松粉末状聚盐层，盐分组成以氯化物、硫酸盐、镁、钠为主。由于硫酸盐被蒸干失水后，体积缩小，使土内产生空隙，形成粉末疏松聚盐层，这种盐土叫结皮疏松盐土。③分布在低湿积水边缘的盐土。积盐过程与沼泽过程交替进行，表层形成盐结皮，心土、底土中的潜育化现象明显。盐分组成既有全以氯化钠为主的，又有全以氯化物、硫酸钠为主的。这类盐土差不多都含有较多碳酸氢钠，土壤碱性一般较大，可叫碱化沼泽盐土。

第七节　生态系统

保护区特殊的地貌类型和复杂的自然地理条件形成了其多样的生态系统。从景观水平来看，保护区主要由三个大的自然景观区域构成：西北部为波状起伏、宽阔坦荡的台地草原及湖积平原草原景观，南部为连绵起伏的沙地景观，中央及东部为以达里诺尔湖为中心的独特的高原内陆湖群以及由湖群及河流发育形成的湿地景观。在这些不同的区域中分布有林地、草原、湿地及农田等生态系统。

一、林地生态系统

保护区的林地生态系统分布较集中，除位于达来诺日渔场场部及几个较大的嘎查周围小面积的人工防护林外，其余均分布于保护区南部的浑善达克沙地及曼陀山上。由于浑善达克沙地特殊的气候及水热条件，形成了保护区境内别具一格的榆树疏林生态系统。这里植被发育良好，郁蔽度较高，垂直结构明显分为3层。乔木层主要为榆树；灌木层有小叶锦鸡儿、西伯利亚杏、东北木蓼、内蒙沙蒿、小黄柳等；草本层有冰草、糙隐子草、羊草、苔草及一些一年生丛生禾草和沙生杂类草等。榆树疏林在保护区境内分布面积为25491.64hm^2，占保护区总面积的21.34%。曼陀山为坐落在达里诺尔湖南岸的石质低山，是一座古老的残山。这里由于多年的围山护林，山上形成了保护区又一处独特的景观。植被组成主要为：以山杨、大果榆、榆为代表的乔木，和以虎榛子、小叶茶藨、黑果栒子木、楼斗叶绣线菊等为主的灌木，以及以克氏针茅、无芒雀麦、冰草等组成的多年生草本。

在林地生态系统中分布有约50多种鸟类，其中有隼形目鹰科、隼科，鸮形目鸱鸮科，鸽形目鸠鸽科，鹃形目杜鹃科，戴胜目的戴胜科，以及雀形目中的一些鸟类。这里也是国家一级重点保护野生鸟类——白鹳、黑鹳的繁殖区域。另外，这里还分布有狼、狐狸、狍子，以及啮齿类和爬行类的一些动物。

另外在渔场，阿其乌拉、达里、达尔罕等居民点，苏木和几个较大的嘎查所在地，分布着人工林地，树种主要为杨树，分布面积17.86hm^2，占保护区总面积的0.01%。这里是许多小型林型鸟类筑巢繁殖的场所。

二、草原生态系统

该保护区地带性植被为草原，广泛分布于保护区境内的台地、湖积平原及一些山地顶部，总面积为54446.4lhm^2，占保护区总面积的45.59%，主要代表群落为以羊草为建群种的羊草草原和以大针茅为建群种的大针茅草原。羊草草原群落中除建群种——羊草外，主要植物还有糙隐子草、克什针茅、达乌里胡枝子、扁蓿豆、山葱等；大针茅草原的群落盖度为20%～30%，草层高度为20～40cm，群落中优势种除大针茅外，还有羊草，糙隐子草、达乌里胡枝子等。

由于该地区除网围栏内的草场外，其余大部分草场都存在过牧现象，从而使部分草场发生了不同程度的退化。在过牧的草场上，羊草草原群落中冷蒿已成为优势种，而在较严重退化的草场上，冷蒿取代了羊草的建群地位，成为以冷蒿为建群种的退化草原；在大针茅草原群落中，小叶锦鸡儿及狼毒所占比重较大，成为了优势种，形成大针茅、小叶锦鸡、糙隐子草草原和大针茅、狼毒、糙隐子草草原。另外，以克氏针茅、糙隐子草、冷蒿占优势的草原分布在居民点附近、道路两旁、河流两旁过渡放牧地区，以芨芨草和马蔺为优势种的群落则分布于盐渍化较严重的草场上。

该保护区草原生态系统地域面积大，地势平坦，栖息着众多的野生动物。这里是多数雀形目鸟类及许多猛禽的活动区域，常见的有：小沙百灵、云雀、蒙古百灵、凤头百灵、斑翅山鹑、小鹀、田鹀、鸢、雀鹰、白尾鹞、灰背隼等。这里是国家一级重点保护野生鸟类——大鸨的繁殖活动区域，并且分布数量较大。另外，这里还分布有狼、狐狸以及种类、数量较多的啮齿类动物。

三、湿地生态系统

保护区独特的地形地貌及丰富的水资源条件形成了大面积的湿地，使得湿地生态系统在该保护区生态系统中占有绝对优势。在保护区境内，湿地总面积为42736.95hm^2，占保护区总面积的35.78%。在保护区湿地生态系统中，野生动物，特别是鸟类，是组成湿地生态系统的重要因子，它依赖着湿地生态系统而生存、繁殖，维持着湿地生态系统的稳定平衡。该保护区约60多种鸟类栖息繁殖于湿地中，并且数量很大，最大集群时数量可达到几万只以上。

该保护区的湿地生态系统主要包括湖泊系统、河流系统和沼生系统等三种类型。

1. 湖泊系统

保护区境内分布的湖泊总面积为25644.33hm^2，占该保护区总面积的21.47%，占湿地总面积的60%。它由分布于保护区境内的达里诺尔湖、岗更诺尔湖、多伦诺尔湖等三个较大的湖泊，以及散布于境内的十几个常年积水的水泡子组成。其中，除达里诺尔湖为苏达型半咸水湖外，其余均为淡水湖。湖中水生生物种类丰富，除大量的浮游动植物、底栖动物和水生维管束植物外，湖中有鱼类23种，其中以达里诺尔湖命名的达里湖高原鳅为中国特有种。

位于保护区东部的宝音图泡子面积为224.36hm^2。由于这里水浅，春季开化早，水生动植物种类、数量都较多，并且岸边生长有较大面积的柳灌丛。所以，这里是保护区候鸟迁徙季节中鸟类集群数量最多的地方，每年的春季在大湖开化之前，便有几千只大天鹅及其他大量的水禽在此栖息、觅食。

分布于保护区湖泊系统中的鸟类主要有大天鹅、小天鹅、鸬鹚、海鸥、银鸥以及十几种雁鸭类等大量水禽，数量最多可达几万只。

2. 河流系统

保护区河流系统主要由境内的贡格尔河、亮子河、沙里河及耗来河等4条河流组成，境内总面积为1501.92hm^2，占保护区总面积的1.25%，占保护区湿地面积的3.51%。它既是保护区湖泊的主要水分及营养来源，也为鱼类洄游提供了条件。同时，河流两岸河滩地上发育形成了大面积的沼泽、湿草甸及柳灌丛，其上生长着莎草科和禾本科的湿生植物。

3. 沼生系统

沼生系统在保护区境内分布面积为15590.70hm^2，占保护区湿地总面积的36.48%。其特殊的生境为各种涉禽提供了丰富的食物来源和营巢避敌的良好条件。因此，每年春夏季节这里都有成群的鸟类在此繁殖。这里主要有鹤形目、鹳形目、雁形目、鸻形目和鸥形目的一些鸟类。

该保护区的沼生系统可分为三个亚系统四个类型。

（1）终年积水—挺水植物型湿地

这类湿地主要分布在保护区东南部，达里诺尔湖及牤牛泡子的湖滩地上。其地表常年有浅水覆盖，上面生长有芦苇、香蒲及水葱等植物，为水鸟营巢育雏、隐蔽换羽提供了优越的环境条件，丹顶鹤、白枕鹤、苍鹭、斑嘴鸭、赤麻鸭、小鸊鷉等鸟类在这一区域栖息繁殖。

（2）季节性积水—湿草甸型湿地

这类湿地地表季节性被浅水覆盖，上面生长着许多湿生植物，也有一些中生植物混生，主要分布在河滩地、河口及湖泡的边缘。

在达里诺尔湖北岸及东岸的浅滩上，因地表的裸露，加大了土壤水分的蒸发，从而加重了土壤盐碱化程度。所以这一地区现已出现了许多盐碱斑，而大部分的区域则发育形成了以碱蓬群落为代表的盐生植被。近十几年来对部分区域的围封使这里的植被开始恢复。在河口地区由于围封后控制了牲畜的采食，土壤水分条件也发生了变化，为植物生长提供了条件。这里植物群落现正处在演替阶段，碱菀、芦苇、碱蓬及湿生千里光已逐渐变成优势种。在没有围封的区域则主要为碱蓬群落，群落中优势种除碱蓬外，主要有白刺、滨藜和碱地肤等。

在季节性被淡水覆盖的湿草甸上，由于土壤营养及水分条件的不同，植物群落多以斑块状分布。在保护区东部的宝音图泡子边缘的湿草甸中，主要以巨序翦股颖草甸为主，其间镶嵌分布有荸荠、水葱，扁蓄等群落，而在牤牛泡子周围则主要为以灰脉苔草为主的沼泽草甸植被。

这类湿地是白鹳、黑鹳、丹顶鹤、灰鹤、白枕鹤等珍稀鸟类的栖息活动区，同时也有雀形目的一些小型鸟类在此栖息繁衍，如栗鹀、田鹀等。

（3）季节性积水—灌丛型湿地

这类湿地在保护区内主要指分布于东北部的宝音图泡子周围、东南部牤牛泡子沿岸、以及达里诺尔湖的南岸和亮子河两岸以小红柳为主的灌丛湿地，总面积为1350.19hm^2。这里是保护区内大量水禽及涉禽隐蔽繁殖的场所。

（4）地表无积水—草甸型湿地

这类湿地在保护区内分布面积较大，其地表无浅水覆盖，地下水位较高，土壤湿润，有湿中生植物生长，主要分布于沙坨地之间的低地上，以及大面积的湖滨低地及河流滩地上。在土壤碱性较高的区域，多出现有芨芨草滩，碱蓬、芦苇、碱茅、野大麦、马蔺、苔草等植被。这里常见有白腰杓鹬、普通燕鸻、凤头麦鸡等鸟类。

四、农田生态系统

该保护区内农田分布面积很少，仅分布于渔场、苏木及几个较大的嘎查附近，多为饲料地及菜地，面积为17.86hm^2。

第三章 植物多样性

第一节 植物区系

达里诺尔自然保护区虽然位于典型草原区，但由于境内河流、湖泊、石质丘陵、沙地孕育的复杂多样的小生境，可以更多地容纳不同生活型、不同水分生态类型的物种共处于同一个区域，从而使得该区域植物多样性明显高于同一地带的典型草原而成为典型草原区生物多样性较高的地段。

经调查、采集、鉴定，目前发现达里诺尔自然保护区有维管束植物545种（包括种下单位），隶属于73科276属，其中包括2种国家二级重点保护野生植物（第一批），分别是沙芦草（*Agropyron mongolicum* Keng）和毛披碱草（*Elymus villifer* C. P. Wang et H. L. Yang）。

在此次调查中，发现保护区新记录蕨类植物3科［蹄盖蕨科（Athyriaceae）、角铁蕨科（Aspleniaceae）、水龙骨科（Polypodiaceae）］3属4种，被子植物2科［狸藻科（Lentibulariaceae）、黑三棱科（Sparganiaceae）］23属108种，共计5个新记录科26个新记录属111种新记录维管束植物。

一、维管束植物区系的科、属组成分析

由表3-1可知，达里诺尔自然保护区中被子植物占绝对优势，有522种、12变种，隶属于66科269属，科、属、种分别占保护区已知维管束植物的90.4%、97.5%、98.0%，是组成自然保护区物种和植物群落多样性的基础。蕨类植物和裸子植物种类相对较少，其中蕨类植物有7种、1变型，隶属于5科5属，科、属、种分别占保护区已知维管束植物的6.9%、1.8%、1.5%；裸子植物有3种，隶属于2科2属，科、属、种分别占保护区已知维管束植物的2.7%、0.7%、0.5%。在这些类群中，只有油松（*Pinus tabuliformis*）在沙地上可以形成团块状的森林群落片段。

表3-1 达里诺尔自然保护区维管束植物统计表

	科数	比例（%）	属数	比例（%）	种数	亚种数	变种数	变型数	比例（%）
蕨类植物	5	6.9	5	1.8	7	—	—	1	1.5
裸子植物	2	2.7	2	0.7	3	—	—	—	0.5
被子植物	66	90.4	269	97.5	522	—	12	—	98.0
总计	73	100.0	276	100.0	545				100.0

由表3-2可知，所含种类最多的是菊科（35属75种），其他依次为禾本科（32属72种）、豆科（14属36种）、莎草科（7属30种）、蔷薇科（13属29种）、藜科（10属22种）、毛茛科（10属20种）、蓼科（5属20种）、石竹科（9属19种）、百合科（7属16种），所含物种数排在前十位的上述10科所含属数占该地区总属数的51.4%，所含物种数占该地区物种总数的62.2%。各科排列顺序可以反映出保护区地处北方草原区的一般特征，但藜科、毛茛科植物种类的显著增多又突出了该地区的特殊性。

表3-2 达里诺尔自然保护区维管束植物所含种类排在前10位的科统计表

科名	所含属数	占总属数比例（%）	所含种数	占总种数比例（%）
菊科Compositae	35	12.7	75	13.8
禾本科Granineae	32	11.6	72	13.2
豆科Leguminosae	14	5.1	36	6.6
莎草科Cyperaceae	7	2.5	30	5.5
蔷薇科Rosacea	13	4.7	29	5.3
藜科Chenopodiaceae	10	3.6	22	4.0
毛茛科Ranunculaceae	10	3.6	20	3.7
蓼科Polygonaceae	5	1.8	20	3.7
石竹科Caryophyllaceae	9	3.3	19	3.5
百合科Liliaceae	7	2.5	16	2.9
合计	142	51.4	339	62.2

由表3-3可知，在保护区内，所含种类最多的属为蒿属，其他依次是苔草属、委陵菜属、蓼属、葱属、繁缕属、酸模属、唐松草属、黄芩属、柳属、棘豆属、藜属、鬼针草属、黄芪属，上述14属所含物种数为124种，占整个保护区维管束植物物种总数的22.8%。

表3-3 达里诺尔自然保护区含物种数较多的属统计表

属名	种数	占总种数比例（%）
蒿属*Artenmisia*	19	3.5
苔草属*Carex*	18	3.3
委陵菜属*Potentillia*	13	2.4
蓼属*Polygonum*	10	1.8
葱属*Allium*	8	1.5
繁缕属*Stellaria*	7	1.3
酸模属*Rumex*	7	1.3
唐松草属*Thalictrum*	6	1.1
黄芩属*Scutellaria*	6	1.1

（续）

属名	种数	占总种数比例（%）
柳属*Salix*	6	1.1
棘豆属*Oxytropis*	6	1.1
藜属*Chenopodium*	6	1.1
鬼针草属*Bidens*	6	1.1
黄芪属*Astragulus*	6	1.1
合计	124	22.8

二、保护区维管束植物水分生态类型谱分析

植物的水分生态类型可以反映植物生长对水分的依赖程度，反之，对特定地区所有植物水分生态类型加以归类，分析其组成的水分生态类型谱可以综合反映这一地区水分环境状况。

由图3-1可知，保护区内维管束植物中中生植物种类最为丰富，其中典型中生维管束植物有258种、湿中生维管束植物有34种、旱中生维管束植物有50种，仅中生植物就占该地区维管束植物总数的62.8%；旱生植物中典型旱生维管束植物有79种、中旱生维管束植物有62种，旱生维管束植物占该地区维管束植物总数的25.9%；湿生植物有41种，占该地区维管束植物总数的7.5%；水生维管束植物有21种，占该地区维管束植物总数的3.9%。水生、湿生维管束植物所占比例可达11.4%，它们的存在极大地丰富了保护区的物种多样性，所形成的水生、沼生群落对于维系湿地生态系统起着至关重要的作用。

在地处草原区的达里诺尔自然保护区植物水分生态类型中，中生植物比例远远高于同一地带的大针茅草原水分生态类型（高29.5%），而旱生植物比例又显著低于大针茅草原（低40.8%），另外，湿生、水生植物所占比例也高达11.4%，充分体现了保护区中生化的生境。由于大面积的河流、沙地、石质丘陵的存在，区域小气候发生了明显变化，创造了许多湿润生境，为更多的中生植物生存提供了可能。同时，这些植物形成的群落又大大增强了区域的水源涵养能力，从而使该区域成为草原区的重要湿地生态系统。

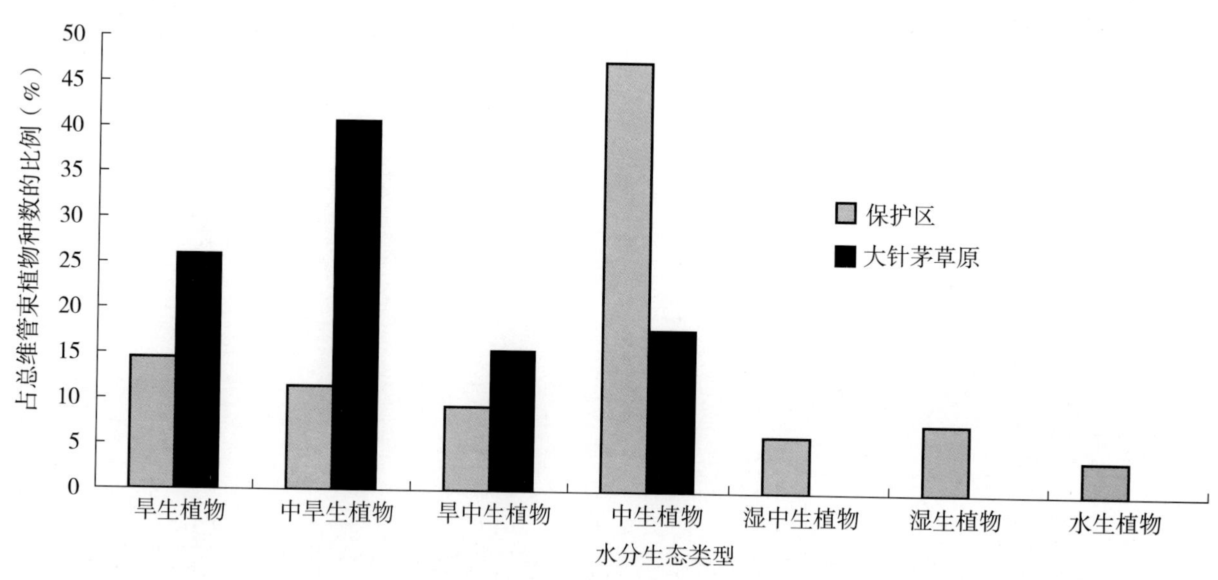

图3-1 达里诺尔自然保护区维管束植物水分生态类型谱

三、保护区维管束植物生活型谱分析

植物生活型是植物对外界环境适应的外部表现形式，对特定区域的全部植物生活型归类，分析其组成的生活型谱特点，可以间接地反映出该地区的环境特征。

由图3-2可知，保护内多年生草本植物种类最为丰富，有359种，占该地区所有维管束植物总数的65.9%，充分反映了草原区的特征。

保护区内，一年生或二年生草本植物物种数居第二位，有136种，占该地区所有维管束植物总数的25.0%，这些植物主要分布于保护区的特殊生境（沙地及盐碱地等）和受干扰的生境中。

半灌木有10种，占该地区所有维管束植物总数的1.8%；灌木有25种，占该地区所有维管束植物总数的4.6%；藤本有2种，占该地区所有维管束植物总数的0.4%；乔木有13种，占该地区所有植物维管束植物总数的2.4%。

这些生活型的存在不仅丰富了保护区物种形态的多样性，而且极大地丰富了保护区内的植被类型及其组合格局，如沙地的榆树组成的落叶阔叶林，油松组成的针叶林，褐沙蒿、白莲蒿分别在沙地、石质丘陵区形成的半灌木群落，中生禾草、杂类草组成的草甸，典型旱生植物大针茅形成的大针茅典型草原，根茎型羊草形成的羊草草原，湿生、水生植物形成的沼泽、水生植被，它们不仅为不同的生物提供相应的生境庇护、活动场所和食物来源，同时也促进了区域生物多样性的整体上升，进一步体现出草原区湿地生态系统的特殊性和独特性。

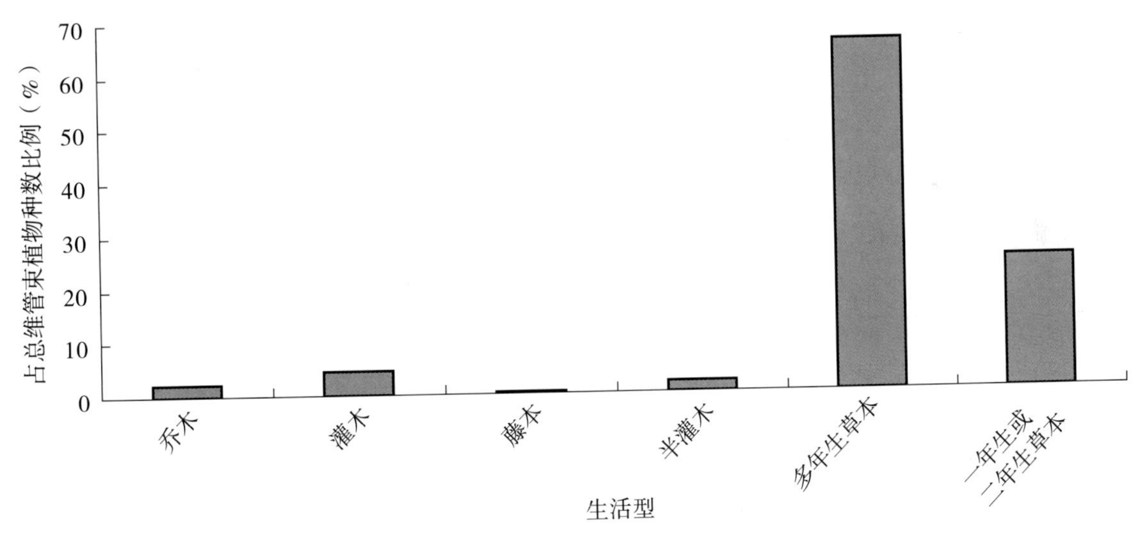

图3-2 达里诺尔自然保护区维管束植物生活型谱

第二节 植 被

达里诺尔自然保护区位于锡林郭勒高原的南部，东部为贡格尔草原，北部、西部为熔岩台地，南部为浑善达克沙地，在植被区划上属于蒙古高原东蒙古典型草原区，地带性植被为大针茅和羊草草原。

一、植被分类的单位和系统

植被分类是研究、认识一个地区植被的基础，它反映各群落的本身特征及其与环境间的内在联系，群落的特征包括植物种类组成、群落结构、群落的生态外貌、群落动态以及群落的地理分布等方面，这些特征是彼此紧密联系的，不同植物群落是组成区域植被的基本单元。

保护区植被分类原则、分类单位和系统均采用《中国植被》（吴征镒等，1980年）中的。植被分类原则是“植物群落学—生态学原则”。主要分类单位有三级，即植被型（高级单位）、群系（中级单位）和群丛（基本单位）。每一级分类单位之上，各设一个辅助单位，即植被型组、群系组与群丛组；此外，可根据需要在每级主要分类单位之下设亚级，如植被亚型、亚群系、亚群丛。具体分类系统如下：植被型组/植被型（植被亚型）/群系组/群系（亚群系）/群丛组/群丛（亚群丛）。

考虑到该区域面积相对较小等实际情况，在这里笔者主要采用上述分类单位中的植被型组、植被型、植被亚型、群系。根据实地调查，该地区共有植物群系106个，21个植被亚型、6个植被型、6个植被型组。

二、植被类型

（一）森　林

1. 温性常绿针叶林

（1）油松林 Form. *Pinus tabuliformis*

2. 落叶阔叶林

（2）白桦林 Form. *Betula platyphylla*

（3）山杨林 Form. *Populus davidiana*

（4）家榆林 Form. *Ulmus pumila*

（5）春榆林 Form. *Ulmus davidiana* var. *japonica*

（6）大果榆林 Form. *Ulmus macrocarpa*

（7）辽山楂林 Form. *Crataegus sanguinea*

（8）山荆子林 Form. *Malus baccata*

（9）稠李林 Form. *Prunus padus*

（二）灌丛、半灌丛

3. 山地、沙地落叶阔叶灌丛

（10）虎榛子灌丛 Form. *Ostryopsis davidiana*

（11）山刺玫灌丛 Form. *Rosa davurica*

（12）土庄绣线菊灌丛 Form. *Spiraea pubescens*

（13）西伯利亚杏灌丛 Form. *Prunus sibirica*

（14）黑果栒子 Form. *Cotoneaster melanocarpus*

（15）东北沙木蓼 Form. *Atraphaxis manshurica*

（16）小叶锦鸡儿灌丛 Form. *Caragana microphylla*

（17）黄柳灌丛 Form. *Salix gordejevii*

（18）沙生桦灌丛 Form. *Betula gmelinii*

（19）耧斗叶绣线菊灌丛 Form. *Spiraea aquilegifolia*

4. 盐碱地落叶阔叶灌丛

（20）小果白刺灌丛 Form. *Nitraria sibirica*

5. 沙地半灌丛

（21）木岩黄芪半灌丛 Form. *Hedysarum lignosum*

（22）褐沙蒿半灌丛 Form. *Artemisia intramongolica*

（三）草 原

6. 半灌木草原

（23）白莲蒿草原 Form. *Artemisia gmelinii*

7. 丛生禾草草原

（24）贝加尔针茅草原 Form. *Stipa baicalensis*

（25）大针茅草原 Form. *Stipa grandis*

（26）克氏针茅草原 Form. *Stipa krylovii*

（27）沙芦草草原 Form. *Agropyron mongolicum*

（28）冰草草原 Form. *Agropyron cristatum*

（29）达乌里羊茅草原 Form. *Festuca dahurica*

（30）糙隐子草草原 Form. *Cleistogenes squarrosa*

8. 根茎禾草草原

（31）羊草草原 Form. *Leymus chinensis*

（32）沙鞭草原 Form. *Psammochloa villosa*

9. 杂类草草原

（33）线叶菊草原 Form. *Filifolium sibiricum*

（34）叉分蓼草原 Form. *Polygonum divaricatum*

（35）白山蓟（鳍蓟）草原 Form. *Olgaea leucophylla*

（36）星毛委陵菜草原 Form. *Potentilla acaulis*

10. 小半灌木草原

（37）冷蒿草原 Form. *Artemisia frigida*

（38）百里香草原 Form. *Thymus serpyllum*

11. 一年生草本群聚

（39）黑蒿（泽蒿）群聚 Form. *Artemisia palustris*

（40）沙米群聚 Form. *Agriophyllum squarrosum*

（41）兴安虫实群聚 Form. *Corispermum chinganicum*

（四）草 甸

12. 典型禾草草甸

（42）巨序剪股颖草甸 Form. *Agrostis gigantean*

（43）假苇拂子茅草甸 Form. *Calamagrostis pseudophragmites*

（44）无芒雀麦草甸 Form. *Bromus inermis*

（45）散穗早熟禾草甸 Form. *Poa subfastigiata*

（46）拂子茅草甸 Form. *Calamagrostis epigejos*

13. 典型苔草类草甸

（47）寸草苔草甸 Form. *Carex duriuscula*

（48）华扁穗草草甸 Form. *Blysmus sinocompressus*

（49）内蒙古扁穗草草甸 Form. *Blysmus rufus*

（50）无脉苔草草甸 Form. *Carex enervis*

（51）针苔草草甸 Form. *Carex dahurica*

14. 典型杂类草草甸

（52）地榆草甸 Form. *Sanguisorba officinalis*

（53）鹅绒委陵菜草甸 Form. *Potentilla anserine*

（54）金莲花草甸 Form. *Trollius chinensis*

（55）裂叶蒿草甸 Form. *Artemisia tanacetifolia*

（56）欧亚旋覆花草甸 Form. *Inula britannica*

15. 盐化草甸

（57）芨芨草盐化草甸 Form. *Achnatherum splendens*

（58）小药大麦草盐化草甸 Form. *Hordeum roshevitzii*

（59）短芒大麦草盐化草甸 Form. *Hordeum brevisubulatum*

（60）朝鲜碱茅盐化草甸 Form. *Puccinellia chinampoensis*

（61）星星草盐化草甸 Form. *Puccinellia tenuiflora*

（62）赖草盐化草甸 Form. *Leymus secalinus*

（63）马蔺盐化草甸 Form. *Iris Lactea* var. *chinensis*

（64）华蒲公英盐化草甸 Form. *Taraxacum sinicum*

（65）西伯利亚蓼盐化草甸 Form. *Polygonum sibiricum*

（66）盐地碱蓬盐化草甸 Form. *Suaeda salsa*

（67）角果碱蓬盐化草甸 Form. *Suaeda corniculata*

（68）碱蒿盐化草甸 Form. *Artemisia anethipolia*

16. 旱中生草甸

（69）光稃茅香草甸 Form. *Hierochloe glabra*

（70）白草草甸 Form. *Pennisetum flaccidum*

17. 沼泽化草甸

（71）大叶章沼泽化草甸 Form. *Deyeuxia langsdorffii*

（72）菵草沼泽化草甸 Form. *Beckmannia syzigachne*

（73）箭叶橐吾沼泽化草甸 Form. *Ligularia sagitta*

（五）沼　泽

18. 木本沼泽

（74）筐柳沼泽 Form. *Salix linearistipularis*

（75）五蕊柳沼泽 Form. *Salix pentandra*

19. 草本沼泽

（76）芦苇沼泽 Form. *Phragmites australis*

（77）水甜茅沼泽 Form. *Glyceria triflora*

（78）膜囊苔草 Form. *Carex lehmannii*

（79）灰脉苔草沼泽 Form. *Carex appendiculata*

（80）湿苔草沼泽 Form. *Carex humida*

（81）中间型荸荠沼泽 Form. *Eleocharis intersita*

（82）水葱沼泽 Form. *Scirpus tabernaemontani*

（83）扁杆藨草沼泽 Form. *Scirpus planiculmis*

（84）藨草沼泽 Form. *Scirpus triqueter*

（85）拉氏香蒲沼泽 Form. *Typha davidiana*

（86）宽叶香蒲沼泽 Form. *Typha latifolia*

（87）花蔺沼泽 Form. *Butomus umbellatus*

（88）泽泻沼泽 Form. *Alisma orientale*

（89）野慈姑沼泽 Form. *Sagittaria trifolia*

（90）杉叶藻沼泽 Form. *Hippuris vulgaris*

（91）菖蒲沼泽 Form. *Acorus calamus*

（92）小黑三棱沼泽 Form. *Sparganium emersum*

（93）小掌叶毛茛沼泽 Form. *Ranunculus gmelinii*

（六）水生植被

20. 浮水水生植被

（94）两栖蓼群落 Form. *Polygonum amphibium*

（95）浮萍群落 Form. *Lemna minor*

（96）品萍群落 Form. *Lemna trisulca*

（97）荇菜群落 Form. *Nymphoides peltata*

21. 沉水水生植被

（98）龙须眼子菜群落 Form. *Potamogeton pectinatus*

（99）小眼子菜群落 Form. *Potamogeton pusillus*

（100）穿叶眼子菜群落 Form. *Potamogeton perfoliatus*

（101）菹草群落 Form. *Potamogeton crispus*

（102）角果藻群落 Form. *Zannichellia palustris*

（103）狐尾藻群落 Form. *Myriophyllum spicatum*

（104）轮叶狐尾藻群落 Form. *Myriophyllum verticillatum*

（105）狸藻群落 Form. *Utricularia vulgaris* subsp. *macrorhiza*

（106）毛柄水毛茛群落 Form. *Batrachium trichophyllum*

三、植被类型概述

（一）温性常绿针叶林

在保护区仅有1个群系，即沙地油松林（Form. *Pinus tabuliformis*）群落片段，分布于保护区鲤鱼泡子西南的沙地中的沙丘迎风坡上，面积较小，仅约近2000m^2，约有数十株树龄较大的油松，林内外没有发现实生苗和幼树，更新状况不良，伴生的植物有零星的家榆和黄柳，林下有稀疏的褐沙蒿半灌木层片和一年生草本层片。沙丘的间地上主要分布的是由冰草组成的草原群落，沙丘的背风坡分布有团块状的白桦林群落片段和由楼斗叶绣线菊、楔叶茶藨、黑果栒子、蒙古荚蒾、黄花忍冬等组成的沙地灌丛。

该群落片段目前是在蒙古高原东南部分布最北的油松群落，对于研究蒙古高原草原植物区系、植被与华北森林植物区系、植被的联系具有重要的意义，同时对于阐述气候变化、环境变迁、植被变化有重要的学术价值，是值得保护和研究的对象。

（二）落叶阔叶林

保护区的落叶阔叶林类型主要分布于沙地和周边丘陵区的曼陀山和砧子山，其中大果榆（疏）林群落主要分布在丘陵区，春榆林主要分布于曼陀山的向阳坡麓，而山杨林主要分布于曼陀山的阴坡局部潮湿地段，白桦林、辽山楂林、稠李林、山荆子林主要分布在沙地的局部区域。保护区的落叶阔叶林多以群落片段出现在一些特殊生境中，只有家榆（疏）林在沙地中分布最广、面积最大，能够代表浑善达克沙地榆树疏林的基本特征，是值得保护的一个植被类型。

（三）山地、沙地落叶阔叶灌丛

在保护区除了黄柳灌丛、东北沙木蓼灌丛、沙生桦灌丛主要分布于沙地外，其他灌丛既可以分布在沙地，也可以分布在石质丘陵区的局部地段，但它们在沙地中分布的面积相对较大。在花岗岩和玄武岩丘陵区，楼斗叶绣线菊群落片段也较为常见。

（四）盐碱地落叶阔叶灌丛

该类型仅包含小果白刺灌丛一个群系，主要集中分布于达里诺尔湖湖滨盐碱地上，伴生植物有盐地碱蓬、角果碱蓬、盐地车前、华蒲公英等耐盐植物。

（五）沙地半灌丛

该类型集中分布于保护区的沙地上，其中，木岩黄芪半灌丛分布面积不大且较为零散，但作为防风固沙植被和优良饲草资源，是值得人工培育和扩繁的。褐沙蒿半灌丛是浑善达克沙地的代表性植被类型，不仅分布广，而且面积大，同沙地榆树疏林共同组成了浑善达克沙地的沙地植被主体。

（六）半灌木草原

该类型中仅包含白莲蒿半灌木草原一个群系，集中分布于曼陀山的花岗岩丘陵区的石质坡地，面积不大。群落中有大针茅、羊草、冰草、菊叶委陵菜等伴生。

（七）丛生禾草草原

在保护区，该类型草原分布较广、面积也较大，特别是大针茅草原和克氏针茅草原。贝加尔针茅仅局限分布于曼陀山丘陵上部和玄武岩台地中部相对湿润的区域。冰草草原、沙芦草草原、达乌里羊茅草原主要分布于沙地。糙隐子草草原主要分布在退化的针茅草原和沙地草原上。

（八）根茎禾草草原

在保护区，羊草草原主要分布于砧子山周围相对平缓低湿的地段，是很好的放牧场和打草场；而沙鞭草原主要分布在流动、半流动沙地上，是沙地植被演替的先锋群落之一。

（九）杂类草草原

线叶菊草原在保护区分布面积不大，仅有限分布于玄武岩台地砾石质化的坡顶。白山蓟草原和叉分蓼草原主要分布于沙地或沙地周围的覆沙地上，也较为零散。星毛委陵菜草原主要是沙质栗钙土针茅草原严重退化的变体，在保护区主要分布于沙里河南岸。

（十）小半灌木草原

冷蒿草原主要分布于沙地，同时也是沙质针茅草原退化的变体，由于建群种地上部分的中下部能够越冬，所以春季返青较早，是一类很好的放牧地。百里香草原在保护区分布面积小，主要局限于砾石质丘陵区和沙质草原退化区。

（十一）一年生草本群聚

这类群落主要分布于沙地或沙地外围的覆沙地上，其中沙米群聚、兴安虫实群聚常常是沙地流动沙丘上的先锋群落，而黑蒿（泽蒿）群聚主要分布于沙质草地上。

（十二）典型禾草草甸

这类群落的建群种是典型的多年生中生草本植物，在保护区主要分布于河流、淡水湖滨开阔的低地或沙丘间开阔的低地，群落盖度除假苇拂子茅草甸外，均可达80%以上，可作为放牧场或打草场适度利用。

（十三）典型苔草类草甸

这类群落主要分布于河流湖滨开阔低地，群落盖度可达90%以上，但群落草丛较矮，可作为放牧场适度利用。

（十四）典型杂类草草甸

这类群落主要分布于河漫滩和淡水湖滨低地，除鹅绒委陵菜草甸草丛较矮外，其他群落草丛均较高，且地榆、金莲花、欧亚旋覆花群落在盛花期有华丽的季相。

（十五）盐化草甸

这类群落主要分布于保护区的盐碱地上，其中芨芨草盐化草甸、马蔺盐化草甸具有很好的景观效果和防风固土的生态作用，同时也是很好的冬季放牧场。朝鲜碱茅、星星草是保护区湖水退缩后裸露盐碱地上植被恢复的重要物种。

（十六）旱中生草甸

这类群落建群种为旱中生多年生草本植物，在保护区主要分布于开阔的沙丘间低地。

（十七）沼泽化草甸

这类群落的建群种为湿中生草本植物，多生长在河流、湖滨沼泽和典型草甸之间，分布均较零散。

（十八）木本沼泽

在保护区，这类群落是由中生—湿生柳属灌木植物构成的，其地表有间断性积水或长期的积水，主要分布于沙地的河流两岸和达里诺尔湖南岸湿地。

（十九）草本沼泽

这类植被是由湿生草本植物在地表积水、土壤过湿并常有泥炭积累的生境中所组成的各种植物群落，在保护区主要分布于河流、湖泊周围水体与草甸之间的地段，其中分布面积最大的是芦苇沼泽。此外，常见的有水葱沼泽、拉氏香蒲沼泽。

（二十）浮水水生植被

该类群是由以浮水植物为建群种组成的群落，在保护区主要分布于淡水湖泊浅水中或水流缓慢的溪流中，主要有两栖蓼群落、浮萍群落、品萍群落、荇菜群落。

（二十一）沉水水生植被

该类群是由以沉水植物为建群种组成的群落，在保护区主要分布于湖泊浅水中或水流缓慢的溪流中，主要有龙须眼子菜群落、小眼子菜群落、穿叶眼子菜群落、菹草群落、角果藻群落、狐尾藻群落、轮叶狐尾藻群落、狸藻群落、毛柄水毛茛群落。

第三节　植物物种及其分布

植物区系的地理分布既可以反映现代地理环境状况，同时也可以鉴证环境变迁。保护区属于欧亚草原区亚洲中部草原亚区东蒙古地区的一部分，在植物区系区划上属于泛北极植物区域中的欧亚草原植物区。另外，东部、东南部通过大兴安岭南部山地和浑善达克沙地与东亚夏绿阔叶林区的华北夏绿阔叶林区相连，所以区系地理成分上交汇、融合现象十分明显。

据统计，在达里诺尔自然保护区545种维管束植物（包括种下单位）中，植物区系地理成分可归纳为11个分布区类型30个变型。

一、世界分布种

世界分布种包括普遍分布于南北两半球各个湿润与干旱植物地理区的植物种，在保护区植物区系中仅有21种，占保护区植物种数的3.9%，主要是一些沼生、水生植物和一年生杂草，如狭叶香蒲（*Typha angustifolia*）、芦苇（*Pbragmites communis*）、浮萍（*Lemna minor*）、菹草（*Potamogeton crispus*）、藜（*Chenopodium album*）等。它们中的一些种类常常是沼泽、水生植被的建群种。

二、泛热带分布种

泛热带分布种包括普遍分布于全世界热带范围内和分布中心在热带而温带也有其分布的物种。在保护区该类植物仅有3种，即大菟丝子、狼杷草、矮狼杷草。

三、泛温带分布种

泛温带分布种包括普遍分布于南北半球温带地区的物种。在保护区该类植物仅占1.5%，有8种，即灰绿藜、蒺藜、水芒草、稗、画眉草、小画眉草等。

四、泛北极分布种（北温带分布种）

泛北极分布种（北温带分布种）包括普遍分布于北半球温带、寒带大陆（欧、亚、北美）的物种，虽然也有一些成分沿山脉向南扩及到热带山区，甚至分布到南半球温带，但分布中心仍在北温带。由于保护区位于泛北极植物区域里，因此，该区的泛北极植物种分布数量较多，有92种，占保护区植物种数的16.9%，这些物种主要分布在水体、沼泽、草甸、森林群落中。保护区泛北极植物有灯心草科的小灯心草（*Juncus bufonlus*）、水麦冬科的水麦冬（*Triglochin Palustre*）等。沼泽中经常出现的泛北极种有大穗苔草（*Carex rhynchophysa*）、藨草（*Scirpus tripuetetr*）、沼生柳叶菜（*Epilobium palustre*）、梅花草（*Parnassia palustris*）等；蕨类植物木贼属的一些种，如木贼（*Equisetum hyemale*）等。在达里诺尔国家级自然保护区的草甸植被中，有些泛北极种常为建群植物，如地榆（*Sanguisorba officinalis*）是五花草甸的重要建群种；禾本科的无芒雀麦（*Bromus inermis*）、细叶早熟禾（*Poa angustifolia*）、看麦娘（*Alopecurus aequalis*）、菵草（*Beckmannia syzigachne*）等均为河滩沼泽化草甸的建群成分；鹅绒委陵菜（*Potentilla anserine*）、海乳草（*Glaux maritime*）是矮草盐化草甸的优势成分。此外，广布野豌豆（*Vicia cracca*）等亦为草甸中生植物。在保护区内的草原植物中，泛北极成分的典型代表种——洽草（*Koeleria cristata*）、冷蒿（*Artemisia frigida*），多裂委陵菜（*Potentilla multifida*）、北点地梅（*Androsace septentrionalis*）、蓬子菜（*Galium verum*）等杂类草也是草原、草原化草甸及山地灌丛的泛北极分布种。其中，亚洲—北美分布种（包括东亚—北美分布种）包括间断分布于亚洲和北美洲温带及亚热带地区的物种，该分布类群在保护区仅有4种，即小多足蕨、薄荷、狸藻、菖蒲；北极—高山分布种包括在北极及较高纬度的高山或甚至到亚热带和热带高山地区分布的物种，该分布类群在保护区仅有2种，即羊胡子草、红羊胡子草。

五、古北极分布种（旧大陆温带分布种、欧亚温带分布种）

古北极分布种（旧大陆温带分布种、欧亚温带分布种）包括普遍分布于欧亚大陆的温带、寒带的物种，在保护区的植物区系中占有一定的比重，其中许多种是草甸的重要成分，水生植物、沼生植物及森林、灌丛的中生植物也较多，还有一些草原中旱生植物。保护区有古北极种88种，占保护区植物的16.1%。

保护区分布的古北极草甸种主要有假苇拂子茅［*Calamagrostis pseudophragmites*（Hall. F.）koel.］、箭头唐松草（*Thalictrum simplex*）、天蓝苜蓿（*Medicago lupulina*）、鼠掌老鹳草（*Geranium sibiricum*）、欧亚旋覆花（*Inula britanica*）、鸦葱（*Scorzonera austriaca*）等。见于草甸草原的古北极成分则有野火球（*Trifolium lupinaster*）、白婆婆纳（*Veronica incana*）、龙牙草（*Agrimonia pilosa*）等旱中生或中旱生

植物等。沼生植物的代表种有水甜茅、扁杆藨草、花穗水沙草等。另外，该分布型还包括2种欧洲—西伯利亚分布种，包括普遍分布于欧、亚针叶林区的物种，如五蕊柳、越橘柳。

六、东古北极分布种（温带亚洲分布种）

东古北极分布种（温带亚洲分布种）包括普遍分布于古北极植物区内的乌拉尔山山脉以东亚洲温带湿润区与半干旱区的物种，多生于山地森林、灌丛及草甸植被中，也有一些草原旱生与中旱生种。保护区有东古北极成分178种，占保护区植物的32.1%，如稠李（*Prunus padus*）、垂果南芥（*Arabis pendula*）、歪头菜（*Vicia unijuga*）、山野豌豆（*Vicia amoena*）、返顾马先蒿（*Pedicularis resupinata*）、大叶章（*Deyeuxia langsdorffii*）、亚洲蓍（*Achillea asiatica*）、平车前（*Plantago depressa*）、并头黄芩（*Scutellaria scordifolia*）、卷叶唐松草（*Thalictrum petaloideum*）等。草原旱生与中旱生植物如硬质早熟禾等、歧序翦股颖、短穗看麦娘、大拂子茅是草甸常见种；日荫菅（*Carex pediformis*）除大量伴生于草甸草原外，也是林缘草甸的重要组成成分。大萼委陵菜（*Potentilla conferta*）、扁蓿豆（*Melilotoides ruthenica*）、阿尔泰狗娃花（*Heteropappus altaicus*）、多裂叶荆芥（*Schizonepeta multifida*）、地蔷薇（*Chamaerhodos erecta*）等均为草原及草甸草原的伴生杂类草。此外，麻叶荨麻（*Urtica cannabina*）、迷果芹（*Sphallerocarpus gracilis*）、大籽蒿（*Artemisia sieversiana*）等生于农田及居民点。其中，该分布型还包括西伯利亚分布种和东西伯利亚分布种各1种，分别是小穗柳和针苔草。

七、东亚分布种

东亚分布种包括普遍分布于亚洲东南部阔叶林区的物种。其分布范围主要包括我国东北、华北、东南以及朝鲜、日本，北至黑龙江流域。保护区有东亚分布种（包括其分布变型）92个，占保护区植物的16.9%。

保护区中东亚分布种数量也较大，而且可以构成复杂多样的群落类型，如构成森林群落的物种有山杨、大果榆、山楂、山荆子等，常见的中生灌木有胡枝子（*Lespedeza bicolor*）等。

组成各种灌丛的东亚分布种也比较丰富，主要代表植物有土庄绣线菊（*Spiraea pubescens*）、虎榛子、西伯利亚杏等。

草本植物有旱岩蕨、心岩蕨、毛脉酸模等。

八、古地中海分布种

古地中海分布种包括普遍分布于地中海常绿林区、亚非荒漠区及欧亚草原区即整个古地中海干旱半干旱区域的物种。在保护区，该类型（包括2个变型）有17种，仅占3.1%，如木地肤、甘草、栉叶蒿等。

九、亚洲中部分布种

亚洲中部分布种包括普遍分布于亚洲中部的干旱与半干旱地区（包括戈壁荒漠区、蒙古高原、松辽平原及黄土高原草原区）的物种。在保护区该类群所占比例仅为1.8%，包括10个种，如兴安虫实、沙茴香、鳍蓟、砂蓝刺头、沙芦草、克氏针茅等。

十、蒙古高原分布种

蒙古高原分布种是以蒙古高原干旱半干旱区为分布中心的物种。该类群在保护区所占比例为6.2%，包含34个种，其中蒙古高原分布种5个，分别是矮藜、杂配藜、无腺花旗竿、根茎冰草、沙地雀麦等；达乌里—蒙古分布种（包括以蒙古高原、松辽平原以及大兴安岭山地为基本分布区的植物种类，向南也常渗入华北及黄土高原）27个，其中贝加尔针茅、大针茅、线叶菊、银穗草可成为该地区的建群种，另外，蝟菊、麻花头、根茎冰草、长柱沙参、皱叶沙参、防风、小叶锦鸡儿、山竹岩黄芪等是群落中的常见种或景观植物；东蒙古分布种有2种，分别是褐沙蒿和断穗狗尾草。

十一、逸生种

逸生种是指有意或无意引入的物种逃逸出栽培管理区而成为野生或半野生状态的外来种，在保护区有2种，分别是北美苋和反枝苋。

由表3-4可知，保护区内维管束植物区系地理成分较为复杂，其中，温带成分（包括泛北极种、古北极种、东古北极种）所占比例最大，为65.7%，充分反映了该地区维管束植物区系的温带性质，温带成分中又以东古北极种所占比例最大，为全部种数的32.7%。

东亚森林种（包括中国—日本分布种、中国—喜马拉雅分布种、华北—东北分布种、东北分布种、华北分布种等）所占比例也较高，为16.9%，仅次于温带成分，充分显示了保护区的植物区系与东亚植物区系的紧密联系。此外，东亚成分在植被中具有一定的作用，如油松、山杨、虎榛子、山杏等都可以形成一定面积的群落。

保护区内在草原区占优势的区系地理成分（包括黄土—蒙古高原分布种、黑海—哈萨克斯坦—蒙古分布种、哈萨克斯坦—蒙古分布种、亚洲中部分布种、蒙古高原分布种、达乌里—蒙古分布种、东蒙古分布种）也占一定比例，为9.7%，居第三位，它们也可以在保护区中成为建群植物，如贝加尔针茅、大针茅等，充分体现出保护区植物区系与欧亚草原区系的密切联系。

保护区中西伯利亚分布种虽仅占0.2%，但也体现出该地区的植物区系与欧亚针叶林区系有一定的联系。

保护区中世界种、泛热带种、泛温带种这些具有广泛分布的物种也占一定的比例，为5.9%。这些物种是构成保护区湿地植被的主要成员。保护区内古地中海分布种占2.0%，主要分布于保护区的盐碱地，它们的存在极大地丰富了保护区维管束植物区系地理成分组成，同时体现出保护区内的区系组成与周边地区的相关性。

表3-4 达里诺尔自然保护区维管束植物区系地理成分分析统计表

植物种的分布型	种数		占全部种数（%）	
1世界分布种	21	21	3.9	3.9
2泛热带分布种	3	3	0.6	0.6
3泛温带分布种	8	8	1.5	1.5
4泛北极分布种	86	92	15.6	16.7
4-1亚洲—北美分布种	3		0.6	
4-1-1东亚—北美分布种	1		0.2	
4-2北极—高山分布种	2		0.4	
5古北极分布种	86	88	15.8	16.2
5-1欧洲—西伯利亚分布种	2		0.4	
6东古北极分布种	170	178	31.2	32.8
6-1西伯利亚—东亚分布种	1		0.2	
6-1-1西伯利亚—东北分布种	1		0.2	
6-1-2西伯利亚分布种	1	178	0.2	32.8
6-1-2-1东西伯利亚分布种	1		0.2	
6-2东蒙古—黄土高原—青藏高原东部分布种	1		0.2	
6-2-1黄土—蒙古高原分布种	3		0.6	
7东亚分布种	55	55	10.1	17.0
7-1东亚（中国—日本）北部分布种	3	4	0.6	
7-2东亚（中国—喜马拉雅）分布种	1		0.2	
7-3华北—东北分布种	8	33	1.5	
7-3-1华北分布种	16		2.9	
7-3-2东北分布种	9		1.7	
8古地中海分布种	11	17	2.0	3.1
8-1黑海—哈萨克斯坦—蒙古分布种	1		0.2	
8-1-1哈萨克斯坦—蒙古分布种	5		0.9	
9亚洲中部分布种	10	10	1.8	1.8
10蒙古高原分布种	5	34	1.1	6.5
10-1达乌里—蒙古分布种	27		5.0	
10-1-1东蒙古分布种	2		0.4	
11逸生种	2	2	0.4	0.4
总计	545	545	100.0	100.0

第四节 其他植物资源

达里诺尔自然保护区共有维管束植物545种，其中蕴藏着丰富的资源植物，按其经济用途，可划分为12类，即药用资源植物、观赏资源植物、饲用资源植物、食用野菜资源植物、食用果实与谷物资源植物、茶饮资源植物、材用资源植物、纤维资源植物、芳香油资源植物、单宁资源植物、油料资源植物、农药资源植物。

一、药用资源植物

调查区域内已知的野生药用维管束植物有298种。有些植物药用价值非常高，如单子麻黄（*Ephedra monosperma* Gmel. et Mey.）、甘草（*Glycyrrhiza uralensis* Fisch.）、远志（*Polygala tenuifolia* Willd.）、防风［*Saposhnikovia divaricata*（Turcz.）Schischk.］、达乌里龙胆（*Gentiana dahurica* Fisch.）、穿龙薯蓣（*Dioscorea nipponica* Makino.）等。具体药用植物种类如表3-5所示。

表3-5 达里诺尔自然保护区药用植物一览

序号	中文名	拉丁学名
1	问荆	*Equisetum arvense* L.
2	水木贼	*Equisetum fluviatile* L.
3	无枝水木贼	*Equisetum fluviatile* L. f. *linnaeanum*（Doll.）Broun.
4	油松	*Pinus tabuliformis* Carr.
5	单子麻黄	*Ephedra monosperma* Gmel. et Mey.
6	草麻黄	*Ephedra sinica* Stapf.
7	山杨	*Populus davidiana* Dode.
8	白桦	*Betula plantiphylla* Suk.
9	大果榆	*Ulmus macrocarpa* Hance
10	野大麻	*Cannabis sativa* L. f. *ruderalis*（Janisch.）Chu.
11	麻叶荨麻	*Urtica cannabina* L.
12	小花墙草	*Parietaria micrantha* Ledeb.
13	百蕊草	*Thesium chinense* Turcz.
14	急折百蕊草	*Thesium refractum* C. A. Mey.
15	苦荞麦	*Fagopyrum tataricum*（L.）Gaertn.
16	狐尾蓼	*Polygonum alopecuroides* Turcz. ex Besser.
17	两栖蓼	*Polygonum amphibium* L.
18	酸模叶蓼	*Polygonum lapathifolium* L.
19	水蓼	*Polygonum hydropiper* L.
20	珠芽蓼	*Polygonum viviparum* L.
21	箭叶蓼	*Polygonum sagittatum* L.
22	扁蓄	*Polygonum aviculare* L.
23	卷茎蓼	*Polygonum convolvulus* L.
24	巴天酸模	*Rumex patientia* L.
25	皱叶酸模	*Rumex crispus* L.
26	华北大黄	*Rheum franzenbachii* Munt.
27	小酸模	*Rumex acetosella* L.
28	毛脉酸模	*Rumex gmelinii* Turcz.
29	藜	*Chenopodium album* L.
30	刺藜	*Chenopodium aristatum* L.
31	杂配藜	*Chenopodium hybridum* L.
32	碱地肤	*Kochia sieversiana* Pall.
33	猪毛菜	*Salsola collina* Pall.

（续）

序号	中文名	拉丁学名
34	刺沙蓬	*Salsola pestifer* A. Nelson
35	反枝苋	*Amaranthus retroflexus* L.
36	毛梗蚤缀	*Arenaria capillaris* Poir.
37	灯心草蚤缀	*Arenaria juncea* Bieb.
38	瞿麦	*Dianthus superbus* L.
39	石竹	*Dianthus chinensis* L.
40	兴安石竹	*Dianthus chinensis* L. var. *versicolor*（Fisch. ex Link）Ma
41	草原丝石竹	*Gypsophila davurica* Turcz. ex Fenzl.
42	女娄菜	*Melandrium apricum*（Turcz. ex Fisch. et Mey.）Rohrb.
43	旱麦瓶草	*Silene jenisseensis* Willd.
44	毛萼麦瓶草	*Silene repens* Patr.
45	叉歧繁缕	*Stellaria dichotoma* L.
46	银柴胡	*Stellaria dichotoma* L. var. *lanceolata* Bunge
47	大花银莲花	*Anemone silvestris* L.
48	三角叶驴蹄草	*Caltha palustris* L. var. *sibirica* Regel
49	宽芹叶铁线莲	*Clematis aethusifolia* Turcz. var. *pratensis* Y. Z. Zhao
50	芹叶铁线莲	*Clematis aethusifolia* Turcz.
51	棉团铁线莲	*Clematis hexapetala* Pall.
52	翠雀	*Delphinium grandiflorum* L.
53	水葫芦苗	*Halerpestes sarmentosa*（Adams）Kom. et Aliss.
54	黄戴戴	*Halerpestes ruthenica*（Jacq.）Ovcz.
55	细叶白头翁	*Pulsatilla turczaninovii* Kryl. et Serg.
56	毛茛	*Ranunculus japonicus* Thunb.
57	石龙芮	*Ranunculus sceleratus* L.
58	翼果唐松草	*Thalictrum aquilegifolium* L. var. *sibiricum* Regel et Tiling.
59	瓣蕊唐松草	*Thalictrum petaloideum* L.
60	卷叶唐松草	*Thalictrum petaloideum* L. var. *supradecompositum*（Nakai）Kitag.
61	箭头唐松草	*Thalictrum simplex* L.
62	欧亚唐松草	*Thalictrum minus* L.
63	展枝唐松草	*Thalictrum squarrosum* Steph. ex Willd.
64	金莲花	*Trollius chinensis* Bunge
65	细叶小檗	*Berberis poiretii* Schneid.
66	野罂粟	*Papaver nudicaule* L.
67	垂果南芥	*Arabis pendula* L.
68	水田碎米芥	*Cardamine lyrata* Bunge
69	播娘蒿	*Descurainia sophia*（L.）Webb. ex Prantl
70	光果葶苈	*Draba nemorosa* L.var. *leiocarpa* Lindbi.
71	小花糖芥	*Erysimum cheiranthoides* L.
72	独行菜	*Lepidium apetalum* Willd.
73	山遏蓝菜	*Thlaspi cochleariforme* DC.
74	瓦松	*Orostachys fimbriatus*（Turcz.）Berger.

（续）

序号	中文名	拉丁学名
75	钝叶瓦松	*Orostachys malacophyllus*（Pall.）Fisch
76	费菜	*Sedum aizoon* L.
77	梅花草	*Parnassis palustris* L.
78	龙牙草	*Agrimonia pilosa* Ledeb.
79	地蔷薇	*Chamaerhodos erecta*（L.）Bunge
80	毛地蔷薇	*Chamaerhodos canescens* J.Kranse
81	山楂	*Crataegus pinnatifida* Bunge
82	稠李	*Prunus padus* L.
83	水杨梅	*Geum aleppicum* Jacq.
84	鹅绒委陵菜	*Potentilla anserina* L.
85	三出委陵菜	*Potentilla betonicifolia* Poir.
86	二裂委陵菜	*Potentilla bifurca* L.
87	大萼委陵菜	*Potentilla conferta* Bunge
88	腺毛委陵菜	*Potentilla longifolia* Willd. ex Schlecht.
89	多裂委陵菜	*Potentilla multifida* L.
90	掌叶多裂委陵菜	*Potentilla multifida* L. var. *ornithopoda* Wolf.
91	轮叶委陵菜	*Potentilla verticillaris* Steph. ex Willd.
92	金露梅	*Potentilla fruticosa* L.
93	西伯利亚杏	*Prunus sibirica* L.
94	秋子梨	*Pyrus ussuriensis* Maxim.
95	山刺玫	*Rosa davurica* Pall.
96	地榆	*Sanguisorba officinalis* L.
97	土庄绣线菊	*Spiraea pubescens* Turcz.
98	斜茎黄芪	*Astragalus laxmannii* Jacq.
99	草木樨状黄芪	*Astragalus melilotoides* Pall.
100	小叶锦鸡儿	*Caragana microphylla* Lam.
101	甘草	*Glycyrrhiza uralensis* Fisch.
102	少花米口袋	*Gueldenstaedtia verna*（Georgi）Boriss.
103	狭叶米口袋	*Gueldenstaedtia stenophylla* Bunge
104	山岩黄芪	*Hedysarum alpinum* L.
105	山黧豆	*Lathyrus quinquenervius*（Miq.）Litv. ex Kom. et Alis.
106	胡枝子	*Lespedeza bicolor* Turcz.
107	达乌里胡枝子	*Lespedeza davurica*（Laxm.）Schindl.
108	尖叶胡枝子	*Lespedeza juncea*（L. f.）Pers.
109	苜蓿	*Medicago sativa* L.
110	白花草木樨	*Melilotus albus* Desr.
111	草木樨	*Melilotus suaveolens* Ledeb.
112	多叶棘豆	*Oxytropis myriophylla*（Pall.）DC.
113	薄叶棘豆	*Oxytropis leptophylla*（Pall.）DC.
114	披针叶黄华	*Thermopsis lanceolata* R. Br.
115	野火球	*Trifolium lupinaster* L.

（续）

序号	中文名	拉丁学名
116	山野豌豆	*Vicia amoena* Fisch.
117	广布野豌豆	*Vicia cracca* L.
118	歪头菜	*Vicia unijuga* R. Br.
119	灰背老鹳草	*Geranium wlassowianum* Fisch. ex Link
120	鼠掌老鹳草	*Geranium sibiricum* L.
121	宿根亚麻	*Linum perenne* L.
122	小果白刺	*Nitraria sibirica* Pall.
123	蒺藜	*Tribulus terrestris* L.
124	草芸香	*Haplophyllum dauricum*（L.）Juss.
125	远志	*Polygala tenuifolia* Willd.
126	乳浆大戟	*Euphorbia esula* L.
127	地锦	*Euphorbia humifusa* Willd
128	叶底珠	*Flueggea suffruticosa*（Pall.）Baillon
129	沼生水马齿	*Callitriche palustris* L.
130	小叶鼠李	*Rhamnus parvifolia* Bunge
131	乌苏里鼠李	*Rhamnus ussuriensis* J. Vass.
132	野葵	*Malva verticillata* L.
133	斑叶堇菜	*Viola variegate* Fisch. et Link
134	狼毒	*Stellera chamaejasme* L.
135	柳兰	*Epilobium angustifolium* L.
136	沼生柳叶菜	*Epilobium palustre* L.
137	杉叶藻	*Hippuris vulgaris* L.
138	东北羊角芹	*Aegopodium alpestre* Ledeb.
139	防风	*Saposhnikovia divaricata*（Turcz.）Schischk.
140	红柴胡	*Bupleurum scorzonerifolium* Willd.
141	锥叶柴胡	*Bupleurum bicaule* Helm.
142	葛缕子	*Carum carvi* L.
143	田葛缕子	*Carum buriaticum* Turcz.
144	毒芹	*Cicuta virosa* L.
145	蛇床	*Cnidium monnieri*（L.）Cuss.
146	沙茴香	*Ferula bungeana* Kitag.
147	泽芹	*Sium suave* Walt.
148	东北点地梅	*Androsace fillformis* Retz.
149	北点地梅	*Androsace septentrionalis* L.
150	粉报春	*Primula farinose* L.
151	二色补血草	*Limonium bicolor*（Bunge）O.Kuntze.
152	达乌里龙胆	*Gentiana dahurica* Fisch.
153	大叶龙胆	*Gentiana macrophylla* Pall.
154	鳞叶龙胆	*Gentiana squarrosa* Ledeb.
155	尖叶假龙胆	*Gentianella acuta*（Michx.）Hulten.
156	扁蕾	*Gentianopsis barbata*（Froel.）Ma

（续）

序号	中文名	拉丁学名
157	花锚	*Halenia corniculata*（L.）Cornaz
158	小花肋柱花	*Lomatogonium rotatum*（L.）Fries ex Nym.
159	密序肋柱花	*Lomatogonium rotatum*（L.）Fries ex Nyman var. *floribundum*（Franch.）T. N Ho
160	莕菜	*Nymphoides peltata*（S. G. Gmel.）Kuntze
161	地梢瓜	*Cynanchum thesioides*（Freyn）K.Schum.
162	银灰旋花	*Convolvulus ammannii* Desr.
163	田旋花	*Convolvulus arvensis* L.
164	菟丝子	*Cuscuta chinensis* Lam.
165	大菟丝子	*Cuscuta europaea* L.
166	毛籽鱼黄草	*Merremia sibirica*（L.）H. Hall.［= *Merremia sibirica*（L.）H. Hall. var. vesiculosa C. Y. Wu］
167	大果琉璃草	*Cynoglossum divaricatum* Steph.
168	石生齿缘草	*Eritrichium pauciflorum*（Ledeb.）DC.
169	鹤虱	*Lappula myosotis* V. Wolf.
170	卵盘鹤虱	*Lappula intermedia*（Ledeb.）Popov
171	附地菜	*Trigonotis peduncularis*（Trev.）Benth. ex Baker et Moore.
172	水棘针	*Amethystea caerulea* L.
173	香青兰	*Dracocephalum moldavica* L.
174	细穗香薷	*Elsholtzia densa* Benth.
175	细叶益母草	*Leonurus sibiricus* L.
176	薄荷	*Mentha haplocalyx* Briq.
177	串铃草	*Phlomis mongolica* Turcz.
178	多裂叶荆芥	*Schizonepeta multifida*（L.）Briq.
179	毛水苏	*Stachys riederi* Chamisso ex Beth.
180	黄芩	*Scutellaria baicalensis* Georgi
181	并头黄芩	*Scutellaria scordifolia* Fisch. ex Schrank
182	百里香	*Thymus serpyllum* L.
183	天仙子	*Hyoscyamus niger* L.
184	青杞	*Solanum septemlobum* Bunge
185	芯芭	*Cymbaria dahurica* L.
186	疗齿草	*Odontites serotina*（Lam.）Dum.
187	柳穿鱼	*Linaria vulgaris* Mill. subsp. *sinensis*（Bebeaux）Hong
188	白婆婆纳	*Veronica incana* L.
189	细叶婆婆纳	*Veronica linariifolia* Pall. ex Link.
190	小米草	*Euphrasia pectinata* Ten.
191	红纹马先蒿	*Pedicularis striata* Pall.
192	返顾马先蒿	*Pedicularis resupinata* L.
193	穗花马先蒿	*Pedicularis spicata* Pall.
194	列当	*Orobanche coerulescens* Steph.
195	黄花列当	*Orobanche pycnostachya* Hance.
196	平车前	*Plantago depressa* Willd.

（续）

序号	中文名	拉丁学名
197	车前	*Plantago asiatica* L.
198	猪殃殃	*Galium spurium* L. [=*Galium aparine L.* var. *tenerum*（Gren. et Godr.）Reich.]
199	篷子菜	*Galium verum* L.
200	毛果篷子菜	*Galium verum* L. var. *trachycarpum* DC.
201	茜草	*Rubia cordifolia* L.
202	岩败酱	*Patrinia rupestris*（Pall.）Juss.
203	毛节缬草	*Valeriana alternifolia* Bunge
204	窄叶蓝盆花	*Scabiosa comosa* Fisch. ex Roem. et Schult.
205	华北蓝盆花	*Scabiosa tschiliensis* Grunning
206	长柱沙参	*Adenophora stenanthina*（Ledeb.）Kitag.
207	皱叶沙参	*Adenophora stenanthina*（Ledeb.）Kitag. var. *crispata*（Korsh.）Y. Z. Zhao.
208	狭叶沙参	*Adenophora gmelinii*（Spreng.）Fisch.
209	轮叶沙参	*Adenophora tetraphylla*（Thunb.）Fisch.
210	亚洲蓍	*Achillea asiatica* Serg.
211	黄花蒿	*Artemisia annua* L.
212	南牡蒿	*Artemisia eriopoda* Bunge
213	冷蒿	*Artemisia frigida* Willd.
214	蒙古蒿	*Artemisia mongolica*（Fisch. ex Bess.）Nakai
215	黄蒿	*Artemisia scoparia* Waldst. et Kit.
216	大籽蒿	*Artemisia sieversiana* Ehrhart ex Willd.
217	裂叶蒿	*Artemisia tanacetifolia* L.
218	紫菀	*Aster tataricus* L.
219	狼杷草	*Bidens tripartite* L.
220	小花鬼针草	*Bidens parviflora* Willd.
221	翠菊	*Callistephus chinensis*（L.）Nees.
222	莲座蓟	*Cirsium esculentum*（Sievers）C. A. Mey.
223	块蓟	*Cirsium salicifolium*（Kitag.）Shih
224	烟管蓟	*Cirsium pendulum* Fisch. ex DC.
225	飞廉	*Carduus crispus* L.
226	还阳参	*Crepis crocea*（Lam.）Babc.
227	驴欺口	*Echinops latifolius* Tausch.
228	砂蓝刺头	*Echinops gmelinii* Turcz.
229	飞蓬	*Erigeron acer* L.
230	线叶菊	*Filifolium sibiricum*（L.）Kitam.
231	狗娃花	*Heteropappus hispidus*（Thunb.）Less.
232	鞑靼狗娃花	*Heteropappus tataricus*（Lindl.）Tamamsch.
233	阿尔泰狗娃花	*Heteropappus altaicus*（Willd.）Novopokr.
234	山柳菊	*Hieracium umbellatum* L.
235	抱茎苦荬菜	*Ixeris sonchifolia*（Bunge）Hance.
236	山苦荬	*Ixeris chinensis*（Thunb.）Nakai

（续）

序号	中文名	拉丁学名
237	欧亚旋覆花	*Inula britanica* L.
238	火绒草	*Leontopodium leontopodioides*（Willd.）Beauv.
239	长叶火绒草	*Leontopodium junpeianum* Kitam.（= *Leontopodium longifolium* Ling）
240	蹄叶橐吾	*Ligularia fischeri*（Ledeb.）Turcz.
241	箭叶橐吾	*Ligularia sagitta*（Maxim.）Mattf.
242	栉叶蒿	*Neopallasia pectinata*（Pall.）Poljak.
243	蝟菊	*Olgaea lomonosowii*（Trautv.）Iljin
244	鳍蓟	*Olgaea leucophylla*（Turcz.）Iljin
245	毛连菜	*Picris japonica* Thunb.（= *Picris davurica* Fisch. ex Hornem.）
246	草地风毛菊	*Saussurea amara*（L.）DC.
247	桃叶鸦葱	*Scorzonera sinensis Lipsch.* et Krasch
248	苣荬菜	*Sonchus arvensis* L.
249	狗舌草	*Tephroseris kirilowii*（Turcz. ex DC.）Holub.
250	伪泥胡菜	*Serratula coronata* L.
251	漏芦	*Stemmacantha uniflora*（L.）Dittrich
252	蒲公英	*Taraxacum mongolicum* Hand.−Mazz.
253	苍耳	*Xanthium sibiricum* Patrin ex Widder.
254	细叶黄鹌菜	*Youngia tenuifolia*（Willd.）Babc. et Stebb.
255	碱黄鹌菜	*Youngia stenoma*（Turcz. ex DC.）Ledeb.
256	水烛	*Typha angustifolia* L.
257	拉氏香蒲	*Typha laxmanni* Lepech.
258	宽叶香蒲	*Typha latifolia* L.
259	小黑三棱	*Sparganium simplex* Huds.
260	穿叶眼子菜	*Potamogeton perfoliatus* L.
261	龙须眼子菜	*Potamogeton pectinatus* L.
262	水麦冬	*Triglochin palustris* L.
263	泽泻	*Alisma orientale*（Sam.）Juz.
264	芨芨草	*Achnatherum splendens*（Trin.）Nevski
265	冰草	*Agropyron cristatum*（L.）Gaertn.
266	根茎冰草	*Agropyron michnoi* Roshev.
267	沙芦草	*Agropyron mongolicum* Keng
268	毛沙芦草	*Agropyron mongolicum* Keng var. *villosum* H. L. Yang
269	毛稃沙生冰草	*Agropyron desertorum*（Fisch. ex Link）Schult. var. *pilosiusculum*（Melderis）H. L. Yang.
270	看麦娘	*Alopecurus aequalis* Sobol.
271	茵草	*Beckmannia syzigachne*（Steud.）Fernald.
272	拂子茅	*Calamagrostis epigejos*（L.）Roth
273	止血马唐	*Digitaria ischaemum*（Schreb.）Schreb. ex Muhl.
274	稗	*Echinochoa crusgalli*（L.）Beauv.
275	画眉草	*Eragrostis pilosa*（L.）Beauv.
276	小画眉草	*Eragrostis minor* Host
277	赖草	*Leymus secalinus*（Georgi）Tzvel

（续）

序号	中文名	拉丁学名
278	白草	*Pennisetum flaccidum* Grisebach
279	芦苇	*Phragmites australis*（Cav.）Trin. ex Steudel.
280	硬质早熟禾	*Poa sphondylodes* Trin. ex Bunge
281	狗尾草	*Setaria viridis*（L.）Beauv.
282	金色狗尾草	*Setaria glauca*（L.）Beauv.
283	扁杆藨草	*Scirpus planiculmis* Fr. Schmidt
284	水葱	*Scirpus tabernaemontani* Gmel.
285	浮萍	*Lemna minor* L.
286	长梗葱	*Allium neriniflorum*（Herb.）Baker.
287	辉葱	*Allium strictum* Schard.
288	知母	*Anemarrhena asphodeloides* Bunge
289	小黄花菜	*Hemerocallis minor* Mill.
290	细叶百合	*Lilium pumilum* DC.
291	玉竹	*Polygonatum odoratum*（Mill.）Druce.
292	黄精	*Polygonatum sibiricum* Delar. ex Redoute
293	穿龙薯蓣	*Dioscorea nipponica* Makino
294	射干鸢尾	*Iris dichotoma* Pall.
295	马蔺	*Iris lacteal* Pall. var. *chinensis*（Fisch.）Koidz.
296	细叶鸢尾	*Iris tenuifolia* Pall.
297	角盘兰	*Herminium monorchis*（L.）R. Br.
298	绶草	*Spiranthes sinensis*（Pers.）Ames.

二、观赏资源植物

调查区域内已知园林绿化观赏植物52种，其中油松（*Pinus tabuliformis* Carr.）、黄花忍冬（*Lonicera chrysantha* Turcz.）、翠菊［*Callistephus chinensis*（L.）Nees.］等在园林栽培上有久远的历史并享有盛名。但保护区绝大多数具有较高观赏价值的野生花卉、树木不被人们所重视和利用，如以奇异花型为贵的翠雀属植物、马先蒿属植物，以花色与果实为贵的白头翁属植物，别具一格的蕨类植物、鸢尾属植物等。保护区主要园林观赏植物如表3-6所示。

表3-6　达里诺尔自然保护区观赏植物一览

序号	中文名	拉丁学名
1	冷蕨	*Cystopteris fragilis*（L.）Bernh.
2	旱岩蕨	*Woodsia hancockii* Bak.
3	心岩蕨	*Woodsia subcordata* Turcz.
4	五蕊柳	*Salix pentandra* L.
5	油松	*Pinus tabuliformis* Carr.
6	白桦	*Betula plantiphylla* Suk.

（续）

序号	中文名	拉丁学名
7	细叶卷耳	*Cerastium arvense* L. var. *angustifolium* Fenzl.
8	瞿麦	*Dianthus superbus* L.
9	石竹	*Dianthus chinensis* L.
10	兴安石竹	*Dianthus chinensis* L. var. *versicolor*（Fisch. ex Link）Ma
11	大花银莲花	*Anemone silvestris* L.
12	翠雀	*Delphinium grandiflorum* L.
13	细叶白头翁	*Pulsatilla turczaninovii* Kryl. et Serg.
14	金莲花	*Trollius chinensis* Bunge
15	野罂粟	*Papaver nudicaule* L.
16	香芥	*Clausia trichosepala*（Turcz.）Dvorak
17	费菜	*Sedum aizoon* L.
18	梅花草	*Parnassis palustris* L.
19	楔叶茶藨	*Ribes diacanthum* Pall.
20	小叶茶藨	*Ribes pulchellum* Turcz.
21	毛地蔷薇	*Chamaerhodos canescens* J.Kranse
22	黑果栒子	*Cotoneaster melanocarpus* Lodd.
23	辽山楂	*Crataegus sanguinea* Pall.
24	山楂	*Crataegus pinnatifida* Bunge
25	山荆子	*Malus baccata*（L.）Borkh.
26	金露梅	*Potentilla fruticosa* L.
27	稠李	*Prunus padus* L.
28	耧斗叶绣线菊	*Spiraea aquilegifolia* Pall.
29	土庄绣线菊	*Spiraea pubescens* Turcz.
30	胡枝子	*Lespedeza bicolor* Turcz.
31	天蓝苜蓿	*Medicago lupulina* L.
32	披针叶黄华	*Thermopsis lanceolata* R. Br.
33	牻牛儿苗	*Erodium stephanianum* Willd.
34	小叶鼠李	*Rhamnus parvifolia* Bunge
35	柳兰	*Epilobium angustifolium* L.
36	二色补血草	*Limonium bicolor*（Bunge）O. Kuntze
37	达乌里龙胆	*Gentiana dahurica* Fisch.
38	百里香	*Thymus serpyllum* L.
39	柳穿鱼	*Linaria vulgaris* Mill. subsp. *sinensis*（Bebeaux）Hong
40	返顾马先蒿	*Pedicularis resupinata* L.
41	黄花忍冬	*Lonicera chrysantha* Turcz.
42	蒙古荚蒾	*Viburnum mongolicum* Rehd.
43	窄叶蓝盆花	*Scabiosa comosa* Fisch. ex Roem. et Schult.
44	华北蓝盆花	*Scabiosa tschiliensis* Grunning

（续）

序号	中文名	拉丁学名
45	翠菊	*Callistephus chinensis*（L.）Nees.
46	细叶菊	*Chrysanthemum maximowiczii* Kom.
47	花蔺	*Butomus umbellatus* L.
48	寸草苔	*Carex duriuscula* C. A. Mey.
49	少花顶冰花	*Gagea pauciflora*（Turcz. ex Trautv.）Ledeb
50	大青山顶冰花	*Gagea daqingshanensis* L. Q. Zhao et J. Yang
51	细叶百合	*Lilium pumilum* DC.
52	马蔺	*Iris lacteal* Pall. var. *chinensis*（Fisch.）Koidz.

三、饲用资源植物

调查区域内已知饲用资源植物有214种（表3-7）。

表3-7　达里诺尔自然保护区饲用资源植物一览

序号	中文名	拉丁学名
1	问荆	*Equisetum arvense* L.
2	单子麻黄	*Ephedra monosperma* Gmel. et Mey.
3	草麻黄	*Ephedra sinica* Stapf.
4	黄柳	*Salix gordejevii* Y. L. Chang et Skv.
5	小穗柳	*Salix microstachya* Turcz. ex Trautv.
6	五蕊柳	*Salix pentandra* L.
7	白桦	*Betula plantiphylla* Suk.
8	沙生桦	*Betula gmelinii* Bunge
9	家榆	*Ulmus pumila* L.
10	野大麻	*Cannabis sativa* L. f. *ruderalis*（Janisch.）Chu.
11	麻叶荨麻	*Urtica cannabina* L.
12	东北木蓼	*Atraphaxis manshurica* Kitag.
13	苦荞麦	*Fagopyrum tataricum*（L.）Gaertn.
14	狐尾蓼	*Polygonum alopecuroides* Turcz. ex Besser
15	珠芽蓼	*Polygonum viviparum* L.
16	叉分蓼	*Polygonum divaricatum* L.
17	小酸模	*Rumex acetosella* L.
18	扁蓄	*Polygonum aviculare* L.
19	藜	*Chenopodium album* L.
20	刺藜	*Chenopodium aristatum* L.
21	尖头叶藜	*Chenopodium acuminatum* Willd.
22	杂配藜	*Chenopodium hybridum* L.
23	兴安虫实	*Corispermum chinganicum* Iljin
24	华北驼绒藜	*Krascheninnikovia arborescens*（Losina-Losins kaja）Czerepanov
25	木地肤	*Kochia prostrata*（L.）Schrad.

（续）

序号	中文名	拉丁学名
26	软毛虫实	*Corispermum puberulum* Iljin
27	碱地肤	*Kochia sieversiana* Pall.
28	猪毛菜	*Salsola collina* Pall.
29	刺沙蓬	*Salsola pestifer* A. Nelson
30	反枝苋	*Amaranthus retroflexus* L.
31	棉团铁线莲	*Clematis hexapetala* Pall.
32	细叶白头翁	*Pulsatilla turczaninovii* Kryl. et Serg.
33	展枝唐松草	*Thalictrum squarrosum* Steph. ex Willd.
34	水田碎米芥	*Cardamine lyrata* Bunge
35	风花菜	*Rorippa islandica*（Oed.）Borbas
36	瓦松	*Orostachys fimbriatus*（Turcz.）Berger
37	钝叶瓦松	*Orostachys malacophyllus*（Pall.）Fisch.
38	星毛委陵菜	*Potentilla acaulis* L.
39	鹅绒委陵菜	*Potentilla anserina* L.
40	二裂委陵菜	*Potentilla bifurca* L.
41	菊叶委陵菜	*Potentilla tanacetifolia* Willd. ex Schlecht.
42	金露梅	*Potentilla fruticosa* L.
43	斜茎黄芪	*Astragalus laxmannii* Jacq.
44	达乌里黄芪	*Astragalus dahuricus*（Pall.）DC.
45	乳白花黄芪	*Astragalus galactites* Pall.
46	草木樨状黄芪	*Astragalus melilotoides* Pall.
47	糙叶黄芪	*Astragalus scaberrimus* Bunge
48	小叶锦鸡儿	*Caragana microphylla* Lam.
49	甘草	*Glycyrrhiza uralensis* Fisch.
50	少花米口袋	*Gueldenstaedtia verna*（Georgi）Boriss.
51	狭叶米口袋	*Gueldenstaedtia stenophylla* Bunge
52	山岩黄芪	*Hedysarum alpinum* L.
53	木岩黄芪	*Hedysarum lignosum* Trautv.
54	山竹岩黄芪	*Hedysarum fruticosum* Pall.
55	华北岩黄芪	*Hedysarum gmelinii* Ledeb.
56	毛山黧豆	*Lathyrus palustris* L. var. *pilosus*（Cham.）Ledeb.
57	山黧豆	*Lathyrus quinquenervius*（Miq.）Litv. ex Kom. et Alis.
58	胡枝子	*Lespedeza bicolor* Turcz.
59	达乌里胡枝子	*Lespedeza davurica*（Laxm.）Schindl.
60	尖叶胡枝子	*Lespedeza juncea*（L. f.）Pers.
61	天蓝苜蓿	*Medicago lupulina* L.
62	扁蓿豆	*Melilotoides ruthenica*（L.）Sojak
63	白花草木樨	*Melilotus albus* Desr.
64	线棘豆	*Oxytropis filiformis* DC.
65	草木樨	*Melilotus suaveolens* Ledeb.
66	薄叶棘豆	*Oxytropis leptophylla*（Pall.）DC.
67	黄毛棘豆	*Oxytropis ochrantha* Turcz.

（续）

序号	中文名	拉丁学名
68	野火球	*Trifolium lupinaster* L.
69	山野豌豆	*Vicia amoena* Fisch.
70	广布野豌豆	*Vicia cracca* L.
71	救荒野豌豆	*Vicia sativa* L.
72	歪头菜	*Vicia unijuga* R. Br.
73	小果白刺	*Nitraria sibirica* Pall.
74	蒺藜	*Tribulus terrestris* L.
75	草芸香	*Haplophyllum dauricum*（L.）Juss.
76	乌苏里鼠李	*Rhamnus ussuriensis* J. Vass.
77	红柴胡	*Bupleurum scorzonerifolium* Willd.
78	锥叶柴胡	*Bupleurum bicaule* Helm
79	迷果芹	*Sphallerocarpus gracilis*（Bess.）K.–Pol.
80	海乳草	*Glaux maritime* L.
81	银灰旋花	*Convolvulus ammannii* Desr.
82	田旋花	*Convolvulus arvensis* L.
83	毛籽鱼黄草	*Merremia sibirica*（L.）H. Hall.
84	水棘针	*Amethystea caerulea* L.
85	尖齿糙苏	*Phlomis dentosa* Franch.
86	百里香	*Thymus serpyllum* L.
87	疗齿草	*Odontites serotina*（Lam.）Dum.
88	碱蒿	*Artemisia anethifolia* Web. ex Stechm.
89	漠蒿	*Artemisia desertorum* Spreng.
90	龙蒿	*Artemisia dracunculus* L.
91	褐沙蒿	*Artemisia intramongolica* H. C. Fu.
92	冷蒿	*Artemisia frigida* Willd.
93	蒙古蒿	*Artemisia mongolica*（Fisch. ex Bess.）Nakai
94	黑蒿	*Artemisia palustris* L.
95	变蒿	*Artemisia pubescens* Ledeb.
96	白莲蒿	*Artemisia gmelinii* Web. ex Stechm.
97	密毛莲蒿	*Artemisia gmelinii* Web. ex Stechm. var. *messerschmidiana*（Bess.）Poljakov.
98	黄蒿	*Artemisia scoparia* Waldst. et Kit.
99	裂叶蒿	*Artemisia tanacetifolia* L.
100	阿尔泰狗娃花	*Heteropappus altaicus*（Willd.）Novopokr.
101	山莴苣	*Lagedium sibiricum*（L.）Sojak.
102	抱茎苦荬菜	*Ixeris sonchifolia*（Bunge）Hance
103	山苦荬	*Ixeris chinensis*（Thunb.）Nakai
104	麻花头	*Serratula centauroides* L.
105	伪泥胡菜	*Serratula coronata* L.
106	细叶黄鹌菜	*Youngia tenuifolia*（Willd.）Babc. et Stebb.
107	穿叶眼子菜	*Potamogeton perfoliatus* L.
108	小眼子菜	*Potamogeton pusillus* L.

（续）

序号	中文名	拉丁学名
109	龙须眼子菜	*Potamogeton pectinatus* L.
110	菹草	*Potamogeton crispus* L.
111	远东芨芨草	*Achnatherum extremiorientale*（Hara）Keng et P.C.Kuo
112	羽茅	*Achnaterum sibiricum*（L.）Keng
113	芨芨草	*Achnatherum splendens*（Trin.）Nevski
114	冰草	*Agropyron cristatum*（L.）Gaertn.
115	根茎冰草	*Agropyron michnoi* Roshev.
116	沙芦草	*Agropyron mongolicum* Keng
117	毛沙芦草	*Agropyron mongolicum* Keng var. *villosum* H. L. Yang
118	毛稃沙生冰草	*Agropyron desertorum*（Fisch. ex Link）Schult. var. *pilosiusculum*（Melderis）H. L. Yang
119	华北翦股颖	*Agrostis clavata* Trin.
120	芒翦股颖	*Agrostis vinealis* Schreber
121	巨序翦股颖	*Agrostis gigantean* Roth
122	歧序翦股颖	*Agrostis divaricatissima* Mez
123	短穗看麦娘	*Alopecurus brachystachyus* M. Bieb.
124	苇状看麦娘	*Alopecurus arundinaceus* Poir.
125	大看麦娘	*Alopecurus pratensis* L.
126	看麦娘	*Alopecurus aequalis* Sobol.
127	菵草	*Beckmannia syzigachne*（Steud.）Fernald
128	无芒雀麦	*Bromus inermis* Leyss.
129	拂子茅	*Calamagrostis epigejos*（L.）Roth.
130	假苇拂子茅	*Calamagrostis pseudophragmites*（Hall. f.）Koeler.
131	大拂子茅	*Calamagrostis macrolepis* Litv.
132	糙隐子草	*Cleistogenes squarrosa*（Trin.）Keng
133	薄鞘隐子草	*Cleistogenes festucacea* Honda
134	大叶章	*Deyeuxia langsdorffii*（Link）Kunth
135	忽略野青茅	*Deyeuxia neglecta*（Ehrh.）Kunth
136	稗	*Echinochoa crusgalli*（L.）Beauv.
137	披碱草	*Elymus dahuricus* Turcz.
138	老芒麦	*Elymus sibiricus* L.
139	画眉草	*Eragrostis pilosa*（L.）Beauv.
140	小画眉草	*Eragrostis minor* Host
141	达乌里羊茅	*Festuca dahurica*（St.–Yves）V.Krecz.
142	羊茅	*Festuca ovina* L.
143	紫羊茅	*Festuca rubra* L.
144	水甜茅	*Glyceria triflora*（Korsh.）Kom.
145	狭叶甜茅	*Glyceria spiculosa*（Fr. Schmidt）Roshev.
146	光稃茅香	*Hierochloe glabra* Trin.
147	短芒大麦草	*Hordeum brevisubulatum*（Trin.）Link
148	小药大麦草	*Hordeum roshevitzii* Bowd.
149	颖芒大麦草	*Hordeum jubatum* L.

（续）

序号	中文名	拉丁学名
150	洽草	*Koeleria macrantha*（Ledeb.）Schultes
151	羊草	*Leymus chinensis*（Trin.）Tzvel.
152	赖草	*Leymus secalinus*（Georgi）Tzvel.
153	白草	*Pennisetum flaccidum* Grisebach
154	芦苇	*Phragmites australis*（Cav.）Trin. ex Steudel
155	细叶早熟禾	*Poa angustifolia* L.
156	渐狭早熟禾	*Poa attenuata* Trin. ex Bunge
157	硬质早熟禾	*Poa sphondylodes* Trin. ex Bunge
158	散穗早熟禾	*Poa subfastigiata* Trin.
159	沙鞭	*Psammochloa villosa*（Trin.）Bor
160	星星草	*Puccinellia tenuiflora*（Griseb.）Scribn.
161	朝鲜碱茅	*Puccinellia chinampoensis* Ohwi
162	鹤甫碱茅	*Puccinellia hauptiana*（Trin.）Krecz.
163	缘毛鹅观草	*Roegneria pendulina* Nevski
164	直穗鹅观草	*Roegneria turczaninovii*（Drob.）Nevski
165	河北鹅观草	*Roegneria hondai* Kitag.
166	毛盘鹅观草	*Roegneria barbicalla*（Ohwi）Keng et S. L. Chen
167	肃草	*Roegneria stricta* Keng
168	狗尾草	*Setaria viridis*（L.）Beauv.
169	金色狗尾草	*Setaria glauca*（L.）Beauv.
170	断穗狗尾草	*Setaria arenaria* Kitag.
171	大针茅	*Stipa grandis* P. Smirn.
172	克氏针茅	*Stipa krylovii* Roshev.
173	贝加尔针茅	*Stipa baicalensis* Roshev.
174	中华草沙蚕	*Tripogon chinensis*（Fr.）Hack.
175	西伯利亚三毛草	*Trisetum sibiricum* Rupr.
176	华扁穗草	*Blysmus sinocompressus* Tang et Wang
177	内蒙古扁穗草	*Blysmus rufus*（Huds.）Link
178	紫鳞苔草	*Carex angare* Steud.
179	灰脉苔草	*Carex appendiculata*（Trautv.）Kukenth.
180	纤弱苔草	*Carex capillaries* L.
181	扁囊苔草	*Carex coriophora* Fisch. et C. A. Mey. ex Kunth
182	寸草苔	*Carex duriuscula* C. A. Mey.
183	无脉苔草	*Carex enervis* C. A. Mey.
184	湿苔草	*Carex humida* Y. L. Chang et Y. L. Yang
185	小粒苔草	*Carex karoi* Freyn
186	脚苔草	*Carex pediformis* C. A. Mey.
187	黄囊苔草	*Carex korshinskyi* Kom.
188	走茎苔草	*Carex reptabunda*（Trautv.）V. Krecz.
189	灰株苔草	*Carex rostrata* Stokes
190	膨囊苔草	*Carex schmidtii* Meinsh.
191	膜囊苔草	*Carex vesicaria* L.

（续）

序号	中文名	拉丁学名
192	中间型荸荠	*Eleocharis palustris*（L.）Roem. et Schult.
193	花穗水沙草	*Juncellus pannonicus*（Jacq.）C.B.Clarke
194	槽鳞扁莎	*Pycreus sanguinolentus*（Vahl）Nees ex C. B. Clarke
195	扁杆藨草	*Scirpus planiculmis* Fr. Schmidt
196	藨草	*Scirpus triqueter* L.
197	水葱	*Scirpus tabernaemontani* Gmel.
198	菖蒲	*Acorus calamus* L.
199	小灯心草	*Juncus bufonius* L.
200	细灯芯草	*Juncus gracillimus*（Buch.）Krecz. et Gontsch.
201	针灯心草	*Juncus wallichianus* Laharpe
202	黄花葱	*Allium condensatum* Turcz.
203	辉葱	*Allium strictum* Schard.
204	山韭	*Allium senescens* L.
205	双齿葱	*Allium bidentatum* Fisch. et Prokh.
206	野韭	*Allium ramosum* L.
207	细叶葱	*Allium tenuissimum* L.
208	矮葱	*Allium anisopodium* Ledeb.
209	兴安天门冬	*Asparagus dauricus* Fisch. ex Link
210	细叶百合	*Lilium pumilum* DC.
211	射干鸢尾	*Iris dichotoma* Pall.
212	马蔺	*Iris lacteal* Pall. var. *chinensis*（Fisch.）Koidz.
213	细叶鸢尾	*Iris tenuifolia* Pall.
214	粗根鸢尾	*Iris tigridia* Bunge

四、食用野菜资源植物

调查区域内主要野生维管束植物蔬菜有12种，这些野菜营养价值高、无公害、无污染，备受人们的青睐。具体如表3-8所示。

表3-8 达里诺尔自然保护区食用野菜资源植物一览

序号	中文名	拉丁学名
1	麻叶荨麻	*Urtica cannabina* L.
2	华北大黄	*Rheum franzenbachii* Munt.
3	牻牛儿苗	*Erodium stephanianum* Willd.
4	东北羊角芹	*Aegopodium alpestre* Ledeb.
5	苣荬菜	*Sonchus arvensis* L.
6	乳苣	*Mulgedium tataricum*（L.）DC.
7	蒲公英	*Taraxacum mongolicum* Hand.-Mazz.
8	芦苇	*Phragmites australis*（Cav.）Trin. ex Steudel.
9	野韭	*Allium ramosum* L.

（续）

序号	中文名	拉丁学名
10	细叶葱	*Allium tenuissimum* L.
11	长梗葱	*Allium neriniflorum*（Herb.）Baker.
12	小黄花菜	*Hemerocallis minor* Mill.

五、食用果实与谷物资源植物

调查区域内常见的野生果类与谷物有18种。具体如表3-9所示。

表3-9　达里诺尔自然保护区食用果实、谷物资源植物一览

序号	中文名	拉丁学名
1	虎榛子	*Ostryopsis davidiana* Decne
2	家榆	*Ulmus pumila* L.
3	苦荞麦	*Fagopyrum tataricum*（L.）Gaertn.
4	播娘蒿	*Descurainia sophia*（L.）Webb. ex Prantl
5	垂果大蒜芥	*Sisymbrium heteromallum* C. A. Mey.
6	楔叶茶藨	*Ribes diacanthum* Pall.
7	小叶茶藨	*Ribes pulchellum* Turcz.
8	辽山楂	*Crataegus sanguinea* Pall.
9	山楂	*Crataegus pinnatifida* Bunge
10	稠李	*Prunus padus* L.
11	秋子梨	*Pyrus ussuriensis* Maxim.
12	山刺玫	*Rosa davurica* Pall.
13	小果白刺	*Nitraria sibirica* Pall.
14	地梢瓜	*Cynanchum thesioides*（Freyn）K.Schum.
15	稗	*Echinochoa crusgalli*（L.）Beauv.
16	沙鞭	*Psammochloa villosa*（Trin.）Bor.
17	狗尾草	*Setaria viridis*（L.）Beauv.
18	金色狗尾草	*Setaria glauca*（L.）Beauv.

六、茶饮资源植物

调查区域内常见的茶饮资源植物有5种。具体如表3-10所示。

表3-10　达里诺尔自然保护区茶饮资源植物一览

序号	中文名	拉丁学名
1	金莲花	*Trollius chinensis* Bunge
2	山荆子	*Malus baccata*（L.）Borkh.
3	金露梅	*Potentilla fruticosa* L.

（续）

序号	中文名	拉丁学名
4	胡枝子	*Lespedeza bicolor* Turcz.
5	黄芩	*Scutellaria baicalensis* Georgi

七、材用资源植物

调查区域内已知材用资源植物8种，其中材积量较大的为家榆（*Ulmus pumila* L.）。具体如表3-11所示。

表3-11　达里诺尔自然保护区材用资源植物一览

序号	中文名	拉丁学名
1	油松	*Pinus tabuliformis* Carr.
2	山杨	*Populus davidiana* Dode
3	五蕊柳	*Salix pentandra* L.
4	白桦	*Betula plantiphylla* Suk.
5	春榆	*Ulmus davidiana* Planch. var. *japonica*（Rehd.）Nakai
6	大果榆	*Ulmus macrocarpa* Hance
7	家榆	*Ulmus pumila* L.
8	秋子梨	*Pyrus ussuriensis* Maxim.

八、纤维资源植物

调查区域内已发现的纤维资源植物有15种，其中柳属植物可作为编织利用，其他可以作制麻、造纸的原料。具体如表3-12所示。

表3-12　达里诺尔自然保护区纤维资源植物一览

序号	中文名	拉丁学名
1	筐柳	*Salix linearistipularis*（Franch.）Hao
2	小穗柳	*Salix microstachya* Turcz. ex Trautv.
3	五蕊柳	*Salix pentandra* L.
4	麻叶荨麻	*Urtica cannabina* L.
5	宿根亚麻	*Linum perenne* L.
6	黄花忍冬	*Lonicera chrysantha* Turcz.
7	芨芨草	*Achnatherum splendens*（Trin.）Nevski
8	假苇拂子茅	*Calamagrostis pseudophragmites*（Hall. f.）Koeler.
9	大拂子茅	*Calamagrostis macrolepis* Litv.
10	芦苇	*Phragmites australis*（Cav.）Trin. ex Steudel
11	藨草	*Scirpus triqueter* L.
12	脚苔草	*Carex pediformis* C. A. Mey.

（续）

序号	中文名	拉丁学名
13	毛苔草	*Carex lasiocarpa* Ehrh.
14	扁杆藨草	*Scirpus planiculmis* Fr. Schmidt
15	水葱	*Scirpus tabernaemontani* Gmel.

九、芳香油资源植物

调查区内常见的芳香油资源植物如表3-13所示。这些植物体内或花、果实中含有芳香气味的挥发油，被称为植物精油。植物精油在食品工业、医药工业、选矿业中有着重要用途。

表3-13　达里诺尔自然保护区芳香油资源植物一览

序号	中文名	拉丁学名
1	山刺玫	*Rosa davurica* Pall.
2	甘草	*Glycyrrhiza uralensis* Fisch.
3	葛缕子	*Carum carvi* L.
4	田葛缕子	*Carum buriaticum* Turcz.
5	砂引草	*Tournefortia sibirica* L.
6	香青兰	*Dracocephalum moldavica* L.
7	薄荷	*Mentha haplocalyx* Briq.
8	百里香	*Thymus serpyllum* L.

十、单宁资源植物

调查区内发现单宁资源植物19种。具体如表3-14所示。

表3-14　达里诺尔自然保护区单宁资源植物一览

序号	中文名	拉丁学名
1	油松	*Pinus tabuliformis* Carr.
2	虎榛子	*Ostryopsis davidiana* Decne
3	叉分蓼	*Polygonum divaricatum* L.
4	皱叶酸模	*Rumex crispus* L.
5	珠芽蓼	*Polygonum viviparum* L.
6	华北大黄	*Rheum franzenbachii* Munt.
7	展枝唐松草	*Thalictrum squarrosum* Steph. ex Willd.
8	费菜	*Sedum aizoon* L.
9	龙牙草	*Agrimonia pilosa* Ledeb.
10	水杨梅	*Geum aleppicum* Jacq.
11	鹅绒委陵菜	*Potentilla anserina* L.

（续）

序号	中文名	拉丁学名
12	山荆子	*Malus baccata*（L.）Borkh.
13	金露梅	*Potentilla fruticosa* L.
14	稠李	*Prunus padus* L.
15	山刺玫	*Rosa davurica* Pall.
16	地榆	*Sanguisorba officinalis* L.
17	牻牛儿苗	*Erodium stephanianum* Willd.
18	乌苏里鼠李	*Rhamnus ussuriensis* J. Vass.
19	地锦	*Euphorbia humifusa* Willd.

十一、油料资源植物

调查区内发现油料资源植物20种。具体如表3-15所示。

表3-15 达里诺尔自然保护区油料资源植物一览

序号	中文名	拉丁学名
1	虎榛子	*Ostryopsis davidiana* Decne
2	大果榆	*Ulmus macrocarpa* Hance
3	家榆	*Ulmus pumila* L.
4	尖头叶藜	*Chenopodium acuminatum* Willd.
5	杂配藜	*Chenopodium hybridum* L.
6	碱地肤	*Kochia sieversiana* Pall.
7	展枝唐松草	*Thalictrum squarrosum* Steph. ex Willd.
8	播娘蒿	*Descurainia sophia*（L.）Webb. ex Prantl
9	风花菜	*Rorippa islandica*（Oed.）Borbas
10	光果葶苈	*Draba nemorosa* L. var. *leiocarpa* Lindbi.
11	楔叶茶藨	*Ribes diacanthum* Pall.
12	水杨梅	*Geum aleppicum* Jacq.
13	西伯利亚杏	*Prunus sibirica* L.
14	地榆	*Sanguisorba officinalis* L.
15	稠李	*Prunus padus* L.
16	乌苏里鼠李	*Rhamnus ussuriensis* J. Vass.
17	宿根亚麻	*Linum perenne* L.
18	天仙子	*Hyoscyamus niger* L.
19	黄花忍冬	*Lonicera chrysantha* Turcz.
20	苍耳	*Xanthium sibiricum* Patrin ex Widder

十二、农药资源植物

调查区内的农药资源植物如表3-16所示。

表3-16 达里诺尔自然保护区农药资源植物一览

序号	中文名	拉丁学名
1	棉团铁线莲	*Clematis hexapetala* Pall.
2	播娘蒿	*Descurainia Sophia*（L.）Webb. ex Prantl
3	瓦松	*Orostachys fimbriatus*（Turcz.）Berger
4	龙牙草	*Agrimonia pilosa* Ledeb.
5	地榆	*Sanguisorba officinalis* L.
6	披针叶黄华	*Thermopsis lanceolata* R. Br.

第五节 珍稀濒危及特有植物

达里诺尔自然保护区内虽然没有特有成分，却不乏珍稀物种，如沙芦草、毛披碱草、草麻黄、甘草、穿龙薯蓣、绶草、宽叶红门兰、角盘兰（表3-17）等植物作为遗传种质资源，在药用、观赏、饲用等领域具有重要价值，已被列为国家级重点保护野生植物。调查区域内有国家级重点保护的野生药用植物6种，其中甘草为国家Ⅱ级保护药用植物，黄芩、大叶龙胆（秦艽）、达乌里龙胆（小秦艽）、远志、防风为国家Ⅲ级重点保护野生药用植物（表3-18）。达里诺尔自然保护区共有内蒙古珍稀、濒危植物3种，分别是穿龙薯蓣、甘草、细叶百合。

表3-17 达里诺尔自然保护区国家级重点保护野生植物

植物名称	保护等级
沙芦草* *Agropyron mongolicum* Keng	Ⅱ
毛披城草* *Elymus villifer* C. P. Wang et H. L. Yang	Ⅱ
草麻黄 *Ephedra sinica* Stapf.	Ⅱ
甘草 *Glycyrrhiza uralensis* Fisch.	Ⅱ
穿龙薯蓣 *Dioscorea nipponica* Makino	Ⅱ
绶草 *Spiranthes sinensis*（Pers.）Ames.	Ⅱ
宽叶红门兰 *Orchis hatagirea* D. Don	Ⅱ
角盘兰 *Herminium monorchis*（L.）R.Br.	Ⅱ

注：*表示为第一批确定的保护植物（国务院1999年8月4日批准《国家重点保护野生植物名录（第一批）》），其余的是第二批确定的保护植物［《国家重点保护野生植物名录（第二批）》（讨论稿）］。

参考："中国植物主题数据库"国家重点保护野生植物名录（第一批和第二批）子数据库：http://www.plant.csdb.cn/protectlist。

表3-18　达里诺尔自然保护区国家级重点保护药用植物

植物名称	保护等级
甘草*Glycyrrhiza uralensis* Fisch.	Ⅱ
黄芩*Scutellaria baicalensis* Georgi	Ⅲ
大叶龙胆（秦艽）*Gentiana macrophylla* Pall.	Ⅲ
达乌里龙胆（小秦艽）*Gentiana dahurica* Fisch.	Ⅲ
远志*Polygala tenuifolia* Willd.	Ⅲ
防风*Saposhnikovia divaricata*（Turcz.）Schischk.	Ⅲ

参考：1987年10月30日国家医药管理局颁布的《国家重点保护野生药材物种名录》。

▲报春花群落

▼草原

▲火山熔岩台地

▼山地

▲沙地

▼湿地

▲芦苇

▼马蔺群落

▶冷蒿群落

▲山竹岩黄芪群落

▶湿草甸

▼塔头湿地

▲瓣蕊唐松草

▲翠雀

▲多叶棘豆

▲草木樨状黄芪

▲粉报春

▲狐尾蓼

▲花蔺

▲华北蓝盆花

▲黄花列当

▲巨序剪股颖

▲黄芩

▲金莲花

▲宽叶红门兰

▲赖草

▲蝟菊

▲莲座蓟

▲辽山楂

▲多裂叶荆芥

▲麻花头

▼马蔺

▲老鹳草

▼梅花草

▲绵团火绒草

▲瞿麦

▲山杏

▲山韭

▲石竹

▲绶草

▲水葱

▲水麦冬

▲苔草

▲土三七

▲细叶百合

▲小果白刺

▲盐生车前

▲萱草

▲野大麦

▲野韭

▲岩败酱

▲野罂粟

▲穗花马先蒿

第四章 陆生脊椎动物多样性

第一节 陆生脊椎动物群落组成的环境基础

达里诺尔国家级自然保护区是一个由河流、湖泊、熔岩台地、沙地、风蚀断崖、火山锥、深成花岗岩侵入岩出露形成的山地等组成的非生物异质环境。无机环境在与生物协同演化中达成一种自然和谐，组成类型多种并相互依存的生态系统，在自然保护区境内综合为独特的异质性景观，维持着丰富的生物多样性。达里诺尔国家级自然保护区的地貌既见证了地质变迁，又为现代陆生脊椎动物的多样性创造了环境基础。

据记载，在大约距今7000万年的第三纪早期由于地壳下沉，在内蒙古境内形成几个大型拗陷盆地，达里诺尔大型湖盆就是其中之一，湖盆沉积有很厚的湖相黏土和沙砾层，现在的达里诺尔主湖为湖盆中心。在距今约200多万年的第三纪晚期至第四纪早更新世开始的喜马拉雅地壳剧烈运动中，达里诺尔地区经历了几次熔岩溢出，在达里诺尔湖除南岸外，周边形成广阔的2～4级熔岩台地，至今主湖东部还留有清晰的熔岩舌（当地称为五指山）。在距今约60万年至6万年的更新世中晚期，受几亿年前的古生代就已出现的东西向地壳深断裂影响，达里诺尔湖北部熔岩台地上爆发了几次大规模的火山喷发，留下了几十个呈近东西向线状排列的死火山锥，砧子山是其中之一。地壳运动中除熔岩溢出和火山喷发外，亦有深成的花岗岩侵入岩出露，形成达尔罕山等山地。在距今约1.8万年的第四纪盛冰期过后，气温逐渐回暖，冰雪开始消融，有的地质学家推测，间冰期的冰融水携带着大量冰川漂砾和冰碛物阻塞了达里诺尔湖盆的流水通道，湖盆内形成了巨大的堰塞湖，东西长约53km，南北宽约28km，是现代湖泊面积的5倍。现在的达里诺尔主湖与东部的岗更诺尔湖（牤牛泡子）及西部的多伦诺尔湖（鲤鱼泡子）连为一体，湖水水位高于现代湖面60～65m，砧子山和曼陀山（达尔罕山）是湖中的两个孤岛。

根据古地磁记录推算，从距今3000多万年的早第三纪晚期至今，我国陆地位置北移了10～13个纬度（约1400km），气温逐渐变冷，特别是进入第四纪（约距今260万年）出现了冰期与间冰期的交替，据估算，在温带内陆冰期与间冰期平均气温相差10℃，冰期的气候十分干旱，在北部大陆冷高压控制下，冷风吹扬着达里诺尔地区及更北湖盆中的湖相沉积物、第四纪松散堆积物和沿岸漂沙，形成沙漠风尘，成为沙地形成的沙源，向达里诺尔湖南岸堆积。在刘东生等编译的《第四纪环境》一书中提到，达里诺尔处于沙丘分布区。但是，由于达里诺尔地区处于内蒙古高原东南部，远离中亚荒漠，现代降水量为350～450mm，伊凡诺夫湿润度系数大于0.3，多为固定和半固定沙丘，因此，达里诺尔南部为浑善达克沙地的一部分，而非沙漠。

第二节　陆生脊椎动物区系组成及分布

一、调查方法

达里诺尔自然保护区分布的陆生脊椎动物共分4纲，即两栖纲、爬行纲、鸟纲及哺乳纲，其中两栖纲为水陆过渡类群，其繁殖和生理过程还不能完全摆脱对水的依赖，本报告仍将其归入陆生动物。由于鸟类种类多、数量大、活动的季节性明显，为研究其时空格局变化，调查方法以样带为主，并记录样带外所能见到的个体或集群。其他三纲脊椎动物则采用随机路线调查，并在鸟类调查中附带记录在不同环境中见到的个体，结合查阅相关资料和访问当地民众确定种类。

二、调查结果

（一）区系组成及分布

区系组成及分布见表4-1。

表4-1　达里诺尔自然保护区陆生脊椎动物名录及分布

	所属两栖纲的目与科	种名	拉丁名	分布型	生境				数量级	保护级别	CITES①	
					湿地	草原	沙地疏林	山地			附录Ⅰ	附录Ⅱ
Ⅰ.	无尾目											
	一、蟾蜍科	1.花背蟾蜍	*Bufo raddei*	东北型	√	√			+++			
		2.大蟾蜍	*Bufo gargarizans*	东北型	√	√	√	√	++			
	二、蛙科	3.黑斑蛙	*Rana nigromaculata*	东北型	√				+			
		4.黑龙江林蛙	*Rana amurensis*	古北型	√				+			

	所属爬行纲的目与科	种名	拉丁名	分布型	生境				数量级	保护级别	CITES	
					湿地	草原	沙地疏林	山地			附录Ⅰ	附录Ⅱ
Ⅱ.	有鳞目											
	一、蜥蜴科	1.丽斑麻蜥	*Eremias argus*	东北型	√			√	＋＋			
	二、鬣蜥科	2.草原沙蜥	*Phrynocephalus frontalis*	中亚型		√	√		＋＋			
	三、游蛇科	3.黄脊游蛇	*Coluber spinalis*	古北型		√		√	＋			
		4.白条锦蛇	*Elaphe dione*	古北型		√		√	＋			

	所属鸟纲的目与科[2]	种名	拉丁名	分布型	居留型[3]	生境[4]				数量级[5]	保护级别[6]	CITES	
						湿地	草原	沙地疏林	山地			附录Ⅰ	附录Ⅱ
Ⅰ.	潜鸟目												
	一、潜鸟科	1.太平洋潜鸟	*Gavia pacifica*	全北型	P	√				＋			
Ⅱ.	䴙䴘目												
	二、䴙䴘科	2.小䴙䴘	*Tachybaptus ruficollis*	旧大陆热带—亚热带型	S	√				＋＋			
		3.黑颈䴙䴘	*Podiceps nigricollis*	全北型	P	√				＋＋			
		4.凤头䴙䴘	*Podiceps cristatus*	古北型	S	√				＋＋＋			
		5.赤颈䴙䴘	*Podiceps grisegena*	全北型	P	√				＋＋	Ⅱ		
		6.角䴙䴘	*Podiceps auritus*	全北型	P	√				＋	Ⅱ		
Ⅲ.	鹈形目												
	三、鹈鹕科	7.卷羽鹈鹕	*Pelecanus crispus*	古北型	P	√				＋	Ⅱ	√	
	四、鸬鹚科	8.普通鸬鹚	*Phalacrocorax carbo*	古北型	S	√		√		＋＋＋			
Ⅳ.	鹳形目												
	五、鹭科	9.苍鹭	*Ardea cinerea*	古北型	S	√		√		＋＋＋			
		10.草鹭	*Ardea purpurea*	古北型	S	√				＋＋＋			
		11.池鹭	*Ardeola bacchus*	东洋型	S	√				＋			
		12.牛背鹭	*Bubulcus ibis*	东洋型	P	√				＋			
		13.大白鹭	*Ardea alba*	环球温带—热带性	P	√				＋			
		14.黄嘴白鹭	*Egretta eulophotes*	东北型	P	√				＋	Ⅱ		
		15.夜鹭	*Nycticorax nycticorax*	环球温带—热带性	P	√				＋			
		16.大麻鳽	*Botaurus stellaris*	古北型	S	√				＋＋			
	六、鹳科	17.东方白鹳	*Ciconia boyciana*	古北型	P	√				＋	Ⅰ	√	
		18.黑鹳	*Ciconia nigra*	古北型	S	√				＋	Ⅰ		√
	七、鹮科	19.白琵鹭	*Platalea leucorodia*	古北型	S	√		√		＋＋	Ⅱ		√
Ⅴ.	雁形目												
	八、鸭科	20.大天鹅	*Cygnus cygnus*	全北型	SP	√				＋＋＋	Ⅱ		
		21.小天鹅	*Cygnus columbianus*	全北型	P	√				＋＋	Ⅱ		
		22.疣鼻天鹅	*Cygnus olor*	古北型	P	√				＋	Ⅱ		
		23.鸿雁	*Anser cygnoides*	东北型	SP	√				＋＋＋			
		24.豆雁	*Anser fabalis*	古北型	P	√				＋＋＋			

（续）

所属鸟纲的目与科[②]		种名	拉丁名	分布型	居留型[③]	生境[④]				数量级[⑤]	保护级别[⑥]	CITES	
						湿地	草原	沙地疏林	山地			附录Ⅰ	附录Ⅱ
	八、鸭科	25.灰雁	*Anser anser*	古北型	P	√				++			
		26.斑头雁	*Anser indicus*	高地型	P	√				+			
		27.赤麻鸭	*Tadorna ferruginea*	古北型	S	√			√	+++			
		28.翘鼻麻鸭	*Tadorna tadorna*	古北型	S	√				+++			
		29.针尾鸭	*Anas acuta*	全北型	P	√				++			
		30.绿翅鸭	*Anas crecca*	全北型	S	√				++			
		31.花脸鸭	*Anas formosa*	东北型	P	√				+			
		32.罗纹鸭	*Anas falcata*	东北型	P	√				+			
		33.绿头鸭	*Anas platyrhynchos*	全北型	S	√				+++			
		34.斑嘴鸭	*Anas poecilorhyncha*	东洋型	S	√				++			
		35.赤膀鸭	*Anas strepera*	古北型	S	√				+++			
		36.赤颈鸭	*Anas penelope*	全北型	P	√				++			
		37.白眉鸭	*Anas querquedula*	古北型	S	√				+			
		38.琵嘴鸭	*Anas clypeata*	全北型	S	√				++			
		39.长尾鸭	*Clangula hyemalis*	全北型	P	√				+			
		40.鸳鸯	*Aix galericulata*	东北型	P	√				+	Ⅱ		
		41.赤嘴潜鸭	*Netta rufina*	地中海—中亚型	S	√				++			
		42.红头潜鸭	*Aythya ferina*	古北型	S	√				++			
		43.白眼潜鸭	*Aythya nyroca*	地中海—中亚型	P	√				+			
		44.青头潜鸭	*Aythya baeri*	东北型	P	√				+			
		45.凤头潜鸭	*Aythya fuligula*	古北型	P	√				++			
		46.斑背潜鸭	*Aythya marila*	全北型	P	√				+			
		47.斑脸海番鸭	*Melanitta fusca*	古北型	P	√				+			
		48.鹊鸭	*Bucephala clangula*	全北型	P	√				+			
		49.斑头秋沙鸭	*Mergellus albellus*	古北型	P	√				++			
		50.红胸秋沙鸭	*Mergus serrator*	全北型	P	√				++			
		51.普通秋沙鸭	*Mergus merganser*	全北型	P	√				++			
		52.中华秋沙鸭	*Mergus squamatus*	东北型	P	√				+	Ⅰ		
Ⅵ.	隼形目												
	九、鹗科	53.鹗	*Pandion haliaetus*	全北型	P	√				+	Ⅱ		√
	十、鹰科	54.黑鸢	*Milvus migrans*	古北型	R		√		√	+	Ⅱ		√
		55.苍鹰	*Accipiter gentilis*	全北型	P		√	√	√	+	Ⅱ		√
		56.雀鹰	*Accipiter nisus*	古北型	S		√	√	√	+	Ⅱ		√
		57.日本松雀鹰	*Accipiter gularis*	东洋型	S		√	√	√	+	Ⅱ		√
		58.白头鹞	*Circus aeruginosus*	地中海—中亚型	S	√	√		√	+	Ⅱ		√
		59.白尾鹞	*Circus cyaneus*	全北型	S	√	√		√	++	Ⅱ		√

（续）

所属鸟纲的目与科[2]		种名	拉丁名	分布型	居留型[3]	生境[4] 湿地	 草原	 沙地疏林	 山地	数量级[5]	保护级别[6]	CITES 附录Ⅰ	 附录Ⅱ
	十、鹰科	60.白腹鹞	*Circus spilonotus*	东北型	S	√	√			+	Ⅱ		√
		61.鹊鹞	*Circus melanoleucos*	东北型	S		√		√	++	Ⅱ		√
		62.普通鵟	*Buteo buteo*	古北型	R		√		√	+	Ⅱ		√
		63.大鵟	*Buteo hemilasius*	中亚型	R		√		√	+	Ⅱ		√
		64.毛脚鵟	*Buteo lagopus*	全北型	P		√		√	+	Ⅱ		√
		65.棕尾鵟	*Buteo rufinus*	地中海—中亚型	P		√		√	+	Ⅱ		√
		66.金雕	*Aquila chrysaetos*	全北型	R		√		√	+	Ⅰ		√
		67.乌雕	*Aquila clanga*	古北型	S		√		√	+	Ⅱ		√
		68.草原雕	*Aquila nipalensis*	中亚型	S		√		√	+	Ⅱ		√
		69.玉带海雕	*Haliaeetus leucoryphus*	中亚型	P	√		√		+	Ⅰ		√
		70.白尾海雕	*Haliaeetus albicilla*	古北型	P	√	√	√		++	Ⅰ	√	
		71.短趾雕	*Circaetus gallicus*	地中海—中亚型	P		√		√	+	Ⅱ		
		72.秃鹫	*Aegypius monachus*	地中海—中亚型	P		√		√	+	Ⅱ		√
	十一、隼科	73.猎隼	*Falco cherrug*	全北型	S		√		√	+	Ⅱ		√
		74.燕隼	*Falco subbuteo*	古北型	S		√	√	√	++	Ⅱ		√
		75.灰背隼	*Falco columbarius*	全北型	P		√		√	+	Ⅱ		√
		76.红脚隼	*Falco amurensis*	古北型	S		√		√	++	Ⅱ		√
		77.黄爪隼	*Falco naumanni*	古北型	S		√		√	+	Ⅱ		√
		78.红隼	*Falco tinnunculus*	古北型	R		√	√	√	+	Ⅱ		√
		79.游隼	*Falco peregrinus*	全北型	P		√	√	√	+	Ⅱ		√
Ⅶ.	鸡形目												
	十二、雉科	80.石鸡	*Alectoris chukar*	中亚型	R			√	√	++			
		81.斑翅山鹑	*Perdix dauurica*	中亚型	R		√	√	√	+++			
		82.日本鹌鹑	*Coturnix japonica*	古北型	S		√	√		++			
		83.环颈雉	*Phasianus colchicus*	古北型	R		√	√		++			
Ⅷ.	鹤形目												
	十三、三趾鹑科	84.黄脚三趾鹑	*Turnix tanki*	东洋型	S		√	√		+			
	十四、鹤科	85.蓑羽鹤	*Anthropoides virgo*	中亚型	S	√	√	√		+++	Ⅱ		√
		86.白枕鹤	*Grus vipio*	东北型	S	√				+++	Ⅱ	√	
		87.灰鹤	*Grus grus*	古北型	P	√	√	√		+	Ⅱ		√
		88.白头鹤	*Grus monacha*	东北型	P	√				+	Ⅰ	√	
		89.丹顶鹤	*Grus japonensis*	东北型	S	√	√			+	Ⅰ	√	
	十五、秧鸡科	90.黑水鸡	*Gallinula chloropus*	环球热带—温带型	S	√				++			
		91.白骨顶	*Fulica atra*	东半球热带—温带型	S	√				+++			
		92.小田鸡	*Porzana pusilla*	古北型	S	√				+			

（续）

所属鸟纲的目与科[2]	种名	拉丁名	分布型	居留型[3]	生境[4] 湿地	草原	沙地疏林	山地	数量级[5]	保护级别[6]	CITES 附录Ⅰ	附录Ⅱ
十六、鸨科	93.大鸨	*Otis tarda*	地中海—中亚型	S		√			+ +	Ⅰ		√
Ⅸ. 鸻形目												
十七、反嘴鹬科	94.反嘴鹬	*Recurvirostra avosetta*	地中海—中亚型	S	√				+ + +			
	95.黑翅长脚鹬	*Himantopus himantopus*	环球热带—温带型	S	√				+ + +			
十八、燕鸻科	96.普通燕鸻	*Glareola maldivarum*	东洋型	S	√	√			+ +			
十九、鸻科	97.凤头麦鸡	*Vanellus vanellus*	古北型	S	√	√			+ + +			
	98.灰头麦鸡	*Vanellus cinereus*	东北型	S	√	√			+ + +			
	99.金鸻	*Pluvialis fulva*	全北型	P	√	√			+ + +			
	100.剑鸻	*Charadrius hiaticula*	全北型	S	√	√			+ +			
	101.长嘴剑鸻	*Charadrius placidus*	东北型	S	√				+			
	102.金眶鸻	*Charadrius dubius*	古北型	S	√	√			+ +			
	103.环颈鸻	*Charadrius alexandrinus*	环球热带—温带型	S	√	√			+ +			
	104.东方鸻	*Charadrius veredus*	中亚型	S	√	√			+ +			
	105.蒙古沙鸻	*Charadrius mongolus*	中亚型	P	√				+			
二十、鹬科	106.大沙锥	*Callinago megala*	古北型	P	√				+ +			
	107.扇尾沙锥	*Gallinago gallinago*	古北型	S	√				+ +			
	108.孤沙锥	*Callinago solitaria*	古北型	S	√				+ +			
	109.半蹼鹬	*Limnodromus semipalmatus*	古北型	S	√				+			
	110.黑尾塍鹬	*Limosa limosa*	古北型	S	√				+ +			
	111.斑尾塍鹬	*Limosa lapponica*	古北型	P	√				+			
	112.小杓鹬	*Numenius minutes*	东北型	P	√				+	Ⅱ	√	
	113.白腰杓鹬	*Numenius arquata*	古北型	S	√				+ +			
	114.大杓鹬	*Numenius madagascariensis*	东北型	P	√				+ +			
	115.中杓鹬	*Numenius phaeopus*	古北型	P	√				+			
	116.鹤鹬	*Tringa erythropus*	古北型	P	√				+ + +			
	117.红脚鹬	*Tringatotanus*	古北型	S	√				+ + +			
	118.泽鹬	*Tringa stagnatilis*	古北型	S	√				+ + +			
	119.青脚鹬	*Tringa nebularia*	古北型	P	√				+			
	120.白腰草鹬	*Tringa ochropus*	古北型	S	√				+			
	121.林鹬	*Tringa glareola*	古北型	S	√				+ + +			
	122.矶鹬	*Actitis hypoleucos*	全北型	S	√				+ + +			
	123.翻石鹬	*Arenaria interpres*	全北型	P	√				+			
	124.小滨鹬	*Calidris minuta*	古北型	P	√				+			
	125.翘嘴鹬	*Xenus cinereus*	古北型	P	√				+			
	126.红腹滨鹬	*Calidris canutus*	全北型	P	√				+			
	127.红颈滨鹬	*Calidris ruficollis*	东北型	P	√				+ + +			

（续）

所属鸟纲的目与科②	种名	拉丁名	分布型	居留型③	生境④				数量级⑤	保护级别⑥	CITES	
					湿地	草原	沙地疏林	山地			附录Ⅰ	附录Ⅱ
二十、鹬科	128.青脚滨鹬	*Calidris temminckii*	古北型	P	√				+			
	129.长趾滨鹬	*Calidris subminuta*	东北型	P	√				+ +			
	130.斑胸滨鹬	*Calidris melanotos*	全北型	P	√				+			
	131.尖尾滨鹬	*Calidris acuminata*	东北型	P	√				+ +			
	132.弯嘴滨鹬	*Calidris ferruginea*	古北型	P	√				+ +			
	133.黑腹滨鹬	*Calidris alpine*	全北型	P	√				+			
	134.阔嘴鹬	*Limicola falcinellus*	全北型	P	√				+			
	135.流苏鹬	*Philomachus pugnax*	古北型	P	√				+			
	136.灰尾漂鹬	*Heteroscelus brevipes*	古北型	P	√				+			
二十一、鸥科	137.渔鸥	*Larus ichthyaetus*	中亚型	P	√	√			+			
	138.普通海鸥	*Larus canus*	全北型	P	√	√			+ + +			
	139.银鸥	*Larus argentatus*	全北型	S	√	√			+ + +			
	140.灰背鸥	*Larus schistisagus*	东北型	P	√	√			+ +			
	141.棕头鸥	*Larus brunnicephalus*	高地型	S	√	√			+ + +			
	142.红嘴鸥	*Larus ridibundus*	古北型	S	√	√			+ + +			
	143.黑嘴鸥	*Larus saundersi*	东北型	P	√	√			+			
	144.遗鸥	*Larus relictus*	中亚型	P	√	√			+	Ⅰ	√	
	145.小鸥	*Larus minutus*	古北型	P	√	√			+	Ⅱ		
二十二、燕鸥科	146.鸥嘴噪鸥	*Gelochelidon nilotica*	环球热带—温带型	S	√	√			+			
	147.红嘴巨燕鸥	*Hydroprogne caspia*	环球热带—温带型	S	√	√			+			
	148.灰翅浮鸥	*Chlidonias hybrida*	古北型	S	√	√			+ +			
	149.白翅浮鸥	*Chlidonias leucopterus*	古北型	S	√	√			+ + +			
	150.普通燕鸥	*Sterna hirundo*	全北型	S	√	√			+ + +			
	151.白额燕鸥	*Sterna albifrons*	环球热带—温带型	S	√	√			+			
Ⅹ. 沙鸡目												
二十三、沙鸡科	152.毛腿沙鸡	*Syrrhaptes paradoxus*	中亚型	R		√		√	+			
Ⅺ. 鸽形目												
二十四、鸠鸽科	153.岩鸽	*Columba rupestris*	地中海—中亚型	R			√	√	+ + +			
	154.山斑鸠	*Streptopelia orientalis*	东北型	R			√	√	+ +			
	155.灰斑鸠	*Streptopelia decaocto*	东洋型	R			√	√	+			
Ⅻ. 鹃形目												
二十五、杜鹃科	156.大杜鹃	*Cuculus canorus*	古北型	S		√	√		+ +			
	157.中杜鹃	*Cuculus saturatus*	东北型	S		√	√		+			
	158.小杜鹃	*Cuculus poliocephalus*	东洋型	S		√	√		+			
	159.四声杜鹃	*Cuculus micropterus*	东洋型	S		√	√		+			

（续）

	所属鸟纲的目与科[②]	种名	拉丁名	分布型	居留型[③]	生境[④]				数量级[⑤]	保护级别[⑥]	CITES	
						湿地	草原	沙地疏林	山地			附录Ⅰ	附录Ⅱ
XIII.	鸮形目												
	二十六、鸱鸮科	160.雕鸮	*Bubo bubo*	古北型	R			√	√	+	Ⅱ		√
		161.长耳鸮	*Asio otus*	全北型	S			√		+	Ⅱ		√
		162.短耳鸮	*Asio flammeus*	全北型	W			√		+	Ⅱ		√
		163.纵纹腹小鸮	*Athene noctua*	全北型	R			√	√	+	Ⅱ		√
		164.花头鸺鹠	*Glaucidium passerinum*	全北型	P		√	√	√	+	Ⅱ		√
XIV.	雨燕目												
	二十七、雨燕科	165.白腰雨燕	*Apus pacificus*	东北型	S		√	√	√	+ + +			
XV.	佛法僧目												
	二十八、翠鸟科	166.普通翠鸟	*Alcedo atthis*	地中海—中亚型	S	√				+			
XVI.	戴胜目												
	二十九、戴胜科	167.戴胜	*Upupa epops*	古北型	S		√	√	√	+ + +			
XVII.	䴕形目												
	三十、啄木鸟科	168.蚁䴕	*Jynx torquilla*	古北型	S			√		+			
		169.大斑啄木鸟	*Dendrocopos major*	古北型	R			√		+			
		170.小斑啄木鸟	*Dendrocopos minor*	古北型	R			√		+			
		171.星头啄木鸟	*Dendrocopos canicapillus*	东洋型	R			√		+			
		172.灰头绿啄木鸟	*Picus canus*	古北型	R			√		+			
XVIII.	雀形目												
	三十一、百灵科	173.蒙古百灵	*Melanocorypha mongolica*	中亚型	R		√		√	+ + +			
		174.大短趾百灵	*Calandrella brachydactyla*	中亚型	S		√		√	+ + +			
		175.短趾百灵	*Calandrella cheleensis*	中亚型	R		√		√	+ +			
		176.凤头百灵	*Galerida cristata*	古北型	R		√		√	+ +			
		177.云雀	*Alauda arvensis*	古北型	S		√		√	+ + +			
		178.角百灵	*Eremophila alpestris*	全北型	S		√		√	+			
	三十二、燕科	179.家燕	*Hirundo rustica*	全北型	S		√			+ + +			
		180.金腰燕	*Cecropis daurica*	古北型	S		√			+ +			
		181.崖沙燕	*Riparia riparia*	全北型	S	√	√			+ +			
	三十三、鹡鸰科	182.山鹡鸰	*Dendronanthus indicus*	东北型	S		√	√	√	+			
		183.白鹡鸰	*Motacilla alba*	古北型	S	√	√			+ + +			
		184.黄头鹡鸰	*Motacilla citreola*	古北型	S	√	√			+ + +			
		185.黄鹡鸰	*Motacilla flava*	古北型	S	√	√			+ + +			
		186.灰鹡鸰	*Motacilla cinerea*	古北型	S	√				+			
		187.田鹨	*Anthus richardi*	东北型	S	√	√		√	+			
		188.水鹨	*Anthus spinoletta*	全北型	P	√				+ + +			
		189.树鹨	*Anthus hodgsoni*	东北型	S	√		√		+			
		190.北鹨	*Anthus gustavi*	东北型	P	√				+			
		191.草地鹨	*Anthus pratensis*	中亚型	P	√	√			+			

（续）

所属鸟纲的目与科②	种名	拉丁名	分布型	居留型③	生境④ 湿地	草原	沙地疏林	山地	数量级⑤	保护级别⑥	CITES 附录Ⅰ	附录Ⅱ
三十三、鹡鸰科	192.布氏鹨	*Anthus godlewskii*	中亚型	S	√	√			+			
	193.红喉鹨	*Anthus cervinus*	古北型	P	√	√			+			
三十四、太平鸟科	194.太平鸟	*Bombycilla garrulus*	全北型	P			√		+			
三十五、伯劳科	195.虎纹伯劳	*Lanius tigrinus*	东北—华北型	S			√	√	+			
	196.牛头伯劳	*Lanius bucephalus*	东北—华北型	S			√	√	+			
	197.红尾伯劳	*Lanius cristatus*	东北—华北型	S			√	√	+ +			
	198.棕背伯劳	*Lanius schach*	东洋型	S			√	√	+			
	199.灰伯劳	*Lanius excubitor*	全北型	W			√	√	+ +			
	200.楔尾伯劳	*Lanius sphenocercus*	东北型	S			√	√	+			
	201.荒漠伯劳	*Lanius isabellinus*	中亚型	S			√	√	+			
三十六、椋鸟科	202.北椋鸟	*Sturnus sturninus*	东北—华北型	S		√	√	√	+			
	203.灰椋鸟	*Sturnus cineraceus*	东北—华北型	S		√	√	√	+ + +			
三十七、鸦科	204.灰喜鹊	*Cyanopica cyanus*	古北型	R			√		+ +			
	205.喜鹊	*Pica pica*	全北型	R		√	√	√	+ + +			
	206.寒鸦	*Corvus monedula*	古北型	R		√	√		+ + +			
	207.达乌里寒鸦	*Corvus dauuricus*	古北型	R	√	√	√	√	+ + +			
	208.秃鼻乌鸦	*Corvus frugilegus*	古北型	R		√	√	√	+			
	209.小嘴乌鸦	*Corvus corone*	全北型	R		√	√	√	+ + +			
	210.大嘴乌鸦	*Corvus macrorhynchos*	季风型	R		√	√	√	+ + +			
	211.红嘴山鸦	*Pyrrhocorax pyrrhocorax*	地中海—中亚型	R			√	√	+			
三十八、鹪鹩科	212.鹪鹩	*Troglodytes troglodytes*	全北型	R		√	√		+			
三十九、岩鹨科	213.领岩鹨	*Prunella collaris*	古北型	P				√	+			
	214.褐岩鹨	*Prunella fulvescens*	高地型	S			√	√	+			
	215.棕眉山岩鹨	*Prunella montanella*	东北型	W		√		√	+			
四十、鹟科	216.红喉歌鸲	*Luscinia calliope*	古北型	P			√	√	+			
	217.蓝歌鸲	*Luscinia cyane*	古北型	S			√	√	+			
	218.红胁蓝尾鸲	*Tarsiger cyanurus*	东北型	S			√	√	+ +			
	219.赭红尾鸲	*Phoenicurus ochruros*	地中海—中亚型	R				√	+			
	220.北红尾鸲	*Phoenicurus auroreus*	东北型	S			√		+ +			
	221.红腹红尾鸲	*Phoenicurus erythrogastrus*	高地型	P		√		√	+			
	222.红尾水鸲	*Rhyacornis fuliginosa*	东洋型	R					+			

（续）

所属鸟纲的目与科②	种名	拉丁名	分布型	居留型③	生境④				数量级⑤	保护级别⑥	CITES	
					湿地	草原	沙地疏林	山地			附录I	附录II
四十、鸫科	223.黑喉石䳭	*Saxicola torquata*	旧大陆温带—热带型	S		√	√	√	+			
	224.沙䳭	*Oenanthe isabellina*	中亚型	S		√	√	√	+ + +			
	225.穗䳭	*Oenanthe oenanthe*	全北型	S		√	√	√	+ +			
	226.漠䳭	*Oenanthe deserti*	中亚型	R				√	+			
	227.白顶䳭	*Oenanthe pleschanka*	中亚型	S				√	+ +			
	228.白背矶鸫	*Monticola saxatilis*	中亚型	S				√	+			
	229.蓝矶鸫	*Monticola solitarius*	地中海—中亚型	S				√	+ +			
	230.虎斑地鸫	*Zoothera dauma*	古北型	S			√		+			
	231.白眉鸫	*Turdus obscurus*	东北型	P			√	√	+			
	232.赤颈鸫	*Turdus ruficollis*	古北型	P			√	√	+			
	233.斑鸫	*Turdus eunomus*	东北型	P			√	√	+			
四十一、鹟科	234.灰纹鹟	*Muscicapa griseisticta*	东北型	S	√		√		+			
	235.北灰鹟	*Muscicapa dauurica*	东北型	S			√		+			
	236.乌鹟	*Muscicapa sibirica*	东北型	S		√	√		+			
	237.红喉姬鹟	*Ficedula albicilla*	古北型	S			√		+ +			
	238.白眉姬鹟	*Ficedula zanthopygia*	东北型	P		√	√		+			
	239.白腹姬鹟	*Ficedula cyanomelana*	东北型	P		√	√		+			
	240.灰蓝姬鹟	*Ficedula tricolor*	东洋型	P			√	√	+			
四十二、莺科	241.矛斑蝗莺	*Locustella lanceolata*	东北型	S	√				+			
	242.小蝗莺	*Locustella certhiola*	东北型	S	√		√		+ +			
	243.黑眉苇莺	*Acrocephalus bistrigiceps*	东北型	S	√				+ +			
	244.东方大苇莺	*Acrocephalus orientalis*	东半球热带—温带型	S	√				+ +			
	245.厚嘴苇莺	*Acrocephalus aedon*	东北型	S	√				+			
	246.稻田苇莺	*Acrocephalus agricola*	地中海—中亚型	P	√	√			+			
	247.褐柳莺	*Phylloscopus fuscatus*	东北型	S	√		√		+ +			
	248.黄眉柳莺	*Phylloscopus inornatus*	东北型	P	√		√		+ +			
	249.暗绿柳莺	*Phylloscopus trochiloides*	古北型	S	√		√		+ +			
	250.冕柳莺	*Phylloscopus coronatus*	东北型	S			√		+			
	251.极北柳莺	*Phylloscopus borealis*	古北型	P	√		√		+			
	252.黄腰柳莺	*Phylloscopus proregulus*	古北型	S	√		√		+			
	253.双斑绿柳莺	*Phylloscopus plumbeitarsus*	东北型	S	√		√	√	+			
	254.灰柳莺	*Phylloscopus griseolus*	高地型	P			√		+			
	255.巨嘴柳莺	*Phylloscopus schwarzi*	东北型	S			√		+			
	256.冠纹柳莺	*Phylloscopus reguloides*	东洋型	S			√		+			
	257.淡脚柳莺	*Phylloscopus tenellipes*	东北型	P			√	√	+			

（续）

所属鸟纲的目与科[②]	种名	拉丁名	分布型	居留型[③]	生境[④] 湿地	草原	沙地疏林	山地	数量级[⑤]	保护级别[⑥]	CITES 附录Ⅰ	附录Ⅱ
四十二、莺科	258.欧柳莺	*Phylloscopus trochilus*	古北型	P			√	√	+			
	259.乌嘴柳莺	*Phylloscopus magnirostris*	喜马拉雅—横断山型	P				√	+			
	260.白喉林莺	*Sylvia curruca*	地中海—中亚型	S			√		+			
	261.短翅树莺	*Cettia diphone*	东北型	S			√	√	+			
四十三、绣眼鸟科	262.暗绿绣眼鸟	*Zosterops japonicus*	南中国型	S			√	√	+			
四十四、长尾山雀科	263.银喉长尾山雀	*Aegithalos caudatus*	古北型	R			√		+			
四十五、山雀科	264.北褐头山雀	*Parus montanus*	全北型	R			√		+			
	265.沼泽山雀	*Parus palustris*	古北型	R			√		+ +			
	266.大山雀	*Parus major*	古北型	R			√		+ + +			
	267.黄腹山雀	*Parus venustulus*	南中国型	R			√	√	+			
四十六、雀科	268.麻雀	*Passer montanus*	古北型	R		√	√	√	+ + +			
四十七、燕雀科	269.燕雀	*Fringilla montifringilla*	古北型	P			√		+ +			
	270.粉红腹岭雀	*Leucosticte arctoa*	全北型	W			√	√	+			
	271.苍头燕雀	*Fringilla coelebs*	地中海—中亚型	P			√	√	+			
	272.白腰朱顶雀	*Carduelis flammea*	全北型	P			√		+			
	273.黄雀	*Carduelis spinus*	古北型	P			√		+			
	274.金翅雀	*Carduelis sinica*	东北型	R			√		+ +			
	275.松雀	*Pinicloa enucleator*	全北型	W			√	√	+			
	276.长尾雀	*Uragus sibiricus*	东北型	R			√		+			
	277.蒙古沙雀	*Rhodopechys mongolicus*	地中海—中亚型	S			√		+			
	278.白眉朱雀	*Carpodacus thura*	喜马拉雅—横断山型	R			√		+			
	279.普通朱雀	*Carpodacus erythrinus*	古北型	P			√		+			
	280.红腹灰雀	*Pyrrhula pyrrhula*	古北型	P			√	√	+			
	281.锡嘴雀	*Coccothraustes coccothraustes*	古北型	S			√	√	+			
	282.黑尾蜡嘴雀	*Eophona migratoria*	东北型	S			√		+			
	283.红交嘴雀	*Loxia curvirostra*	全北型	P			√	√	+			
四十八、鹀科	284.栗鹀	*Emberiza rutila*	东北型	S			√		+			
	285.黄喉鹀	*Emberiza elegans*	东北型	P			√		+			
	286.黄胸鹀	*Emberiza aureola*	古北型	S	√	√	√		+ +			
	287.灰头鹀	*Emberiza spodocephala*	东北型	S		√	√		+ +			
	288.田鹀	*Emberiza rustica*	古北型	P		√	√		+			
	289.小鹀	*Emberiza pusilla*	古北型	S		√	√		+			
	290.红颈苇鹀	*Emberiza yessoensis*	东北型	P	√		√		+ +			
	291.苇鹀	*Emberiza pallasi*	东北型	SP	√		√		+			

（续）

所属鸟纲的目与科[2]	种名	拉丁名	分布型	居留型[3]	生境[4]：湿地	生境[4]：草原	生境[4]：沙地疏林	生境[4]：山地	数量级[5]	保护级别[6]	CITES：附录Ⅰ	CITES：附录Ⅱ
四十八、鹀科	292.栗耳鹀	*Emberiza fucata*	东北型	P		√	√		+			
	293.三道眉草鹀	*Emberiza cioides*	东北型	R		√	√		+			
	294.芦鹀	*Emberiza schoeniclus*	古北型	S		√	√		+			
	295.白眉鹀	*Emberiza tristrami*	东北型	S		√	√		+			
	296.白头鹀	*Emberiza leucocephalos*	古北型	W		√	√		+			
	297.铁爪鹀	*Calcarius lapponicus*	全北型	P	√	√			+ +			

所属哺乳纲的目与科	种名	拉丁名	分布型	生境：湿地	生境：草原	生境：沙地疏林	生境：山地	数量级	保护级别	CITES：附录Ⅰ	CITES：附录Ⅱ
Ⅰ. 食虫目											
一、猬科	1.达乌尔猬	*Mesechinus dauuricus*	中亚型		√		√	+ +			
Ⅱ. 翼手目											
二、蝙蝠科	2.东方蝙蝠	*Vespertilio sinensis*	东北型			√		+ +			
	3.东亚伏翼	*Pipistrellus abramus*	东北型			√		+			
	4.普通长耳蝠	*Plecotus auritus*	古北型			√		+			
Ⅲ. 食肉目											
三、犬科	5.貉	*Nycterrutes procyonoides*	东北型	√		√		+ +			
	6.沙狐	*Vulpes corsae*	中亚型		√	√		+ +			
	7.赤狐	*Vulpes vulpes*	全北型		√	√		+ +			
	8.狼	*Canis lupus*	全北型	√	√	√	√	+			√
四、鼬科	9.艾鼬	*Mustela eversmanni*	古北型		√	√		+ +			
	10.黄鼬	*Mustela sibirica*	古北型		√	√		+			
	11.猪獾	*Arctonyx collaris*	东泽型	√	√			+ +			
五、猫科	12.兔狲	*Felis manul*	中亚型			√	√	+	Ⅱ		√
	13.猞猁	*Felis lynx*	全北型			√		+	Ⅱ		√
	14.豹猫	*Felis bengalensis*	东泽型		√	√	√	+			√
Ⅳ. 偶蹄目											
六、鹿科	15.西伯利亚狍	*Capreolus pygargus*	古北型	√		√		+ + +			
Ⅴ. 兔形目											
七、兔科	16.草兔（蒙古兔）	*Lepus capensis*	广布型		√	√		+ +			
Ⅵ. 啮齿目											
八、松鼠科	17.花鼠	*Eutamias sibiricus*	古北型			√		+ +			
	18.达乌尔黄鼠	*Citellus dauricus*	中亚型		√			+ + +			
九、跳鼠科	19.五趾跳鼠	*Aliactaga sibirica*	中亚型		√	√		+ +			
	20.三趾跳鼠	*Dipus sagitta*	中亚型		√	√		+ + +			
十、鼠科	21.小家鼠	*Mus musculus*	古北型	√	√	√	√	+ + +			

（续）

所属哺乳纲的目与科	种名	拉丁名	分布型	生境				数量级	保护级别	CITES	
				湿地	草原	沙地疏林	山地			附录I	附录II
十、鼠科	22.褐家鼠	*Rattus norvgicus*	古北型	√	√		√	+++			
十一、仓鼠科	23.长爪沙鼠	*Meriones unguiculatus*	中亚型			√		+++			
	24.黑线仓鼠	*Cricetulus barabensis*	东北型		√	√		++			
	25.大仓鼠	*Cricetulus triton*	东北型		√	√		++			
	26.小毛足鼠	*Phodopus roborovskii*	中亚型			√		++			
	27.黑线毛足鼠	*Phodopus sungorus*	中亚型		√	√		++			
	28.麝鼠	*Ondatus zibethica*	古北型	√				++			
十二、鼹形鼠科	29.草原鼢鼠	*Myospalax aspalax*	中亚型		√			+++			
	30.东北鼢鼠	*Myospalax psilurus*	东北型		√			++			

注：①CITES为《濒危动植物种国际贸易公约》。CITES附录I为禁止该动物及其产品的国际贸易；CITES附录II为经济组织批准，允许限量控制贸易。

②本分类系统按郑光美（2011）《中国鸟类分类与分布名录》（第二版）

③居留型：R留鸟，P旅鸟，W冬候鸟，S繁殖鸟。

④生境：√为有分布。

⑤数量级：+++代表优势种，++代表常见种，+代表稀有种。

⑥保护级别：Ⅰ代表国家一级重点保护野生鸟类、Ⅱ代表国家二级重点保护野生鸟类。

（二）各纲动物适应性特征及在保护区的分布

1. 两栖纲

达里诺尔自然保护区共记录到两栖纲动物1目2科4种。两栖类动物肺呈囊状，呼吸面积小，皮肤作为重要的辅助呼吸系统，必须保持湿润，所以不能远离水源。其中蟾蜍科动物皮肤角质化程度稍高，可离开水源较远，特别是大蟾蜍可见于湿地、草原、沙地等多种环境，它们多在晨昏空气湿润或有凝结水出现时活动，其他时间常把身体隐匿于湿土中。花背蟾蜍多活动于浅水或者水附近草丛，为岗更诺尔湖、多伦诺尔湖与河流中的常见种。黑斑蛙、黑龙江林蛙依赖淡水环境，达里诺尔主湖由于pH值及盐碱化程度高，蛙类皮肤角质化程度低，盐碱对其影响大，所以水边很少出现蛙类，它们多分布于岗更诺尔湖等草原淡水湖泡及河流当中。两栖类动物冬季则在河湖底泥或沙土深处冬眠。

2. 爬行纲

保护区的爬行动物有1目3科4种。它们体被角质鳞片，指趾端有爪保护，用肺呼吸，完全摆脱了对水的依赖，成为真正的陆生动物，分布范围可延伸到干旱地区。达里诺尔保护区的爬行动物主要活动于草原、熔岩台地和多伦诺尔周围的丘陵。

3. 鸟 纲

鸟纲是可占据空中领域的陆生动物。达里诺尔处于北纬43°以上，春、夏季白昼长，加上多种稳定且扰动较少的生态系统，不少鸟类在此繁殖。很多鸟类根据迁徙习性选择最佳生态环境，完成繁衍后代或者度过严酷季节，每年往返几千甚至几万千米，完成它们的生活周期。达里诺尔地处中国三大自然区中东部季风区与西北干旱区的过渡带，并处于东亚与澳大利亚鸟类迁徙的通道上，大批繁殖于欧亚大陆甚至北美洲西北部及中国北部的候鸟迁往我国长江流域、南太平洋岛屿，甚至澳大利亚越冬。达里诺尔自然保护区的湿地是候鸟迁徙中的主要驿站。

达里诺尔湿地、湖泊、河流、沼泽齐全而稳定，是种类繁多、数量庞大的水鸟最理想的能量补给地。在这一个半干旱区自然保护区记录到297种鸟类就是对生态环境适宜性的最好的印证。

4. 哺乳纲

哺乳纲动物是胎生、哺乳的羊膜动物，可以以不同的方式，如穴居、冬眠，调节生活节律等习性，适应陆地的多种生态环境。达里诺尔分布6目12科30种哺乳动物。

食虫目是最古老的哺乳动物，调节体温的能力差，体温还不恒定，冬季隐藏于洞中，靠降低体温和代谢进入蛰眠，春季出蛰。常见的达乌尔猬鼻面部长，嘴尖，头顶、背部至尾基长有棘刺，为夜行性，捕食无脊椎动物或植物根等，甚至凭借敏锐的嗅觉挖捕洞中的蜥蜴。在达里诺尔保护区的沙地、草原甚至熔岩台地风蚀断崖均可见到。

达里诺尔分布的翼手目共有3种，这是一类借连接于前后肢及体侧的皮肤膜形成的翼膜飞行的哺乳动物，仅前肢第一指游离，便于攀爬，后足五指，不连翼膜，用以倒悬身体休息。由口和鼻部发出超声波，进行超声波成像，以耳接收信息，用以捕食和逃避天敌。它们营洞穴生活，在保护区见于民房屋檐下和沙地树洞。2012年，在沙地见一窝蝙蝠正在树洞中育幼，洞深约0.5m，幼崽发出“沙、沙”声。蝙蝠科动物均昼伏夜出，时钟准确，以昆虫为主要食物，以冬眠渡过严寒季节。

在保护区记录到食肉目兽类10种，食肉目多为肉食性，爪发达，呈钩状；牙齿特化，犬齿发达，上颌最后一个前臼齿和下颌第一个前臼齿特别大，称裂齿，上下咬合面呈剪刀状；鼻腔扩大，结构复杂，嗅觉灵敏；视觉发达，夜行种的视网膜后面有一层可反射光的照膜，增加对视网膜的光刺激。达里诺尔有10种食肉兽，分布于沙地、草原和湿地，其中犬科4种，貉栖息于近水处的沙地，杂食性，夜行，本次考察在岗更诺尔东北岸的塔头湿地见到1只貉的尸体。沙狐、赤狐多栖息于丘陵、断崖的洞穴或沙地灌丛和芦苇丛，杂食性，多夜间活动，但黄昏时分在草原多次见到。沙狐体较赤狐稍小，尾尖黑色，赤狐背毛棕红色，尾尖白色，在野外很容易区分。狼在达里诺尔已经很少，2010年渔民冬捕时在冰面上见到1只狼，后逃往沙地。鼬科动物在达里诺尔分布有3种，本科动物性凶猛，如被捕获，甚至采取自残的方式逃生，它们利用细长躯体在洞、缝隙中捕食鼠类，夜行性，穴居，多活动于草原。鼬属有艾鼬、黄鼬，两者体小而细长，四肢短小，肛门腺发达，分泌物恶臭，用以防卫和寻找异性。黄鼬通体黄色，艾鼬通体灰黄色，毛尖黑色，四肢黑色。猪獾为东洋型种，体肥，尾白色，杂食性，穴居，有冬眠习性，在保护区草原、沙地均有分布。

猫科在达里诺尔保护区分布有3种，该科动物以伏击方式捕猎，爪可缩入鞘内，奔跑时发出的声音小，便于接近猎物。猞猁体型大，主要活动于沙地，因沙丘具有山地效应，灌丛稠密，便于隐蔽，但由于人类活动逐渐增加，环境的扰动已使该物种很难见到。兔狲为内蒙古草原的典型物种，达里诺尔保护区的兔狲活动于多种环境，在岩石缝隙中或大石堆中筑巢，冬季进入沙地，夜行性，以鼠类、野兔等为食，由于兔狲为夜行性，所以很少见到。豹猫为保护区较多的猫科动物，夜间活动于沙地、断崖等处，筑巢于树根处、枝杈堆或者石缝中，以鼠类、鸟类为主要食物。

偶蹄目的鹿科在达里诺尔只见到西伯利亚狍一种，为常见的大型草食动物，上颌无门齿，只有角质化颚板，以此板和下颌门齿及犬齿切割食物，胃结构复杂，具反刍性，多活动于南岸沙地疏林及灌丛，在附近水泡饮水。

兔形目的蒙古兔数量不多，活动于草原和沙地。

达里诺尔哺乳动物中种类和数量最多的是啮齿目。考察期间在沙地多次见到跳鼠科动物，跳鼠的尾巴及后肢特别长，活动时以长尾作支撑和掌握平衡，行动迅速，夜行性，有冬眠习性。仓鼠科动物为终年活动的啮齿动物，不冬眠，具颊囊，用颊囊把食物带入洞中，以储粮度过严冬。大仓鼠、黑线仓鼠可利用草原、山地、林缘等多种生态环境。小毛足鼠、黑线毛足鼠喜在土质疏松的沙地环境中夜间出没。长爪沙土鼠也喜欢沙地，但白天活动，洞口数量多达5个。麝鼠为半水栖物种，尾侧扁，后肢趾间具半蹼，便于游泳，洞道开口于堤岸近水面处，甚至水下，洞道上行，隐蔽性很好，以水生植物为食，不冬眠，在冰雪下取食。达里诺尔分布有草原鼢鼠和东北鼢鼠两种鼹形鼠科啮齿动物，两种鼢鼠均不进入有林环境，多活动于靠近沙地的草原，营地下生活，盗洞时盗出的土堆成近50～100cm的大土丘，草原鼢鼠的土丘排列成直线或弧线，而东北鼢鼠的洞道更复杂，土丘凌乱，这两种鼢鼠均有堵洞道破口漏光的习性，人们往往把洞道挖开，等鼠堵洞时实施抓捕。啮齿目以草为食，挖洞破坏土层，甚至传染疾病，被人类列为害兽，但它们又是繁殖迅速、数量巨大的次级生产者，成为鸟类和食肉哺乳动物的食物，是生态系统食物链的重要环节，只要其数量不太大、不造成大的危害，不必为它们的存在而忧虑。

三、陆生脊椎动物区系分析

（一）陆生脊椎动物科与目特征

1. 两栖纲AMPHIBIA

无尾目ANURA：卵在水中发育，幼体具尾，变态过程中尾被吸收，成体登陆不具尾，前肢四趾，后肢五趾，体表裸露无鳞，可用皮肤呼吸。胸骨发达，无外耳，鼓膜达头表。全世界约18科2600余种，中国172种，内蒙古自治区7种。

（1）蟾蜍科Bufonidae

体短而粗壮，后肢较短，不宜跳跃，以爬行为主。头两侧具大型耳后腺，可分泌毒液用于自卫。肩带为弧胸型，口内无齿。北方种类冬季在水中泥底越冬。全世界现存335种，中国17种，内蒙古自治区2种，达里诺尔国家级自然保护区2种。

（2）蛙科Ranidae

一般后肢较长，善于跳跃，近水生活，遇险入水逃生。上颌具齿，肩带为固胸型。全世界670种，中国94种，内蒙古自治区3种，达里诺尔国家级自然保护区2种。

2. 爬行纲REPTILIA

有鳞目SQUAMATA：体表被角质鳞，前后肢均为五指（趾），指趾端具爪。口内无齿。头骨具双颞窝。全世界20科，约5500余种，中国8科290余种，内蒙古自治区26种。

（1）蜥蜴科Lacertidae

尾常细长，头部鳞片大而对称，体鳞较小而具纵形棱嵴，雄性具双阴茎，很多种尾部可自残和再生。全世界已知有200余种，中国21种，内蒙古自治区4种，达里诺尔国家级自然保护区1种。

（2）鬣蜥科Agamidae

四肢发达，尾细长，体被方形鳞片或粒鳞，一些种类在体背枕颈部中线有直立的鬣鳞，双阴茎。全世界300种，中国54种，内蒙古自治区4种，达里诺尔国家级自然保护区1种。

（3）游蛇科Colubridae

体多中型而修长，多无毒，上下颌均有齿，少数种类在无毒齿后方有后沟牙，因而具毒。头顶被少数大型对称鳞片。生活方式多样，是现代蛇类中最大的一科，共约1500种，中国146种，内蒙古自治区7种，达里诺尔国家级自然保护区2种。

3. 鸟纲AVES

（1）潜鸟目GAVIIFORMES

大型游禽，两性相似，嘴强直而尖。鼻孔被膜，启闭自如，翅尖窄，蹼足位于体后部，尾短硬，隐于尾覆羽之中。夏羽肩部具成排大方形白斑，冬羽具点斑。

潜鸟科Gaviidae：形态如潜鸟目的特征，世界5种，中国4种，内蒙古自治区3种，达里诺尔国家级自然保护区1种。

（2）䴙䴘目PODICIPEDIFORMES

中小型游禽，单配型，嘴尖直，尾羽短，尾羽无羽片、呈绒羽状。脚生于体后部，脚趾各关节均可转动，瓣蹼在趾骨一侧，加宽变薄，可摆动，两足在体后似螺旋桨推动身体运动，潜水时在水下可游动上百米。

䴙䴘科Podicipedidae：特征如䴙䴘目，全世界22种，中国5种，内蒙古自治区5种，达里诺尔国家级自然保护区5种。

（3）鹈形目PELECANIFORMES

大型游禽，两性相似，嘴强直，上嘴前端有锐钩，具嘴甲，多在下颌与喉间具有以舌肌控制可改变容积的皮肤质喉囊，可储存食物和水，上嘴缘呈锯齿状，用以滤食，全蹼足。全世界68种，中国17种，内蒙古自治区2种。

①鹈鹕科Pelecanidae：躯体肥硕，大多白色。嘴大，上嘴平扁，大喉囊垂于嘴下，飞行时头颈后倾，仅嘴前伸，便于重心集中于胸廓，适于长距离飞行。全世界8种，中国3种，内蒙古1种，达里诺尔国家级自然保护区1种。

②鸬鹚科Phalacrocoracidae：雌雄相似，通体黑色或褐色，具鳞状斑，呈闪绿或蓝色金属光泽。嘴

为柱状，先端具钩，上嘴两侧具裂缝状鼻沟，鼻孔位于鼻沟中，成体鼻孔常封闭，尾长而硬。飞行时头颈前伸，双腿后伸，常收翅直冲水中捕鱼，上岸后展开双翅晾晒羽毛。全世界39种，中国5种，内蒙古自治区1种，达里诺尔国家级自然保护区1种。

（4）鹳形目CICONIIFORMES

大中型涉禽，雌雄相似，多为腿、颈、嘴三长的高体型，嘴侧扁或呈钥状。眼先常裸出，平尾较短，腿的四趾高低在同一水平，可握持树枝，在树上停息或营巢。全世界115种，中国36种，内蒙古自治区18种。

①鹭科Ardeidae：体大小不等，有的种类繁殖羽具饰羽，站立时颈弯曲，飞行时颈曲为“S”形，眼先裸出，嘴侧扁，先端尖而无钩，上嘴两侧具鼻沟，鼻孔位于鼻沟基部，当嘴伸入沼泽取食时，不会被堵塞。尾短，翅宽大以增加浮力，飞行中扇动频率较低。腿胫下部裸出，适于浅水行走，趾细长，中趾爪具节突，具微蹼，在同一高度水平，可在树上活动。全世界62种，中国24种，内蒙古自治区13种，达里诺尔国家级自然保护区8种。

②鹳科Ciconiidae：大型涉禽，雌雄相似，大嘴粗直，几与跗蹠等长，无鼻沟，翅长尾短，四趾细长，在同一水平，站立时颈部上挺，飞行时颈向前，腿脚后伸，十分舒展，多数可借助热气流在空中滑翔。全世界19种，中国6种，内蒙古自治区3种，达里诺尔国家级自然保护区2种。

③鹮科Threskiornithidae：雌雄相似，高体型，嘴呈柱状下弯，或前端扩展成平扁的匙状，具鼻沟，鼻孔位于嘴基，眼先裸出，脚具4个长趾，前3趾基部具微蹼。全世界32种，中国6种，内蒙古自治区2种，达里诺尔国家级自然保护区1种。

（5）雁形目ANSERIFORMES

中小型游禽，全世界仅有鸭科和叫鸭科，中国仅分布有鸭科。叫鸭科嘴细而稍下曲，只分布于南美洲，因其内部构造似鸭科的雁和鹅，故将其归入雁形目。本书雁形目的形态特征仅列鸭科，主要特征为：嘴多扁阔，少数为长柱状，前端具钩，上嘴具嘴甲，嘴缘具栉状突，用以滤食。

鸭科Anatidae：体型中小而粗壮，头大，尾短，蹼足，腿粗短，颈细长，天鹅属颈最长，长于或等于体长。雁类颈长、尾部居中，鸭类相对较短。嘴多扁平，或上嘴前后之间微凹，舌多肉质，翅大多尖而长，飞行迅速。鸭类次级飞羽色鲜艳并闪金属光泽，组成翼镜。全世界157种，中国51种，内蒙古自治区37种，达里诺尔国家级自然保护区33种。

（6）隼形目FALCONIFORMES

中小型昼行性猛禽，嘴粗大，嘴端呈钩状，嘴基具腊膜。爪强而弯曲。大多眼上方额骨呈薄片状弧形凸出，用以遮光，从而能在飞行中准确定位地面猎物。全世界311种，中国64种，内蒙古自治区36种。

①鹗科Pandionidae：以鱼为主要食物的大型猛禽。雌雄相似，外趾可翻转向后，使足成为前后各两趾，趾掌腹面具刺突，适于抓牢光滑的鱼类。眼上方缺弧形骨质凸出物。全世界1种，中国1种，内蒙古自治区1种，达里诺尔国家级自然保护区1种。

②鹰科Accipitridae：钩状上嘴的边缘下凸出形成弧状垂突，鼻孔呈圆形或椭圆形，开口于腊膜

上，除鸢外，大多为圆尾。全世界239种，中国50种，内蒙古自治区26种，达里诺尔国家级自然保护区19种。

③隼科Falconidae：中小型猛禽，嘴具钩，上嘴前端两侧具齿突，腊膜上的鼻孔呈圆形，内有柱状突。颊部多具髭纹（颚纹）。翅尖长，飞行快速并能急转弯，可在空中悬飞，多为圆尾或凸尾。全世界63种，中国13种，内蒙古自治区9种，达里诺尔国家级自然保护区7种。

（7）鸡形目GALLIFORMFS

陆禽，翅短圆，不善飞行。嘴短钝，上嘴稍长于下嘴，嘴峰微呈弧形。脚强健，适于奔走和掘土，常态足，雄性跗蹠内后侧一般有距。

雉科Phasianidae：嘴粗短而强，不具钩，鼻孔裸露，跗蹠裸出或仅上部被羽，趾裸出，后趾稍高于其他趾，雌雄同色或异色，如为异色，则雄性羽色艳丽。全世界159种，中国55种，内蒙古自治区6种，达里诺尔国家级自然保护区4种。

（8）鹤形目GRUIFORMES

涉禽，体型和大小差异很大。由于亲缘关系相近，腿脚有较多共性，如前三趾粗大或细长，后趾有的退化，有的虽存在，但位置较高，和前三趾并不在同一平面，不适合握持，有的具瓣蹼，适于在地面或沼泽水草上行走。脚的这些特征和四趾在同一平面可握持、能在树上活动的鹳形目鸟类大不相同。鼻孔在嘴的中段，呈缝隙状裸出。全世界203种，中国34种，内蒙古自治区20种。

①三趾鹑科Turnicidae：小型涉禽，尾甚短，脚无后趾。雌鸟较雄鸟稍大，羽色亦较雄鸟艳丽，一雌多雄，雄性孵卵。全世界16种，中国3种，内蒙古自治区1种，达里诺尔国家级自然保护区1种。

②鹤科Gruidae：高体态大型涉禽，嘴强直，鼻孔裂隙状，尾短，脚具4趾，但后趾小而位高，不适合握持，活动于地面。翅长而阔，内侧次级飞羽及三级飞羽长，翅折合时覆盖着尾部，看似长尾，黑色的初级飞羽隐于其下。飞行时头、颈、腿伸直，姿态像鹳科鸟类，但嘴相对较短。全世界15种，中国9种，内蒙古自治区6种，达里诺尔国家级自然保护区5种。

③秧鸡科Rallidae：体中、小型，雌雄同色，嘴粗壮，翅短圆，脚趾4趾，均细长，后趾位置高于前3趾，飞行时腿脚常下垂，仅少数种类具瓣膜。尾短，常上翘，多数尾下覆羽白色，具黑褐色横斑。全世界133种，中国19种，内蒙古自治区7种，达里诺尔国家级自然保护区3种。

④鸨科Otididae：大型涉禽，雌雄有差异，虽在草原或荒漠活动，但与鹤形目亲缘关系较近，故归入鹤形目。躯体肥硕，是现有飞行鸟类中体重最大者。体羽多以棕、白、黑为主色调，羽枝松散，尾脂腺缺少，以羽枝及羽的末端产生的粉冉羽理羽。颈长尾短，翅圆阔，脚3趾，脚底具垫，善奔走。全世界25种，中国3种，内蒙古自治区3种，达里诺尔国家级自然保护区1种。

（9）鸻形目CHARADRIIFORMES

涉禽，体大小各异，雌雄相似，冬夏羽色大多不同。次级飞羽和三级飞羽尖而长，翅长于或等于尾长。嘴形多样，或呈柱状，或长而弯曲。胫大部裸出，后趾退化或位高，多奔走于浅水沼泽或草甸觅食。全世界350种，中国129种，内蒙古自治区69种。

①反嘴鹬科Recurvirostridae：中型涉禽，体羽主要为黑白两色。腿特别长，后趾退化，前趾基部

具微蹼。嘴长而尖，直或上翘。飞行时腿脚后伸，远超出尾部。全世界10种，中国2种，内蒙古2种，达里诺尔国家级自然保护区2种。

②燕鸻科Glareolidae：中等体型，雌雄相似。嘴短阔，嘴裂左右嘴角的距离大于嘴峰长度。叉尾，翅尖长，特征如家燕。脚后趾位高，中趾与外趾间具微蹼，中趾爪的内侧具栉缘。全世界17种，中国4种，内蒙古自治区1种，达里诺尔国家级自然保护区1种。

③鸻科Charadraadae：中小型涉禽，嘴短而直，上嘴先端隆起，并有鼻沟，裂缝状的鼻孔位于其中。后趾缺或短小。全世界67种，中国17种，内蒙古自治区13种，达里诺尔国家级自然保护区9种。

④鹬科Scolopacida：体型多样，雌雄相似，嘴细长，或弯或直，鼻沟长超过嘴之半。脚具4趾，后趾稍高，但较鸻科鸟类的后趾长，全世界87种，中国49种，内蒙古自治区34种，达里诺尔国家级自然保护区31种。

⑤鸥科Laridae：雌雄相似，大型鸥类，幼羽状态可有几年，如银鸥达4年，有的冬夏羽色有差异。嘴直，上下嘴先端均向嘴裂屈曲，嘴端稍显膨胀。鼻孔裂缝状，多位于嘴中部。足前三趾具蹼，后趾小而位稍高，方尾。会游泳。全世界53种，中国20种，内蒙古自治区12种，达里诺尔国家级自然保护区9种。

⑥燕鸥科Sternidae：中型鸥类，雌雄相似，冬夏羽色有差异，夏羽头顶至枕部多黑色，尾多叉状或铗状。翅狭长而尖，飞行迅速。全世界44种，中国20种，内蒙古自治区7种，达里诺尔国家级自然保护区6种。

（10）沙鸡目PTEROCLIFORMES

中型陆禽，脚短，多生活于半干旱区，采用羽毛带水饮哺雏鸟。

沙鸡科Pteroclidae：翅尖长，中央一对尾羽特别延长，羽端尖细，组成尖尾。腿短，后趾退化，跗蹠完全被羽或仅前缘被羽。全世界16种，中国3种，内蒙古自治区1种，达里诺尔国家级自然保护区1种。

（11）鸽形目COLUMBIFORMES

中型陆禽，体型匀称，头相对较小。嘴短，嘴基具腊膜，上嘴先端膨大而坚硬。腿短，常态足，适于地面行走。翅尖，飞行迅速。

鸠鸽科Columbidae：特征如鸽形目，全世界309种，中国31种，内蒙古自治区6种，达里诺尔国家级自然保护区3种。

（12）鹃形目CUCULIFORMES

中型攀禽，大多数为一、四趾向后，二、三趾向前，组成对趾型。嘴弧形下曲，尾长，多为圆尾或凸尾。

杜鹃科Cuculidae：体多瘦长，腿短弱，翅尖长。全世界136种，中国20种，内蒙古自治区5种，达里诺尔国家级自然保护区4种。

（13）鸮形目STRIGIFORMES

体型大小不等的猛禽，雌雄相似，头大而圆，前后扁。双眼位于头前方，视角重叠部分大，可准确定位目标，眼周密生羽小支退化，不具羽小钩、羽轴延长的松散而放射性羽毛，放射羽毛外侧多生有一圈小型、稍曲屈、缀白和黑点斑的皱领，放射羽毛和皱领共同组成面盘。眼球不能转动，但颈部十分灵活，可转动近270°，因而视野特别开阔，视网膜对弱光敏感。加上耳孔奇大，听力好，适于夜间活动。嘴钩状而锋利，基部具腊膜。跗蹠被羽，甚至达爪，足为转趾型，外趾能翻转。羽毛松软，飞行无声，有利于接近猎物。

鸱鸮科Strigidae：翅形宽大而圆。多具面盘，面盘下部大都至嘴角，尾短圆，腿较短，有的种类具耳簇羽。全世界189种，中国28种，内蒙古自治区14种，达里诺尔国家级自然保护区5种。

（14）雨燕目APODIFORMES

小型攀禽，雌雄相似，嘴短阔而平扁，无嘴须。翅尖长，平尾、呈叉状或铗状。腿短，跗蹠大多被羽，足为前趾型，四趾均向前或外趾可向后翻转。

雨燕科Apodidae：特征如雨燕目，全世界96种，中国11种，内蒙古自治区3种，达里诺尔国家级自然保护区1种。

（15）佛法僧目CORACIIFORMES

中小型攀禽，雌雄相似，足为并趾型，三趾向前，二、三趾基部并连，外趾可翻转向后。

翠鸟科Alcedinidae：头大，颈短，嘴特别大，甚至超过头长，嘴峰直，下嘴先端上翘。圆尾型，腿短弱，外趾和中趾相连部分超过其全长的一半，内趾和中趾仅在基部相连。全世界93种，中国11种，内蒙古自治区2种，达里诺尔国家级自然保护区1种。

（16）戴胜目UPUPIFORMES

中等攀禽，雌雄相似，尾较长。并趾开，中趾和外趾基部愈合。嘴细长下弯。

戴胜科Upupidae：翅短圆，跗蹠短弱，头顶具可开合的一列长羽形成的羽冠。全世界2种，中国1种，达里诺尔国家级自然保护区1种。

（17）鴷形目PICIFORMES

中小型攀禽，足为对趾型。嘴强直成凿状，粗厚或拱曲。尾多呈楔型，羽轴坚硬，啄木时身体上下直立，以硬尾支于树干，呈坐姿，或围绕树干上攀。

啄木鸟科Picidae：雌雄相似，雄性头部具红、黄等鲜艳斑块，雌性无鲜艳斑块或斑块较小。舌骨特别长，可绕过脑颅后端弯向鼻孔，舌尖多具倒刺，长舌可伸入树的缝隙将昆虫钩出。中央三对尾羽尾端呈叉形。全世界217种，中国32种，内蒙古自治区10种，达里诺尔国家级自然保护区5种。

（18）雀形目PASSERIFORMES

多为小型鸣禽，腿较短，除阔嘴鸟科外，均为离趾型，鸣管结构、鸣肌分化复杂，大多雄性在繁殖季节发出美妙的鸣啭，有的种类还可以效鸣。多为一雄一雌单配型，为最高等的一群鸟类，分化强烈，形态各异，可在多种生境生存。全世界5785种，中国764种，内蒙古自治区228种。

①百灵科Alaudidae：体多由沙褐色、白色组成，背部具褐色纵纹，三级飞羽长，外侧尾羽白色。跗蹠肉色，后缘圆钝。多活动于草原和荒漠的草丛中，营地面巢，常边飞边鸣，有的甚至可拔地而起，在空中悬飞鸣唱，也有的可效鸣。全世界91种，中国14种，内蒙古自治区8种，达里诺尔国家级自然保

护区6种。

②燕科Hirundinidae：体纤小，雌雄相似，翅尖长，跗蹠短弱，尾呈深浅不等的叉形，飞行迅速。嘴裂大，嘴上下平扁，可飞捕昆虫。全世界90种，中国12种，内蒙古自治区5种，达里诺尔国家级自然保护区3种。

③鹡鸰科Motacillidae：三级飞羽长，折翅时几乎和次级飞羽等长，外翈色浅淡，常在翅后部形成三条浅色纵纹，翅上由大、中覆羽形成黑白相间的两条翼带。本科分为鹡鸰属和鹨属，鹡鸰属体修长，背无纹，尾长，落地时尾上下颤动，飞行轨迹为大波浪形；鹨属体背具纵纹，头具颚纹。全世界62种，中国20种，内蒙古自治区12种，达里诺尔国家级自然保护区12种。

④太平鸟科Bombycillidae：雌雄同色，体背葡萄灰褐色。头棕红，黑色过眼线后端翘至枕部，颏喉黑色，鼻孔被膜，头顶具尖长羽冠。内侧数枚次级飞羽羽轴延长，末端缀一扁平泪滴状蜡质红色小体。尾羽具红色或黄色端斑。全世界3种，中国2种，内蒙古自治区2种，达里诺尔国家级自然保护区1种。

⑤伯劳科Laniidae：中小型鸣禽，体色多由棕、灰、黑色组成。嘴粗壮，上嘴先端呈钩状，并具齿突。爪锐利弯曲似猛禽。头侧具宽阔黑色贯眼纹，后端钝圆。尾多凸形。全世界31种，中国12种，内蒙古自治区9种，达里诺尔国家级自然保护区7种。

⑥椋鸟科Stuinidae：体中等，雌雄相似，全身或身体的某些部位具金属光泽或辉斑，幼鸟体羽具纵纹。嘴长直，先端渐趋平扁，平尾较短。全世界114种，中国21种，内蒙古自治区6种，达里诺尔国家级自然保护区2种。

⑦鸦科Corvidae：大型鸣禽，嘴粗大，几乎与头等长。鼻孔被羽毛或鼻须掩盖。翅短圆，多为留鸟。全世界117种，中国29种，内蒙古自治区15种，达里诺尔国家级自然保护区8种。

⑧鹪鹩科Troglodytidae：小型鸣禽，雌雄相似，体为茶褐色，具褐色横纹。初级飞羽外侧具一列白色斑块。嘴尖细，嘴峰稍呈弧形。鼻孔裸露，具细的浅棕色眉纹，脸部散布白色点斑。尾短而常上翘，脚强，爪长而稍曲，全世界79种，中国1种，内蒙古自治区1种，达里诺尔国家级自然保护区1种。

⑨岩鹨科Prunellidae：雌雄相似，体背具多列深色纵纹，大覆羽具白色端斑，在翅上组成一条白色翼带。嘴基膨大，中间紧缩，嘴端尖细。眉纹多宽阔醒目，过眼线和深色耳羽在头侧形成深色斑块。鼻孔大而斜行，内上侧覆皮膜，外形呈丘状，鼻孔开口于丘状凸起的外侧。尾平或稍凹。全世界13种，中国9种，内蒙古自治区5种，达里诺尔国家级自然保护区3种。

⑩鸫科Turdida：雌雄多异色，除石䳭等少数种类外，大多体无深色纵纹，以此和岩鹨科相区别。翅尖长，翅上无翼带或仅有一条翼带或翼斑。嘴多呈柱状，嘴峰较平直，脚强健。全世界335种，中国94种，内蒙古自治区38种，达里诺尔国家级自然保护区18种。

⑪鹟科Muscicapidae：小型鸣禽，雌雄羽色相同或相异，嘴上下平扁，嘴峰稍显脊状，基部宽大，口裂大，两侧有成排口须。鼻孔后半部被鼻须掩盖。翅尖长，折合时至少超过尾之半，趾蹠细弱。全世界116种，中国37种，内蒙古8种，达里诺尔国家级自然保护区7种。

⑫莺科Sylviidae：体纤小，雌雄相似，色彩单调，多具细梭形深色过眼线，从眼先直至耳羽上缘。

翅圆，折合时多不超过尾上覆羽，除柳莺、篱莺、鹟莺等少数几属为平尾或稍叉外，其余大多为圆尾或凸尾。全世界281种，中国104种，内蒙古自治区37种，达里诺尔国家级自然保护区21种。

⑬绣眼鸟科Zosteropidae：体小巧，雌雄羽色相似，几乎为纯绿色，眼周由白色绒状短羽形成醒目的白色眼圈。上嘴嘴峰前部稍呈弧形，上嘴基部鼻孔内上侧被膜，呈片状而稍凸出。全世界94种，中国4种，内蒙古自治区2种，达里诺尔国家级自然保护区1种。

⑭长尾山雀科Aegithalidae：雌雄相似，体小，绒羽发达，体羽蓬松。凸尾较长，外侧尾羽白色或具白色端斑，嘴短钝，鼻孔被额羽遮盖，翅短圆。全世界9种，中国5种，内蒙古自治区1种，达里诺尔国家级自然保护区1种。

⑮山雀科Paridae：小型鸣禽，雌雄相似，嘴短，稍呈锥形，鼻孔被羽覆盖。平尾或稍圆。翅圆，飞行能力差。全世界55种，中国22种，内蒙古自治区6种，达里诺尔国家级自然保护区4种。

⑯雀科Passeridae：雌雄大多同色，嘴粗短呈锥状，鼻孔裸出。翅短圆，次级飞羽10枚，第一枚短小，甚至仅为9枚。脚强壮。全世界35种，中国13种，内蒙古自治区5种，达里诺尔国家级自然保护区1种。

⑰燕雀科Fringillidae：雌雄多异色，嘴粗厚而短，近似圆锥形，先端尖。鼻孔被羽或膜。初级飞羽9枚。全世界135种，中国57种，内蒙古自治区28种，达里诺尔国家级自然保护区15种。

⑱鹀科Emberizidae：体似麻雀大小，嘴呈锥状而不厚，上嘴缘从嘴角向上方斜伸，然后向前直达嘴端，因而上嘴较下嘴略显小，上下嘴切缘均内凹，在嘴侧形成沟状。翅尖长，三级飞羽较长，内外翈羽缘均色淡，在翅内侧形成“U”形斑纹，外侧尾羽白色。全世界321种，中国31种，内蒙古自治区19种，达里诺尔国家级自然保护区14种。

4. 哺乳纲MAMMALIA

（1）食虫目INSECTIVORA

食虫目是哺乳纲中原始的一个目，该目的动物体小，嘴尖长。脑小，大脑表面无沟回。齿式为3.2.4.3/3.1.4.3。全世界共约1500种，中国146种，内蒙古自治区13种。

猬科Erinaceidae：多数种类背部有棘刺，鼻面部长，头骨、颧骨完整粗大。营地面生活。全世界24种，中国8种，内蒙古自治区3种，达里诺尔国家级自然保护区1种。

（2）翼手目CHIROPTERA

翼手目动物是真正能飞翔的哺乳动物，前肢特化为翼，翼与体侧及后肢之间以皮肤膜相连，共同形成飞翼。后肢弱，趾端具钩爪，可倒挂身体。飞翔时发射人类听不到的超声波，以大耳接收反射回来的声波，以回声定位捕食。全世界现存18科1116种，中国有8科130种，内蒙古自治区15种。

蝙蝠科Vespertilaonidae：体小，无鼻叶。翼长大，大多包着尾部。全世界共约320种，中国76种，内蒙古自治区15种，达里诺尔国家级自然保护区3种。

（3）食肉目CARNIVORA

食肉目动物是以其他脊椎动物为食的猛兽，四肢矫健，嗅觉、视觉等感官发达。颌肌强大，牙齿分化而适于捕食，犬齿匕首形，裂齿刀片状，便于杀死和切割动物。全世界现存15科286种，中国10科63种，内蒙古自治区6种。

①犬科Canidae：四肢长，趾行性。鼻面长，鼻腔大，嗅粘膜发达，嗅觉灵敏。全世界约35种，中国6种，内蒙古自治区5种，达里诺尔国家级自然保护区4种。

②鼬科Mustelidae：中小型兽类，体型细长，腿短，五趾（指），跖行性或半跖行性。肛门腺发达，可分泌奇臭黏液，用以标记领域、吸引异性或自卫。全世界67种，中国22种，内蒙古自治区15种，达里诺尔国家级自然保护区3种。

③猫科Felidae：头圆，鼻吻短。前肢强健，掌能转动，适于灵活抓捕猎物，爪可缩入鞘内，便于接近猎物，多以伏击捕食。舌面有厚的角质钩状凸起，用以舐刮贴于骨骼上的肉。全世界35种，中国13种，内蒙古自治区8种，达里诺尔国家级自然保护区3种。

（4）偶蹄目ARTIODACTYLA

偶蹄目动物每只脚上有偶数趾（2个或4个）组成的蹄，第一趾退化，第三、四趾特别发达。很多种上门齿退化，代之以角质垫和下门齿咬合。有的种类消化道具复胃，可反刍。全世界10科240种，中国63种，内蒙古自治区17种。

鹿科Cervidae：绝大多数只雄性有骨角，每年脱换一次，随年龄每年增加一叉，直至定型。上颌无门齿，反刍。全世界38种，中国21种，内蒙古自治区7种，达里诺尔国家级自然保护区1种。

（5）兔形目LAGOMORPHA

兔形目动物门齿两对，前后排列，称重齿，犬齿虚位。后足跖行。

兔科Leporidae：体型大，体长超过25cm。耳大，耳基为管状。全世界40种，中国10种，内蒙古自治区3种，达里诺尔国家级自然保护区1种。

（6）啮齿目RODENTIA

大多体型较小，上下凿状门齿各一对，无齿根，终生生长，需磨牙，犬齿虚位。全世界33科2277种，中国9科216种，内蒙古自治区54种。

①松鼠科Sciuridae：尾通常长而蓬松，四肢强健。全世界246种，中国34种，内蒙古自治区7种，达里诺尔国家级自然保护区2种。

②跳鼠科Dipodidae：前肢短小，仅用取食；后肢特长，善跳跃。尾特长，末端具黑色或白色簇毛组成“旗”，跳跃时起支撑作用。夜间活动，天蒙蒙亮时钻入洞，挖洞时将挖出的湿土呈扇形扬开，不留痕迹，在洞道某处有距地面仅几厘米的“天窗”，如有危险可突然从天窗跳出，迅速逃跑。全世界27种，中国19种，内蒙古自治区9种，达里诺尔国家级自然保护区2种。

③鼠科Muridae：尾多只是稀疏毛而被鳞。全世界439种，中国54种，内蒙古7种，达里诺尔国家级自然保护区2种。

④仓鼠科Cricetidae：大多为小型种类，前肢四趾，后肢五趾。尾上有毛而无鳞。全世界563种，中国74种，内蒙古自治区27种，达里诺尔国家级自然保护区6种。

⑤鼹形鼠科Spalacidae：体型粗壮，四肢短小，前肢趾爪发达，善于在地下掘洞道，将挖出的土在地表堆成土丘。眼、耳均不发达，适于地下生活。世界共6种，我国均有分布，内蒙古自治区3种，达里诺尔国家级自然保护区2种。

（二）物种区系成分组成

两栖纲动物在动物演化历程中属于水陆过渡类群，为全面记录达里诺尔的脊椎动物，而把两栖类亦归为陆生动物。在保护区范围内共记录到两栖纲、爬行纲、鸟纲及哺乳纲动物共4纲39目70科335种。这些动物在进化中与生存环境相互协同作用，获得一定的分布区域，这就是动物的分布型。很多动物由于相似的适应能力，共同占有同一空间，组成生物群落，研究者根据环境特征及拥有的物种组合和结构，按历史演化历程和群落组合的相似性，进行了动物地理区划。世界范围内共划分为界、亚界、区、亚区等不同等级，高级区划等级往往以动物的目、科等高级分类阶元的相似性为依据。区划等级降低，所涉及的区域越来越小，代表动物的分类阶元也越来越低，多以物种为区划依据。达里诺尔坐落于古北界，所以动物区划组成中古北界物种占34%，反映了区系组成的地域特点，另外，达里诺尔脊椎动物种类最多的是鸟类。鸟类是飞行动物，扩散能力强，常常可以跨越大洋和高山，很多鸟类为古北界和北美的新北界共有，称为全北界物种，达里诺尔分布有全北界鸟类52种，约占18%。对于两栖类、爬行类、哺乳类而言，大洋几乎是不可逾越的阻隔，只有猞猁、狼、赤狐等在第四纪冰盛期白令海峡成为陆桥时才成为全北界种。地理区划中，亚界是界以下的次级单元，达里诺尔属中亚亚界蒙新区东部草原亚区，陆生脊椎动物中亚型物种共计49种，占15%，多为活动范围较小的鼠类。但是达里诺尔处中亚亚界的东侧，受东亚亚界生态条件的影响较大，同时又处于东亚与澳大利亚鸟类迁徙通道，所以东北型物种鸟类约有60种、两栖类3种、爬行类1种、哺乳动物6种，共计70种，占21%。

达里诺尔保护区处于内蒙古高原东南部，纬度较高，春夏季干旱，白昼长而升温快，平均气温16～18℃，适合鸟类繁殖。境内地形复杂，有高平原、平原、花岗岩散丘、熔岩风蚀断崖、死火山锥、连绵沙丘组成的沙地、河湖湿地及各类沼泽。植被有草原、沙地疏林草原、灌丛草地及草甸、挺水植物和浮水植物。无脊椎动物资源繁多。气候的适宜和自然资源的丰富为鸟类的繁殖提供了良好的条件，已记录到的297种鸟类中繁殖鸟有146种，留鸟44种，共计190种，占鸟类的64%。冬季的严寒导致冬候鸟稀少，除留鸟外，仅有4种在此过冬。

达里诺尔保护区南部为浑善达克沙地，沙丘起伏，乔、灌、草植被盖度高，颇似非洲热带稀树草原景观，具有山地效应，又临近水源，大中型哺乳动物如狍、猞猁、狼、貉、兔狲等在此可以找到最佳生境。高营养级的食肉动物在此生存，维系着保护区境内生态系统正常的物质循环和能量流动。

第三节　鸟类群落结构的时空格局

一、调查方法

2012年分4次按季节于5月3～12日（春末），7月2～12日（夏初），8月28日至9月5日（秋季），10月10～13日（秋末冬初）在达里诺尔的9种有代表性的生态环境中对鸟类进行数量调查。由于考察范围大、生态环境的不连续性，故没有严格限定样方的面积，而是以8倍双筒望远镜和30倍单筒望远镜在每种生态环境中记录约8h。陆地上以大致相同的行进速度，以8倍双筒望远镜观察并记录路线两侧各50m范围内鸟的种类和每种鸟的数量。在水域和难以进入的各类沼泽地，以观察者所在岸边作为圆心，以30倍单筒望远镜所能识别鸟类的最远距离为半径（约200m），观察并记录考察生境半圆面积内鸟类的种类和数量。为使结果具有较好的代表性和相对的准确性，每种生态环境选择几条路线或观察记录点，最后归纳相似生态环境中鸟的总种类和每种鸟的数量。由于考察是样方的叠加，所以笔者归纳为样地。按记录结果，计算不同季节每种样地的鸟类多样性指数（*H*）和均匀度指数（*J*），用代表鸟类多样性丰富程度的*H*和代表物种组成均匀性的*J*评定群落结构的特征和时空格局。

二、调查结果

不同季节各种样地鸟类的种类和数量统计见表4-2～表4-5。

表4-2　春末鸟类样地统计（2012年5月3～12日）　　只

动物名称	北河口	南河口	浑善达克沙地	葫芦嘴	台地草原	熔岩台地断崖及火山锥	岗更诺尔塔头湿地	达里诺尔湖南岸灌丛沼泽	鲤鱼泡子及北部丘陵
	N43°22′ E116°42′	N43°19′ E116°42′	N43°15′ E116°25′	N43°15′ E116°53′	N43°18′ E116°36′	N43°28′ E116°40′	N43°18′ E116°52′	N43°15′ E116°42′	N43°15′ E116°25′
黑颈䴙䴘									18
角䴙䴘				9					5
凤头䴙䴘				5					
小䴙䴘				3					
普通鸬鹚	21								17
黑鹳	1								
池鹭								1	2
大麻鳽				1					
苍鹭	9							3	
鸿雁				37					

（续）

动物名称	北河口	南河口	浑善达克沙地	葫芦嘴	台地草原	熔岩台地断崖及火山锥	岗更诺尔塔头湿地	达里诺尔湖南岸灌丛沼泽	鲤鱼泡子及北部丘陵
	N43°22′ E116°42′	N43°19′ E116°42′	N43°15′ E116°25′	N43°15′ E116°53′	N43°18′ E116°36′	N43°28′ E116°40′	N43°18′ E116°52′	N43°15′ E116°42′	N43°15′ E116°25′
灰雁				2			2		
豆雁							2		
赤麻鸭	7						5	6	6
翘鼻麻鸭	17	7		4				17	
白眉鸭	8								
绿翅鸭	26			10					
赤膀鸭	6	6		14					11
鹊鸭								2	2
赤颈鸭								6	10
绿头鸭				4				2	4
凤头潜鸭				15					12
红头潜鸭									4
白眼潜鸭				2			100		4
针尾鸭				12					
琵嘴鸭								2	2
斑嘴鸭									4
赤嘴潜鸭									2
斑脸海番鸭	11								20
白腰雨燕						5			
白腹鹞				2					
大鵟						1			
草原雕		2				1			
白尾鹞									4
燕隼	1							1	
红脚隼			1					1	2
红隼					1				
大鸨				10					
白头鹤	1								
黑水鸡									2
白骨顶									42
白枕鹤				6					
黑翅长脚鹬	4	3		5				1	4
林鹬	879	2							
泽鹬	4								
矶鹬	2							9	
白腰草鹬	4								
红脚鹬	26			4				2	

（续）

动物名称	北河口	南河口	浑善达克沙地	葫芦嘴	台地草原	熔岩台地断崖及火山锥	岗更诺尔塔头湿地	达里诺尔湖南岸灌丛沼泽	鲤鱼泡子及北部丘陵
	N43°22′ E116°42′	N43°19′ E116°42′	N43°15′ E116°25′	N43°15′ E116°53′	N43°18′ E116°36′	N43°28′ E116°40′	N43°18′ E116°52′	N43°15′ E116°42′	N43°15′ E116°25′
青脚滨鹬	34	2							
弯嘴滨鹬	2								
尖尾滨鹬	4								
小滨鹬	34								
扇尾沙锥								6	
蒙古沙鸻	4								
白腰杓鹬	7								
燕鸻	11								
环颈鸻	38	2							
金眶鸻	10							2	
棕头鸥	10	38						14	12
遗鸥	13	2						13	
银鸥	162	23		5					
海鸥	4								
红嘴鸥		8		21				4	
红嘴巨鸥	133			5				4	
普通燕鸥	7			2				1	1
灰头麦鸡				1				9	1
凤头麦鸡	1			7			1	6	1
斑翅山鹑								2	
岩鸽						3			
山斑鸠			2						
蚁䴕	1								
戴胜						4		7	
楔尾伯劳						1			
白鹡鸰	4				7	1			
黄鹡鸰				1					
黄头鹡鸰	14	2					15		7
灰鹡鸰	1	2							
水鹨	4	7							
云雀	8				6				
蒙古百灵					20	1			
大短趾百灵					10				
短趾百灵					6	1	5		
灰沙燕	4								
褐柳莺			1						

（续）

动物名称	北河口	南河口	浑善达克沙地	葫芦嘴	台地草原	熔岩台地断崖及火山锥	岗更诺尔塔头湿地	达里诺尔湖南岸灌丛沼泽	鲤鱼泡子及北部丘陵
	N43°22′ E116°42′	N43°19′ E116°42′	N43°15′ E116°25′	N43°15′ E116°53′	N43°18′ E116°36′	N43°28′ E116°40′	N43°18′ E116°52′	N43°15′ E116°42′	N43°15′ E116°25′
极北柳莺			1						
巨嘴柳莺									1
灰柳莺			1						
双斑绿柳莺			1						
沙白喉林莺			1						
北红尾鸲						2			
黑喉石䳭			20		16	2			
白顶䳭						7			
沙䳭						2			
穗䳭						4			
红喉姬鹟					1				
白眉姬鹟			2						
北椋鸟			4						
灰椋鸟			32			11			65
小嘴乌鸦						2	2		
喜鹊								3	
寒鸦			10					11	
灰喜鹊			6					20	
沼泽山雀			3						
白眉鹀					1		2		
灰头鹀			1						
小鹀			12					12	
芦鹀			1		4				
苇鹀				2					
白头鹀					7				
小嘴乌鸦						2			
金翅雀								1	
长尾雀								3	
苍头燕雀								1	
黄雀								1	
白眉朱雀								1	
多样性指数H'	1.8599	2.0410	2.1099	2.8387	2.0708	2.5247	0.9965	3.0898	2.6685
均匀度指数j	0.5042	0.7734	0.7447	0.8712	0.8636	0.8911	0.4535	0.8837	0.8008

表4–3 夏初鸟类样地统计（2012年7月2日～12日）

只

动物名称	北河口	南河口	浑善达克沙地	葫芦嘴	台地草原	熔岩台地断崖及火山锥	岗更诺尔塔头湿地	达里诺尔湖南岸灌丛沼泽	鲤鱼泡子及北部丘陵
	N43°22′ E116°42′	N43°19′ E116°42′	N43°15′ E116°25′	N43°15′ E116°53′	N43°18′ E116°36′	N43°28′ E116°40′	N43°18′ E116°52′	N43°15′ E116°42′	N43°15′ E116°25′
太平洋潜鸟				1					
小䴙䴘		1							
普通鸬鹚	56			4			19	49	
白枕鹤		24		7			3		
苍鹭	6	45		9			12	2	
蓑羽鹤		5			2				
白琵鹭	80	181					14		
凤头䴙䴘	12			25			8		
鸿雁							2		
红头潜鸭	6			17			2		
白眼潜鸭				2					
长尾鸭				1					
赤膀鸭							2		2
斑嘴鸭	1			6			5		
琵嘴鸭		4		2			2		2
绿头鸭		14		9			14		
赤麻鸭	3	36		8			25	4	2
翘鼻麻鸭		36		2	3			2	
银鸥	19	3					204	131	1
棕头鸥	11	8		41			1	17	
普通燕鸥	4	11		25				3	5
白额燕鸥	2								
须浮鸥				2			9		
红嘴巨鸥	2			2				1	
白翅浮鸥				2	4		138		
翘嘴鹬	3								
普通燕鸻	1								
环颈鸻		2			1				
金眶鸻	2								
青脚鹬	1	21		1	1		12		2
泽鹬					38				
凤头麦鸡		20	3	4	3		81		2
灰头麦鸡		2	10		1		2	4	
黑翅长脚鹬		4		1			13	1	10
林鹬		52		4					
黑尾塍鹬		1					15		
红脚鹬		10		16					
大鵟					1	1			
红脚隼			3		41	1			

（续）

动物名称	北河口	南河口	浑善达克沙地	葫芦嘴	台地草原	熔岩台地断崖及火山锥	岗更诺尔塔头湿地	达里诺尔湖南岸灌丛沼泽	鲤鱼泡子及北部丘陵
	N43°22′ E116°42′	N43°19′ E116°42′	N43°15′ E116°25′	N43°15′ E116°53′	N43°18′ E116°36′	N43°28′ E116°40′	N43°18′ E116°52′	N43°15′ E116°42′	N43°15′ E116°25′
燕隼					10		1		
蚁䴕								2	
大杜鹃			2					4	
山斑鸠			8				4		
灰斑鸠			1					2	
戴胜			16		8	4		2	
达乌里寒鸦			90			13		3	40
白背矶鸫					4	1			
灰椋鸟			112	14	1	16		7	150
麻雀			24			216			
岩鸽						20			
雕鸮						1			
蒙古百灵		2			14	2			
白顶䳭						10			
穗䳭					10	4			
黑喉石䳭						2			
小嘴乌鸦						1			
红尾伯劳						1	1		
黄头鹡鸰									
田鹨				2			2		
沙䳭				1	7				
灰背隼	1								
纵纹腹小鸮					6				
黄鹡鸰				3					
鹊鹞				2					
红隼			5			1	1		1
云雀		14					6		
黄头鹡鸰				5	1		13		
白鹡鸰							2		
白眼潜鸭									
须浮鸥									
金翅雀								1	
双斑绿柳莺								1	
褐柳莺								1	
山鹡鸰								1	1
大短趾百灵		5		1			4		
短趾百灵					25				
寒鸦					15				
遗鸥									2

（续）

动物名称	北河口	南河口	浑善达克沙地	葫芦嘴	台地草原	熔岩台地断崖及火山锥	岗更诺尔塔头湿地	达里诺尔湖南岸灌丛沼泽	鲤鱼泡子及北部丘陵
	N43°22′ E116°42′	N43°19′ E116°42′	N43°15′ E116°25′	N43°15′ E116°53′	N43°18′ E116°36′	N43°28′ E116°40′	N43°18′ E116°52′	N43°15′ E116°42′	N43°15′ E116°25′
红嘴鸥									
黑腹滨鹬									
青脚滨鹬		154							
红腹滨鹬		24							
东方大苇莺		1							
鹤鹬		78							
白腰草鹬		6							
黑鸢			2						
白头鹀									1
白腰雨燕						16			
中杜鹃			2				4		
斑翅山鹑			4						
苇鹀			2						
灰头鹀			2						
北椋鸟			6						
沼泽山雀			4						
燕雀			1						
黄腰柳莺			1					2	
褐头山雀			1						
灰喜鹊			7						
喜鹊			1					7	
矶鹬			3						
猎隼			3						
灰沙燕		30							
多样性指数H'	1.8903	2.5776	2.0485	2.8214	2.4482	1.2851	2.2720	1.7186	1.1513
均匀度指数j	0.6672	0.7654	0.6364	0.8295	0.8041	0.4536	0.6616	0.5560	0.4362

表4-4 秋季鸟类样地统计（2012年8月28日至9月5日） 只

动物名称	北河口	南河口	浑善达克沙地	葫芦嘴	台地草原	熔岩台地断崖及火山锥	岗更诺尔塔头湿地	达里诺尔湖南岸灌丛沼泽	鲤鱼泡子及北部丘陵
	N43°22′ E116°42′	N43°19′ E116°42′	N43°15′ E116°25′	N43°15′ E116°53′	N43°18′ E116°36′	N43°28′ E116°40′	N43°18′ E116°52′	N43°15′ E116°42′	N43°15′ E116°25′
凤头䴙䴘	22	2		122			2		23
黑颈䴙䴘		65		4					2
小䴙䴘		12		2					
普通鸬鹚	37	226		97					3

（续）

动物名称	北河口	南河口	浑善达克沙地	葫芦嘴	台地草原	熔岩台地断崖及火山锥	岗更诺尔塔头湿地	达里诺尔湖南岸灌丛沼泽	鲤鱼泡子及北部丘陵
	N43°22′ E116°42′	N43°19′ E116°42′	N43°15′ E116°25′	N43°15′ E116°53′	N43°18′ E116°36′	N43°28′ E116°40′	N43°18′ E116°52′	N43°15′ E116°42′	N43°15′ E116°25′
白琵鹭	40			24			6		
苍鹭	14	2		7			6		3
小天鹅									12
赤麻鸭	19	513							
翘鼻麻鸭					8		5		10
鸿雁	1	74					15		4
灰雁		37							2
绿翅鸭		5							
斑嘴鸭		18		4					
赤膀鸭	27	2000		12			78		
绿头鸭	1	25		9			2		
针尾鸭				6					
赤颈鸭	20	137							10
琵嘴鸭		1							
红头潜鸭		1240		25					350
凤头潜鸭		6		3					2
白眼潜鸭		13		11					1
青头潜鸭									3
斑背潜鸭		6							
普通鵟					3				
毛脚鵟					1				
雀鹰					1				
松雀鹰					2	1			
白腹鹞					2				
黄爪隼						2			
灰背隼			2						1
红脚隼	1	100			18				
红隼		2	3		4				
燕隼		1	2				1		
鹌鹑			1		7				
斑翅山鹑						12			
蓑羽鹤	2				40	17	104		
白枕鹤							10		
大鸨					6				

（续）

动物名称	北河口	南河口	浑善达克沙地	葫芦嘴	台地草原	熔岩台地断崖及火山锥	岗更诺尔塔头湿地	达里诺尔湖南岸灌丛沼泽	鲤鱼泡子及北部丘陵
	N43°22′ E116°42′	N43°19′ E116°42′	N43°15′ E116°25′	N43°15′ E116°53′	N43°18′ E116°36′	N43°28′ E116°40′	N43°18′ E116°52′	N43°15′ E116°42′	N43°15′ E116°25′
反嘴鹬		7							
黑翅长脚鹬		230							
凤头麦鸡	2	15		4			166		24
环颈鸻	1								
长嘴剑鸻		1							
金眶鸻		2							
林鹬							8		
黑尾塍鹬	17	2310					170		
赤脚鹬	2	14					4		
白腰草鹬		3					1		
红脚鹬	12	14					34		
大沙锥					1		1		
孤沙锥							6		
小滨鹬		9					1		
矶鹬			4				4		
泽鹬	11	200							
白腰杓鹬		4			6				
翻石鹬		4							
尖尾滨鹬	13								
银鸥	1122	52		56	32				70
红嘴鸥	121	1045		18	2				32
棕头鸥	30	489			41				3
红嘴巨鸥	3			8					
普通燕鸥				4					6
白额燕鸥	1				4				
海鸥		1							
白翅浮鸥				2					
山斑鸠			9		25				
岩鸽						27			
纵纹腹小鸮	1				3				
花头鸺鹠						2			
雕鸮					1	2			
蒙古百灵					2				
短趾百灵	18	8			8				
大沙百灵					2				
云雀					2				
黄鹡鸰		4			18				

（续）

动物名称	北河口	南河口	浑善达克沙地	葫芦嘴	台地草原	熔岩台地断崖及火山锥	岗更诺尔塔头湿地	达里诺尔湖南岸灌丛沼泽	鲤鱼泡子及北部丘陵
	N43°22′ E116°42′	N43°19′ E116°42′	N43°15′ E116°25′	N43°15′ E116°53′	N43°18′ E116°36′	N43°28′ E116°40′	N43°18′ E116°52′	N43°15′ E116°42′	N43°15′ E116°25′
灰鹡鸰					14				
白鹡鸰		13			8				
黄头鹡鸰					2				
田鹨					1				
红尾伯劳					2				
楔尾伯劳			1		1				
黑喉石䳭					8				
漠䳭					1				
沙䳭					12	3			
穗䳭						2			
蓝歌鸲			2						
北红尾鸲		1	1						
赤颈鸫			1						
红胁蓝尾鸲			1						
白喉林莺			2		1				
双斑绿柳莺			26			2			
冕柳莺						1			
极北柳莺						1			
褐柳莺			4						
巨嘴柳莺			1						
红喉姬鹟			5		6				
北灰鹟			2			1			
长尾雀			1						
沼泽山雀			5						
灰椋鸟				6	50				
树麻雀			2			38			7
喜鹊			4		54				
灰喜鹊			12						
达乌里寒鸦			6		250				
小嘴乌鸦	2								
小鹀			1						
芦鹀					1		4		
灰头鹀			1						
多样性指数*H*′	1.2671	2.1972	2.6820	2.2289	2.4853	1.8678	1.9769		1.5356
均匀度指数*j*	0.3889	0.5878	0.8332	0.7440	0.6737	0.7077	0.6493		0.5126

表4-5 秋末冬初鸟类样地统计（2012年10月10日～13日）

只

动物名称	北河口	南河口	浑善达克沙地	葫芦嘴	台地草原	熔岩台地断崖及火山锥	岗更诺尔塔头湿地	达里诺尔湖南岸灌丛沼泽	鲤鱼泡子及北部丘陵
	N43°22′ E116°42′	N43°19′ E116°42′	N43°15′ E116°25′	N43°15′ E116°53′	N43°18′ E116°36′	N43°28′ E116°40′	N43°18′ E116°52′	N43°15′ E116°42′	N43°15′ E116°25′
小䴙䴘	2	4		4					
凤头䴙䴘	2			358			2		2
黑颈䴙䴘				6					2
苍鹭	3	2		2			29		
池鹭									
白琵鹭	30			29			1		
鸬鹚	590			213					
小天鹅	26			12					
大天鹅	3700	4200		500				1100	
鸿雁	280	50		84			366		
灰雁	1			2					
豆雁					10000		500		
绿头鸭	258	20		1			2	10	
赤膀鸭	666			52				53	
鹊鸭	2								
赤颈鸭	18			19					
绿翅鸭	110	250		120					
针尾鸭	10	5							
琵嘴鸭		110							
红头潜鸭	3560			384					
白眼潜鸭	6			2					
凤头潜鸭	4								
斑背潜鸭	1								
青头潜鸭	1								
赤麻鸭	264	200		67			110		
翘鼻麻鸭	134	370		10			5		
白秋沙鸭	2			1			14		6
普通秋沙鸭				13					
斑翅山鹑			20			12			
白枕鹤				2			103		
白骨顶				2					
大鸨							16		
凤头麦鸡		2		26			72	2	
大沙锥								2	
红脚鹬		6		2			24		
孤沙锥								1	
黑尾塍鹬	12	175							

（续）

动物名称	北河口	南河口	浑善达克沙地	葫芦嘴	台地草原	熔岩台地断崖及火山锥	岗更诺尔塔头湿地	达里诺尔湖南岸灌丛沼泽	鲤鱼泡子及北部丘陵
	N43°22′ E116°42′	N43°19′ E116°42′	N43°15′ E116°25′	N43°15′ E116°53′	N43°18′ E116°36′	N43°28′ E116°40′	N43°18′ E116°52′	N43°15′ E116°42′	N43°15′ E116°25′
泽鹬							4		
银鸥	13	10		63			12	4	
红嘴鸥	22			6				6	33
渔鸥				3					
须浮鸥									8
岩鸽						40			
山斑鸠								1	
纵纹腹小鸮				1					
白尾鹞	3					3	1	1	
红隼	1								
灰背隼				1					
白头鹞				1					
草原雕						2			
黄爪隼									3
云雀						10	30		
短趾百灵	11			50				4	
白鹡鸰			4						
红胁蓝尾鸲			1						
北红尾鸲			1						
暗绿绣眼鸟			1					1	
灰蓝山雀			1						
沼泽山雀			1					4	
长尾雀								2	
苍头燕雀			6						
红交嘴雀			1						
蒙古沙雀			1						
黄雀			5						
麻雀						1000		4	4
灰椋鸟								20	
喜鹊				7				22	10
三道眉草鹀			1						
田鹀	3								
多样性指数*H′*	1.6115	0.9349	1.8017	2.2835		0.3064	1.7615	0.5708	1.6105
均匀度指数*j*	0.4738	0.3542	0.7250	0.6588		0.1710	0.6217	0.2014	0.7745

三、鸟类群落时空格局分析

每种鸟类通过生存竞争，各自占领独特的生态位，每种生态环境中的所有物种共同组成生物群落。群落中具有相似食性等的物种组成集团，集团中各物种以调节生活节律等对策，达成自然和谐，合理分配自然资源。

不同生态环境中的鸟类群落反映出鸟类以不同的生存方式分配空间及其拥有的各种生态因子。本研究通过样地调查的结果显示出鸟类对达里诺尔自然保护区范围内各种生态空间的合理利用，并通过它们自身的存在维护着各个生态系统的有序运转。

（一）不同季节各样地鸟类多样性指数和均匀度指数比较

不同季节各样地鸟类多样性指数和均匀度指数比较见表4-6。

表4-6　各季节不同样地的鸟类多样性指数和均匀度指数

比较项目		北河口	南河口	浑善达克沙地	葫芦嘴	台地草原	熔岩台地断崖及火山锥	岗更诺尔塔头湿地	达里诺尔湖南岸灌丛沼泽	鲤鱼泡子及北部丘陵
		N43°22′ E116°42′	N43°19′ E116°42′	N43°15′ E116°25′	N43°15′ E116°53′	N43°18′ E116°36′	N43°28′ E116°40′	N43°18′ E116°52′	N43°15′ E116°42′	N43°15′ E116°25′
2012年5月3～12日	多样性指数H'	1.8599	2.0410	2.1099	2.8387	2.0708	2.5247	0.9965	3.0898	2.6685
	均匀度指数j	0.5042	0.7734	0.7447	0.8712	0.8636	0.8911	0.4535	0.8837	0.8008
2012年7月2～12日	多样性指数H'	1.8903	2.5776	2.0485	2.8214	2.4482	1.2851	2.2720	1.7186	1.1513
	均匀度指数j	0.6672	0.7654	0.6364	0.8295	0.8041	0.4536	0.6616	0.5560	0.4362
2012年8月28日至9月5日	多样性指数H'	1.2671	2.1972	2.6820	2.2289	2.4853	1.8678	1.9769		1.5356
	均匀度指数j	0.3889	0.5878	0.8332	0.7440	0.6737	0.7077	0.6493		0.5126
2012年10月10～13日	多样性指数H'	1.6115	0.9349	1.8017	2.2835		0.3064	1.7615	0.5708	1.6105
	均匀度指数j	0.4738	0.3542	0.7250	0.6588		0.1710	0.6217	0.2014	0.7745

（二）空间格局

从表4-6可以看出，春末正值鸟类迁徙的高峰，各种环境中鸟类的多样性指数均较高，沙地、草原、河口地区、熔岩风蚀断崖、葫芦嘴等地鸟类多样性指数均达到2.0左右。葫芦嘴最高，达2.8387。

但是，由于迁徙季节鸟类流动性大，它们到达、停留和迁离的时间随类群和种类而异，所以均匀性差，南北河口最低。而岗更诺尔东北岸的塔头湿地因无浅水沼泽和明水面，不适合鹬鸻类等涉禽和雁鸭、䴙䴘等游禽觅食，只有鹡鸰及利用塔头繁殖的红脚鹬等数量较多，多样性指数不足1.0。夏初，鹤类、鹭类、鹬类，甚至一些雁鸭类在塔头湿地取食，使多样性指数上升至2.2720，但因取食鸟类流动性较大，所以均匀度指数并不高。春末夏初的砧子山和阿其乌拉断崖除了岩鸽、楔尾伯劳等留鸟外，戴胜、红胁蓝尾鸲、北红尾鸲、白顶䳭、灰椋鸟等在岩隙中筑巢的鸟类及利用陡崖做巢的白腰雨燕陆续迁来，一些利用陡崖上升热气流在空中盘旋，伺机发现地面鼠类等猎物的鹞、鵟、雕等猛禽也频繁出现。由于台地和火山锥的基带为草原，蒙古百灵、短趾百灵、穗䳭等草原物种也在此活动。因此，春末夏初死火山锥和台地断崖的鸟类多样性较高，这种环境下的鸟集群小，所以均匀度应较高，而7月份的均匀度指数仅为0.4536，这与繁殖较早的麻雀已集群等有关，麻雀已巢后集群，计数中多达216只，导致均匀度指数下降，所以在以指数评定分析空间格局时要视具体情况而定，不可以指数作为硬指标定论，这就是生物学复杂性之所在。

8月底至9月初的秋季，正值候鸟迁徙和当年幼鸟的巢后游荡期，很多鸟类过着群居生活，凤头䴙䴘、普通鸬鹚已出现上百只的大群。具有大水面的南北河口已见约2000只赤麻鸭、1240只红头潜鸭、2310只黑尾塍鹬和1000多只银鸥及红嘴鸥的迁徙集群，鸿雁、灰雁、绿翅鸭、斑嘴鸭、赤颈鸭、凤头潜鸭、白眼潜鸭等雁鸭类小群混杂其间。水边的浅水沼泽中红脚鹬、白腰草鹬、泽鹬、翻石鹬、反嘴鹬及尖尾滨鹬以小群匆匆觅食。岸边草地上短趾百灵、白鹡鸰、黄鹡鸰、凤头麦鸡、长嘴剑鸻也飞来飞去。红脚隼的当年幼鸟在亲鸟的带领下进行巢后游荡，几十只成排落于网围栏或者电线杆上伺机捕食。此时南北河口已经成为百鸟乐园，鸟儿们各自为生存而忙碌，多样性很高，但是因为来去的时间差和活动范围大，故而群落结构变化较大，均匀性不高，均匀性指数只有0.3889～0.5878。湖泊南岸的沙地疏林以林栖鸟类占主导地位，它们很少集群，大多各自为战，穿梭于林间和灌丛，蓝歌鸲、北红尾鸲、赤颈鸫、红胁蓝尾鸲等鸫科，白喉林莺、双斑绿柳莺、褐柳莺、巨嘴柳莺等莺科，红喉姬鹟、北灰鹟等鹟科以及长尾雀、沼泽山雀、灰头鹀、灰喜鹊等雀形目鸟类分别活动于林下、灌丛和树冠，各取所需，分享大自然的馈赠，积蓄能量，准备南迁或越冬。这时的浑善达克沙地虽然已经没有了春天繁殖季节的美妙歌声，但鸟儿们忙于取食，又给这里增添了无限的活力，林中多样性指数达2.6820，均匀度指数很高，达到0.8332。

进入10月上旬的深秋季节，由于达里诺尔的纬度在北纬43°以上，地处大兴安岭西北高平原，北部无高大山系阻挡，蒙古冷高压开始长驱直入南侵，气温急速下降，湖边已经开始结冰，草原也已枯黄，无脊椎动物已进入休眠，陆地出现萧瑟景象。熔岩台地断崖和砧子山只有麻雀群落最大，它们成大群取食野生麻种子，白尾鹞、草原雕等还在捕食，其他大多迁走，故鸟类多样性指数和均匀度指数降为9种生态环境中的最低。而热容量高的水域成为较晚迁徙的雁鸭类的密集取食场所，南北河口及岗更诺尔湖、葫芦嘴的大天鹅最多，有3000～4000多只的大群，湖区大天鹅总数已达上万只之多，其他鸭类也常见几百只大群，北河口红头潜鸭达3500只以上，上万只的豆雁聚集于曾经被耕种过的草原上，此时的达里诺尔成为真正的雁鸭类的天堂、名符其实的“天鹅湖”。

（三）时间格局

由于季节的变化，生态因子出现了时间节律，导致同一环境下鸟类的群落结构发生了变化，这就是时间格局。5月上旬的北河口繁殖鸟已经迁来，过路的滨鹬鸟类逐渐加入群落，多样性指数为1.8599，物种较为丰富，至7月上旬多样性指数最高达到1.8903。此后过路鸟多已迁走，繁殖鸟已进入巢区，鸟类群组成渐趋稳定，均匀度指数逐渐增加，最高为0.6672。8月底至9月初的北河口，群落主要由当地的繁殖鸟组成，多样性指数下降为1.2671，红脚隼、燕隼等物种已进入巢后集群和游荡，导致均匀度指数下降为0.3889。进入10月上旬，气温急剧下降，有的地方已经开始结冰，很多鸟类已南迁或者集群，所以北河口多样性指数和均匀度指数均已降低，多样性指数为1.6115，均匀度指数为0.4738。其他环境如南河口、台地草原大多循此演变规律，只有沙地和葫芦嘴的群落较为稳定。沙地为一种特殊环境，植被的乔灌草组合层次分明，以留鸟和较晚迁来的雀形目树栖小鸟为主，其多样性和均匀度指数在各季节间较为稳定。岗更诺尔南靠沙地，北依草原和人工林，湖周为挺水植物沼泽，中间为水域，环境的空间格局搭配完美，人为扰动较少，是水禽的理想栖息场所，各个季节的多样性指数和均匀度指数均很高，是水禽理想的家园。

达里诺尔鸟类的时空格局以多样性指数和均匀度指数作为表达的依据。但是，由于抽样的难度大，时间选择的局限性，所以只能是一个粗略的结果，仅显示其规律性的趋势而已。如果今后进行连续监测，建立数据库，把多年的数据汇合起来，进行地理信息系统（GIS）管理，就能更加接近自然的实际。

第四节　生态系统及陆生脊椎动物群落

如前所述，经历了几次大的自然过程，达里诺尔复杂的地貌形成，此后，环境与鸟类协同演化，通过适应和竞争，众多鸟类合理分配食物、栖息地等生态因子，在不同的生态系统中形成了结构各异的鸟类集合体，即群落。群落是一种暂时的动态平衡，随着季节发生周期性变化。

一、湿地生态系统及其动物群落

达里诺尔湖是第四纪形成的巨大的堰塞湖，历经气候变化，蒸发量逐渐增加，使湖泊萎缩，湖周湖底出露，被沼泽、草甸、盐化草甸、塔头湿地替代，形成达里诺尔多种类型的湿地，湿地占保护区总面积的35.8%。

（一）湖泊湿地生态系统及其动物群落

保护区现有大小湖泊22个，总面积2.5万hm^2，占保护区总面积的20.94%，其中以古湖泊中心的达里诺尔湖最大，面积为195.52km^2，最大水深12m，储水量11亿m^3。岗更诺尔湖、多伦诺尔湖、达根诺尔、葫芦嘴及宝音图泡子等为其附属水域，共同组成湖泊型湿地。

湖泊水域中鸟类群落的主体为水禽，水中沙洲及近岸的繁殖鸟主要为游禽和涉禽，如大天鹅、灰雁、赤膀鸭、绿头鸭、斑嘴鸭、赤嘴潜鸭等雁鸭类；银鸥、棕头鸥、红嘴鸥、普通燕鸥、须浮鸥等鸥类；凤头䴙䴘、黑颈䴙䴘、小䴙䴘以及鸬鹚等。在春秋候鸟迁徙季节，在水域和河口常可聚集数量巨大的雁鸭类及鸥类群，10月中旬大天鹅可达4万～5万只，鸿雁近2万只。除繁殖鸟外，斑脸海番鸭、白眼潜鸭、赤颈鸭、白眉鸭、遗鸥等旅鸟也在此集群。2012年7月初，在岗更诺尔湖记录到内陆水域罕见的太平洋潜鸟和长尾鸭。岗更诺尔湖距主湖15km，面积23.89km^2，由于湖的主要补给水源是降水和沙地渗水，水质优良，湖中鲤、鲢、麦穗鱼、鳅科鱼类及浮游生物、底栖生物繁盛，一些稀有鸟类有可能在迁徙季节选择这里作为能量补给地，这些鸟类的偶然发现为鸟类迁徙生态学研究积累了一些新的信息。主湖西部6km处是多伦诺尔湖（鲤鱼泡子），水面仅为2.26km^2，湖的东、北、西岸为熔岩台地，南岸为沙地，补给水源为降水、沙地渗水及台地孔隙裂隙水，水质优良，水生生物繁盛，湖岸有苔草沼泽。该湖缺乏大型水鸟的繁殖条件，主要是鸭类、鸥类的觅食地。

湖周近岸的芦苇、香蒲、水葱等挺水植物沼泽主要分布于南河口、葫芦嘴、岗更诺尔湖北部浅水区，隐蔽条件好，食物丰富，是大型涉禽如白枕鹤、白琵鹭、苍鹭、大鸨及大天鹅、灰雁、红头潜鸭等雁鸭类以及鸬鹚、白尾鹞的巢区和取食地，也是具有一次性飞羽全部脱落换羽方式的雁鸭类换羽期间的白天隐蔽场所。

部分湖岸、沙滩和裸地是金眶鸻、环颈鸻、矶鹬、白额燕鸥的巢址及翻石鹬、长嘴剑鸻、滨鹬等迁徙季节的取食地。

湖泊湿地与湖周草原的衔接地带是较为宽阔的草甸。草甸季节性积水，植被多为寸草苔、碱蓬等，靠近湖一侧的地表含水多，甚至终年积水，高草繁茂，隐蔽条件较好，是凤头麦鸡、红脚鹬、林鹬、白腰草鹬、黑尾塍鹬、沙锥、鹡鸰等的营巢场所和取食地。岗更诺尔湖东北部有几十公顷外貌独特的塔头湿地，由于地表积水不均匀，冬季寒冷，水多的地方因冰晶作用膨胀，土壤变得疏松，在地表形成直径为几十厘米、不同形状的小丘状塔头，春天冰融后，水在塔头间流动，加上牛等有蹄类动物在塔头间行走、踩踏，结果在地表形成形状大小不一的土柱与水沟相间排布的塔头湿地。靠近塔头湿地外侧边缘的水沟季节性有水，靠近湖泊一侧的塔头湿地则常年积水，人畜很难进入。由于地表水渗向塔头间的水沟，塔头相对干爽，顶部苔草生长良好，人畜难以靠近的塔头草丛及侧面的一些凹坑是中小型湿地鸟类的巢址，绿头鸭、赤膀鸭、斑嘴鸭、红脚鹬、黑尾塍鹬为常见种，优势种为黄头鹡鸰。塔头湿地也是丹顶鹤、白枕鹤的重要取食地。

达里诺尔主湖属苏达型半咸水湖，湖水含盐量高达0.56%，pH值9.4～9.6，身体缺乏鳞片等保护的两栖纲动物在高pH值的主湖很难产卵，只分布于河口地带淡水补给区及岗更诺尔湖、多伦诺尔湖。岗更诺尔湖和多伦诺尔湖两个湖泊以浑善达克沙地和丘陵台地的渗水和孔隙裂隙水为水源，均为淡水湖，湖中浮游生物、挺水植物、浮水植物繁盛，适于在水中产卵变态后登陆的两栖类动物生存，如花背蟾蜍、黑斑蛙、东北林蛙等。冬季湖水结冰，有人见到狼出现于冰面寻找食物。

（二）河流型湿地生态系统及其动物群落

达里诺尔湖属内陆水系，注入湖泊的河流主要有四条：贡格尔河、沙里河、亮子河与耗来河。贡格尔河发源于克什克腾旗境内的黄岗梁，流程120km，该河对湖的年补水量占河流总补水量的57%，贡格尔河进入台地高平原后，河流比降变小，河曲发育，在一些低洼地河水外溢形成小水泡子。由于水浅，阳光充足，水泡中浮水植物及沉水植物繁茂，浮鸥、小䴙䴘、黑颈䴙䴘在沉水植物上搭建浮巢繁衍生息。绿头鸭、赤膀鸭、斑嘴鸭等在河床弯道繁殖。2011年8月见到丹顶鹤、黑鹳、乌雕等在此取食。

沙里河源出经棚山西麓的浑善达克沙地，众多沙泉涌出，进入岗更诺尔湖东部平原的寸草苔湿地，形成大片沼泽和曲流，最后汇成托力河入岗更诺尔湖，流经岗更诺尔湖后称沙里河，于南河口入主湖。寸草苔湿地和托力河周围沼泽为绿头鸭、赤膀鸭、红脚鹬、林鹬、鹡鸰、麦鸡的巢区以及鸥类的觅食地，成群浮鸥常在沼泽上空飞捕昆虫。沿沙里河常可见到苍鹭在岸边静候捕食。

亮子河是一条典型的沙地河流，发源于达里诺尔湖西南部的浑善达克沙地，向东北流长16km，于主湖南部入湖。沙地潜水以沙泉涌出，形成涓涓小溪，小溪逐渐汇成河流，在生长着榆树疏林的高大沙丘间穿行，河床狭窄，两岸生长着极为茂盛的河岸柳灌丛，形成了曲径通幽的僻静而神秘的河流型湿地环境。褐柳莺、巨嘴柳莺、芦鹀、灰头鹀、小鹀等小型雀形目鸟类于灌丛间觅食，繁殖季节在灌丛或草丛中营巢，常站在枝头鸣唱求偶。红隼、红脚隼、山斑鸠、灰喜鹊等也在此活动。河口及岸边有成片柴桦、五芯柳沼泽，是筑巢于灌丛、小树、草丛，甚至树根和倒木下的长尾雀、鹪鹩、黄胸鹀、小蝗莺等的巢区。

耗来河是由多伦诺尔湖流入主湖的一条东西流向的小河，蜿蜒于熔岩台地间的狭长浅谷，谷间多为植被盖度很高的草甸，河流侧蚀受阻，而下切加强，河床宽大多不足1m，最窄处仅有20～30cm，而河床最深可达1m以上，当地人戏称为“嗓子眼河大峡谷”。该河极细，河周为湿草甸，只有鹡鸰等小型雀类和麦鸡等在此活动。

河流型湿地从源头至入湖口及其周围低洼地积成的水泡子均为淡水组成的浅水湿地，四周为草甸和草原共同组成梯度性的过渡带环境，除鸟类外，其他脊椎动物也多喜欢在此活动，猪獾在河堤上打洞（图4-1）；麝鼠的洞口开于河流近水面，过着水陆两栖生活；狍、貉常常在此饮水。

图4-1　猪獾洞穴

二、草原生态系统及其动物群落

典型草原为保护区的地带性植被，覆盖在保护区范围内东、西、北部的熔岩台地高平原和湖周冲洪积平原上的开阔地区，海拔1250～1400m，面积为54.446hm^2，占保护区总面积的0.046%，是保护区自然景观系统的基底。代表性植被是羊草草原和大针茅草原，草层高度15～45cm，盖度25%～60%。由于草原地形为平原、高平原，地势起伏小，草原植被层谱单一，大多为草被，部分地区为灌丛草原，所以鸟类群落的垂直和水平结构简单，以营造地巢的云雀、大沙百灵、亚洲短趾百灵、角百灵、蒙古百灵、凤头百灵等百灵科鸟类及大鸨、蓑羽鹤、鹌鹑、布莱氏鹨、田鹨、黑喉石鵰等草原代表鸟类为优势种和常见种。另外，在土洞或土缝中营巢的小鸣禽以沙鵰、穗鵰及灰沙燕最为常见。它们利用啮齿类动物的弃洞，或者在冲沟土崖挖洞，洞道长30cm以上，常有分叉，在洞道深处营巢以避天敌。翘鼻麻鸭虽为游禽，却在草原上狐、獾废弃的洞内繁殖。8月初至9月中旬，蓑羽鹤在草原上集群，常常集成几十只至上千只，甚至上万只的大群，在草原或农田取食。大鸨也常常以几十只的群体漫步于草原觅食。红脚隼、燕隼、红隼、鸢、大鵟、草原雕、松雀鹰、雕鸮、纵纹腹小鸮、白尾鹞等猛禽虽然繁殖于沙地疏林、熔岩台地断崖以及周围湿地，但是啮齿动物、昆虫、雀形目小鸟是它们的主要捕食对象。因而，啮齿动物等次级生产者活动频繁的草原就成为猛禽的猎场。在春秋鸟类迁徙季节，普通鵟、毛脚鵟等并不在此繁殖的猛禽也赶来参加盛宴。特别是每年7月初至8月下旬红脚隼、燕隼等巢后游荡时期，几十只一群成排落于牧区网围栏上伺机捕食，储备能量，准备迁徙。

达里诺尔坐落于典型草原，在动物地理区划界以下属中亚亚界，陆生脊椎动物中的两栖类及哺乳动物中的食虫目和翼手目种类很少，共计8种。除鸟类外，在草原上常见的脊椎动物有草兔、达乌尔猬、赤狐、艾鼬、黄脊游蛇、白条锦蛇、丽斑麻蜥等。一些夜间和营地下活动的种类均可见到它们的活动痕迹，如喜欢在较潮湿的低地草原和林缘生存的草原鼢鼠和东北鼢鼠，它们以地下生活为主，挖掘洞道时在地面堆成直径约30cm以上的土丘，但两者所堆土丘的排列方式不同，草原鼢鼠盗洞时土丘排成直线或弧形，而东北鼢鼠的土丘则杂乱无章。草原黄鼠在典型草原较硬的栗钙土层上打洞，只有一个洞口，洞道垂直向下，然后才分叉深入地下，它们的数量较大，与鵟、雕等猛禽均为昼夜活动，遭遇的机会较多，调查中有一次发现在砧子山下有很多黄鼠忙于取食鲜草，乌雕在上空盘旋窥视。

三、沙地生态系统及其动物群落

达里诺尔湖、岗更诺尔湖、多伦诺尔湖的南岸为沙地，该沙地属浑善达克沙地的东南端，面积为278.15km^2。沙地从成因上属于堆积地貌，从形态上属于丘陵地貌，因而具有沙地和山地的双重属性及功能。沙地松软的风尘堆积层渗水性和保水能力均很强，因为表层的十几厘米经风选作用后，风尘中细小的粉粒、粘粒随风飘扬移走，留下的大多为粒级为0.05～2.00mm的沙粒，由于粒级较粗，毛细管作用减弱，从而减少了沙地的实际蒸发量。A.N.斯特拉勒（1986）提出，在适宜条件下沙丘可以保持占总体积三分之一的水分。实际经验是当我们把沙丘表层砂挖去约10cm，甚至更少时就露出了下面的湿沙，证明沙地确实具有很强的保水持水能力。另外，由于渗水性好，降雨和凝结水下渗速度快，在沙丘中不会形成类似草原土壤那样的石化钙积层，利于乔木和灌丛的根系向沙地的深层发育。所以，沙地覆盖着独特的沙地疏林植被，在缺乏乔木的广袤草原上形成一条苍龙般的沙地疏林地貌。

沙地的乔木、灌木及草本植物组成至少三个植物层谱，为鸟类提供了立体的生活空间：以榆树为建群种的乔木树冠层多被寒鸦、达乌里寒鸦、喜鹊、灰喜鹊、灰斑鸠、山斑鸠、红隼、燕隼、红脚隼、长耳鸮等占为巢区，迁徙季节柳莺、白眉姬鹟、小鹀、山雀等在树冠觅食；树干的缝隙、树洞是北椋鸟、蚁䴕、大斑啄木鸟、灰头绿啄木鸟、红喉姬鹟等的营巢场所，它们甚至把巢筑在树的根部；在林下灌丛筑巢的鸟类有褐柳莺、白喉林莺、小鹀、红尾伯劳、荒漠伯劳等；在草丛中繁殖与觅食的地栖性鸟类主要有斑翅山鹑、鹌鹑、环颈雉、褐岩鹨、蓝歌鸲等。

沙地占据保护区湖泊湿地的南岸，从高低错落的沙丘至湖岸，地势逐渐下降，沙地向低处渗水，随着水热条件和土壤结构的变化，植被呈现带状演替，从上而下分别为沙地疏林、以五芯柳和柴桦建群的湿地灌丛沼泽、苔草沼泽、湖周挺水植物沼泽。沙地疏林鸟类群落如前所述。在五芯柳和柴桦沼泽繁殖的常见鸟类有褐柳莺、树鹨、黑喉石䳭、鹪鹩等，灰喜鹊、灰椋鸟、灰斑鸠、金翅雀等也常在灌丛中觅食。迁徙季节，红喉姬鹟、双斑绿柳莺、白眉鹀在灌丛中集群觅食，数量比较多。苔草沼泽大多终年积水，沙地渗水在该带与灌丛带衔接处以沙泉出露，在苔草沼泽汇成一条条涓涓细流和小水洼，成为麦鸡、鹡鸰、沙锥、鸥类等的繁殖场所或者觅食地，最后过渡到芦苇、香蒲挺水植被沼泽，其鸟类分布特点如前面湖泊湿地中所述。

沙地为草原上的“林灌绿岛”，同时具有山地和森林效应，为多种动物提供了生存环境。沙地土质疏松，三趾跳鼠、五趾跳鼠为常见啮齿类动物，它们夜间活动，清晨天刚蒙蒙亮时在沙地挖洞，掘出的湿土就地扬开，太阳升起后地面不留一点痕迹，在洞道的某处留有距地表不足10cm的“天窗”，一有风吹草动，立即从天窗跳出逃逸。小毛足鼠、黑线毛足鼠多生活于沙地，夜间活动，有多个洞口，但白天活动，洞口敞开。东方蝙蝠、东亚伏翼、普通长耳蝠均在沙地的树洞中栖居，夜间活动。花鼠生活于林灌环境，亦利用树洞筑巢。中型食肉兽如貉、獾、猞猁、豹猫等往往活动或隐蔽于沙丘、林间，伺机捕食，这些食肉动物虽然并不常见，但是它们雄踞于食物链的顶端，对维护生态系统的有序运转起到至关重要的作用。

四、熔岩台地侵蚀断崖、死火山锥及花岗岩山地生态系统及其动物群落

达里诺尔保护区的西岸、西北湖岸及东部湖盆边缘为熔岩台地侵蚀断崖，这些断崖曾经是熔岩流的前沿或古湖岸，保护区管理局北面约2km处的冲洪积平原上高耸着一座死火山锥——砧子山，成为地标性景观。

熔岩台地、死火山锥历经十几万年，甚至上百万年的湖蚀、冻裂、因蒸发量大而引起的盐结晶膨胀及常年累月因昼夜温差大产生的岩石热胀冷缩等物理化学作用而发生断裂、崩解，在其近顶部的边缘产生了很多裂隙和节理。熔岩台地、火山锥的绝对高度并不大，但鸟类群落随着环境的异质性也表现出了垂直带谱。近顶部多为缝隙、洞穴发育的裸岩，这些空隙为在岩洞及裂隙中繁殖的鸟类提供了

适宜的营巢场所，大中型鸟类有赤麻鸭、寒鸦、岩鸽、草原雕、雕鸮、黄爪隼，常见的小型鸟类有红胁蓝尾鸲、白顶䳭、穗䳭、漠䳭、花头鸺鹠、灰椋鸟、白背矶鸫、蓝矶鸫、北红尾鸲等。在断崖的裸岩下部缝隙中生长有稀树和一些草本植物，红尾伯劳、楔尾伯劳常常利用这些矮树做巢，迁徙季节柳莺等也乐于在此处活动。由于崖壁的崩解、流水冲刷和坡移等外力作用，砾石碎硝和土壤在断崖中部积成扇裙，生长有茂密的野大麻等植物，是麻雀等集群性鸟类的取食地。断崖和火山锥底部因山地裂隙水和孔隙水渗入，水热条件较好，出现狭窄的草甸带，是灰椋鸟、百灵、黑喉石䳭、沙䳭、穗䳭、伯劳的觅食地。

曼陀山为花岗岩孤山，山体浑圆，表面裂隙纵横，缝隙间生长有稀疏的榆树、灌丛和草本植物，夏秋季节构成绿色网格景观，穗䳭、麻雀、褐柳莺等雀形目小鸟在此活动。山地的西南坡陡峻，由垂直节理经风化形成巨大的柱状岩体，奇峰凸起，岩体上水平节理很深，顶部甚至出现悬岩，四趾均向前、在地面难以起飞的白腰雨燕在悬崖峭壁的裂缝中营巢，在空中集群飞捕蜂、蝇、蜘蛛等。岩鸽等也在此繁殖。乌雕等大型猛禽有时利用峭壁前上升的热气流，在高空盘旋，窥视着地面的啮齿类动物。

达里诺尔自然保护区的多种生态环境是由火山活动和冰期与间冰期的交替作用而成，死火山锥和熔岩风蚀断崖随处可见，岩洞、岩缝很多，鸮等鸟类在岩隙中隐蔽和繁殖，兔狲也出没于此，达乌尔猬白天躲在岩缝中酣睡，黄脊游蛇、白条锦蛇、草原沙蜥、丽斑麻蜥也常在此活动。

达里诺尔自然保护区动物群落是在与生态环境协同演化中形成的，每种动物在演化中逐渐占有了自己的生态位，以其自身的存在，在地区景观的物质循环与能量流动中发挥作用，维护着生态系统及景观的有序性，为环境的和谐、人类的生存默默奉献。保护区的职责就是教育人们尊重自然、敬畏自然，把保护动物作为自然保护的模板，保护生物多样性，弘扬生态文明，发展生态文化。

第五节　珍稀濒危及特有动物

保护区境内现有的335种陆生动物中，有国家I级重点保护野生动物10种，II级重点保护野生动物45种（表4–7）。

表4–7　达里诺尔自然保护区国家级重点保护野生动物

序号	中文名	拉丁学名	保护级别
1	东方白鹳	*Ciconia boyciana*	I
2	黑鹳	*Ciconia nigra*	I
3	白尾海雕	*Haliaeetus albicilla*	I
4	玉带海雕	*Haliaeetus leucoryphus*	I
5	白头鹤	*Circus aeruginosus*	I
6	丹顶鹤	*Grus japonensis*	I
7	大鸨	*Otis tarda*	I
8	遗鸥	*Larus relictus*	I

（续）

序号	中文名	拉丁学名	保护级别
9	中华秋沙鸭	*Mergus squamatus*	I
10	金雕	*Aquila chrysaetos*	I
11	赤颈䴙䴘	*Podiceps grisegena*	II
12	角䴙䴘	*Podiceps auritus*	II
13	卷羽鹈鹕	*Pelecanus crispus*	II
14	黄嘴白鹭	*Egretta eulophotes*	II
15	白琵鹭	*Platalea leucorodia*	II
16	大天鹅	*Cygnus cygnus*	II
17	小天鹅	*Cygnus columbianus*	II
18	疣鼻天鹅	*Cygnus olor*	II
19	鸳鸯	*Aix galericulata*	II
20	（黑）鸢	*Milvus migrans*	II
21	苍鹰	*Accipiter gentilis*	II
22	雀鹰	*Accipiter nisus*	II
23	日本松雀鹰	*Accipiter gularis*	II
24	白头鹞	*Circus aeruginosus*	II
25	白尾鹞	*Circus cyaneus*	II
26	白腹鹞	*Circus spilonotus*	II
27	鹊鹞	*Circus melanoleucos*	II
28	普通鵟	*Buteo buteo*	II
29	大鵟	*Buteo hemilasius*	II
30	毛脚鵟	*Buteo lagopus*	II
31	棕尾鵟	*Buteo rufinus*	II
32	乌雕	*Aquila clanga*	II
33	草原雕	*Aquila nipalensis*	II
34	短趾雕	*Circaetus gallicus*	II
35	（鱼）鹗	*Pandion haliaetus*	II
36	秃鹫	*Aegypius monachus*	II
37	猎隼	*Falco cherrug*	II
38	燕隼	*Falco subbuteo*	II
39	灰背隼	*Falco columbarius*	II
40	红脚隼	*Falco amurensis*	II
41	黄爪隼	*Falco naumanni*	II
42	红隼	*Falco tinnunculus*	II
43	游隼	*Falco peregrinus*	II
44	蓑羽鹤	*Anthropoides virgo*	II
45	白枕鹤	*Grus vipio*	II
46	灰鹤	*Grus grus*	II
47	雕鸮	*Bubo bubo*	II
48	长耳鸮	*Asio otus*	II
49	短耳鸮	*Asio flammeus*	II
50	纵纹腹小鸮	*Athene noctua*	II

（续）

序号	中文名	拉丁学名	保护级别
51	花头鸺鹠	*Glaucidium passerinum*	II
52	小杓鹬	*Numenius minutes*	II
53	小鸥	*Larus minutus*	II
54	兔狲	*Felis manul*	II
55	猞猁	*Felis lynx*	II

列入《濒危动植物物种国际贸易公约》附录I的有8种，附录II的有39种（表4-8）。

表4-8　达里诺尔自然保护区《濒危动植物物种国际贸易公约》保护物种

序号	中文名	拉丁学名	保护级别
1	卷羽鹈鹕	*Pelecanus crispus*	附录I
2	东方白鹳	*Ciconia boyciana*	附录I
3	白尾海雕	*Haliaeetus albicilla*	附录I
4	白枕鹤	*Grus vipio*	附录I
5	白头鹤	*Grus monacha*	附录I
6	丹顶鹤	*Grus japonensis*	附录I
7	小杓鹬	*Numenius minutes*	附录I
8	遗鸥	*Larus relictus*	附录I
9	黑鹳	*Ciconia nigra*	附录II
10	白琵鹭	*Platalea leucorodia*	附录II
11	鹗	*Pandion haliaetus*	附录II
12	（黑）鸢	*Milvus migrans*	附录II
13	苍鹰	*Accipiter gentilis*	附录II
14	雀鹰	*Accipiter nisus*	附录II
15	日本松雀鹰	*Accipiter gularis*	附录II
16	白头鹞	*Circus aeruginosus*	附录II
17	白尾鹞	*Circus cyaneus*	附录II
18	白腹鹞	*Circus spilonotus*	附录II
19	鹊鹞	*Circus melanoleucos*	附录II
20	普通鵟	*Buteo buteo*	附录II
21	大鵟	*Buteo hemilasius*	附录II
22	毛脚鵟	*Buteo lagopus*	附录II
23	棕尾鵟	*Buteo rufinus*	附录II
24	金雕	*Aquila chrysaetos*	附录II
25	乌雕	*Aquila clanga*	附录II
26	草原雕	*Aquila nipalensis*	附录II
27	玉带海雕	*Haliaeetus leucoryphus*	附录II
28	秃鹫	*Aegypius monachus*	附录II
29	猎隼	*Falco cherrug*	附录II
30	燕隼	*Falco subbuteo*	附录II
31	灰背隼	*Falco columbarius*	附录II
32	红脚隼	*Falco amurensis*	附录II

（续）

序号	中文名	拉丁学名	保护级别
33	黄爪隼	*Falco naumanni*	附录II
34	红隼	*Falco tinnunculus*	附录II
35	游隼	*Falco peregrinus*	附录II
36	蓑羽鹤	*Anthropoides virgo*	附录II
37	灰鹤	*Grus grus*	附录II
38	大鸨	*Otis tarda*	
39	鹏鸮	*Bubo bubo*	
40	长耳鸮	*Asio otus*	
41	短耳鸮	*Asio flammeus*	
42	纵纹腹小鸮	*Athene noctua*	
43	花头鸺鹠	*Glaucidium passerinum*	
44	狼	*Canis lupus*	
45	兔狲	*Felis manul*	
46	猞猁	*Felis lynx*	
47	豹猫	*Felis bengalensis*	

列入《中国濒危动物红皮书》中的濒危物种（E）5种，稀有物种（R）6种，易危物种（V）17种，已为珍稀动物、但尚未确定濒危等级的4种（表4-9）。

表4-9　达里诺尔自然保护区《中国濒危动物红皮书》保护物种

序号	中文名	拉丁学名	保护级别
1	黄嘴白鹭	*Egretta eulophotes*	濒危（E）
2	东方白鹳	*Ciconia boyciana*	濒危（E）
3	黑鹳	*Ciconia nigra*	濒危（E）
4	白头鹤	*Grus monacha*	濒危（E）
5	丹顶鹤	*Grus japonensis*	濒危（E）
6	中华秋沙鸭	*Mergus squamatus*	稀有（R）
7	棕尾鵟	*Buteo rufinus*	稀有（R）
8	乌鹏	*Aquila clanga*	稀有（R）
9	鹗	*Pandion haliaetus*	稀有（R）
10	半蹼鹬	*Limnodromus semipalmatus*	稀有（R）
11	鹏鸮	*Bubo bubo*	稀有（R）
12	白琵鹭	*Platalea leucorodia*	易危（V）
13	大天鹅	*Cygnus cygnus*	易危（V）
14	小天鹅	*Cygnus columbianus*	易危（V）
15	疣鼻天鹅	*Cygnus olor*	易危（V）
16	鸳鸯	*Aix galericulata*	易危（V）
17	金雕	*Aquila chrysaetos*	易危（V）
18	草原雕	*Aquila nipalensis*	易危（V）
19	玉带海雕	*Haliaeetus leucoryphus*	易危（V）
20	秃鹫	*Aegypius monachus*	易危（V）

（续）

序号	中文名	拉丁学名	保护级别
21	猎隼	*Falco cherrug*	易危（V）
22	白枕鹤	*Grus vipio*	易危（V）
23	大鸨	*Otis tarda*	易危（V）
24	遗鸥	*Larus relictus*	易危（V）
25	黑嘴鸥	*Larus saundersi*	易危（V）
26	狼	*Canis lupus*	易危（V）
27	猞猁	*Felis lynx*	易危（V）
28	兔狲	*Felis manul*	易危（V）
29	白尾海雕	*Haliaeetus albicilla*	未确定濒危等级
30	短趾雕	*Circaetus gallicus*	未确定濒危等级
31	蓑羽鹤	*Anthropoides virgo*	未确定濒危等级
32	黑尾塍鹬	*Limosa limosa*	未确定濒危等级

已被世界自然保护联盟（IUCN）确定为濒危物种（E）的1种，稀有物种（R）的5种，易危物种（V）的6种，低危物种（LR）的1种（表4-10）。

表4-10　达里诺尔自然保护区世界自然保护联盟保护物种

序号	中文名	拉丁学名	保护级别
1	东方白鹳	*Ciconia boyciana*	濒危（E）
2	玉带海雕	*Haliaeetus leucoryphus*	稀有（R）
3	大鸨	*Otis tarda*	稀有（R）
4	半蹼鹬	*Limnodromus semipalmatus*	稀有（R）
5	遗鸥	*Larus relictus*	稀有（R）
6	黑嘴鸥	*Larus saundersi*	稀有（R）
7	黄嘴白鹭	*Egretta eulophotes*	易危（V）
8	白尾海雕	*Haliaeetus albicilla*	易危（V）
9	秃鹫	*Aegypius monachus*	易危（V）
10	白头鹤	*Grus monacha*	易危（V）
11	丹顶鹤	*Grus japonensis*	易危（V）
12	白枕鹤	*Grus vipio*	易危（V）
13	兔狲	*Felis manul*	低危物种（LR）

▲花鼠

▲狍子（雄）

▲狍子（雌）

▲赤狐

▼狗獾

▲艾鼬

▼长爪沙鼠

▲集群的蓑羽鹤

▼达乌尔黄鼠

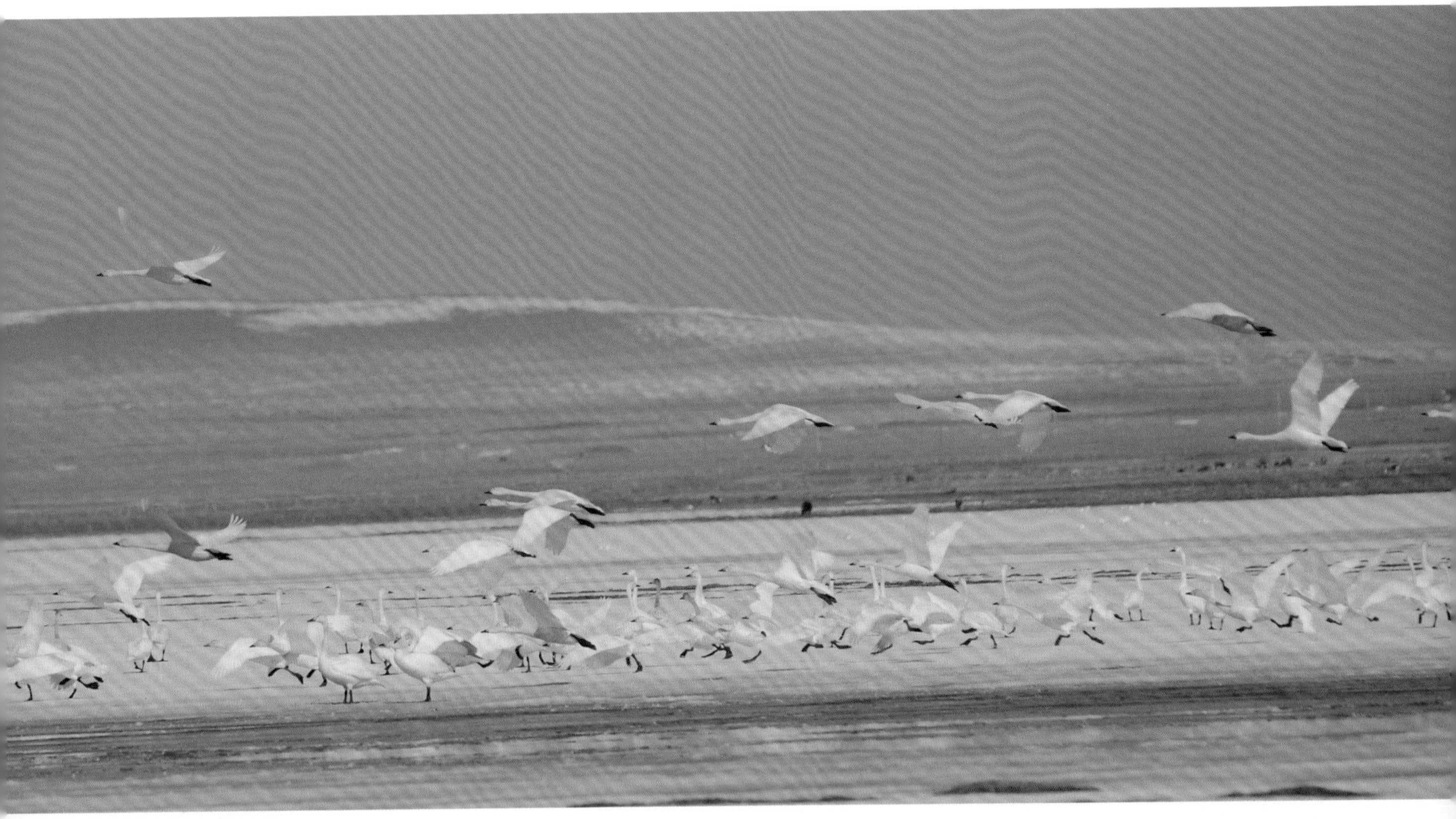

▲清明时节天鹅舞

▼蒙古兔

▲白琵鹭

▼白腰杓鹬

▼白鹡鸰

▲黑鹳

▲大杜鹃

▲东方白鹳

▲池鹭

▲反嘴鹬

▲凤头麦鸡

▲鹤鹬

▲黑翅长脚鹬

▼黑尾塍鹬

▲黑鸢

▲草原雕

▲红脚隼

▲红喉姬鹟

▲红隼幼鸟

▲红嘴鸥

▲红隼

▲红胁蓝尾鸲

▲花头鸺鹠

▲荒漠伯劳

▲鸿雁

▲黄鹡鸰

▲黄头鹡鸰

▲灰头麦鸡

▲灰雁

▲灰斑鸠

▲黄腹山雀

▲矶鹬

▲家燕

▲尖尾滨鹬

▲金眶鸻

▲蓝歌鸲

▲猎隼

▲蒙古百灵

▲普通鵟

▲普通朱雀

▲翘鼻麻鸭

▲沙䳭

▲弯嘴滨鹬

▲岩鸽

▲遗鸥

▲蚁䴕

▲泽鹬

▲长耳鸮幼鸟

▲长尾雀

▲中杜鹃

▲冕柳莺

▲巨嘴柳莺

▲灰雁卵

▲白骨顶卵

▲普通燕鸥卵

▲白琵鹭卵

▲白琵鹭幼鸟

▲苍鹭卵及幼鸟

▲白枕鹤卵

▲白枕鹤幼鸟

▲鸿雁幼鸟

▲大鸨卵

▲蓑羽鹤卵

▲天鹅卵

▲银鸥卵

▲银鸥及幼鸟

第五章 水生生物资源

第一节 鱼类资源及其分布

一、达里诺尔鱼类资源历史调查情况

1957—1977年，由达里诺尔渔场主持，大连水产学院、辽宁省淡水水产研究所等单位参加，对达里诺尔的水产资源进行了综合调查，刊出《达里诺尔湖渔业资源专辑》(1979)；1975—1978年，辽宁省淡水水产研究所解玉浩等对达里诺尔湖及其附属水体的鱼类进行了调查，记录鱼类18种，除鲢、鳙、草鱼为人工放养，除鲤是清朝康熙年间从黄河引进放入达里诺尔湖附属的多伦诺尔淡水湖（鲤鱼泡子）外，有14种土著鱼类，发表了《达里诺尔湖地区的鱼类区系》(解玉浩，1982)，并对鲫的形态变异、年龄和生长、食性、繁殖、生态习性等生物学进行了初步研究，发表了《达里诺尔湖鲫鱼的生物学》(解玉浩，1982)。1976年9～10月，中国科学院水生生物研究所陈湘粦、陈景星和中国科学院西北高原生物研究所朱松泉等在达里诺尔湖采集鱼类标本。

2002年，大连水产学院秦克静等对达里诺尔湖水盐度、碱度、pH值等因子对鱼类种群和多样性的影响进行了研究，在大连水产学院学报发表《中国北方内陆盐水水域鱼类的种类和多样性》。2008年，内蒙古水产技术推广站杜昭宏、孟和平，内蒙古农业大学安晓萍等报道在达里诺尔湖附属水体——岗更诺尔湖采集到麦穗鱼、凌源鮈、瓦氏雅罗鱼、泥鳅等鱼类标本。

在达里诺尔湖水系曾经调查发现的鱼类品种有瓦氏雅罗鱼、鲫、达里湖高原鳅、麦穗鱼、鲤、泥鳅、中华多刺鱼、黄蚴鱼、华江鱵、拉氏鱵、北鳅、北方花鳅、北方泥鳅、凌源鮈、似铜鮈、细体鮈、兴凯颌须鮈；外来鱼类物种有鲢、鳙、草鱼。

二、达里诺尔鱼类区系组成及群落特征

（一）采样调查的方法

1. 调查时间

2012—2013年连续2年进行了实地调查，分别在春、夏、秋三个季节（5月、7月、9月）进行了6次现场采样工作。

表5-1　2012—2013年采样调查时间

年份	2012年			2013年		
日期	5月21～26日	7月23～28日	9月15～26日	5月18～26日	7月21～25日	9月20～24日

2. 采集方式

本次调查以现场采集为主，辅以查阅文献统计等方式，以了解鱼类物种多样性的构成情况。采集样本的方法为网箔、刺网、撒网、地笼等。

3. 标本收集和处理

采集鱼体标本后即刻浸入到10%的福尔马林溶液中，并进行整形固定，较大个体在胸鳍基部和背部也需注入10%的福尔马林溶液。同时，对标本的生活环境情况进行记录。

（二）鱼类区系组成

经过2年的调查，共采集测量鱼类标本174尾。经鉴定，达里诺尔湖及其附属水体的鱼类共有14种，分属于3目（鲤形目、刺鱼目、鲈形目）5科（鲤科、鳅科、刺鱼科、鰕虎鱼科和沙塘鳢科）7亚科（雅罗鱼亚科、鲤亚科、鲢亚科、鮈亚科、条鳅亚科、花鳅亚科、鰕虎鱼亚科）14属。其中鲤形目2科（鲤科、鳅科）11属11种及亚种，占总种数的78.6%；刺鱼目1科1属1种，占7.1%；鲈形目2科2属2种，占14.3%。

达里诺尔湖的鱼类仅有瓦氏雅罗鱼、鲫、麦穗鱼、达里湖高原鳅四种。其他几个淡水附属水体鲤科鱼类有瓦氏雅罗鱼、麦穗鱼、棒花鱼、蛇鮈、鲤、鲫；鳅科鱼类有泥鳅；刺鱼科鱼类为中华多刺鱼；鰕虎鱼科鱼类为波氏吻鰕虎鱼；沙塘鳢科鱼类为黄蚴鱼。外来引入种及亚种、品种、杂交种7种，分别为黄河鲤、德黄杂交鲤、“中科3号”异育银鲫、鲢、鳙、草鱼、中华绒螯蟹。瓦氏雅罗鱼、鲫和达里湖高原鳅为达里诺尔湖本地土著种。

（三）鱼类群落的变化情况

本次调查结果经与先前的调查资料对比，未采集到的鱼类有10种，分属于鲤科的华江鱥、拉氏鱥、凌源鮈、似铜鮈、细体鮈、兴凯颌须鮈和鳅科的北鳅、北方条鳅、北方花鳅、北方泥鳅。这说明达里诺尔湖及其附属水体原有土著物种的多样性近年来出现下降趋势。

新采集到的鱼类物种、品种有5种，分别是波氏吻鰕虎鱼、黄河鲤、德黄杂交鲤、草鱼、“中科3号”异育银鲫和甲壳类1种，即中华绒螯蟹等。除波氏吻鰕虎鱼是新报道发现的物种外，其他均为引入物

种，并且在渔获物中已经占据一定比例的产量，说明前期的引种工作符合水域的实际情况，见到成效。

（四）达里诺尔自然保护区鱼类描述

1. 瓦氏雅罗鱼（华子鱼）*Leuciscus waleckii*

标本：25尾，体长89～173mm。采自达里诺尔湖、岗更诺尔湖、多伦诺尔湖。

性状：背鳍iii–8，臀鳍iii–7～8，胸鳍i–16，腹鳍ii–8～10。侧线鳞50～56。

量度比：体长为体高的3.5～4.1倍，为头长的3.9～4.2倍，为尾柄长的4.5～5.3倍。头长为吻长的3.3～4.3倍。

形态：体长形侧扁，背缘略呈弧形，腹部圆。头短，头长小于体高。吻钝，吻长大于眼径。口端位，口裂稍斜，上下颌约等长。

习性：喜栖于河口、小河叉湖泊等静水水域，能适应高碱度水体环境。捕获后极易死亡。杂食性，以水生昆虫、桡足类为主要食物，其次是水生高等植物。三年性成熟，产卵期4～5月，卵黏性。

经济价值：是有较高经济价值的鱼类，且具有种质资源保护和生态价值。

分布：我国黄河，黑龙江，辽河，鸭绿江都有分布。

2. 鲫*Carassius auratus*

标本：23尾，体长194～289mm。采自达里诺尔湖、岗更诺尔湖、多伦诺尔湖。

性状：背鳍iv–16～20，臀鳍iii–6，腹鳍i–9。侧线鳞31。第一鳃弓上的外侧鳃耙数为44～59，内侧鳃耙数为40～59。

量度比：体长为体高的2.740±0.122倍，为头长的4.070±0.067倍，为尾柄长的5.410±0.169倍，为尾柄高的6.490±0.207倍。头长为吻长的4.650±0.364倍，为眼间距的2.180±0.034倍，为眼径的4.840±0.238倍。尾柄长为尾柄高的1.210±0.019倍。

形态：体型偏长，鳞片较大。侧线完全、较平直。体色浅金黄色，背部金色偏重，腹部偏淡白色。

习性：生长慢，7～8龄鱼体长在250～280mm左右。耐盐碱，抗低温，杂食性。3～4龄性成熟，在繁殖季节（5～6月）捕捞的鲫雄雌比达到1：3.07，在生长季节（6～8月）雄雌比接近1：1。

经济价值：是适宜在盐碱水域增殖放流的优良品种，有很高的经济价值和食用价值。

分布：产于内蒙古自治区克什克腾旗达里诺尔湖天然水域。

3. 达里湖高原鳅*Triplophysa*（*T.*）*dalaica*

标本：10尾，体长76～117mm，采自达里诺尔湖、岗更诺尔湖、多伦诺尔湖。

性状：背鳍条iii–7；臀鳍iii–5；胸鳍i–12～13；腹鳍i–7～8；尾鳍分枝鳍条16。

量度比：体长为体高的4.8～6.1倍，为头长的3.8～4.4倍，为吻长的9.1～11.7倍，为尾柄长的4.9～6.3倍，为尾柄高的8.7～12.2倍。头长为吻长的2.3～2.6倍，为眼径的5.3～7.8倍。尾柄长为尾柄高的1.6～2.2倍。

形态：体延长，前躯圆柱形，后躯侧扁。头部圆锥形，稍平扁，宽大而高。口下位，弧形。背鳍两角变圆，第2、3分支鳍条最长。胸鳍圆形，第3、4分支鳍条最长。背侧橄榄绿色，腹色浅，为鲜黄色或淡黄色。背鳍前后各具4～5个褐色斑点。

习性：生活在水流缓慢的河湾深水处，也生活在静水水体中。以水生昆虫及其幼虫、桡足类为食，也食少量的硅藻类和有机碎屑。

经济价值：分布广，数量大，适应性强。有调中益气，解酒醒酒，利尿、壮阳等药用功效。

分布：广布种，黄河自兰州以下干支流和内蒙古的黄旗海、岱海，达里诺尔湖以及达茂旗和西乌珠穆沁旗等地的自流水体及河流水系中有分布。达里诺尔湖是模式种产地。

4. 麦穗鱼*Pseudorasbora parva*

标本：21尾，体长69～90mm，采自达里诺尔湖、岗更诺尔湖、多伦诺尔湖。

性状：背鳍iii-7，臀鳍iii-6，胸鳍i-12～14，腹鳍i-7。

形态：头尖，略平扁。口上位，无须。背鳍无硬刺。生殖时期雄鱼体色深黑，吻部、颊部出现珠星。雄鱼个体大，雌鱼个体小，差别明显。

量度比：体长为体高的3.62～4.42倍，为头长的3.56～4.40倍。头长为吻长的2.32～3.00倍，为眼径的3.33～4.50倍。尾柄长为尾柄高的1.62～2.03倍。

习性：生活在净水及缓流水体的浅水区，为江河、湖泊、池塘等水体中常见的小型鱼类。喜结群，杂性食，主食浮游动物。产卵盛期为4～6月，雄鱼具护卵行为。

经济价值：个体小但数量多，可作为肉食鱼类的饵料。

分布：分布较广，内蒙古自治区黄河干流，乌梁素海及五原县蛮克素海子均有分布。

5. 蛇鮈*Saurogobio dabryi* Bleeker

标本：5尾，体长63～121mm，采自岗更诺尔湖、多伦诺尔湖。

性状：背鳍iii-8；臀鳍iii-6；胸鳍i-12～15；腹鳍i-7。

量度比：体长为体高的5.6～7.0倍，为头长的4.3～5.1倍，为尾柄长的5.8～7.1倍，为尾柄高的15.4～17.1倍。头长为吻长的2.0～2.3倍，为眼径的3.9～4.8倍，为眼间距的3.8～5.3倍，为尾柄长的1.2～1.4倍，为尾柄高的3.2～3.8倍。尾柄长为尾柄高的2.2～2.5倍。

形态：体延长，略显圆筒状，背部稍隆起。腹部平坦，头较长，吻部凸出。口下位，马蹄形，唇较发达，有乳突，下唇后缘游离。口角须一对，较粗，末端达眼前缘下方。眼较大，位于头侧上方，眼间宽平。

习性：主要栖息于江河的中下层，夏季进入湖泊中育肥。喜流水，在河道有流水的地方产卵，主要以底栖动物为食，其中摇蚊幼虫占绝对优势。产卵期为5～6月，产漂浮性卵。

经济价值：数量较多，为有经济价值的小型鱼类。

分布：分布很广，遍及全国各水系。

6. 棒花鱼*Abbottina rivularis*（Basilewsky）

标本：13尾，体长60～102mm，采自岗更诺尔湖、多伦诺尔湖。

性状：背鳍iii-7，臀鳍iii-5，胸鳍i-10～12，腹鳍i-7。侧线鳞35～36。

量度比：体长为体高的3.9～4.8倍，为头长的3.6～5.1倍，为尾柄长的5.5～7.2倍，为尾柄高的7.4～9.6倍。头长为吻长的1.7～2.3倍，为眼径的3.1～5.2倍，为眼间距的1.8～2.3倍。尾柄长为尾柄高的1.2～1.7倍。

形态：体稍长，粗壮，前部略显圆筒状，后部略侧扁，背部隆起，腹部较平直。吻较长，圆钝，在鼻孔前方凹陷。口下位，近马蹄形，唇厚较发达。口角须一对，粗短，其长度小于眼径。眼较小，位于头侧上位，眼间甚平，眼间距大于眼径。体侧鳞片后缘有1个黑色斑点，背部有5个黑色大斑块，体侧中线上有7～8个较大的黑色斑块。

习性：主要栖息于江河岔湾和湖泊泡沼中，喜静水砂石底处。为底层小型鱼类。以底栖动物、水生昆虫及植物碎片为食。产卵期为5～6月，产黏性卵。

经济价值：数量较多，为有一定经济价值的小型鱼类。一般作为肉食性鱼类的食饵。

分布：分布很广，遍及全国各水系。

7. 中华多刺鱼*Pungitius sinensis*

标本：16尾，体长35～71mm，采自岗更诺尔湖、多伦诺尔湖。

性状：背鳍ix～x-9～10，臀鳍i-8～9，胸鳍10～11，腹鳍i-1。侧线骨板32～36。

量度比：体长为体高的4.7～6.0倍，为头长的3.2～4.0倍，为尾柄长的4.3～6.6倍，头长为吻长的2.6～3.7倍，为眼径的3.2～4.6倍，为眼间距的4.4～5.6。

形态：身体很小，细长而侧扁，尾鳍基细长。头较小，吻稍钝。口上位。眼较大，眼径略大于吻长。体无鳞，侧线完全，臀鳍前部具一硬棘，腹鳍为一枚硬棘。生殖季节雄鱼体表呈金黄色。

习性：喜栖于水温较低、水草丛生并与河流相通的静水流域，以浮游动物和水生昆虫为主要食物。一龄性成熟。雄鱼有护卵习性。

经济价值：个体较小且身体上硬棘较多，经济价值不大。

分布：多分布于我国北部水域。

8. 泥鳅*Misgurnus aguillicaudatus*（Cantor）

标本：12尾，体长89～145mm。采自岗更诺尔湖、多伦诺尔湖。

性状：背鳍iv-6～7，臀鳍iii-5，胸鳍i-9～10，腹鳍i-5～6，尾鳍14～15。

量度比：体长为体高的7.4～9.8倍，为头长的5.0～5.9倍，为吻长的13.6～14.9倍，为尾柄长的5.8～7.1倍，为尾柄高的12.2倍。头长为吻长的2.4～2.8倍，为眼径的7.0～9.1倍。尾柄长为尾柄高的1.8倍。

形态：体型延长，前躯圆柱形，尾柄侧扁。侧线完全。全身高度均衡。口下位，弧形，上下唇具褶皱，须5对，口角须较长。背部灰黑色或灰黄色，腹部色浅，灰黄色或白色。

习性：为底层鱼类，适应不良环境能力强，一般生活在水流缓慢的河湾或其他静水水域中，当水中缺氧时，可将头部伸出水面，吸入空气，利用肠管呼吸。2龄性成熟，繁殖期在4～7月。杂食性。

经济价值：为普通小型食用鱼类，数量大，肉质细嫩、营养价值高。

分布：分布广，内蒙古自治区各盟（市）的外流水系中均有分布。

9. 波氏栉鰕虎鱼*Ctenogobius cliffordpopei*（Nichols）

标本：6尾，体长61～78mm。采自岗更诺尔湖、多伦诺尔湖。

性状：背鳍ⅵ，i–8～9，胸鳍i–17，臀鳍i–7～8。纵列鳞28～31，横列鳞9～11，围尾柄鳞14。鳃耙9。

量度比：体长为体高的4.8～5.6倍，为头长的3.0～3.7倍，为尾柄长的3.2～4.5倍，为尾柄高的7.3～9.8倍。头长为头宽的1.5～1.8倍，为头高的1.9～2.1倍，为眼径的4.5～5.6倍，为眼间距的4.0～6.1倍，为吻长的2.8～3.7倍。尾柄长为尾柄高的1.8～2.4倍。

形态：体延长，显长棒状，略侧扁。体侧有6～7个暗色斑点，雄鱼第一背鳍前端有翠蓝色斑块。头稍平扁，吻圆钝。口端位，上下颌具细齿。体被秳鳞，颊部、顶部无鳞。背鳍2个，间隔较近；胸鳍宽圆，左右腹鳍愈合成吸盘。腹部平坦，眼较凸，位于头侧上方。

习性：喜栖息于江河、湖泊浅水区的沙石底中。伏卧水底，做间歇性缓游。产卵期为5～6月，产黏性卵。以水生昆虫、浮游动物为食。

经济价值：个体较小，体长一般为40～80mm，产量低，常与其他低值的小型鱼类混杂在一起，经济价值一般。

分布：分布于辽河、黄河、长江、钱塘江、珠江等水系，为我国特有种。在内蒙古自治区达里诺尔湖、兴安盟、巴彦淖尔市（乌梁素海）有分布的报道。

10. 黄蚴鱼*Hypseleotris swinhonis*

标本：8尾，体长35～39mm。采自岗更诺尔湖、多伦诺尔湖。

性状：背鳍ⅸ～ⅹ，i–10～12，臀鳍i–8～9，胸鳍i–13，腹鳍i–5。鳃耙10～11。

量度比：体长为体高的3.8～4.4倍，为头长的3.1～3.5倍，为尾柄长的3.7～5.4倍，为尾柄高的8.2～9.2倍。头长为吻长的2.7～3.0倍，为眼径的3.7～4.5倍，为眼间距的3.7～5.3倍。尾柄长为尾柄高的1.8～2.5倍。

形态：体延长，侧扁，尾柄较长。头较大，侧扁。吻圆钝。口大，近端位，斜裂。下颌略长于上颌，均具齿，体被栉鳞，无侧线。背鳍2个。身体背部灰褐色，腹部灰白色。体侧具有10～12条黑色条纹。背鳍、尾鳍具黑色小点，其他鳍灰白色。

习性：为淡水小型底栖鱼类，以浮游动物、水生昆虫及其幼虫、小虾等为食。

经济价值：个体小，基本无经济价值。

分布：除西部高原地区外，广泛分布于我国南北各淡水水体中。

11. 黄河鲤*Cyprinus carpio* Linnaeus

标本：6尾，体长38.6～96.5mm。采自岗更诺尔湖、多伦诺尔湖。

性状：背鳍iii–15～20，臀鳍iii–5，腹鳍i–8。侧线鳞34～39。

量度比：体长为体高的3.34～3.58倍，为头长的4.03～4.16倍，为尾柄长的7.23～7.44倍。头长为吻长的2.95~2.98倍，为眼径的6.07~6.13倍。尾柄长为尾柄高的1.08~1.10倍。

形态：体长梭形，头较小，体侧鳞片紧密且呈金黄色，背部暗褐色，腹部银白色或淡黄色，臀鳍、尾柄、尾鳍下叶呈橙红色，胸腹鳍呈橙黄色。

习性：喜深水层活动，野性强。2~3龄性成熟，繁殖期5~6月，养殖周期2~3年左右。具有食性杂、繁殖率高、抗逆性强等特点，但同时也存在着生长缓慢，起水率不高等问题。

经济价值：是我国四大名鱼之一，肉质细嫩，营养价值高，也是黄河流域长期自然形成的特有的重要淡水经济鱼类。作为传统的野生鲤品种，目前可经人工驯化成为优良养殖品种。

分布：原产于我国黄河干流及其附属水体，现移植到国内很多水体。

12. 德黄杂交鲤

标本：5尾，体长38.6~96.5mm。采自岗更诺尔湖、多伦诺尔湖。

性状：背鳍iii-17~22，臀鳍iii-5，腹鳍viii-9。侧线鳞35~38。

量度比：体长为体高的2.92倍，为头长的4.10倍，为尾柄长的7.26倍，为尾柄高的7.52倍。头长为吻长的3.56倍，为眼间距的2.31倍。尾柄长为尾柄高的1.08倍。

形态：体型粗壮，背部高，头后部明显隆起，体高较体长相同的黄河鲤高15%~20%。体色金黄略带青灰色，鳞片较大；腹部淡黄色，尾鳍下叶橘红色，偶鳍淡黄色。

习性：生长快，易捕捞，耐低温，饲料转化率高。杂食性。3~4龄性成熟，繁殖期5~6月，养殖周期2年左右。

经济价值：是高度驯化的养殖品种。

分布：为内蒙古自治区水产科学研究所1993年人工培育的新品种，现已在达里诺尔国家级自然保护区很多水域引种养殖。

13. 德国镜鲤*Cyprinus specularis* Lacepede

标本：3尾，体长38.6~96.5mm。采自岗更诺尔湖。

性状：背鳍iv-17~21，臀鳍iii-5，腹鳍viii-9。侧线鳞35~38。

量度比：体长为体高的2.54倍，为头长的2.97倍，为吻长的8.77倍，为尾柄长的5.36倍，为尾柄高的6.89倍。头长为吻长的2.95倍，为眼径的16倍。尾柄长为尾柄高的1.28倍。

形态：体型粗壮，体侧被鳞不完全，鳞片较大，沿身体边缘排列。背鳍前端到头部有一行完整的鳞片。侧线完全，较平直。背部暗褐色或灰绿色，体侧和腹部银白色或淡黄色。

习性：生长快，易捕捞，耐低温，饲料转化率高。杂食性。3~4龄性成熟，繁殖期5~6月，养殖周期2年左右。

经济价值：是高度驯化的养殖品种，主要用于杂交育种。

分布：原产于德国，达里诺尔国家级自然保护区该品种大多引种于黑龙江省。

14. “中科3号”异育银鲫*Carassius auratus gibelio*（Bloch）

标本：3尾，体长38.6~96.5mm。采自岗更诺尔湖。

性状：背鳍iv−17～21，臀鳍iii−5，腹鳍viii−9。

量度比：体长为体高的2.54倍，为头长的2.97倍，为吻长的8.77倍，为尾柄长的5.36倍，为尾柄高的6.89倍。头长为吻长的2.95倍，为眼径的16倍。尾柄长为尾柄高的1.28倍。

形态：体型粗壮，鳞片较大，沿身体边缘排列。背鳍前端到头部有一行完整的鳞片。侧线完全，较平直。背部暗褐色或灰绿色，体侧和腹部银白色或淡黄色。

习性：生长快，易捕捞，耐低温，饲料转化率高。杂食性。3～4龄性成熟，繁殖期5～6月，养殖周期2年左右。

经济价值：是高度驯化的养殖品种。

分布：产于我国各河流域。

15. 鳙（花鲢）*Aristichthys nobilis*（Richardson）

标本：3尾，体长38.6～96.5mm。采自岗更诺尔湖、多伦诺尔湖。

性状：背鳍iv−17～21，臀鳍iii−5，腹鳍viii−9。

量度比：体长为体高的2.54倍，为头长的2.97倍，为吻长的8.77倍，为尾柄长的5.36倍，为尾柄高的6.89倍。头长为吻长的2.95倍，为眼径的16倍。尾柄长为尾柄高的1.28倍。

形态：体型粗壮，鳞片较大，沿身体边缘排列。背鳍前端到头部有一行完整的鳞片。侧线完全较平直。背部暗褐色或灰绿色，体侧和腹部银白色或淡黄色。

习性：生长快，易捕捞，耐低温，饲料转化率高。杂食性。3～4龄性成熟，繁殖期5～6月，养殖周期2年左右。

经济价值：是高度驯化的养殖品种。

分布：原产于我国黄河流域。

16. 鲢（白鲢）*Hypophalmichthys molitrix*（Cuvier et Valenciennes）

标本：5尾，体长462～565mm。采自岗更诺尔湖、多伦诺尔湖。

性状：背鳍iii−7，臀鳍iii−11～14，腹鳍i−8。侧线鳞108～124。

量度比：体长为体高的2.54倍，为头长的2.97倍，为吻长的8.77倍，为尾柄长的5.36倍，为尾柄高的6.89倍。头长为吻长的2.95倍，为眼径的16倍，尾柄长为尾柄高的1.28倍。

形态：体形侧扁，和鳙相似，但头部所占身体的比例较鳙为小。背部青灰色，两侧及腹部白色。鳞片细小。腹部正中角质棱自胸鳍下方直延达肛门。胸鳍不超过腹鳍基部。各鳍色灰白。

习性：鲢属中上层鱼，是典型的滤食浮游植物性鱼类，适宜在肥水中养殖。其耐低氧能力极差。3～4龄性成熟，体重2.5kg以上的雌鱼大多已达到性成熟。每年4～5月产卵。卵具漂浮性。

经济价值：是著名的四大家鱼之一，为高度驯化的养殖品种，多作为改良水质的鱼类与其他鱼类一起混养。

分布：分布在全国各大水系。

17. 草鱼*Ctenopharyngodon idellus*（Valenciennes）

标本：5尾，体长482～653mm。采自岗更诺尔湖、多伦诺尔湖。

性状：背鳍iii−7，臀鳍iii−8，腹鳍i−8。侧线鳞42～45。第一鳃弓鳃耙数15～24。下咽齿齿式2.4～5/4～5.2。

量度比：体长为体高的4.26倍，为头长的4.47倍，为尾柄长的8.06倍。头长为吻长的3.31倍，为眼径的7.37倍，为眼间距的1.74倍。尾柄长为尾柄高的1.14倍。

形态：体长，呈圆筒状。口端位，呈弧形，上颌稍凸出于下颌。吻稍钝而圆。眼中等大小，位于体侧中轴线之下。鳞大，侧线完全。鳃耙短棒状，排列稀疏。尾鳍深叉，上下叶等长。体草黄色，背部青灰色，腹部银白色，各鳍浅灰色。

习性：草食性，食性贪，对人工饲料转化率高，生长快，易捕捞，易感染草鱼病毒性出血病和细菌性疾病。雌鱼4～6龄性成熟，雄鱼3～5龄性成熟。产漂浮性卵，为一次性产卵的鱼类。繁殖期5～6月，养殖周期3年以上。

经济价值：作为我国淡水养殖的四大家鱼之一，是重要的淡水经济鱼类和高度驯化的养殖品种，也是达里诺尔国家级自然保护区池塘养殖和湖泊、水库等水域人工放流增殖的重要鱼类品种。

分布：原产于我国长江水系，后被移植到全国各地，国外也有移植，现分布极其广泛。达里诺尔国家级自然保护区池塘、湖泊、水库均有分布。

18. 中华绒螯蟹*Eriocheir sinensis* H.Milne−Edwards

标本：雌性2只，雄性3只，体重57.60～61.81克。采自岗更诺尔湖、多伦诺尔湖。

形态：由头胸部、腹部和胸足3部分组成。头胸部北面覆盖一层头胸甲。头胸甲前缘正中部为额部，有4个额齿；左右前侧缘各有4个侧齿。额部两侧各有一对具柄复眼。复眼内侧横列于额下有2对触角。腹部共分7节，雌性呈圆形，雄性则为狭长三角形。雌性附肢共4对，雄性附肢仅存留2对，并特化为交接器。胸部包括1对螯足和4对步足。

习性：淡水中生长育肥，海水中生殖繁育。用鳃进行呼吸，只要鳃腔内有水分，空气潮湿条件下可离水存活数日。杂食性，以水草底栖生物腐殖质及人工投喂的饵料为食。蟹苗经近18次蜕壳达到性成熟。

经济价值：是名优水产品，具有很高的经济价值。

分布：原产于长江和辽河水系，现在内蒙古自治区各盟（市）都有养殖。

三、达里诺尔湖主要经济鱼类的生物学特性

（一）达里诺尔湖鲫

达里诺尔湖鲫是达里诺尔湖分布最广、适应性最强的鱼类，具有个体大、抗逆性强、品质佳等特点，有资源保护利用的价值。其耐寒和耐盐碱特性突出，尤其是其耐盐碱特性在pH值大于9.6的情况下仍能够繁殖和正常生长，有重大的科研和生产价值。

1. 食　性

通过对各期达里诺尔湖鲫肠道解剖、显微镜观察内容物发现，有机碎屑、水草、藻类、原生动物、枝角类、挠足类是其主要食物（表5-2），表明其是典型的杂食性、偏植物性的食性。

表5-2　达里诺尔湖鲫食物组成

种类	有机碎屑	水草	藻类	原生动物	枝角类	挠足类
出现频率（%）	19.6	20.7	26.1	7.6	2.2	23.8

2. 性　比

通过现场随机采样统计，达里诺尔湖鲫的性比接近1：1。

3. 肥满度

按各年龄段的均值统计得出，达里诺尔湖鲫各年龄段的肥满度大体一致，接近3.0（表5-3）。

表5-3　达里诺尔湖各年龄段鲫的肥满度

年龄	平均体长（mm）	平均体重（g）	肥满度
1	85.6	19.1	3.05
2	97.5	29.8	3.20
3	191.7	214.5	3.04
4	212.0	288.3	3.02
5	226.6	371.0	3.17
6	244.1	462.0	3.20
7	255.3	474.3	2.87
8	289.0	692.3	2.87

4. 生　长

达里诺尔湖鲫体长（Y）与年龄（X）的关系方程式为$Y=-3.1268X^2+56.531X+25.567$；达里诺尔湖鲫体重（$Y$）与年龄（$X$）的关系方程式为$Y=92.382X-96.807$。

5. 繁　殖

达里诺尔湖鲫2冬龄达性成熟即可产卵繁殖。调查发现，2龄及2龄以下群体仅占4.1%，3龄及以上群体占89.9%（表5-4）。

表5-4　达里诺尔湖鲫的怀卵量

项目	体重（g）	卵巢重量（g）	怀卵量		
			绝对怀卵量（粒）	每克体重相对怀卵量（粒）	每克卵巢怀卵量（粒）
平均值	337.4	54.6	81938	243	1501

（二）达里诺尔湖瓦氏雅罗鱼

达里诺尔湖瓦氏雅罗鱼对高碱度、高pH值（≥9.6）的耐受能力超过鲫，是达里诺尔湖最为重要的增养殖对象，有重要的经济价值和资源保护利用的价值。

1. 食 性

瓦氏雅罗鱼为杂食性鱼类，以高等植物的茎叶和碎屑为主，以底栖动物、水生昆虫为食，亦吃维管束植物、藻类，其次是昆虫，偶尔也食小型鱼类（表5-5）。

表5-5 达里诺尔湖瓦氏雅罗鱼的食物

种类	有机屑	水草	藻类	摇蚊幼虫	麦穗鱼	鳅	挠足类
出现频率（%）	15.6	24.4	20.0	8.9	15.6	8.9	6.6

2. 性 比

通过现场随机采样统计，达里诺尔湖瓦氏雅罗鱼在春季的繁殖季节其雌雄性比接近1：3～5，正常季节其雌雄性比在1：1.5～2.0。

3. 洄游习性

达里诺尔湖瓦氏雅罗鱼有着典型的溯河生殖洄游现象，这是自然界中为数不多的可以肉眼看到的鱼类洄游场景之一。每年4月末，大批的瓦氏雅罗鱼成熟个体便成群地向上游上溯进行产卵洄游。其时众多亲鱼溯河而上，时而跳跃，时而簇拥，呈现出十分壮观的自然景象。

4. 生 长

瓦氏雅罗鱼生长速度较慢。常见捕获群体以3～4龄鱼为主，体长15～19cm，目前捕获记录最大成体体长37cm，体重750g。

达里诺尔湖瓦氏雅罗鱼体长（Y）与年龄（X）的关系方程式为Y=1.449X+11.457；达里诺尔湖雅罗鱼体重（Y）与年龄（X）的关系方程式为$Y=5.2446X^2-13.365X+48.216$（表5-6）。

表5-6 达里诺尔湖瓦氏雅罗鱼种群的年龄组成情况统计

年龄	1	2	3	4	5	6	7	8	合计
所占比例（%）	12.75	12.75	31.37	31.37	8.82	0.98	0.98	0.98	100

5. 繁 殖

瓦氏雅罗鱼一般在3冬龄达性成熟，绝对生殖力为2.7万～7.7万粒。瓦氏雅罗鱼生殖季节较早，在4月底5月初成群地上溯至水草丰茂的淡水河道中产卵繁殖。水温达8℃以上即开始产卵，12～15℃为产卵盛期。产卵在石块砂砾或其他附着物上，怀卵量为7600粒左右，卵粒直径2.2mm（表5-7）。受精卵经7～11天的孵化即可出苗，幼苗顺河水水流游到大湖中栖息、生长。产卵后亲鱼进入湖岸河边肥育。

表5-7 达里诺尔湖瓦氏雅罗鱼的怀卵量

项目	体重（g）	卵巢重量（g）	怀卵量		
			绝对怀卵量（粒）	每克体重相对怀卵量（粒）	每克卵巢怀卵量（粒）
平均值	86.9	13.9	7650	88.5	551

四、鱼类资源的保护及增殖建议

（1）设置禁渔区和禁渔期，在繁殖季节，对产卵和补充群体实施重点保护。

（2）合理确定捕捞规格，严格规范渔具渔法，严禁密眼网目的渔具入湖。加大对麦穗鱼等低值小杂鱼的捕捞力度，防止因其大量繁生对土著鱼类的饵料、栖息空间和产卵场造成严重影响，以保护物种的多样性。

（3）加强人工放流和移植驯化力度。在土著鱼类集中繁殖的地区，建立土著鱼类资源恢复保护区保护土著鱼类的繁殖，使其保持一定的种群数量，同时加大人工养殖和放流力度，尽可能恢复土著鱼类在湖中的种群。针对达里诺尔湖大湖，建议以巩固和发展现存的土著鱼类——瓦氏雅罗鱼和鲫为重点。岗更诺尔湖和多伦诺尔湖引进适合当地气候条件的经济鱼类和虾蟹类，丰富品种种类，提高湖体的经济效益。

（4）建立和完善人工产卵场，建设孵化设施，扩大鱼苗投放量。加强春季瓦氏雅罗鱼和鲫鱼的人工繁殖规模和力度。在湖泊沿岸裸露带种植草类，规划设置人工产卵场。

（5）保护好径流区植被及生态环境，径流区是各个湖泊补充水量的主要来源，如果径流区的植被和生态环境被破坏，大量泥沙将在雨季随入湖河流进入湖泊，使水体受到污染的同时，还减少了湖泊的蓄水量。

（6）加强对外来鱼类的控制和管理。引进鱼类时应充分考虑其影响，权衡利弊，合理引种。

（7）重视旅游业对环湖生态的负面作用，正确处理发展与环保和可持续发展的关系。

第二节　达里诺尔湖主要经济鱼类的资源量估算

一、概　况

达里诺尔湖位于内蒙古自治区赤峰市克什克腾旗境内，是内蒙古自治区四大内陆湖之一，其周长百余千米，呈海马状，为封闭式碳酸盐型半咸水湖，属高原内陆湖，湖水无外泻，全靠耗来河、贡格尔河、亮子河、沙里河及涌泉的淡水注入补给。湖面积195.52km^2，平均水深6.7m，最大水深12m。目前达里诺尔湖湖水的pH值、盐度和碱度分别为9.69、6.46g/L和53.57mmol/L。由于湖水的高pH值和高盐碱等特点，导致许多水生生物和淡水鱼类难以入栖和生存，瓦氏雅罗鱼和鲫是仅存的两种经济鱼类。

岗更诺尔是达里诺尔湖的姊妹湖，位于达里诺尔湖的东南部，其面积为23.89km^2，经沙里河与达里诺尔湖相连接，属淡水湖。目前岗更诺尔湖水的pH值、盐度和碱度分别为8.45、0.41g/L和4.59mmol/L，湖水盐碱化程度远低于达里诺尔湖，湖中盛产鲤、鲫、鲢等多种经济鱼类，其中鲫年产量占湖中经济鱼类总产量的60%左右，占达来诺日渔场年总产量的10%左右，是达来诺日渔场的重要渔业资源之一。随着经济的发展，达里诺尔湖及其附属水体——岗更诺尔的渔业资源开发利用越来越受到重视，但以往的渔业资源调查工作主要集中在水质及经济鱼类的生物学特性方面的研究，而有关其生活史类型及资源量估算的研究是本次工作的核心。

物种在特定环境下协同进化发展形成一种关于生活史特征的复杂格局，其策略是种群在面对环境变动时能够做出生活史特征上的可塑性反应。生活史特征由两部分组成，即系统部分（祖先遗传特征）和种群部分（种群在特定环境下的适量变动）。鱼类生活史对策具有极高的多样性，同种鱼类的不同地理种群也具有各异的生活史对策。通常情况下，鱼类种群的生活史对策多样性是一种表型可塑性，但它通常也具有一定的遗传基础，如种群中雄性个体优势即是例证之一，同时，控制繁殖实验研究也证明了生活史多样性与遗传结构之间的相关性。鱼类生活史对策的多样性也逐渐受到众多生物学家的关注。

鱼类资源量估算是实施渔业管理和资源保护的基础。资源量估算主要是为了弄清生境中鱼类的尾数和生物量，除此之外，对于种群结构特征的了解也有助于预测资源发展前景。目前，实施资源量估算的方法包括利用渔业统计资料进行概算和根据调查资料进行概算。资源量估算方法都是基于样本情况对种群总体进行的估算，估算结果的准确性受制于资料来源和参数设定的准确性等很多因素。

渔获物体长股分析方法（LCA）估算资源量相对具有采样工作量小、数据结构简单、计算方便等优点，自施秀帖（1983）首次采用以来，逐渐受到研究者的青睐。达里诺尔湖和岗更诺尔湖的生境特点及其经济鱼类的资源状况有其自身特点，本研究在分析达里诺尔湖瓦氏雅罗鱼、达里诺尔湖鲫和岗更诺尔鲫的生长特征、生活史类型的基础上，使用体长股分析方法估算其资源量的状况，并在此基础上提出合理的渔业管理策略和建议，为达里诺尔湖渔业资源实施有效管理提供理论依据，也为资源动态监测提供资料。

二、材料与方法

（一）材　料

目前达里诺尔湖的生产渔具以冰下大拉网为主，所以达里诺尔湖瓦氏雅罗鱼和达里诺尔湖鲫的样本鱼取自2012年12月至2013年1月拉网的渔获物，共收集样本鱼分别为471尾和494尾。803尾岗更诺尔鲫于2012年5～9月逐月取自岗更诺尔湖边的网箔渔获物中。所有样本均现场测量其全长、体长和体重。年龄鉴定以鳞片为材料，取鱼体两侧背鳍起点下方、侧线上方2～3行鳞片，自前而后10～15枚。所有样本鱼的全长、体长和体重的测定及年龄鉴定材料——鳞片均由达来诺日渔场提供。

将鳞片用0.4%NaOH溶液浸泡数小时，用软刷洗去鳞片表面的结缔组织，清水清洗后用滤纸吸干鳞片上的水分，排列于两载玻片之间，用YXC−300影像测量仪系统测量鳞径和轮径。

（二）方　法

1. 生长参数估算方法

体长（L）与体重（W）的相关分析采用Keys公式$W=aL^{b}$。用公式$L=bR$模拟体长（L）与鳞径（R）的关系，以相关系数较高为原则来选择相关式。生长方程采用von Bertalanffy方程$L_t=L_\infty[l-e^{-k(t+t_0)}]$和$W_t=W_\infty[l-e^{-k(t+t_0)}]^{b}$进行拟合。

2. 种群动态特征模型

不同生活史类型的鱼类对捕捞强度有不同的反应。采用B-H单位补充量产量模型，探讨种群在不同捕捞强度和不同起捕年龄的产量变化情况，判断鱼类的生活史类型。

3. 死亡参数估算方法

计算死亡系数的方法较多，这里各采用三种方法估算总死亡系数和瞬时自然死亡系数，然后取其平均值。

（1）年总死亡系数的估算

方法1：Robson & Chapman法

根据渔获物中各世代所占比例，按照Robson & Chapman的方法则有：$T=0N_0+1N_1+2N_2+3N_3+4N_4+\cdots$；$\sum N=N_0+N_1+N_2+N_3+N_4+\cdots$；年存活率$S=T/(\sum N+T-1)$；年总死亡系数$Z=-\ln S$。式中：$N_0$、$N_1$、$N_2\cdots$为渔获物中可充分捕捞的最低年龄组鱼的数量和高于其1，2…龄的年龄组鱼的数量。

方法2：长度变换渔获曲线法

其计算过程如下。

①将每一体长组中值依生长方程变换为相对年龄。

②将全年的样品按体长组计算各体长组鱼的尾数占总渔获样品尾数的比例N（%），然后分别除以其相应体长组由下限生长到上限所需要的时间Δt。这一步骤是为了消除鱼类生长的非线性。

③用$N/\Delta t$的自然对数值及其相对应的相对年龄作图，取图中右边直线下降部分的点作线性回归，拟合渔获曲线方程：$\ln(N/\Delta t)=a+bt$。式中：t为对应每一体长组中值的年龄；$-b=Z$，即为总死亡系数的估计值。

方法3：Beverton & Holt的方法（根据平均体长估算Z）

若L'为渔获物中最小体长（或用开捕年龄的平均体长L_c），$\bar{L}$为渔获物的平均体长，L_∞和k分别为Bertalanffy体长生长方程中的参数，则估算总死亡系数Z的数学模型为：$Z=k(L_\infty-\bar{L})/(\bar{L}-L')$

（2）自然死亡系数的估算

方法1：Pauly的经验公式

Pauly根据175种不同鱼类资源群体的资料，按其生长参数k，渐近体长L_∞和年平均表层水温的摄氏度数T，用回归分析方法估计自然死亡系数M，其线性关系经验式为：$\mathrm{Ln}M=-0.0152-0.279\ln L_\infty+0.6543\ln k+0.463\ln T$。式中：$L_\infty$（全长、cm）和$k$分别为渐近体长值和生长系数，$T$为该鱼种栖息水层的平均温度（℃）。由于式中的$L_\infty$为全长，故需将本文所使用的体长生长参数的$L_\infty$换算为全长。为此，笔者根据调查数据选取了100尾达里诺尔湖鲫体长（BL）和全长（TL）的数据拟合，得出相应的直线方程。

方法2：极限年龄法

费鸿年（1983）提出如下根据个体生长参数估算自然死亡系数的方法：$t_{max}=3/k+t_0$。式中：k和t_0为von Bertalanffy生长方程的生长参数。根据种群数量和年龄的关系$N_t=N_0\mathrm{e}-Mt$，假设相对起始数为1000，而残存至极限年龄t_{max}时的相对数为1，则有：$M=(\ln 1000-\ln 1)/t_{max}$。

方法3：Ralston的回归分析法

Ralston（1987）提出了估算自然死亡系数M的计算式：$M=0.0189+2.06\times k$。

（3）瞬时捕捞死亡系数（F）和开捕率（E）：$F=Z-M$；$E=F/Z=F/(F+M)$。

4. 资源量的估算

Jones假定各时代的自然死亡率和补充量不变的情况下，提出了根据渔获物体长组成估算鱼类资源的体长股分析法（LCA）。其基本模型为：$N_i=(N_{i+1}\times e^{\Delta t\times M/2}+C_i)\times e^{\Delta t\times M/2}$，式中$N_i$和$N_{i+1}$分别为第$i$和第$i+1$体长组的存活数量；$M$为瞬时自然死亡率，假设其在的鱼类在整个生活史中恒定；C_i为第i体长组的渔获尾数；Δt为鱼类从某一体长组的下限L_i生长到上限L_{i+1}所经历的时间，即：$\Delta t=(1/k)\times\ln[(L_\infty-L_i)/(L_\infty-L_{i+1})]$，其中$L_\infty$和$k$为von Bertalaffy生长方程中鱼类的生长参数。

假设最大体长组的开发利用率为E_T，渔获尾数为C_T，进而由公式$N_T=C_T/E_T$求出最大体长组的存活数量N_T，然后由$N_i=(N_{i+1}\times e^{\Delta t\times M/2}+C_i)\times e^{\Delta t\times M/2}$可从最大体长组向前递推，求出各体长组的存活数量$N_i$。

各体长组存活数量N_i和渔获量C_i及开发利用率E_i的关系为：$N_i=C_i/E_i$。

不同体长组的存活数量N_i与资源量NOS的关系为：$NOS=(N_i-N_{i+1})/(F_i+M)$。式中：$F_i$为各体长组的瞬时捕捞死亡系数，其与$E_i$和$M$的关系为：$F_i=M\times E_i/(1-E_i)$。

各体长组的平均资源量NOS可通过下式换算为平均资源重量B：$B=NOS\times aL^b$，式中a和b为体长体重关系式中的条件系数和指数系数。

三、结果与分析

（一）生长特性

1. 渔获物组成

表5-8～表5-10给出了达里诺尔湖瓦氏雅罗鱼、达里诺尔湖鲫和岗更诺尔鲫的渔获物组成。

从表5-8看出，瓦氏雅罗鱼渔获物由5个年龄组组成，2龄鱼占15.29%，3龄鱼占44.58%，4龄鱼占30.15%，5龄鱼占9.77%，6龄鱼占0.21%。可见种群以3～4龄鱼为主，约占总样本的74.73%。

表5-8 达里诺尔湖瓦氏雅罗鱼各龄组体长和体重实测值

年龄	体长（cm）		体重（g）		样本数（尾）
	均值±标准误	变幅	均值±标准误	变幅	
2	13.80±0.18	13.0～16.4	49.44±2.04	31～72	72
3	15.20±0.62	11.6～20.7	70.50±14.83	47～167	210
4	16.70±0.26	12.9～25.8	84.40±7.35	55～294	142
5	17.40±0.27	10.9～34.0	94.20±10.27	83～300	46
6	18.54±0.78	23.5～30.5	109.20±33.96	89～280	1

由表5-9可知，达里诺尔湖鲫渔获物由9个年龄组组成，2龄鱼占0.40%，3龄鱼占3.63%，4龄鱼占22.18%，5龄鱼占33.27%，6龄鱼占25.81%，7龄鱼占11.09%，8龄鱼占2.42%，9龄鱼占0.60%，10龄鱼占0.60%。可见种群以4～7龄鱼为主，约占总样本的92.35%。

表5-9　达里诺尔湖鲫各龄组体长和体重实测值

年龄	体长（cm）		体重（g）		样本数（尾）
	均值±标准误	变幅	均值±标准误	变幅	
2	10.65±1.55	9.1～12.2	32.00±12.00	20～44	2
3	15.79±0.62	11.6～20.7	115.79±14.83	47～247	18
4	18.58±0.26	12.9～25.8	193.67±7.35	55～406	110
5	21.23±0.27	10.9～34.0	296.14±10.27	83～777	165
6	23.28±0.27	15.7～36.8	382.27±13.13	104～938	128
7	24.73±0.40	15.1～30.8	463.49±20.63	86～798	55
8	25.33±0.78	23.5～30.5	523.92±53.96	294～860	12
9	26.38±0.98	23.6～36.6	563.25±102.90	358～843	3
10	26.78±0.85	24.8～33.4	591.32±109.30	345～876	1

由表5-10可见，岗更诺尔鲫渔获物由5个年龄组组成，2龄鱼占41.30%，3龄鱼占37.17%，4龄鱼占15.14%，5龄鱼占5.76%，6龄鱼占0.63%。可见种群以2～4龄鱼为主，约占总样本的93.61%。

表5-10　岗更诺尔鲫各龄组体长和体重实测值

年龄	体长（cm）		体重（g）		样本数（尾）
	均值±标准误	变幅	均值±标准误	变幅	
2	16.81±0.12	12.1～20.1	140.69±3.21	40～280	330
3	17.22±0.21	13.5～25.1	150.85±5.78	55～435	297
4	17.90±0.44	12.7～27.4	183.20±15.74	60～620	121
5	23.28±0.86	15.4～28.2	407.37±48.16	90～870	46
6	25.05±1.02	23.5～29.5	362.50±62.46	271～672	5

2. 体长和鳞径的关系

从渔获物各体长组（组距10mm）的平均体长与其相应的平均鳞径作散点图（图5-1～图5-3），得出体长（L）与鳞径（R）的关系呈直线相关，经计算求得其回归方程分别为：$L=10.488R-0.335$（$r^2=0.844$，达里诺尔湖瓦氏雅罗鱼）；$L=14.6385R-4.1376$（$r^2=0.7164$，达里诺尔湖鲫）；$L=36.667R-1.737$（$r^2=0.9506$，岗更诺尔鲫）。按龄组划分，将同龄组的各轮径（r_n）的平均值代入体长—鳞径（$L-R$）相关式退算出各龄的平均体长，并与各龄的实测平均体长相比较（表5-11～表5-13）。达里诺尔湖瓦氏雅罗鱼2～5龄退算体长加权平均值小于实测体长平均值，仅6龄退算体长加权平均值大于实测体长平均值；达里诺尔湖鲫2龄退算体长加权平均值大于实测体长平均值，而从3龄以后，实测体长平均值均大于退算体长加权平均值；岗更诺尔鲫的4龄和6龄的退算体长加权平均值大于实测体长平均值，2、3和5龄的退算体长加权平均值却小于实测体长平均值。

3. 体长与体重的关系

经散点图分析，达里诺尔湖瓦氏雅罗鱼、达里诺尔湖鲫和岗更诺尔鲫的体长（L）与体重（W）均呈幂指数关系，其关系式分别为（图5-4～图5-6）：$W=0.0062\times L^{3.3362}$（$r^2=0.9262$）；$W=0.0721\times L^{2.7001}$（$r^2=0.8448$）；$W=0.037\times L^{2.9222}$（$r^2=0.9812$）。幂指数b均约等于3，表明达里诺尔湖瓦氏雅罗鱼、达里诺尔湖鲫和岗更诺尔鲫均属于均匀生长类型，其体重与体长的立方成正比例关系。各龄平均退算体长代入上式求得的体重可视为各龄平均体重。

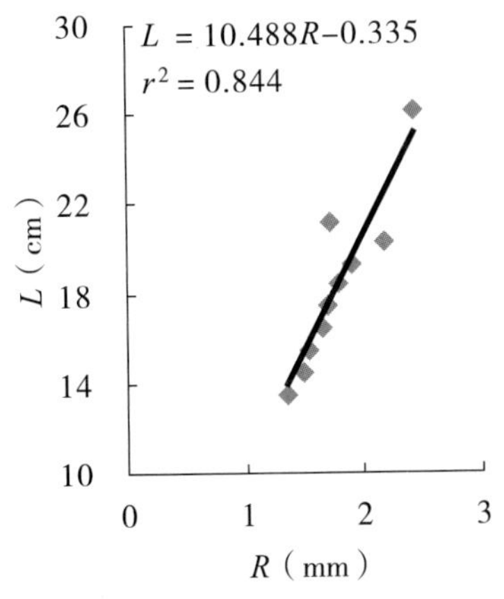

图5-1　达里诺尔湖瓦氏雅罗鱼体长与鳞径的关系

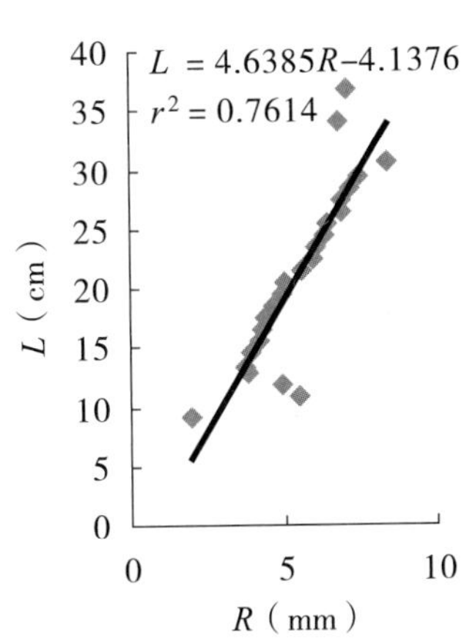

图5-2　达里诺尔湖鲫体长与鳞径的关系

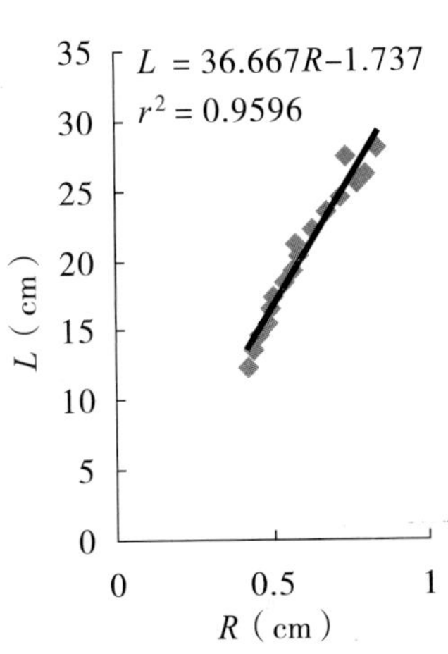

图5-3　岗更诺尔鲫体长与鳞径的关系

表5-11　达里诺尔湖瓦氏雅罗鱼各龄退算体长

cm

年龄	各年龄退算体长					
	L_1	L_2	L_3	L_4	L_5	L_6
2	7.95	12.42				
3	8.33	12.04	14.81			
4	7.85	11.34	13.84	16.12		
5	7.97	11.14	13.75	15.74	17.59	
6	7.61	10.69	13.24	15.40	17.20	18.96
加权平均值	7.94	11.53	13.91	15.75	17.39	18.96
实测体长平均值		13.80	15.20	16.70	17.40	18.54

表5-12　达里诺尔湖鲫各龄退算体长

cm

年龄	各年龄退算体长								
	L_2	L_3	L_4	L_5	L_6	L_7	L_8	L_9	
2	9.56								
3	12.36	14.52							
4	12.22	14.91	18.47						
5	10.27	15.23	18.72	21.87					
6	12.95	14.41	18.08	20.86	22.86				
7	11.91	14.43	17.56	20.76	20.32	24.14			

（续）

年龄	各年龄退算体长								
	L_2	L_3	L_4	L_5	L_6	L_7	L_8	L_9	
8	12.76	14.41	17.65	20.29	21.03	21.43	23.67		
9	11.65	14.43	15.04	16.12	19.32	22.17	24.13	25.51	
10	12.03	14.91	15.36	16.01	20.41	23.11	23.90	24.45	26.01
加权平均值	11.75	14.66	17.27	19.32	20.79	22.71	23.90	24.98	26.01
实测体长平均值	10.65	15.79	18.58	21.23	23.28	24.73	25.33	26.38	26.75

表5-13　岗更诺尔鲫各龄退算体长

cm

年龄	各年龄退算体长					
	L_1	L_2	L_3	L_4	L_5	L_6
1	10.09					
2	8.61	14.75				
3	6.54	13.01	15.03			
4	8.86	14.27	16.42	17.93		
5	9.63	14.13	16.61	19.60	21.23	
6	9.94	14.17	16.86	19.20	23.37	25.36
加权平均值	8.94	14.07	16.23	18.91	21.23	25.36
实测体长平均值		16.81	17.22	18.90	23.28	25.05

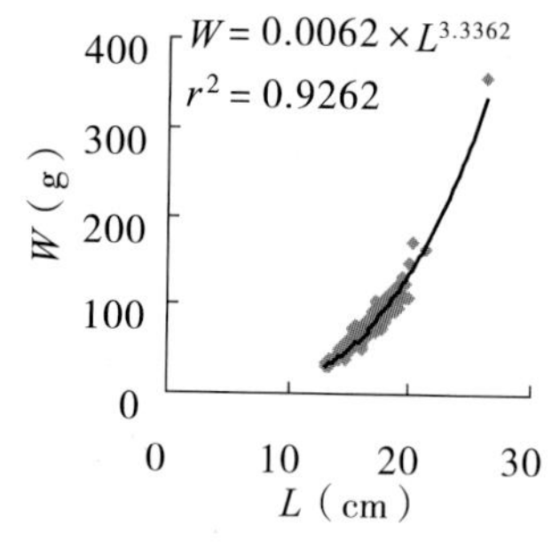

图5-4　达里诺尔湖瓦氏雅罗鱼体长和体重的关系

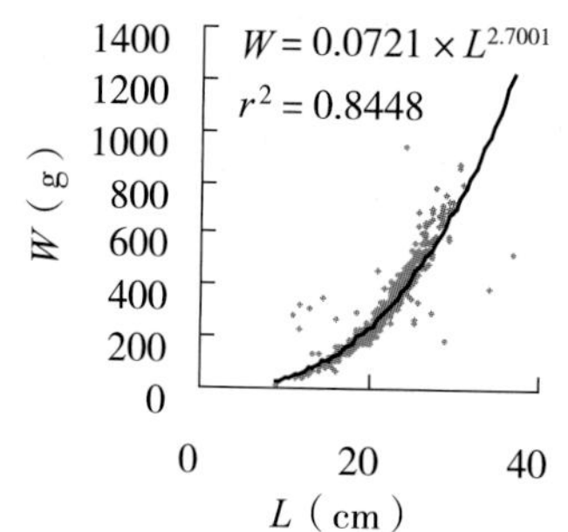

图5-5　达里诺尔湖鲫体长与体重的关系

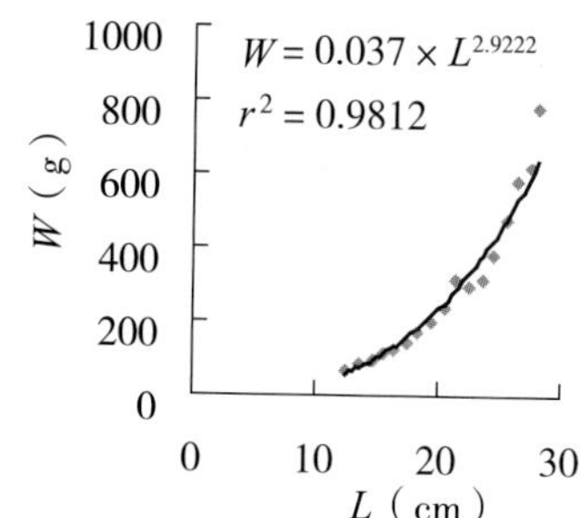

图5-6　岗更诺尔鲫体长与体重的关系

4. 生长方程

由于达里诺尔湖瓦氏雅罗鱼、达里诺尔湖鲫和岗更诺尔鲫均属于等速生长类型，因此，其生长可采用特殊von Bertalanffy生长方程进行拟合。在求算各参数时，首先计算Ford方程，求得渐进体长L_∞和生长系数k，然后用Beverton法求得假设的理论生长起点年龄t_0，所得生长方程分别为：

$L_t=29.72\times[1-e^{-0.2446\times(t+0.4456)}]$；$W_t=509.07\times[1-e^{-0.2446\times(t+0.4456)}]^{3.3362}$（达里诺尔湖瓦氏雅罗鱼）；

$L_t=31.37\times[1-e^{-0.1617\times(t+0.9024)}]$；$W_t=791.91\times[1-e^{-0.1617\times(t+0.9024)}]^{2.7001}$（达里诺尔湖鲫）；

$L_t=30.79\times[1-e^{-0.2275\times(t+0.4571)}]$；$W_t=826.94\times[1-e^{-0.2275\times(t+0.4571)}]^{2.9222}$（岗更诺尔鲫）。

由图5-7～图5-9可见，体长生长曲线不具拐点，随年龄增大逐渐趋向渐近线，而体重生长曲线为不对称的S型曲线，随年龄增大，体重生长由慢到快，再转向慢。

生长方程的一阶、二阶导数可以反映其生长的速度和加速度随年龄而变化的特性。经计算，体长的生长速度和生长加速度方程分别为：

$dL/dt=7.27\times e^{-0.2446\times(t+0.4456)}$；$d^2L/dt^2=-1.78\times e^{-0.2446\times(t+0.4456)}$（达里诺尔湖瓦氏雅罗鱼）；

$dL/dt=5.07\times e^{-0.1617\times(t+0.9024)}$；$d^2L/dt^2=-0.82\times e^{-0.1617\times(t+0.9024)}$（达里诺尔湖鲫）；

$dL/dt=7.00\times e^{-0.2275\times(t+0.4571)}$；$d^2L/dt^2=-1.59\times e^{-0.2275\times(t+0.4571)}$（岗更诺尔鲫）。

体长生长速度和加速度曲线（图10～12）显示：随时间t的增大，dL/dt不断递减，而d^2L/dt^2却逐渐上升，但位于t轴的下方，为负值，表明随着体长生长速度下降，其递减速度渐趋缓慢。

体重的生长速度和生长加速度方程分别为（图5-13～图5-15）：

达里诺尔湖瓦氏雅罗鱼：$dW/dt=415.41\times e^{-0.2446\times(t+0.4456)}[1-e^{-0.2446\times(t+0.4456)}]^{2.3362}$，

$d^2W/dt^2=101.61\times e^{-0.2446\times(t+0.4456)}[1-e^{-0.2446\times(t+0.4456)}]^{1.3362}[3.3362\times e^{-0.2446\times(t+0.4456)}-1]$；

达里诺尔湖鲫：$dW/dt=345.75\times e^{-0.1617\times(t+0.9024)}[1-e^{-0.1617\times(t+0.9024)}]^{1.7001}$，

$d^2W/dt^2=55.91\times e^{-0.1617\times(t+0.9024)}[1-e^{-0.1617\times(t+0.9024)}]^{0.7001}[2.7001\times e^{-0.1617\times(t+0.9024)}-1]$；

岗更诺尔鲫：$dW/dt=549.75e^{-0.2275\times(t+0.4571)}[1-e^{-0.2275\times(t+0.4571)}]^{1.9222}$；

$d^2W/dt^2=125.07\times e^{-0.2275\times(t+0.4571)}[1-e^{-0.2275\times(t+0.4571)}]^{0.9222}[2.9222\times e^{-0.2275\times(t+0.4571)}-1]$；

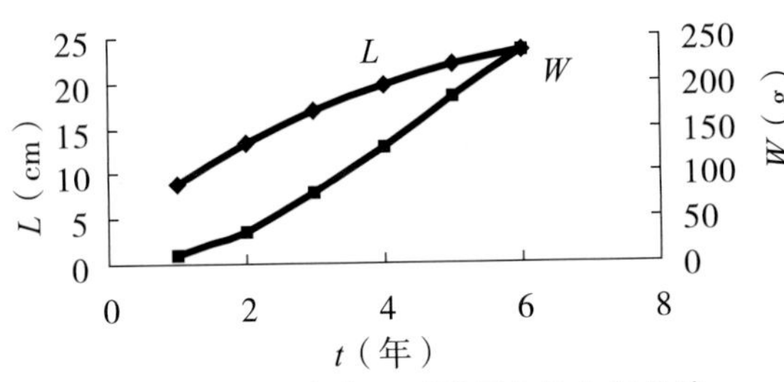

图5-7 达里诺尔湖瓦氏雅罗鱼的生长曲线

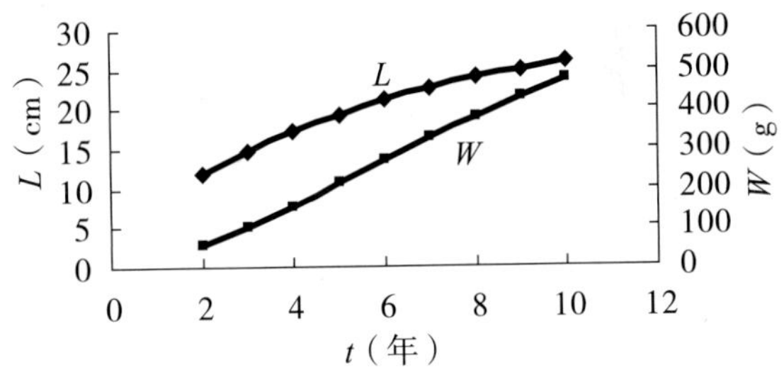

图5-8 达里诺尔湖鲫的生长曲线

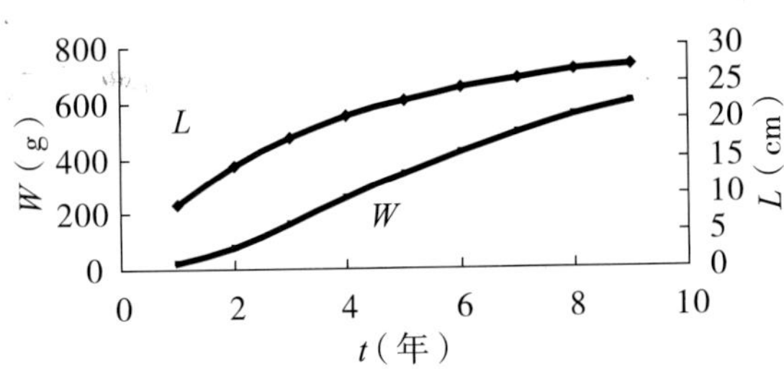

图5-9 岗更诺尔湖鲫的生长曲线

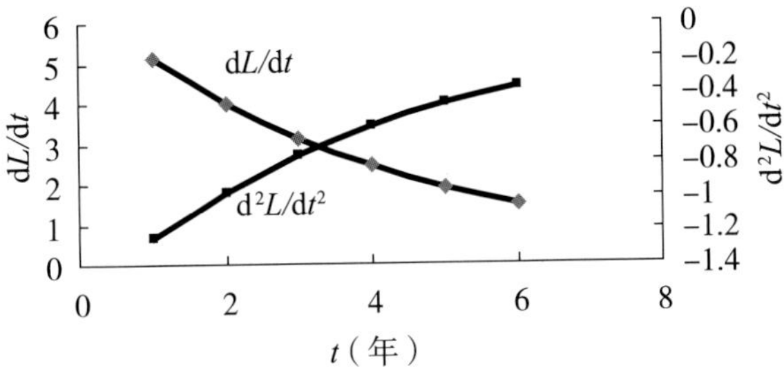

图5-10 达里诺尔湖瓦氏雅罗鱼体长生长速度曲线

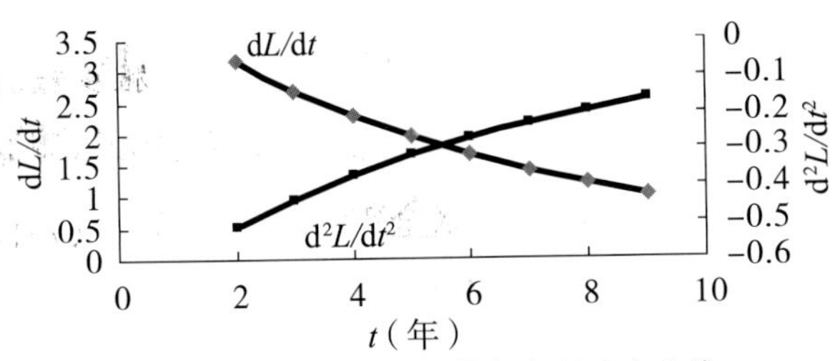

图5-11 达里诺尔湖鲫体长生长速度曲线

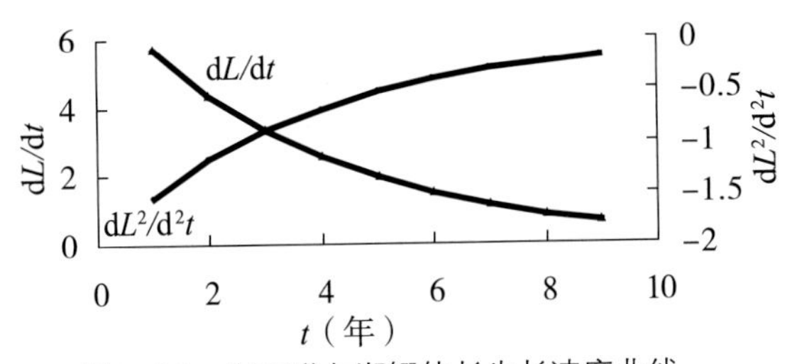

图5-12 岗更诺尔湖鲫体长生长速度曲线

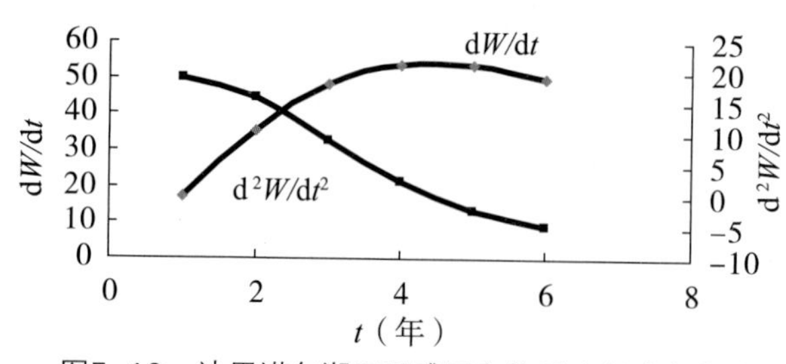

图5-13 达里诺尔湖瓦氏雅罗鱼体重生长速度曲线

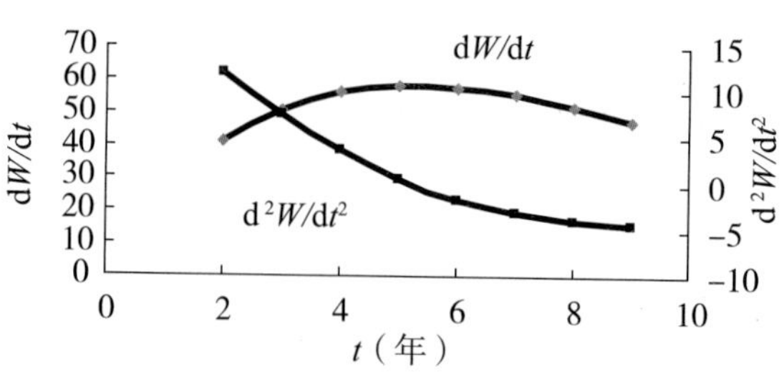

图5-14 达里诺尔湖鲫体重生长速度曲线

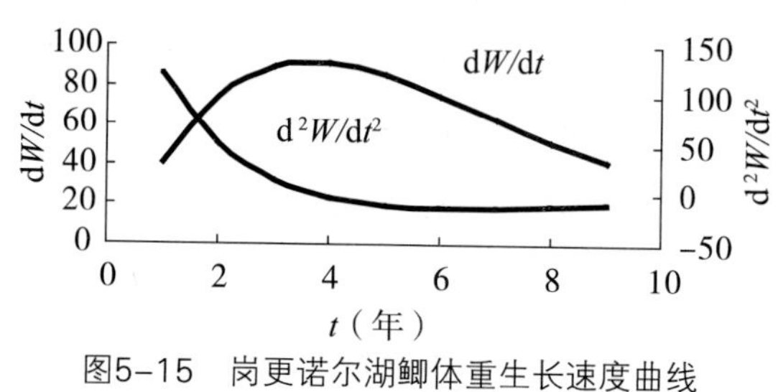

图5-15 岗更诺尔湖鲫体重生长速度曲线

达里诺尔湖瓦氏雅罗鱼体重生长速度和加速度曲线（图5-13）显示：当t<4.48龄时，dW/dt上升，d^2W/dt^2下降，但位于t轴的上方，为正值，表明4.48龄前是种群体重生长递增阶段；当t=4.48龄，dW/dt达最大值，d^2W/dt^2=0；当t>4.48龄，dW/dt和d^2W/dt^2均下降，而且d^2W/dt^2下降至t轴下方，为负值，表明此时是种群体重生长递减阶段。达里诺尔湖瓦氏雅罗鱼的拐点年龄为t_r=4.48，拐点处W=155.06g，L=20.81cm。

达里诺尔湖鲫体重生长速度和加速度曲线（图5-14）显示：当t<5.24龄时，dW/dt上升，d^2W/dt^2下降，但位于t轴的上方，为正值，表明5.24龄前是种群体重生长递增阶段，尽管递增速度渐趋缓慢；当t=5.24龄，dW/dt达最大值，d^2W/dt^2=0；当t>5.24龄，dW/dt和d^2W/dt^2均下降，而且d^2W/dt^2下降至t轴下方，为负值，表明此时是种群体重生长递减阶段。达里诺尔湖鲫的拐点年龄为t_r=5.24，拐点处W=227.07g，L=19.75cm。

岗更诺尔鲫体重生长速度和加速度曲线（图5-15）显示：当t<4.25时，dW/dt上升，d^2W/dt^2下降，但位于t轴的上方，为正值，表明4.25龄前是种群体重生长递增阶段，尽管递增速度渐趋缓慢；当t=4.25龄，dW/dt达最大值，d^2W/dt^2=0；当t>4.25龄，dW/dt和d^2W/dt^2均下降，而且d^2W/dt^2下降至t轴下方，为负值，表明此时是种群体重生长递减阶段。岗更诺尔鲫的拐点年龄为t_r=4.25，拐点处W=242.62g，L=20.24cm。

（二）死亡参数的估算

1. 自然死亡系数

根据100尾达里诺尔湖瓦氏雅罗鱼、达里诺尔湖鲫和岗更诺尔鲫的体长（BL）和全长（TL）的数据拟合得出其相应的直线方程分别为：TL=1.2142BL−0.4413（r^2=0.8771，达里诺尔湖瓦氏雅罗鱼）；TL=1.1161BL+1.4512（r^2=0.9652，达里诺尔湖鲫）；TL=1.1404BL+1.3949（r^2=0.9405，岗更诺尔鲫）。渐近体长（L_∞）对应的全长分别为35.64cm、36.46cm、36.51cm，两湖湖水全年水温平均值均取9℃。根据Pauly公式计算出三种鱼的自然死亡系数M分别为0.4208、0.3162和0.3974。

根据von Bertalanffy生长方程中的k和t_0，分别求出达里诺尔湖瓦氏雅罗鱼、达里诺尔湖鲫和岗更诺尔鲫的t_{max}为12龄、18龄和13龄，因而M分别为0.5756、0.3838和0.5314。

根据Ralston提出的估算自然死亡系数方法，计算出M分别为0.5228、0.3520和0.4875。

取3种方法计算出的自然死亡系数M的平均值分别为：0.5064、0.3507和0.4721。

2. 总死亡系数

方法1：Robson & Chapman法

从表5-8～表5-10渔获物年龄组成分析可以看出，达里诺尔湖瓦氏雅罗鱼、达里诺尔湖鲫和岗更诺尔鲫的可充分捕捞年龄分别为3龄、4龄和2龄，按照Robson & Chapman的方法计算出其年存活率S分别为0.3815、0.5803和0.4408，则年总死亡系数Z分别是0.9637、0.5442和0.8192。

方法2：长度变换渔获曲线法

根据体长组成资料的线性渔获量曲线，估算出达里诺尔湖瓦氏雅罗鱼、达里诺尔湖鲫和岗更诺尔鲫的总死亡系数Z分别为1.1686、0.3791和1.0003（图5-16～图5-18）。

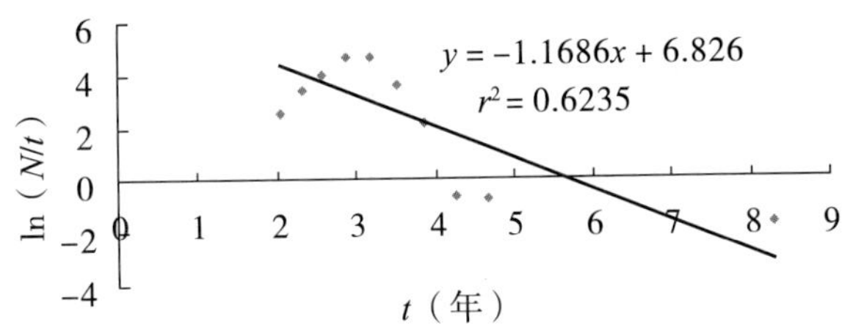

图5-16　达里诺尔湖瓦氏雅罗鱼的体长变换渔获量曲线

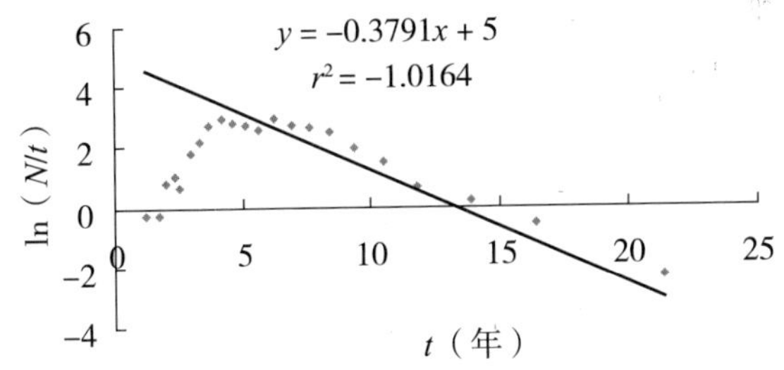

图5-17　达里诺尔湖鲫的体长变换渔获量曲线

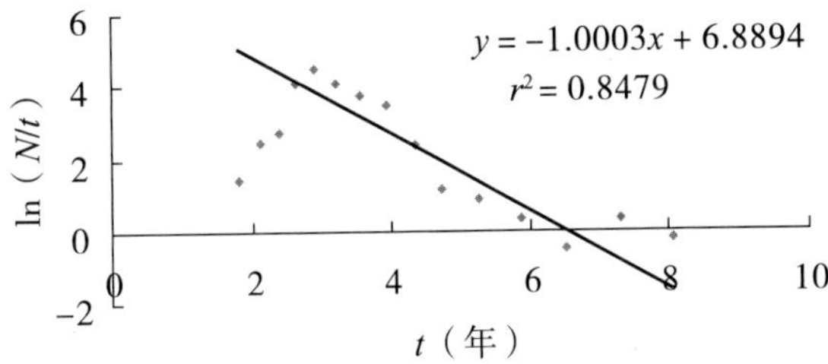

图5-18　岗更诺尔鲫的体长变换渔获量曲线

方法3：Beverton & Holt的方法

根据渔获物分析，达里诺尔湖瓦氏雅罗鱼、达里诺尔湖鲫和岗更诺尔鲫渔获物平均体长分别为16.94cm、21.50cm和17.49cm，渔获物中最小的L'体长分别为15.20cm、17.50cm和15.50cm，von Bertalanffy体长生长方程中的参数L_∞和k分别为29.72cm、31.37cm、30.79cm和0.2446、0.1617、0.2275，根据$Z=k(L_\infty-\bar{L})/(\bar{L}-L')$计算出总死亡系数$Z$分别为1.7965、0.3990和1.5205。

为了减少误差，取3种方法的平均值得达里诺尔湖瓦氏雅罗鱼、达里诺尔湖鲫和岗更诺尔鲫的年总死亡系数Z分别为1.3096、0.4528和1.1133。

3. 捕捞死亡系数和开捕率

根据公式$F=Z-M$计算出达里诺尔湖瓦氏雅罗鱼、达里诺尔湖鲫和岗更诺尔鲫捕捞死亡系数F分别为0.8032、0.1021和0.6412；根据公式$E=F/Z$计算出开捕率分别为0.6133、0.2255和0.5759。

（三）种群的动态特征

Beverton–Holt单位补充量产量模式可以从当前对该群体的捕捞水平和开捕年龄来分析其资源利用是否合理，判断渔业所处的状态是捕捞过度还是利用不足，找出最佳状态的差距，其数学表达式为：

$$\frac{\mathrm{Y}}{\mathrm{R}}=\mathrm{F}\cdot\omega_{\infty}\cdot\mathrm{e}^{-M(t_c-t_r)}\sum_{n=0}^{3}\frac{Q_n\mathrm{e}^{-nk(t_c-t_o)}}{F+M+nK}\cdot\{1-\mathrm{e}^{-[F+M+nK(t_\lambda-t_c)]}\}$$

式中：当n=0时，Q_0=1；当n=1时，Q_0=−3；当n=2时，Q_0=3；当n=3时，Q_0=−1。式中：Y/R为单位补充量的产量（g），F为捕捞死亡系数，M为自然死亡系数，t_c为开捕年龄，t_r为补充年龄，t_λ为一世代在渔业中消失的年龄，W_∞、k、t_0为生长参数。

根据估算的生长参数、死亡参数、体长和体重关系，由单位补充量产量模式分别计算出在目前的开捕年龄情况下改变捕捞死亡系数的单位补充量产量，并绘成曲线（图5–19～图5–21）；在目前的捕捞死亡系数F不变的情况下不同开捕年龄时的单位补充量产量，并绘成曲线（图5–22～图5–24）。

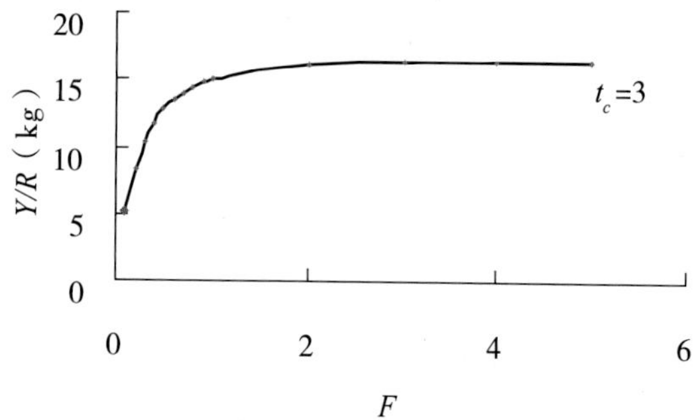

图5–19　达里诺尔湖瓦氏雅罗鱼单位补充量产量随捕捞死亡系数的变化

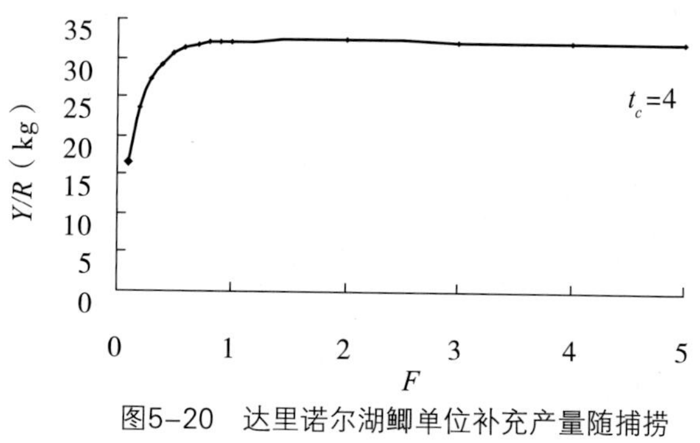

图5–20　达里诺尔湖鲫单位补充产量随捕捞死亡系数的变化

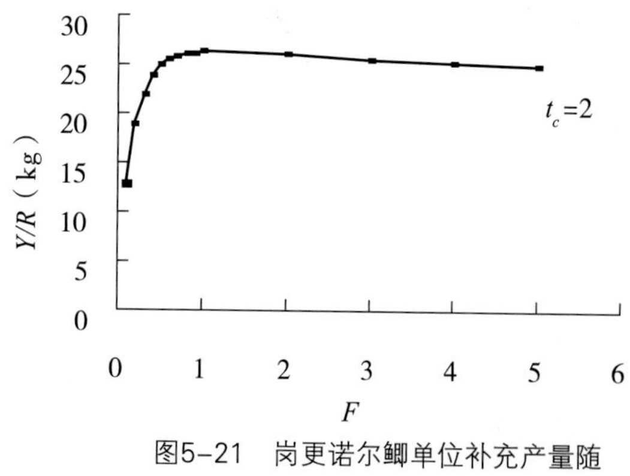

图5–21　岗更诺尔鲫单位补充产量随捕捞死亡系数的变化

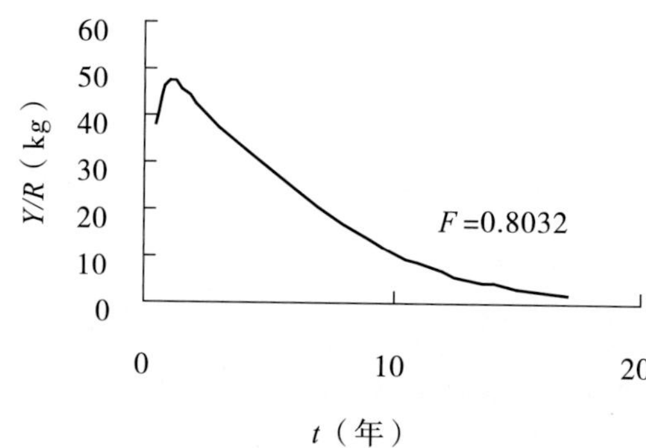

图5–22　达里诺尔湖瓦氏雅罗鱼单位补充量产量随开捕年龄的变化

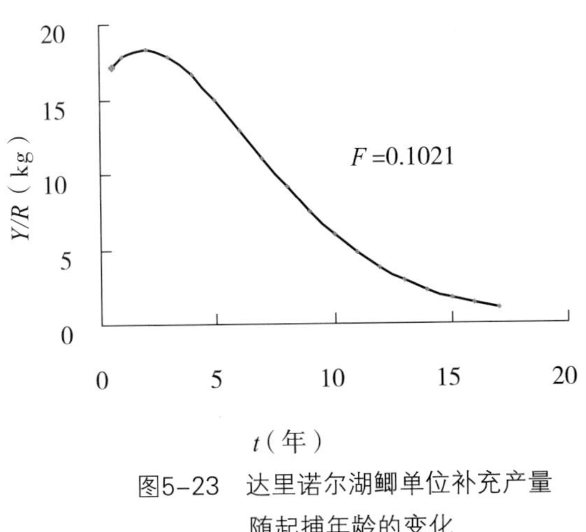

图5-23 达里诺尔湖鲫单位补充产量随起捕年龄的变化

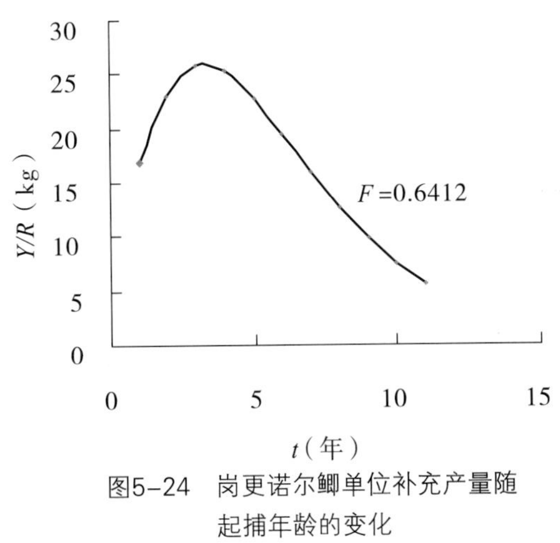

图5-24 岗更诺尔鲫单位补充产量随起捕年龄的变化

图5-19～图5-21产量曲线显示，在一定的起捕年龄（t_c）情况下，变更瞬时捕捞率（F），达里诺尔湖瓦氏雅罗鱼、达里诺尔湖鲫和岗更诺尔鲫在一定捕捞强度内产量曲线处于上升位置，超过一定捕捞强度，产量曲线呈现极缓慢下降，这种产量曲线呈现典型的r−选择，表现出捕捞对种群数量变动的影响，在自然变动的掩盖下不明显；图5-22～图5-24产量曲线显示，在一定捕捞强度（F）下，变更起捕年龄（t_c），达里诺尔湖瓦氏雅罗鱼、达里诺尔湖鲫和岗更诺尔鲫超过一定年龄，产量很快下降，反映出种群繁殖力强，提高起捕年龄，产出的密度迅速增大，个体生存空间相对减少，影响个体生长，导致产量下降，呈现典型的r−选择。

（四）资源量估算

达里诺尔湖瓦氏雅罗鱼、达里诺尔湖鲫和岗更诺尔鲫的体长股分析的主要结果见表5-14～表5-16。结果表明：不同体长组的捕捞死亡系数不同，其总的趋势是随着体长的增加而增大。当达里诺尔湖瓦氏雅罗鱼、达里诺尔湖鲫和岗更诺尔鲫的体长分别超过17cm、21cm和16cm时，捕捞死亡系数值显著增大。分别以体长约17cm、21cm和16cm为界，其以下个体的捕捞死亡系数较小，说明在此体长范围内，所受的捕捞压力较小，只有少部分个体进入捕捞选择。因而可以把17cm、21cm和16cm分别作为达里诺尔湖瓦氏雅罗鱼、达里诺尔湖鲫和岗更诺尔鲫的开捕体长，分别在体长17cm、21cm和16cm以下的群体作为补充量，当体长分别超过17cm、21cm和16cm，达里诺尔湖瓦氏雅罗鱼、达里诺尔湖鲫和岗更诺尔鲫的渔获尾数随着体长的增长而减少，捕捞死亡系数则逐渐升高，说明这部分群体已经完全进入捕捞选择而成为开捕群体。此外，平均资源尾数随着体长的增大而减少，平均生物量变化趋势呈“钟形”曲线。在当前捕捞强度下，生物量最高峰分别出现在16.0～16.9cm、21.0～21.9cm和16.0～16.9cm体长范围内（即4、5和3龄），其中达里诺尔湖瓦氏雅罗鱼和达里诺尔湖鲫位于种群体重生长拐点，而岗更诺尔鲫低于种群体重生长拐点。根据体长股分析法（LCA）估算出达里诺尔湖瓦氏雅罗鱼、达里诺尔湖鲫和岗更诺尔鲫的总平均资源尾数分别为603.30×10^4尾、1336.65×10^4尾和208.92×10^4尾，总平均生物量为36.27×10^4kg、78.52×10^4kg和30.59×10^4kg。高于目前达里诺尔湖瓦氏雅罗鱼、达里诺尔湖鲫和岗更诺尔鲫的捕捞量，所以目前达里诺尔湖鲫和岗更诺尔鲫资源利用是合理的。

表5-14 达里诺尔湖瓦氏雅罗鱼体长股分析的主要结果

分组	尾数	C_i①（10^4尾）	Δt②	N_i③（10^4尾）	Z_i④	F_i⑤	NOS⑥（10^4尾）	B⑦（10^4kg）
13～13.9	14	7.64	0.2262	493.47	0.5256	0.0192	116.43	4.22
14～14.9	33	18.02	0.2410	432.27	0.5592	0.0528	123.08	5.75
15～15.9	66	36.03	0.2579	363.44	0.6373	0.1309	130.66	7.53
16～16.9	132	72.07	0.2774	280.18	0.8908	0.3844	128.50	9.13
17～17.9	151	82.44	0.3000	165.71	1.4703	0.9639	76.17	6.56
18～18.9	57	31.12	0.3267	53.72	1.7947	1.2883	23.09	2.40
19～19.9	15	8.19	0.3585	12.28	2.3381	1.8317	4.58	0.55
20～20.9	1	0.55	0.3972	1.56	1.0956	0.5892	0.78	0.11
21～21.9	1	0.55	0.4454	0.71	1.4064	0.9000		
合计		256.60					603.30	36.27

注：①C_i为第i体长组的渔获尾数；②Δt为鱼类从i体长组的下限生长到上限所经历的时间，即生长参数；③N_i为第i体长组的存活数量；④Z_i为第i体长组的总死亡系数；⑤F_i为各体长组的瞬时捕捞死亡系数；⑥NOS为各体长组的平均资源量；⑦B为平均资源重量。以下同。

表5-15 达里诺尔湖鲫体长股分析的主要结果

分组	尾数	C_i（10^4尾）	Δt	N_i（10^4尾）	Z_i	F_i	NOS（10^4尾）	B（10^4kg）
9.0～ 9.9	1	0.10	0.2549	500.66	0.3509	0.0002	120.40	1.27
10.0～10.9	1	0.10	0.2670	458.42	0.3509	0.0002	115.26	1.97
11.0～11.9	3	0.29	0.2804	417.97	0.3514	0.0007	110.47	2.33
12.0～12.9	4	0.38	0.2952	379.15	0.3518	0.0011	105.41	2.82
13.0～13.9	3	0.29	0.3116	342.07	0.3516	0.0009	99.96	3.00
14.0～14.9	10	0.95	0.3299	306.93	0.3540	0.0033	95.85	3.51
15.0～15.9	15	1.43	0.3506	273.00	0.3563	0.0056	91.09	3.97
16.0～16.9	29	2.76	0.3740	240.55	0.3630	0.0123	87.36	4.48
17.0～17.9	39	3.71	0.4007	208.84	0.3699	0.0192	82.27	5.13
18.0～18.9	36	3.42	0.4316	178.40	0.3716	0.0209	75.00	5.38
19.0～19.9	36	3.42	0.4676	150.54	0.3756	0.0249	68.13	5.68
20.0～20.9	34	3.23	0.5102	124.95	0.3793	0.0286	60.98	5.53
21.0～21.9	51	4.85	0.5613	101.81	0.4045	0.0538	55.21	5.97
22.0～22.9	46	4.38	0.6239	79.48	0.4138	0.0631	46.70	5.68
23.0～23.9	48	4.57	0.7021	60.15	0.4399	0.0892	38.62	5.31
24.0～24.9	46	4.38	0.8028	43.16	0.4737	0.1230	30.09	4.92
25.0～25.9	33	3.14	0.9373	28.91	0.4862	0.1355	21.93	3.99
26.0～26.9	24	2.28	1.1261	18.25	0.5136	0.1629	15.10	3.32
27.0～27.9	13	1.24	1.4105	10.49	0.5110	0.1603	9.81	2.12
28.0～28.9	11	1.05	1.8886	5.48	0.6476	0.2969	5.22	1.37
29.0～29.9	8	0.76	2.8656	2.10	1.1576	0.8069	1.54	0.69
30.0～30.9	3	0.29	6.1073	0.32	1.2507	0.9000	0.25	0.07
合计		46.99					1336.65	78.52

表5-16 岗更诺尔鲫体长股分析的主要结果

分组	尾数	C_i（10^4尾）	Δt	N_i（10^4尾）	Z_i	F_i	NOS（10^4尾）	B（10^4kg）
12.0～12.9	7	0.49	0.2157	127.42	0.4761	0.0040	26.57	1.54
13.0～13.9	21	1.47	0.2282	114.76	0.4857	0.0136	26.70	2.02
14.0～14.9	30	2.10	0.2422	101.80	0.4941	0.0220	26.00	2.14
15.0～15.9	126	8.82	0.2580	88.95	0.5832	0.1111	31.51	3.20
16.0～16.9	195	13.65	0.2760	70.57	0.7023	0.2302	30.35	4.40
17.0～17.9	144	10.08	0.2967	49.26	0.7187	0.2466	21.94	3.77
18.0～18.9	109	7.63	0.3207	33.49	0.7525	0.2804	15.59	3.11
19.0～19.9	89	6.23	0.3490	21.77	0.8415	0.3694	10.71	3.21
20.0～20.9	32	2.24	0.3828	12.76	0.6843	0.2122	6.04	1.90
21.0～21.9	11	0.77	0.4239	8.62	0.5755	0.1034	3.90	1.14
22.0～22.9	9	0.63	0.4748	6.38	0.5884	0.1163	3.11	1.09
23.0～23.9	6	0.42	0.5396	4.55	0.5821	0.1100	2.37	0.99
24.0～24.9	3	0.21	0.6250	3.17	0.5514	0.0793	1.78	0.61
25.0～25.9	8	0.56	0.7426	2.19	0.8296	0.3575	1.34	0.72
26.0～26.9	6	0.42	0.9148	1.08	1.1118	0.6397	0.64	0.65
27.0～27.9	1	0.07	1.1917	0.36	0.7579	0.2858	0.27	0.12
28.0～28.9	2	0.14	1.7119	0.16	1.3721	0.9000	0.11	0.00
合计	799	55.92					208.92	30.59

四、讨论与建议

（一）不同水体瓦氏雅罗鱼和鲫的生长比较

表5-17给出了不同水体瓦氏雅罗鱼和鲫的生长情况。从表中可见，达里诺尔湖瓦氏雅罗鱼各龄平均体长小于乌苏里江下游青江段瓦氏雅罗鱼，同时达里诺尔湖鲫的平均体长也均小于岗更诺尔鲫。由此可见，高盐碱水体中鱼类的生长较淡水水体中鱼类的生长缓慢。

表5-17 不同水体瓦氏雅罗鱼和鲫的体长比较 cm

年龄	水体	2	3	4	5	6
瓦氏雅罗鱼	达里诺尔湖	13.80	15.20	16.70	17.40	18.54
	乌苏里江下游青江段	18.50	24.20	27.50	29.40	30.00
鲫	达里诺尔湖	10.65	15.79	18.58	21.23	23.28
	岗更诺尔湖	16.81	17.22	18.90	23.28	25.05

（二）达里诺尔湖经济鱼类的资源利用

表5-18和表5-19给出了20世纪90年代和目前达里诺尔湖瓦氏雅罗鱼和达里诺尔湖鲫的生长情况。从表5-18中可见，在本次调查中，达里诺尔湖瓦氏雅罗鱼的7龄和8龄鱼并没有出现，除2龄和3龄鱼外，其余各龄平均体长和平均体重均小于90年代，出现了资源群体结构简单化、个体小型化、低龄化的变化。由表5-19可见，除2龄鱼外，目前达里诺尔湖鲫的平均体长和平均体重均大于90年代。

据曹文宣（2005）和刘其根等（2005）的研究分析，引起鱼类种群个体小型化、低龄化，有两种类型：一是因种群遭受过度捕捞而出现年龄结构低龄化、小型化，这种低龄化和小型化就是过度捕捞的直接结果；二是种群由于某些原因而出现生长速度比过去明显减慢，即生长受阻而呈小型化。本湖中瓦氏雅罗鱼和鲫的生长系数k（0.2446，0.1617）较90年代k值（0.2586，1797）略有下降，但变化不明显，说明因生长受阻而引起达里诺尔湖瓦氏雅罗鱼和达里诺尔湖鲫个体小型化的问题是存在的，但达里诺尔湖湖水盐碱度程度不断升高，引起鱼类生长受阻，使鱼类出现个体小型化的问题并非其主要原因。目前达里诺尔湖瓦氏雅罗鱼的捕捞作业现状是F=0.8032，E=0.6133和t_c=3；达里诺尔湖鲫的捕捞作业现状是F=0.1021，E=0.2255和t_c=4。依据Gulland（1971）曾提出关于一般鱼类最适捕捞强度（F=0.5），及达里诺尔湖瓦氏雅罗鱼和鲫的性成熟年龄（3～4龄），判断出达里诺尔湖瓦氏雅罗鱼的捕捞死亡系数偏高，起捕年龄偏低，资源处于过度利用状态；而达里诺尔湖鲫的捕捞死亡系数偏低，起捕年龄合理，判断出目前资源利用略有不足，可以提高捕捞死亡系数到0.23。

表5-18　不同时期达里诺尔湖瓦氏雅罗鱼的调查结果

年龄		2	3	4	5	6	7	8
平均体长（cm）	1995	11.7	14.9	18.6	20.6	22.8	24.3	25.1
	2012	13.8	15.2	16.7	17.4	18.5		
平均体重（g）	1995	36.0	64.0	123.0	164.0	220.0	288.0	328.0
	2012	49.0	71.0	84.0	94.0	109.0		

表5-19　不同时期达里诺尔湖鲫的调查结果

年龄		2	3	4	5	6	7	8	9	10
平均体长（cm）	1995	11.7	14.7	16.8	18.6	20.5	21.9	23.2	24.3	25.2
	2012	10.7	15.8	18.6	21.2	23.3	24.7	25.3	26.4	26.8
平均体重（g）	1995	62.0	113.0	169.0	221.0	289.0	343.0	392.0	443.0	508.0
	2012	32.0	116.0	194.0	296.0	382.0	463.0	524.0	563.0	591.0

岗更诺尔鲫的捕捞作业现状是F=0.6412，E=0.5759和t_c=2。根据一般鱼类最适捕捞强度（F=0.5）及岗更诺尔鲫的性成熟年龄（2～3龄），判断出岗更诺尔鲫目前的捕捞处于利用较为合理，若能将捕捞死亡系数调整至0.5，起捕年龄升高到3龄，则更有利于岗更诺尔鲫资源的利用。

达里诺尔湖瓦氏雅罗鱼、达里诺尔湖鲫和岗更诺尔鲫的生活史类型均为r-选择。作为渔业管理，对r-选择的对策是：适当的捕捞强度能取得较高的产量，获得最佳的经济效益，超过一定捕捞水平后，继续提高捕捞强度不能增加渔业产量，盲目提高捕捞强度反而会引起产量下降，提高生产成本，遭受经济损失；在低龄阶段提高起捕年龄可以增加一定的产量，达到一定年龄后，继续提高起捕年龄，会引起产量大幅度降低，至于各种鱼类提高起捕年龄的幅度，可以通过不同鱼类的生物学研究确定。根据三种鱼的生物学特征，得出达里诺尔湖瓦氏雅罗鱼的起捕年龄可定为3～4龄，捕捞强度为0.5为宜；达里诺尔湖鲫的起捕年龄可定在4～5龄，捕捞强度为0.5为宜；岗更诺尔鲫的起捕年龄可定在3龄，捕捞强度为0.5为宜。

（三）资源量估算方法的选择

对于淡水鱼类的年龄鉴定，除少数无鳞鱼或鳞片上年轮特征不明显的种类外，通常仅用鳞片作为年龄鉴定材料。在多数情况下，用鳞片鉴定年龄的确是一种简便可行的方法，但对于高龄鱼或在特殊环境条件下生长缓慢的鱼类来说，仅用鳞片鉴定年龄可能会产生很大误差。

关于鲫的年龄鉴定，陈佩薰（1959）指出其鳞片上的年轮特征与鲤相似，为切割型。此后，国内广泛采用这一方法。80年代以来，秦克强等在研究鲫、鲤、鲢、鳙、团头鲂等淡水经济鱼类年龄时，同时用鳍条和鳞片做对比，发现在低龄个体时两者基本一致，但在高龄鱼时则相差很大，一般总是鳞片上的年轮数少于鳍条上的。秦克强等（1996）研究达里诺尔湖鲫的年龄时也发现同样情况。达里诺尔湖鲫从5年轮组开始，则两种材料鉴定结果出现较大差别，其年龄读数的吻合率Ⅴ轮为58%，Ⅵ轮为40%，Ⅶ为29%，Ⅷ为8%，Ⅸ轮以后完全不吻合。

一般鱼类在性成熟后生长速度开始减慢，但有些鱼类由于用鳞片鉴定年龄的局限性，使一些实际上年龄较高的鱼类被人为地归入较低的龄组，使这些龄组的平均体长、平均体重增加，因而出现了性成熟后的生长速度快于性成熟前的结果。由于生长速度的错误判断，不能反映资源的真实情况，组织生产时容易产生失误，特别对生长缓慢的种群，这种误差更大，因此这一问题应引起足够的重视。

为避免年龄鉴定过程中产生的误差，本研究选用以体长为间隔单位，探讨其间隔内资源数量的变动情况，该方法具有工作量小、数据结构简单、计算方便等特点，在鱼类资源估算中得到广泛运用。施秀帖（1983）在国内首次报道使用该方法估算鱼类资源量，此后段中华等（1994）用该方法对网湖鲫的资源量进行了估算，虞功亮等（2002）用LCA对葛洲坝下游江段中华鳃食卵鱼的资源量进行了估算。

用体长股分析法（LCA）估算出达里诺尔湖瓦氏雅罗鱼、达里诺尔湖鲫和岗更诺尔鲫的总平均生物量分别为36.27×10^4kg、78.52×10^4kg和30.59×10^4kg，而目前达里诺尔湖瓦氏雅罗鱼、达里诺尔湖鲫和岗更诺尔鲫的捕捞量分别为20.01×10^4kg、14.35×10^4kg和8.95×10^4kg左右，所以目前达里诺尔湖鲫和岗更诺尔鲫资源利用是合理的，而达里诺尔湖瓦氏雅罗鱼的利用若降低至18×10^4kg左右，则更有利于其资源的恢复。

第三节　浮游植物

一、调查采样方法及采样点介绍

本次调查监测按照《内陆水域渔业自然资源调查规范》和相关标准进行。湖泊调查：达里诺尔湖面积较大，湖中设10个采样点，岗更诺尔湖设5个采样点，多伦诺尔湖设2个采样点。河流调查：贡格尔河取上游、下游2个采样点，亮子河取下游河段1个采样点进行监测。分别在春、夏、秋、冬四个季节进行浮游植物调查。各点根据水深不同，水深2m以上的采样点采上、中、下三层水混匀后取样，水深2m以下的采样点取上、下二层水混匀取样。每个采样点采水1L，加福尔马林固定，带回实验室逐级沉淀浓缩至30～40mL，用0.1mL计数框在400倍显微镜下鉴定计数。

二、调查结果

（一）达里诺尔湖浮游植物

1. 种类组成

经过2012年春、夏、秋、冬四次采样调查，鉴定达里诺尔湖有浮游植物7门60属。其中，蓝藻门11属，绿藻门21属，硅藻门17属，金藻门3属，裸藻门5属，甲藻门2属，隐藻门1属。具体种类详见《附录9：自然保护区浮游植物名录》。

2. 数量和生物量

达里诺尔湖浮游植物数量平均为193.14万个/L，夏季最高，秋季次之，春季、冬季很少。

达里诺尔湖浮游植物生物量平均为0.6891mg/L，夏季最高，其次是秋季、春季，冬季很小。

湖中浮游植物四季虽有不同程度的波动，但浮游植物数量、生物量都很小，变化趋势相同。达里诺尔湖水盐碱度大，浮游植物种类、数量都较少，个体也相对较小。具体调查测定结果详见表5-20、表5-21。

表5-20　2012年达里诺尔湖浮游植物数量　　万个/L

种类	蓝藻门	绿藻门	硅藻门	金藻门	隐藻门	裸藻门	合计
春季	14.970	2.605	13.230	2.076	0.1153		33.00
夏季	18.110	416.900	59.230	71.050	0.6921	0.2037	566.19
秋季	9.840	41.250	23.650	36.680		0.7689	112.19
冬季	54.110	3.091	1.200	2.168	0.3692	0.0923	61.03
平均	24.260	116.000	24.330	27.990	0.2942	0.2662	193.14

表5-21　2012年达里诺尔湖浮游植物生物量　　mg/L

种类	蓝藻门	绿藻门	硅藻门	金藻门	隐藻门	裸藻门	合计
春季	0.0094	0.0071	0.4812	0.0039	0.0046		0.5062
夏季	0.0193	0.6955	0.6974	0.0747	0.0095	0.00692	1.5033
秋季	0.0088	0.1247	0.3554	0.1012		0.02380	0.6139
冬季	0.0598	0.0310	0.0273	0.0055	0.0066	0.00280	0.1330
平均	0.0243	0.2146	0.3903	0.0463	0.0052	0.00840	0.6891

3. 各季节浮游植物调查情况

（1）春季调查结果

水体浮游植物数量平均为33.00（11.33～118.00）万个/L，主要由蓝藻门、硅藻门组成，分别为

14.97万个/L、13.23万个/L，绿藻门、金藻门数量较少，分别为2.605万个/L、2.076万个/L；隐藻门数量很少，为0.1153万个/L。

浮游植物生物量平均为0.5062（0.3064～1.0040）mg/L，主要由硅藻门组成，为0.4812mg/L；蓝藻门、绿藻门、金藻门、隐藻门生物量均很小。具体调查测定结果详见表5-22、表5-23。

表5-22 6月达里诺尔湖浮游植物数量

万个/L

样点	蓝藻门	绿藻门	硅藻门	金藻门	隐藻门	裸藻门	合计
1#			7.873	2.307	1.1530		11.33
2#	0.8650	0.865	8.650	3.460			13.84
3#	5.7670	1.153	16.150	10.380			33.45
4#	1.1530	9.227	12.690	2.306			25.38
5#	16.9200	2.307	9.994	1.538			30.76
6#	0.7689	3.845	6.920	0.769			12.30
7#	2.7680		13.840				16.61
8#	0.5769	8.653	19.030				28.26
9#	105.5000		12.520				118.00
10#	15.3800		24.610				39.99
平均	14.9700	2.605	13.230	2.076	0.1153		33.00

表5-23 6月达里诺尔湖浮游植物生物量

mg/L

样点	蓝藻门	绿藻门	硅藻门	金藻门	隐藻门	裸藻门	合计
1#			0.2863	0.0012	0.0461		0.3336
2#	0.0004	0.0026	0.3547	0.0017			0.3594
3#	0.0029	0.0012	0.4210	0.0254			0.4505
4#	0.0012	0.0278	0.4428	0.0041			0.4759
5#	0.0085	0.0069	0.4152	0.0046			0.4352
6#	0.0004	0.0115	0.2922	0.0023			0.3064
7#	0.0028		0.4125				0.4153
8#	0.0006	0.0214	0.7460				0.7680
9#	0.0626		0.4520				0.5146
10#	0.0146		0.9897				1.0043
平均	0.0094	0.0071	0.4812	0.0039	0.0046		0.5062

6月初达里诺尔湖水温较低，各采样点浮游植物种类、数量、生物量均较少。硅藻门中比较耐盐碱的茧形藻在各采样点都是优势种，其个体较大，也是生物量的主要组成。

（2）夏季调查结果

浮游植物数量平均为566.2（188.1～1995.3）万个/L，主要由绿藻门组成，为416.9万个/L；其次为金藻门、硅藻门，分别为71.05万个/L、59.23万个/L；蓝藻门、隐藻门、裸藻门数量较少，分别为18.11万个/L、0.6921万个/L、0.2307万个/L。

浮游植物生物量平均为1.5033（0.2469～8.3590）mg/L，主要由硅藻门、绿藻门组成，分别为0.6974mg/L、0.6955mg/L；裸藻门、金藻门、蓝藻门、隐藻门生物量均很小。具体调查测定结果详见表5-24、表5-25。

表5-24　7月达里诺尔湖浮游植物数量

万个/L

样点	蓝藻门	绿藻门	硅藻门	金藻门	隐藻门	裸藻门	合计
1#	83.050	106.1	27.680	18.45		2.3070	237.6
2#	1.153	609.0					610.2
3#		186.9	1.153				188.1
4#		520.7	5.190				525.9
5#		923.9					923.9
6#		205.3	1.153				206.5
7#		261.9	5.767				267.7
8#		269.2					269.2
9#	73.810	348.3	9.228		6.9210		438.3
10#	23.070	738.1	542.100	692.00			1995.3
平均	18.110	416.9	59.230	71.05	0.6921	0.2307	566.2

表5-25　7月达里诺尔湖浮游植物生物量

mg/L

样点	蓝藻门	绿藻门	硅藻门	金藻门	隐藻门	裸藻门	合计
1#	0.0945	0.8513	0.8303	0.0554		0.06920	1.9007
2#	0.0012	0.6182					0.6194
3#		0.2008	0.0461				0.2469
4#		0.6280	0.2076				0.8356
5#		1.0420					1.0420
6#		0.2699	0.0461				0.3160
7#		0.3380	0.2192				0.5572
8#		0.3103					0.3103
9#	0.0739	0.4822	0.1948		0.0946		0.8455
10#	0.0231	2.2140	5.4300	0.6920			8.3590
平均	0.0193	0.6955	0.6974	0.0747	0.0095	0.00692	1.5033

夏季达里诺尔湖绿藻门的种类及数量明显增加，绿藻门的网球藻及小球藻大量出现成为优势种，弓形藻、卵囊藻及硅藻门的茧形藻成为习见种，硅藻门种类个体大，与绿藻门成为生物量的主要构成。10#样点小环藻明显偏多偏大，绿藻门、金藻门、硅藻门数量也多于其他点位，拉升了生物量（注：本次调查除10#样外，样中多白色沉淀）。

（3）秋季调查结果

水体浮游植物数量平均为112.19（41.51～297.58）万个/L。绿藻门、金藻门、硅藻门相对多一些，分别为41.25万个/L、36.68万个/L、23.65万个/L；蓝藻门、裸藻门数量较少，分别为9.840万个/L、

0.7689万个/L。

浮游植物生物量平均为0.6139（0.2029～1.2670）mg/L。硅藻门最多，为0.3554mg/L；其次为绿藻门、金藻门，分别为0.1247mg/L、0.1012mg/L；裸藻门、蓝藻门生物量均很小，分别为0.0238mg/L、0.0088mg/L。具体调查测定结果详见表5-26、表5-27。

表5-26 9月达里诺尔湖浮游植物数量

万个/L

样点	蓝藻门	绿藻门	硅藻门	金藻门	隐藻门	裸藻门	合计
1#	23.070	27.680	7.690	29.22			87.66
2#		30.760	6.152	41.52			78.43
3#		81.510	18.460	79.97			179.94
4#	3.076	29.220	3.076	43.06			78.43
5#		7.689	10.770	26.15			44.61
6#		64.590	12.300	41.52			118.41
7#	59.950	0.769	34.610	25.38		0.7690	121.48
8#	12.300	9.227	3.076	16.91			41.51
9#		7.689	49.210	16.92			73.82
10#		153.400	91.120	46.14		6.9200	297.58
平均	9.840	41.250	23.650	36.68		0.7689	112.19

表5-27 9月达里诺尔湖浮游植物生物量

mg/L

样点	蓝藻门	绿藻门	硅藻门	金藻门	隐藻门	裸藻门	合计
1#	0.0115	0.0830	0.1507	0.0876			0.3328
2#		0.0923	0.2307	0.1246			0.4476
3#		0.2630	0.7691	0.2353			1.2674
4#	0.0031	0.0600	0.1230	0.1662			0.3523
5#		0.0277	0.5228	0.0569			0.6074
6#		0.1984	0.2077	0.1246			0.5307
7#	0.0615	0.0023	0.4883	0.0738		0.0308	0.6567
8#	0.0123	0.0215	0.1230	0.0461			0.2029
9#		0.0169	0.5197	0.0508			0.5874
10#		0.4821	0.4186	0.0461		0.2076	1.1544
平均	0.0088	0.1247	0.3554	0.1012		0.0238	0.6139

秋季达里诺尔湖浮游植物的主要种类是网球藻、卵囊藻、栅列藻、棕鞭金藻、金藻及茧形藻、针杆藻，3#、10#样点浮游植物明显多于其他点位。

（4）冬季调查结果

水体浮游植物数量平均为61.03（18.45～168.32）万个/L。蓝藻门最多，为54.11万个/L；绿藻门、金藻门、硅藻门数量很少，分别为3.091万个/L、2.168万个/L、1.200万个/L；隐藻门、裸藻门极少，分别为0.3692万个/L、0.0923万个/L。

浮游植物生物量平均为0.1330（0.0322～0.4252）mg/L。蓝藻门最多，为0.0598mg/L；其次为绿藻门、硅藻门，分别为0.0310mg/L、0.0273mg/L；隐藻门、金藻门、裸藻门极少，分别为0.0066mg/L、0.0055mg/L、0.0028mg/L。

冬季蓝藻门的微囊藻、蓝球藻、项圈藻是主要种类，湖中浮游植物很少。具体调查结果详见下表5-28、表5-29。

表5-28　12月达里诺尔湖浮游植物数量

万个/L

样点	蓝藻门	绿藻门	硅藻门	金藻门	隐藻门	裸藻门	合计
1#	14.30	0.4614	1.8450	1.3840	0.4614		18.45
2#	26.30	4.6140	0.4614	0.4614	1.3840		33.22
3#	139.80	5.0750	0.4614	3.2290			148.57
4#	161.40	2.3070		4.1520		0.4614	168.32
5#	18.45		0.9227	0.9227		0.4614	20.76
6#	59.98	4.1530	4.6140	1.3850	1.3850		71.52
7#	23.07	5.9970	1.8450	0.9227	0.4614		32.30
8#	47.99	4.6140	0.4614	3.6910			56.76
9#	23.07	1.8450	0.4614	4.6130			29.99
10#	26.76	1.8450	0.9227	0.9228			30.45
平均	54.11	3.0910	1.2000	2.1680	0.3692	0.0923	61.03

表5-29　12月达里诺尔湖浮游植物生物量

mg/L

样点	蓝藻门	绿藻门	硅藻门	金藻门	隐藻门	裸藻门	合计
1#	0.0072	0.0014	0.0554	0.0042	0.0014		0.0696
2#	0.0159	0.0138	0.0138	0.0002	0.0277		0.0714
3#	0.0720	0.2390	0.0138	0.0028			0.3276
4#	0.3920	0.0069		0.0125		0.0138	0.4252
5#	0.0185		0.0277	0.0005		0.0138	0.0605
6#	0.0300	0.0125	0.0489	0.0042	0.0277		0.1233
7#	0.0116	0.0180	0.0568	0.0028	0.0092		0.0984
8#	0.0245	0.0047	0.0185	0.0110			0.0587
9#	0.0115	0.0055	0.0014	0.0138			0.0322
10#	0.0152	0.0083	0.0369	0.0028			0.0632
平均	0.0598	0.0310	0.0273	0.0055	0.0066	0.0028	0.1330

4. 近年来水中浮游植物变化情况

近几年，内蒙古自治区水产技术推广站一直对达里诺尔湖水质、浮游植物进行常规监测，笔者选择每年春季调查监测结果做一个比对。从表5-30、表5-31可以看出，达里诺尔湖水中浮游植物数量、生物量均呈下降趋势。这与达里诺尔国家级自然保护区气候干旱，达里诺尔湖水位不断下降，水盐碱化程度逐渐提高有关。个别年份有波动，这可能与当年采样时间和气候条件有关。

表5-30 近年来达里诺尔湖水中浮游植物数量变化情况 万个/L

种类	蓝藻门	绿藻门	硅藻门	金藻门	隐藻门	裸藻门	合计
2005年春	2372.00	103.100	3.925	418.100		0.3205	2897.45
2009年春	595.60	73.930	3.080	69.300			741.91
2010年春	30.76	1.461	2.076	8.957		0.9420	44.20
2011年春	21.15	189.200	25.760	39.610			275.72
2012年春	14.97	2.605	13.230	2.076	0.1153		33.00

表5-31 近年来达里诺尔湖浮游植物生物量变化情况 mg/L

种类	蓝藻门	绿藻门	硅藻门	金藻门	隐藻门	裸藻门	合计
2005年春	3.0450	0.1339	0.0545	0.6084		0.0032	3.8450
2009年春	0.2940	0.0650	0.1230	0.0350			0.5170
2010年春	0.9725	0.0044	0.0575	0.0102		0.0028	1.0474
2011年春	0.0110	0.1125	0.3695	0.1190			0.6120
2012年春	0.0094	0.0071	0.4812	0.0039	0.0046		0.5062

5. 鱼产力评估

从调查结果可见，达里诺尔湖浮游植物年平均生物量为0.6891mg/L，如果达里诺尔湖水深按6.0m计算，每亩水面平均有浮游植物2.756kg，若按饵料系数40、利用率20%、P/B系数60来计算，由浮游植物提供的鱼产力约为0.8268kg/亩①。

鱼产力=2.756kg/亩×60×20%÷40=0.8268kg/亩

（二）岗更诺尔湖浮游植物

1. 种类组成

经过2012年春、夏、秋、冬4次采样调查，鉴定岗更诺尔湖有浮游植物7门68属。其中：蓝藻门10属，绿藻门31属，硅藻门15属，金藻门2属，裸藻门5属，隐藻门2属，甲藻门3属。具体种类详见《附录9：自然保护区浮游植物名录》。

2. 数量和生物量

岗更诺尔湖浮游植物数量平均为5093万个/L。春季最高，秋季次之，夏季、冬季相对较少。生物量平均为15.6106mg/L。春季、秋季最高，其次是夏季，冬季较小。

湖中浮游植物四季有不同程度的波动，浮游植物数量、生物量都较大，变化趋势相同。具体调查结果详见表5-32、表5-33。

① 1亩 = 66.67m²。以下同。

表5-32　2012年岗更诺尔湖水中浮游植物数量

万个/L

种类	蓝藻门	绿藻门	硅藻门	金藻门	隐藻门	裸藻门	甲藻门	合计
春季	520.6	6299	1259.00	632.200		9.228		8720
夏季	1228.0	1678	59.52	2.306	29.99			2998
秋季	410.6	4033	1023.00	788.700	16.15	9.228	4.614	6286
冬季	343.7	1739	36.91	18.450	168.40	62.280	2.306	2371
平均	625.8	3437	594.60	360.400	53.64	20.180	1.730	5093

表5-33　2012年岗更诺尔湖浮游植物生物量

mg/L

种类	蓝藻门	绿藻门	硅藻门	金藻门	隐藻门	裸藻门	甲藻门	合计
春季	1.556	14.680	5.0260	0.4130		0.3229		21.9979
夏季	1.136	9.183	0.4830	0.0069	0.5997			11.4086
秋季	5.545	11.630	3.0620	0.7287	0.3230	0.1888	0.1846	21.6621
冬季	1.977	2.560	0.1522	0.0185	1.5800	0.9918	0.0922	7.3717
平均	2.554	9.513	2.1810	0.2918	0.6257	0.3759	0.0692	15.6106

3. 各季节浮游植物调查情况

（1）春季调查结果

水体浮游植物数量平均为8720（7658～9774）万个/L。绿藻门占优势，平均为6299万个/L；其次是硅藻门，为1259万个/L；金藻门、蓝藻门分别为632.2万个/L、520.6万个/L；裸藻门最少，为9.228万个/L。

浮游植物生物量平均为22.00（20.01～23.30）mg/L，主要由绿藻门组成，为14.68mg/L；硅藻门其次，为5.026mg/L；蓝藻门为1.5560mg/L；金藻门、裸藻门生物量很小，分别为0.4130mg/L、0.3229mg/L。具体调查测定结果详见表5-34、表5-35。

表5-34　6月岗更诺尔湖浮游植物数量

万个/L

样点	蓝藻门	绿藻门	硅藻门	金藻门	隐藻门	裸藻门	甲藻门	合计
1#	703.5	6574	484.0	0.00		23.070		7785
2#	284.9	6399	898.5	2192.00				9774
3#	968.8	6436	1499.0	138.40		23.070		9065
4#	230.7	5213	2122.0	92.27				7658
5#	415.2	6874	1292.0	738.20				9319
平均	520.6	6299	1259.0	632.20		9.228		8720

表5-35　6月岗更诺尔湖浮游植物生物量

mg/L

样点	蓝藻门	绿藻门	硅藻门	金藻门	隐藻门	裸藻门	甲藻门	合计
1#	1.8450	17.51	2.561	0.0000		1.3840		23.30
2#	0.3288	15.74	2.849	1.0960				20.01

（续）

样点	蓝藻门	绿藻门	硅藻门	金藻门	隐藻门	裸藻门	甲藻门	合计
3#	1.4530	14.58	5.604	0.1384		0.2307		22.01
4#	0.2307	12.96	9.919	0.0923				23.20
5#	3.9210	12.63	4.199	0.7382				21.49
平均	1.5560	14.68	5.026	0.4130		0.3229		22.00

绿藻门种类栅列藻、腔球藻、网球藻、盘星藻数量多，是优势种。硅藻门的脆杆藻、针杆藻、直链藻为习见种。蓝藻门的主要种类是楔形藻、席藻、蓝纤维，金藻门的主要种类是金藻，这些藻类个体都小，对生物量影响不大。在岗更诺尔湖4#样点硅藻门的直链藻的大量出现提升了硅藻门生物量。春季湖中浮游植物数量、生物量的水平分布没有明显差异。

（2）夏季调查结果

水体浮游植物数量平均为2997.8（455.2～4866.6）万个/L。绿藻门占优势，平均为1678.0万个/L；其次是蓝藻门，为1228.000万个/L；硅藻门、隐藻门分别为59.52万个/L、29.99万个/L；金藻门最少，为2.306万个/L。

浮游植物生物量平均为11.409（1.461～22.004）mg/L，主要是绿藻门，为9.1830mg/L；蓝藻门其次，为1.1360mg/L；隐藻门、硅藻门、金藻门极少，分别为0.5997mg/L、0.4830mg/L、0.0069mg/L。具体调查测定结果详见表5-36、表5-37。

表5-36　7月岗更诺尔湖浮游植物数量　　万个/L

样点	蓝藻门	绿藻门	硅藻门	金藻门	隐藻门	裸藻门	甲藻门	合计
1#	1580.000	3102.0	126.90		57.67			4866.6
2#	818.900	1859.0	92.28	11.530	34.60			2816.3
3#	2803.000	1326.0	11.53		11.53			4152.1
4#	934.200	1707.0	23.07		46.14			2710.4
5#	4.614	396.8	43.82					445.2
平均	1228.000	1678.0	59.52	2.306	29.99			2997.8

表5-37　7月岗更诺尔湖浮游植物生物量　　mg/L

样点	蓝藻门	绿藻门	硅藻门	金藻门	隐藻门	裸藻门	甲藻门	合计
1#	1.5800	18.2100	1.0610		1.1530			22.004
2#	0.8189	9.7060	0.1845	0.0346	0.6920			11.436
3#	2.8030	10.3600	0.0185		0.2306			13.412
4#	0.4729	6.8740	0.4614		0.9228			8.731
5#	0.0046	0.7672	0.6897					1.461
平均	1.1360	9.1830	0.4830	0.0069	0.5997			11.409

夏季，绿藻门的卵囊藻、蓝藻门的楔形藻为优势种，卵囊藻个体大，是生物量的主要组成；绿藻门的腔星藻、栅列藻、盘星藻及蓝藻门鱼腥藻为习见种。岗更诺尔湖1#样点浮游植物数量最多，又以

卵囊藻为主，生物量也最大。岗更诺尔湖3#样点浮游植物数量比1#样点略低，但以个体较小的楔形藻为主，生物量比1#样点明显偏低。岗更诺尔湖5#样点的浮游植物数量较其他点位相差悬殊，优势种是绿藻门中个体小的网球藻，生物量最低。夏季湖中浮游植物水平分布差异明显。

（3）秋季调查结果

浮游植物数量平均为6285（2918～10958）万个/L。绿藻门占优势，平均为4033万个/L；其次是硅藻门，平均为1023.0万个/L；金藻门、蓝藻门分别平均为788.7万个/L、410.6万个/L；隐藻门、裸藻门、甲藻门很少，分别平均为16.15万个/L、9.228万个/L、4.614万个/L。

浮游植物生物量平均为21.66（13.84～33.08）mg/L，主要由绿藻门组成，平均为11.63mg/L；蓝藻门、硅藻门其次，分别平均为5.545mg/L、3.062mg/L；金藻门、隐藻门、裸藻门、甲藻门极少，分别平均为0.7287mg/L、0.3230mg/L、0.1888mg/L、0.1846mg/L。具体调查结果详见表5-38、表5-39。

表5-38　9月岗更诺尔湖浮游植物数量

万个/L

样点	蓝藻门	绿藻门	硅藻门	金藻门	隐藻门	裸藻门	甲藻门	合计
1#	692.1	3691	1289.0	1153.0		23.070		6848
2#	69.2	3784	1384.0	692.0		23.070		5952
3#	830.4	7544	1315.0	1176.0	69.20		23.070	10958
4#	184.5	3368	507.5	692.0				4752
5#	276.8	1776	622.8	230.7	11.53			2918
平均	410.6	4033	1023.0	788.7	16.15	9.228	4.614	6285

表5-39　9月岗更诺尔湖浮游植物生物量

mg/L

样点	蓝藻门	绿藻门	硅藻门	金藻门	隐藻门	裸藻门	甲藻门	合计
1#	9.225	11.070	3.267	1.1530		0.0210		24.74
2#	2.768	12.200	4.152	0.3460		0.9228		20.39
3#	4.844	20.760	3.945	1.2220	1.3840		0.9228	33.08
4#	3.045	8.583	1.522	0.6920				13.84
5#	7.842	5.513	2.422	0.2307	0.2306			16.24
平均	5.545	11.630	3.062	0.7287	0.3230	0.1888	0.1846	21.66

秋季，绿藻门的栅列藻最多，为优势种；腔星藻、盘星藻及硅藻门的脆杆藻、金藻门的金藻为习见种，岗更诺尔湖3#样点浮游植物数量最多，生物量也最大。

（4）冬季调查结果

水体浮游植物数量平均为2371（1903～3518）万个/L。绿藻门占绝对优势，平均为1739万个/L；其次是蓝藻门、隐藻门，分别为343.7万个/L、168.4万个/L；裸藻门、硅藻门、金藻门较少，分别为62.28万个/L、36.91万个/L、18.45万个/L；甲藻门最少，为2.306万个/L。

浮游植物生物量平均为7.372（3.933～9.985）mg/L，主要由绿藻门、蓝藻门、隐藻门组成，分别为2.560mg/L、1.977mg/L、1.580mg/L；裸藻门、硅藻门较少，分别为0.9918mg/L、0.1522mg/L；甲藻门、金藻门极少，分别为0.0922mg/L、0.0185mg/L。具体调查结果详见表5-40、表5-41。

表5-40 12月岗更诺尔湖浮游植物数量 万个/L

样点	蓝藻门	绿藻门	硅藻门	金藻门	隐藻门	裸藻门	甲藻门	合计
1#	507.50	1234	23.07		103.80	34.60		1903
2#	669.00	1326	57.67		103.80	57.67		2214
3#	196.10	2699	34.60		542.10	46.14		3518
4#	265.30	1672	11.53		23.06	80.73	11.530	2064
5#	80.74	1764	57.67	92.27	69.20	92.27		2156
平均	343.70	1739	36.91	18.45	168.40	62.28	2.306	2371

表5-41 12月岗更诺尔湖浮游植物生物量 mg/L

样点	蓝藻门	绿藻门	硅藻门	金藻门	隐藻门	裸藻门	甲藻门	合计
1#	3.6220	2.491	0.1384		1.0380	0.3460		7.635
2#	4.6020	2.307	0.1152		0.4151	0.5767		8.016
3#	0.5883	3.308	0.2076		5.4200	0.4612		9.985
4#	0.2653	2.099	0.0692		0.2306	0.8073	0.4612	3.933
5#	0.8074	2.595	0.2307	0.0923	0.7958	2.7680		7.289
平均	1.9770	2.560	0.1522	0.0185	1.5800	0.9918	0.0922	7.372

冬季绿藻门的网球藻为优势种，栅列藻为次优势种，集星藻、蓝藻门的席藻及蓝纤维、隐藻门的隐藻为习见种，岗更诺尔湖4#样点浮游植物主要种类是绿藻门网球藻，此处个体大的藻类明显少于其他点位，导致生物量明显偏低。

4. 近年来浮游植物变化情况

近几年，内蒙古自治区水产技术推广站一直对岗更诺尔湖水质浮游植物进行常规监测，笔者选择每年春季调查监测结果做一个比对。具体情况详见表5-42、表5-43。

表5-42 近年来岗更诺尔湖浮游植物数量变化情况 万个/L

种类	蓝藻门	绿藻门	硅藻门	金藻门	隐藻门	裸藻门	合计
2005年春	922.8	10908	3552.80				15384
2009年春	9740.8	6883	6744.50	594.1	43.25	14.380	24020
2010年春	954.9	3834	728.40	989.5			6507
2011年春	325.8	2520	14.42			5.768	2866
2012年春	520.6	6299	1259.00	632.2		9.228	8720

表5-43 近年来岗更诺尔湖浮游植物生物量变化情况 mg/L

种类	蓝藻门	绿藻门	硅藻门	金藻门	隐藻门	裸藻门	合计
2005年春	0.0461	31.790	7.9180				39.754
2009年春	12.5400	20.670	22.4300	1.6370	0.285	0.7200	57.997

（续）

种类	蓝藻门	绿藻门	硅藻门	金藻门	隐藻门	裸藻门	合计
2010年春	2.3230	9.473	1.2920	0.6043			13.692
2011年春	0.5965	7.313	0.0435			0.1153	8.068
2012年春	1.5560	14.680	5.0260	0.4130		0.3229	21.998

岗更诺尔湖为淡水湖泊，水中各种营养盐类较为丰富，适宜浮游植物的繁殖生长，特别是绿藻门藻类数量最多、生物量最大，湖水水色常年呈深绿色。从近几年春季监测结果可见，岗更诺尔湖浮游植物数量、生物量呈不规则波动变化，无特别明显的变化趋势。除2009年春季外，其他年份岗更诺尔湖春季均为绿藻门藻类占绝对优势。

5. 鱼产力评估

从调查结果可见，岗更诺尔湖浮游植物年平均生物量为15.61mg/L，如果岗更诺尔湖水深按1.7m计算，每亩水面平均有浮游植物17.69kg，若按饵料系数40、利用率20%、P/B系数60来计算，由浮游植物提供的鱼产力约为5.307kg/亩。

鱼产力=17.69kg/亩×60×20%÷40=5.307kg/亩

（三）多伦诺尔湖及两条主要河流浮游植物

1. 种类组成

经过2012年春、夏、秋、冬四次采样调查，鉴定多伦诺尔湖有浮游植物8门64属。其中：蓝藻门10属，绿藻门24属，硅藻门17属，金藻门3属，裸藻门4属，隐藻门2属，甲藻门3属，黄藻门1属。

贡格尔河有浮游植物7门50属。其中：蓝藻门9属，绿藻门19属，硅藻门13属，金藻门2属，裸藻门4属，隐藻门2属，甲藻门1属。

亮子河有浮游植物7门35属。其中：蓝藻门7属，绿藻门11属，硅藻门10属，金藻门1属，裸藻门3属，隐藻门2属，甲藻门1属。具体种类情况详见《附录9：自然保护区浮游植物名录》。

2. 数量和生物量

2012年，多伦诺尔湖浮游植物数量平均为2337.2万个/L，生物量平均为8.656mg/L。四季差异明显，数量、生物量变化趋势相同，春季最高，秋季次之，冬季最低。

贡格尔河明水期浮游植物数量平均为1091.72万个/L，生物量平均为4.136mg/L，夏季明显偏高。

亮子河明水期浮游植物数量平均为130.61万个/L，生物量平均为0.8351mg/L。具体调查测定结果详见表5-44～表5-47。

表5-44　2012年多伦诺尔湖浮游植物数量

万个/L

种类	蓝藻门	绿藻门	硅藻门	金藻门	隐藻门	裸藻门	甲藻门	合计
春季	2924.0	2157.00	276.90	0.000	17.300	9.610	5.765	5390.6
夏季	635.2	416.00	152.20	7.690	6.150	16.150	7.690	1241.1

（续）

种类	蓝藻门	绿藻门	硅藻门	金藻门	隐藻门	裸藻门	甲藻门	合计
秋季	1121.0	988.20	201.80	0.000	3.845	0.000	5.765	2320.6
冬季	161.5	47.29	67.67	99.990	15.770	4.998	1.154	398.4
平均	1210.0	902.10	174.60	26.920	10.770	7.690	5.094	2337.2

表5-45 2012年两条主要河流浮游植物数量

万个/L

种类	蓝藻门	绿藻门	硅藻门	金藻门	隐藻门	裸藻门	甲藻门	合计
贡格尔河春		56.290	162.70	3.460	1.1540			223.60
贡格尔河夏	92.27	2745.000	80.74		57.6700			2975.68
贡格尔河秋		15.000	56.14	1.923		2.6920		75.76
平均	30.76	938.800	99.86	1.794	19.6100	0.8973		1091.72
亮子河春季	16.15	7.690	19.22	6.921	0.7689			50.75
亮子河夏季	12.31	33.840	27.68			3.0760		76.91
亮子河秋季	230.70	9.227	19.60		3.4600	1.1530		264.14
平均	86.39	16.920	22.17	2.307	1.4100	1.4100		130.61

表5-46 2012年多伦诺尔湖浮游植物生物量

mg/L

种类	蓝藻门	绿藻门	硅藻门	金藻门	隐藻门	裸藻门	甲藻门	合计
春季	8.5930	6.061	2.8650	0.0000	0.6920	0.6534	0.4612	19.326
夏季	0.9212	1.260	0.7543	0.0154	0.1999	0.6458	0.2307	4.027
秋季	5.9550	2.966	0.9460	0.0000	0.1154	0.0000	0.1730	10.155
冬季	0.1716	0.113	0.1542	0.1750	0.3153	0.1384	0.0462	1.114
平均	3.9100	2.600	1.1800	0.0476	0.3307	0.3594	0.2278	8.656

表5-47 2012年两条主要河流浮游植物生物量

mg/L

种类	蓝藻门	绿藻门	硅藻门	金藻门	隐藻门	裸藻门	甲藻门	合计
贡格尔河春		0.5282	1.1070	0.0104	0.0462			1.6918
贡格尔河夏	0.0923	8.2330	0.2422		1.1530			9.7205
贡格尔河秋		0.1015	0.7814	0.0058		0.1077		0.9964
平均	0.0308	2.9540	0.7102	0.0054	0.3997	0.0359		4.1360
亮子河春季	0.0081	0.5306	0.9071		0.1915	0.0077		1.6450
亮子河夏季	0.0246	0.1015	0.2461			0.0615		0.4337
亮子河秋季	0.2307	0.0046	0.0945		0.1038	0.0231		0.4567
平均	0.0878	0.2022	0.4159		0.0984	0.0308		0.8351

3. 各季节浮游植物状况

（1）春季调查结果

数量 多伦诺尔湖春季水体浮游植物数量平均为5390.58（4575.36 ~ 6204.73）万个/L。蓝藻门、绿藻门占优势，分别平均为2924.00万个/L、2157.00万个/L；其次是硅藻门，为276.9万个/L；隐藻门、裸藻门、甲藻门极少，分别为17.300万个/L、9.61万个/L、5.765万个/L。蓝藻门的席藻为优势种；绿藻门的网球藻、栅列藻、盘星藻、四角藻，蓝藻门的微囊藻及硅藻门的直链藻、针杆藻为习见种。

贡格尔河浮游植物数量平均为223.60万个/L，以硅藻门为主；绿藻门其次。硅藻门的新月菱形藻为优势种；硅藻门的针杆藻、脆杆藻及绿藻门的网球藻、衣藻为习见种。

亮子河浮游植物数量为50.75万个/L，数量较少。具体调查测定结果详见表5-48。

表5-48 春季多伦诺尔湖及两条主要河流浮游植物数量

万个/L

样点	蓝藻门	绿藻门	硅藻门	金藻门	隐藻门	裸藻门	甲藻门	合计
多伦诺尔湖东	3126.00	2998.00	46.14		11.5300	11.530	11.530	6204.73
多伦诺尔湖西	2722.00	1315.00	507.60		23.0700	7.689		4575.36
平均	2924.00	2157.00	276.90		17.3000	9.610	5.765	5390.58
贡格尔河上		83.74	106.10	6.920				196.76
贡格尔河下		28.83	219.20		2.3070			250.34
平均		56.29	162.70	3.460	1.1540			223.60
亮子河	16.15	7.69	19.22	6.921	0.7689			50.75

生物量 春季，多伦诺尔湖生物量平均为19.326（18.640 ~ 20.010）mg/L，主要由蓝藻门、绿藻门组成，分别为8.593mg/L、6.061mg/L；硅藻门其次，为2.865mg/L；隐藻门、裸藻门、甲藻门生物量很小，分别为0.6920mg/L、0.6534mg/L、0.4612mg/L。蓝藻门的席藻的生物量最多，硅藻门的针杆藻，绿藻门的网球藻、栅列藻及蓝藻门的色球藻也是生物量的重要组成部分。

贡格尔河浮游植物生物量为1.692mg/L。

亮子河浮游植物生物量为1.645mg/L。具体调查测定结果详见表5-49。

表5-49 春季多伦诺尔湖及两条主要河流浮游植物生物量

mg/L

样点	蓝藻门	绿藻门	硅藻门	金藻门	隐藻门	裸藻门	甲藻门	合计
多伦诺尔湖东	9.0200	8.1770	0.2767		0.4612	1.1530	0.9224	20.010
多伦诺尔湖西	8.1660	3.9450	5.4530		0.9228	0.1538		18.640
平均	8.5930	6.0610	2.8650		0.6920	0.6534	0.4612	19.326
贡格尔河上		0.3228	1.6540		0.0923			2.069
贡格尔河下		0.7335	0.5606	0.0208				1.315
平均		0.5282	1.1070	0.0104	0.0462			1.692
亮子河	0.0081	0.5306	0.9071		0.1915	0.0077		1.645

（2）夏季调查结果

数量 多伦诺尔湖夏季水体浮游植物数量平均为1241.08（751.98～1730.12）万个/L。蓝藻门、绿藻门占优势，分别平均为635.2万个/L、416.0万个/L；其次是硅藻门，为152.2万个/L；金藻门、隐藻门、裸藻门、甲藻门最少，分别为7.690万个/L、6.150万个/L、16.15万个/L、7.690万个/L。蓝藻门的微囊藻为优势种，绿藻门的栅列藻、四角藻为次优势种。

贡格尔河浮游植物数量为2975.68万个/L，以绿藻为主，还有少量的蓝藻、硅藻、隐藻。绿藻门的腔星藻最多，其次是卵囊藻、栅列藻、盘星藻。贡格尔河夏季浮游植物明显增多。

亮子河浮游植物数量为76.91万个/L。具体调查测定结果详见表5-50。

表5-50 夏季多伦诺尔湖及两条主要河流浮游植物数量 万个/L

样点	蓝藻门	绿藻门	硅藻门	金藻门	隐藻门	裸藻门	甲藻门	合计
多伦诺尔湖东	984.30	430.60	253.70	15.380	7.689	23.070	15.380	1730.12
多伦诺尔湖西	286.00	401.40	50.75		4.610	9.220		751.98
平均	635.20	416.00	152.20	7.690	6.150	16.150	7.690	1241.08
贡格尔河	92.27	2745.00	80.74		57.670			2975.68
亮子河	12.31	33.84	27.68			3.076		76.91

生物量 多伦诺尔湖夏季生物量平均为4.0273（2.6475～5.4059）mg/L，主要由绿藻门组成，为1.260mg/L；其次为蓝藻门、硅藻门、裸藻门，分别为0.9212mg/L、0.7543mg/L、0.6458mg/L；金藻门、隐藻门、甲藻门生物量较小。

贡格尔河浮游植物生物量为9.7205mg/L，绿藻门占绝对优势，其中腔星藻最多，其次是隐藻、栅列藻、卵囊藻。

亮子河浮游植物生物量为0.4337mg/L。具体调查测定结果详见表5-51。

表5-51 夏季多伦诺尔湖及两条主要河流浮游植物生物量 mg/L

样点	蓝藻门	绿藻门	硅藻门	金藻门	隐藻门	裸藻门	甲藻门	合计
多伦诺尔湖东	0.9843	1.3150	1.3840	0.0308	0.3076	0.9228	0.4614	5.4059
多伦诺尔湖西	0.8580	1.2040	0.1245		0.0922	0.3688		2.6475
平均	0.9212	1.2600	0.7543	0.0154	0.1999	0.6458	0.2307	4.0273
贡格尔河	0.0923	8.2330	0.2422		1.1530			9.7205
亮子河	0.0246	0.1015	0.2461			0.0615		0.4337

（3）秋季调查结果

数量 多伦诺尔湖秋季水体浮游植物数量平均为2320.61（1330.07～3310.33）万个/L。蓝藻门、绿藻门占优势，分别平均为1121万个/L、988.2万个/L；其次是硅藻门，为201.8万个/L；隐藻门、甲藻门较少，分别为3.845万个/L、5.765万个/L。蓝藻门的等片藻、微囊藻、席藻、绿藻门的栅列藻为优势种，其次是绿藻门的微芒藻、小球藻、卵囊藻，硅藻门的直链藻、针杆藻。

贡格尔河浮游植物数量为75.76万个/L，以硅藻为主，绿藻其次，还有少量的裸藻、金藻。

亮子河浮游植物数量为264.14万个/L，以蓝藻门为主。具体调查测定结果详见表5-52。

表5-52　9月多伦诺尔湖及两条主要河流浮游植物数量

万个/L

样点	蓝藻门	绿藻门	硅藻门	金藻门	隐藻门	裸藻门	甲藻门	合计
多伦诺尔湖东	707.2	522.900	92.28		7.689			1330.07
多伦诺尔湖西	1534.0	1453.500	311.30				11.530	3310.33
平均	1121.0	988.200	201.80		3.845		5.765	2320.61
贡格尔河上		6.920	64.59	2.307		2.307		76.12
贡格尔河下		23.070	47.68	1.538		3.076		75.36
平均		15.000	56.14	1.923		2.692		75.76
亮子河	230.7	9.227	19.60		3.460	1.153		264.14

生物量　多伦诺尔湖秋季生物量平均为10.1554（9.2902 ~ 11.0169）mg/L，主要由蓝藻门组成，为5.955mg/L；绿藻门其次，为2.966mg/L；硅藻门、隐藻门、甲藻门生物量较小，分别为0.946mg/L、0.1154mg/L、0.1730mg/L。湖中生物量主要由微囊藻和平列藻藻团组成，其次是席藻、栅列藻。

贡格尔河浮游植物生物量为0.9964mg/L，主要是硅藻门的针杆藻。

亮子河浮游植物生物量为0.4567mg/L，主要是蓝藻门的席藻。具体调查结果详见表5-53。

表5-53　9月多伦诺尔湖及两条主要河流浮游植物生物量

mg/L

样点	蓝藻门	绿藻门	硅藻门	金藻门	隐藻门	裸藻门	甲藻门	合计
多伦诺尔湖东	7.3060	1.5690	0.1845		0.2307			9.2902
多伦诺尔湖西	4.6030	4.3610	1.7070				0.3459	11.0169
平均	5.9550	2.9660	0.9460		0.1154		0.1730	10.1554
贡格尔河上		0.0276	1.2460	0.0069		0.0923		1.3728
贡格尔河下		0.1753	0.3168	0.0046		0.1230		0.6197
平均		0.1015	0.7814	0.0058		0.1077		0.9964
亮子河	0.2307	0.0046	0.0945		0.1038	0.0231		0.4567

（4）冬季调查结果

数量　多伦诺尔湖冬季水体浮游植物数量平均为398.4（296.1 ~ 500.6）万个/L。蓝藻门占优势，平均为161.5万个/L；其次是金藻门，为99.99万个/L；硅藻、绿藻较少，分别为67.67万个/L、47.29万个/L；隐藻门、裸藻门、甲藻门最少，分别为15.77万个/L、4.998万个/L、1.154万个/L。蓝藻门的蓝球藻数量最多，其次是金藻门的金藻。

贡格尔河、亮子河通体封冰，没有采到样品。具体调查结果详见表5-54。

表5-54 12月多伦诺尔湖浮游植物数量 万个/L

样点	蓝藻门	绿藻门	硅藻门	金藻门	隐藻门	裸藻门	甲藻门	合计
多伦诺尔湖东	11.53	92.270	61.51	107.70	15.38	7.689		296.1
多伦诺尔湖西	311.40	2.307	73.82	92.27	16.15	2.307	2.307	500.6
平均	161.50	47.290	67.67	99.99	15.77	4.998	1.154	398.4

生物量　冬季多伦诺尔生物量平均为1.1137（0.9929 ~ 1.2343）mg/L。隐藻门相对较多，为0.3153mg/L。具体调查结果详见表5-55。

表5-55 12月多伦诺尔湖浮游植物生物量 mg/L

样点	蓝藻门	绿藻门	硅藻门	金藻门	隐藻门	裸藻门	甲藻门	合计
多伦诺尔湖东	0.0432	0.2191	0.1192	0.0731	0.3076	0.2307		0.9929
多伦诺尔湖西	0.2999	0.0069	0.1892	0.2769	0.3230	0.0461	0.0923	1.2343
平均	0.1716	0.1130	0.1542	0.1750	0.3153	0.1384	0.0462	1.1137

4. 多伦诺尔湖鱼产力评估

从调查结果可见，多伦诺尔浮游植物年平均生物量为8.658mg/L，如果水深按1.7m计算，多伦诺尔湖每亩水面平均有浮游植物9.812kg，若按饵料系数40、利用率20%、P/B系数60来计算，多伦诺尔湖由浮游植物提供的鱼产力约为2.944kg/亩。

鱼产力=9.812kg/亩 × 60 × 20% ÷ 40=2.944kg/亩

第四节　浮游动物

一、调查采样方法及采样点介绍

本次调查按照《内陆水域渔业自然资源调查规范》和相关标准进行。湖泊调查方面，达里诺尔湖面积较大，湖中设10个采样点，岗更诺尔湖设5个采样点，多伦诺尔湖设2个采样点。河流调查方面，贡格尔河设上游、下游2个采样点，亮子河设下游河段1个采样点进行监测。分别在春、夏、秋、冬四个季节进行浮游动物调查。各采样点水深不同，采样方式就不同，水深2m以上的采样点采上、中、下三层水混匀后取样，水深2m以下的采样点取上、下两层水混匀后取样。具体采样时间和采样点位置与水化相同。每个采样点采水10L，经25#浮游生物网过滤后收集于水样瓶中，加福尔马林固定，带回实验室沉淀浓缩至10 ~ 15mL，用1mL计数框在100倍显微镜下全片鉴定计数2次，取其平均值。原生动物测定是用浮游植物样品浓缩至10 ~ 15mL，用0.1mL计数框在400倍显微镜下鉴定计数。由于轮虫、桡足类的无节幼体在浮游植物中很少出现，所以这些小型动物亦同大型动物一同计数。

二、调查结果

（一）达里诺尔湖浮游动物

1. 种类组成

经初步鉴定，达里诺尔湖浮游动物有4大类31个（科）属。其中：桡足类2科，枝角类4属，轮虫类12属，原生动物门13属。具体种类详见《附录10：自然保护区浮游动物名录》。

2. 数量和生物量

由于浮游动物个体大小差别较大，因此计算方法也不同，在计算数量时，将其分为大型浮游动物（枝角类、桡足类、无节幼体、轮虫类）和原生动物两部分。由4次调查结果分析可见，达里诺尔湖浮游动物中原生动物的数量最多，平均为0.73×10^4个/L。大型浮游动物数量较少，平均为92.9个/L，其中以桡足类及其无节幼体占多数，平均数量为76.2个/L；枝角类、轮虫数量较少，平均数量分别为8.7个/L和8.0个/L。

达里诺尔湖浮游动物平均生物量为1.146mg/L，以桡足类及其无节幼体所占比例最大，达到74.70%；枝角类次之，占22.75%；原生动物和轮虫的生物量都很小，分别占1.91%和0.64%。各类浮游动物数量、生物量及所占比例详见表5-56、表5-57。

3. 数量和生物量季节变化情况

达里诺尔湖原生动物数量和生物量均以夏季最高，分别平均为1.26×10^4个/L、0.0379mg/L，与春季相差不大；冬季最少，分别平均仅为0.05×10^4个/L、0.0015mg/L。

达里诺尔湖大型浮游动物数量以春季最高，平均数量为151.4个/L；夏季次之，平均数量为115.1个/L；冬季最少，平均数量仅为10.5个/L。生物量以夏季最高，平均生物量为2.2826mg/L；春季次之，平均生物量为1.4094mg/L；冬季最少，平均生物量仅为0.0931mg/L。桡足类及其无节幼体平均生物量在浮游动物中所占比例很高，在春季、秋季和冬季均超过90%，在夏季也达到52.73%。枝角类在夏季生物量较大，占浮游动物生物量的45.08%。枝角类仅在夏季出现短暂的高峰，其他三季均很少；桡足类的幼体和成体的数量随着季节变换有较大转换，并引起生物量发生较大变化。达里诺尔湖各类浮游动物的数量和生物量随着季节变化有非常显著的变化。具体变化情况详见表5-56、表5-57。

表5-56　达里诺尔湖浮游动物数量各季节变化情况　　个/L

采样季节	原生动物们	大型浮游动物				
		枝角类	桡足类	无节幼体	轮虫类	合计
春季	1.11×10^4	0.1	48.3	101.0	2.0	151.4
夏季	1.26×10^4	34.3	59.6	2.9	18.3	115.1
秋季	0.49×10^4	0.2	26.7	56.8	11.0	94.7
冬季	0.05×10^4	0.3	2.6	7.0	0.6	10.5
平均	0.73×10^4	8.7	34.3	41.9	8.0	92.9

表5-57 达里诺尔湖浮游动物生物量各季节变化情况及组成比例 mg/L

采样季节	原生动物门	大型浮游动物				
		枝角类	桡足类	无节幼体	轮虫类	合计
春季	0.0333	0.0020	0.9680	0.4044	0.0019	1.4094
夏季	0.0379	1.0290	1.1920	0.0116	0.0121	2.2826
秋季	0.0147	0.0046	0.5340	0.2288	0.0145	0.7966
冬季	0.0015	0.0070	0.0560	0.0280	0.0006	0.0931
平均	0.0219	0.2595	0.6875	0.1682	0.0073	1.1460
所占比例（%）	1.91	22.75	60.02	14.68	0.64	100

4. 浮游动物种类各季节变化情况

经测定，达里诺尔湖春季大型浮游动物种类有桡足类的镖水蚤科、剑水蚤科；枝角类的溞属、低额溞属；轮虫类的臂尾轮属、龟甲轮属、晶囊轮属、单趾轮属、三肢轮属等2个科5个属；原生动物门的种类有缨球虫属、变形虫属、草履虫属、斜管虫属、表壳虫属、沙壳虫属、钟虫属、聚缩虫属、栉毛虫属等9个属。

夏季大型浮游动物种类有桡足类的剑水蚤科；枝角类的船卵溞属、秀体溞属；轮虫类的臂尾轮属、单趾轮属、多肢轮属、三肢轮属、腔轮属等1个科5个属；原生动物门的种类有钟虫属、缨球虫属、变形虫属、草履虫属、沙壳虫属、漫游虫属、焰毛虫属、裸口虫属等8个属。

秋季大型浮游动物种类有桡足类的剑水蚤科；轮虫类的臂尾轮属、龟甲轮属、晶囊轮属、腔轮属、多肢轮属、三肢轮属、水轮属、须足轮属、单趾轮属等1个科9个属；原生动物门的种类有焰毛虫属、钟虫属、表壳虫属等3个属。

冬季大型浮游动物种类有桡足类的剑水蚤科；枝角类的溞属、低额溞属、秀体溞属；轮虫类的臂尾轮属、龟甲轮属、无柄轮属、巨腕轮属、多肢轮属、腹尾轮属1个科6个属；原生动物门的焰毛虫属、镏弹虫（板壳虫）属等2个属。

达里诺尔湖的浮游动物中，桡足类的剑水蚤科、轮虫类的臂尾轮属常年出现，其余各科、属均有消失季节。桡足类的镖水蚤科仅在春季出现。枝角类种类不多，有一定变化幅度，溞属、低额溞属在春季、冬季出现，秀体溞属在夏季、冬季出现，船卵溞属仅在夏季出现，秋季无枝角类出现。轮虫类种类相对较多，变化幅度也较大，单趾轮属、三肢轮属在春季、夏季、秋季出现，龟甲轮属在春季、秋季、冬季出现，多肢轮属在夏季、秋季、冬季出现，晶囊轮属在春季、秋季出现，腔轮属在夏季、秋季出现，水轮属、须足轮属仅在秋季出现，无柄轮属、巨腕轮属、腹尾轮属仅在冬季出现。原生动物门种类在春季、夏季较多，秋季、冬季很少，各季节种类变化较大。达里诺尔湖浮游动物的种类组成随着季节变化有显著变化。

5. 浮游动物的水平分布情况

达里诺尔湖水域面积较大，湖水盐碱含量高，水体结构较为复杂多变，湖水深浅变化较大，采样点最深处超过10m，最浅处不足2m。从表5-58～表5-61可见大型，大型浮游动物数量水平分布在春季以9#采样点最高，10#次之，2#最低；在夏季以8#采样点最高，10#、5#次之，这3个采样点差别不大，其中8#、10#与春季时基本相同，1#最低；在秋季以2#、8#采样点最高，9#其次，10#最低；在冬季以3#采样点最高，7#其次，1#最低。

浮游动物生物量水平分布在春季以8#采样点最高，9#次之，2#最低；在夏季以5#采样点最高，2#次之，1#最低；在秋季以8#采样点最高，2#次之，10#最低；在冬季以3#采样点最高，5#次之，1#最低。

各采样点浮游动物数量和生物量相差悬殊、分布非常不均匀且无明显规律，各采样点浮游动物数量的大小排列顺序与生物量的大小排列顺序差别也较大，表明各采样点浮游动物的种类组成差别很大，并随着季节变化而发生较大变化。

表5-58　达里诺尔湖春季浮游动物数量和生物量水平分布情况

采样点	数量（个/L）						生物量（mg/L）					
	原生动物门	大型浮游动物					原生动物门	大型浮游动物				合计
		枝角类	桡足类	无节幼体	轮虫类	合计		枝角类	桡足类	无节幼体	轮虫类	
1#	2.10×10^4		49	68.0	3.5	120.5	0.0630		0.98	0.270	0.0038	1.3168
2#	1.05×10^4		11	11.5	0.5	23.0	0.0315		0.22	0.050	0.0010	0.3025
3#	2.10×10^4		25	15.0	1.0	41.0	0.0630		0.50	0.060	0.0020	0.6250
4#	0.45×10^4		50	124.0		174.0	0.0135		1.00	0.500		1.5135
5#	1.20×10^4	1	22	51.0	7.0	81.0	0.0360	0.02	0.44	0.200	0.0021	0.6981
6#	0.90×10^4		30	100.0	6.0	136.0	0.0270		0.60	0.400	0.0090	1.0360
7#	1.20×10^4		42	60.0		102.0	0.0360		0.84	0.240		1.1160
8#	0.90×10^4		114	138.0		252.0	0.0270		2.30	0.560		2.8870
9#	0.70×10^4		84	236.0	2.0	322.0	0.0210		1.68	0.944	0.0006	2.6456
10#	0.50×10^4		56	206.0		262.0	0.0150		1.12	0.820		1.9550

表5-59　达里诺尔湖夏季浮游动物数量和生物量水平分布情况

采样点	数量（个/L）						生物量（mg/L）					
	原生动物门	大型浮游动物					原生动物门	大型浮游动物				合计
		枝角类	桡足类	无节幼体	轮虫类	合计		枝角类	桡足类	无节幼体	轮虫类	
1#	0.30×10^4	6	28		6	40	0.0090	0.18	0.56		0.0084	0.7574
2#	0.60×10^4	48	96	4	2	150	0.0180	1.44	1.92	0.016	0.0080	3.3840
3#	0.15×10^4	23	84			107	0.0050	0.69	1.68			2.3750
4#	0.30×10^4	29	42			71	0.0090	0.87	0.84			1.7190
5#	0.75×10^4	88	132			220	0.0225	2.64	2.64			5.3025
6#	0.45×10^4	14	84	4	2	104	0.0135	0.42	1.68	0.016	0.0080	2.1375
7#	0.90×10^4	34	43			77	0.0270	1.02	0.86			1.9070
8#	1.65×10^4	66	32			98	0.0495	1.98	0.64			2.6695
9#	2.70×10^4	15	27	1	1	44	0.0810	0.45	0.54	0.004	0.0020	1.0770
10#	4.80×10^4	20	28	20	172	240	0.1440	0.60	0.56	0.080	0.0950	1.4790

表5-60 达里诺尔湖秋季浮游动物数量和生物量水平分布情况

采样点	数量（个/L）						生物量（mg/L）					
	原生动物门	大型浮游动物					原生动物门	大型浮游动物				合计
		枝角类	桡足类	无节幼体	轮虫类	合计		枝角类	桡足类	无节幼体	轮虫类	
1#	0.6×10^4		17	55		72	0.018		0.34	0.220		0.5780
2#	0.3×10^4		28	104	4	136	0.009		0.56	0.420	0.0080	0.9970
3#	0.5×10^4		21	85	3	109	0.015		0.42	0.340	0.0060	0.7810
4#	0.4×10^4		28	69	17	114	0.012		0.56	0.280	0.0660	0.9180
5#	0.3×10^4		16	32	2	50	0.009		0.32	0.130	0.0080	0.4670
6#	0.4×10^4		30	48	2	80	0.012		0.60	0.200	0.0080	0.8200
7#	0.5×10^4		32	78	6	116	0.015		0.64	0.310	0.0006	0.9656
8#	0.4×10^4		54	58	20	132	0.012		1.08	0.230	0.0100	1.3320
9#	0.3×10^4		38	37	52	127	0.009		0.76	0.150	0.0362	0.9552
10#	1.2×10^4		3	2	4	9	0.036		0.06	0.008	0.0024	0.1064

表5-61 达里诺尔湖冬季浮游动物数量和生物量水平分布情况

采样点	数量（个/L）						生物量（mg/L）					
	原生动物门	大型浮游动物					原生动物门	大型浮游动物				合计
		枝角类	桡足类	无节幼体	轮虫类	合计		枝角类	桡足类	无节幼体	轮虫类	
1#	0.1×10^4		1			1	0.003		0.02			0.0230
2#	0.1×10^4		1	3	1	5	0.003		0.02	0.012	0.0001	0.0351
3#	0.1×10^4		5	25		30	0.003		0.10	0.100		0.2030
4#	0.1×10^4	1	2	1	1	5	0.003	0.02	0.04	0.004	0.0003	0.0673
5#		1	8	2		11		0.03	0.16	0.008		0.1980
6#		1	3	9	1	14		0.02	0.06	0.036	0.0010	0.1170
7#	0.1×10^4		1	21		22	0.003		0.06	0.084		0.1470
8#			1	6		7			0.02	0.024		0.0440
9#			2	1	1	4			0.04	0.004	0.0004	0.0444
10#			2	2	2	6			0.04	0.008	0.0043	0.0523

6. 达里诺尔湖浮游动物历年调查结果比较

根据对2005年、2009年、2010年和2012年四年的调查结果进行分析比较，达里诺尔湖春季大型浮游动物数量以2012年最高，其中桡足类及无节幼体始终占有非常大的比例，枝角类、轮虫所占比例则一直很小；春季浮游动物生物量则以2009年最高，其中桡足类生物量较大。夏季大型浮游动物数量以2009年最高，2005年次之，2012年为历年最低；夏季浮游动物生物量以2009年最高，远超其他年份，主要是由于大型枝角类、桡足类数量大所致，2005年最低。秋季大型浮游动物数量以2010年最高，与2005年较为接近，但各种类的数量分布上有较大差别，2012年数量显著高于2009年，但大幅低于2005年和2010年；生物量以2010年最高，2012年为历年最低，且差距很大。达里诺尔湖冬季2012年大型浮游动物数量和生物量比2005年均有大幅度下降，原生动物门的数量和生物量虽有较大提高，但都在较低的水平上。达里诺尔湖历年各季节浮游动物数量和生物量具体变化情况详见表5-62、表5-63。

表5-62　达里诺尔湖历年各季节浮游动物数量变化情况

个/L

采样季节	年代	原生动物门	大型浮游动物				合计
			枝角类	桡足类	无节幼体	轮虫类	
春季	2005年	0.140×10^4	0.10	78.1	21.1	5.6	104.9
春季	2009年	0.660×10^4	1.50	85.0	0.5	1.8	88.8
春季	2010年	1.130×10^4	0.30	60.8	7.8	0.5	69.4
春季	2012年	1.110×10^4	0.10	48.3	101.0	2.0	151.4
夏季	2005年	0.190×10^4	2.80	34.5	13.9	159.6	210.8
夏季	2009年	3.000×10^4	142.80	108.9	0.2	12.6	264.5
夏季	2010年	1.490×10^4	94.80	39.8	3.3	13.5	151.4
夏季	2012年	1.260×10^4	34.30	59.6	2.9	18.3	115.1
秋季	2005年	0.050×10^4	1.40	30.4	50.4	81.6	163.8
秋季	2009年	0.310×10^4	4.00	20.3	4.5	2.8	31.6
秋季	2010年	2.360×10^4	44.00	105.0	8.5	13.3	170.8
秋季	2012年	0.490×10^4	0.20	26.7	56.8	11.0	94.7
冬季	2005年	0.006×10^4	0.04	4.8	31.9	19.5	56.2
冬季	2012年	0.050×10^4	0.30	2.6	7.0	0.6	10.5

表5-63　达里诺尔湖历年各季节浮游动物生物量变化情况

mg/L

采样季节	年度	原生动物门	大型浮游动物				合计
			枝角类	桡足类	无节幼体	轮虫类	
春季	2005年	0.0072	0.0030	2.3420	0.0840	0.0070	2.4432
春季	2009年	0.0199	0.0300	4.0300	0.0020	0.0065	4.0884
春季	2010年	0.0338	0.0050	1.2600	0.0310	0.0002	1.3300
春季	2012年	0.0333	0.0020	0.9680	0.4044	0.0019	1.4096
夏季	2005年	0.0096	0.0790	1.0350	0.0550	0.1710	1.3496
夏季	2009年	0.0900	7.1225	6.5175	0.0008	0.0255	13.7563
夏季	2010年	0.0446	1.9013	0.8638	0.0135	0.0401	2.8633
夏季	2012年	0.0379	1.0290	1.1920	0.0116	0.0121	2.2826
秋季	2005年	0.0023	0.0550	0.9110	0.2020	0.1790	1.3493
秋季	2009年	0.0093	0.0800	0.7300	0.0180	0.0030	0.8402
秋季	2010年	0.0236	0.9500	2.1200	0.0340	0.0475	3.1751
秋季	2012年	0.0147	0.0046	0.5340	0.2288	0.0145	0.7966
冬季	2005年	0.0003	0.0010	0.1430	0.1270	0.0190	0.2903
冬季	2012年	0.0015	0.0070	0.0560	0.0280	0.0006	0.0931

7. 鱼产力评估

从调查结果可见，达里诺尔湖浮游动物年平均生物量为1.146mg/L，如果平均水深按6.0m计算，每亩水面平均有浮游动物4.584kg，若按饵料系数10、利用率25%、P/B系数20来计算，达里诺尔湖由浮游动物提供的鱼产力约为2.292kg/亩。

鱼产力=4.584kg/亩 × 20 × 25% ÷ 10=2.292kg/亩

（二）岗更诺尔湖浮游动物

1. 种类组成

经初步鉴定，岗更诺尔湖浮游动物有4大类25个（科）属。其中：桡足类2科，枝角类2属，原生动物门9属，轮虫类12属。具体种类详见《附录10：自然保护区浮游动物名录》。

2. 数量和生物量

由4次调查结果分析可见，岗更诺尔湖浮游动物中原生动物数量最多，平均数量为2.21×10^4个/L。大型浮游动物平均数量为210.9个/L，其中以桡足类及其无节幼体占多数，平均数量为99.1个/L；轮虫类、枝角类数量较少，平均数量分别为59.3个/L和52.5个/L。

岗更诺尔湖浮游动物平均生物量为2.734mg/L。其中：枝角类所占比例最大，达到50.50%；桡足类及其无节幼体次之，占45.51%；原生动物门和轮虫类的生物量都很小，分别占2.43%和1.57%。各类浮游动物数量、生物量及所占比例详见表5−64、表5−65。

3. 数量和生物量季节变化情况

岗更诺尔湖原生动物门数量和生物量均以秋季最高，平均为6.56×10^4个/L、0.1968mg/L，远超其他季节；夏季最少，平均仅为0.26×10^4/L、0.0078mg/L。

岗更诺尔湖大型浮游动物数量以夏季最高，平均数量为393.6个/L；春季次之，平均数量为195.8个/L；冬季最少，平均数量为100个/L。生物量以夏季最高，平均生物量为5.5444mg/L；春季次之，平均生物量为3.3665mg/L；秋季最少，平均生物量为0.8447mg/L。

岗更诺尔湖春季浮游动物中桡足类及其无节幼体数量较大，轮虫类、枝角类数量较少且基本相同；夏季轮虫类、枝角类、无节幼体数量均大幅度增加，桡足类数量下降，数量和生物量均达到全年最大值；秋季枝角类数量大幅度下降，桡足类及其无节幼体、轮虫类数量也有较大幅度下降，生物量达到全年最低值；冬季桡足类及其无节幼体数量虽有一定幅度回升，但枝角类很少，浮游动物数量达到全年最低值，生物量也仅比秋季略高。具体季节变化情况详见表5−64、表5−65。

表5−64 岗更诺尔湖浮游动物数量各季节变化情况

个/L

采样时间	原生动物门	大型浮游动物				
		枝角类	桡足类	无节幼体	轮虫类	合计
春季	0.93×10^4	45.6	93.2	16.6	40.4	195.8
夏季	0.26×10^4	160.0	53.6	73.6	106.4	393.6
秋季	6.56×10^4	4.2	18.4	41.6	90.0	154.2
冬季	1.10×10^4	0.2	46.4	53.2	0.2	100.0
平均	2.21×10^4	52.5	52.9	46.2	59.3	210.9

表5-65 岗更诺尔湖浮游动物生物量各季节变化情况及组成比例 mg/L

采样时间	原生动物门	大型浮游动物				合计
		枝角类	桡足类	无节幼体	轮虫类	
春季	0.0279	1.3680	1.8640	0.0660	0.0406	3.3665
夏季	0.0078	4.0640	1.0760	0.2960	0.1006	5.5444
秋季	0.1968	0.0840	0.3680	0.1660	0.0299	0.8447
冬季	0.0330	0.0060	0.9280	0.2128	0.0001	1.1799
平均	0.0664	1.3805	1.0590	0.1852	0.0428	2.7339
所占比例（%）	2.43	50.50	38.74	6.77	1.57	100

4. 浮游动物种类变化情况

经测定，岗更诺尔湖春季大型浮游动物种类有桡足类的剑水蚤科；枝角类的溞属、象鼻溞属；轮虫类的臂尾轮属、无柄轮属、龟甲轮属、晶囊轮属、三肢轮属、多肢轮属、轮虫属等1个科7个属；原生动物门的种类有镏弹虫（板壳虫）属、变形虫属、尾丝虫属、焰毛虫属、缨球虫属等5个属。

岗更诺尔湖夏季大型浮游动物种类有桡足类的剑水蚤科；枝角类的溞属、象鼻溞属；轮虫类的臂尾轮属、龟甲轮属、无柄轮属、晶囊轮属、腹尾轮属、三肢轮属、多肢轮属、腔轮属、棘管轮属、同尾轮属等1个科10个属；原生动物门的种类有钟虫属、焰毛虫属等2个属。

岗更诺尔湖秋季大型浮游动物种类有桡足类的剑水蚤科；枝角类的象鼻溞属；轮虫类的臂尾轮属、三肢轮属、多肢轮属、须足轮属、龟甲轮属、晶囊轮属等1个科6个属；原生动物门的种类有钟虫属、镏弹虫（板壳虫）属、变形虫属、尾丝虫属、焰毛虫属、急游虫属、弹跳虫属等7个属。

岗更诺尔湖冬季大型浮游动物种类有桡足类的剑水蚤科、哲水蚤科；枝角类的溞属、象鼻溞属；轮虫类的晶囊轮属、多肢轮属、臂尾轮属2个科3个属；原生动物门的镏弹虫（板壳虫）属、焰毛虫属、缨球虫属、尾丝虫属等4个属。

岗更诺尔湖的浮游动物中，桡足类的剑水蚤科，枝角类的象鼻溞属，轮虫类的臂尾轮属、多肢轮属、晶囊轮属常年出现，其余各科、属均有消失季节。桡足类的哲水蚤科仅在冬季出现；枝角类种类少，溞属在春季、夏季和冬季出现，秋季消失；轮虫类三肢属、龟甲轮属在春季、夏季、秋季出现，无柄轮属在春季、夏季出现，腹尾轮属、腔轮属、棘管轮属、同尾轮属仅在夏季出现，轮虫属仅在春季出现，须足轮属仅在秋季出现。岗更诺尔湖各类浮游动物的种类随着季节变化有明显变化。

5. 浮游动物的水平分布情况

从表5-66～表5-69可见，大型浮游动物数量水平分布在春季和夏季都是以5#采样点最高，1#次之，2#最低；在秋季以4#采样点最高，3#次之，1#最低；在冬季以4#采样点最高，5#次之，1#最低。浮游动物生物量水平分布在春季以5#采样点最高，1#次之，4#最低；在夏季以5#采样点最高，4#次之，2#最低；在秋季以2#采样点最高，5#次之，3#最低；在冬季以4#采样点最高，5#次之，1#最低。

岗更诺尔湖各采样点的浮游动物数量和生物量分布不均匀且相差较大，除5#采样点的浮游动物数量和生物量在春季和夏季都最高、在秋季和冬季相对较高外，其余各采样点均无明显规律，各采样点浮游动物数量大小的排列顺序与生物量大小的排列顺序有一定差别，表明各采样点浮游动物的种类组成差别较大，并随着季节变化而发生变化。

表5-66 岗更诺尔湖春季浮游动物数量和生物量水平分布情况

采样点	数量（个/L）						生物量（mg/L）					
	原生动物门	大型浮游动物					原生动物门	大型浮游动物				合计
		枝角类	桡足类	无节幼体	轮虫类	合计		枝角类	桡足类	无节幼体	轮虫类	
1#	1.80×10^4	57	95	38	28	218	0.0540	1.71	1.90	0.150	0.090	3.904
2#	1.05×10^4	26	60	5	33	124	0.0315	0.78	1.20	0.020	0.010	2.042
3#	0.75×10^4	14	120	8	62	204	0.0225	0.42	2.40	0.032	0.041	2.916
4#	0.30×10^4	6	74	4	54	138	0.0090	0.18	1.48	0.016	0.054	1.739
5#	0.75×10^4	125	117	28	25	295	0.0225	3.75	2.34	0.112	0.008	6.233

表5-67 岗更诺尔湖夏季浮游动物数量和生物量水平分布情况

采样点	数量（个/L）						生物量（mg/L）					
	原生动物门	大型浮游动物					原生动物门	大型浮游动物				合计
		枝角类	桡足类	无节幼体	轮虫类	合计		枝角类	桡足类	无节幼体	轮虫类	
1#	0.5×10^4	120	66	48	268	502	0.015	3.60	1.32	0.20	0.300	5.435
2#	0.3×10^4			30	94	124	0.009			0.12	0.100	0.229
3#	0.1×10^4	72	24	86	38	220	0.003	2.12	0.50	0.34	0.020	2.983
4#	0.3×10^4	248	46	132	68	494	0.009	7.40	0.92	0.53	0.043	8.902
5#	0.1×10^4	360	132	72	64	628	0.003	7.20	2.64	0.29	0.040	10.173

表5-68 岗更诺尔湖秋季浮游动物数量和生物量水平分布情况

采样点	数量（个/L）						生物量（mg/L）					
	原生动物门	大型浮游动物					原生动物门	大型浮游动物				合计
		枝角类	桡足类	无节幼体	轮虫类	合计		枝角类	桡足类	无节幼体	轮虫类	
1#	7.5×10^4	6	16	38	280	88	0.225	0.12	0.32	0.15	0.0304	0.8454
2#	7.6×10^4	4	28	62	340	128	0.228	0.08	0.56	0.25	0.0230	1.1410
3#	6.2×10^4	2		51	110	163	0.186	0.04		0.20	0.0306	0.4566
4#	4.2×10^4	3	21	27	234	285	0.126	0.06	0.42	0.11	0.0472	0.7632
5#	7.3×10^4	6	27	30	440	107	0.219	0.12	0.54	0.12	0.0184	1.0174

表5-69 岗更诺尔冬季浮游动物数量和生物量水平分布情况

采样点	数量（个/L）						生物量（mg/L）					
	原生动物门	大型浮游动物					原生动物门	大型浮游动物				合计
		枝角类	桡足类	无节幼体	轮虫类	合计		枝角类	桡足类	无节幼体	轮虫类	
1#	1.2×10^4	1	1	3		5	0.036	0.03	0.02	0.012		0.0980
2#	1.5×10^4		37	52		89	0.045		0.74	0.208		0.9930
3#	0.7×10^4		36	63	1	100	0.021		0.72	0.252	0.0003	0.9933
4#	0.7×10^4		100	104		204	0.021		2.00	0.416		2.4370
5#	1.4×10^4		58	44		102	0.042		1.16	0.176		1.3780

6. 浮游动物历年调查结果比较

根据对不连续几年调查结果的初步分析，岗更诺尔湖春季大型浮游动物平均数量在不同年份波动较大，2005年最高，其中轮虫类数量占绝对优势，2012年处于较低水平。平均生物量在不同年份中波动也较大，2011年为最高，达到12.0171mg/L，主要是由于枝角类数量大增所致，2012年处于较低水平。

岗更诺尔湖夏季大型浮游动物数量在不同年份中波动很大，2005年最高，大型浮游动物数量达到1287.8个/L，其中轮虫类占绝对优势，2012年处于较低水平，轮虫、枝角类、原生动物门平均数量在不同年份变化很大，桡足类及其无节幼体的数量相对较为稳定。浮游动物生物量以2005年最高，枝角类的生物量占绝对优势，2008年最低，2010年和2012年大致相同。

岗更诺尔湖秋季大型浮游动物数量以2005年最高，远高于其他年份，其他年份秋季的浮游动物数量则相差不大，2012年处于一般水平。浮游动物生物量也是2005年最高，桡足类及其无节幼体的生物量占绝对优势，以后逐年下降，2012年最低。岗更诺尔湖冬季浮游动物数量、生物量在2005年、2012年相差不多。岗更诺尔湖历年各季节浮游动物数量和生物量具体变化情况详见表5-70、表5-71。

表5-70 岗更诺尔湖历年各季节浮游动物数量变化情况

个/L

采样时间	年代	原生动物门	大型浮游动物				合计
			枝角类	桡足类	无节幼体	轮虫类	
春季	2005年	0.05×10^4	56.1	27.9	52.0	398.9	534.9
春季	2009年	5.05×10^4	0.5	9.3	63.8	377.3	450.8
春季	2010年	0.26×10^4	3.8	157.0	3.0	1.5	165.3
春季	2011年	0.49×10^4	396.3	27.5		2.5	426.3
春季	2012年	0.93×10^4	45.6	93.2	16.6	40.4	195.8
夏季	2005年	0.60×10^4	248.9	48.8	146.1	844.0	1287.8
夏季	2008年	2.00×10^4	12.8	60.4	2.6	72.0	147.8
夏季	2010年	1.13×10^4	228.9	47.4	66.1	420.4	762.8
夏季	2012年	0.26×10^4	160.0	53.6	73.6	106.4	393.6
秋季	2005年	4.48×10^4	11.1	77.6	209.9	250.3	548.9
秋季	2008年	5.25×10^4	14.9	45.0	0.8	4.3	65.0
秋季	2009年	0.68×10^4	60.8	20.3	17.0	12.0	110.1
秋季	2010年	8.78×10^4	14.3	58.3	4.8	14.3	91.7
秋季	2012年	6.56×10^4	4.2	18.4	41.6	90.0	154.2
冬季	2005年	1.25×10^4	0.5	25.6	46.6	15.0	87.7
冬季	2012年	1.10×10^4	0.2	46.4	53.2	0.2	100.0

表5-71 岗更诺尔湖历年各季节浮游动物生物量变化情况

mg/L

采样时间	年代	原生动物门	大型浮游动物				合计
			枝角类	桡足类	无节幼体	轮虫类	
春季	2005年	0.0025	1.8830	1.0570	0.3118	0.7238	3.9781
春季	2009年	0.1515	0.0025	0.2738	0.2550	0.8885	1.5713
春季	2010年	0.0079	0.0750	3.1450	0.0120	0.0004	3.2403

（续）

采样时间	年代	原生动物门	大型浮游动物				合计
			枝角类	桡足类	无节幼体	轮虫类	
春季	2011年	0.0146	11.4500	0.5500		0.0025	12.0171
春季	2012年	0.0279	1.3680	1.8640	0.0660	0.0406	3.3665
夏季	2005年	0.0300	11.7700	1.4640	0.5860	0.7790	14.6290
夏季	2008年	0.0600	0.2600	2.5500	0.0510	0.1450	3.0660
夏季	2010年	0.0338	4.9750	0.9600	0.2650	0.2658	6.4996
夏季	2012年	0.0078	4.0640	1.0760	0.2960	0.1006	5.5444
秋季	2005年	0.2240	0.2760	2.3280	0.8390	0.5315	4.1985
秋季	2008年	0.1575	0.3183	1.9575	0.0030	0.0344	2.4707
秋季	2009年	0.1013	1.1200	0.4200	0.06950	0.0175	1.7283
秋季	2010年	0.1755	0.2850	1.1650	0.0190	0.0198	1.6643
秋季	2012年	0.1968	0.0840	0.3680	0.1660	0.0299	0.8447
冬季	2005年	0.0623	0.0135	0.7680	0.1860	0.0125	1.0423
冬季	2012年	0.0330	0.0060	0.9280	0.2128	0.0001	1.1799

7. 鱼产力评估

从调查结果可见，岗更诺尔湖浮游动物年平均生物量为2.734mg/L，如果水深按1.7m计算，每亩水面平均有浮游动物3.098kg，若按饵料系数10、利用率25%、P/B系数20来计算，岗更诺尔由浮游动物提供的鱼产力为1.549kg/亩。

鱼产力=3.098kg/亩 × 20 × 25% ÷ 10=1.549kg/亩。

（三）多伦诺尔湖浮游动物

1. 种类组成

经初步鉴定，多伦诺尔湖浮游动物有4大类31个（科）属。其中桡足类2科，枝角类1属，轮虫类18属，原生动物门10属。具体种类详见《附录10：自然保护区浮游动物名录》。

2. 数量和生物量

由4次调查结果分析可见，多伦诺尔湖浮游动物中原生动物数量最多，平均数量为1.66×10^4个/L。大型浮游动物平均数量为101.2个/L，其中以个体较小的轮虫占多数，平均数量为61.9个/L；桡足类及其无节幼体次之，平均数量为39.2个/L；枝角类最少，平均数量仅为0.1个/L。

多伦诺尔湖浮游动物平均生物量为0.4143mg/L。其中：桡足类及其无节幼体所占比例最大，达到81.76%；原生动物和轮虫较小，分别占12.04%和5.28%；枝角类生物量最小，仅占0.92%。各类浮游动物数量、生物量及所占比例详见表5-72、表5-73。

3. 数量和生物量季节变化情况

多伦诺尔湖原生动物数量和生物量均以秋季最高，平均为2.55×10^4个/L、0.0765mg/L，与春季相差不大；夏季和冬季相同且最少，平均为1.0×10^4个/L、0.03mg/L。

多伦诺尔湖大型浮游动物数量以春季最高，平均数量为268个/L，其中轮虫类数量最多，达到207个/L；冬季次之，平均数量为80.5个/L；夏季最少，平均数量仅为24个/L。生物量以冬季最高，平均生物量为0.8583mg/L，其中桡足类较多，平均生物量为0.63mg/L；春季次之，平均生物量为0.5592mg/L；夏季最少，平均生物量仅为0.0845mg/L。多伦诺尔湖浮游动物数量和生物量的季节变化很显著，夏季、秋季浮游动物的数量和生物量都远较春季、冬季小。多伦诺尔湖春季、夏季、秋季均是轮虫占多数，冬季则是桡足类及其无节幼体数量大，枝角类仅在冬季有少量出现。具体变化情况详见表5-72、表5-73。

表5-72 多伦诺尔湖浮游动物数量各季节变化情况

个/L

采样时间	原生动物	大型浮游动物				合计
		枝角类	桡足类	无节幼体	轮虫类	
春季	2.10×10^4		12.5	48.5	207.0	268.0
夏季	1.00×10^4			7.0	17.0	24.0
秋季	2.55×10^4		1.5	10.0	20.5	32.0
冬季	1.00×10^4	0.5	31.5	45.5	3.0	80.5
平均	1.66×10^4	0.1	11.4	27.8	61.9	101.2

表5-73 多伦诺尔湖浮游动物生物量各季节变化情况及组成比例

mg/L

采样时间	原生动物	大型浮游动物				合计
		枝角类	桡足类	无节幼体	轮虫	
春季	0.0630		0.2500	0.1950	0.0512	0.5592
夏季	0.0300			0.0280	0.0265	0.0845
秋季	0.0765		0.0300	0.0400	0.0087	0.1552
冬季	0.0300	0.0150	0.6300	0.1820	0.0013	0.8583
平均	0.0499	0.0038	0.2275	0.1113	0.0219	0.4143
所占比例（%）	12.04	0.92	54.90	26.86	5.28	100

4. 浮游动物各季节种类变化情况

经测定，多伦诺尔湖春季大型浮游动物种类有桡足类的剑水蚤科；枝角类的溞属；轮虫类的晶囊轮属、龟甲轮属、多肢轮属、三肢轮属、单趾轮属、臂尾轮属、泡轮属、疣毛轮属、无柄轮虫属、镜轮属、腹尾轮属、鞍甲轮属、狭甲轮属等1个科13个属；原生动物门的种类有镏弹虫（板壳虫）属、尾丝虫属、焰毛虫属、小瓜虫属等4个属。

多伦诺尔湖夏季大型浮游动物种类有桡足类的剑水蚤科；轮虫类的三肢轮属、裂足轮属、臂尾轮属、异尾轮属等1个科4个属；原生动物门的种类有镏弹虫（板壳虫）属、焰毛虫属、钟虫属、匣壳虫属、棘胞虫属等5个属。

多伦诺尔湖秋季大型浮游动物种类有桡足类的剑水蚤科；轮虫类的三肢轮属、须足轮属、龟甲轮属、臂尾轮属等1个科4个属；原生动物门的种类有焰毛虫属、镏弹虫（板壳虫）属、匣壳虫属、钟虫属、栉毛虫属等5个属。

多伦诺尔湖冬季大型浮游动物种类有桡足类的剑水蚤科、镖水蚤科；枝角类的溞属；轮虫类的龟甲轮属、臂尾轮属、巨腕轮属、巨头轮属、疣毛轮属、晶囊轮属等2个科6个属；原生动物门的焰毛虫属、镏弹虫（板壳虫）属、筒壳虫属、缨球虫属等4个属。

多伦诺尔湖的浮游动物中，桡足类的剑水蚤科，轮虫类的臂尾轮属常年出现，其余各科、属均有消失季节。桡足类的镖水蚤科仅在冬季出现；枝角类只有溞属在春季和冬季出现，夏季和秋季无枝角类出现；轮虫类种类相对较多，变化幅度也较大，三肢轮属在春季、夏季、秋季出现，龟甲轮属在春季、秋季、冬季出现，疣毛轮属在春季和冬季出现，晶囊轮属在春季、冬季出现，多肢轮属、单趾轮属、泡轮属、无柄轮虫、镜轮属、腹尾轮属、鞍甲轮属、狭甲轮属仅在春季出现，裂足轮属、异尾轮属仅在夏季出现，须足轮属仅在秋季出现，巨腕轮属、巨头轮属仅在冬季出现。原生动物在各个季节均有4～5个属，各季节种类变化较大。

5. 浮游动物的水平分布情况

从表5-74可见，多伦诺尔2个采样点浮游动物数量和生物量在春季有较大差距，2#采样点明显高于1#采样点，其他季节2个采样点相差不大。

表5-74　多伦诺尔湖浮游动物数量和生物量水平分布情况

采样点		数量（个/L）						生物量（mg/L）					
		原生动物门	大型浮游动物					原生动物门	大型浮游动物				合计
			枝角类	桡足类	无节幼体	轮虫类	合计		枝角类	桡足类	无节幼体	轮虫类	
1#	春季	1.2×10^4		10	43	162	215	0.036		0.2	0.170	0.0103	0.4163
	夏季	0.6×10^4			10	12	22	0.018			0.040	0.0090	0.0670
	秋季	2.5×10^4		3	4	22	29	0.075		0.06	0.016	0.0109	0.1619
	冬季	1.4×10^4	1	34	48	4	87	0.042	0.03	0.68	0.192	0.0015	0.9455
2#	春季	3.0×10^4		15	54	252	321	0.090		0.30	0.220	0.0920	0.7020
	夏季	1.4×10^4			4	22	26	0.042			0.016	0.0440	0.1020
	秋季	2.6×10^4			16	19	35	0.078			0.064	0.0064	0.1484
	冬季	0.6×10^4		29	43	2	74	0.018		0.58	0.172	0.0011	0.7711

6. 多伦诺尔湖浮游动物历年调查结果比较

根据对2005年、2010年和2012年3年的调查结果进行的分析，多伦诺尔春季浮游动物的数量和生物量在不同年份有很大变动，原生动物门、枝角类和轮虫的变动幅度很大，桡足类及其无节幼体数量相对较为平稳。2012年夏季、秋季大型浮游动物数量和浮游生物量远小于2005年。2012年冬季大型浮游动物数量和浮游生物量高于2005年，桡足类及其无节幼体增长很多且所占比例很大。多伦诺尔湖历年各季节浮游动物数量和生物量具体变化情况详见表5-75、表5-76。

表5-75　多伦诺尔湖历年各季节浮游动物数量变化情况　个/L

采样时间	年代	原生动物	大型浮游动物				合计
			枝角类	桡足类	无节幼体	轮虫类	
春季	2005年	0.03×10^4	2.0	3.9	13.0	486.8	505.7
春季	2010年	0.05×10^4	63.7	23.0	9.7	0.3	96.7
春季	2012年	2.10×10^4		12.5	48.5	207	268.0
夏季	2005年	1.40×10^4	26.7	27.0	5.0	17.7	76.4
夏季	2012年	1.00×10^4			7.0	17.0	24.0
秋季	2005年	2.80×10^4	154.7	2.0	16.5	651.0	824.2
秋季	2012年	2.55×10^4		1.5	10.0	20.5	32.0
冬季	2005年	1.40×10^4	0.8	5.1	5.8	46.9	58.6
冬季	2012年	1.00×10^4	0.5	31.5	45.5	3.0	80.5

表5-76　多伦诺尔湖历年各季节浮游动物生物量变化情况　mg/L

采样时间	年代	原生动物	大型浮游动物				合计
			枝角类	桡足类	无节幼体	轮虫类	
春季	2005年	0.0013	0.0600	0.1167	0.0707	0.7734	1.0221
春季	2010年		1.3333	0.4600	0.0387	0.0013	1.8333
春季	2012年	0.0630		0.2500	0.1950	0.0512	0.5592
夏季	2005年	0.0700	0.6000	0.8100	0.0180	0.0340	1.5320
夏季	2012年	0.0300			0.0280	0.0265	0.0845
秋季	2005年	0.1400	3.7830	0.0600	0.0660	2.2620	6.3110
秋季	2012年	0.0765		0.0300	0.0400	0.0087	0.1552
冬季	2005年	0.0700	0.0250	0.1530	0.0230	0.3560	0.6270
冬季	2012年	0.0300	0.0150	0.6300	0.1820	0.0013	0.8583

7. 鱼产力评估

从调查结果可见，多伦诺尔浮游动物年平均生物量为0.4143mg/L，如果水深按1.7m计算，每亩水面平均有浮游动物0.470kg，若按饵料系数10、利用率25%、P/B系数20来计算，多伦诺尔湖由浮游动物提供的鱼产力为0.235kg/亩。

鱼产力=0.470kg/亩×20×25%÷10=0.235kg/亩

（四）贡格尔河浮游动物

1. 种类组成

经初步鉴定，贡格尔河浮游动物有4大类20个（科）属。其中桡足类2科，枝角类1属，原生动物门6属，轮虫11属。具体种类详见《附录10：自然保护区浮游动物名录》。

2. 数量和生物量

从明水期3次调查结果分析可见，贡格尔河浮游动物中原生动物平均数量为0.65×10^4个/L。大型浮游动物数量较少，平均数量为4.6个/L，其中以个体较小的轮虫占多数，平均数量为2.3个/L；桡足类及其无节幼体次之，平均数量为1.8个/L；枝角类最少，平均数量仅为0.5个/L。

贡格尔河浮游动物生物量较小，平均生物量仅为0.0651mg/L。其中：轮虫所占比例最大，占41.32%；原生动物次之，占29.95%；桡足类及其无节幼体最少，占13.36%。贡格尔河各类浮游动物数量、生物量及所占比例详见表5−77、表5−78。

3. 数量和生物量季节变化情况

贡格尔河原生动物数量和生物量在春季最高，平均为1.05×10^4个/L、0.0315mg/L；秋季次之，夏季最少，平均为0.35×10^4个/L、0.0105mg/L。

贡格尔河浮游动物的数量和生物量均很小，大型浮游动物数量以春季最高，平均数量为10个/L，其中无节幼体数量最多，4个/L；夏秋季相差不大，分别为2.5个/L、1.5个/L。生物量也以春季最高，平均生物量为0.0856mg/L；夏季次之，平均生物量为0.081mg/L；秋季最少，平均生物量仅为0.0287mg/L。贡格尔河河道冬季封冰干涸。具体变化情况详见表5−77、表5−78。

表5−77　贡格尔河浮游动物数量各季节变化情况　个/L

采样时间	原生动物门	大型浮游动物				合计
		枝角类	桡足类	无节幼体	轮虫类	
春季	1.05×10^4	1.5	1.0	4.0	3.5	10.0
夏季	0.35×10^4				2.5	2.5
秋季	0.55×10^4		0.5		1.0	1.5
平均	0.65×10^4	0.5	0.5	1.3	2.3	4.6

表5−78　贡格尔河浮游动物生物量各季节变化情况及组成比例　mg/L

取样时间	原生动物门	大型浮游动物				合计
		枝角类	桡足类	无节幼体	轮虫类	
春季	0.0315	0.03	0.0100	0.006	0.0081	0.0856
夏季	0.0105				0.0705	0.0810
秋季	0.0165		0.0100		0.0022	0.0287
平均	0.0195	0.01	0.0067	0.002	0.0269	0.0651
所占比例（%）	29.96	15.36	10.29	3.07	41.32	100

4. 浮游动物种类变化情况

经测定，贡格尔河春季大型浮游动物种类有桡足类的镖水蚤科、剑水蚤科；枝角类的低额溞属；轮虫类的无柄轮属、龟甲轮属、臂尾轮属、须足轮属、狭甲轮属、囊足轮属、多肢轮属、异尾轮属、疣毛轮属、晶囊轮属等2个科10个属；原生动物门的种类有镏弹虫（板壳虫）属、变形虫属、尾丝虫属、焰毛虫属、缨球虫属等5个属。

贡格尔河夏季大型浮游动物种类仅有轮虫类的鞍甲轮属、晶囊轮属2个属；原生动物门的种类有钟虫属、尾丝虫属、焰毛虫属等3个属。

贡格尔河秋季大型浮游动物种类有桡足类的剑水蚤科；轮虫类的臂尾轮属、多肢轮属等1个科2个属；原生动物门的种类有镏弹虫（板壳虫）属、焰毛虫属、缨球虫属等3个属。

贡格尔河的大型浮游动物中，桡足类的剑水蚤科在春季、秋季出现，镖水蚤科仅在春季出现；枝角类仅有低额溞属，出现于春季；轮虫类的晶囊轮属出现于春季、夏季，臂尾轮属、多肢轮属出现于春季、秋季，无柄轮属、龟甲轮属、须足轮属、狭甲轮属、囊足轮属、异尾轮属、疣毛轮属仅在春季出现，鞍甲轮属仅在夏季出现。原生动物门的种类和数量在春季较多，夏季、秋季较少，原生动物门的种类随季节变化较大。

5. 浮游动物的水平分布情况

贡格尔河春季1#采样点的大型浮游动物数量和浮游动物生物量均相当于2#采样点的2倍。

夏季1#采样点仅采集到少量原生动物门和轮虫类浮游动物。

秋季2个采样点仅采集到少量原生动物门、轮虫类和桡足类浮游动物。

从表5-79可见，贡格尔河浮游动物非常少，枝角类、桡足类及其无节幼体几乎仅在春季出现，夏季和秋季则几乎无大型浮游动物出现。

表5-79　贡格尔河浮游动物数量和生物量水平分布情况

采样点		数量（个/L）						生物量（mg/L）					
		原生动物门	大型浮游动物					原生动物门	大型浮游动物				合计
			枝角类	桡足类	无节幼体	轮虫类	合计		枝角类	桡足类	无节幼体	轮虫类	
1#	春季	0.7×10^4	3	1	2	7	13	0.021	0.06	0.02	0.008	0.0031	0.1121
	夏季	0.7×10^4				5	5	0.021				0.1410	0.1620
	秋季	0.5×10^4				2	2	0.015				0.0043	0.0193
2#	春季	1.4×10^4		1	6		7	0.042		0.004	0.013		0.0590
	秋季	0.6×10^4		1			1	0.018		0.020			0.0380

（五）亮子河浮游动物

1. 种类组成

经初步鉴定，亮子河浮游动物有3大类15个属。其中：枝角类2属，原生物5属，轮虫8属。具体种类详见《附录10：自然保护区浮游动物名录》。

2. 数量和生物量

从3次调查结果分析可见，亮子河浮游动物中原生动物平均数量为0.23×10^4个/L。大型浮游动物少，平均数量仅为1.6个/L，其中轮虫平均数量为1.5个/L；枝角类平均数量仅为0.1个/L。所采样品中没有见到桡足类及其无节幼体。

亮子河浮游动物平均生物量仅为0.01mg/L，以原生动物所占比例最大，达到70%；轮虫次之，占17%；枝角类最少，占13%。亮子河各类浮游动物数量、生物量及所占比例详见表5-80、表5-81。

3. 数量和生物量季节变化情况

亮子河原生动物数量和生物量在春季和秋季相同且最高，平均为0.30 × 10^4个/L、0.009mg/L；夏季最少，平均为0.10 × 10^4个/L、0.003mg/L。

亮子河大型浮游动物数量以春季最高，平均数量为3.20个/L；夏季次之，平均数量为1.50个/L。亮子河冬季封冰干涸。生物量以春季最高，平均生物量0.0174mg/L；秋季次之，平均生物量0.009mg/L；夏季最少，平均生物量为0.0036mg/L。具体变化情况详见表5-80、表5-81。

表5-80　亮子河浮游动物数量各季节变化情况　个/L

取样时间	原生动物门	大型浮游动物				合计
		枝角类	桡足类	无节幼体	轮虫类	
春季	0.30×10^4	0.2			3.0	3.2
夏季	0.10×10^4				1.5	1.5
秋季	0.30×10^4					
平均	0.23×10^4	0.1			1.5	1.6

表5-81　亮子河浮游动物生物量各季节变化情况及组成比例　mg/L

取样时间	原生动物门	大型浮游动物				合计
		枝角类	桡足类	无节幼体	轮虫类	
春季	0.009	0.0040			0.0044	0.0174
夏季	0.003				0.0006	0.0036
秋季	0.009					0.0090
平均	0.007	0.0013			0.0017	0.0100
所占比例（%）	70	13			17	100

4. 浮游动物种类变化情况

经测定，亮子河春季大型浮游动物种类有枝角类的象鼻溞属、盘肠溞属；轮虫类的龟甲轮属、无柄轮属、臂尾轮属、异尾轮属、裂足轮属、三肢轮属、鞍甲轮属、晶囊轮属等8个属；原生动物门的种类有缨球虫属、焰毛虫属等2个属。

亮子河夏季大型浮游动物种类仅有轮虫类的三肢轮属、臂尾轮属、鞍甲轮属、晶囊轮属4个属；原生动物门的种类仅有焰毛虫属1个属。

亮子河秋季未发现大型浮游动物种类，原生动物门的种类有草履虫属、焰毛虫属、漫游虫属、栉毛虫属等4个属。

亮子河浮游动物中枝角类的象鼻溞属、盘肠溞属仅在春季出现；轮虫类的三肢轮属、臂尾轮属、晶囊轮属、鞍甲轮属在春季、夏季都有出现，龟甲轮属、无柄轮属、异尾轮属、裂足轮属仅在春季出现。原生动物门的种类和数量都很少，冬季最多，有4种；夏季最少，仅有1种。

第五节　底栖动物

一、调查采样方法及采样点介绍

底栖动物的采样地点与浮游生物、水质的采样地点相同，分别在7月和9月进行2次调查。

在每个采样地点，用1/16m^{2}彼得生采泥器采集底泥，倒入专用的底栖动物网内过滤冲洗，将滤出的底栖动物挑捡出来，装入样本瓶，用福尔马林固定后，带回室内进行定性、定量分析。

二、调查结果

（一）达里诺尔湖底栖动物

1. 种类组成

2012年7月和9月，经2次调查采样，在达里诺尔湖共获底栖动5种（属），隶属2门2纲2科，即节肢动物门昆虫纲摇蚊科4种（属）和环节动物门寡毛纲仙女虫科1种（属）。详见《附录11：自然保护区底栖动物名录》。

2. 数量及生物量

达里诺尔湖底栖动物平均密度为1509.3个/m^2，其中摇蚊幼虫密度最大，占总数的85.0%；寡毛类次之，占总数的15.0%。平均生物量为7.71克/m^2，摇蚊幼虫生物量最大，占总数的95.98%；寡毛类仅占总数的4.02%。具体情况详见表5-82。

表5-82　达里诺尔湖底栖动物数量和生物量及季节变化

		摇蚊幼虫	寡毛类	合计
7月	数量（个/m^2）	1828.00	86.00	1914.00
	生物量（g/m^2）	11.96	0.14	12.10
9月	数量（个/m^2）	737.80	366.70	1104.50
	生物量（g/m^2）	2.84	0.47	3.31
平均	数量（个/m^2）	1282.90	226.40	1509.30
	生物量（g/m^2）	7.40	0.310	7.71

3. 鱼产力评估

根据调查结果分析，达里诺尔湖底栖动物的生物量相对较小，平均为7.71g/m^2，即5.14kg/亩。在渔业利用上，按鱼类可摄食率50%、饵料系数6、P/B系数2计算，每亩可提供鱼产力0.857kg。

4. 年度变化

本次调查与2005年调查相比，达里诺尔湖底栖动物的种类有所减少，平均数量有所增加，而平均生物量却有所降低。

（二）岗更诺尔湖底栖动物

1. 种类组成

2012年7月和9月，经2次调查采样发现，岗更诺尔湖共获底栖动8种（属），隶属2门2纲3科，即节肢动物门昆虫纲摇蚊科4种（属）和环节动物门寡毛纲仙女虫科1种（属）、颤蚓科3种（属）。详见《附录11：自然保护区底栖动物名录》。

2. 数量及生物量

岗更诺尔湖底栖动物平均密度为4808个/m^2，其中摇蚊幼虫密度最大，占总数的95.84%；寡毛类次之，占总数的4.16%。平均生物量为28.7g/m^2，摇蚊幼虫生物量最大，占总数的97.46%；寡毛类仅占总数的2.54%。具体情况详见表5-83。

表5-83 岗更诺尔湖底栖动物数量和生物量及季节变化

		摇蚊幼虫	寡毛类	合计
7月	数量（个/m^2）	2980.00	240.00	3220.00
	生物量（g/m^2）	26.30	0.90	27.20
9月	数量（个/m^2）	6236.00	160.00	6396.00
	生物量（g/m^2）	29.64	0.56	30.20
平均	数量（个/m^2）	4608.00	200.00	4808.00
	生物量（g/m^2）	27.97	0.73	28.70

3. 鱼产力评估

根据调查结果分析，岗更诺尔湖底栖动物的生物量相对较大，平均为28.70g/m^2，即19.13kg/亩。在渔业利用上，按鱼类可摄食率50%、饵料系数6、P/B系数2计算，每亩可提供鱼产力3.188kg。

4. 年度变化

本次调查与2005年调查相比，岗更诺尔湖底栖动物的种类有所减少，而平均数量及生物量均有所增加。

（三）多伦诺尔湖底栖动物

1. 种类组成

2012年7月和9月，经2次调查采样，多伦诺尔仅获底栖动2种（属），隶属1门1纲1科，即节肢动物门昆虫纲摇蚊科2种（属）。详见《附录11：自然保护区底栖动物名录》。

2. 数量及生物量

多伦诺尔底栖动物相对较少，平均密度为690个/m^2，平均生物量为3.25克/m^2。具体情况详见表5-84。

表5-84 多伦诺尔湖底栖动物数量和生物量及季节变化

		摇蚊幼虫	寡毛类	合计
7月	数量（个/m^2）	140.00		140.00
	生物量（g/m^2）	3.80		3.80
9月	数量（个/m^2）	1240.00		1240.00
	生物量（g/m^2）	2.70		2.70
平均	数量（个/m^2）	690.00		690.00
	生物量（g/m^2）	3.25		3.25

3. 鱼产力评估

根据调查结果分析，多伦诺尔底栖动物的生物量相对较小，平均为3.25g/m^2，即2.17kg/亩。在渔业利用上，按鱼类可摄食率50%、饵料系数6、P/B系数2计算，每亩可提供鱼产力0.362kg。

4. 年度变化

本次调查与2005年调查相比，多伦诺尔底栖动物的种类、平均数量及生物量均有较大幅度的减少与降低。

鱼类资源和底栖动物

▲鲫 *Carassius auratus*

▲瓦氏雅罗鱼（华子鱼）*Leuciscus waleckii*

▲麦穗鱼 *Pseudorasbora parva*

▲达里湖高原鳅 *Triplophysa dalaica*

▲蛇鮈 *Saurogobio dabryi*

▲棒花鱼 *Abbottina rivularis*

▲中华多刺鱼 *Pungitius sinensis*

▲泥鳅 *Misgurnus aguillicaudatus*

▲黄蚴鱼 *Hypseleotris swinhonis*

▲波氏栉鰕虎鱼*Ctenogobius cliffordpopei*

▲黄河鲤 *Cyprinus carpio*

▲德黄杂交鲤

▲德国镜鲤 *Cyprinus specularis*

▲ “中科3号” 异育银鲫 *Carassius auratus gibelio*

▲鲢 *Hypophalmichthys molitrix*

▲鳙（花鲢）*Aristichthys nobilis*

▲草鱼 *Ctenopharyngodon idellus*

▲中华绒螯蟹 *Eriocheir sinensis*

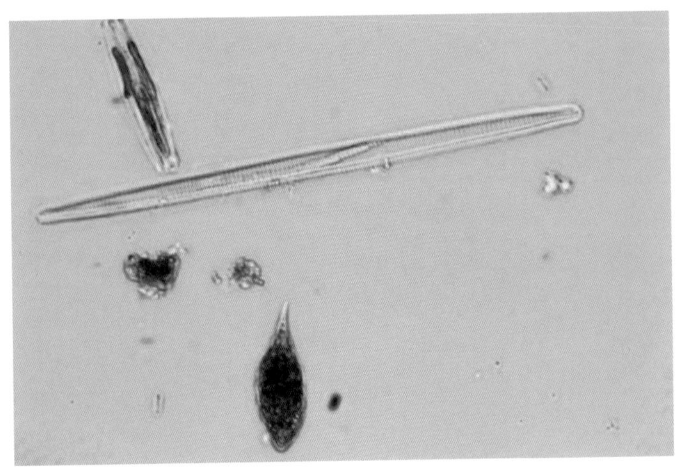

▲10×40倍　针杆藻、裸藻

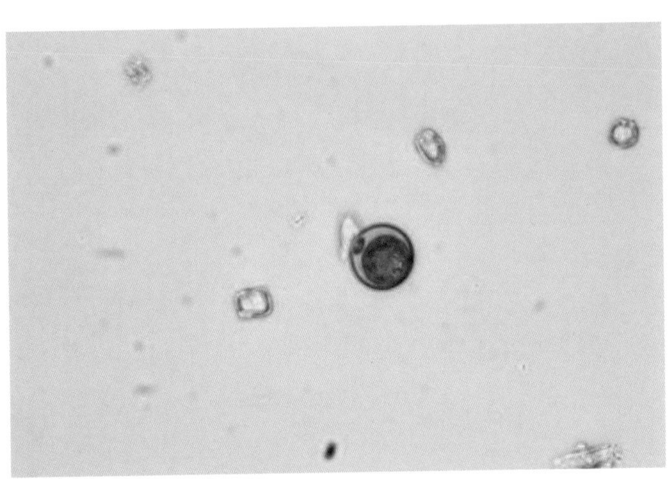

▲10×40倍　囊裸藻

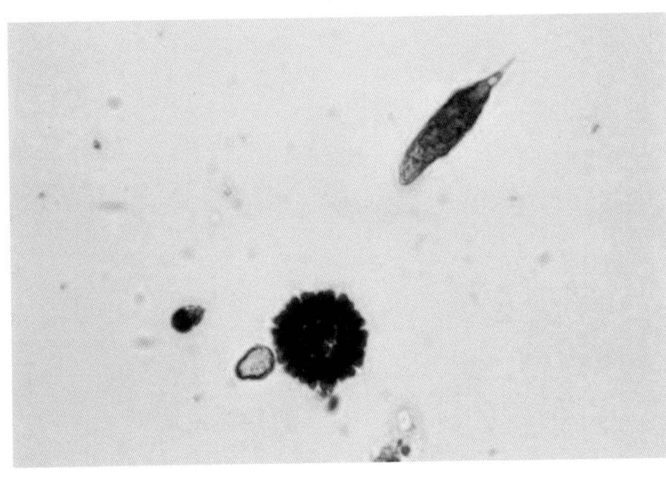

▲10×40倍　盘星藻、裸藻

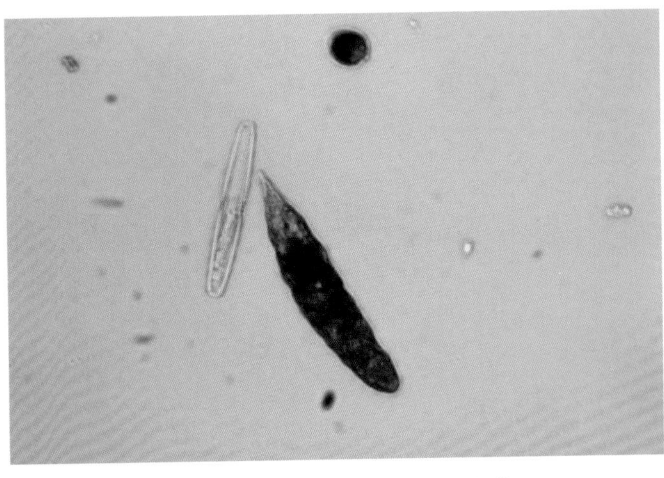

▲10×40倍　裸藻、针杆藻、衣藻

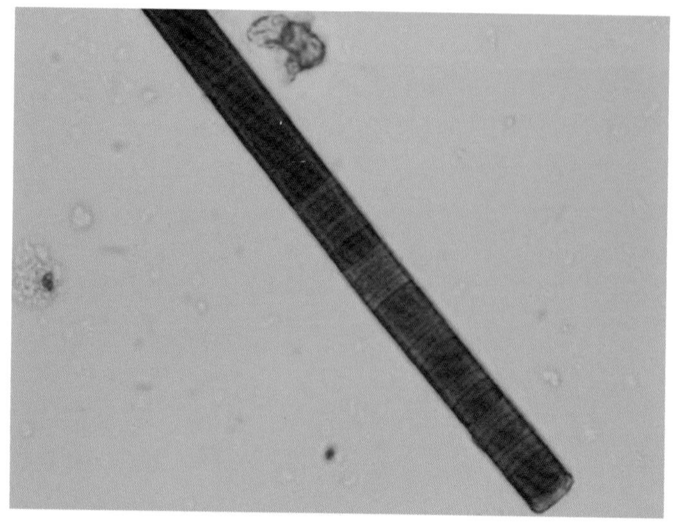

▲10×40倍　节球藻

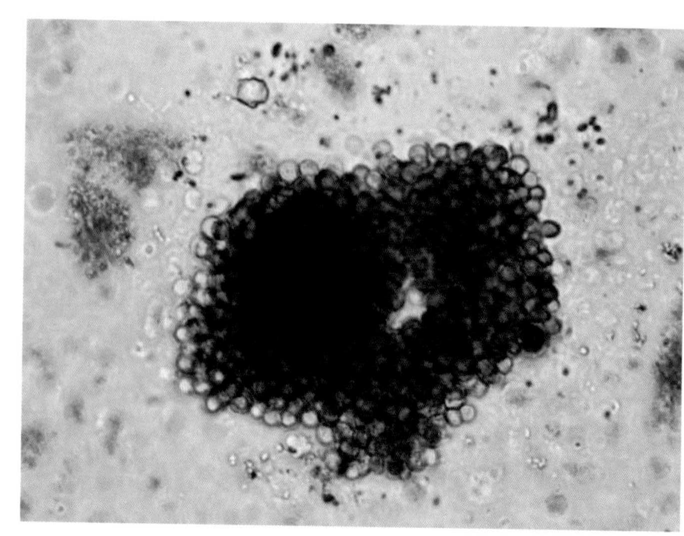

▲10×40倍　微囊藻

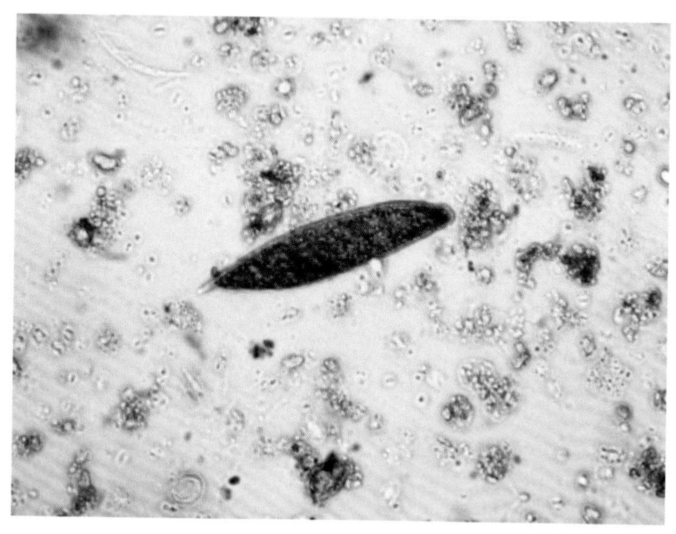

▲10×40倍　裸藻

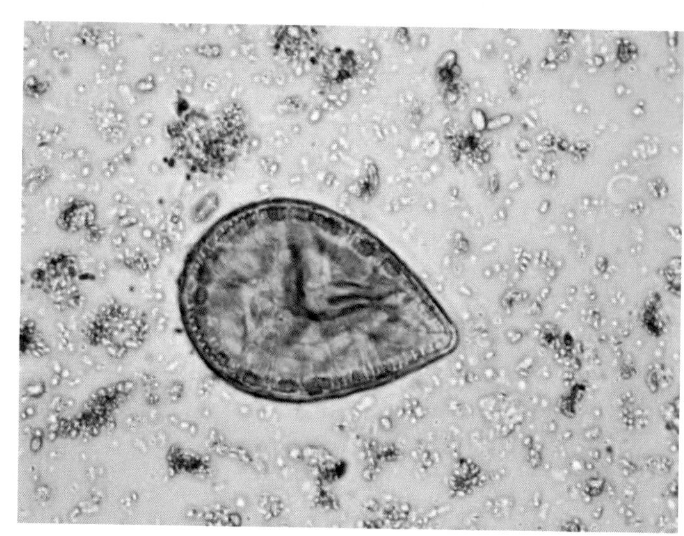

▲10×40倍　双菱藻

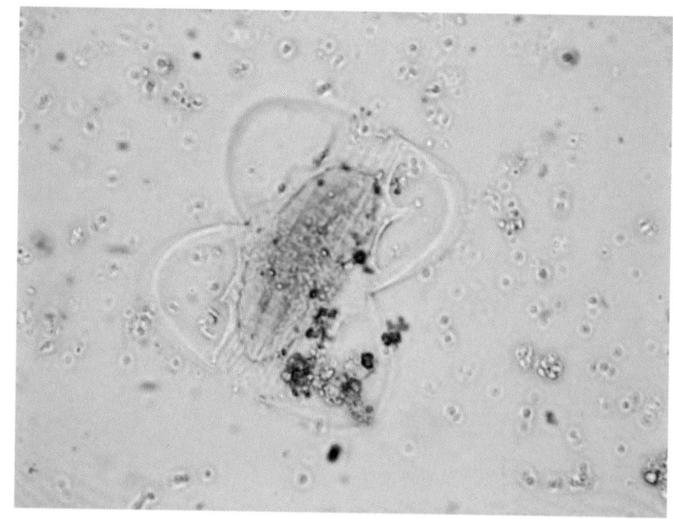

▲10×40倍　茧形藻

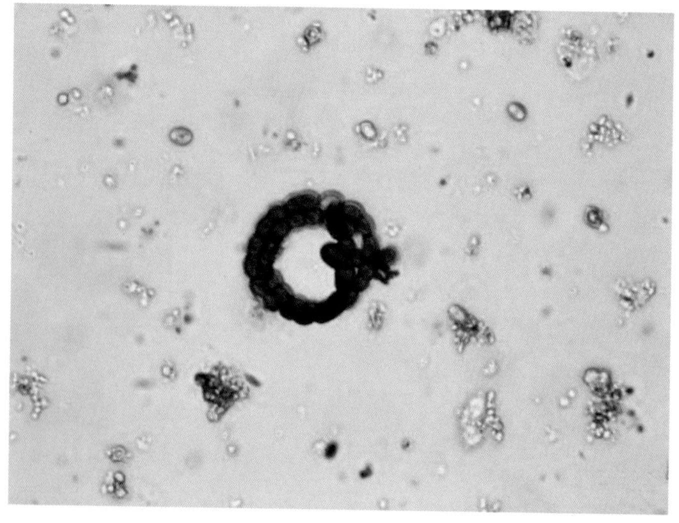

▲10×40倍　项圈藻

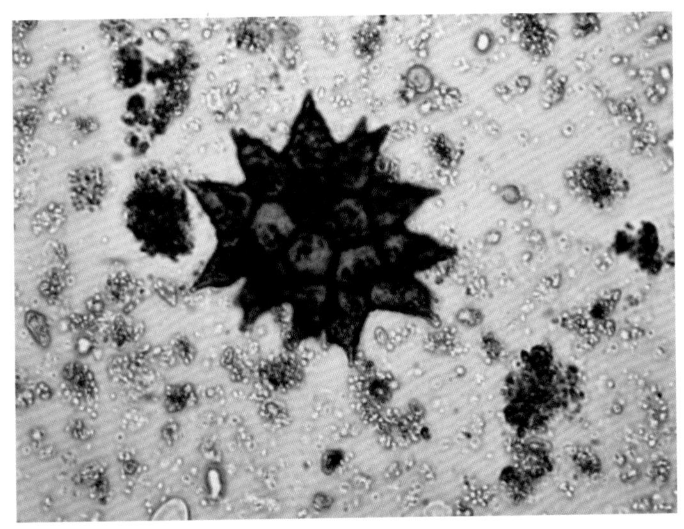
▲10×40倍 盘星藻

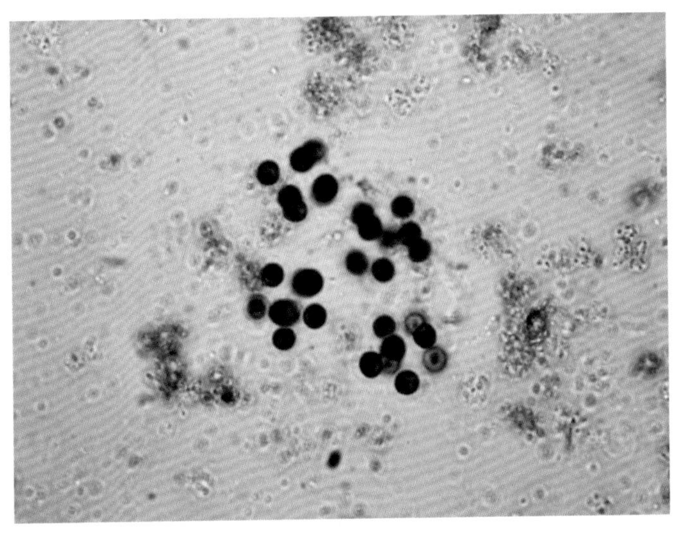
▲10×40倍 绿球藻

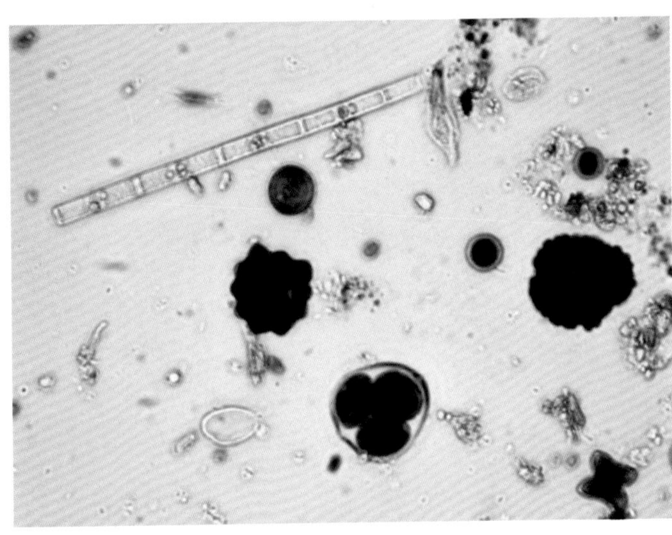
▲10×40倍 卵囊藻、腔星藻、直链藻等

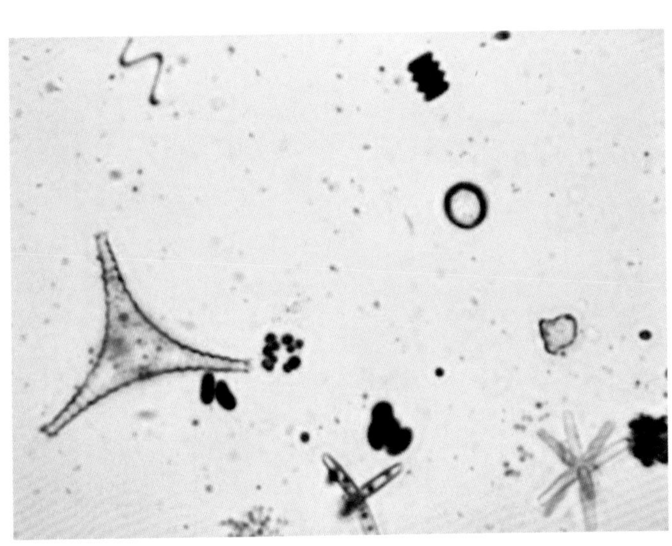
▲10×40倍 角星鼓藻、集星藻、栅列藻等

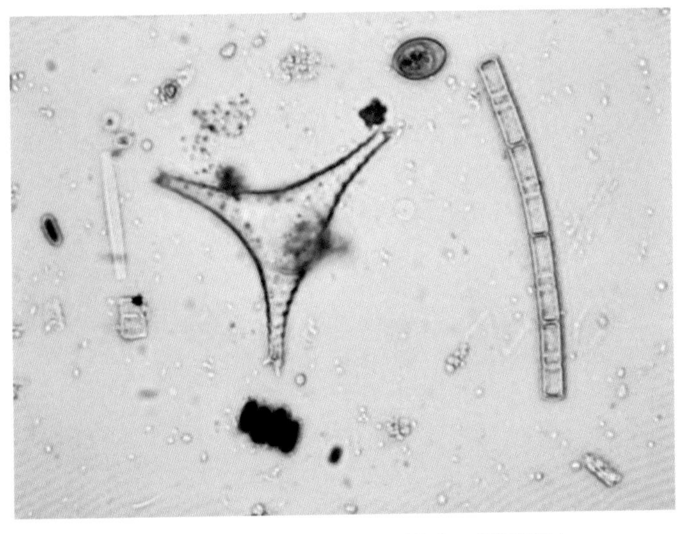
▲10×40倍 角星鼓藻、直链藻、栅列藻等

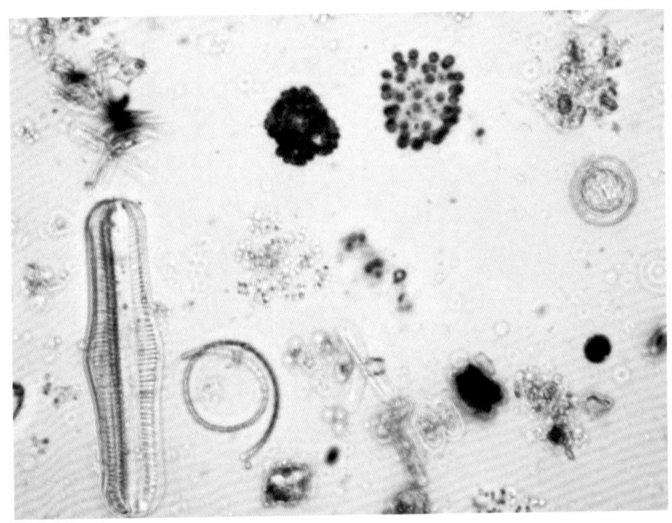
▲10×40倍 角星鼓藻、直链藻、栅列藻等

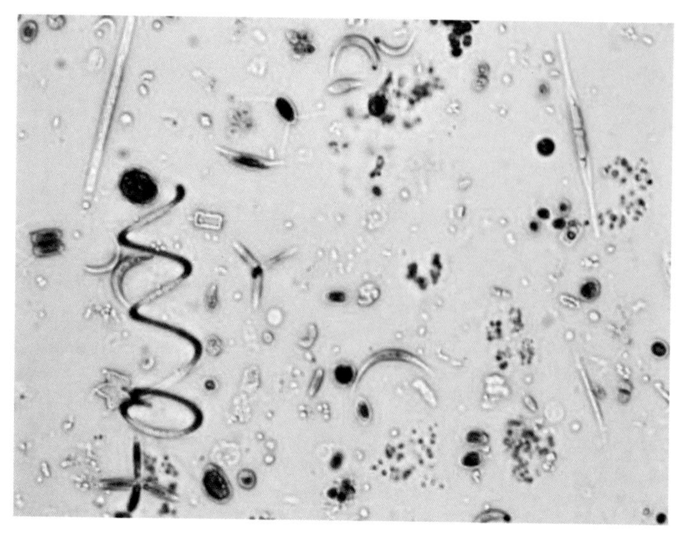
▲10×20倍　螺旋藻、集星藻、纤维藻等

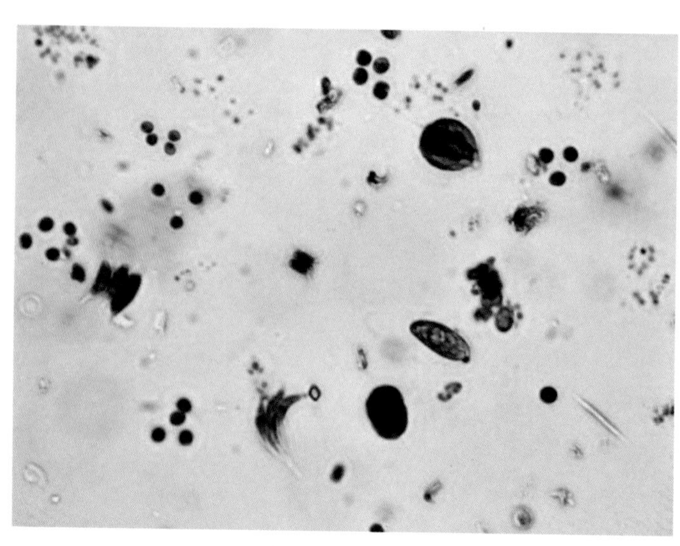
▲10×20倍　绿球藻、栅列藻、隐藻等

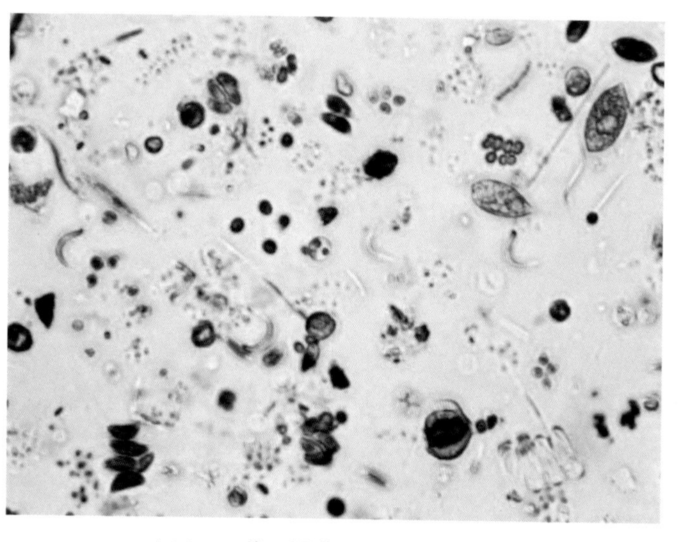
▲10×20倍　裸藻、栅列藻、隐藻等

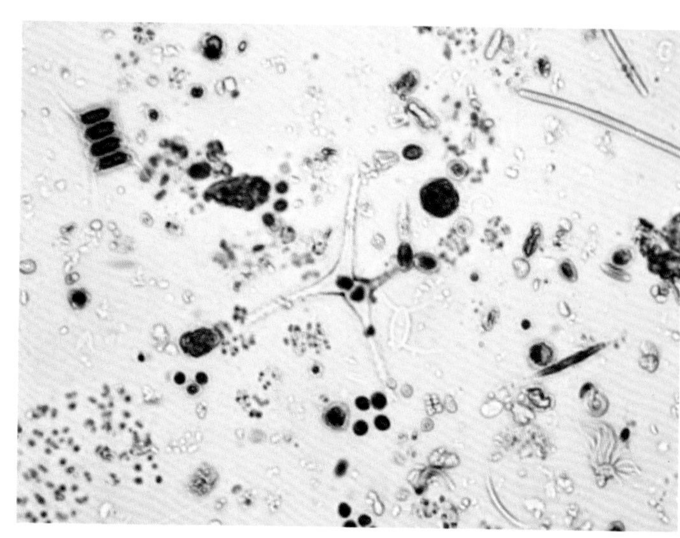
▲10×20倍　角星鼓藻、绿球藻、微囊藻等

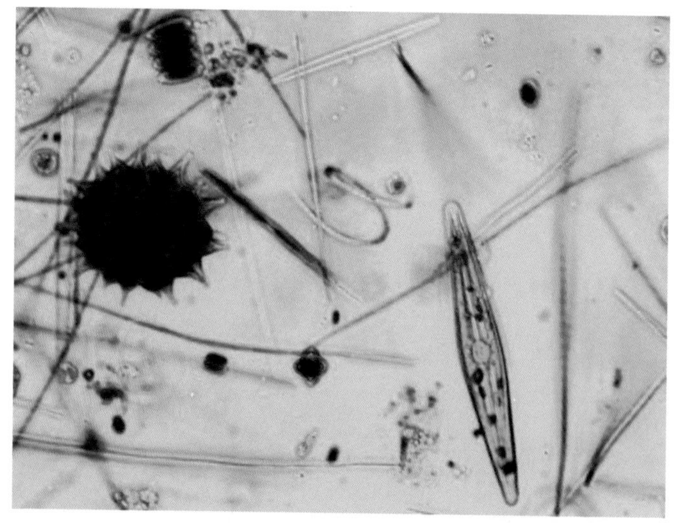
▲10×40倍　盘星藻、舟形藻、席藻

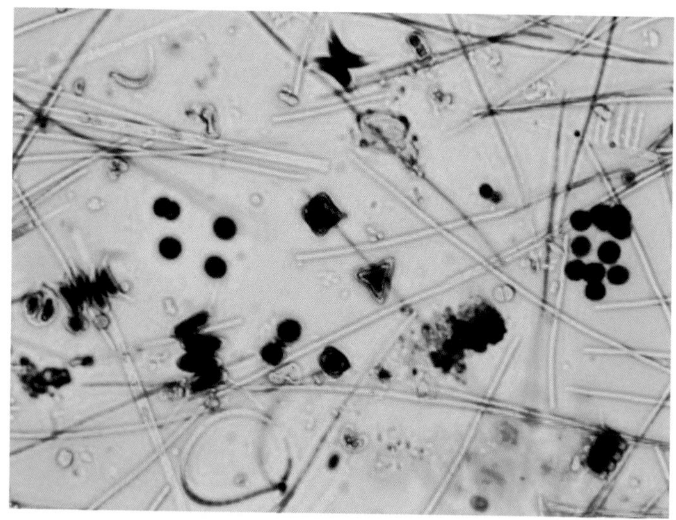
▲10×40倍　席藻、绿球藻、四角藻等

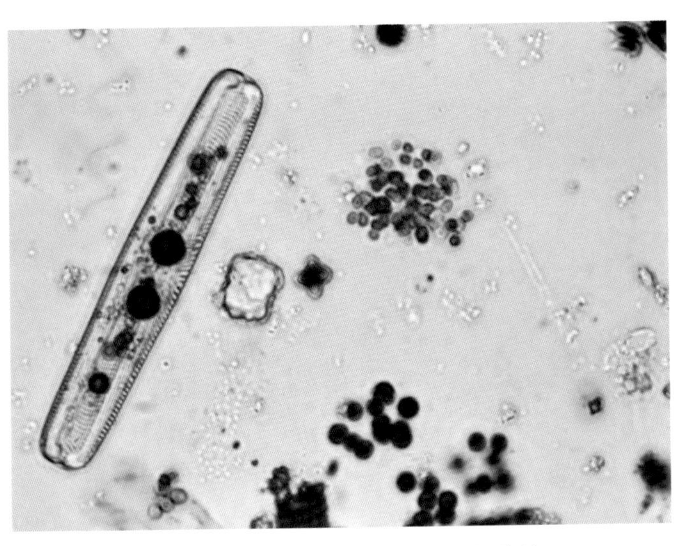

▲10×40倍　席藻、绿球藻、四角藻等

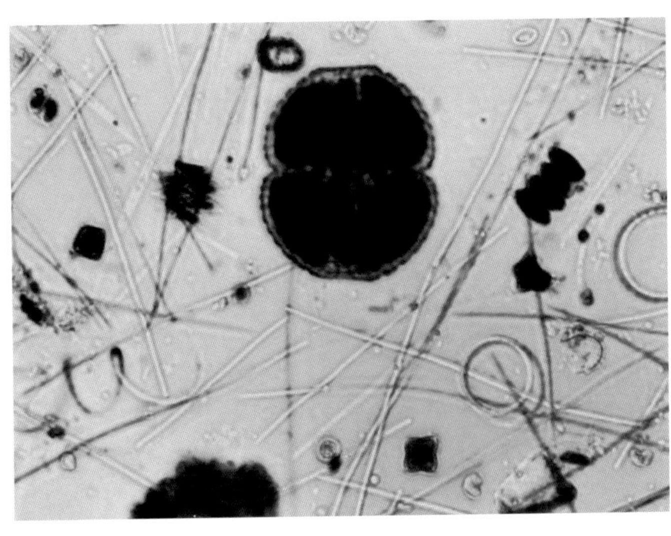

▲10×40倍　鼓藻、栅列藻、席藻等

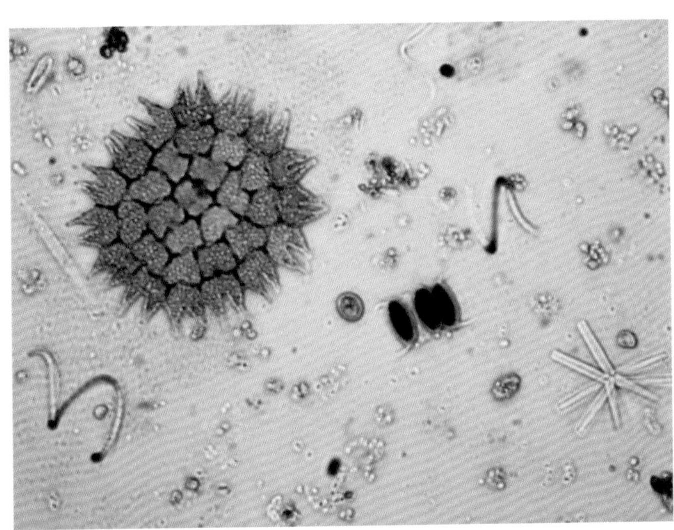

▲10×40倍　盘星藻、栅列藻等

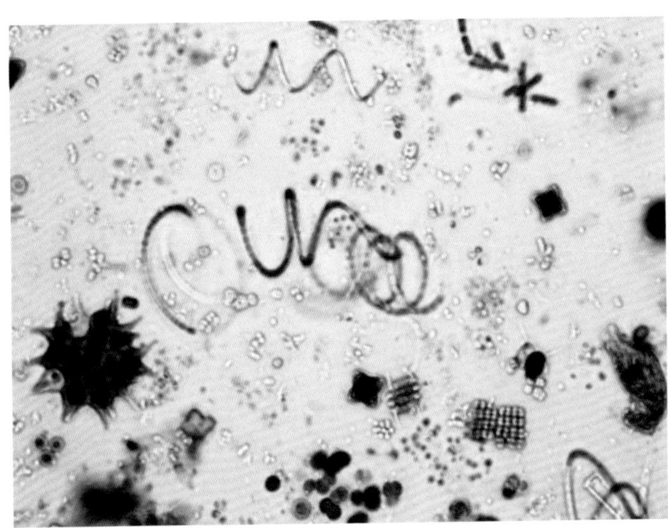

▲10×40倍　盘星藻、四角藻、片藻等

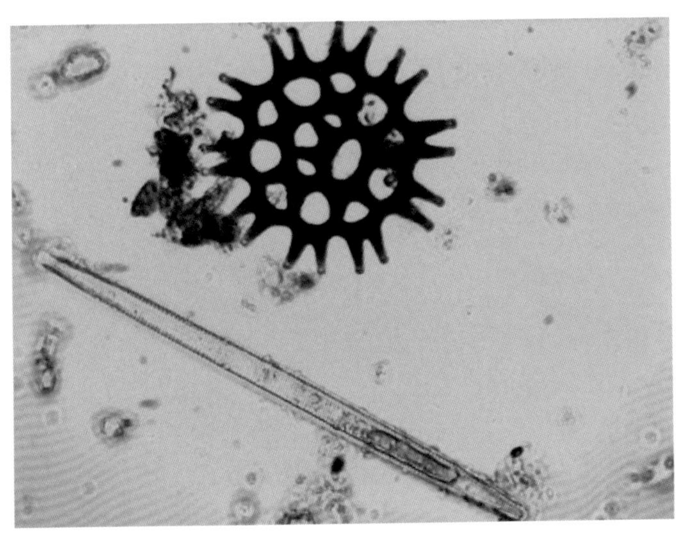

▲10×40倍　盘星藻、针杆藻

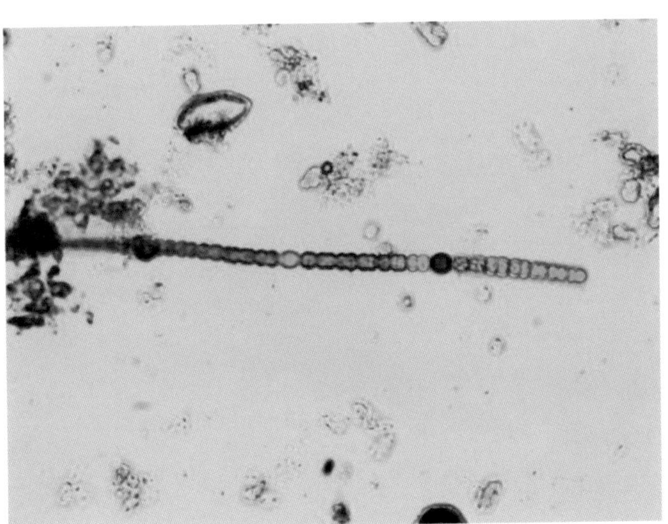

▲10×40倍　项圈藻等

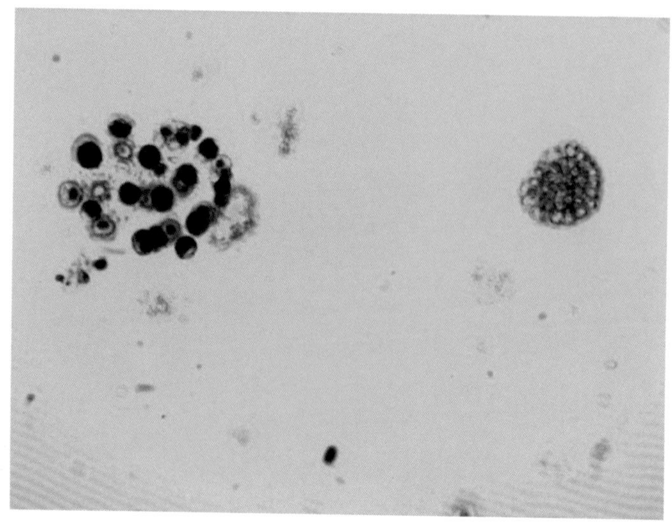
▲10×40倍 项圈藻等

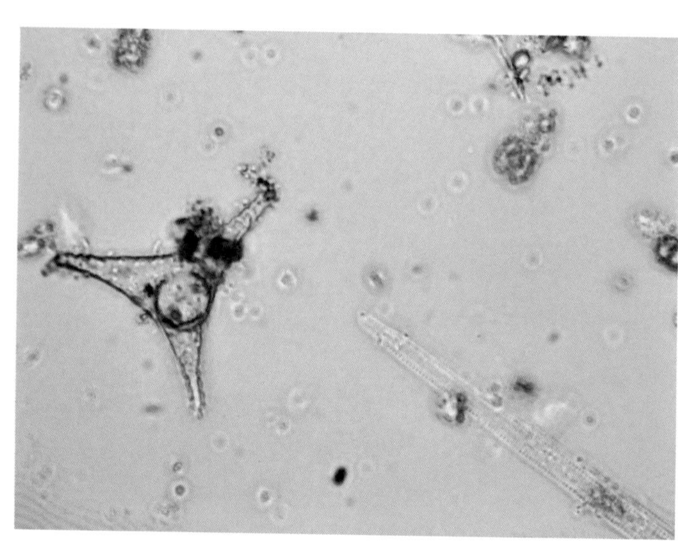
▲10×40倍 角星鼓藻等

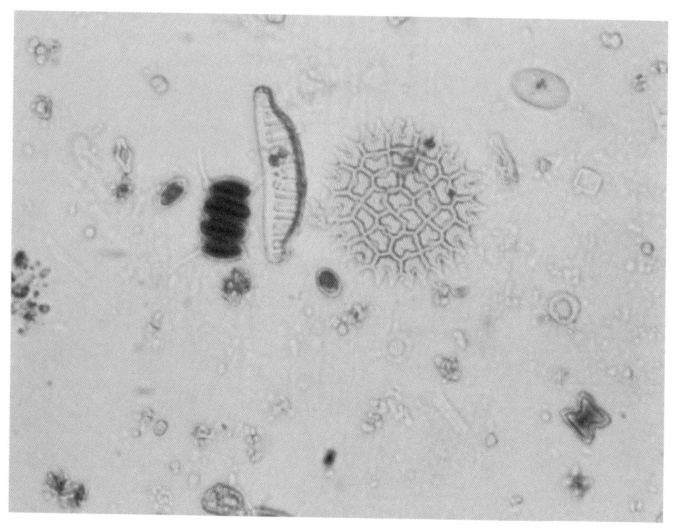
▲10×40倍 盘星藻、弓杆藻、栅列藻等

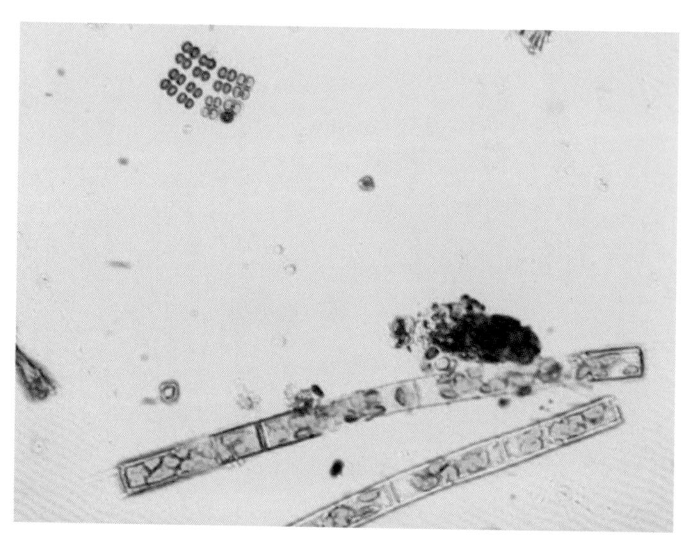
▲10×40倍 直链藻、片藻等

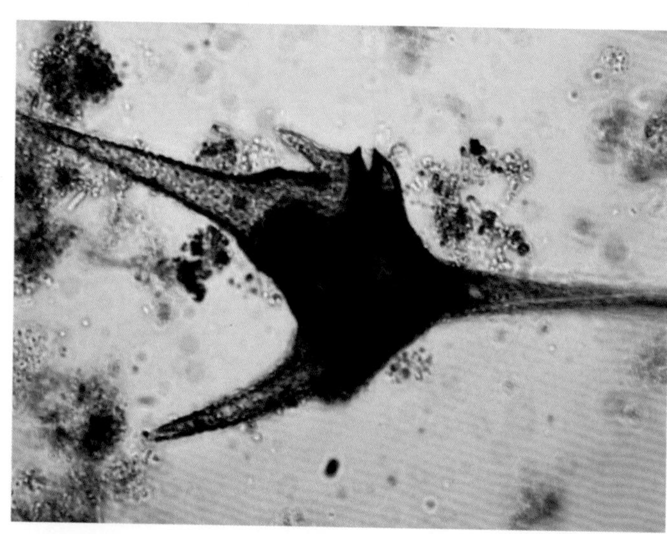
▲10×40倍 角甲藻等

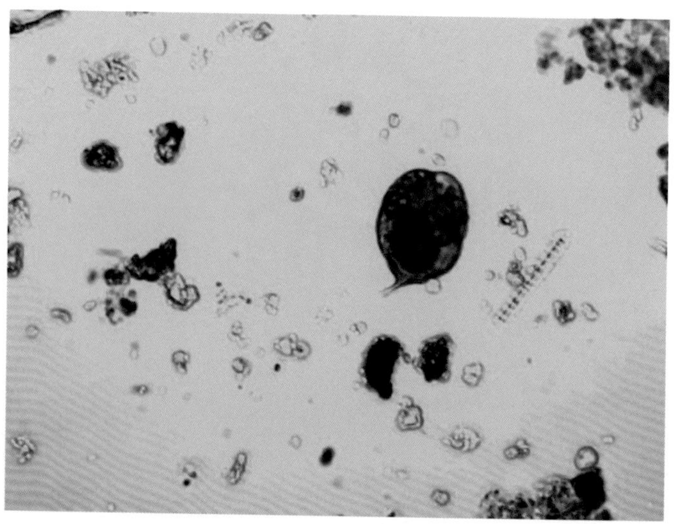
▲10×40倍 扁裸藻等

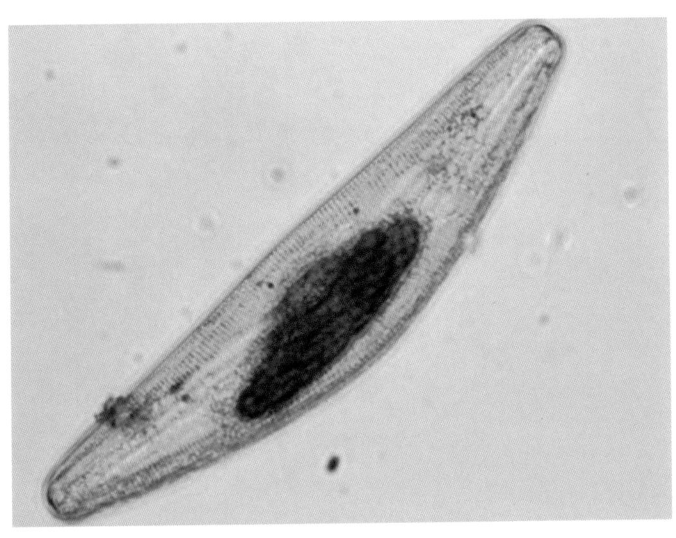

▲10×40倍　桥穹藻

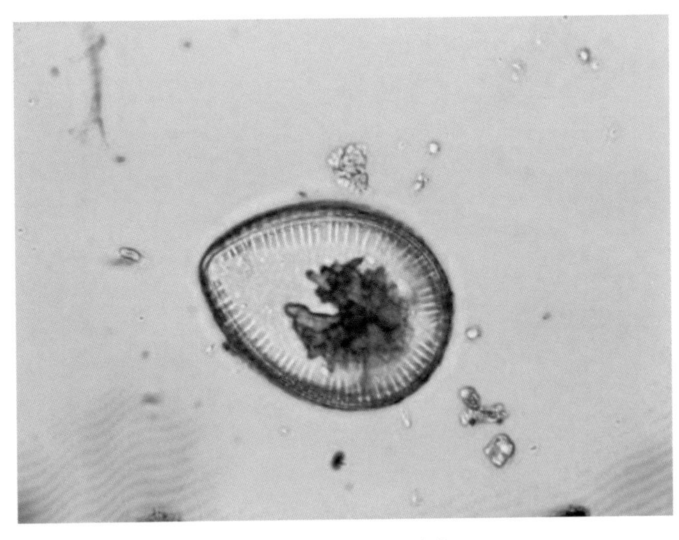

▲10×40倍　双菱藻

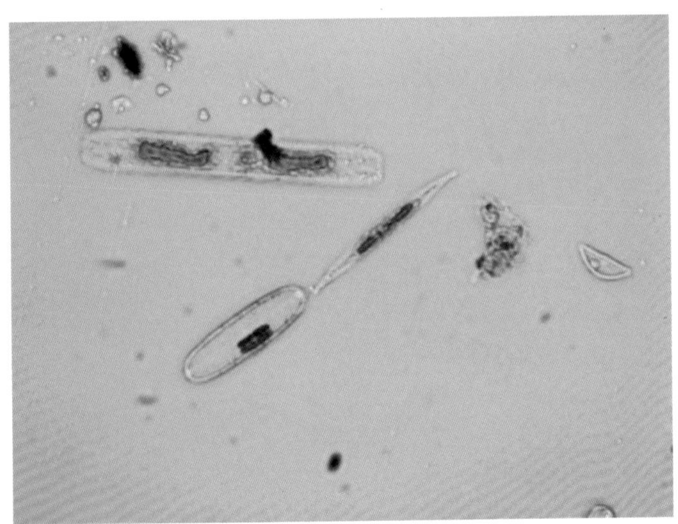

▲10×40倍　针杆藻、舟形藻等

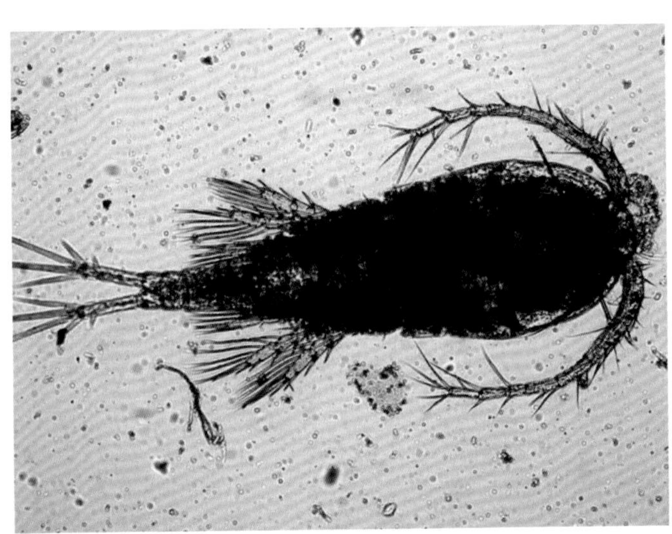

▲10×10倍　剑水蚤

▲10×10倍　镖水蚤

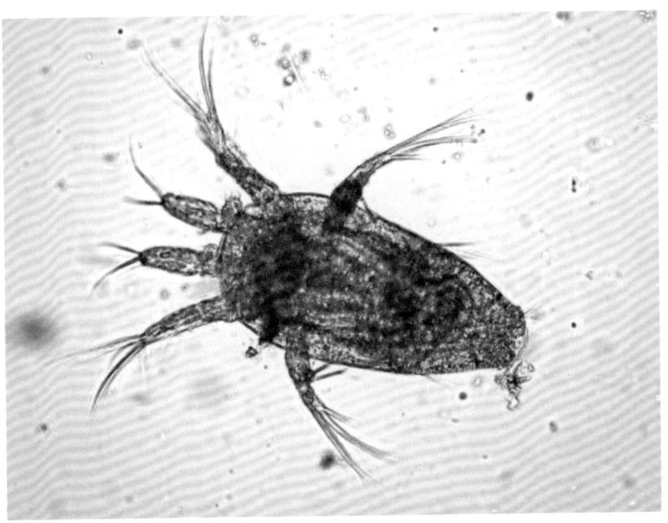

▲10×10倍　无节幼体

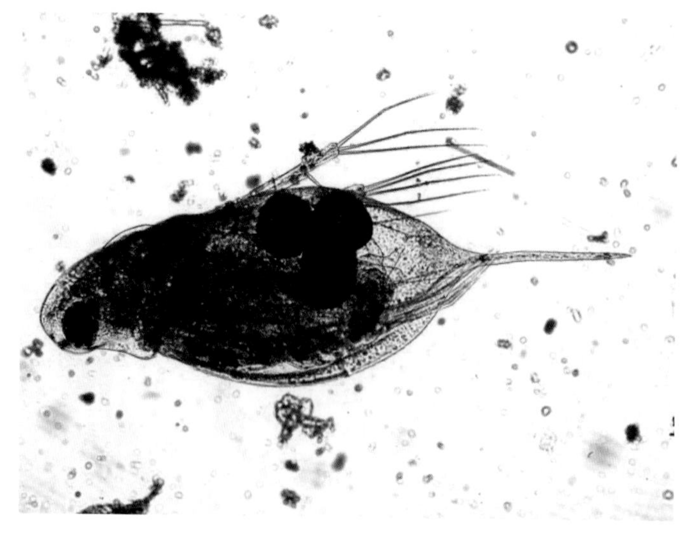

▲10×10倍　僧帽溞

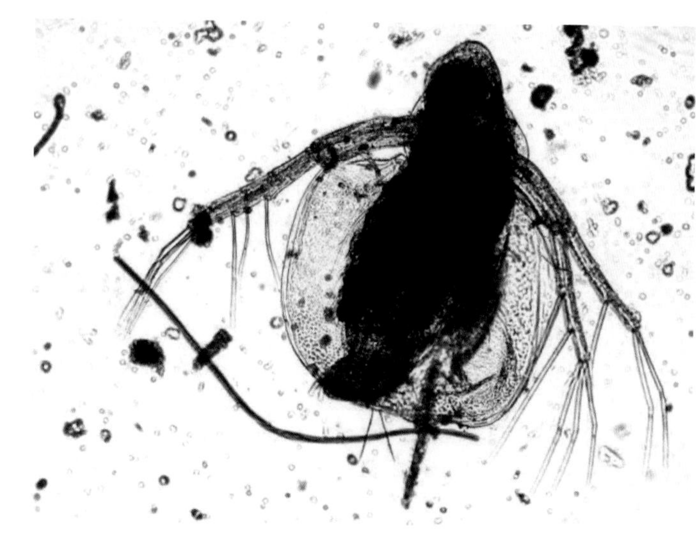

▲10×10倍　秀体溞

▲10×10倍　蚤状溞

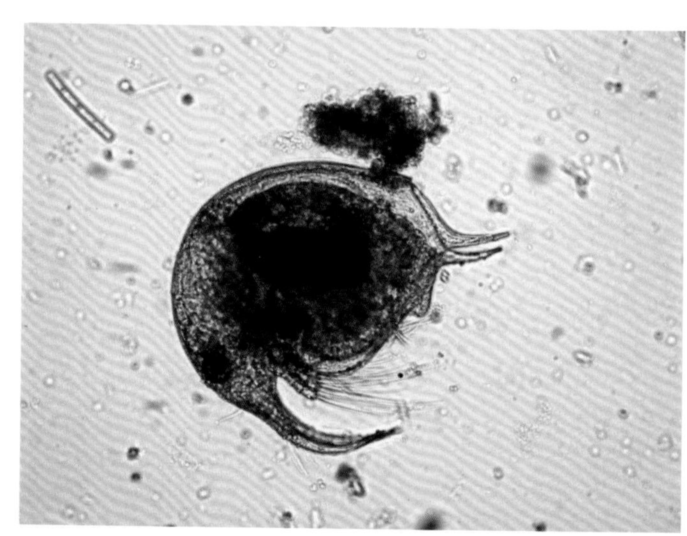

▲10×10倍　象鼻溞

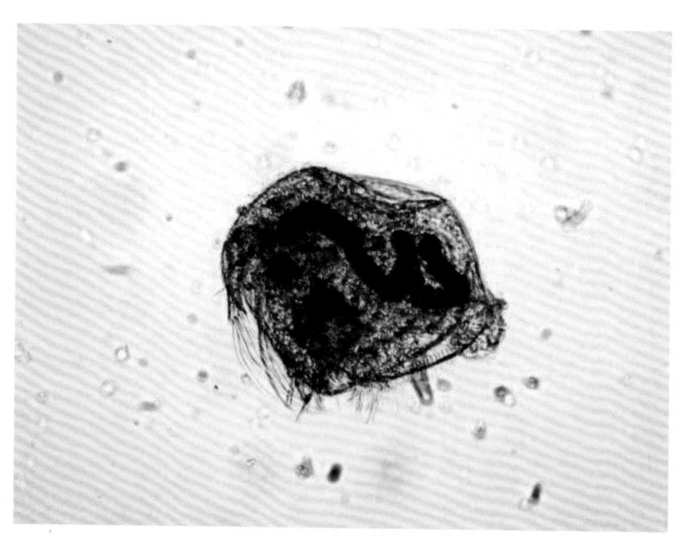

▲10×10倍　盘肠溞

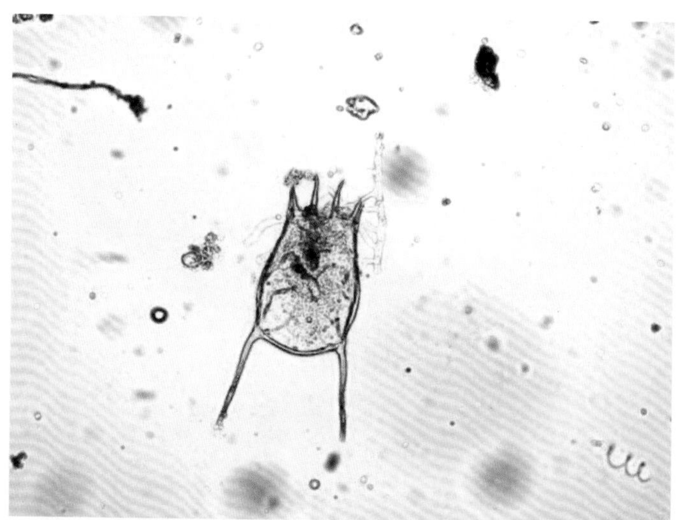

▲10×20倍　龟甲轮虫

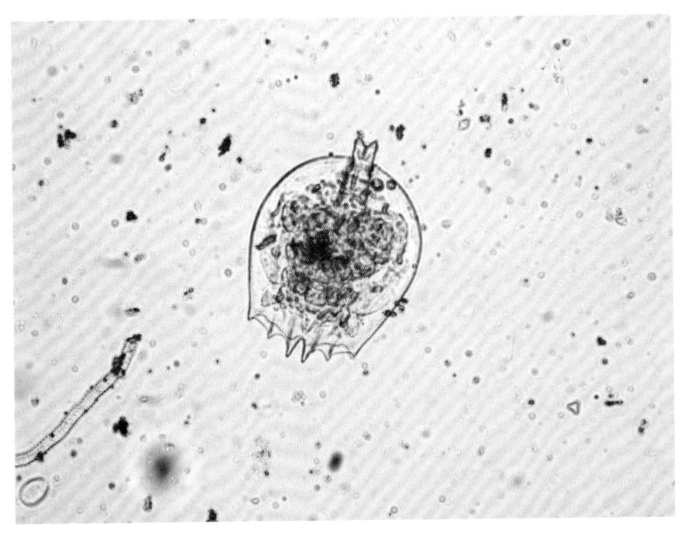
▲10×20倍　壶状臂尾轮虫

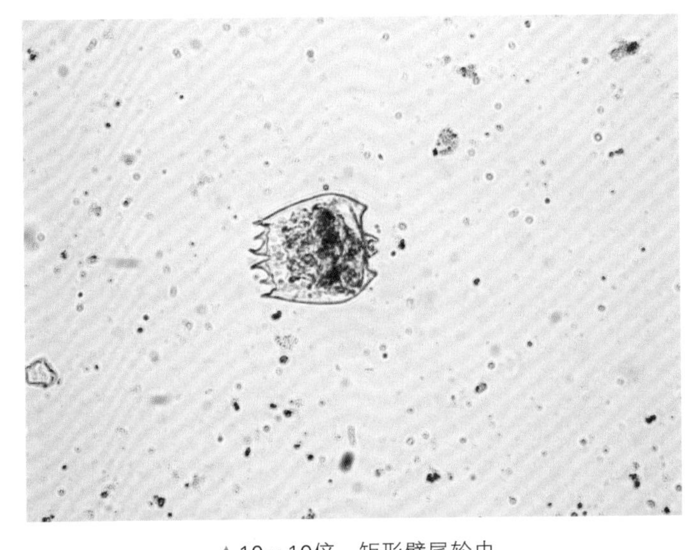
▲10×10倍　矩形臂尾轮虫

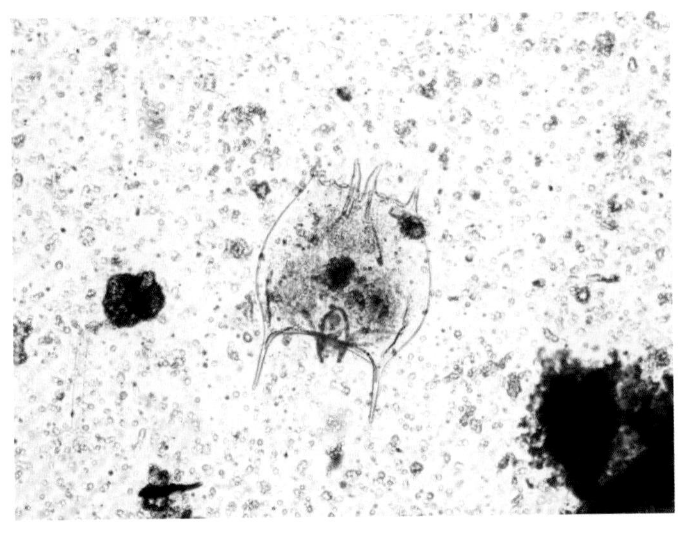
▲10×20倍　花荚臂尾轮虫

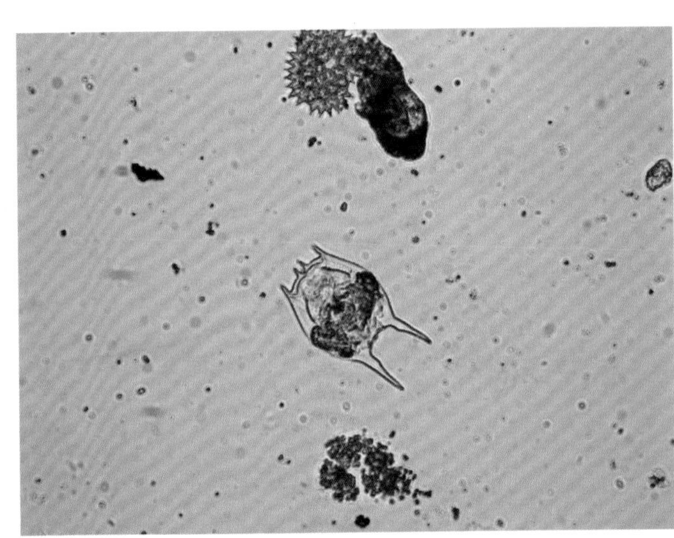
▲10×10倍　剪形臂尾轮虫

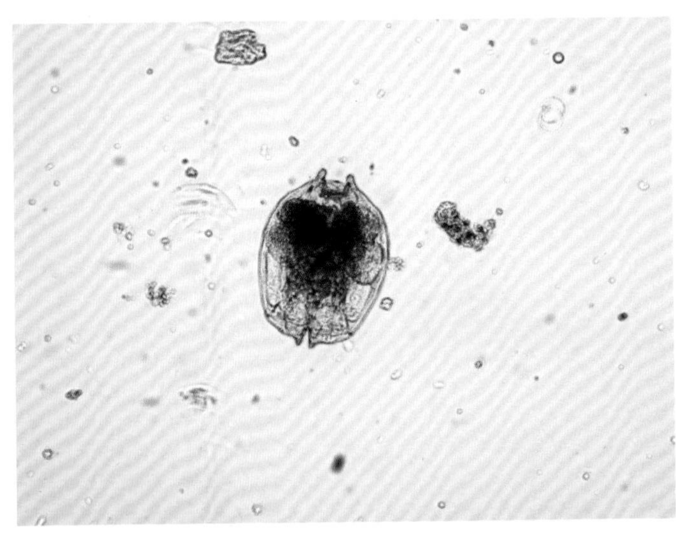
▲10×10倍　角突臂尾轮虫

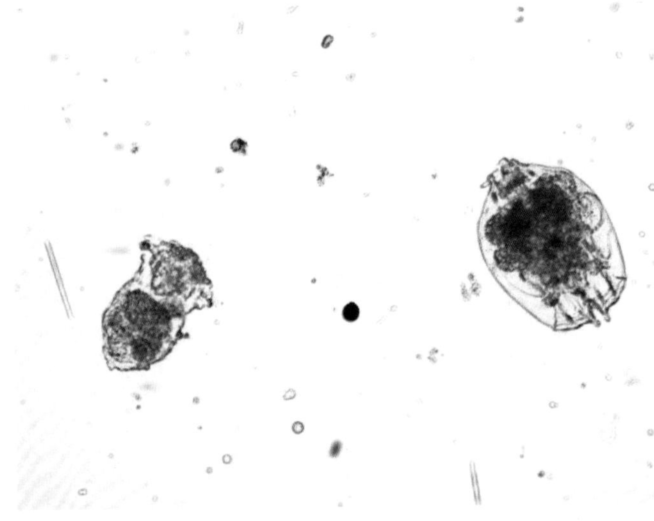
▲10×10倍　疣毛轮虫、角突臂尾轮虫

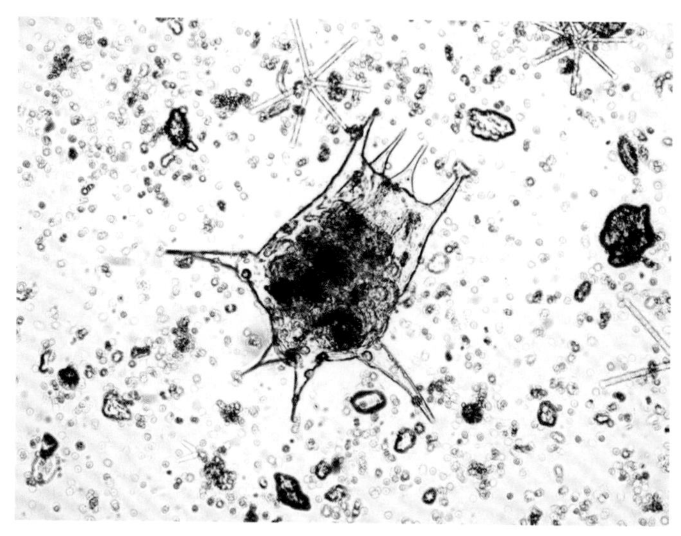

▲10×20倍 萼花臂尾轮虫

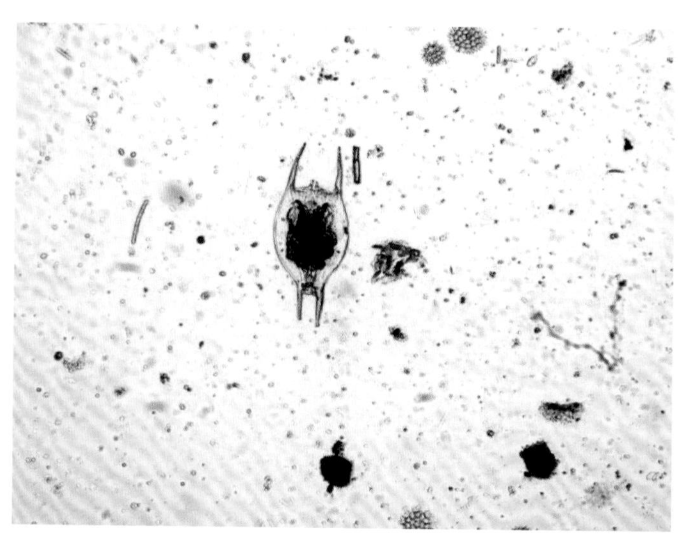

▲10×10倍 镰状臂尾轮虫

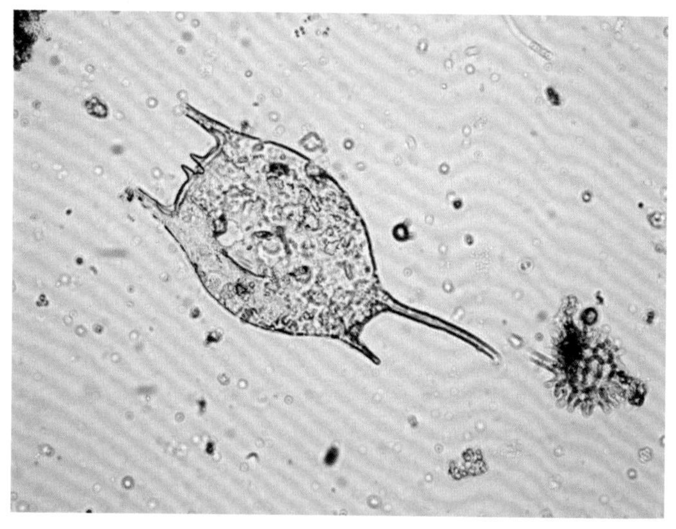

▲10×20倍 裂足轮虫

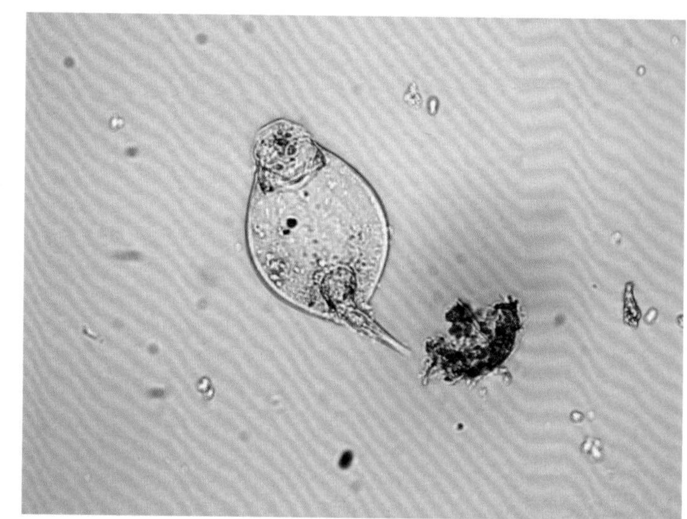

▲10×20倍 鞍甲轮虫

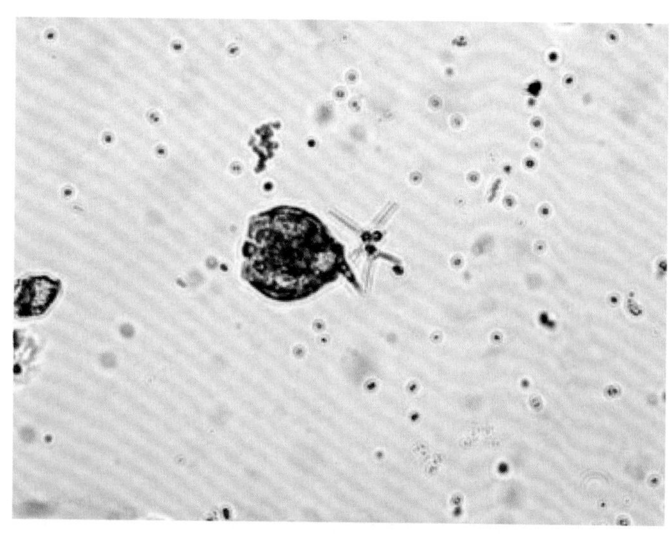

▲10×20倍 单肢轮虫

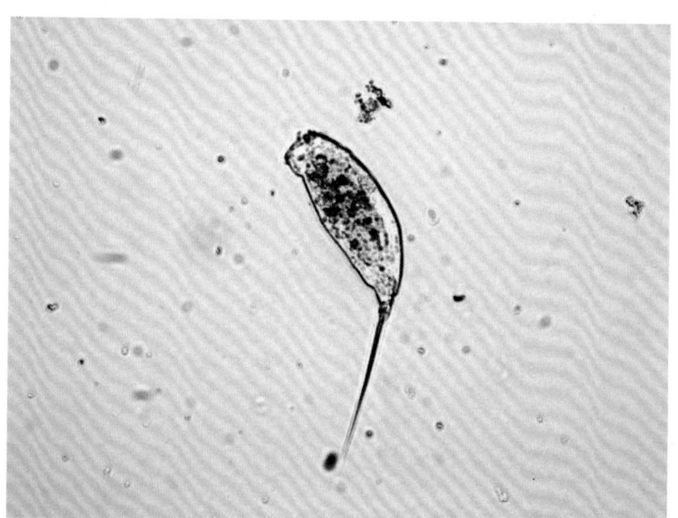

▲10×20倍 异尾轮虫

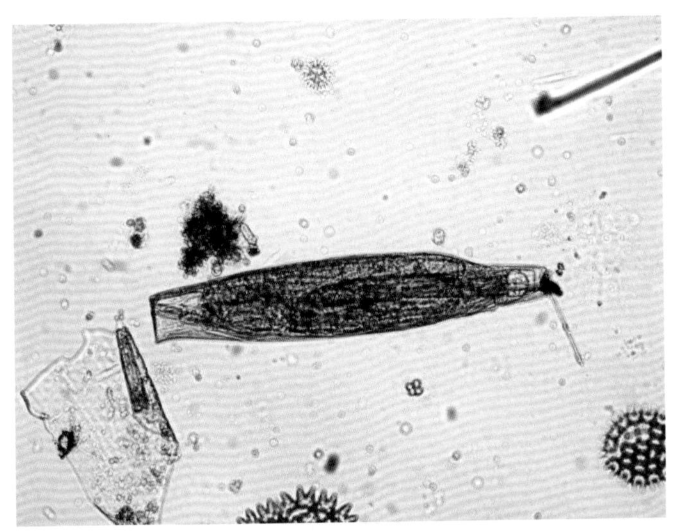
▲10×20倍 长足轮虫

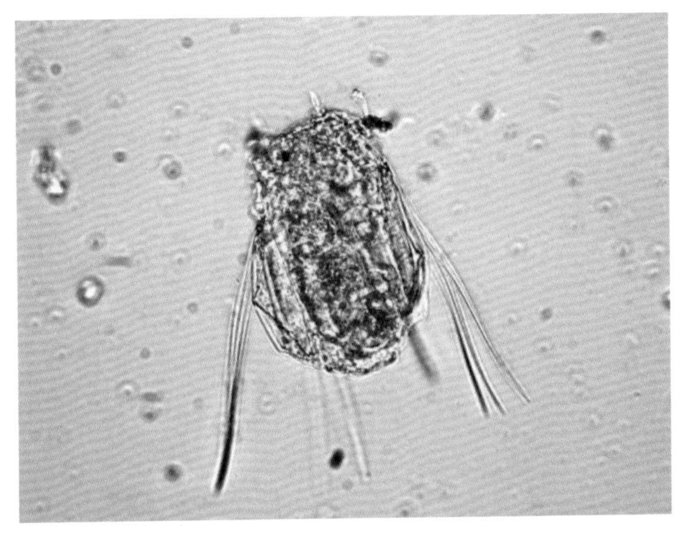
▲10×20倍 多肢轮虫

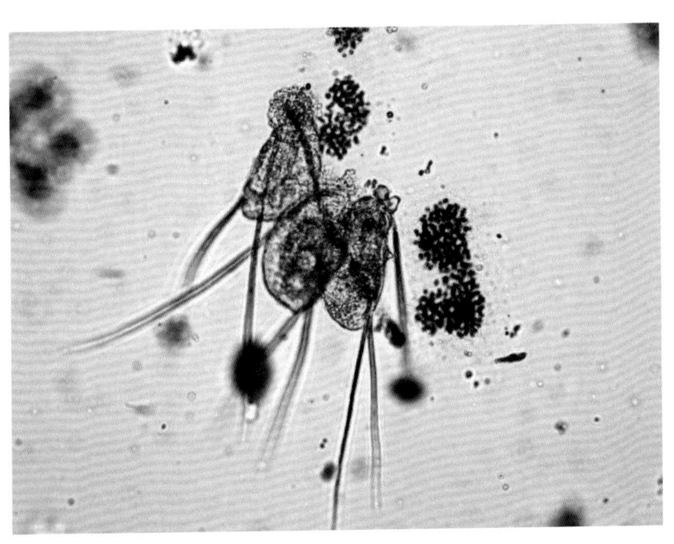
▲10×20倍 三肢轮虫

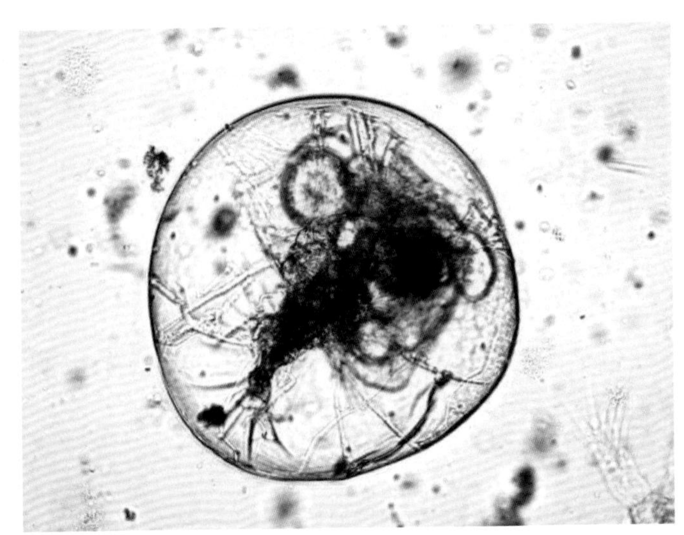
▲10×20倍 晶囊轮虫

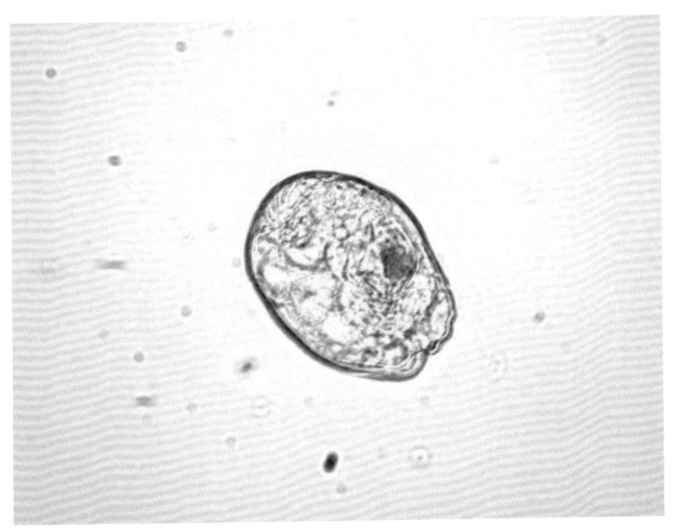
▲10×20倍 无柄轮虫

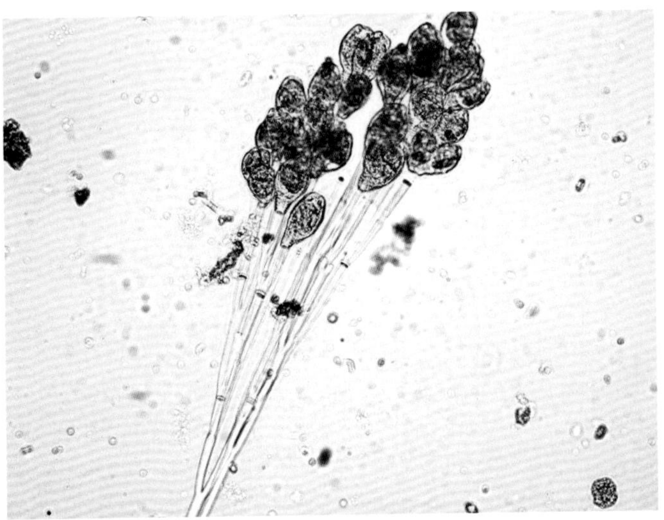
▲10×20倍 累枝虫

第六章 昆虫资源

第一节 昆虫种类及其分布

昆虫是生态系统的一个重要组成部分，对生态系统的结构和生产力有很大的影响作用。达里诺尔为蒙古高原上著名的内陆湖泊生态系统，气候多变、地形复杂、生境多样、牧草资源丰富，为昆虫的滋生提供了有利的条件，昆虫多样性较为丰富。但是，达里诺尔保护区建立多年，目前有关昆虫的调查研究仍属空白。为了查清本保护区昆虫种类以及分布情况，为保护区开展工作提供依据，于2013年5月至10月初步开展了昆虫的调查研究工作。

一、调查方法

1. 根据当地自然景观地区情况，选择达里诺尔湖北岸北梁台地草原，贡格尔湖积平原，东岸岗更诺尔和沙里河湿地以及南岸浑善达克沙地作为调查样地进行取样调查（图6-1）。

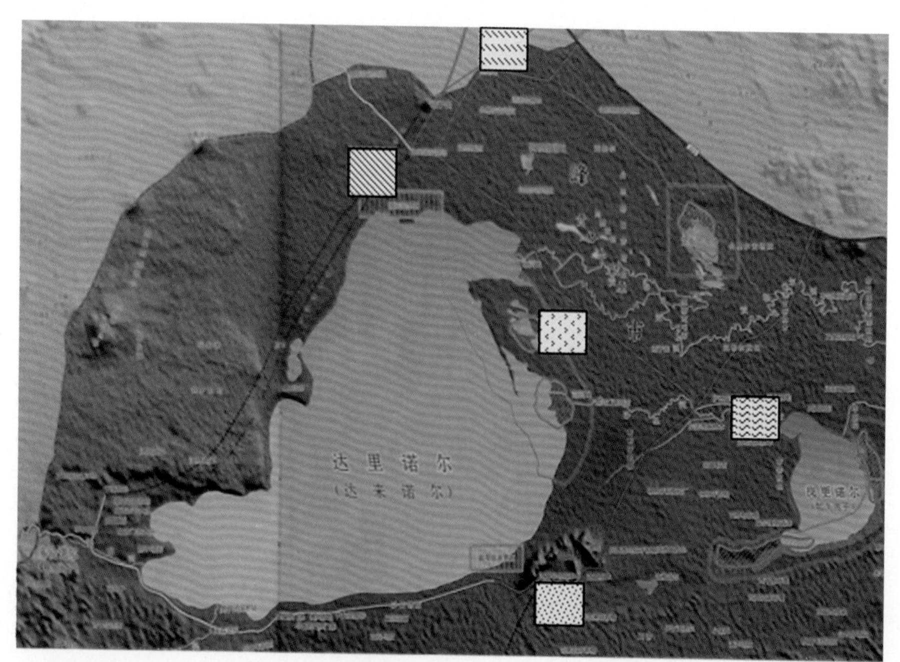

图6-1　达里诺尔国家自然保护区昆虫调查样地

注：北梁台地草原　贡格尔湖积平原　沙里河湿地　浑善达克沙地　随机捕捉

2．在每个样地内选取3个10m×10m的样方，每个样方内“Z”字形行进，并用昆虫网扫30网，以此搜集植物上活动的昆虫；每个样地内再设3个1m×1m的小样方，搜集地表活动的昆虫；在样地内随机手捉、网捕，搜集所有能见到的昆虫。

3．随机捕捉路边、花池、草地等一切可见到的昆虫；晚间利用场区路灯、车灯灯光诱捕飞行昆虫；收集湖北岸渔场灭虫灯箱内昆虫。

4．将采集到的昆虫分别存入密封袋并加注标记，做好时间、地点等记录，带回实验室鉴定分类，并进行统计分析。

二、调查结果

1．本次调查分别于2013年5月底、7月初、8月中、9月中以及10月初对所选样地进行了采集取样。共捕捉昆虫1000多头，整理鉴定出466头，类属6目34科100种。依据常规格式列出《自然保护区昆虫名录》，详见附录12；并按不同景观采集地统计为表6-1；按不同采集时间统计为表6-2。10月几乎没有采到标本，因此没有统计。

表6-1 不同景观样地昆虫分布

目/科/种	北梁台地草原				贡格尔湖积平原				沙里河湿地				浑善达克沙地				随机采集及灯光诱捕			
	5月	7月	8月	9月	5月	7月	8月	9月	5月	7月	8月	9月	5月	7月	8月	9月	5月	7月	8月	9月
一、半翅目																				
（1）盲蝽科																				
1.雷氏草盲蝽			1								1	4			2	2				9
2.红楔异盲蝽		1									5	1		4	2	3			2	1
3.斑异盲蝽		1																		
4.三点苜蓿盲蝽												1								
5.苜蓿盲蝽		1												1					3	
6.条赤须盲蝽		4	5								2									
7.暗赤须盲蝽			2								1				2	1			3	
8.长毛草盲蝽			1								2				1	3				2
9.西伯利亚草盲蝽											3					1				
10.光翅草盲蝽																2				2
11.牧草盲蝽							1									1		1		
12.原丽盲蝽																				
13.四点苜蓿盲蝽						1										1			1	
（2）划蝽科																				
14.韦氏烁划蝽			2													2		2		
（3）黾蝽科																				
15.细角黾蝽																		1		
（4）花蝽科																				

（续）

目/科/种	北梁台地草原				贡格尔湖积平原				沙里河湿地				浑善达克沙地				随机采集及灯光诱捕			
	5月	7月	8月	9月	5月	7月	8月	9月	5月	7月	8月	9月	5月	7月	8月	9月	5月	7月	8月	9月
16.乌苏里原花蝽			2													2		2		
（5）网蝽科																				
17.黑角小网蝽			2													2		2		
（6）蝽科																				
18.横纹菜蝽						1		1	2						2			4	3	
19.邻实蝽												1			3	3			1	1
20.珠蝽			1																	
21.双刺益蝽														1						
22.藜蝽												1				1				
23.赤条蝽		2					1				2					2				
24.短翅蝽		2														1				
25.金绿真蝽									1											4
26.西北麦蝽		1							1									1		
27.茶翅蝽				3					2			1								
28.苍蝽						3			1										1	
29.紫翅果蝽							2		1									2		
30.东亚果蝽								1		3										3
31.实蝽	2			1							2									
（7）同蝽科																				
32.直同蝽																2				
（8）缘蝽科																				
33.闭环缘蝽									1					3						
34.荀环缘蝽																				
35.嗯缘蝽												4		1						
36.亚姬缘蝽							1													
37.离缘蝽		7	3	1																
38.亚蛛缘蝽															1					1
39.粟缘蝽			3												2				2	
40.细角迷缘蝽				1												3				
（9）长蝽科																				
41.沙地大眼长蝽														1		2				
42.毛缘长蝽									2						1					
43.微小线缘长蝽														1						
44.谷小长蝽	2	1								2				15	1	1			1	1
45.狭缘长蝽	1									1				1						
46.方胸叶缘长蝽			1							1						1			1	
47.拟横带红长蝽						2				2									2	
48.角红长蝽		1					1					3			1					
49.斑腹直缘长蝽			2													2		1		

（续）

目/科/种	北梁台地草原				贡格尔湖积平原				沙里河湿地				浑善达克沙地				随机采集及灯光诱捕			
	5月	7月	8月	9月	5月	7月	8月	9月	5月	7月	8月	9月	5月	7月	8月	9月	5月	7月	8月	9月
50.丝光小长蝽		2				2										1		2		
51.小黑大眼长蝽			2									1				2				
52.东北林长蝽						2									1			2		
53.琴长蝽																4				
54.淡边地长蝽																2				
55.短胸叶缘长蝽											2									
（10）猎蝽科																				
56.显脉土猎蝽							2					2			1	1				1
（11）红蝽科																				
57.地红蝽																				1
（12）姬蝽科																				
58.类原姬蝽		1	4											1	2	1				
（13）盾蝽科																				
59.皱盾蝽														2						
二、双翅目																				
（14）蜂虻科																				
60.金毛雏蜂虻							2				1									
61.内蒙古雏蜂虻							5				4									
（15）食蚜蝇科																				
62.连斑条胸食蚜蝇							2				1									1
63.黑带食蚜蝇							2													2
64.长尾管食蚜蝇							5													7
三、鞘翅目																				
（16）葬甲科																				
65.斑额负葬甲																			2	
66.亚洲尸葬甲												1								
（17）金龟子科																				
67.叉角粪金龟																				5
68.嗡蜣螂											1									
69.绣红金龟																			4	
（18）芫菁科																				
70.苹斑芫菁		2					1									1			1	9
（19）沟胫天牛亚科																				
71.麻斑草天牛		1																		
（20）瓢甲科																				
72.双七星瓢虫	1		1							1		1		1	1	7				8
73.多异瓢虫											3					1			1	1
74.七星瓢虫																				1
（21）叶甲亚科																				

（续）

目/科/种	北梁台地草原				贡格尔湖积平原				沙里河湿地				浑善达克沙地				随机采集及灯光诱捕			
	5月	7月	8月	9月	5月	7月	8月	9月	5月	7月	8月	9月	5月	7月	8月	9月	5月	7月	8月	9月
75.紫榆叶甲							2					4			1	8				2
（22）虎甲科																				
76.月斑虎甲							1													
（23）象甲科																				
77.蓝绿象			1																	
（24）步甲科																				
78.双斑猛步甲											1	3								
79.婪步甲												1								
四、蜻蜓目																				
（25）蜻科																				
80.黄蜻			1																	
81.秋赤蜻			1																	
五、直翅目																				
（26）斑翅蝗科																				
82.亚洲小车蝗							1													
83.红翅皱膝蝗							1													
84.小胫刺蝗								1												
85.白边痂蝗				1																
（27）癞蝗科																				
86.内蒙古笨蝗							1													
（28）锥头蝗科																				
87.上海稻蝗			2													2				
88.长翅稻蝗		2														1				
（29）网翅蝗科																				
89.白边雏蝗															2					
90.褐色雏蝗																			2	
91.狭翅雏蝗										2										
92.小翅雏蝗		2									2									
93.红胫牧草蝗											2									
94.正蓝牧草蝗																			2	
（30）槌角蝗科																				
95.李氏大足蝗											1									
（31）剑角蝗科																				
96.条纹鸣蝗																		2		
（32）螽斯科																				
97.蒙古硕螽						1														
六、同翅目																				
（33）角蝉科																				
98.黑圆角蝉						2													2	

（续）

目/科/种	北梁台地草原				贡格尔湖积平原				沙里河湿地				浑善达克沙地				随机采集及灯光诱捕			
	5月	7月	8月	9月	5月	7月	8月	9月	5月	7月	8月	9月	5月	7月	8月	9月	5月	7月	8月	9月
（34）叶蝉科																				
99.黑尾叶蝉												2								
100.大青叶蝉																				2
合计	6	31	37	7		14	31	3	11	12	36	31		32	26	69		22	34	64
	4目16科37种81头				5目14科27种48头				5目15科44种90头				3目16科47种127头				5目20科45种120头			

表6-2 不同时间昆虫种群消长情况

目/科/种	5月					7月					8月					9月				
	北梁台地草原	贡格尔湖积平原	沙里河湿地	浑善达克沙地	随机采集及灯光诱捕	北梁台地草原	贡格尔湖积平原	沙里河湿地	浑善达克沙地	随机采集及灯光诱捕	北梁台地草原	贡格尔湖积平原	沙里河湿地	浑善达克沙地	随机采集及灯光诱捕	北梁台地草原	贡格尔湖积平原	沙里河湿地	浑善达克沙地	随机采集及灯光诱捕
一、半翅目																				
（1）盲蝽科																				
1.雷氏草盲蝽											1		1	2				4	2	9
2.红楔异盲蝽						1			4				5	2	2			1	3	1
3.斑异盲蝽						1														
4.三点苜蓿盲蝽																		1		
5.苜蓿盲蝽						1			1						3					
6.条赤须盲蝽						4					5		2							
7.暗赤须盲蝽											2		1	2	3				1	
8.长毛草盲蝽											1		2	1					3	2
9.西伯利亚草盲蝽													3						1	
10.光翅草盲蝽																			2	2
11.牧草盲蝽										1		1							1	
12.原丽盲蝽																				
13.四点苜蓿盲蝽							1								1				1	
（2）划蝽科																				
14.韦氏烁划蝽										2	2								2	
（3）黾蝽科																				
15.细角黾蝽										1										
（4）花蝽科																				
16.乌苏里原花蝽										2	2								2	
（5）网蝽科																				
17.黑角小网蝽										2	2								2	
（6）蝽科																				
18.横纹菜蝽			2				1			4				2	3		1			

（续）

目/科/种	5月					7月					8月					9月				
	北梁台地草原	贡格尔湖积平原	沙里河湿地	浑善达克沙地	随机采集及灯光诱捕	北梁台地草原	贡格尔湖积平原	沙里河湿地	浑善达克沙地	随机采集及灯光诱捕	北梁台地草原	贡格尔湖积平原	沙里河湿地	浑善达克沙地	随机采集及灯光诱捕	北梁台地草原	贡格尔湖积平原	沙里河湿地	浑善达克沙地	随机采集及灯光诱捕
19.邻实蝽														3	1			1	3	1
20.珠蝽											1									
21.双刺益蝽									1											
22.藜蝽																		1	1	
23.赤条蝽						2						1	2						2	
24.短翅蝽						2													1	
25.金绿真蝽			1																	4
26.西北麦蝽			1			1				1										
27.茶翅蝽			2													3		1		
28.苍蝽			1				3								1					
29.紫翅果蝽			1							2		2								
30.东亚果蝽								3									1			3
31.实蝽	2												2			1				
（7）同蝽科																				
32.直同蝽																			2	
（8）缘蝽科																				
33.闭环缘蝽			1						3											
34.苟环缘蝽																				
35.嗯缘蝽									1									4		
36.亚姬缘蝽												1								
37.离缘蝽						7					3					1				
38.亚蛛缘蝽														1						1
39.粟缘蝽											3			2	2					
40.细角迷缘蝽																1			3	
（9）长蝽科																				
41.沙地大眼长蝽									1										2	
42.毛缘长蝽			2											1						
43.微小线缘长蝽									1											
44.谷小长蝽	2					1		2	15					1	1				1	1
45.狭缘长蝽	1							1	1											
46.方胸叶缘长蝽								1			1				1				1	
47.拟横带红长蝽							2	2							2					
48.角红长蝽						1						1		1				3		
49.斑腹直缘长蝽										1	2								2	
50.丝光小长蝽						2	2			2									1	
51.小黑大眼长蝽											2							1	2	
52.东北林长蝽							2			2				1						

（续）

目/科/种	5月					7月					8月					9月				
	北梁台地草原	贡格尔湖积平原	沙里河湿地	浑善达克沙地	随机采集及灯光诱捕	北梁台地草原	贡格尔湖积平原	沙里河湿地	浑善达克沙地	随机采集及灯光诱捕	北梁台地草原	贡格尔湖积平原	沙里河湿地	浑善达克沙地	随机采集及灯光诱捕	北梁台地草原	贡格尔湖积平原	沙里河湿地	浑善达克沙地	随机采集及灯光诱捕
53.琴长蝽																			4	
54.淡边地长蝽																			2	
55.短胸叶缘长蝽													2							
（10）猎蝽科																				
56.显脉土猎蝽												2		1				2	1	1
（11）红蝽科																				
57.地红蝽																				1
（12）姬蝽科																				
58.类原姬蝽						1			1		4			2					1	
（13）盾蝽科																				
59.皱盾蝽									2											
二、双翅目																				
（14）蜂虻科																				
60.金毛雏蜂虻												2	1							
61.内蒙古雏蜂虻												5	4							
（15）食蚜蝇科																				
62.连斑条胸食蚜蝇												2	1							1
63.黑带食蚜蝇												2								2
64.长尾管食蚜蝇												5								7
三、鞘翅目																				
（16）葬甲科																				
65.斑额负葬甲															2					
66.亚洲尸葬甲																		1		
（17）金龟子科																				
67.叉角粪金龟																				5
68.嗡蜣螂													1							
69.绣红金龟															4					
（18）芫菁科																				
70.苹斑芫菁						2						1			1				1	9
（19）沟胫天牛亚科																				
71.麻斑草天牛						1														
（20）瓢甲科																				
72.双七星瓢虫	1							1	1		1			1				1	7	8
73.多异瓢虫													3		1				1	1
74.七星瓢虫																				1
（21）叶甲亚科																				
75.紫榆叶甲												2		1				4	8	2

（续）

目/科/种	5月					7月					8月					9月				
	北梁台地草原	贡格尔湖积平原	沙里河湿地	浑善达克沙地	随机采集及灯光诱捕	北梁台地草原	贡格尔湖积平原	沙里河湿地	浑善达克沙地	随机采集及灯光诱捕	北梁台地草原	贡格尔湖积平原	沙里河湿地	浑善达克沙地	随机采集及灯光诱捕	北梁台地草原	贡格尔湖积平原	沙里河湿地	浑善达克沙地	随机采集及灯光诱捕
（22）虎甲科																				
76.月斑虎甲												1								
（23）象甲科																				
77.蓝绿象											1									
（24）步甲科																				
78.双斑猛步甲													1					3		
79.蒌步甲																		1		
四、蜻蜓目																				
（25）蜻科																				
80.黄蜻											1									
81.秋赤蜻											1									
五、直翅目																				
（26）斑翅蝗科																				
82.亚洲小车蝗												1								
83.红翅皱膝蝗												1								
84.小胫刺蝗																	1			
85.白边痂蝗																1				
（27）癞蝗科																				
86.内蒙古笨蝗												1								
（28）锥头蝗科																				
87.上海稻蝗											2								2	
88.长翅稻蝗						2													1	
（29）网翅蝗科																				
89.白边雏蝗														2						
90.褐色雏蝗															2					
91.狭翅雏蝗								2												
92.小翅雏蝗						2							2							
93.红胫牧草蝗													2							
94.正蓝牧草蝗															2					
（30）槌角蝗科																				
95.李氏大足蝗													1							
（31）剑角蝗科																				
96.条纹鸣蝗										2										
（32）螽斯科																				
97.蒙古硕螽							1													

（续）

目/科/种	5月					7月					8月					9月				
	北梁台地草原	贡格尔湖积平原	沙里河湿地	浑善达克沙地	随机采集及灯光诱捕	北梁台地草原	贡格尔湖积平原	沙里河湿地	浑善达克沙地	随机采集及灯光诱捕	北梁台地草原	贡格尔湖积平原	沙里河湿地	浑善达克沙地	随机采集及灯光诱捕	北梁台地草原	贡格尔湖积平原	沙里河湿地	浑善达克沙地	随机采集及灯光诱捕
六、同翅目																				
（33）角蝉科																				
98.黑圆角蝉							2								2					
（34）叶蝉科																				
99.黑尾叶蝉																		2		
100.大青叶蝉																				2
合计	2目4科12种17头					4目18科42种111头					6目26科62种164头					5目21科56种174头				

2. 检索周边相关地区（赤峰市和锡林浩特市）以往的昆虫资料，结合本次实地采集结果，共收录昆虫364种，类分9目55科，汇总建立《自然保护区昆虫名录》（附录12）。

第二节 昆虫的区系划分

在本次调查收录的364种昆虫中，根据内蒙古昆虫地理区系划分（图6-2），有明确归属分布地的有276种，详见表6-3。

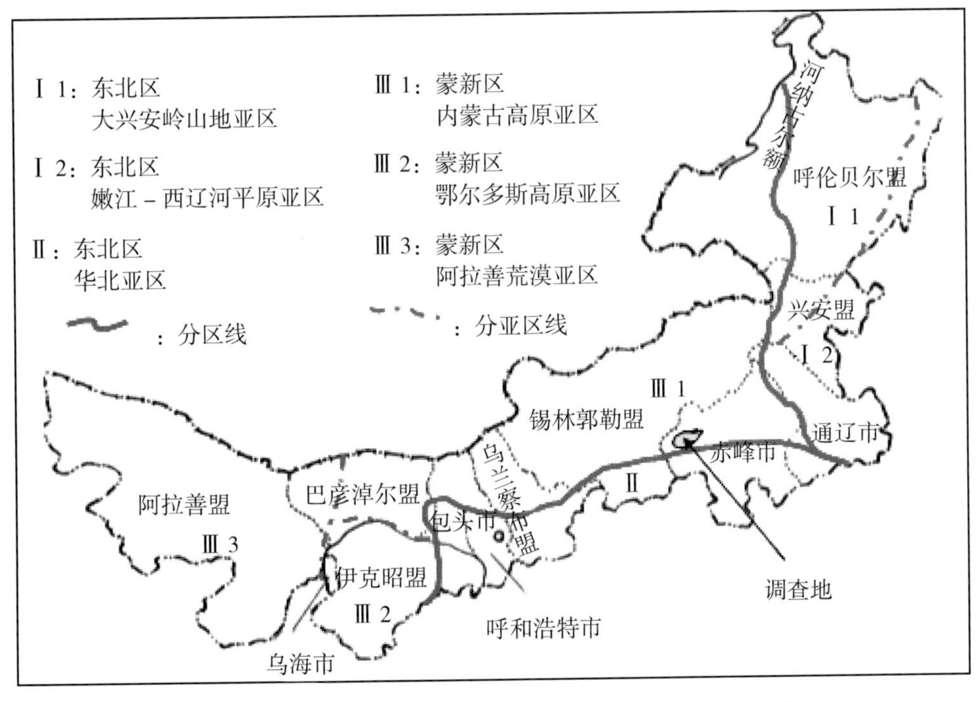

图6-2 内蒙古昆虫地理区系划分（仿能乃扎布，1987）

表6-3 保护区昆虫在内蒙古昆虫区系中的归属

序号	种名	学名	分布区					
			东北区	华北区	蒙新区			
			大兴安岭山地亚区	华北亚区	嫩江—西辽河平原亚区	内蒙古高原亚区	鄂尔多斯高原亚区	阿拉善荒漠亚区
1	黑纹伟蜓	*Anax nigrofasciatus* Oguma				+		
2	碧伟蜓	*Anax parthenope julius* Brauer	+	+	+	+		+
3	红蜻	*Crocothemis servillia* Drury		+	+	+		
4	六斑蜻	*Libellula angelina* Selys		+		+		
5	黄蜻	*Pantala flavecens* Fabricius		+		+		+
6	秋赤蜻	*Sympetrum frequens* Selys	+	+	+	+	+	+
7	黄腿赤蜻	*Sympetrum imitans* Selys	+	+	+	+	+	+
8	豆娘	*Agrion quadrigerum* Selys		+		+		
9	绿闪溪蟌	*Caliphaea confuse* Selys				+		
10	蓝纹蟌	*Coenagrion dyeri* Frasea				+		
11	内蒙古笨蝗	*Haplotropis brunneriana* Saussure				+		+
12	长额负蝗	*Atractomorpha lata*（Motschulsky）			+	+		
13	短额负蝗	*Atractomorpha sinensis* Bolivar				+		+
14	上海稻蝗	*Oxya shanghaiensis* Willemse			+			
15	长翅稻蝗	*Oxya velox*（Fabricius）		+				
16	亚洲飞蝗	*Locusta migratoria migratoria* Linnaeus		+	+	+		
17	小赤翅蝗	*Celes skalozubovi* Adelung			+	+		+
18	鼓翅皱膝蝗	*Angaracris barabensis*（Pallas）	+	+		+		
19	内蒙古皱膝蝗	*Angaracris neimongolensis* Zheng et Han				+		
20	红翅皱膝蝗	*Angaracris rhodopa*（Fischer-Walhelm）		+	+	+		+
21	白边痂蝗	*Brydodema luctuosum luctuosum*（Stoll）		+		+		
22	小胫刺蝗	*Compsorhipis bryodemoides* Bei-Bienko				+		
23	大胫刺蝗	*Compsorhipis davidiana*（Saussure）		+		+		+
24	小垫尖刺蝗	*Epacromius tergestinus tergestinus*（Charpentier）		+		+		+
25	沼泽蝗	*Mecostethus grossus*（Linnaeus）				+		
26	亚洲小车蝗	*Oedaleus decorus asiaticus* Bey-Bienko	+	+	+	+		+
27	葱色草绿蝗	*Parapleurus alliaceus alliaceus*（Germ.）	+			+		
28	盐池束颈蝗	*Sphingonotus yenchihensis* Cheng et Chiu				+	+	+
29	白膝网翅蝗	*Arcyptera fusca albogeniculata* Ikonnikov				+		
30	白边雏蝗	*Chorthippus albomarginatus*（De Geer）	+		+	+		
31	褐色雏蝗	*Chorthippus brunneus*（Thunberg）		+	+	+		+
32	狭翅雏蝗	*Chorthippus dubius*（Zubovsky）		+		+		+
33	小翅雏蝗	*Chorthippus fallax*（Zubovsky）		+	+	+		+

（续）

序号	种名	学名	分布区					
			东北区	华北区	蒙新区			
			大兴安岭山地亚区	华北亚区	嫩江—西辽河平原亚区	内蒙古高原亚区	鄂尔多斯高原亚区	阿拉善荒漠亚区
34	夏氏雏蝗	*Chorthippus hsiai* Cheng et Tu				+		+
35	东方雏蝗	*Chorthippus intermedius*（Bei–Bienko）			+	+		+
36	斑筒蚍蝗	*Eremippus simplex maculates* Mistshulsky				+		
37	筒蚍蝗	*Eremippus simplex simplex* Eversman				+		
38	红胫牧草蝗	*Omocestus haemorrhoidalis*（Charpentier）		+		+		
39	正蓝牧草蝗	*Omocestus zhenglanensis* Zheng et Han				+		
40	宽翅曲背蝗	*Paracyptera microptera meridionalis*（Ikonnikov）			+	+		
41	双片平器蝗	*Pezohippus biplatus* Kang et Mao				+		
42	黑肛蛛蝗	*Aeropedellus nigrepiproctus* Kang et Cheng				+		
43	小蛛蝗	*Aeropedellus variegates minutus* Mistshenko				+		
44	锡林蛛蝗	*Aeropedellus xilinensis* Liu et Xi				+		
45	毛足棒角蝗	*Dasyhippus barbipes*（Fischer–Waldheim）	+		+	+		
46	李氏大足蝗	*Gomphocerus licenti*（Chang）		+	+	+		+
47	宽须蚁蝗	*Myrmeleotettix palpalis*（Zubowsky）			+	+		+
48	条纹鸣蝗	*Mongolotettix japonicus vittatus*（Uvarov）		+	+	+		+
49	日本蚱	*Tetrix japonica*（Bolivar）	+	+	+	+		
50	仿蚱	*Tetrix simulans*（Bey–Bienko）	+		+	+		
51	钻形蚱	*Tetrix subulata*（Linnaeus）		+	+	+		+
52	亚锐隆背蚱	*Tetrix tartara subacuta* Bey–Bienko	+	+	+	+		+
53	长剑草螽斯	*Conocephalus gladiatus*（Redtenbacher）			+	+		
54	长露水螽斯	*Conocephalus lengipennis* Haan				+		
55	日本草螽	*Conocephalus japonicus* Redtenbacher	+	+	+	+	+	
56	蒙古硕螽	*Deracantha mongolica* Cejchan	+	+	+	+		
57	北方硕螽	*Deracantha onos* Pallas	+	+	+	+		
58	小硕螽	*Deracanthella verrucosa*（Fischer–Waldheim）	+	+	+	+		
59	小翅平脉树螽	*Elimaea fallax* Bey–Bienko				+		
60	短翅鸣螽	*Gampsocleis grafiosa* Brunner	+	+	+	+		
61	聒聒儿	*Gampsocleis inflata* Uvarov				+		
62	塞氏鸣螽	*Gampsocleis sedakovi sedakovi*（Fischer–Waldheim）	+	+	+	+		
63	乌苏里鸣螽	*Gampsocleis ussuriensis* Adelung	+	+	+	+		
64	梨螽斯	*Holochlora japonica* Brunner et Wattenyi				+		
65	绿螽斯	*Holochlora nawae* Matsumura et Shiraki				+		

（续）

序号	种名	学名	分布区					
			东北区	华北区	蒙新区			
			大兴安岭山地亚区	华北亚区	嫩江—西辽河平原亚区	内蒙古高原亚区	鄂尔多斯高原亚区	阿拉善荒漠亚区
66	角螽斯	*Homorocoryphus lineosus* Walker		+	+			
67	薄翅树螽	*Phaneroptera falcate*（Poda）	+	+	+	+		
68	中露水螽斯	*Phaneroptera nakanocnsis* Shiraki				+		
69	褐盾螽	*Platycleis tomini*（Pylnov）	+	+	+	+		
70	巴氏棘硕螽	*Zichya barnovi baranovi* Bey-Bienko		+		+	+	
71	毕氏棘硕螽	*Zichya piechockii* Cejchan	+	+		+		
72	切培针蟀	*Nemobius chibae* Shirakii				+		
73	黑圆角蝉	*Gargara genistae*（Fabricius）				+		
74	黄点尖胸沫蝉	*Aphrophora flavomaculata* Matsumura	+		+	+		
75	小白带尖胸沫蝉	*Aphrophora oblique* Uhler			+	+		
76	条纹新长沫蝉	*Neophilaenus linatus*（Linnaeus）	+		+	+		
77	苹果塔叶蝉	*Pyramidotettix mali* Yang		+		+		
78	山岩叶蝉	*Mogannia iwasakii* Matsumura				+		
79	四带脊冠叶蝉	*Aphrodes guttatus*（Motsumura）		+		+		
80	橙带六室叶蝉	*Thomsoniella porrecta*（Walker）			+	+		
81	韦氏烁划蝽	*Stigara weymarni* Hungerford		+		+		
82	细角黾蝽	*Gerris gracilicornis*（Horvath）		+		+		
83	类原姬蝽（亚洲亚种）	*Nabis feroides mimoferus* Hsiao	+	+	+	+	+	+
84	乌苏里原花蝽	*Acompocoris ussuriensis* Lindberg	+	+		+		
85	条赤须盲蝽	*Trigonotylus coelestialium*（Kirkaldy）	+	+	+	+	+	+
86	暗赤须盲蝽	*Trigonotylus viridis*（Provancher）	+		+	+		
87	西伯利亚草盲蝽	*Lygus sibiricus* Aglyamzyanov	+	+	+	+	+	+
88	光翅草盲蝽	*Lygus adspersus* Schilling	+	+	+	+	+	+
89	原丽盲蝽	*Lygocoris pabulinus*（Linnaeus）				+		
90	红楔异盲蝽	*Polymerus cognatus*（Fieber）	+	+	+	+	+	+
91	斑异盲蝽	*Polumersus unifasciatus*（Fallen）	+	+	+	+		
92	苜蓿盲蝽	*Adelphocoris lineaolatus*（Goeze）	+	+	+	+	+	+
93	黑角小网蝽	*Agramma laetum*（Fallén）				+		+
94	显脉土猎蝽	*Coranus hammarstroemi* Reuter	+	+	+	+		
95	角红长蝽	*Lygaeus hanseni* Jakovlev，1883	+	+	+	+		
96	斑腹直缘长蝽	*Ortholomus punctipennis*（Herrich-Schaeffer,1838）	+	+	+	+	+	+
97	丝光小长蝽	*Nysius thymi*（Wolff，1804）	+	+	+	+	+	+
98	东北林长蝽	*Drymus orientalis* Kerzhner，1977，中国新记录种				+		

（续）

序号	种名	学名	分布区					
			东北区	华北区	蒙新区			
			大兴安岭山地亚区	华北亚区	嫩江—西辽河平原亚区	内蒙古高原亚区	鄂尔多斯高原亚区	阿拉善荒漠亚区
99	琴长蝽	*Ligyrocoris sylvestris*（Linnaeus，1758）	+	+	+	+		
100	淡边地长蝽	*Panaorus adspersus*（Mulsant&Rey，1852）	+	+	+	+		
101	短胸叶缘长蝽	*Enblethis branchynotus* Horvath，1897	+	+		+		+
102	东方原缘蝽	*C.marginatus orientalis* Kiritshenko，1916	+	+	+	+		
103	闭环缘蝽	*Stictopleurus nysioides* Reuter，1891	+	+	+	+		+
104	苘环缘蝽	*Stictopleurus abutilon*（Rossi，1790）				+		
105	粟缘蝽	*Liorhyssus hyalinus*（Fabricius，1794）	+	+	+	+	+	+
106	细角迷缘蝽	*Myrmus glabellus* Horvath，1901	+	+		+	+	+
107	离缘蝽	*Chorosoma macilentum* Stål，1858	+	+	+	+		
108	亚蛛缘蝽	*Alydus zichyi* Horvath，1901	+	+	+	+		
109	扁盾蝽	*Eurygaster testudinarius*（Geoffroy）	+	+	+	+		
110	藜蝽	*Tarisa elevata*（Reuter，1901）				+		+
111	赤条蝽	*Graphosoma rubrolineata*（Westwood，1837）	+	+	+	+	+	+
112	短翅蝽	*Masthletinus abbreviatus*（Reuter，1879）	+	+	+	+		
113	金绿真蝽	*Pentatoma metallifera*（Motschulsky，1859）		+	+	+	+	+
114	横纹菜蝽	*Eurdema gebleri*（Kolenati，1846）	+	+	+	+	+	+
115	西北麦蝽	*Aelia sibica*（Reuter，1886）	+	+	+	+	+	+
116	珠蝽	*Rubiconia intermedia*（Wolff，1811）	+	+	+	+		
117	茶翅蝽	*Halymorpha halys*（Stål，1855）		+		+		
118	苍蝽	*Brachynema germarii*（Kolenati，1846）		+		+	+	+
119	紫翅果蝽	*Carpocoris purpureipennis*（De Geer,1773）	+	+	+	+		+
120	东亚果蝽	*Carpocoris seidenstuckeri*（Tamanini，1959）	+	+	+	+		
121	实蝽	*Antneminia pusio* longiceps（Reuter，1884）	+	+	+	+	+	
122	黄唇虎甲	*Cicindela chiloleuca* Fischer		+	+	+		
123	云纹虎甲	*Cicindela elisae* Motschulsky	+	+	+	+	+	+
124	斜纹虎甲	*Cicindela germanica* Abams		+	+	+	+	
125	多型虎甲红翅亚种	*Cicindela hybrida nitida* Lichtenstein	+	+	+	+	+	
126	月斑虎甲	*Cicindela lunulata* Fabricius				+	+	+
127	拟沙漠虎甲	*Cicindela pseudodeserticola* Horn		+	+	+		+
128	斑步甲	*Anisodactylus signatus*（Panzer）	+			+		
129	杂色钳须步甲	*Bembidion varium* Olivier		+	+	+	+	+
130	赤胸步甲	*Calathus halensis* Schall				+		
131	齿星步甲	*Calosoma denticolle*			+	+		

（续）

序号	种名	学名	分布区					
			东北区	华北区	蒙新区			
			大兴安岭山地亚区	华北亚区	嫩江—西辽河平原亚区	内蒙古高原亚区	鄂尔多斯高原亚区	阿拉善荒漠亚区
132	里腹胫步甲	*Calosoma maximowiczi* Morawitz				+		+
133	锥步甲	*Calosoma glytopterus* Fischer-Waldheim	+	+	+	+	+	+
134	双斑猛步甲	*Cymindis binotata* Fischer-Waldheim	+	+	+	+	+	+
135	异色猛步甲	*Cymindis daimio* Bates		+		+		
136	赤胸梳步甲	*Dolichus halensis*（Schaller）			+	+		+
137	黄鞘婪步甲	*Harpalus pallidipennis* Morawitz		+	+	+		+
138	中华婪步甲	*Harpalus sinica* Hope				+		
139	黄缘心步甲	*Nebria livida* Linnaeus				+		
140	边圆步甲	*Omophron limbatum* Fabricius				+		
141	通缘步甲	*Pterostichus gebleri* Dejean	+		+	+		+
142	中华金星步甲	*Calosoma chinense* Kirby	+	+	+	+		+
143	刺隐翅虫	*Bledius salsus* Miyatake				+	+	
144	大隐翅虫	*Creophilus maxilosus*（Linnaeus）	+	+	+	+		
145	内蒙古小隐翅虫	*Heterothops neimongolensis* Zheng		+	+	+		
146	沟隐翅虫	*Oxytelus piceus*（Linnaeus）				+		
147	黄胸青腰隐翅虫	*Paederus idea* Lewis			+			
148	宽胸褐翅隐翅虫	*Philonthus addendus* Sharp				+		
149	三点隐翅虫	*Philonthus aeneus* Rossi				+		
150	西里斧须隐翅虫	*Tasgius praetorius* Bernhauer			+			
151	二星瓢虫	*Adalia bipunctata*（Linnaeus）	+	+		+		+
152	多异瓢虫	*Adalia varegata*（Goeze）	+	+	+	+	+	+
153	十九点瓢虫	*Bulaca lichatschovi* Hummell				+		+
154	七星瓢虫	*Coccinella septempunctata* Linnaeus		+	+	+		
155	横斑瓢虫	*Coccinella transversoguttata* Faldermann	+			+		
156	横带瓢虫	*Coccinella trifasciata* Linnaeus	+	+		+		
157	十一星瓢虫	*Coccinella undecimpunctata* Linnaeus	+	+	+	+	+	+
158	双七星瓢虫	*Coccinula quatuordecimpustulata*（Linnaeus）	+	+	+	+		
159	异色瓢虫	*Harmonia axyridis*（Pallas）	+	+	+	+	+	+
160	六斑显盾瓢虫	*Hyperaspis gyotokui* Kamiya	+		+	+		
161	异色瓢虫十九斑变种	*Leis axyridis* var. *novemdecimpunctata* Faldermann	+	+	+	+		
162	龟纹瓢虫	*Propylaea japonica*（Thunberg）	+	+	+			
163	红褐唇瓢虫	*Chilocorus politus* Mulsant			+			
164	黑缘红瓢虫	*Chilocorus rubidus* Hope	+	+	+	+	+	+

（续）

序号	种名	学名	分布区					
			东北区	华北区	蒙新区			
			大兴安岭山地亚区	华北亚区	嫩江—西辽河平原亚区	内蒙古高原亚区	鄂尔多斯高原亚区	阿拉善荒漠亚区
165	绿芫菁	*Lytta caraganae* Pallas	+	+	+	+	+	+
166	苹斑芫菁	*Mylabris calida* Pallas	+	+	+	+	+	+
167	外脊东鳖甲	*Anatolica externecostata* Fairmaire				+		
168	何氏东方鳖甲	*Anatolica holderei* Reitter		+		+	+	+
169	圆高鳖甲	*Hypsosoma rotundicolle* Fairmaire		+	+	+		
170	角漠鳖甲	*Malaxumia angulosa*（Gebler）				+		
171	姬小胸鳖甲	*Microdera elegans*（Reitter）		+		+	+	+
172	中华刺甲	*Odescelis chinensis* Kaszab				+		
173	蒙古漠王	*Platyope mongolica* Faldermann	+	+		+		
174	黑菌虫	*Alphitobius diaperinus*（Panzer）	+	+	+	+	+	+
175	小菌虫	*Alphitobius leavigatus*（Fabricius）	+	+	+	+	+	+
176	臭蜣螂	*Copris ochus*（Motschulsky）		+	+	+		+
177	墨侧裸蜣螂	*Gymnopleurus mopsus* Pallas				+		
178	小驼嗡蜣螂	*Onthophagus gibbulus* Pallas				+	+	
179	日本蜣螂	*Onthophagus japonicas* Harold				+		
180	边斑嗡蜣螂	*Onthophagus marginalis* Gebler		+		+		
181	黑边嗡蜣螂	*Onthophagus marginalis nigrimago* Goidanich			+	+		
182	台湾蜣螂	*Scarabaeus tyohon* Fishcher				+		+
183	薄荷金叶甲	*Chrysolina exanthematica gemmifera*（Motshulsky）	+	+	+	+		
184	细点金叶甲	*Chrysolina guttifera* Motschulsky	+			+		
185	杨叶甲	*Chrysolina populi* Linnaeus			+	+		
186	柳二十斑叶甲	*Chrysolina vigintipunctata*（Scopoli）				+		
187	黑缝角胫叶甲	*Gastrophysa mannesheimi*（Stål）	+	+		+		
188	锦鸡儿豆象	*Kytorhinus caraganae* T.Minacian				+		
189	短毛草象	*Chloebius psittacinus* Boheman		+		+	+	+
190	长毛小眼象	*Eumyllocorus sectator*（Reitter）			+	+		
191	蒙古叶象	*Hypera mongolica* Motschulsky	+		+	+		
192	蓝绿象	*Hypomeces squamosus* Fabricius				+		
193	金绿树叶象	*Phyllobius virideaeris* Laichart	+		+	+		
194	棉尖象	*Phytoscaphus gossupii* Chao		+		+		
195	峰喙象	*Stelorrhinoides freyi*（Zumpt）	+	+	+	+		
196	圆锥绿象	*Chlorophanus circumcinctus* Gyllenhyl	+	+		+		+

（续）

序号	种名	学名	分布区					
			东北区	华北区	蒙新区			
			大兴安岭山地亚区	华北亚区	嫩江—西辽河平原亚区	内蒙古高原亚区	鄂尔多斯高原亚区	阿拉善荒漠亚区
197	西伯利亚绿象	*Chlorophanus sibiricus* Gyllenhyl	+	+	+	+	+	
198	黄柳叶喙象	*Diglossotrox mannerheimi* Popoff	+			+		+
199	亥象	*Heydenia crassicornis*Tournier		+	+	+	+	+
200	淡绿球胸象	*Piazomias breviusculus* Fairmaire	+	+	+	+		
201	隆胸球胸象	*Piazomias globulicollis* Faldermann			+	+		
202	三纹球胸象	*Piazomias lineicollis* Kono et Morimoto		+	+	+		
203	金绿球胸象	*Piazomias virescens* Boheman	+		+	+		
204	大灰象	*Sympiezomias velatus*（Chevrolat）				+		
205	黄褐纤毛象	*Tanymecus urbanus* Gyllenhyl				+		
206	蒙古土象	*Xylinophorus mongolicus* Faust		+	+	+		
207	甘肃齿足象	*Deracanthus potanini* Faust				+	+	+
208	长毛根瘤象	*Sitona foedus* Gyllenhyl		+		+		
209	细纹根瘤象	*Sitona lineellus* Bonsdorff	+	+		+		
210	黑斜纹象	*Chromoderus declivis* Olivier			+	+		+
211	中国方喙象	*Cleonus freyi* Zumpt			+	+		
212	欧洲方喙象	*Cleonus piger* Scopoli	+			+		+
213	黑锥喙象	*Conorrhynchus nigrivittis* Pallas				+		
214	粉红锥喙象	*Conorrhynchus conirostris* Gebler		+		+		+
215	漏芦菊花象	*Larinus scabrirostris* Faldermann	+		+	+		
216	锥喙筒喙象	*Lixus fairmairei* Faust				+		+
217	二脊象	*Plcurocleonus sollicitus* Gyllenhyl				+		
218	内蒙古齐褐蛉	*Kimminsia neimennica* Yang				+		
219	北京齐褐蛉	*Kimminsia pekinensis* Yang		+		+	+	
220	丽草蛉	*Chrysopa Formosa* Brauer	+	+	+	+	+	+
221	胡氏草蛉	*Chrysopa hummeli* Tjeder		+		+	+	
222	多斑草蛉	*Chrysopa intima* Maclachlan	+	+	+	+		
223	内蒙古大草蛉	*Chrysopa neimengana* Yang et Yang	+	+		+		
224	结草蛉	*Chrysopa perplex* Maclachlan	+	+		+	+	
225	叶色草蛉	*Chrysopa phyllochroma* Wesmael	+	+	+	+	+	+
226	大草蛉	*Chrysopa septempunctata* Wesmael	+	+	+	+	+	+
227	中华通草蛉	*Chrysopa sinica* Tjeder	+	+	+	+	+	+
228	褐纹树蚁蛉	*Dendroleon pantherinus* Fabricius		+	+	+		+
229	条斑次蚁蛉	*Deutoleon lineatus*（Fabricius）	+	+	+	+	+	+
230	中华东蚁蛉	*Euroleon sinicus*（Novas）	+	+	+	+	+	+

（续）

序号	种名	学名	分布区					
			东北区	华北区	蒙新区			
			大兴安岭山地亚区	华北亚区	嫩江—西辽河平原亚区	内蒙古高原亚区	鄂尔多斯高原亚区	阿拉善荒漠亚区
231	追击大蚊蛉	*Heoclisis japonica*（Maclachlan）	+	+	+	+		
232	黄脊蝶角蛉	*Hybris subjacens* Walker	+		+	+		
233	荨麻蛱蝶	*Aglais urticae*（Linnaeus）		+		+		+
234	小豹蛱蝶中国亚种	*Brenthis daphne ochroleuca* Fruhostorfer	+	+	+	+		
235	蛇眼蝶	*Minois dryas* Scopoli	+	+	+	+		
236	仁眼蝶	*Eumenis autonoe*（Esper）	+		+	+		
237	爱珍眼蝶	*Coenonympha oedippus*（Fabricius）				+		
238	暗红眼蝶	*Erebia neriene* Bober	+	+		+		
239	云粉蝶	*Pontia daplidice*（Linnaeus）	+	+		+		+
240	圆翅小粉蝶	*Leptidea gigantea*（Leech）				+		
241	斑缘豆粉蝶	*Colias erate*（Esper）		+		+		+
242	菜粉蝶	*Pieris rapae*（Linnaeus）	+	+	+	+	+	+
243	柑橘凤蝶	*Papilio xuthus* Linnaeus	+			+		
244	小红珠绢蝶	*Parnassius nomion* Fischer et Waldheim		+		+		
245	黄缘短柄大蚊	*Nephrotoma drakanae* Alexander	+	+	+	+		
246	离斑指突短柄大蚊	*Nephrotoma scalaris parvinotata*（Brunetti）	+	+	+	+	+	+
247	间纹短柄大蚊	*Nephrotoma scurra*（Meigen）	+		+	+		
248	黄脊雅大蚊	*Tipula*（*Yamatotipula*）*pierrei* Tonnoir	+	+	+	+		
249	肋脊蜚大蚊	*Tipula*（*Vestiplex*）*subcarinata* Alexander	+	+	+	+		
250	帕氏按蚊	*Anopheles*（*Cellia*）*pattomi* Christophers		+		+	+	
251	浅色伊蚊	*Aedes campestris* Ma				+		
252	屑皮伊蚊	*Aedes*（*Ochlerotatus*）*detritus*（Haliday）				+		
253	背点伊蚊	*Aedes*（*Ochlerotatus*）*dorsalis*（Meigen）	+	+	+	+	+	+
254	类溪边伊蚊	*Aedes*（*Ochlerotatus*）*riparioides* Su et Zhang				+		
255	溪边伊蚊	*Aedes riparius* Oyar et Knab	+			+		
256	刺扰伊蚊	*Aedes*（*Aedimorphus*）*vexans*（Meigen）	+	+	+	+	+	+
257	凶小库蚊	*Culex*（*Barraudius*）*modestus* Ficalbi	+	+	+	+	+	+
258	淡色库蚊	*Culex*（*Culex*）*pipiens pallens* Coquillett	+	+	+	+	+	+
259	三带喙库蚊	*Culex*（*Culex*）*tritaeniorhynchus* Giles	+	+	+	+	+	+
260	迷走库蚊	*Culex*（*Culex*）*vagans* Wiedemann	+	+	+	+	+	+
261	七黄斑切叶蜂	*Anthidinm septemspinosum* Lepelletier				+		
262	蒙古拟孔蜂	*Hoplitis mongolica* Wu				+		
263	海切叶蜂	*Megachile maritima* Kirby			+	+		+
264	盾暗斑蜂	*Stelis scutellaris* Panzer		+		+		

（续）

序号	种名	学名	分布区					
			东北区	华北区	蒙新区			
			大兴安岭山地亚区	华北亚区	嫩江—西辽河平原亚区	内蒙古高原亚区	鄂尔多斯高原亚区	阿拉善荒漠亚区
265	白带熊蜂	*Bombus albocinctus* Smith		+				
266	猛熊蜂	*Bombus* (*Subterraneobombus*) *difficillimus* Skorikov		+	+	+		+
267	马熊蜂	*Bombus equestris* Fabricius	+		+	+		
268	明亮熊蜂	*Bombus lucorum* Linnaeus	+			+		
269	蒙古熊蜂	*Bombus mongol* Skorikov	+	+		+		
270	红体熊蜂	*Bombus pyrrhosoma* Skorikov		+	+	+		+
271	札幌熊蜂	*Bombus sapporoensis* Cockerell			+	+		
272	西伯利亚熊蜂	*Bombus sibiricus* Fabricius		+		+	+	+
273	斯熊蜂	*Bombus sicheli* Radoszhowski			+	+		+
274	单熊蜂	*Bombus unicus* Morawitz				+		
275	乌苏里熊蜂	*Bombus ussurensis* Radoszhowskii			+	+		
276	地拟熊蜂	*Psithyrus barbutellus* Kiby	+		+	+		
合计（种）			126	158	150	268	63	99
占总数比例（%）（总数：276）			45.65	57.25	54.35	97.10	22.82	35.87

由表6-3统计得出：分布于内蒙古高原亚区的种类最多（268种，占总数276种的97.10%），其余种类依次分布于华北亚区（158种，占总数的57.25%），嫩江—西辽河平原亚区（150种，占总数的54.35%），大兴安岭山地亚区（126种，占总数的45.65%），阿拉善荒漠亚区（99种，占总数的35.87%），鄂尔多斯高原亚区（63种，占总数的22.82%）。

可知，达里诺尔国家级自然保护区昆虫种群的地理分布主要属于内蒙古高原亚区分布型，其次为华北亚区、嫩江—西辽河平原亚区和大兴安岭山地亚区的分布型。

第三节　昆虫的动态变化分析

一、不同景观地区昆虫种群分布情况分析

由表6–1得出：北梁台地草原采集到的昆虫有4目16科37种81头；贡格尔湖积平原采集到的昆虫有5目14科27种48头；沙里河湿地采集到的昆虫有5目15科44种90头；浑善达克沙地采集到的昆虫有3目16科47种127头。保护区昆虫在不同景观地区的分布情况比较如图6–3所示。

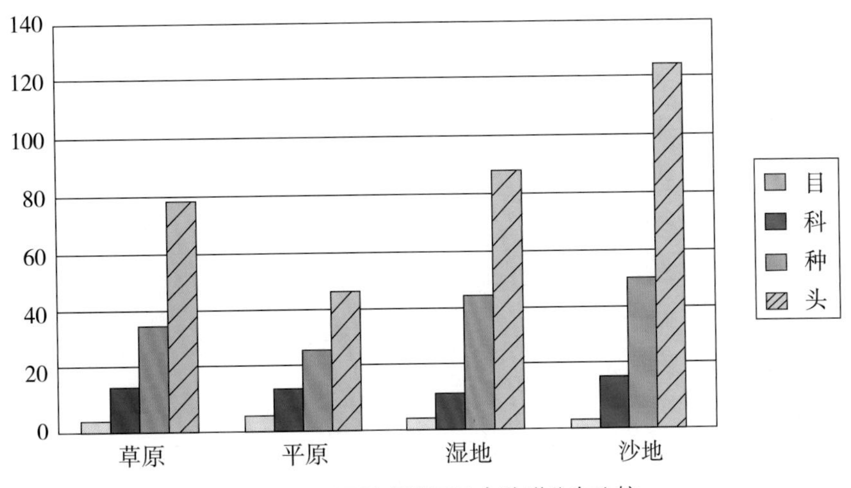

图6-3 不同景观地区昆虫种群分布比较

显然，沙地的昆虫不论种类还是数量均较多，原因是本地区多树，植被多样，适合昆虫滋生的生境多，生物多样性丰富；而湖积平原多为盐碱地，植被类型少，因此昆虫的分布就较差。

二、不同时间昆虫种群消长情况分析

由表6-2得出：5月底采集到的昆虫有2目4科12种17头；7月初采集到的昆虫有4目18科42种111头；8月中采集到的昆虫有6目26科62种164头；9月中采集到的昆虫有5目21科56种174头；10月几乎没有采到标本。保护区昆虫种群消长情况如图6-4所示。

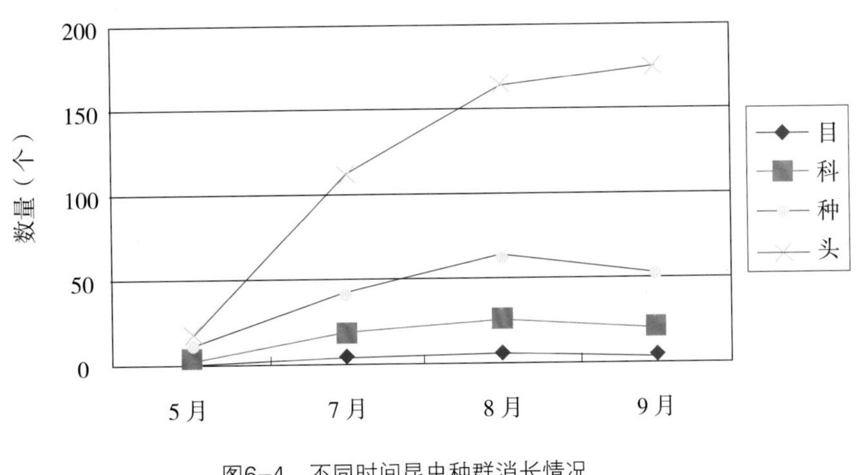

图6-4 不同时间昆虫种群消长情况

可看出，保护区5月末昆虫还很少见，8月采集到的昆虫不论科、种还是头数都比较多，10月初已很难见到昆虫活动，这说明达里诺尔国家级保护区5月昆虫开始发生，8月为生长高峰，10月消退。

▲红蜻

▲黄蜻

▲褐带赤蜻

▲螳螂

▲丽突鼻蝗

▲笨蝗

▲中华稻蝗

▲短星翅蝗

▲白边痂蝗

▲红翅皱膝蝗

▲鼓翅皱膝蝗

▲亚洲小车蝗

▲黄胫小车蝗

▲疣蝗

▲蒙古束颈蝗

▲红腹牧草蝗

▲白边雏蝗

▲中华雏蝗

▲北方雏蝗

▲中华剑角蝗

▲北方硕螽

▲大青叶蝉

▲类原姬蝽

▲红楔异盲蝽

▲草盲蝽

▲显脉土猎蝽

▲横带红长蝽

▲琴长蝽

▲淡边地长蝽

▲离缘蝽

▲亚姬缘蝽

▲闭环缘蝽

▲赤条蝽

▲西北麦蝽

▲紫翅果蝽

▲斑须蝽

▲金绿真蝽

▲横纹菜蝽

▲茶翅蝽

▲海滨虎甲

▲黄唇虎甲

▲多型虎甲

▲斜斑虎甲

▲步甲

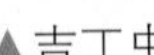
▲吉丁虫

▲苹斑芫菁

▲绿芫菁

▲豆芫菁

▲戴锤角粪金龟

▲小驼嗡蜣螂

▲多色异丽金龟

▲粗绿彩丽金龟

▲白星花金龟

▲饥星花金龟

▲短毛斑金龟

▲红缝草天牛

▲五条草天牛

▲密条草天牛

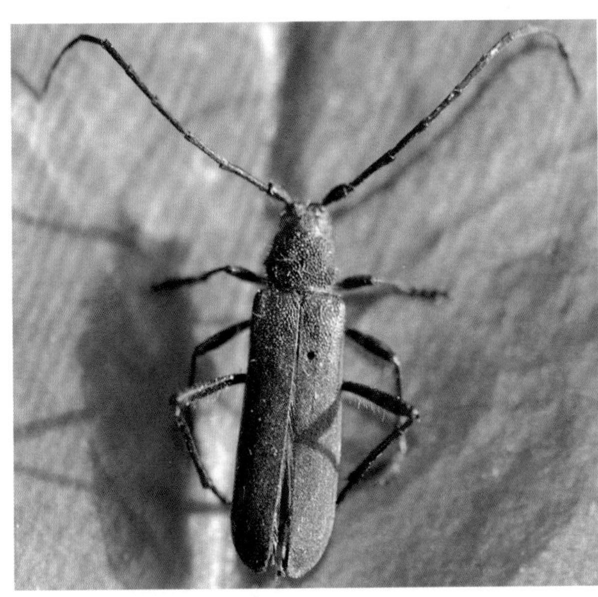
▲红缘天牛

▲曲纹花天牛

▲蓝绿象

▲拟步甲

▲蚁蛉

▲草蛉

▲金凤蝶

▲柑橘凤蝶

▲碧凤蝶

▲小红珠娟蝶

▲绢粉蝶

▲菜粉蝶

▲云粉蝶

▲斑缘豆粉蝶

▲橙黄豆粉蝶

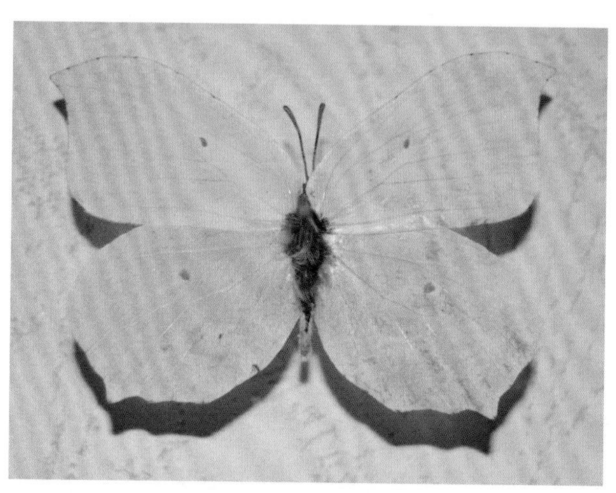
▲尖钩粉蝶

▲多眼蝶

▲蛇眼蝶

▲红眼蝶

▲仁眼蝶

▲寿眼蝶

▲牧女珍眼蝶

▲爱珍眼蝶

▲黄环链眼蝶

▲白斑迷蛱蝶

▲大红蛱蝶

▲白钩蛱蝶

▲灿福蛱蝶

▲青豹蛱蝶

▲绿豹蛱蝶

▲线灰蝶

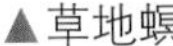

▲草地螟

▲大蚊

▲蜂虻

▲黑带食蚜蝇

▲食蚜蝇

▲长尾管食蚜蝇

▲德国黄胡蜂

▲角马蜂

▲斯马蜂

▲条蜂

▲密林熊蜂

▲黄胸地蜂

▲隧蜂

第七章 旅游资源

达里诺尔国家级自然保护区地理位置优越，有距北京最近的内蒙古著名大湖和天下最美的贡格尔草原，保护区生态系统、动植物物种、景观具有丰富的多样性，同时，北方少数民族发展历史过程中形成的浩如繁星的文化遗存和悠远的民族民俗文化积淀，构成了达里诺尔国家级自然保护区优质、生态、多元的旅游资源，使之成为了人们返璞归真走进大自然，与自然对话的最佳目的地。近年来，达里诺尔自然保护区与周边社区认真落实国家生态保护政策，使得达里诺尔已成为生态旅游的伊甸园，草原文化的传承地，牧民和渔民安居乐业的天堂。

第一节　自然旅游资源

达里诺尔国家级自然保护区是以保护珍稀鸟类及其赖以生存的草原、湖泊、湿地、林地等多样性的生态系统为主的综合性自然保护区，主要保护对象为丹顶鹤、大鸨等珍稀鸟类及内陆湿地生态系统，秀美的自然风光每年都吸引着来自国内外众多游人来此观光。

一、草原天鹅湖

“达里诺尔”意思是像大海一样宽阔美丽的湖，它在历史上还有“鱼儿泊”、“答尔海子”等名称。达里诺尔是内蒙古四大内陆湖之一，位于内蒙古东部贡格尔草原，水域面积195.52km^2，总储水量11亿m^3，水丰草茂，食物充足，吸引了大量的天鹅来此栖息繁衍。达里诺尔自然保护区建立后，天鹅的数量逐年增加，成为了天鹅永久的家园。

达里诺尔有大天鹅、小天鹅、疣鼻天鹅三种天鹅，并以大天鹅的数量最多。每年的10月上中旬，达里诺尔湖面封冻前湖面上到处是天鹅群，占据整个湖面浅水区，它们有的飞翔鸣啭，有的盘旋湖面，其中一群群灰色和白色混合的天鹅在湖中嬉戏尤为引人注目，那是天鹅父母带着当年出生的孩子在玩耍。因此，达里诺尔又被誉为草原天鹅湖。

二、岗更诺尔

岗更诺尔，蒙古语，意译为“景色秀丽的湖”，位于达里诺尔东15km，水域面积23.89km^2。

因当地流传有牤牛斗鲤鱼精的传说，又有俗称“牤牛泡子”。岗更诺尔浅水水生植物众多，东岸沼泽遍布，芦苇茂盛。南岸、西岸蒲草连片成畦，时见由岸边游离的盘根错节、构织紧密的草坯形成若干大小不一的“浮岛”、“草船”，大者有上百平方米，小者零零星星，张怀可抱。许多鸟巢筑于其上，若有风起，随意游动，成为多种候鸟理想的繁殖、栖息乐园。每年丹顶鹤、大天鹅等数十种珍禽来此繁衍后代。

适宜的环境、肥美的水草、丰富的饵料使这里成为达里诺尔的鱼类繁殖基地，同时也是春秋两季开展观鸟旅游的最佳场所。

三、多伦诺尔

多伦诺尔，蒙古语，意译为“马镫一样的湖”（或“捞得出马镫的湖”），位于达里诺尔西南6km，水域面积2.26km^2。

湖中鱼类以鲤为主，俗称“鲤鱼泡子”。多伦诺尔为火山熔岩堰塞而成，地形三面环山，南侧沙漠横卧。在湖北岸高原台地上，分布着达里诺尔古火山群，近岸多榆树，或挺立岸边，或旁逸水面；在湖东岸边，紧邻元代应昌路鲁王城。云影树形投入湖中，世事沧桑说与水边；在树下巨石上临水垂钓，闲情逸致陡加厚重。

多伦诺尔东岸山上曾筑有元塔，相传多伦诺尔、达里诺尔两湖间地形如巨龙，首探多伦诺尔，尾蘸达里诺尔，建塔龙首，为保鲁王城城池稳固。今天，可以想见，塔居山巅，月循早晚，塔挑日月，或立塔顾盼两湖，当是盛景。1967年，该塔被当地牧民拆解，只可见部分残破塔基。

四、耗来河

耗来，蒙古语，意译为“嗓子眼”。耗来河被誉为世界上最窄的河，是唯一连通多伦诺尔和达里诺尔的河流。

耗来河河水平均深0.5m，河道最宽处不足2m，大部分河道宽只有几十厘米，河水流动疏缓，加之草原植被好，河流被拘于狭窄的河道蜿蜒曲折。人们笑称，在这里鞋子可以架桥、书本也能铺路。

五、贡格尔河

“贡格尔”，蒙古语，意译为“发源于深山脚下的河”，贡格尔河发源于大兴安岭最高峰黄岗梁西麓。该河上游为高山森林覆盖，中、下游在草原上旖旎。

贡格尔河流入草原，势挡情抒，曲意徘徊，千回百转，似练如带，随处招展；既没有激昂腾越，更没有扬波逐浪；静、幽、曲、缓成为基调，彰显了鲜明的草原河流特色。夏季，河岸疏落地撒扎着蒙古毡包，河边到处是盛开的金灿灿的金莲花、紫白色的地榆花，平添了无尽的清闲、悠静和吉祥，是草原观光的绝好景观。

六、草原景观

贡格尔草原有“北京的后花园”的美誉，它也是离北京最近的天然草原。达里诺尔国家级自然保护区西部、北部的玄武台地和湖积平原上是一望无际的草原景观，蓝天绿草之间、鲜花生灵之中，点缀或散落着洁白的蒙古包，黑白间色或紫红的牛群、马队，编织着一幅幅色彩斑斓、辽远开阔的画卷，是令人流连忘返的草原自然景观。达里诺尔草原生态系统植物资源极为丰富，据初步调查，有各类植物73科276属545种。药用植物尤其丰富，常见的有甘草、麻黄、防风、黄芩、黄芪等；此外，有羊草、雀麦、冰草、野黑麦、扁蓿豆、天兰苜蓿等百余种优质牧草，也有如补血草、飞燕草、刺梅果、山丹、金莲花等70余种花色鲜艳美丽、可供观赏的植物，还有黄花、野韭、山楂、山梨等10几种可供食用植物和草原白蘑、黑蘑、鸡腿蘑、地皮菜等十数种菌类。草原上明珠般散落的湖泊，彩带般飘落的河流，滋润着草原，也养育着草原上的生灵。据不完全统计，贡格尔草原上生存着狼、狐、狍、兔、黄羊等十数种野生动物；凭依达里诺尔等湖泊、河流，贡格尔草原上夏季生活的国家一级重点保护野生鸟类至少有10种，二级重点保护野生鸟类有43种。

七、曼陀山色

曼陀山雄踞于达里诺尔东南湖畔，由西向东延伸5km，海拔1367.9m。曼陀山形成于新生代约6500万年前，为燕山造山运动花岗岩熔岩溢出而形成。山形独特，奇峰高耸，危石险置，凌山凸起，象形拟物，不失秀美。曼陀山顶是饱览达里诺尔风光的最佳场所，驻足于曼陀山巅，放眼远眺，达里诺尔烟波浩渺、澄澈如洗；贡格尔草原平阔无垠、绿草如茵；浑善达克沙地浩瀚起伏、广无际涯。曼陀山东麓为元代龙兴古刹遗址，相传元世祖忽必烈、明成祖朱棣都曾莅临，在寺焚香拜谒、祷告施礼。

八、火山奇观

火山群熔岩台地位于达里诺尔西北约15km处，在数百平方公里的范围内分布着形态各异的火山锥一百余座，是亚洲最大的死火山群遗迹。

达里诺尔火山群从上新世晚期（200万年前）至中更世（50万年前）经数次喷发，逐步形成了火山台地地貌，是我国东北地区的九大古火山群之一，火山锥形态各异，被称为“五大莲池火山的微缩景观”。高耸的火山锥，以其对称的形体，百里开外即可见其倩影；火山多为马蹄形，或形如砧子样火山锥，或似高仅数十厘米的火山喷气碟，千姿百态，都能让人浮想联翩。火山群熔岩台地与达里诺尔古湖的形成与演进有着密不可分的联系，是研究克什克腾地区地理、地貌、气候变化、动植物及人类发展的重要的实物资料。

九、沙地疏林

浑善达克沙地疏林位于克什克腾世界地质公园——西拉沐沦大峡谷北岸，达里诺尔国家级自然保护区南部。沙地中高度在10～30m的沙丘交错掩映，分布着大小不一而众多的小型湖泊、沙泉，或沙丘间间隔有湖相沉积平地，生长着郁郁葱葱的榆树，形成了独具特色的榆树疏林草原景观。同纬度的美国中部温带沙地没有树，但达里诺尔国家级自然保护区却分布着生态演替的顶极群落——沙地榆等稀树疏林草原景观，“人无我有”能够满足广大游客的猎奇心理。沙地上生长着多种木本、草本植物，尤其多榆树，树形浑圆，高矮相当，其中还间杂着大量山荆子、山里红、山杏、山梨树等树木，为许多动物，如环颈雉、斑翅山鹑、狼、狐、狍、獾、兔、鼬等，提供了食物，因此也成为了野生动物的家园。

十、草原神榆

草原神榆是一株独立生长于达里诺尔湖岸西1km的十三敖包西侧冲沟内的榆树，高超过20m，要三个人联手才能合抱，估算树龄在千年以上，仍枝繁叶茂，数里之外就能看到它的树冠，树阴达数百平方米。

在草原上，远远望去，鲜花和绿草丛中簇拥着一株绿树，总能立刻为空旷的草原平添几许神奇。走近这株榆树，越近就觉得它高大和奇特；驻足树前，绿阴之下，觉得凉风习习，人会即时神情舒朗。硕大的树冠、粗壮的树干、盘曲的树根，无不使人感觉出震撼。当地牧民把红的、蓝的、黄的各色布条拴在树枝上，随风飘展，成为一种对自然神秘的信仰，不禁让人对大自然肃生敬畏。

克什克腾草原，旧有平地松林之称。在草原上，除白音敖包沙地云杉国家级自然保护区外，数百里松林中松树都早已杳无踪影，即使在山地也难见联手合抱的大树，而唯此树独存，在数十平方千米范围内卓尔不群、特立独视春雨秋霜、酷暑寒冬，成为罕见景观。

第二节　人文旅游资源

一、历史文化古迹

保护区还保存着众多的文化遗迹，如砧子山岩画、金界壕、应昌路遗址等。这些文化遗存是古代人民在达里诺尔生产生活和军事防御的历史见证，具有较高的历史价值、科学价值和独特的艺术价值。

（一）砧子山岩画

达里诺尔湖北岸的砧子山孤峰耸立、怪古嶙峋，在砧子山的岩石上仍保留着古代先民们的岩画，这是我国北方人类生产、生活、习俗等社会活动的真实写照，是古人留下的宝贵遗产。岩画共7组35个个体，分别描绘了人物、马、虎、鹿等形象，绘画手法以写实为主，内容鲜明，主题突出，在构图、立意、绘画水平上存在较大差别，说明产生于不同年代。

岩画位于砧子山水蚀线以上直立的石壁上，画面面积4.8m^2，凿刻或单线勾勒出群马扬鬃甩尾、四蹄腾空的画面，给人以疾驰狂奔之感。以此向东绘有五鹿一马，马作低头沉睡状，五鹿形态各异，其右下方绘有一幅卧虎图，两爪前伸，昂首引颈长啸。离此不远，是幸福的一家鹿，上部为一短角雄鹿，其下是一卧伏雌鹿，腹下有两只幼鹿，作吸允状。岩画中有三组均以人物为主，有的在舞蹈，有的在站立，而以单线凿绘的骑马人，头缨飘逸，人物身穿长袍，脚蹬高靴，造型准确，形象逼真，十分优美。

砧子山岩画记录了古代游牧民族在这片天堂草原上的生活，形象地反映了达里诺尔地区古代游牧民族创造的草原文化。这些形象逼真、栩栩如生的画面，展现了古人生产、生活、信仰、习俗及对艺术的审美观，同时也再现了达里诺尔地区的自然环境。

砧子山岩画遗址于1996年5月28日被自治区人民政府确定为重点文物保护单位，2013年，与克什克腾旗其他地区的岩画一并确定为国家重点文物保护单位。

（二）金界壕

砧子山西北有一段向西南延伸的土筑边墙，是金代界壕的遗存。金界壕也称“旧界”、“长城”、“旧寨”、“兀术长城”、“明昌长城”，始建于金太宗天眷年间（公元1123～1135年），承安3年（公元1198年）“金长城”（亦称金边堡）最后完成。金界壕在克旗境内超过180km，达里诺尔正是金界壕的核心地段。金界壕自嘎松山进入保护区一路向西，在达里诺尔湖北岸穿砧子山西去，沿达里诺尔湖北岸由东北向西南延伸，距湖最近点0.4km，长约28km。

当年为了防止蒙古铁骑的南侵，金王朝动用了几百万民工，历经金世宗、金章宗两代60余年兴建、扩建和改建，修筑从额尔古纳河到大青山绵延逾1750km的长城，史称金边堡、金界壕。边堡、界壕的设计很有特点，筑有外壕、外墙、内壕、内墙四重防御工事，总宽逾40m。内墙每隔60～70m修建一个土堡，用于士卒戍守、瞭望。达里诺尔国家级自然保护区的金界壕虽已废弃，但遗迹尚存，金长城远远望去，如一条巨龙盘旋在草原上，展示了马背民族的生命力。

这段金长城史称明昌长城或兀术长城，是我国重要的历史文化遗存，被国家确定为重点文物保护单位。

（三）应昌路遗址

在金界壕遗址的西南方，有内蒙古地区保存最完整的元代古城之一，即元代应昌路的治所。应昌路与元上都、元大都同处在南北一条垂直线上，也是由元大都经元上都通往岭北行省的重要通道，又称“帖里干东道”。应昌路与大宁路、全宁路合称塞北三大名城，具有重要的政治、经济及军事意义。

应昌路地处达里诺尔湖与多伦诺尔之间，南临耗来河，东西北三面平峦环抱，地势雄固，景色宜人。1270年，一座草原都市在达里诺尔西岸拔地而起，原称应昌府，1285年将应昌府升为应昌路，进一步提升了这里的地位。后弘吉剌部首领蛮子台受封山东曲阜，晋封鲁王，因此又称鲁王城。应昌故城地势平坦，城为长方形，南北长800m，东西宽650m，由内城、外城、城关三部分构成。内城边墙230m，近方形，四角存有角楼建筑。城内设有宫殿、厅堂遗址，宫殿尚存汉白玉柱础。外城北部是宗庙、社稷，南部是居民区和商业区，格局井然，是塞北漠南的重镇。

公元1368年，元顺帝从元大都退出，翌年北走应昌，次年殁于应昌，残阳照耀下的古老的城垣，清晰可辨的层层夯土犹如历史的年轮，叠压着蒙古帝国最后走向灭亡的沧桑。

应昌路遗址具有较高的历史价值、科学价值和独特的艺术价值，一是应昌路遗址是一处布局严谨，坐落有序的古建筑群体，集中反映了我国古建筑遵循的“前朝后市”、左宗右社的建筑格局；二是这里是目前国内已知的保存极为完整的古代遗址；三是这里对于研究北元这一历史缺环，具有不可多得的研究价值。该遗址1963年被列为内蒙古自治区重点文物保护单位，2001年被列为第五批全国重点文物保护单位。

二、社会风情

在漫长的历史发展过程中，冬捕、祭敖包、那达慕大会等具有当地特色的民俗生产、活动已成为达里诺尔的重要旅游资源。

（一）达里诺尔冬捕

达里诺尔冬捕一直沿用比较传统的捕鱼方式，在零下30℃左右的冰面上作业，世世代代，延续至今。每年的12月中下旬，气温下降到零下20℃，湖面的冰层厚度达到50cm，这里便开始一年一度的冬季捕捞。

冬捕之前，要进行“祭湖醒网”仪式。冬捕祭敖包，鱼把头带领捕捞工人或渔民围绕敖包转3圈，向敖包松枝上献9条洁白的哈达，其中一个人手提牛奶桶，在转的过程中往敖包上洒牛奶。

工人首先在出网口和入网口凿开冰层，两口之间约1500m，然后在入网口两侧等距离依次开凿小冰洞，冰洞之间约20m，由两侧呈弧形通向出网口。然后，在入网口用两根长20m的木杆牵着两张宽25m、长300m的网扇沿冰洞向出网口穿行，网扇的尾部连接一个能容纳20万kg鱼的大兜网，两根木杆到达出网口后捕捞便进入了拉网阶段。一般一网都能捕捞1万kg以上，最多时，一网打出了10万kg。从下网、打眼、走杆、拉网、出鱼，每一个环节、工人的每一个动作、工人们愉快热闹的工作场面都是一道风景。达里诺尔冬捕习俗已被列入内蒙古自治区非物质文化遗产名录。

（二）祭敖包

敖包是在草原的高山上堆积石头为台，重叠作圆锥体。敖包上竖旗杆悬挂五颜六色的布条或纸旗，四面放着烧柏香的垫石，在敖包旁还插满树枝，供有整羊、马奶酒、黄油和奶酪等。祭敖包是在每年的农历五月十三日举行，祭拜时，在古代，由萨满教巫师击鼓念咒，膜拜祈祷；现在，由喇嘛焚香点火，颂词念经。每年至此，牧民们从四面八方赶来参加祭祀活动，大部分牧民甚至在山上过夜，虔诚之心由此可见。午夜时分，牧民们在敖包前长跪祈祷，给敖包敬献精美的哈达和奶食品，喇嘛高颂佛经、祭文，从左向右围绕敖包转三圈后，牧民们才依次围敖包洒酒致祭，祈求神灵保佑风调雨顺、五畜兴旺、平安吉祥。喇嘛颂经不止，气氛神圣。祭敖包现已演变成了一年一度的节日活动，祭典仪式结束后，举行传统的赛马、摔跤、射箭、唱歌和跳舞等文体活动。祭敖包是蒙古族最重要的祭祀活动，是草原文化的缩影，是草原民族崇尚自然思想的表现形式之一，表示对天地的虔诚，祈求天地给人们以平安和幸福。

（三）那达慕大会

每年的八月，贡格尔草原阳光艳丽，金风送爽，是牧人们喜庆丰收的最好季节。这时，他们准备各种美味奶食品，酿制马奶酒，宰杀牛羊，缝制新衣服，举办不同规模的“那达慕”（游艺会），进行射箭、摔跤、赛马等传统的体育比赛，每当举行那达慕，整个草原热闹非凡，牧民们身着艳丽的服装，骑着马驼，坐着勒勒车，从四面八方汇集而来。那达慕大会一般进行5～7天。牧民们在草地上搭起毡帐，熬茶煮肉，炊烟升腾缭绕，人欢马叫，别有一番情趣。在那达慕期间，牧民们除采购物资外，还观看乌兰牧骑的精彩文艺演出，现在又增加了参观各种展览、交流信息、学习科技知识等内容。那达慕大会是草原文体活动的盛会，能集中反映草原民族长期以来形成的生产、生活文化。

（四）银冬驼文化节

达日罕乌拉苏木自古以来就有“小驼乡”的美称，是我国双峰驼的主要分布区，有着深厚的驼文化底蕴和丰富多彩的内容。每逢婚宴、春节、祭敖包等盛大集会，都有牧民骑着骆驼来参加，赛骆驼已成为民族体育运动的一项重要内容。在民间，骆驼的放牧、饲养、骆驼用具（驮架子、毡屉、驼铃、缰绳、鼻棍子等）、骟公驼、驼队赶运、选种公驼、剪驼毛、祭种公驼等和骆驼有关的生产生活习惯，内容五花八门，蒙古族对骆驼有关的专业用语、生活谚语、祝颂词极为丰富。

近年来达日罕乌拉双峰驼日益减少，为了发扬民族文化、保护达日罕乌拉双峰驼，达日罕乌拉苏木积极成立了骆驼文化协会，并在2009年12月28日举办了首届银冬驼文化节。文化节上进行了赛骆驼、驯骆驼、骆驼“选美”、选种公驼、祭种公驼、骆驼球比赛等多项活动，把人们逐步遗忘的骆驼文化再次展现在眼前，为了解骆驼文化创造了一个新的形式，为发扬骆驼文化提供了有力的条件。

保护区是蒙古族牧民的集聚地，蒙古族在漫长的游牧生活中形成的蒙古族游牧文化，如居住、迎宾、待客、饮食、服饰、祝寿、行运等蒙古族独特的生产生活方式，对海内外游人有着强烈的吸引力。游客通过切身的感受能够进一步了解和认识蒙古族这一马背民族和草原生态文化的真谛。其中，达日罕乌拉苏木的兴畜节、银冬驼文化节也已入选内蒙古非物质文化遗产名录

第三节　旅游资源开发现状及可持续发展

一、旅游资源开发现状

达里诺尔国家级自然保护区目前开发的景点有五处，分别是达里诺尔湖北岸水上乐园、观鸟长廊、达里诺尔湖南岸碧海银滩、曼陀山景区、达里诺尔自然博物馆，均由达里诺尔生态旅游公司统一经营管理。

北岸水上乐园、观鸟长廊、自然博物馆等景区距保护区管理处2km，总占地面积471hm^2。水上乐园提供游泳、垂钓、观湖、观鸟及乘游艇等娱乐项目。观鸟长廊位于北岸景区东部，这里视野开阔，是观赏鸟类的最佳位置。自然博物馆占地2.2hm^2，建筑面积为1600km^2，设有四个展厅，分别是达里诺尔自然风情展厅、克什克腾旗世界地质公园风光展厅、草原影院和民族风情展厅。博物馆通过图版、实物标本等形式向游客们展示着达里诺尔独特的地质地貌和奇异的自然景观及多样的民族文化，将人与自然、人与文化和谐共处体现得淋漓尽致。碧海银滩景区位于达里诺尔南岸，在这里游人既可以观鸟，也可以饱览浑善达克沙地景观和湿地景观。曼陀山景区位于达里诺尔东南部，是达里诺尔旅游区海拔最高点，山上奇石林立，绿树成阴，站在山顶上，达里诺尔全貌尽收眼底。

旅游公司2000年成立之初，由于规划滞后、基础设施不完善、管理不够规范等原因，公司效益始终不理想。近年来，保护区充分发挥其在生态旅游上的主导作用，坚持保护优先的原则，积极倡导开展生态旅游，在决策层和管理层的共同努力下，“十二五”期间公司迎来了发展的关键时期，累计接待游客93.2万人次，年均递增9.36%，自营收入7882.4万元，年均递增21.9%。到目前，旅游经济已成为达里诺尔地区经济增长的重要组成部分，在增加社区居民收入、促进当地经济社会发展中的作用愈显突出。2013年，共接待游客18万人次、实现旅游收入1440万元，旅游公司的自营收入实现了跨越式增长，达里诺尔的旅游业得到了前所未有的发展。

近年来，公司先后获得了上级政府和业务部门多项奖励和荣誉，目前的旅游业主要品牌和荣誉有“全国休闲渔业示范基地”、“全国环境教育基地”、“国家环保科普基地”、“国家4A级景区”、“国家水利风景区”等。

旅游公司在自身发展的同时，积极鼓励和带动当地牧民开展生态旅游，保护区社区也出现了一些“牧家乐”形式的旅游点，主要是利用自家的草场等资源为游客提供骑马、住宿餐饮、奶食品销售等服

务。目前，这样的旅游服务点有14家，总占地面积约为5.7hm^2，年接待游客量200~1800人次。据统计，至少有500余牧民直接参与了生态旅游业。

二、旅游资源的可持续发展

达里诺尔国家级自然保护区内有丰富的自然资源，使得保护区内的生态旅游迅猛发展，同时也带动了当地经济的发展。旅游资源是旅游业开发与利用的基础，也是自然保护区可持续发展的基础。保护区不断加强旅游资源的管理和保护，积极探索生态旅游的有效管理经验，在旅游中强化管理，加强环境教育，提高公众的环境保护意识，合理利用资源。

生态旅游在今后的发展中，应注重加强旅游资源的高效和持续利用。

进一步理顺旅游管理体制，完善经营机制，尤其是在景区的经营管理上要建立一套符合实际的、与市场经济发展相适应的、满足游客需求的经营模式。

加强旅游资源的管理，在景区景点的建设管理上，要整合资源，加大资源的控制力度，采取有效措施加强景区及道路两侧的用地管理，预留发展空间，防止私搭乱建。

充分挖掘旅游的文化内涵，文化提升旅游，旅游传播文化。能否在旅游产品和服务中体现出更多的文化内涵，直接决定着旅游业的品质和前景。旅游业只有与文化产业发展相互融合，才能充满活力、焕发出持久的生命力。

完善景区服务功能，提高景区游步道、环卫等设施的档次，规范完善景区标识系统。景区公共设施建设要本着实用、美观、与自然协调的原则，体现地方特色和民族特色。要加强对旅游从业人员的管理，以生态旅游标准化服务示范活动为契机，制定旅游行业规范，并在旅游经营中得到贯彻执行，全方位打造独具特色的旅游品牌。要巩固宣传成果，进一步提高知名度，充分挖掘市场潜力。

根据相关要求出台生态旅游规划，严格规范旅游活动，按规划要求开展生态旅游，有效保护自然资源。

借助达里诺尔旅游业快速发展的势头，积极推进砧子山岩画保护工程和民博体验区建设；鼓励社区群众开展体验民俗、销售奶制品和旅游纪念品等蒙古族文化特色的旅游活动，带动社区群众增收致富。

通过法律法规、技术、行政、规划、教育等手段实现旅游资源的保护。目前，国家出台的一些《中华人民共和国自然保护区条例》、《中华人民共和国环境保护法》、《中华人民共和国城市规划法》等法律均对景区做了详细规定；联合国教育、科学及文化组织通过的《保护世界文化和自然遗产公约》，强调了保护自然文化珍品对人类发展的重要性。通过行政机关根据国家方针政策和依照行政管理权限，对资源的使用、管理以及保护工作的有关活动进行行政干预，以保障旅游资源的合理使用。对旅游资源进行整体的、有条理的规划，在规划方面要考虑全面的旅游发展对环境的影响。旅游行政管理部门要加强对旅游资源保护的宣传工作，不断增强旅游经营者、民众和游客的旅游资源保护意识。

总之，在开发旅游资源的同时，要做好其保护工作，使旅游资源能够可持续的利用发展。

▲贡格尔草原

▼达里诺尔湖北岸水上乐园

▲白塔遗址

▼北岸景区

▲浑善达克沙地

▼曼陀山上木栈道

▲嘎松山

▼达里诺尔湖南岸景区

▲九龙神榆

▼曼陀山

▲南岸景区栈道

▼应昌路遗址（鲁王城遗址）

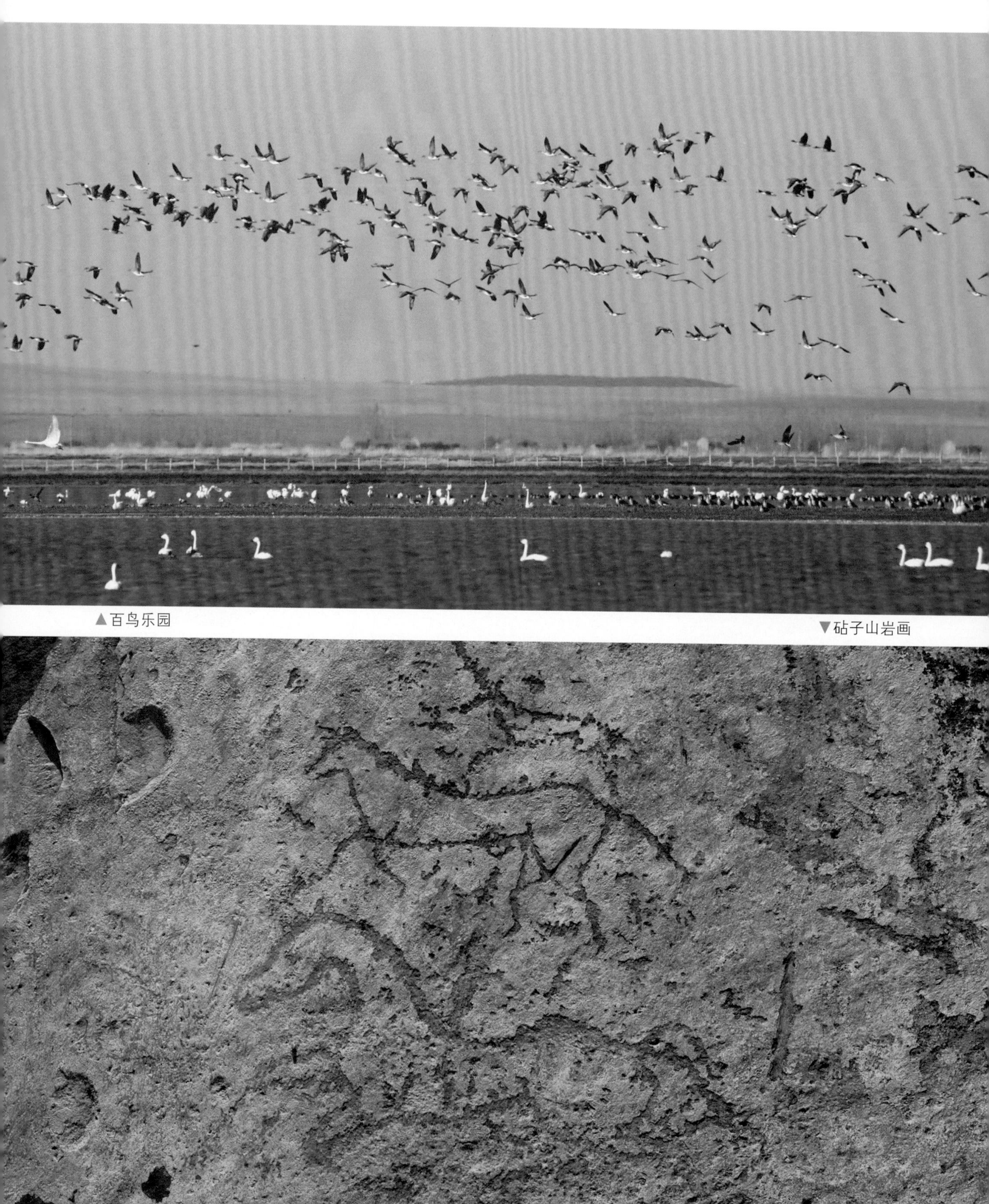

▲百鸟乐园

▼砧子山岩画

第八章 社会经济

第一节 保护区社会经济状况

一、行政区域

达里诺尔国家级自然保护区隶属于内蒙古自治区赤峰市克什克腾旗，位于内蒙古的中东部、克什克腾旗的西北部，与锡林郭勒盟相邻。

二、人 口

达里诺尔国家级自然保护区位于克什克腾旗西北部，辖区范围内有达日罕乌拉苏木和达来诺日镇，共有7个嘎查46个独贵龙1127户牧民，总人口4425人，全部为蒙古族，主要以养牧为生。其中只有岗更嘎查属达来诺日镇，辖8个独贵龙211户牧民，其余都日诺日嘎查、达里嘎查、那日苏嘎查、巴音西勒嘎查、达根诺尔嘎查、贡格尔嘎查等6个嘎查属于达日罕乌拉苏木，有38个独贵龙916户牧民；另外，保护区办公所在地在达来诺日渔场，这里的人们多数是渔场职工或家属，常住人口113户332人，其中有回族2人、满族10人、蒙古族96人，其余为汉族。

三、文化教育

达里诺尔自然保护区受当地人口规模及分布特征限制，文化教育资源配置不均衡，仅在人口相对集中的达来诺日镇设有2所小学、达日罕乌拉苏木设有1所小学、都日诺日嘎查设有1所小学，就读学生总人数约1000人，其余嘎查没有学校。

此外，保护区依托各类媒体通过开展各类主题宣传教育活动，营造“人与自然和谐发展”的良好社会氛围，提高人们的环保意识，推动生态文明建设成为当地文化教育活动的一大亮点，如定期开展各类主题教育活动，与《中国国家地理》杂志社联合组织开展“内蒙古达里诺尔·草原科普夏令营”活动，考察达里诺尔地区的草原、湖泊、沙地、火山群、植物、鸟类以及一些相关的科学文化知识；制作了纪录片，在主流媒体上进行广泛的对外宣传，陆续在央视《探索与发现》栏目播出了“达里诺尔·生命的奇迹”专题、《走进科学》栏目播出了“达里诺尔谜影”、《人与社会》栏目播出“神秘的达里诺尔湖”、《百科探秘》栏目播出了“风中的精灵”，《乡土》栏目播出专题片“千米网万斤鱼”等系列专题片，极大地推进了保护区环保文化教育工作，不断吸引着全国各地的专家、学者前来观光、考察。

四、交通、通讯

达里诺尔自然保护区地理交通条件优越，距首都北京仅有540km，北接303国道，南距省际通道40km，向东90km进入经棚镇，向西90km进入锡林浩特市民航机场，保护区周边各乡（镇）、嘎查均建有柏油公路，已实现“村村通”。目前，保护区周边地区已形成了航空、铁路、公路等功能齐全、四通八达、便捷顺畅的立体旅游交通网络。

保护区内通讯、电力等基础服务设施较完备，各嘎查均实现24h不间断供电，并开通有线电话、数字电视及计算机网络，各嘎查均建有电信和移动通讯基站，保护区范围内可以实现移动通信及无线网络传输功能。

五、经济状况

保护区内没有工业和农业，境内居民主要以畜牧养殖、渔业生产、生态旅游三大产业为主。

达里诺尔自然保护区境内的居民大多数为牧民，以养牧为主。草场总面积6.59万hm^2，养殖大小牲畜共计10万余头（只），人均年收入7000元。

达里诺尔渔场负责达里诺尔湖及其附属水域的经营、开发、管理、保护。渔场现有职工220人。现在，达里诺尔渔场已建设成为内蒙古自治区重要的水产基地之一，主要生产鲫、瓦氏雅罗鱼两种经济鱼类，每年可实现渔业产值2000余万元。

达里诺尔自然保护区内旅游资源丰富，每年有成千上万游客来到达里诺尔湖游玩。每年，保护区直属的达里诺尔生态旅游公司接待游客至少15万人次，实现旅游收入3000万元以上。保护区周边还分散着一些由当地牧民建立的旅游服务点，主要为游客提供骑马、住宿餐饮、奶食品销售等服务，目前这样的旅游服务点有22家，年均接待游客量200至1800人次不等，有500余牧民直接参与旅游业，年人均旅游收入1万元以上。

第二节　周边地区社会经济概况

达里诺尔国家级自然保护区位于内蒙古自然区赤峰市克什克腾旗境内，保护区地跨达日罕乌拉苏木和达来诺日镇。

一、克什克腾旗社会经济概况

（一）历史沿革

夏与前商时期，这里是商族先民的聚居地。《荀子·成相篇》记载："契玄王生昭明，居于砥石迁于商，十有四世乃有天乙是成汤"。《水经注》云："砥石，辽水所出"。砥石，即今克什克腾旗南部白岔河源头之豁特必勒（即有磨石城池之意）。西拉沐沦河为辽河上源，历史上人们把百岔河也视为辽河的上源之一。

春秋战国至秦末，这里为山戎、东胡、匈奴聚居地。

汉初，这里为匈奴左地，"匈奴秋马肥，大会林，课校人畜"（林，即今克什克腾旗南部的赛罕坝）。西汉中期后，这里南属乌桓，北属鲜卑，后为乌桓、鲜卑聚居地。

东汉建武二十五年（公元49年），乌桓南迁，嬗为鲜卑地，初属辽西鲜卑，继为宇文鲜卑，东晋末属慕容鲜卑。

十六国时期，这里南属库莫奚，北属契丹。南北朝时，全境属库莫奚地。

唐贞观二十二年（公元648年），契丹首领大贺氏耶律哥窟举部降唐，唐将其划入河北道，并设羁縻府州，克什克腾地区属松漠都督府。安史之乱，唐对契丹失控，至五代本地复属契丹。

辽代属上京道，道下置州县，境东南属饶州，并有临河（治所在今墨里黑图）、安民（治所在今土城子）两县，南境为仪坤州（治所在今万合永镇榆树林子），辖来远、广义两县，统和十三年（公元995年），来远并入广义。饶、义两州户民，皆自渤海迁入。

金初，区划尽承辽制，天眷元年（公元1138年）改上京道为北京路，辖本地。承安三年（公元1198年），建全州（治所在今乌丹），克什克腾地区改属之。

元太祖九年（公元1214年），成吉思汗在渔儿泺（今达里诺尔）驻夏，为协定中原勋臣弘吉剌氏"赐农土"，将境西及北部（今赛罕坝、浩来呼热、达来诺日、巴彦查干及其以北）分封给特薛禅长子按陈，东北部（热水塘以北）分封给其次子阿忽台，中南部（今西拉沐沦河以南至围场北部）分封给其三子册。全境为弘吉剌氏私藩。元至元七年（公元1270年）弘吉剌氏万户斡罗陈和他的嫔妃囊加真公主，在其驻地答儿海子（今达里诺尔）建应昌城，忽必烈诏敕"应昌府"，隶平滦路，元至元二十二年（公元1285年）应昌府升为路，领应昌县。

明朝，初为北元占据，洪武三年（公元1370年）四月，元顺帝妥欢帖木儿病殁应昌路，太子爱猷识里答腊在应昌嗣位，是为昭宗，称必力克图汗，改至正年号为宣光，国号仍称元，史称“北元”（有的史料认为北元应自公元1368年明朝建立时始）。洪武二十二年（公元1389年）五月，明设立兀良哈三卫，克什克腾地区属兀良哈三卫之朵颜卫，七月，明于元应昌路故址设应昌卫，以安置失烈门等。不久，改应昌为清平镇。嘉靖二十九年（公元1550年），蒙古大汗达赉逊库登汗东迁，克什克腾地区属察哈尔部。

后金天聪八年（公元1634年），克什克腾部首领索诺木率部归属后金。

清顺治九年（公元1652年），清廷招编克什克腾部为克什克腾旗，隶属于昭乌达盟。

清道光五年（公元1825年），设白岔巡检司管理汉人，隶属于口北道多伦诺尔厅，即汉民地区属多伦诺尔厅，蒙民地区仍属热河昭乌达盟。

民国2年（公元1913年）11月，撤销白岔巡检司，建经棚设治局，归属热河特别区。

民国3年（公元1914年）4月，撤销经棚设治局，建伪经棚县，隶属于热河特别区热河道。同年，克什克腾旗扎萨克府由托里庙迁往经棚街，在庆宁寺东建旗务公所，后改为旗务公署。

伪满时期，伪大同2年（公元1933年）3月5日，日军侵占经棚，同年，5月10日，撤销经棚县，并入克什克腾旗，建伪克什克腾旗公署，废除札萨克制度，隶属于伪满洲国兴安总署管辖下的兴安西分省。9月，又建伪经棚县，复又于康德元年（公元1934年）1月撤销经棚县归伪克什克腾旗公署，隶属关系未变。伪康德元年（公元1934年）12月，兴安总省改为蒙政部，并将兴安四个分省升格为南、北、东、西四省，克什克腾旗隶属兴安西省。伪康德10年（公元1943年）10月，撤销了兴安东、南、西三省，建立兴安总省，并在林西县成立兴安总省西部地区行署，辖克什克腾旗、林西县、巴林右旗、巴林左旗。

1945年8月16日光复，同月20日在苏军参与下于经棚成立维持会。

1945年12月1日，中国共产党领导下的克什克腾旗、经棚县政府同时成立，隶属于热河省热北地委、热北行政督察专员公署。

1948年3月，撤销经棚县，统归克什克腾旗，隶属于中共热河省昭乌达盟。

1949年5月5日，克什克腾旗随昭乌达盟划归内蒙古自治区。

1969年7月5日，随昭乌达盟划归辽宁省。

1979年7月1日，随昭乌达盟复归内蒙古自治区。

1983年10月10日，撤销昭乌达盟建赤峰市，克什克腾旗属之。

（二）行政区划及人口

克什克腾旗位于内蒙古东部、赤峰市西北部，地处内蒙古高原与大兴安岭南端山地和燕山余脉七老图山的交汇地带，南北长207km，东西宽170km，总面积20673km^2，辖13个苏木乡（镇）、1处旅游开发区、2个街道办事处。辖区总人口25.1万人，是一个以蒙古族为主体，汉族居多数，蒙、汉、回、满等10个民族聚居的地区。

（三）资源概况

（1）耕地、草牧场、畜牧业资源：全旗可利用耕地面积130万亩，粮食产量稳定在1.5亿kg左右，家畜存栏255万头（只）。现有林业用地1337万亩，森林覆盖率为27.27%。拥有天然草牧场2656万亩，其中可利用天然草场2200万亩。

（2）水利、风能资源：全旗水资源总量为9.69亿m^3。可开发利用的水面43万亩。全旗水能蕴藏量14万kW，其中可开发利用6.3万kW，现已建成小水电站10座，总装机容量17950kW，年发电量达4490万kW·h。风电资源开发潜力巨大，全旗风电装机总容量达52万kW，是全国风电装机规模最大的县级地区。

（3）矿产资源：克什克腾旗矿产资源丰富，是中国北方重要的矿产资源战略接替基地。目前已发现金属和非金属矿种38个，矿床、矿点、矿化点近300处，初步形成了黄岗、拜仁达坝、小东沟三大采选矿区，全旗有色金属矿山日采选能力达到14000t。黄岗铁锡矿探明的铁矿石储量1.17亿t，锡金属量50万t，是长江以北最大的铁、锡多金属共生矿。拜仁达坝银多金属矿探明银金储量5500t，是目前国内已探明的第二大银多金属矿。

（4）旅游资源：克什克腾旗素有“内蒙古缩影”之称，旅游资源丰富，种类齐全，品位高，组合性强，拥有9处世界级和国家级旅游资源。2005年，经联合国教育、科学及文化组织批准，克什克腾国家地质公园顺利晋升为世界地质公园；同年，克什克腾旗还被全国旅游商会、世界华人华侨旅游合作组织等评为“中国优秀旅游目的地”，2007年，被国家标准化管理委员会授予“国家生态旅游服务标准化试点单位”，2009年，被国家旅游局命名为“中国旅游强县”。

（5）交通：近几年，克什克腾旗的交通、通讯等基础设施建设有了长足发展，在全旗境内有集通铁路、省际大通道、303国道、306国道为干线的交通网络，距赤峰和锡林浩特机场200km左右，全旗境内铁路营运里程163km，公路通车总里程2800km。邮电通讯和广播电视事业发展迅速，固定电话、移动通讯和广播电视网络覆盖城乡。

（四）产业结构

（1）工业方面：工业经济平稳增长。2012年，全旗工业增加值实现73.5亿元，同比增长18.7%，其中规模以上工业增加值增长20.5%。

（2）农牧业方面：2012年，粮豆总产量达到2750万kg，马铃薯和胡萝卜种植面积分别达到36万亩和10万亩，新增设施农业2000亩，推广测土配方施肥40万亩，发展膜下滴灌9.04万亩，实施中低产田改造9400亩、土地整理5000亩，农业综合机械化水平达到68.7%。牧业年度家畜存栏255万头（只），出栏肉牛14万头、肉羊110万只，新建肉牛、肉羊养殖小区4个、规模养殖场42个，畜牧业占大农业比重达到73%。昭乌达肉羊新品种通过农业部审定命名，养殖规模突破35万只，金峰、德美公司跻身全国畜牧行业百强企业。雨润食品加工等产业化项目有序实施，养殖肉鹅20万只。永胜农牧专业合作社集约化经营模式初见成效，市级以上产业化龙头企业达到23家，新增合作经济组织和行业协会30家，78.5%的农牧民进入产业化链条。

（3）第三产业方面：2012年，完成黄岗梁、白音敖包等景区基础设施投资1.3亿元，新建和改造旅游厕所35处。首届草原文化商品汇和第六届冬季旅游节成功举办，宣传营销成效明显，全年接待国内外游客280万人次以上，实现旅游综合收入12.5亿元，同比分别增长20.7%和19%。旅游行业管理日趋规范，市场秩序明显好转，接待服务水平不断提高。商贸、餐饮、物流、金融等服务业发展迅速，经棚镇商业网点布局规划通过评审，家电下乡工程圆满完成，万村千乡市场农家店实现全覆盖。

二、达日罕乌拉苏木

苏木政府位于达里诺尔东南的曼陀山下，北距达里诺尔渔场场部30km，东距经棚镇90km，总面积约2225km^2。

清中期，锡林郭勒盟阿巴嘎旗达王曾在此租地建庙。20世纪60年代以前，现苏木驻地称达王庙或大王庙。苏木地处浑善达克沙地、湖泊和草原相间地带，东、西、北三面怀抱湖区。南部多沙地，北部多草原，地形呈驼峰形，故元代此地又称迭蔑可尔。南、西、北与锡林郭勒盟的正蓝旗、锡林浩特市接壤。东与达来诺日镇、经棚镇为邻。南北长约70km，东西宽42.8km，苏木政府驻地称新陶力苏木。新陶力苏木——名称系蒙古语（陶力，意镜子），为克什克腾旗五大庙宇之一的“普安寺”，原址在达来诺日镇境内，民国元年（1912年）被大火焚毁，后迁此盖新庙，因此故命名，也称托里庙。

达日罕乌拉苏木属纯牧区，现总人口约7000人，蒙古族占95%，有少数的汉、满、回族。牧业经济占主导地位，有草牧场160多万亩，植被覆盖率较高，有大面积的固定性沙丘草原。自1996年以来，旅游经济发展迅速。

达日罕乌拉苏木在保护区境内有6个嘎查。

达来嘎查1958年建大队，位于达里诺尔湖北岸，因湖得名。其所辖13个独贵龙沿达里诺尔湖东北岸分布，共248户，主要为牧业经济，有良好的特色旅游前景。

贡格尔嘎查1958年建大队，因河得名，位于达里诺尔东北20km，沿湖东岸及贡格尔河下游分布着5个独贵龙103户。夏季游牧于广阔的贡格尔草原，冬季大部分畜群进入达里诺尔南部的沙丘地带冬营盘越冬。

巴彦锡勒嘎查1958年建大队，原名巴彦布拉格，系蒙古语，意为富泉，因此地有很多泉眼得名，1984年用现名，位于岗更诺尔西岸2km，辖5个独贵龙114户，以牧为主。

达根诺尔嘎查位于达里诺尔东南岸，曼陀山脚下。1962年建大队，称呼格吉勒图大队，“十年动乱”时期，更名“发展”大队。1983年用现名，嘎查辖4个独贵龙182户，以牧为主。

那日苏嘎查位于达里诺尔西南距亮子河口约8km处，也称“那日斯”，蒙古语，意为“松树”，因附近有棵大松树得名。1958年建大队，辖4个独贵龙70户。全嘎查处于浑善达克沙地腹地，以牧为主。

都日诺日嘎查位于达里诺尔西岸鲁王城旁，多围城址居，亦有分散于耗来河、亮子河沿岸居住，近多伦诺尔，因湖而得名。1958年，鲁王城址北侧住户建巴彦查干大队，因村北山得名。1966年，鲁王城址东侧住户建白音门都大队，亦因村东山得名。1984年，两大队改建为同名嘎查。2002年，两嘎查合并为都日诺日嘎查，辖9个独贵龙199户，以牧为主。

三、达来诺日镇

镇政府所在地哈日浩舒，系蒙古语，汉译黑山头，西距达里诺尔湖30km。

该镇地处贡格尔草原中段，北与巴彦查干苏木相邻，东、东南与经棚镇接壤，西与达日罕乌拉苏木相连，西北与锡林浩特市接壤。境域南北62km，东西40km，总面积1542km^2。

地处丘陵、草原、沙漠相间地带，东北部山脉连绵起伏，森林茂密，西南多沙丘，中部皆草原，地势东高西低，平均海拔1529m，最高海拔1958.8m。贡格尔河在境内流经8个嘎查，流长38km。

前身为1958年建立的达里诺尔人民公社。1983年地名普查时更名为达来诺日公社，1984年称达来诺日苏木，2002年建镇时改为达来诺日镇。全镇辖7个嘎查1个居民委员会1100余户6319人，其中牧业人口4430人。以牧业经济为主，兼有农、工、商业及部分旅游业。

在保护区境内有一个嘎查，即岗更嘎查，辖8个独贵龙211户。

第三节　产业结构

保护区产业结构以畜牧养殖、渔业生产、生态旅游三大产业为主。

一、畜牧养殖

2013年，保护区境内牲畜存栏达到127071头（只），其中大畜54040头，小畜73131头，对牲畜、家禽的五号病、布病、羊豆等疾病免疫率均达到了100%。近年来，通过依托项目，达来诺日镇改良草场面积已达2.4万亩，以种植、生产、加工、销售为一条龙的“龙头+基地+专业合作组织+牧户”的草业产业体系初具规模。

二、渔业生产

渔业生产主要以生产鲫鱼、瓦氏雅罗鱼、鲤、鲢、草鱼、麦穗、条鳅等鱼，年产鲜鱼逾600t，产值在2000万元以上。主要鱼产品种类包括洗净包装、真空包装的鲜制品，天然冷冻和机械制冷的鲜冻鱼，活鱼，干鲫鱼片，鲜冻鱼籽，鲜冻鱼鳔以及鱼肠冻块等副产品。

三、生态旅游

达里诺尔自然保护区以其丰富的旅游资源吸引着成千上万的游客前来观光考察，达里诺尔湖现已开发的景点有五处，分别是北岸水上乐园、自然博物馆、观鸟长廊、南岸碧海银滩、曼陀山。北岸湖滨景区距保护区管理处2km，面积471hm^2。湖面宽阔，湖水较浅，适于游泳、垂钓、观湖、观鸟及乘游船游艇。碧海银滩景区位于达里诺尔南岸，在这里游人既可以观鸟，也可以饱览浑善达克沙地景观和湿地景观。曼陀山景区位于达里诺尔湖东南，是达里诺尔旅游区海拔最高点，山上奇石林立，绿树成阴，站在山顶上，达里诺尔全貌尽收眼底。年接待旅游人数在18万人次以上，实现旅游收入3000余万元。

第四节　保护区土地资源与利用

达里诺尔国家级自然保护区总面积119413.55hm^2，土地利用类型主要是草地、林地和湖泊三种类型，其中以草地利用类型为主。

草地是保护区最主要的土地利用类型，总面积为65900hm^2，占保护区总面积的55.2%，广泛分布着以大针茅、克氏针茅为建群种的丛生禾草草原和以羊草为建群种的根茎禾草草原。

其中，丛生禾草草原在保护区分布最广，面积最大，以羊草为建群种的根茎禾草草原主要分布于砧子山周围相对平缓低湿的地段，是很好的放牧场和打草场。除了以上两大建群种外，在保护区还分布着一些其他类型的草地植被，主要分布在沙地、河流及淡水湖滨开阔低地。其中，在沙地及针茅草原退化区生长有冰草、糙隐子草、达乌里羊茅、沙鞭、冷蒿、百里香等指示性草原植被，河流、淡水湖滨开阔的低地生长着大面积草甸，有典型禾草草甸、典型苔草类草甸、鹅绒委陵菜草甸等，这类草甸的群落盖度一般可达80%以上，由于群落植株较矮，也可作为放牧场适度利用。此外，保护区盐碱地上还分布着一类盐化草甸植被，是保护区湖水退缩后裸露盐碱地上植被恢复的重要物种，有芨芨草盐化草甸、马蔺草甸、碱蓬、碱茅盐化草甸等，在盐碱地上生长的盐化草甸具有很好的景观效果和防风固土的生态作用，同时也是优良的牧草。

广袤如画的草原，优质的牧草为当地牲畜生长提供了天然的食源，带动了当地畜牧业的发展。

达里诺尔国家级自然保护区除了拥有独特的草地景观外，还生长着多种乔木和灌丛，总面积23300hm^2，占保护区总面积的19.5%。

保护区生长的乔木主要有大果榆疏林、春榆、山杨林、油松林、白桦林、辽山楂林、稠李林、山荆子林、家榆（疏）林等，主要分布在沙地和周边丘陵区的曼陀山。大果榆疏林群落分布于丘陵区，春榆分布于曼陀山的向阳坡麓，而山杨林分布于曼陀山的阴坡局部潮湿地段。油松林、白桦林、辽山楂林、稠李林、山荆子林、家榆（疏）林均分布于沙地，其中沙地中分布最广、面积最大的林地是家榆（疏）林，此种植物代表了浑善达克沙地榆树疏林的基本特征，其间伴生着白桦林、辽山楂林、稠李林、山荆子林等结实树木。油松林主要生长在保护区鲤鱼泡子西南沙地，面积较小，仅约近0.2hm^2，伴生的植物有零星的家榆和黄柳，林下有稀疏的褐沙蒿半灌木层片和一年生草本层片。

保护区的灌丛植被分布于沙地、盐碱地和石质丘陵区的局部地段。在达里诺尔南部沙地上生长着黄柳灌丛、东北沙木蓼灌丛、沙生桦灌丛、木岩黄芪半灌丛和褐沙蒿半灌丛等灌丛植被，其中褐沙蒿半灌丛是浑善达克沙地的代表性植被类型，分布广，面积大，同沙地榆树疏林共同组成了浑善达克沙地的沙地植被主体。达里诺尔湖滨盐碱地上仅生长小果白刺灌丛一个群系，伴生植物有盐地碱蓬、角果碱蓬、盐地车前、蒲公英等耐盐植物。在石质丘陵区的局部地段零星分布着小面积灌丛，以楼斗叶绣线菊最为常见。

草地、林地共同构成了达里诺尔国家级自然保护区独特的草原景观，丰富的植物资源带动着当地旅游业、畜牧业的蓬勃发展。

另外，保护区内大大小小的湖泊也是其土地利用类型之一。湖泊总面积约22300hm^2，占保护区总面积的18.7%，主要包括达里诺尔湖、岗更诺尔湖和多伦诺尔湖三大湖泊及一些零星分布的小湖泊。

达里诺尔湖是内蒙古自治区第二大内陆湖，由于湖面年蒸发量超过补给量，致使湖水含盐量逐年增加，pH值不断增高，钠、钾、磷、硫酸盐等不断减少，钙镁增多，今天的达里诺尔已成为苏打型半咸水湖。达里诺尔周边植被主要以草原、草甸和沙地疏林为主，北岸、西岸植被是以克氏针茅为建群种的丛生禾草草原，其间零星分布芨芨草盐化草甸、百里香、糙隐子草等植物，东岸沿湖区域为大面积的盐碱地，其上主要是人工种植的碱蓬、碱茅盐化草甸，伴生着芨芨草、马蔺、小果白刺等耐盐植物，东北岸沿湖水量充沛地段长有小面积条带状芦苇沼泽，南岸沿湖分布有条带状的泽芹—水葱沼泽、柳灌丛，由湖边向南延伸至沙地，大面积分布着沙地榆树疏林、褐沙蒿半灌丛植被，林下伴生有冰草、羊草等植物。达里诺尔湿地生态系统还是鸟类的理想家园。

达里诺尔由于其气候条件和水体化学成分等环境因子的影响，湖中鱼种较单一，主要经济鱼种为鲫和瓦氏雅罗鱼。但鱼的产量较大，品种独特，因此，渔业养殖也成为了当地第二大支柱性产业。

岗更诺尔湖南岸、西南岸多涌泉，水的矿化度较低，为淡水湖。湖水经沙里河源源不断地流向达里诺尔湖，成为达里诺尔湖主要补给水源。岗更诺尔沿湖植被主要以草甸、沼泽和灌丛为主。北岸、西岸分布着大面积的芨芨草盐化草甸和苔草草甸，东岸为成片的泽芹—水葱沼泽，其间夹杂着苔草草甸等植被，南岸沿湖长有柳灌丛，呈条带状分布。由于植物资源丰富，食物充足，环境适宜，岗更诺尔湖也因此成为多种候鸟理想的繁殖、栖息乐园，每年数十种珍稀保护鸟类，如丹顶鹤、大天鹅等，都来此繁衍后代，使这里成为了春秋两季开展观鸟旅游的最佳场所。同时，由于饵料丰富，岗更诺尔湖也是达里诺尔的鱼类繁殖基地。

多伦诺尔湖又称“鲤鱼泡子”，湖中涌泉众多，水质良好，为淡水湖。湖水通过耗来河流至达里诺尔湖，是达里诺尔湖的主要补给水源之一。多伦诺尔湖沿湖植物资源丰富，湖北岸植被以克氏针茅草原为主，湖南岸是成片的沙地疏林景观，东岸以水生湿生植被为主，主要有泽芹—水葱沼泽、眼子菜、苔草草甸等植被，西岸沿湖局部地段零星分布泽芹—水葱沼泽和苔草草甸，其余大部分为克氏针茅草原植被。多伦诺尔湖盛产鲤，“鲤鱼泡子”也因此而得名。

除以上主要土地利用类型，达里诺尔国家级自然保护区还零星分布有居民点、河流、沼泽、滩涂、盐碱地、沙地等土地利用形式，总面积达7913hm^2，占保护区总面积的6.63%。

▲牛群

▼骆驼

▲羊群

▼蒙古包

▲达里诺尔国家级自然保护区科研监测楼

▼达里诺尔国家级自然保护区宣教中心

▲达里诺尔国家级自然保护区管护点

▼达里诺尔国家级自然保护区管护站

▲达里诺尔国家级自然保护区救护站

▼达里诺尔宾馆

第九章 自然保护区管理

第一节 基础设施

一、达里诺尔自然博物馆

通过中国—加拿大内蒙古生物多样性保护和社区发展项目的实施，投资1200万元建成了国内一流的环境教育设施——达里诺尔自然博物馆，于2005年9月投入运营，占地30亩，建筑面积1600m^2，为保护区的宣传教育工作提供了良好的平台和窗口。

二、管理处科研监测综合楼及附属设施

通过湿地保护工程项目的实施，建设管理处科研监测综合楼2400m^2（含标本室200m^2），饮用水输水管道26km，管理站3处，瞭望塔3座，管护点6处，生态定位监测站1处，鸟类救护站1处，气象观测站1处，并配备了相应的办公、管护、交通、通讯、科研、宣教、防火等设施设备。本项目的实施，进一步完善了保护区的基础设施建设，提高了保护区的管理能力和各方面业务工作能力，使保护区的管理水平上了一个新的台阶。

第二节 机构设置

保护区管理处为副处级事业单位，人员编制20人，内设机构有：管理处、办公室、资源保护管理科、科研监测科、宣传教育科，另外还成立了公安派出所。

资源管理科下设3个管理站，6个管护点，3座瞭望塔。科研监测科下设实验室、生物标本馆、鸟类救护站，宣传教育科下设达里诺尔自然博物馆。

为使保护区各机构职责分明，协调一致，制定了如下各组织机构的任务、作用和职能。

1. 管理处

贯彻落实上级主管部门的有关精神；执行国家、地方有关保护区的相关政策、法律法规；协调当地政府和上级主管部门的关系；保证保护区工作正常开展；制定切实可行的干部、职工管理办法及奖惩制度，依法行政；严格审核、监督各项财政经费的开支。

2. 办公室

负责保护区行政事务、计财、后勤保障、车辆管理、文书档案印信管理、人员培训、员工生活福利等；负责自然保护法律、法规的贯彻执行，协调内外关系和上传下达工作；负责制定保护区年度工作计划并组织实施；负责保护区项目的申报、管理、实施工作；落实上级主管部门及处领导交给的任务。

3. 资源保护管理科

负责制定保护区资源管理年度工作计划并组织实施；负责依照《中华人民共和国环境保护法》《中华人民共和国自然保护区条例》等有关自然保护的法律法规和方针政策，依法保护保护区内的自然资源和自然景观；负责制定保护区资源管理等规章制度，促进资源管理的科学化、制度化、规范化；负责环境执法和保护区内建设项目管理、环境影响评价等工作；负责指导、管理保护区管护站（点）工作；负责依法监督管理自然保护区内生态旅游和其他多种经营活动，开展社区发展工作，建立社区共管体系；负责保护区界标、碑牌的设置，并做好界桩、碑牌的维护和管理工作；负责承办保护区管理处交办的其他事项；负责保护区资源与环境的管理工作，最大限度地减少人为干扰，对一切不利于保护管理的因素应积极消除；承担珍稀动物抢救、护林防火的宣传教育等工作。

4. 科研监测科

负责保护区的科学研究、项目编制、学术交流、技术引进、科普宣传、标本管理等工作；负责制定科研监测年度工作计划，开展日常环境监测及专题科学研究工作；负责保护区“本底”调查工作，掌握环境质量状况及生态环境变化趋势；负责整理保护区的科研成果及论文发表等工作；负责上级主管部要求的专项环境监测、动物疫源疫病防治工作；负责建立健全环境监测档案及动态数据库，及时向上级主管部门报送本辖区各种环境质量数据、环境统计数据等；负责保护区“3S”系统建设与运行管理工作；负责完成保护区管理处下达的其他工作任务。

5. 宣传教育科

负责保护区宣传教育工作，贯彻落实《全国环境宣传教育行动纲要》，制定和组织实施环境保护宣传教育规划；负责全国环保科普基地、环境教育基地、全国中小学环境教育社会实践基地、达里诺尔自然博物馆的日常管理工作；负责环保法律、法规的宣传，普及环境科学知识，开展环境教育工作，提高公众环保意识；负责组织“六 · 五”世界环境日等各类环保节日的环境宣教主题活动；负责《达里诺尔简讯》的编辑、出版、发行工作；负责环境保护信息发布和开展对外宣传工作；负责指导保护区管护站（点）对社区的宣传工作。

6. 公安派出所

是保护区执法的职能部门，参与制定和完善本区域法规，并依法执行；负责旅游安全、消防安全等工作；负责相关法律、法规、政策的宣传教育与执行；负责资源保护、区内治安、案件查处等工作。

7. 管理站

执行管理处和当地政府有关保护区的制度与规定；完成管理处和当地政府赋予保护区的各项任务；制定管护计划，对管护点、瞭望塔的工作进行组织、管理、指导、定期检查、考核，保证管护工作的正常进行。

8. 管护点

全面保护好管护区内的野生动植物及水资源；认真落实巡查、防火瞭望和管护巡逻等制度；及时救助濒危野生动物；加强对周边及外来游客的保护宣传教育；根据各管护区的具体情况制定相应的保护管理措施；全面负责第一线的保护管理工作。

第三节 保护管理

达里诺尔自然保护区建立初期，管理机构设在达里诺尔渔场，由达里诺尔渔场代管。1996年晋升为自治区级自然保护区后，克什克腾旗人民政府批准成立了达里诺尔自然保护区管理委员会。1998年，克什克腾旗人民政府批准成立了达里诺尔自然保护区管理局，2003年改为达里诺尔国家级自然保护区管理处。

一、管理现状

保护区自成立以来，开展了大量的宣传工作，利用新闻媒介进行了广泛的宣传，制作了保护区的录像片、宣传册。组织编制了《达里诺尔自然保护区综合考察报告》，完成了《达里诺尔自然保护区项目建议书（1996～2000年）》。开展了保护区土地确权工作，划定了边界，办理了核心区土地使用证。

保护区为了加强对保护区的管理，制定了保护区的管理办法，对偷猎及破坏保护区资源环境的行为进行了严厉查处。为了加强对核心区的管护，恢复湖区生态环境，保护区对部分核心区和缓冲区进行了围封，通过几年的努力，湖区周边环境已得到恢复，鸟类的种类和数量都有明显的增加，鱼产量也稳定增长。保护区的科研监测工作也取得了可喜的成果，与高校联系越来越紧密，发表了有关达里诺尔的论文数十篇。保护区加强了对资源开发活动的管理，划定了旅游区域，规范了旅游行为。

二、资源管护

资源管护是保护区日常管理工作的重要内容，根据保护区实际情况，实行保护区派出所、渔场渔政站、管护队“三位一体”的管护体制，有效地对保护区境内鱼类资源、鸟类资源、植物资源等自然资源及地质文化古迹进行保护。编制了《达里诺尔自然保护区管理计划（2005～2010）》，使保护区内珍稀物种资源得到了有效保护。每年春季鸟的繁殖季节和鱼类产卵季节有60多人在管护一线上。

环境执法方面，严格执行《中华人民共和国环境保护法》、《中华人民共和国自然保护区条例》等法律法规。控制在保护区内采石、挖沙等活动。加强宣传，提高人们保护自然的自觉性。加强对旅游资源开发活动的管理。

三、生态治理工作

开展了围封和盐碱地治理。对南、北河口核心区的草原进行围封，实行绝对保护，使原来退化的芦苇逐渐恢复，有效地控制了土壤盐碱化面积。2002年，在南、北河口自然产卵场和孵化池试种柽柳、沙棘800亩。2003年，在克什克腾旗畜牧部门的大力支持下，对南、北河口核心区网围栏进行了全部更新，并将保护区所在地与嘎查置换的草地也进行了围封，总投入14万余元，围封总长度2.28万延长米。2002—2004年，进行了耐碱牧草的试种；2003年，经双方协议，克什克腾旗人民政府批准，保护区用拥有使用权的位于渔场西北6km的14850亩草场，置换达日罕乌拉苏木达里嘎查位于达里诺尔北岸的3755亩草场，实行围封。2005年，争取风沙源治理项目120万元，对达里诺尔周围部分地段进行了围封；在南、北河口和达里诺尔北岸种植柽柳350亩。2007年，在北河口开展了盐碱地植被恢复试验，取得了初步的成功。2008年，在达里诺尔北岸结合达里诺尔国家湿地保护项目的开展进行盐碱地柽柳栽植。2009—2011年，在达里诺尔湖北岸种植柽柳600余亩。2012年，用当地耐盐碱植物埋设沙障的方法，治理达里诺尔湖西北退水地段3000亩。2013年，在南河口盐碱地段用机械种植碱蓬、碱茅面积3300亩，利用机械开沟、埋设沙障的方法治理盐碱地面积1440亩，在达里诺尔湖北岸景区内栽植榆树、柽柳、柳树约5万余株。2014年4月末，共在北岸景区规划并栽大小榆树740棵；6月末，在南河口碱滩恢复治理地段，用机械播种碱茅600亩。通过近几年的盐碱地植被恢复工作，达里诺尔湖的退水地段治理已基本完成。

四、职工队伍建设

保护区通过近几年的人才招聘和培养，现有职工19名，其中有本科生13名、大专生6名。结合中国—加拿大项目的开展，对保护区工作人员进行了MIS/GIS培训、“参与式”管理知识培训、英语及计算机知识培训等；与内蒙古大学生命科学学院共建了野外生物学实习基地；2007年，派出工作人员到达赉湖保护区、扎龙保护区和内蒙古大学进行考察学习；2008年，邀请了内蒙古大学教授、鸟类学专家邢莲莲到保护区对工作人员进行了鸟类知识的培训，派出工作人员到赤峰市环境保护局进行了水体监测实验方法的学习；2008年，安排自然博物馆工作人员到北京的部分博物馆参观考察学习；2009年以来，每年派出不同人员去其他保护区学习先进的管理经验和技术。

五、社区工作

促进保护区内社区经济发展是解决资源利用与保护之间矛盾的最好途径，保护区在自身发展的同时，也注重社区的发展。通过鼓励、扶持社区牧民参与生态旅游，在旅游景区内为其提供场地，开展骑马、照相，出售手工艺品、畜产品等经营项目，在景区内为其子女提供就业岗位。通过开展生态旅游，实现产业结构调整，减轻了粗放经营的畜牧业对环境的压力，融洽了社区关系，促进了当地经济的发展，社区牧民积极参与保护区的管理，形成了共同发展的局面，“保护区发展、社区群众致富”的氛围已经形成。

保护区结合一些项目的开展，对牧民进行具有成效的培训活动。2002年，完成了社区示范户发展规划，对示范户的牧民进行培训；2003年，进行草牧场示范管理、科学养畜、社区妇女创收培训；2004年，进行“参与式”管理知识的培训，妇女创收技能、民族手工艺品制作技能的培训，选送1名社区妇女到蒙古国考察旅游工艺品制作，选送2名妇女到呼和浩特学习民族手工艺品制作技术。

通过多种途径为社区牧民办好事、办实事。重要节日组织人员到社区贫困户家中走访慰问。2002年，为西岗更嘎查协调三年期贷款10万元购置了围栏，围封草场4.5万亩，为贫困户捐款6400元。2004年，为方便牧民出行，投资4万元为岗更嘎查修桥一座；投资1.2万元，为12户特困户购买了马匹和基础母羊，为他们脱贫致富打下了基础。2005年，在达里诺尔自然博物馆为牧民建手工艺品销售点一处；为岗更嘎查投资1万元建牲畜改良点一处；为达里嘎查牧民围封草场1.6万亩。2006年，组织职工为遭受雪灾的牧民捐款5000多元。2007年，投资16万元为巴彦锡勒嘎查修桥一座和进行输电线路高低压改造；投入2万元为岗更嘎查修缮办公用房。2008年，结合达里诺尔湿地保护工程，新建自来水输水管线26km，解决了工程沿线3个嘎查近3000人和40000余头（只）牲畜的饮水问题。2007～2011年，将保护区围封的草地无偿提供给达里嘎查牧民打草，增加牧民冬季饲草储备；每年为社区牧民提供十余个就业岗位，增加收入。

第四节 科学研究

一、科研工作的沿革

1956—2000年，主要由达里诺尔渔场与有关科研单位联合承担开展达里诺尔的科学研究工作。1975—1978年，辽宁省淡水水产研究所和旅大水专（大连水产学院）解玉浩、史为良、何志辉、雷衍之等专家教授以“达里诺尔湖渔业资源调查和增殖研究”为课题，对达里诺尔地区的水环境、浮游生物、底栖动物和鱼类资源进行了详细的普查。1983—1985年，受国家环境保护局自然保护处委托和资助，由内蒙古城乡建设环境保护厅牵头，内蒙古师范大学和赤峰市环境保护办公室组成联合考察组，以“达里诺尔的珍稀鸟类及其在候鸟迁徙中的地位”为课题进行了为期3年的考察研究，获得了大量的第一手数据、照片、实物资料，记录鸟类的种数从历史上几十种增加到上百种。这次考察发现了丹顶鹤、白枕鹤等珍禽的繁殖，并做了观察。成果报告明确了达里诺尔湖区有其特异的生态环境，得以保存多种珍稀鸟类，并成为候鸟迁徙路线上一处重要的栖息地。这次也为建立达里诺尔自然保护区奠定了基础。1994—1995年，大连水产学院以“达里诺尔湖区渔业基础调查及渔业利用的研究”为课题，再一次对达里诺尔湖地区的水环境、水生生物、渔业资源等进行了调查研究。1995年，受内蒙古环境保护局和赤峰市环境保护局委托，内蒙古环境监测中心站、赤峰环境保护局、赤峰市环境监测中心站、克什克腾旗环境保护办公室组成联合考察队，对达里诺尔地区的植物资源、湿地类型及景观生态类型进行了初步考察，初步查明保护区内共有野生维管束植物67科250属434种；对鸟类资源分春、夏、秋再次进行了详细考察研究，又发现24种鸟类新分布，并首次发现了国家一级重点保护野生鸟类——黑鹳，使达里诺尔自然保护区鸟类增加到16目33科133种。通过对鸟类的不间断观测，至2011年，已记录到鸟类16目42科237种。2005—2006年，内蒙古自治区水产技术推广站对达里诺尔湖渔业资源进行调查和评价，并编制了《克什克腾旗达里诺尔湖渔场渔业资源调查及评价综合报告》。2006年，对达里诺尔湖鱼种受精卵、鱼苗孵化、浮游生物等进行深入研究，并著文发表。2013年，内蒙古农业大学教授廖丽梅、刘鹏斌等人对达里诺尔湖水质和生物资源量进行研究了，著《达里诺尔湖水质和生物资源量检测及评价》。2012—2014年，开展了保护区第二次综合科学考察工作。

二、保护区自主科研监测工作

自2000年起，保护区具备了初步的科研能力，完善了科研监测体系，开展了鸟类、植被、水体、土壤、气象等的常规监测活动，并进行了鸟类、植被恢复等专题项目的研究。赤峰市环境监测中心站将达里诺尔地区水质监测列入日常工作，每年对达里诺尔水体进行2次水质监测，目前已积累13年的水质数据。

1. 鸟类监测

根据达里诺尔自然保护区鸟类种群的分布现状，分别在岗更诺尔湖葫芦嘴、岗更诺尔湖塔头湿地、岗更诺尔湖码头、南河口核心区、南河口海门子、鲤鱼泡子、南岸景区码头、凤凰嘴子、亮子河、北岸景区观鸟长廊、北河口南岸和北河口这12个地区设立鸟类监测样点；在砧子山、阿其乌拉山崖、葫芦嘴南岸3个地区设立监测样线。采用样线法和分区直数法相结合的方法对不同季节的鸟类（春季迁徙鸟、夏季繁殖鸟、秋季迁徙鸟）进行监测，覆盖了湖泊湿地、沼泽湿地、山地、林地、沙地、草地等保护区内的全部生态系统，积累了大量原始数据。2008年，建立了保护区鸟类救护站，开展对受伤鸟类的救助工作，至2014年共救助放飞鸟类100余只。

2. 植被监测

在保护区境内设立100m×100m样地4个，包含了羊草草原、针茅草原、河流湿地植被和沙地植被4种类型，每年对样地进行样方调查，并进行草牧场评估；每年开展植被标本及图像采集工作；对湖边退水盐碱地段开展植被恢复工作和相关的土壤样方数据采集工作。

3. 水质水文监测

每年对达里诺尔保护区“三湖四河”进行水文水质监测，对鱼类生存环境进行动态监控。

4. 气象观测

保护区2009年建成自动气象站一座，对达里诺尔地区的降水量、蒸发量、环境温度、风速等指标进行日常观测。

三、国际国内项目及高等院校、科研机构合作项目

近年来，中国科学院、内蒙古大学、内蒙古农业大学、内蒙古自治区水产技术推广站、赤峰环境监测中心站等区内外众多高校和科研院所在保护区开展了大量的科研工作，进行了地质、湖盆构造、水体、动植物、渔业资源等多方面的研究，发表了诸如《达里诺尔自然保护区珍稀鸟类栖息环境——湿地生态系统的保护和可持续利用研究》、《达里诺尔自然保护区鸟类资源现状及变化分析》、《达里诺尔自然保护区鸟类区系组成及生态分析》、《达里诺尔湖渔业资源研究》等20余篇论文及专题报告，丰富了保护区科研内容，提高了保护区科研监测的能力和水平。

四、主要发表的论文

1. 史为良.《达里诺尔的自然概况》. 辽宁淡水渔业，1979，达里湖渔业资源专辑.

2. 解玉浩，付平，朴笑平. 达里湖鱼类资源增殖的初步总结. 淡水渔业，1979，8.

3. 解玉浩，付平，朴笑平. 达里湖鲫鱼的生物学. 动物学杂志，1982，(1).

4. 史为良. 我国某些鱼类对达里湖碳酸盐型半咸水的适应能力. 水生生物学集刊，1981，(3).

5. 解玉浩，付平，朴笑平. 达里湖瓦氏雅罗鱼的生物学. 动物学杂志，1982，(3).

6. 雍世鹏. 陆地资源卫星像片(133-30)：达里诺尔幅. 自然条件与生物资源概况，1984.

7. 姜志强，秦克静. 达里湖鲫的年龄和生长. 水产学报，1996，20(3).

8. 周一兵，毕风山. 岗更湖(牤牛泡)的水化学和水生生物学调查. 大连水产学院学报，1996，11(2).

9. 陈子红. 北方湖泊化学特征与发展趋势. 干旱环境监测，2000，14(4).

10. 陈子红. 达里诺尔湖化学特征与发展趋势. 中国环境管理干部学院学报，2000，3-4.

11. 赵丽囡，陈子红，韩力峰. 达里诺尔湿地水化学特征与发展趋势. 内蒙古环境保护，2000，12(4).

12. 赵丽囡. 达里诺尔自然保护区资源状况与环境问题分析. 西部大开发，2000，11.

13. 赵萌莉，韩国栋，宋丽军. 达里诺尔国家级自然保护区天然草地利用现状与畜牧业可持续发展. 中国西部环境问题与可持续发展国际学术研讨会论文集，2004.

14. 白春利，阿拉塔，孙海军，等. 达里诺尔自然保护区退化系列草地基况评价. 畜牧与饲料科学，2004.

15．高安社，郑淑华，赵萌莉．达里诺尔自然保护区不同草原地境的初步划分．草业科学，2004，21（12）.

16．陈宏宇．达里诺尔自然保护区鸟类区系组成及群落结构研究．呼和浩特：内蒙古大学，2005.

17．孟和平，王宝文，韩国苍，等．达里湖瓦氏雅罗鱼（华子鱼）增殖技术．内蒙古农业科技，2006，（7）.

18．孟和平，彭本初，王宝文，等．达里湖东北雅罗鱼受精卵在不同水体中的孵化试验．华北农学报，2006，（21）.

19．宝日娜．达里诺尔湿地的小气候特征．中国农业气象，2006，27（3）.

20．陈宏宇．达里诺尔自然保护区景观格局与鸟类分布．赤峰学院学报，2006，22（2）.

21．贾丽．盐碱池塘养殖达里湖瓦氏雅罗鱼试验初报．华北农学报，2006，21：76-78.

22．张建华，孟和平，彭本初，等．达里湖鲫鱼受精卵孵化及鱼苗成活对比试验．内蒙古农业科技，2007（4）.

23．孟和平，张利，王保文，等．达里湖东北雅罗鱼的种群特征．华北农学报，2007，（S3）.

24．张利，孟和平，李志明，等．达里湖鲫鱼的种群特征．华北农学报，2007，（S3）.

25．李志明，安明，李岩平．达里湖浮游植物调查．内蒙古农业科技，2007，（S1）.

26．韩一平．达里湖渔业资源现状调查分析．内蒙古水利，2007，109（1）.

27．梁燕，韩国栋，周禾．退化羊草草原物种变化与生产力的关系．草地学报，2007，15（6）.

28．韩芳、李兴华、高拉云．内蒙古达里诺尔湖泊湿地动态的遥感监测．内蒙古农业大学学报，2007，3（1）.

29．李志明，刘海涛，冯伟业，等．达里湖和岗根湖东北雅罗鱼和鲫四种同工酶的比较研究．淡水渔业，2008，38（5）.

30．安晓平．达里湖东北雅罗鱼的生长、死亡和生活史类型的研究．淡水渔业，2008，38（6）.

31．乌仁格日乐，敖特根．达里诺尔自然保护区种子植物区系分析．内蒙古草业，2008，9（3）.

32．李靖，袁靖宇，胡其图．内蒙古自然保护区社区共管研究——以达里诺尔国家级自然保护区为例．内蒙古科技与经济，2008，11：9-11.

33．董生旺，何江，匡运臣．达里诺尔湖碳、氮、磷环境地球化学研究．呼和浩特：内蒙古大学硕士论文，2008.

34．张建明．内蒙古达里诺尔湖经济鱼类生物学研究（一）．内蒙古农业大学学报，2008，29（3）.

35．张建明．内蒙古达里诺尔湖经济鱼类生物学研究（二）．内蒙古农业大学学报，2008，29（4）.

36．张玉．内蒙古达里诺尔湖水质现状调查．水产科学，2008，27（12）.

37．宋丽军．达里诺尔国家级自然保护区湿地保护．湿地科学与管理，2008，12（4）.

38．安晓萍，齐景伟，乌兰，等．岗更湖鲫的生长和生活史对策研究．水生态学杂志，2009，2（4）.

39．王俊，安晓萍，刘宇霞，等．达里湖水体营养状况探索性分析．内蒙古农业科技，2009，（1）.

40．杨凤波，宋丽军，武宏政，等．达里诺尔自然保护区鸟类资源现状及变化分析．湿地科学与管理，2009，9.

41．卢玲玲，李青丰．北方草原牧区草蓄平衡分析及对策——以克什克腾旗中—韩生态示范村为例．中国草地学报，2009，3（1）.

42．萨如拉，李青丰，张树礼，等．达里诺尔国家级自然保护区生态环境现状调查以及综合管理对策分析．内蒙古环境科学，2009，21（6）.

43．卢玲玲．内蒙古典型草原畜牧业发展及生态建设模式研究——以中—韩生态示范村为例．呼和浩特：内蒙古农业大学，2009.

44．王俊．达里湖水体营养状况探索性分析．内蒙古农业科技，2009.

45．李景文，范树阳．达里诺尔国家级自然保护区生物多样性保护功能价值评估研究．内蒙古环境科学，2009，21（6）.

46．丁子军．达里诺尔湖水环境问题及防治措施．赤峰学院学报，2009，25（4）.

47．萨如拉．达里诺尔自然保护区现状调查以及综合管理对策分析．呼和浩特：内蒙古农业大学，2010.

48．张生．基于模糊综合评价法的内蒙古达里诺尔湖水环境质量评价．中国工程科学，2010，12（6）.

49．池炳杰．瓦氏雅罗鱼达里湖群体和乌苏里江群体的遗传多样性和遗传结构分析．中国水产科学，2010，17（2）.

50．李文阁，刘群．内蒙古赤峰市达里湖渔业产量的灰色预测与分析．中国海洋大学学报，2011，41（6）.

51．王俊，安晓萍，刘宇霞，等．达里湖瓦氏雅罗鱼资源现状及合理利用探讨．水生态学杂志，2011，（1）.

52．王俊，郑水平，柳玉海．岗更湖天然饵料调查及利用措施．科学养鱼，2012，（1）.

53．廖丽梅，刘鹏斌，张笑晨，等．达里湖水质和生物资源量检测及评价．内蒙古农业科技，2013，（06）.

第十章 自然保护区评价

第一节 保护管理历史沿革

1983—1985年，内蒙古环境保护办公室、内蒙古师范大学、赤峰市环境保护办公室等单位，对这里的鸟类资源进行了考察研究，确定了达里诺尔在候鸟迁徙中的地位，并提出建立达里诺尔自然保护区的建议。1985年，内蒙古环境保护科学研究所编制的《内蒙古草地类自然保护区规划》将达里诺尔地区列入拟建自然保护区规划之中。1987年，克什克腾旗人民政府批准建立了达里诺尔自然保护区。保护区的管理工作由达里诺尔渔场负责。

随着社会进步和人们的环境意识的提高，达里诺尔这一块宝地被越来越多的人所重视，它的科学价值、保护价值和将带来的社会和经济效益已越来越清楚地展示在世人面前。达里诺尔自然保护区的建设与发展引起了社会的广泛关注，1995年，内蒙古自治区城乡建设环境保护厅和赤峰市环境保护办公室委托内蒙古环境监测中心站，对达里诺尔自然保护区做了进一步的考察研究，在此基础上，编制了《达里诺尔自然保护区规划》。1996年，内蒙古自治区人民政府批准达里诺尔自然保护区晋升为自治区级自然保护区。1997年12月，国务院以国办函发〔1997〕109号文，批准达里诺尔自然保护区晋升为国家级自然保护区。

第二节 保护区范围及功能区划评价

一、保护区范围

保护区总面积119413.55hm^2。具体范围如下。

（1）东界：从北纬43°22′起，沿东经117°线向南至北纬43°11′处，具体位置是从东岗更嘎查所在地以东约500m处，直线向北延伸至达来诺日镇的道路上，向南经岗更诺尔东岸的沼泽地直线延伸进入到南部沙地内约8.5km处。

（2）南界：从东经117°与北纬43°11′点起，沿43°11′纬度线向西至赤峰市与锡林郭勒盟边界。以此线为界，可将浑善达克沙地中的榆树疏林景观以一条宽约4～8km的条带划入保护区范围内。

（3）西界：保护区的西界是以锡林郭勒盟和赤峰市的边界为界。以北纬43°11′、东经116°22′为起点向北从盟市边界到半拉山。以此为界，可使分布在玄武岩台地上的羊草草原得到有效保护，同时也确保了国家一级重点保护野生动物——大鸨的栖息地。

（4）北界：保护区的北界是以道路作为标志，具体位置是从半拉山向东到达里牧场四连，沿小路到砧子山，顺金长城至四道墙，沿路向北至303国道，沿国道向东至达来诺日镇所在地。

二、功能区划

（一）划分原则

1. 满足重点保护对象所需的最基本的生境条件

保护区重点保护对象是珍稀鸟类，在已经记录的297种鸟类中，湿地栖息的鸟类达180余种，其中大部分珍稀鸟类都在湿地栖息或繁衍。因此，对保护区进行功能区划分时，充分考虑到有利于对这些湿地保护的因素。

2. 便于保护区的建设和管理

根据《中华人民共和国自然保护区条例》以及《内蒙古自治区自然保护区实施办法》的有关规定，保护区划分为核心区、缓冲区和实验区，在保护区的核心区内不允许人为活动的干扰，需要绝对保护。

草地类和湿地类的自然保护区一般均有人类的生产活动，保护区管理建设必须要考虑社区的发展，在确保重点保护对象得到保护的前提下，核心区不宜过大，可以留有余地，待各方面条件成熟后可再扩大。

3. 留有旅游空间，有利于旅游功能的发挥

保护区旅游资源非常丰富，它所处的地理位置和交通条件对开展生态旅游十分有利，达里诺尔地区是旅游业发展的重点地区。因此，为确保重点保护对象不受旅游的影响，功能区划分时，要在实验区内考虑旅游区的设置。

（二）功能区评价

保护区共划分了5个核心区、3个缓冲区和1个实验区。在实验区内设置了6个旅游区。

1. 核心区

核心区是保护区的精华所在，是珍稀濒危物种集中分布的区域，是保存完好的、天然状态下的生态系统。根据保护区重点保护对象鸟类的栖息环境，将保护区划分为宝音图柳灌丛湿地核心区、湖滩岛芦苇湿地核心区、沙里河河口湿地核心区、岗更诺尔沼泽草甸核心区、葫芦嘴灌丛草甸核心区5个核心区，总面积为1414hm^2，占保护区总面积的1.18%。

（1）宝音图柳灌丛湿地核心区：位于保护区东部的草原上，是以一些浅水泡子及其周边的柳灌丛湿地、湿草甸湿地所构成的核心区，面积315hm^2，占核心区总面积的22.3%。该核心区由于地势起伏

相对较大，灌丛、湿草甸、湖泡镶嵌分布，人为干扰较小，隐蔽条件较好，成为湖区鸟类栖息繁衍的重要场所，栖息的鸟类在90种以上，数量很大，经常可见到数以万计的鸟类。但随着近年来气候的持续干旱，该区域水量不断减少，湿地面积萎缩，湿地草原化，在该区域活动的鸟类也呈减少趋势。

（2）湖滩岛芦苇湿地核心区：位于达里诺尔湖的东侧，北河口和南河口之间，面积238hm^2，占核心区总面积的16.8%。该核心区由浅水湖、沼泽湿地、碱滩构成，是鸟类栖息繁衍的又一重要场所。

（3）沙里河河口湿地核心区：位于沙里河河口处，面积324hm^2，占核心区总面积的22.8%。由于沙里河入达里诺尔湖时形成了大面积的沼泽湿地，河口地带水质良好，营养丰富，因此成为保护区鸟类集中栖息和繁衍的主要区域，是鱼类产卵的重要场所。目前，该区生态环境已得到恢复，茂密的芦苇群落正在形成，这里是鸟类的重要繁殖区。

（4）岗更诺尔沼泽草甸核心区：位于岗更诺尔东侧沿湖岸地带，面积196hm^2，占核心区总面积的13.9%。核心区是由部分湖面和岸边的沼泽地（塔头甸子）等构成。这里自然隐蔽条件好，人畜难以进入，是鸟类重要的繁殖区。丹顶鹤、白枕鹤均在这里繁殖，大天鹅也在此栖息繁殖。

（5）葫芦嘴灌丛草甸核心区：位于岗更诺尔南端西侧的低湿地上，面积341hm^2，占核心区总面积的24.2%。该核心区地势较低，主要由灌丛湿地和湿草甸所构成。核心区南缘为浑善达克沙地东北端，西、北为开阔的草原。由于其环境条件比较特殊，为鸟类栖息繁衍提供了良好的条件，保护区的许多大型鸟类尤其是一些大型涉禽常集群于此。

2. 缓冲区

缓冲区位于核心区周围，对核心区免受干扰起缓冲作用。根据保护区5个核心区的分布和特点，共设置了3个缓冲区，缓冲区总面积为6508hm^2，占保护区总面积的5.45%。

（1）宝音图柳灌丛湿地核心区的外围，是草原牧场，对核心区的保护需围栏封闭保护，为便于建设围栏，设置了一个矩形的缓冲区，面积1130hm^2，占保护区总面积的0.95%。

（2）在湖滩岛芦苇湿地核心区和沙里河河口湿地核心区的外围，共同设置了一个缓冲区，面积3453hm^2，占保护区总面积的2.89%。该缓冲区包括达里诺尔湖东岸部分沼泽草甸、草地、浅滩和达里诺尔湖部分水体。

（3）在岗更诺尔沼泽草甸核心区与葫芦嘴灌丛、草甸核心区的外围，共同设置了一个缓冲区，缓冲区包括岗更诺尔南部沙地一部分，以及围绕岗更诺尔东岸、南岸的草甸、沼泽和岗更诺尔湖的部分水体，面积1925hm^2，占保护区总面积的1.61%。

3. 实验区

实验区是核心区、缓冲区以外的区域，6个旅游区属于实验区的范围，是专为开展旅游设置的区域。面积为111491.55hm^2，占保护区总面积的93.37%。在实验区内，根据资源状况、科研需要和保护区的经济条件，有目的、有计划地进行基础设施建设，开展科研、教学、参观考察和生态旅游等活动。

充分发挥保护区的功能特点，提高保护区的知名度，增加保护区的活力，推动当地社会经济的发展。根据保护区的资源、环境和景观特点，在不影响重点保护对象的前提下，在实验区内设置了6个旅游区。

（1）应昌路旅游区：位于达里诺尔湖与多伦诺尔湖之间的草原上，面积为28hm^2。应昌路遗址

1963年被列为内蒙古自治区重点文物保护单位，2001年晋升为国家重点文物保护单位。

（2）湖滨娱乐区：位于达里诺尔湖北岸，距达里诺尔渔场场部2km。这里湖面开阔，湖水较浅，适合观鸟、垂钓、游泳、水上娱乐等活动，面积471hm^2。

（3）凤凰嘴旅游区：位于达里诺尔湖的西岸中段，面积1034hm^2。在这里，游人们可饱览壮观的达里诺尔湖景观和辽阔的大草原。

（4）曼陀山及达里诺尔湖南岸旅游区：位于达里诺尔湖东南处的曼陀山，山上怪石林立，绿树成阴，站在山顶可饱览保护区的全貌，领略大自然的魅力。达里诺尔湖南岸景区，背靠雄伟的曼陀山，西临浩瀚的浑善达克沙地，面对烟波浩渺的达里诺尔湖，碧波荡漾的清澈湖水，红绿相间的红柳树丛、香蒲、芦苇，形成了沙滩浴场周边的生态绿化带。这里湖水洁净、日照充分，可以进行沙滩浴、日光浴、湖水浴。畅游之余，还可以体验一下沙滩排球、足球的乐趣。沙滩建有更衣室、淋浴间、水上滑梯，是嬉水纳凉的极佳去处，可充分体验“落霞与孤鹜齐飞，秋水共长天一色”的美好意境，胸襟开阔、人与自然融为一体的感觉。该旅游区面积为543hm^2。

（5）多伦诺尔旅游区：位于保护区的最西端，包括多伦诺尔湖和南部的沙地及周围的草原，面积为711hm^2。在这里，可以垂钓，观鸟，游览草原风光和沙地疏林景观。

（6）岗更诺尔旅游区：位于保护区的东南部，包括岗更诺尔湖和其周围的沼泽湿地景观，这里风景如画，鸟的数量比较大，是乘船观鸟的最佳场所。

第三节　主要保护对象动态变化评价

达里诺尔国家级自然保护区的主要保护对象是湿地及珍禽。按景观空间配置而言，保护区内面积最大的是草原，草原构成了现在的景观基底。从景观组成的生态系统而言，湿地虽然为缀块，但是湿地在保护区的功能价值却最为突出，湿地通过河流、物种流等廊道和其他生态系统进行物质交换和能量流动。

保护区成立以来，建立了保护区的专门管理和保护机构，对保护区范围内的主要保护对象进行了不间断的调查、摄影、总结相关资料，取得了丰硕成果。近十几年来，由于全球荒漠化，达里诺尔湖也在萎缩，湖泊水面缩小，有的小湖泡，如达根诺尔、宝音图泡子已经干涸，演替为杂草类草原，20世纪90年代生活于此的水禽，如鹏鹕、鸭类，甚至迁徙时在此觅食的白头鹤等水禽已迁离，取而代之的是云雀、沙百灵等鸟类。主湖东南岸湖底出露，成为大面积盐沼。由于主湖明水面积大，仍然能够为游禽提供足够的生存空间，特别是保护区在自然环境变迁的关键时期，加强了巡护、救助和宣教工作，减少了人为干扰，使保护区境内的生物多样性保持了基本平稳，甚至有所增加，雁鸭类较20世纪末没有明显减少。在2012年10月中旬的候鸟迁徙季节进行抽样调查，据估计，湖区约有3万只大天鹅，几万只鸿雁、赤膀鸭、绿头鸭等。反之，十几年前在达里诺尔很少见到的白眼潜鸭、斑脸海番鸭、遗鸥的数量大增。岗更诺尔湖主要以降水和沙地补水，湖面大小和水质变化不大，由于管理得当，加之周围群众的保护意识增强，湖泊成为鸟类安全的栖息地，在该湖中还记录到太平洋潜鸟和长尾鸭，均为在内蒙古分布的新记录。

由于湖面萎缩，浅水沼泽面积增加，这种环境格局的变化虽然对湿地演变并不是正面的，但短时期内增加了涉禽的活动空间，这几年记录到上千只黑尾塍鹬、金鸻、流苏鹬、燕鸻、孤沙锥等活动于浅水沼泽和盐沼，大群涉禽较十多年前的数量有所增加，甚至道路两边形成的临时小水泡中也因人为惊扰较少，仍有滨鹬、沙锥等取食。随着降水等自然因素的波动，这些涉禽不是一个稳定的群落。南河口核心区经保护区对沙里河入河口的环境管理整治、局部调整，已经演化为大面积的挺水植物沼泽区，成为白琵鹭、赤膀鸭、绿头鸭、苍鹭、鸬鹚、苇莺等的主要繁殖地。獾、麝鼠、貉等也利用堤坝筑巢，这里已发挥保护区核心区的重要作用。因此，达里诺尔作为生命支持系统，在维持生物多样性、保护主要保护对象的稳定性方面具有重大价值，近十多年来，主要保护对象的种群数量保持稳定，有一些重点保护动物如遗鸥等的数量大增，丰富了保护区的生物多样性。2013年，保护区出版了《达里诺尔野鸟》一书，收录鸟类297种，此书既是对保护区鸟类多样性动态的记述，也是对未来的展望和保护工作的新起点。

第四节　管理有效性评价

随着人类活动日益频繁，人类对自然生态系统的干扰加大，建立自然保护区对生态环境及生物多样性开展保护已经成为世界各国共同采用的有效措施。达里诺尔国家级自然保护区自建立以来，采取了有力的保护措施，已经收到明显的成效。保护区管理机构健全，保护区管理处经内蒙古自治区编制委员会批准为副处级事业单位（内机编发［2002］44号文件），保护区管理处下设有办公室、资源保护管理科、科研监测科、宣传教育科四个副科级职能科室（赤机编发［2014］62号文件），并设有3处管护站和瞭望塔，6处管护点，人员配备基本能满足工作需要。建立健全了各项规章制度，保护管理趋于规范化、科学化、制度化，并被列入示范保护区建设行列。生物多样性监测工作在原环境保护部南京环境科学研究所的指导下，监测体系完善，监测成果不断积累，科研监测已成为保护管理的重要支撑和数据来源。宣传教育工作出色，建设了达里诺尔自然博物馆、达里诺尔生物标本馆，成为宣传环保知识和理念的重要平台，每年的受众群体多达20万人次。保护区建设与管理严格依据内蒙古自治区环保厅批复的《达里诺尔国家级自然保护区总体规划》进行，对重点保护对象进行了有效保护。同时，根据保护区实际，采取了一系列的生物多样性人工保护措施，如：对鱼类限制性捕捞并在鱼类洄游及产卵季节加强看护，在河流上游水流缓慢的河湾处结扎草把，便于黏性鱼卵附着和孵化，这些措施确保了鱼类资源的可持续利用；由于湖泊萎缩，浅水区露出了盐化湖底，这些湖底沉积大量盐分，出露后会成为盐尘暴的源头，保护区在盐化湖底栽植大面积耐碱植物，不但可以大量吸收多年沉积湖底的盐碱，而且在覆盖裸地、降低风蚀强度方面，收到了良好的效果。

第五节　效益评价

一、社会效益评价

改善生态环境，提高生存质量，已被广大民众认可。保护区以保护自然生态系统及其生物多样性为宗旨，得到周边各族人民的理解，保护区与周边各族人民和谐相处。通过不懈的宣传和环境教育，民众已深切体会到环境的改善给他们带来旅游收入等收益，为此，牧民也自觉参入到保护环境的行动中，有的牧民为打造优美的生态环境，愿意与鸟类分享牧场内的小湖泊，任凭鹈鹕、鸥类在湖泊水草中营巢、取食湖中的鱼也不在意，这种“支付意愿”的自觉性，说明大众环境意识的提高就是巨大的社会效益。另外，保护区还为保护生物多样性提供了国际国内交流的平台，同时也是科学研究、宣传教育、生态旅游等的基地，是人与自然和谐发展的载体。达里诺尔自然保护区现为国家环保科普基地、全国中小学环境教育社会实践基地、内蒙古自治区环境教育基地、中国国家地理志愿者科考基地、国家AAAA级景区、国家水利风景区、国家休闲渔业示范基地。

二、经济效益评价

保护区各种生态系统及其生物多样性是大自然赋予人类的自然资本，是财富的源泉，人类可以通过各种方式开发利用。鱼、畜产品、旅游收益均为提高人民生活水平提供物质保障。通过保护区的不懈努力，环境得到了很大改善，各种生态系统的功能得到发挥，肥美的草原、干净的湖泊、优美的环境为畜牧业、渔业和旅游业积累了有形和无形的财富，养育了一方百姓，并为更多的人提供精神上的享受。

三、生态效益评价

保护区的任务就是保护和管理自然生态系统和赖以生存的生物多样性，确保生态过程的正常运行，为人类可持续发展提供良好的生存空间和物质需求。达里诺尔自然保护区多年来对保护区境内的各种生态系统组成、功能等进行了全面的研究，取得了宝贵的第一手资料。基于此，采取了一系列有效的保护措施，保证了湿地、草原、沙地疏林各个生态系统间的能量流、物流、物种流、基因流的畅通流动，保持生态系统健康，为民众提供了安居乐业的生态环境。

第六节 综合价值评价

达里诺尔国家级自然保护区坐落于大兴安岭南端西麓，西辽河源头北部，其地质地貌的变迁史可以追溯到几亿年前，至2万～10万年前逐渐成为目前的景观格局。在自然历史演变的长河中形成了现在的广袤草原、多样各异的湿地和苍龙般的沙地。各种生物按变异、竞争、适应、自然选择等自然法则协同进化，逐渐积累而成现在的生物多样性，每一种生物以其自身的存在分享自然资源，并为自然生态系统的正常运行发挥着作用，在生态系统的运行中生产可持续利用的绿色产品，养育一方民众。因此，达里诺尔国家级自然保护区的生态系统服务功能价值十分巨大。

一、直接使用价值

（一）草　原

达里诺尔自然保护区境内草原面积所占比例最大，约占保护区总面积的45.65%，位于中国境内欧亚草原的东南部，地方上称为贡格尔草原。从砧子山岩画、金长城、鲁王城等人类活动遗留下的历史痕迹证实，自古以来这里就是人类生存的地方，特别是游牧民族的发祥之地。至今，肥美的贡格尔草原、沙地疏林草原、湿草甸仍然为当地主要的牧场，牧民饲养着牛、羊、骆驼等家畜，为市场提供鲜美的肉、奶类食品、皮毛产品及中药材，草原成为绿色经济的基础，为当地的人们提供生存空间和生活来源。保护区与当地牧民和谐相处，允许牧民适度利用草场，通过环境教育潜移默化的影响和生活实践中的感悟使少数民族的自然崇拜与保护自然环境的新理念相结合。

（二）河湖湿地

达里诺尔国家级自然保护区是以保护湿地与珍禽为主的国家级自然保护区，保护区内的河湖盛产有机鱼类。由于几个不同的湖泊、河流的水化学特征有一定的差异，水产品的品种亦有不同。达里诺尔湖由于湖岸性质不同，水深变化较大，从湖东南岸的沙地、湿草甸、挺水植物沼泽至西北岸的熔岩台地陡崖，湖水深度逐渐加大。该湖以贡格尔河、沙里河、亮子河、耗来河汇集流域降水注入湖泊，也接收北面山地丘陵裂隙水及南岸沙地潜水，共同构成湖泊水源。由于湖泊属内陆水系，湖水排泄主要为蒸发，化学离子除生物吸收外，容易在湖中积累，pH值较高。但是，流经牧区的四条补水河流带给湖泊丰富的有机质，利于水生生物生长。河流进入草原后比降渐低，河曲发育，是鱼类天然的产卵场和孵化场。经过长期适应，达里诺尔的鲫和瓦氏雅罗鱼，年产鲜鱼量达600t。岗更诺尔湖和多伦诺尔湖以沙地渗水为主要水源补给，河流流程较短，水经过沙地过滤，变得清澈而富含营养，湖中鲤、鲢体大而肥美，年鱼产量约为200t。达里诺尔为内蒙古和北京等地提供了大量的有机水产品，同时成为500多名渔民及家属赖以生存的主要支柱产业。

二、生态系统的调节功能价值

达里诺尔国家级自然保护区坐落于半干旱草原区，保护区是由湿地、草原、沙地、丘陵等多种生态系统复合而成的异质性景观，镶嵌于茫茫大草原，对区域的生态环境发挥着十分重要的调节功能，虽然当前对纯净空气、适宜气候等的调节功能尚难以用货币形式估量，但其价值已被大多数人认可。

（一）调节大气组分

CO_2的温室效应已逐渐被广大民众接受，国家乃至全世界已经在控制CO_2的排放，遏制由温室效应引起的全球变暖，为此付出了高额的经济代价。达里诺尔保护区通过其丰富的植物资源为降低大气中CO_2的含量起着重要的作用，为改善区域空气质量做出重大贡献。达里诺尔保护区范围内有大面积的草原，湖岸分布有茂密的灌丛带，南岸沙地覆盖着乔、灌、草层谱分明的疏林草原，岗更诺尔湖、多伦诺尔湖及南北河口生长着大面积芦苇、藨草等高大的挺水植物，湖中的浮游植物生物量多达4.136～15.61mg/L。这些绿色植物和藻类通过光合作用成为CO_2的吸收器和制氧机，植物的光合作用公式如下：$6CO_2+6H_2O \rightarrow C6H_{12}O_6$（有机物）$+6O_2$。

经过定量研究，每生成1g绿色植物和藻类的干物质可固定1.63gCO_2，释放1.2gO_2，由此可见，达里诺尔自然保护区对区域净化空气起到了十分重要的作用。而且，光合作用可吸收太阳能，在夏季，由于太阳能被绿色植物吸收，使气候不会燥热。

（二）调节空气湿度

空气湿度是气象要素之一。据达里诺尔气象资料，降水量的测定值是450mm，湖区蒸发量1300～1900mm，降水量和蒸发量之间在地区水平衡中是一个理论关系，与实际情况有着很大差异。在草原，甚至沼泽地带蒸发量都不会超过降水量，远低于气象站观测的蒸发量。而河湖水面的实际蒸发量为气象站实测值乘以折减系数0.8，达里诺尔湖水面的实际蒸发量约为1040～1520mm，即每平方米水面每年有1～1.5m^3的水蒸发为水汽。由此可见，河湖水面蒸发量远大于周边陆地。达里诺尔湖区195.52km^2，每年就有2.28×10^8 ～$3.42\times10^8m^3$的水蒸发到大气。水汽向蒸发量较小的周边扩散，滋润着草原，为人和所有生物都提供了湿度适宜的空气。

（三）沙地调节小气候

达里诺尔自然保护区的南部为浑善达克沙地，沙地具有很高的渗水能力和储水性，每一块沙地称得上是一座小水库，水从沙地渗出，以沙泉出露后形成小溪向达里诺尔湖补水。沙溪沿途因水分条件良好，从沙地到湖水依次生长着灌丛带、湿草甸，给各种动物提供了不同的生存环境，猞猁、狍、狼、狐等大中型动物多数时间都活动于此。浑善达克沙地高低错落的连绵沙丘上，覆盖着茂盛的沙地疏林草原，整个沙地具有山地效应，冬季阻挡着西北风的长驱直入，强风被沙丘阻挡，在沙丘间穿梭，形成旋流，从而减小风力，所以牧民多少年来都把沙地作为冬季营盘。冬季沙地及周边地区因风速变小，雪易堆积，低温下冰雪升华增加了湿度，空气中水汽使吸收太阳能的量增加，对地面起到保温作用，灰喜鹊、棕眉山岩鹨、环颈雉、斑翅山鹑、沙土鼠等均利用沙地渡冬。蝙蝠和刺猬也多选择树洞、树根下繁殖、隐蔽和冬眠，跳鼠亦常常在松软的沙地挖洞，躲避天敌和冬眠，所以沙地是保护区独特的地理景观，在调节小气候上发挥着重大作用，沙地成为动物隐蔽条件良好的栖息地和季节性的避难所。

三、生命的支撑系统价值

地球的表层系统养育了生物，生物的多样性是表层系统运行的基础。生物经过上亿年与地球环境的协同演替，多种生态系统功能的不断运行，形成了达里诺尔丰富的生物多样性，而生物多样性是生态系统服务的基础。

经过2012—2014年各学科组对达里诺尔自然保护区的实地考察，并查阅相关资料，在保护区范围内已收录到维管束植物545种，浮游植物86属，浮游动物50属另3科，底栖动物7属，鱼纲23种，两栖纲4种，爬行纲4种，鸟纲297种，哺乳纲30种，昆虫364种。达里诺尔拥有众多生物种类，由于浮游动植物及底栖动物只鉴定到属，每个属下均包含很多种，因此，保护区以物种计数的实际生物多样性要超过以上统计数字。众多的生物构成了完整的食物链：绿色植物和浮游植物通过光合作用固定太阳能，生产有机物，是初级生产力；浮游动物、底栖动物、昆虫、鱼类及植食性陆生脊椎动物为消费者，同时它们在消费的同时积累物质，又形成次级生产力；而肉食动物，如以鱼为主要食物的鹭类以及以鼠类和昆虫等为食的隼、雕、鵟、狐、刺猬、蝙蝠等动物组成高一级的消费者，有的种类又成为次级生产者，而猛禽、狼、狐、猞猁等为保护区的顶极消费者，它们雄踞食物链的顶端，有效控制植食动物的数量，维护生态系统的有序性，保持动态平衡；生存于水体、泥底和土壤中大量的微生物在不断地分解动植物残体，使其又以离子状态重新进入物质循环系统，并传递太阳能，通过这个物质循环和能量流动的过程，完成生态系统的各种服务功能。被大多数人所熟知的食物链的重要生态功能和价值却常常被人忽视，但事实上每时每刻都在为人类提供服务。

四、文化及生态旅游价值

达里诺尔国家级自然保护区本身就是一部自然演变和人类文明发展的史书，它们以历史遗存向人们讲述着自然和人类发展的重大历史事件。保护区北部几乎成东西向一字排开的一百多座死火山锥是在西拉沐沦地壳深断裂的控制下两百多万年以来几次火山喷发的地质奇观；火山喷发的熔岩流溢出形成广袤的克什克腾旗北部的熔岩台地，是草原的基底；砧子山、曼陀山的浪蚀龛是无垠大湖的见证；砧子山动物岩画是当时动物群落的成员及先人游猎生活的真实记载；金边壕是十二世纪早期金戈铁马时代北方民族间战争的战略工事；鲁王城折射出大元帝国的辉煌与兴衰。这些历史的记忆已经成为一种文化的传承，具有很大的教育和旅游价值，供人们慢慢解读和品味。

五、保护区的投入提升了自然资源的机会成本

按生态经济学理论，当某种行为控制生态环境变化时，对资源选择了一种使用机会，往往就放弃了另一种使用机会，选择中获得的最大效益就是机会成本。保护区为维护生态过程的有序性，控制渔获量，使资源可持续利用；在鱼类洄游季节为产黏性卵的瓦氏雅罗鱼和鲫在产卵场扎草把，便于鱼卵附着，并利用太阳光能孵化；保护区工作人员努力保护鸟类，或许在短期内因鸟类取食鱼而减少了部分经济效益，但却维护了生态系统的正常运行，增加了潜在的环境价值。保护区这些保护策略及人力物力的投入，提升了自然资源的机会成本，提升了自然保护区的总服务价值。

主要参考文献

鲍伟东，李桂林，张书理．2010．内蒙古赛罕乌拉国家级自然保护区陆生脊椎动物图谱．北京：中国林业出版社．

彩万志，庞雄飞，花保祯，等．2001．普通昆虫学．北京：中国农业大学出版社．

曹文轩．2005．中国的淡水鱼类与资源保护问题．淡水渔业，Z1：172．

陈化鹏，高中信．1992．野生动物生态学．哈尔滨：东北林业大学出版社．

范德兹．2008．中国动物志［第四十九卷：昆虫纲·双翅目·蝇科（一）］．北京：科学出版社．

高野伸二，叶内拓哉．1990．野鸟小図鑑．东海大学出版会．

高野伸二、1992．野山の鸟．东海大学出版会．

葛钟麟．1966．中国经济昆虫志（第十册：同翅目·叶蝉科）．北京：科学出版社．

龚子同．1993．中国土壤分类系统．成都：四川科学技术出版社．

侯学煜．1988．中国植被地理．北京：科学出版社．

姜维惠，侯希贤．2002．草原鼠类生态学及其控制．呼和浩特：内蒙古人民出版社．

解玉洁，付平，朴笑平．1982．达里湖地区的鱼类区系．动物学杂志，17（6）：7-10．

金相灿，刘鸿亮．1990．中国湖泊富营养化．北京：中国环境出版社．

金相灿．1998．中国湖泊环境（第一册）．北京：海洋出版社．

《克什克腾旗志》编纂委员会．1993．克什克腾旗志．呼和浩特：内蒙古人民出版社．

乐佩琦．2000．中国动物志（下卷：硬骨鱼·纲鲤形目）．北京：科学出版社．

李全基．2002．内蒙古湿地．北京：中国环境科学出版社．

李全基．2002．内蒙古湿地．北京：中国环境科学出版社．

李树国，金天明，石玉华．2000．内蒙古鱼类资源调查．哲理木畜牧学院学报，10（3）：24-28．

李思忠．1981．中国淡水鱼类的分布区划．北京：科学出版社．

刘其根，沈建忠，陈马康，等．2005．天然经济鱼类小型化问题的研究进展．上海水产大学学报，14（1）：79-82．

内蒙古自治区赤峰市土壤普查办公室．1990．内蒙古赤峰市土壤图．天津：中国航海图书出版社．

内蒙古自治区地质矿产局．1991．内蒙古自治区区域地质志．北京：地质出版社．

《内蒙古自治区水产志》编委会．1998．内蒙古自治区志·水产志．呼和浩特：内蒙古人民出版社．
能乃扎布．1988．内蒙古昆虫志（半翅目·异翅亚目）．呼和浩特：内蒙古人民出版社．
能乃扎布．1999．内蒙古昆虫．呼和浩特：内蒙古人民出版社．
聂延秋．2011．内蒙古野生鸟类．北京：中国大百科全书出版社．
潘清华，王应祥．2000．中国哺乳动物彩色图鉴．北京：中国林业出版社．
盛和林．1985．哺乳动物概论．上海：华东师范大学出版社．
宋春青，张振春．2005．地质学基础．北京：高等教育出版社．
王安梦，袁梨，鲍伟东．2009．内蒙古鸟类新记录——灰蓝姬鹟．四川动物，28（5）：679．
王应祥．2003．中国哺乳动物物种和亚种分类名录与分布大全．北京：中国林业出版社．
邬建国．2000．生态系统服务功能价值评估的理论、方法与应用．北京：中国人民大学出版社．
吴征镒，周浙昆，李德铢．2003．世界种子植物科的分布区类型系统．昆明：云南植物研究．
吴征镒，周浙昆，孙航．2006．种子植物分布区类型及其起源和分化．昆明：云南科技出版社．
吴征镒．1980．中国植被．北京：科学出版社．
香港观鸟会《香港鸟类摄影图鑑》制作组．2004．香港鸟类摄影图鑑．香港：萬里机构·萬里书店．
萧采瑜，任树芝，郑乐怡，等．1977．中国蝽类昆虫鉴定手册（第一、二册：半翅目异翅亚目）．北京：科学出版社．
忻介六，杨庆爽，胡成业．1985．昆虫形态分类学．上海：复旦大学出版社．
邢莲莲，杨贵生．1996．乌梁素海鸟类志．呼和浩特：内蒙古大学出版社．
许再福．2009．普通昆虫学．北京：科学出版社．
旭日干．2001．内蒙古动物志（第二卷）．呼和浩特：内蒙古大学出版社．
旭日干．2007．内蒙古动物志（第三卷）．呼和浩特：内蒙古大学出版社．
颜重威，赵正阶，郑光美，等．1996．中国野鸟图鑑．台北：台湾翠鸟文化事业有限公司．
叶内拓哉，安部直哉，上田秀雄．1998．日本の野鸟．东京：山と溪谷社．
张荣祖．2004．中国动物地理．北京：科学出版社．
赵一之，赵利清．2014．内蒙古维管植物检索表．北京：科学出版社．
赵正阶．1995．中国鸟类手册（上卷：非雀形目）．长春：吉林科学出版社．
赵正阶．2001．中国鸟类手册（下卷：雀形目）．长春：吉林科学出版社．
郑光美．2004．世界鸟类分类与分布名录．北京：科学出版社．
郑光美．2008．鸟类学．北京：北京师范大学出版社．
郑光美．2011．中国鸟类分类与分布名录（第二版）．北京：科学出版社．
郑乐怡，归鸿．1999．昆虫分类（上、下册）．南京：南京师范大学出版社．
中国科学院《中国动物志》编辑委员会．2004．中国动物志（第三十三卷：昆虫纲·半翅目·盲蝽科·盲蝽亚科）．北京：科学出版社．
中国科学院内蒙古宁夏综合考察队．1985．内蒙古植被．北京：科学出版社．
周尧．1994．中国蝶类志．郑州：河南科学技术出版社．
A. N. 斯特拉勒［美］，A. H. 斯特拉勒［美］．1986．现代自然地理学．北京：科学出版社．
Josep del Hoyo, Andrw Elliott, David Christie. 2006. Handbook of the Birds of the World（Vol.11）Barcelona：Lynx Edicions.

附录

附录1：自然保护区植物名录

一、蕨类植物门 Pteridophyta

（一）木贼科Equisetaceae

1．问荆 *Equisetum arvense* L. 采集号：13–343

多年生草本，具匍匐根状茎，泛北极分布种。

生境：生于溪边湿地；中生植物。

经济价值：全草入药，能清热、利尿、止咳，主治小便不利、热淋、吐血、月经过多、咳嗽气喘。全草入蒙药，能利尿、止血、化痞。夏季牛和马乐食，干草羊喜食。

2．水木贼 *Equisetum fluviatile* L. 采集号：13–890，13–790

多年生草本，具根状茎，泛北极分布种。

生境：生于溪边湿地；湿生植物。

经济价值：全草及根茎可入药，功效同问荆。

3．无枝水木贼 *Equisetum fluviatile* L. f. *linnaeanum*（Doll.）Broun. 采集号：13–183

多年生草本，具根状茎，泛北极分布种。

生境：生于溪边湿地；湿生植物。

经济价值：全草及根茎可入药，功效同问荆。

（二）蹄盖蕨科Athyriaceae

4．冷蕨 *Cystopteris fragilis*（L.）Bernh. 采集号：13–616，13–699，13–1003

多年生草本，泛北极分布种。

生境：生于沟谷石缝中或林下石缝中；中生植物。

经济价值：可用在水石盆景和假山石上作绿化点缀材料。

（三）角铁蕨科Aspleniaceae

5．过山蕨 *Camptosorus sibiricus* Rupr. 采集号：13−1001

多年生草本，西伯利亚—东亚分布种。

生境：生于石缝潮湿处；中生植物。

（四）岩蕨科Woodsiaceae

6．旱岩蕨 *Woodsia hancockii* Bak.

多年生草本，东亚分布种。

生境：生于石缝中；中生植物。

经济价值：可用在水石盆景和假山石上作绿化点缀材料。

7．心岩蕨 *Woodsia subcordata* Turcz. 采集号：13−564，13−612

多年生草本，东亚分布种

生境：生于岩石缝中；中生植物。

经济价值：可用在水石盆景和假山石上作绿化点缀材料。

（五）水龙骨科Polypodiaceae

8．小多足蕨 *Polypodium sibiricum* Siplivinsky（= *Polypodium virginianum* auct. non L.: Fl. *Intramongol.* ed. 2, 1:243. 1998.）采集号：13−608

多年生草本，亚洲—北美分布种。

生境：生于潮湿的岩石缝隙；中生植物。

二、裸子植物门 Gymnospermae

（六）松科Pinaceae

9．油松 *Pinus tabuliformis* Carr. 采集号：13−1023

常绿乔木，华北分布种。

生境：生于沙地，可组成沙地油松林群落片段；中生植物。

经济价值：木材可供建筑用；树干可供采松脂；树皮可供提取栲胶，是华北地区重要的造林树种之一，亦可作为华北、西北地区城市绿化树种。瘤状节或支枝节入药（药材名为松节油，蒙药名为那日苏），能祛风湿、止痛，主治关节疼痛、屈身不利。花粉入药（药材名为松花粉），能燥湿收敛，主治黄水疮、皮肤湿疹、婴儿尿布性皮炎。松针入药，能祛风湿、杀虫、止痒，主治风湿痿痹、跌打损伤、失眠、水肿、湿疹、疥癣，并能防治流脑、流感。球果入药（药材名为松塔），能祛痰、止咳、平喘，主治慢性气管炎、哮喘。

（七）麻黄科Ephedraceae

10．草麻黄 *Ephedra sinica* Stapf.

常绿草本状灌木，东古北极分布种。

生境：生于山坡草地和沙质草地；旱生。

经济价值：茎入药，能发汗、散寒、平喘、利尿，主治风寒感冒、喘咳、哮喘、支气管炎、水肿。根入药，能止汗，主治自汗、盗汗。茎也入蒙药（蒙药名为哲日根），能发汗、清肝、化痞、消肿、治伤、止血。另外，冬季羊和骆驼乐食其干枝。

11．单子麻黄 *Ephedra monosperma* Gmel. et Mey. 采集号：13−706，13−948

常绿矮小垫状灌木，东古北极分布种。

生境：生于山顶石缝；旱生。

经济价值：在冬季，羊和骆驼均乐食其干枝。可入药，功效同草麻黄。

三、被子植物门 Angiospermae

（八）杨柳科Salicaceae

12．山杨 *Populus davidiana* Dode

落叶阔叶乔木，东亚分布种。

生境：生于花岗岩丘陵坡麓，可组成山杨林群落片段；中生植物。

经济价值：树皮可入蒙药（蒙药名为奥力牙苏），能排脓，主治肺脓肿。木材暗白色，质轻软，有弹性，可作造纸原料以及火柴杆、民用建筑用材等。此外，山杨是我国北部山区营造水土保持林及水源涵养林最佳树种之一。

13．黄柳 *Salix gordejevii* Y. L. Chang et Skv. 采集号：13−861

落叶灌木，达乌里—蒙古分布种。

生境：生于沙地上；旱中生植物。

经济价值：可以作为固沙造林树种，亦可作为薪炭柴；羊和骆驼乐食其嫩枝与叶。

14．筐柳 *Salix linearistipularis*（Franch.）Hao 采集号：13−432，13−435

落叶灌木，东亚分布种。

生境：生于溪边；中生植物。

经济价值：枝条细长、柔软，可供编筐、篓等用。

15．小穗柳 *Salix microstachya* Turcz. ex Trautv. 采集号：13−429

落叶灌木，西伯利亚分布种。

生境：生于沙地；中生植物。

经济价值：固沙树种，枝条可供编织用；羊和骆驼乐食其嫩枝与叶。

16．越橘柳 *Salix myrtilloides* L.

落叶灌木，欧洲—西伯利亚分布种。

生境：生于沙地；湿生植物。

17．五蕊柳 *Salix pentandra* L. 采集号：13－443，13－451

落叶灌木，欧洲—西伯利亚分布种。

生境：生于沙地溪边、湖边湿地；中生植物。

经济价值：木材可供制小农具；开花期较晚，为晚期蜜源植物。叶含蛋白质较多，可作野生动物的饲料。羊乐食其嫩枝和叶。因花药颜色鲜黄，叶面亮绿色，可栽培供观赏。

18．砂杞柳 *Salix kochiana* Trautv. 采集号：13－431，13－1517

落叶灌木，东北分布种。

生境：生于沟谷湿地；湿中生植物。

经济价值：可作为薪炭柴。

（九）桦木科 Betulaceae

19．白桦 *Betula plantiphylla* Suk. 采集号：13－827，13－1004

落叶乔木，东古北极分布种。

生境：生于沙地；中生植物。

经济价值：木材黄白色，纹理直，结构细，可供作胶合板、枕木、矿柱、车辆、建筑等用材。羊乐吃其干和叶。树皮入药，能清热利湿、祛痰止咳、消肿解毒，主治肺炎、痢疾、腹泻、黄疸、肾炎、尿路感染、慢性气管炎、急性扁桃腺炎、牙周炎、急性乳腺炎、痒疹、烫伤。树皮还能供提取桦皮油及栲胶。木材和叶可作黄色染料。树皮洁白，树姿优美，可作庭院绿化树种。

20．沙生桦 *Betula gmelinii* Bunge 采集号：13－447，13－449

落叶小乔木，达乌里—蒙古分布种。

生境：生于湖滨、溪边沙地；中生植物。

经济价值：为固定沙丘、防止沙化的优良树种。骆驼在春季喜食，而马在饲草缺乏时也食其嫩枝。

21．虎榛子 *Ostryopsis davidiana* Decne

落叶灌木，华北分布种。

生境：生于山坡，在山地阳坡、半阳坡常形成虎榛子灌丛；中生植物。

经济价值：种子蒸炒可食，亦可榨油，含油量10%左右，供食用和制肥皂。树皮含鞣质5.95%，叶含鞣质14.88%，可供提制栲胶。枝条可供编织农具。为水土保持树种。

（十）榆科 Ulmaceae

22．春榆 *Ulmus davidiana* Planch. var. *japonica*（Rehd.）Nakai 采集号：13－483，13－484

落叶乔木，东亚分布变种。

生境：生于花岗岩丘陵坡麓；中生植物。

经济价值：木材优良，花纹美观，供作建筑、造船、家具等用材。

23. 大果榆 *Ulmus macrocarpa* Hance 采集号：13-490

落叶乔木，东亚分布种。

生境：多生于花岗岩丘陵坡地；旱中生植物。

经济价值：木材坚硬，组织致密，可供制车辆及各种用具；种子含油量较高，油的脂肪酸主要以癸酸占优势，癸酸为医药和轻化工工业中制作药剂和塑料增塑剂等不可缺少的原料；果实可制成中药材“芜荑”，能杀虫、消积，主治虫积腹痛、小儿疳泻、冷痢、疥癣、恶疮；亦可作为水土保持树种。

24. 家榆 *Ulmus pumila* L. 采集号：13-660

落叶乔木，东古北极分布种。

生境：生于沙地，常可以形成沙地榆树疏林；旱中生植物。

经济价值：材质坚硬，花纹美观，可供建筑、家具、农具等用。种子含油，用途同大果榆。树皮入药，能利水、通淋、消肿，主治小便不通，水肿等。羊和骆驼喜食其叶。嫩果可食用。

（十一）桑科 Moraceae

25. 野大麻 *Cannabis sativa* L. f. *ruderalis*（Janisch.）Chu 采集号：13-362

一年生草本，古北极分布种。

生境：生于沙质草地及向阳的山坡草地；中生植物。

经济价值：叶干后羊食。种仁入蒙药（蒙药名为和仁—敖老森—乌日），能通便、杀虫、祛黄水，主治便秘、痛风、游痛症、关节炎、淋巴结肿、黄水疮。

（十二）荨麻科 Urticaceae

26. 麻叶荨麻 *Urtica cannabina* L.

多年生草本，古北极分布种。

生境：生于居民点附近；中生植物。

经济价值：全草入药，能祛风、化痞、解毒、温胃，主治风湿、胃寒、糖尿病、痞症、产后抽风、小儿惊风、荨麻疹，也能解虫蛇咬伤之毒等。茎皮纤维可作纺织和制绳索的原料。嫩茎与叶可作蔬菜食用。青鲜时羊和骆驼喜采食，牛乐吃。全草入药（蒙药名为哈拉盖—敖嘎），能除“协日乌素”、解毒、镇“赫依”、温胃、破痞，主治腰腿及关节疼痛、虫咬伤。

27. 小花墙草 *Parietaria micrantha* Ledeb. 采集号：13-594

一年生草本，世界分布种。

生境：生于花岗岩丘陵阴湿处及石缝下；中生植物。

经济价值：全草入药，有拔脓消肿之效，可治疗痈疽疔疖。其根捣烂，以蜂蜜调，摊在消毒后的纱布，敷患处。用小花墙草根水煎内服，可治背痈、秃疮、睾丸炎、脓疮。

（十三）檀香科 Santalaceae

28. 百蕊草 *Thesium chinense* Turcz.

多年生草本，东古北极分布种。

生境：生于沙质草原；中旱生植物。

经济价值：全草入药，能清热解毒、补肾涩精，主治急性乳腺炎、肺炎、肺脓疮、扁桃体炎、上呼吸道感染、肾虚腰痛、头昏、遗精等症。

29．急折百蕊草 *Thesium refractum* C. A. Mey. 采集号：13–1021

多年生草本，东古北极分布种。

生境：生于沙地；中旱生植物。

经济价值：全草入药，能清热解痉、利湿消疳，主治小儿肺炎、支气管炎、肝炎、小儿惊风、腓胸肌痉挛、风湿骨痛、小儿疳积、血小板减少性紫癜。

（十四）蓼科 Polygonaceae

30. 东北木蓼 *Atraphaxis manshurica* Kitag. 采集号：13–382，13–705

落叶灌木，东北分布种。

生境：生于石质山坡及沙地；中旱生植物。

经济价值：优良的饲用灌木，枝条较柔软，无刺，便于牲畜采食，其适口性较好。富含碳水化合物和脂肪较多的饲料，总的营养价值同优良的秸秆相仿，9种必需氨基酸含量同精饲料中所含的相近，甚至比含蛋白质较多的小麦麸所含的还多，更优于一般的秸秆饲料。

31. 苦荞麦 *Fagopyrum tataricum*（L.）Gaertn.

一年生草本，泛北极分布种。

生境：生于沟谷路旁或沙地；中生植物。

经济价值：种子供食用或作饲料。根及全草入药，能除湿止痛、解毒消肿、健胃，主治跌打损伤、腰腿疼痛、疮痈毒肿。种子入蒙药（蒙药名为萨嘎得），祛“赫依”、消“奇哈”、治伤，主治“奇哈”、疮痈、跌打损伤。

32. 狐尾蓼 *Polygonum alopecuroides* Turcz. ex Besser 采集号：13–203，13–219

多年生草本，东古北极分布种。

生境：生于沙地丘间草甸；中生植物。

经济价值：根状茎入药，能清热解毒、凉血止血、镇静收敛，主治肝炎、细菌性痢疾、肠炎、慢性气管炎、痔疮出血、子宫出血；外用治口腔炎、牙龈炎、痈疖肿毒。也作蒙药用（蒙药名为莫和日），能清肺热、解毒、止泻、消肿，主治感冒、肺热、瘟疫、脉热、肠刺痛、关节肿痛。牛、羊乐食其枝和叶。

33. 两栖蓼 *Polygonum amphibium* L. 采集号：13–245，13–1039

多年生草本，泛北极分布种。

生境：生于溪边、湖泊浅水中；中生—水生植物。

经济价值：全草入药，清热利湿，解毒，主治脚水肿、痢疾、尿血、潮热、多汗、疔疮、无名肿毒；外用治疔疮。

34．扁蓄 *Polygonum aviculare* L.

一年生草本，泛北极分布种。

生境：生于居民点附近及路边；中生植物。

经济价值：全草入药（药材名为萹蓄），能清热利尿、祛湿杀虫，主治热淋、黄疸、疥癣湿痒、女性阴痒、阴疮、阴道滴虫。又为良等饲用植物，山羊、绵羊在夏、秋季乐食其嫩枝和叶，冬、春季采食较差，有时牛、马也乐食，并为猪的优良饲料，耐践踏，再生性强。扁蓄每百克嫩茎叶含水分79g、蛋白质6g、脂肪0.6g、碳水化合物10g、钙50mg、磷47mg、胡萝卜素9.55mg、维生素B20.58mg、维生素C158mg，还含有萹蓄甙、槲皮甙等。

35．卷茎蓼 *Polygonum convolvulus* L. 采集号：13-607，13-731

一年生草本，泛北极分布种。

生境：生于沙质草地及农田；中生植物。

经济价值：药用全草，健脾消食。

36．叉分蓼 *Polygonum divaricatum* L. 采集号：13-316，13-327

多年生草本，达乌里—蒙古分布种。

生境：生于丘陵草原、沙质草地；旱中生植物。

经济价值：为中等饲用植物，青鲜的或干后的茎叶绵羊、山羊乐食，马、骆驼有时也采食一些。根含鞣质，可供提取栲胶。

37．水蓼 *Polygonum hydropiper* L. 采集号：13-121，13-252

一年生草本，泛北极分布种。

生境：生于溪边或湖泊边；湿中生植物。

经济价值：全草或根、叶入药（药材名为辣蓼），能祛风利湿、散瘀止痛、解毒消肿、杀虫止痒，主治痢疾、胃肠炎、腹泻、风湿性关节痛、跌打肿痛、功能性子宫出血；外用治毒蛇咬伤、皮肤湿疹。也作蒙药用（蒙药名为楚马悉）。

38．酸模叶蓼 *Polygonum lapathifolium* L. 采集号：13-065，13-237

一年生草本，古北极分布种。

生境：生于溪边、湖泊周围；中生植物。

经济价值：果实可作“水红花子”入药。全草入蒙药（蒙药名：乌兰—初麻孜），能利尿、消肿、祛“协日乌素”、止痛、止吐，主治“协日乌素”病、关节痛、疥、脓疱疮。

39．西伯利亚蓼 *Polygonum sibiricum* Laxm. 采集号：13-042，13-051

多年生草本，东古北极分布种。

生境：生于溪边或湖泊边盐碱地上；中生植物。

40．珠芽蓼 *Polygonum viviparum* L.

多年生草本，泛北极分布种。

生境：生于草甸；中生植物。

经济价值：根状茎入药，能清热解毒、散瘀止血，主治痢疾、腹泻、肠风下血、白带异常、崩漏、便血、扁桃体炎、咽喉炎；外用治跌打损伤、痈疖肿毒、外伤出血。根状茎入蒙药（蒙药名为胡日干—莫和日），能止泻、清热、止血、止痛，主治各种出血、肠刺痛、腹泻、呕吐。亦可供提取栲胶。珠芽及根状茎含淀粉，可酿酒及食用。全草青鲜状态时，绵羊、山羊乐食。

41．箭叶蓼 *Polygonum sagittatum* L.（= *Polygonum sieboldii* Meisn.）采集号：13−225，13−351

一年生草本，东亚分布种。

生境：生于沟谷、溪边；中生植物。

经济价值：全草入药，能祛风除湿、清热解毒，主治风湿性关节炎；外敷治毒蛇咬伤。

42．华北大黄 *Rheum franzenbachii* Munt.

多年生草本，华北分布种。

生境：生于石质山坡、林缘、山地草甸；旱中生植物。

经济价值：根含蒽醌类成分，即大黄素、大黄酚、大黄酸及大黄素甲醚等。入药，能清热解毒、止血、祛瘀、通便、杀虫，主治便秘、痄腮、痈疖肿毒、跌打损伤、烫火伤、瘀血肿痛、吐血、衄血等症。多作兽药用。根又可作工业染料的原料及供提制栲胶。叶可作蔬菜食用。根也入蒙药（蒙药名为奥木日特音—西古纳），能清热、解毒、缓泻、消食、收敛、疮疡，主治腑热“协日热”、便秘、经闭、消化不良，疮疡疖肿。

43．酸模 *Rumex acetosa* L.

多年生草本，泛北极分布种。

生境：生于沙质草地；中生植物。

经济价值：全草入药，能凉血、解毒、通便、杀虫，主治内出血、痢疾、便秘、内痔出血；外用治疥癣、疔疮、神经性皮炎、湿疹等症。根入蒙药（蒙药名为爱日干纳），能杀“黏”、下泄、消肿、愈伤，主治“黏”疫、痧疾、丹毒、乳腺炎、腮腺炎、骨折、金伤。嫩茎叶味酸，可作蔬菜食用。夏季山羊、绵羊乐意采食其绿叶，牧民认为此草泡水供羊饮用，有增进食欲之效，亦可作猪饲料。根含鞣质，可供提制栲胶。叶含牡荆素（黄酮类），可供提取绿色染料。

44．小酸模 *Rumex acetosella* L. 采集号：13−357

多年生草本，泛北极分布种。

生境：生于沙质草地；旱中生植物。

经济价值：夏、秋季节绵羊、山羊采食其嫩枝和叶。全草及根入药，功效同酸模。

45．皱叶酸模 *Rumex crispus* L.

多年生草本，泛北极分布种。

生境：生于沟谷、溪边、路旁；中生植物。

经济价值：根含大黄素、大黄酚、色素、有机酸、草酸钙、鞣质、树脂、糖类、淀粉、黏液质等，入药能清热解毒、止血、通便、杀虫，主治鼻出血、功能性子宫出血、血小板减少性紫癜、慢性肝炎、肛门瘙痒、大便密结；外用治痔疮、急性乳腺炎、黄水疮、疖肿、皮癣等症。根和叶均含鞣质，可供提制栲胶。根也入蒙药（蒙药名为衣曼—爱日干纳），功能主治同酸模。

46．毛脉酸模 *Rumex gmelinii* Turcz. 采集号：13－169，13－334

多年生草本，东亚分布种。

生境：生于湖泊、河流草甸；中生植物。

经济价值：根及根茎含结合及游离大黄素、大黄素甲醚、大黄酚、总蒽醌 0.44%，其中结合型 0.21%，游离型 0.23%，还含酸模素及多量鞣质。根及根茎入药，能清热解毒、燥湿杀虫，用于治疗痈疮肿毒，疥癣。根也作蒙药用（蒙药名为霍日根—其赫），功能主治同酸模。

47．盐生酸模 *Rumex marschallianus* Rchb. 采集号：13－038，13－041

一年生草本，古地中海分布种。

生境：生于湖泊周围湿地；中生植物。

48．直根酸模（东北酸模）*Rumex thyrsiflorus* Fingerh. 采集号：13－891，13－892

多年生草本，古北极分布种。

生境：生于湖泊、河流草甸；中生植物。

49．巴天酸模 *Rumex patientia* L.

多年生草本，古北极分布种。

生境：生于沟谷草甸及路边；中生植物。

经济价值：根入药，能凉血止血、清热解毒、杀虫，主治功能性出血、吐血、咯血、鼻衄、牙龈出血、胃及十二指肠出血、便血、紫癜、便秘、水肿；外用治疥癣、疮疖、脂溢性皮炎。根也入蒙药（蒙药名为乌和日—爱日干纳）。功能主治同酸模。

（十五）藜科 Chenopodiaceae

50．沙米 *Agriophyllum squarrosum*（L.）Moq.［= *Agriophyllum pungens*（Vahl）Link ex A. Dietr.］

一年生草本，古地中海分布种。

生境：生于流动、半流动沙地；中生植物。

51．野滨藜 *Atriplex fera*（L.）Bunge

一年生草本，东古北极分布种。

生境：生于盐碱地上；中生植物。

52．滨藜 *Atriplex patens*（Litv.）Iljin 采集号：13－007，13－015

一年生草本，古北极分布种。

生境：生于盐碱地上；中生植物。

53．西伯利亚滨藜 *Atriplex sibirica* L.

一年生草本，东古北极分布种。

生境：生于盐碱地上；中生植物。

54. 轴藜 *Axyris amaranthoides* L.

一年生草本，古北极分布种。

生境：生于沙质草地及居民点附近；中生植物。

55. 杂配轴藜 *Axyris hybrida* L. 采集号：13–521，13–599

一年生草本，东古北极分布种。

生境：生于石质山坡；中生植物。

56. 雾冰藜*Bassia dasyphylla*（Fisch. et C. A. Mey.）O. Kuntze 采集号：13–515，13–879

一年生草本，古地中海分布种。

生境：生于沙质草地；中生植物。

57. 华北驼绒藜 *Krascheninnikovia arborescens*（Losina–Losinskaja）Czerepanov［=*Ceratoides arborescens*（Losinsk.）Tsien et C.G.Ma］

半灌木，华北分布种。

生境：生于熔岩台地、沙质草地；旱生植物。

经济价值：为优等饲用植物，家畜采食其当年生枝条。在各种家畜中，骆驼、山羊、绵羊四季均喜食，尤以秋冬为最。绵羊与山羊除喜食其嫩枝外，亦采食其花序，马四季均喜采食，牛的适口性较差。在半干旱地区，是一种有栽培前途的半灌木牧草。

58. 尖头叶藜 *Chenopodium acuminatum* Willd. 采集号：13–135

一年生草本，东古北极分布种。

生境：生于沙质草地；中生植物。

经济价值：开花结实后，山羊、绵羊采食它的籽实，青绿时骆驼稍采食。又为养猪饲料。种子可供榨油。

59. 藜 *Chenopodium album* L.

一年生草本，世界分布种。

生境：生于居民点附近、路边及沙质草地；中生植物。

经济价值：全草及果实入药，能清热利湿，止痒透疹，主治风热感冒、痢疾、腹泻、龋齿痛、皮肤湿疹瘙痒、麻疹不透。鲜草也可作为猪饲草料。

60. 刺藜 *Chenopodium aristatum* L. 采集号：13–216，13–242

一年生草本，泛北极分布种。

生境：生于沙质草地、石质山坡草地；中生植物。

经济价值：在夏季各种家畜稍采食。全草入药，能祛风止痒，主治皮肤瘙痒、荨麻疹。

61. 灰绿藜 *Chenopodium glaucum* L. 采集号：13–249

一年生草本，泛温带分布种。

生境：生于盐碱化草甸；中生植物。

62．杂配藜 *Chenopodium hybridum* L.

一年生草本，蒙古高原分布种。

生境：生于花岗岩丘陵区坡地；中生植物。

经济价值：种子可供榨油及酿酒。地上部分入药，能调经、止血，主治月经不调、功能性子宫出血、吐血、衄血、咯血、尿血。嫩枝和叶可作猪饲料。

63．矮藜 *Chenopodium minimum* W. Wang et P. Y. Fu（= *Chenopodium aristatum* L. var. *inerme* W. Z. Di）采集号：13-530

一年生草本，蒙古高原分布种。

生境：生于石质山坡草地；中生植物。

64．兴安虫实 *Corispermum chinganicum* Iljin 采集号：13-033，13-817

一年生草本，亚洲中部分布种。

生境：生于沙质草地；沙生—旱中生植物。

经济价值：可作为饲用植物。

65．软毛虫实 *Corispermum puberulum* Iljin

一年生草本，华北—东北分布种。

生境：生于沙地；中生植物。

经济价值：可作为饲用植物。

66．碱地肤 *Kochia sieversiana* Pall. 采集号：13-959

一年生草本，东古北极分布种。

生境：生于居民点附近及沙质草地；中生植物。

经济价值：为中等饲用植物，骆驼、羊和牛乐食，青嫩时可作猪饲料。果实及全草入药（果实药材名为地肤子），能清湿热、利尿、祛风止痒，主治尿痛、尿急、小便不利、皮肤瘙痒；外用治皮癣及阴囊湿疹。种子含油量约15%，供食用及工业用。

67．木地肤 *Kochia prostrata*（L.）Schrad. 采集号：13-491

小半灌木，古地中海分布种。

生境：生于草地；旱生植物。

经济价值：为优等饲用植物。绵羊、山羊和骆驼喜食，在秋冬更甚。一般认为秋季对绵羊、山羊有抓膘作用。马、牛在春季和夏季一般采食，结实后则喜食。本种在半干旱地区进行栽培或用以改良草场是很有前途的。

68．猪毛菜 *Salsola collina* Pall. 采集号：13-587

一年生草本，古北极分布种。

生境：生于路边、沙质草地；中生植物。

经济价值：为良等饲用植物，青鲜状态或干枯后均为骆驼所喜食，绵羊、山羊在青鲜时乐食，干枯后则利用较差，牛、马稍采食。全草入药，能清热凉血、降血压，主治高血压。

69．刺沙蓬 *Salsola pestifer* A. Nelson 采集号：13−814

一年生草本，东古北极分布种。

生境：生于沙质草地；中生植物。

经济价值：用途同猪毛菜。

70．角果碱蓬*Suaeda corniculata*（C. A. Mey.）Bunge 采集号：13−016，13−023

一年生草本，古地中海分布种。

生境：生于湖滨盐碱地；中生植物。

71．盐地碱蓬 *Suaeda salsa*（L.）Pall. 采集号：13−082

一年生草本，古北极分布种。

生境：生于湖滨盐碱地；中生植物。

（十六）苋科 Amaranthaceae

72．北美苋 *Amaranthus blitoides* S. Watson

一年生草本，泛北极分布种。

生境：生于路边或荒地；中生植物。

经济价值：为一入侵性较强的外来杂草。

73．反枝苋 *Amaranthus retroflexus* L.

一年生草本，世界分布种。

生境：生于居民点附近及路边；中生植物。

经济价值：嫩茎叶可食，为良好的养猪养鸡饲料。植株可作绿肥。全草入药，能清热解毒、利尿止痛、止痢，主治痈肿疮毒、便秘、下痢。

（十七）石竹科 Caryophyllaceae

74．灯心草蚤缀 *Arenaria juncea* Bieb.

多年生草本，东亚分布种。

生境：生于山坡草地；旱生植物。

经济价值：根可用作“山银柴胡”入药，能清热凉血；亦入蒙药（蒙药名为查干—得伯和日格纳），能清肺、破痞，主治外痞、肺热咳嗽。

75．毛梗蚤缀 *Arenaria capillaris* Poir.

多年生草本，东古北极分布种。

生境：生于石质山坡及山顶石缝；旱生植物。

经济价值：根入蒙药（蒙药名为得伯和日格纳）。功能主治同灯心草蚤缀。

76．细叶卷耳 *Cerastium arvense* L. var. *angustifolium* Fenzl 采集号：13−974，13−923

多年生草本，古北极分布变种。

生境：生于石质山坡；中生植物。

经济价值：可作为春季观赏植物。

77．瞿麦 *Dianthus superbus* L. 采集号：13−757，13−760

多年生草本，古北极分布种。

生境：生于湖滨草甸、沙质草甸；中生植物。

经济价值：地上部分入药（药材名为瞿麦），能清温热、利小便、活血通经，主治膀胱炎、尿道炎、泌尿系统结石、妇女经闭、外阴糜烂、皮肤湿疮。地上部分亦入蒙药（蒙药名为高要—巴沙嘎），能凉血、止刺痛、解毒，主治血热、血刺痛、肝热、痧症、产褥热。也可作为园林绿化观赏植物。

78．石竹 *Dianthus chinensis* L. 采集号：13−635，13−638

多年生草本，东亚分布种。

生境：生于山地草原；旱中生植物。

经济价值：用途同瞿麦。

79．兴安石竹 *Dianthus chinensis* L. var. *versicolor*（Fisch. ex Link）Ma 采集号：13−558

多年生草本，东古北极分布变种。

生境：生于山地草原；旱中生植物。

经济价值：用途同瞿麦。

80．草原丝石竹 *Gypsophila davurica* Turcz. ex Fenzl. 采集号：13−938，13−944

多年生草本，达乌里—蒙古分布种。

生境：生于沙质草原或典型草原；旱生植物。

经济价值：根含皂甙，用于纺织、染料、香料、食品等工业。根入药，能逐水、利尿，主治水肿胀满、胸胁满闷、小便不利。此外，根可作肥皂代用品，可供洗涤羊毛和毛织品。

81．种阜草 *Moehringia lateriflora*（L.）Fenzl 采集号：13−859，13−873

多年生草本，泛北极分布种。

生境：生于沙地白桦林下；中生植物。

82．女娄菜 *Melandrium apricum*（Turcz. ex Fisch. et Mey.）Rohrb. 采集号：13−615，13−619

一年生或二年生草本，东古北极分布种。

生境：生于沙质草地、路边；中旱生植物。

经济价值：全草入药，能下乳、利尿、清热、凉血，也作蒙药用。

83．旱麦瓶草 *Silene jenisseensis* Willd. 采集号：13−655，13−698

多年生草本，东古北极分布种。

生境：生于山坡草地、典型草原；旱生植物。

经济价值：根入药，能清热凉血，主治阴虚血热、潮热骨蒸、结核发热、小儿疳热、久疟烦渴、盗汗、伤风、耳聋。

84．毛萼麦瓶草 *Silene repens* Patr. 采集号：13−856

多年生草本，古北极分布种。

生境：生于沙质草甸或湖滨草甸中生植物。

经济价值：花、茎、叶均可入药。花含皂甙及微量的生物碱、香豆素、蒽甙、挥发油等。茎可作为妇科止血剂。

85．牛膝姑草 *Spergularia marina*（L.）Grisebach（= *Spergularia salina* J. et C. Presl）采集号：13−1500

一年生草本，泛北极分布种。

生境：生于湖滨沼泽、草甸；中生植物。

86．厚叶繁缕 *Stellaria crassifolia* Ehrh. 采集号：13−066，13−792

多年生草本，泛北极分布种。

生境：生于河流、湖滨湿地；湿中生植物。

87．叉歧繁缕 *Stellaria dichotoma* L.

多年生草本，东古北极分布种

生境：生于石质山坡；旱生植物。

经济价值：根入蒙药（蒙药名为特门—章给拉嘎），能清肺、止咳、锁脉、止血，主治肺热咳嗽、慢性气管炎、肺脓肿。

88．银柴胡 *Stellaria dichotoma* L. var. *lanceolata* Bunge 采集号：13−947，13−958

多年生草本，东古北极分布种

生境：生于石质山坡；旱生植物。

经济价值：根供药用，能清热凉血，主治阴虚潮热、久疟、小儿疳热。

89．沼繁缕 *Stellaria palustris* Retzius

多年生草本，古北极分布种。

生境：生于湖滨、河流湿地；湿中生植物。

90．岩生繁缕 *Stellaria petraea* Bunge

多年生草本，东古北极分布种。

生境：生于向阳石质山坡和山顶石缝中；旱生植物。

91．细叶繁缕 *Stellaria filicaulis* Makino 采集号：13−253

多年生草本，东亚分布种。

生境：生于河流、湖滨沼泽、草甸；湿中生植物。

92．长叶繁缕 *Stellaria longifolia* Muehl. 采集号：13−759

多年生草本，泛北极分布种。

生境：生于河流、湖滨沼泽、草甸；湿中生植物。

（十八）毛茛科 Ranunculaceae

93．大花银莲花 *Anemone silvestris* L. 采集号：13－1002，13－1003

多年生草本，古北极分布种。

生境：生于沙地白桦林下；中生植物。

经济价值：全草入蒙药，味辛、苦，性热、轻、糙、燥、锐，破痞、消食、燥“希日乌素”、排脓、祛腐、杀虫，主治寒痞、食积、寒“希日乌素”症、瘰疬、黄水疮。亦可作为观赏植物进行栽培。

94．三角叶驴蹄草 *Caltha palustris* L. var. *sibirica* Regel 采集号：13－340

多年生草本，东古北极分布种。

生境：生于沟谷溪边；湿中生植物。

经济价值：全草有毒，在放牧场上，于饲料缺乏季节如牲畜误食，可引起中毒，但干草中毒素减少。全草入药，能祛风、散寒，主治头昏目眩、周身疼痛；外用治烧伤、化脓性创伤或皮肤炎。

95．芹叶铁线莲 *Clematis aethusifolia* Turcz. 采集号：13－863

多年生草质藤本，东古北极分布种。

生境：生于沙地灌丛；旱中生植物。

经济价值：全草入药，有毒，能祛风除湿、活血止痛，主治风湿性腰腿疼痛，多作外洗药；也作蒙药用（蒙药名为查干牙芒），能消食、健胃、散结，主治消化不良、肠痛，外用除疮、排脓。

96．宽芹叶铁线莲*Clematis aethusifolia* Turcz. var. *pratensis* Y. Z. Zhao（= *Clematis aethusifolia* Turcz. var. *latisecta* auct. non Maxim.: Fl. Intramongol. ed. 2, 2: 528. 1990）采集号：13－866

多年生草质藤本，东古北极分布种。

生境：生于沙地灌丛；旱中生植物。

经济价值：同芹叶铁线莲。

97．棉团铁线莲 *Clematis hexapetala* Pall. 采集号：13－674，13－729

多年生草本，东古北极分布种。

生境：生于沙质草地或典型草原；中旱生植物。

经济价值：根入药（药材名：威灵仙），能祛风湿、通经络、止痛，主治风湿性关节痛、手足麻木、偏头痛、鱼骨哽喉；也作蒙药用（蒙药名为依日绘），能消食、健胃、散结，主治消化不良、肠痛；外用除疮、排脓。亦可作农药，对马铃薯疫病和红蜘蛛有良好的防治作用。在青鲜状态时牛与骆驼乐食，马与羊通常不采食。

98．翠雀 *Delphinium grandiflorum* L. 采集号：13－778，13－966

多年生草本，东古北极分布种。

生境：生于草地；旱中生植物。

经济价值：全草入药，有毒，能泻火止痛、杀虫，外用治牙痛、关节疼痛、疮痈溃疡、灭虱；也作蒙药用（蒙药名为扎杠），治肠炎、腹泻。花大而鲜艳，可供观赏。家畜一般不采食，偶有中毒者，呼吸困难，血液循环发生障碍，心脏、神经、肌肉麻痹，产生痉挛。

99．黄戴戴 *Halerpestes ruthenica*（Jacq.）Ovcz. 采集号：13－129

多年生草本，东古北极分布种。

生境：生于湖滨、溪边湿地；中生植物。

经济价值：全草入药，蒙医用此草能治咽喉病。

100．水葫芦苗 *Halerpestes sarmentosa*（Adams）Kom. et Aliss. 采集号：13－013，13－131

多年生草本，泛北极分布种。

生境：生于湖滨、溪边湿地；中生植物。

经济价值：全草入蒙药用，能利水消肿、祛风除湿，主治关节炎及各种水肿。

101．细叶白头翁 *Pulsatilla turczaninovii* Kryl. et Serg. 采集号：13－1525

多年生草本，东古北极分布种。

生境：生于草地；中旱生植物。

经济价值：根入药（药材名为白头翁），能清热解毒、凉血止痢、消炎退肿，主治细菌性痢疾、阿米巴痢疾、鼻衄、痔疮出血、湿热带下、淋巴结核、疮疡；也作蒙药用（蒙药名为伊日贵）。早春为山羊、绵羊乐食。也可作为早春观赏植物。

102．小掌叶毛茛 *Ranunculus gmelinii* DC.

多年生草本，古北极分布种。

生境：生于湖泊浅水或沼泽中；湿生植物。

103．毛茛 *Ranunculus japonicus* Thunb. 采集号：13－386，13－297

多年生草本，东古北极分布种。

生境：生于湖滨、溪边草甸；湿中生植物。

经济价值：全草入药，有毒，能利湿、消肿、止痛、退翳、截疟，外用治胃痛、黄疸、疟疾、淋巴结核、角膜云翳；也作蒙药用。家畜采食后，能引起肠胃炎、肾脏炎，发生疝痛、下痢、尿血，最后痉挛至死。

104．石龙芮 *Ranunculus sceleratus* L. 采集号：13－010，13－096

一年生或二年生草本，泛北极分布种。

生境：生于溪边或湖泊周围；湿生植物。

经济价值：全草入药，有毒，外用拔毒消肿、截虐散结，能治淋巴结核、疟疾、风湿性关节炎、痈肿、蛇咬伤。该植物为外用药，不可服用。

105．翼果唐松草 *Thalictrum aquilegifolium* L. var. *sibiricum* Regel et Tiling

多年生草本，东亚分布变种。

生境：生于花岗岩丘陵坡麓灌丛；中生植物。

经济价值：根入药，能清热解毒，主治目赤肿痛；也作蒙药用。

106．欧亚唐松草 *Thalictrum minus* L. 采集号：13－481

多年生草本，古北极分布种。

生境：生于花岗岩丘陵坡麓灌丛；中生植物。

经济价值：根入药，能清热燥湿、凉血解毒，主治渗出性皮炎、痢疾、肠炎、口舌生疮、结膜炎、扁桃体炎；也作蒙药用。

107．瓣蕊唐松草 *Thalictrum petaloideum* L. 采集号：13-381，13-712

多年生草本，东古北极分布种。

生境：生于山坡草地、沙质草地、典型草原；旱中生草本。

经济价值：根入药，能清热燥湿、泻火解毒，主治肠炎、痢疾、黄疸、目赤肿痛；也作蒙药用。种子入蒙药（蒙药名为查存—其其格），能消食、开胃，主治肺热咳嗽、咯血、失眠、肺脓肿、消化不良、恶心。

108．卷叶唐松草 *Thalictrum petaloideum* L. var. *supradecompositum*（Nakai）Kitag.

多年生草本，东古北极分布变种。

生境：生于山坡草地、沙质草地、典型草原；中旱生植物。

经济价值：药用同瓣蕊唐松草。

109．箭头唐松草 *Thalictrum simplex* L. 采集号：13-230

多年生草本，古北极分布种。

生境：生于湖滨草甸或沙地丘间湿地；中生植物。

经济价值：全草入药，能清热解毒、消肿祛湿，主治黄疸、腹痛、泻痢、目赤红肿、咳嗽、气喘；外用治热毒疹疮；也作蒙药用。种子油可供制油漆用。

110．展枝唐松草 *Thalictrum squarrosum* Steph. ex Willd. 采集号：13-314

多年生草本，达乌里—蒙古分布种。

生境：生于沙质草地；中旱生植物。

经济价值：全草入药，有毒，能清热解毒、健胃、止酸、发汗，主治夏季头痛头晕、吐酸水、烧心；也作蒙药用。种子含油，供工业用。叶含鞣质，可供提制栲胶。秋季山羊、绵羊稍采食。

111．金莲花 *Trollius chinensis* Bunge 采集号：13-272，13-321

多年生草本，华北分布种。

生境：生于湖滨草甸或沙地丘间草甸；湿中生植物。

经济价值：花入药，能清热解毒，主治上呼吸道感染、急性和慢性扁桃体炎、肠炎、痢疾、疮疖脓肿、外伤感染、急性中耳炎、急性鼓膜炎、急性结膜炎；也作蒙药用（蒙药名为阿拉坦花—其其格），能止血消炎、愈疮解毒，主治疮疖痈疽及外伤等。花大而鲜艳，可供观赏。

112．毛柄水毛茛 *Batrachium trichophyllum*（Chaix）Bossche

多年生沉水草本，泛北极分布种。

生境：生于静水中；水生植物。

（十九）小檗科 Berberidaceae

113. 细叶小檗 *Berberis poiretii* Schneid. 采集号：13–030，13–851

落叶灌木，东亚分布种。

生境：生于沙地灌丛；旱中生植物。

经济价值：根和茎入药，能清热燥湿、泻火解毒，主治痢疾、黄疸、白带异常、关节肿痛、阴虚发热、骨蒸盗汗、痈肿疮疡、口疮、目疾、黄水疮等症。可作黄连代用品。根皮和茎皮也入蒙药（蒙药名为陶木—希日—毛都），能燥"协日乌素"、清热、解毒、止泻、止血、明目，主治痛风、游痛症、秃疮、癣疥、麻风病、皮肤瘙痒、毒热、鼻衄、吐血、月经过多、便血、火眼、眼白斑、肾热、遗精。

（二十）罂粟科 Papaveraceae

114. 野罂粟 *Papaver nudicaule* L. 采集号：13–353

多年生草本，东古北极分布种。

生境：生于草地；中生植物。

经济价值：药用果实（药材名：山米壳），能敛肺止咳、涩肠、止泻，主治久咳、久泻、脱肛、胃痛、神经性头痛。花入蒙药（蒙药名为哲日利格—阿木—其其格），能止痛。也可作为观赏植物栽培。

（二十一）十字花科 Cruciferae

115. 垂果南芥 *Arabis pendula* L. 采集号：13–728

一年生或二年生草本，古北极分布种。

生境：生于山坡灌丛；中生植物。

经济价值：果实入药，能清热解毒、消肿，主治疮痈肿毒。

116. 水田碎米芥 *Cardamine lyrata* Bunge 采集号：13–1502

多年生草本，东亚分布种。

生境：生于河流、湖泊周边沼泽地；中生植物。

经济价值：嫩茎叶可供食用，也入药，能清热除湿。

117. 香芥 *Clausia trichosepala*（Turcz.）Dvorak 采集号：13–496，13–828

二年生草本，东亚分布种。

生境：生于山地林缘、灌丛；中生植物。

经济价值：可作为观赏植物。

118. 播娘蒿 *Descurainia sophia*（L.）Webb. ex Prantl

一年生或二年生草本，泛北极分布种。

生境：生于沙质草地、居民点附近；中生植物。

经济价值：种子含油量约40%，可供制肥皂和油漆用，也可食用。种子入药（药材名为葶苈子），能行气、利尿消肿、止咳平喘、祛痰，主治喘咳痰多、胸胁满闷、水肿、小便不利。全草可供制农药，对于棉蚜、菜青虫等有杀死效用。种子也入蒙药（蒙药名为汉毕勒），功能主治同独行菜。

119. 无腺花旗竿 *Dontostemon eglandulosus*（DC.）Ledeb. 采集号：13-194

一年生或二年生草本，蒙古高原分布种。

生境：生于草地；旱生植物。

120. 小花花旗竿 *Dontostemon micranthus* C. A. Mey. 采集号：13-670

一年生或二年生草本，东古北极分布种。

生境：生于沙质草地、典型草原；中生植物。

121. 光果葶苈 *Draba nemorosa* L. var. *leiocarpa* Lindbi.

一年生草本，古北极分布变种。

生境：生于湖滨草甸或沙丘间草甸；中生植物。

经济价值：种子入药，能清热祛痰、定喘、利尿；种子含油量约26%，榨油供工业用。

122. 小花糖芥 *Erysimum cheiranthoides* L. 采集号：13-881

一年生或二年生草本，泛北极分布种。

生境：生于河流、湖滨草甸；中生植物。

经济价值：全草入药，能强心利尿、健脾和胃、消食，主治心悸、水肿、消化不良。种子入蒙药（蒙药名为乌兰—高恩淘格），能清热、解毒、止咳、化痰、平喘，主治毒热、咳嗽气喘、血热。

123. 独行菜 *Lepidium apetalum* Willd. 采集号：13-053

一年生或二年生草本，古北极分布种。

生境：生于沙质草地、路边；旱中生植物。

经济价值：全草及种子入药，全草能清热利尿、通淋，主治肠炎、腹泻、小便不利、血淋、水肿等。种子（药材名为葶苈子）能祛痰定喘、泻肺利水，主治肺痈、喘咳痰多、胸胁满闷、水肿、小便不利等。青绿时羊有时吃一些，骆驼不喜吃，干后较乐食，马与牛不吃。种子入蒙药（蒙药名为汉毕勒），能清热、解毒、止咳、化痰、平喘，主治毒热、气血相让、咳嗽气喘、血热。

124. 燥原荠 *Ptilotrichum canescens*（DC.）C. A. Mey.

小半灌木，东古北极分布种。

生境：生于丘坡草地或典型草原；旱生植物。

125. 风花菜 *Rorippa islandica*（Oed.）Borbas

二年生草本，泛北极分布种

生境：生于湖滨、溪边；湿中生植物。

经济价值：种子含油量约30%，供食用或工业用。嫩苗可作饲料。

126. 垂果大蒜芥 *Sisymbrium heteromallum* C. A. Mey. 采集号：13-964

一年生或二年生草本，东古北极分布种。

生境：生于丘陵阳坡灌丛；中生植物。

经济价值：种子可作辛辣调味品（代替芥末用）。

127．山遏蓝菜 *Thlaspi cochleariforme* DC.

多年生草本，古北极分布种。

生境：生于石质丘坡、典型草原；旱生植物。

经济价值：种子入蒙药（蒙药名为乌拉音—恒日格—乌布斯），能清热、解毒、开胃、利水、消肿，主治肺热、肾热、腰腿痛、恶心、睾丸肿痛、遗精、阳痿。

（二十二）景天科 Crassulaceae

128 瓦松 *Orostachys fimbriatus*（Turcz.）Berger 采集号：13-829，13-860

二年生草本，东古北极分布种。

生境：生于石质丘坡、草地；旱生植物。

经济价值：饲用价值同钝叶瓦松。全草入药，能活血、止血、敛疮；内服治痢疾、便血、子宫出血；鲜品捣烂或焙干研末外敷，可治疮口久不愈合；煎汤含漱，治齿龈肿痛。全草也入蒙药（蒙药名为萨产—额布斯），能清热、解毒、止泻，主治血热、毒热、热性泻下、便血。据记载本品有毒，应慎用。又可作农药，加水煮成原液再加水稀释喷射，能杀棉蚜、黏虫、菜蚜等。也可制成叶蛋白后供食用。又能供提制草酸，供工业用。

129．钝叶瓦松 *Orostachys malacophyllus*（Pall.）Fisch. 采集号：13-198，13-372

二年生草本，达乌里—蒙古分布种。

生境：生于丘坡草地或典型草原群落中；旱生植物。

经济价值：为多汁饲用植物。羊采食后可减少饮水量。全草入药，功能主治同瓦松。

130．费菜 *Sedum aizoon* L. 采集号：13-588，13-637

多年生草本，东古北极分布种。

生境：生于石质丘坡及沙质灌丛中；旱中生植物。

经济价值：根含鞣质，可供提制栲胶。根及全草入药，能散瘀止血，安神镇痛，主治血小板减少性紫癜、衄血、吐血、咯血、便血、齿龈出血、子宫出血、心悸、烦躁、失眠；外用治跌打损伤、外伤出血、烧烫伤、疮疖痈肿等症。也可作为观赏植物。

（二十三）虎耳草科 Saxifragaceae

131．梅花草 *Parnassis palustris* L. 采集号：13-189，13-224

多年生草本，泛北极分布种。

生境：生于湖滨、溪边草甸；湿中生植物。

经济价值：全草入药，能清热解毒、止咳化痰，主治细菌性痢疾、咽喉肿痛、百日咳、咳嗽多痰等。全草也入蒙药（蒙药名为孟根—地格达），能破痞、清热，主治间热痞、内热痞、脉痞、脏腑“协日”病。又可作蜜源植物及观赏植物。

132．楔叶茶藨 *Ribes diacanthum* Pall. 采集号：13-839，13-841

落叶灌木，达乌里—蒙古分布种。

生境：生于沙地灌丛，有时可成为沙地灌丛的优势植物；中生植物。

经济价值：观赏灌木；水土保持植物；果实可食；种子含油脂。

133．小叶茶藨 *Ribes pulchellum* Turcz. 采集号：13−509

落叶灌木，东古北极分布种。

生境：生于丘陵坡麓灌丛中；中生植物。

经济价值：可作为观赏灌木栽培；浆果可食；木材坚硬，可供制手杖等。

（二十四）蔷薇科 Rosaceae

134．龙牙草 *Agrimonia pilosa* Ledeb. 采集号：13−753

多年生草本，古北极分布种。

生境：生于湖滨草甸、沙丘间草甸、河边、路旁；中生植物。

经济价值：全草入药，能收敛止血，益气补虚，主治各种出血症，或中气不足、劳伤脱力、肺虚咳嗽等症；冬芽与根茎能驱虫，主治绦虫、阴道滴虫。全株含鞣质，可供提取栲胶。也可作农药，可防治蚜虫、小麦锈病等。

135．毛地蔷薇 *Chamaerhodos canescens* J. Kranse 采集号：13−625，13−681

多年生草本，华北—东北分布种。

生境：生于石质丘陵及沙质草地；旱生植物。

经济价值：可作为饲用及观赏植物。

136．地蔷薇 *Chamaerhodos erecta*（L.）Bunge 采集号：13−396

一年生或二年生草本，东古北极分布种。

生境：生于砾石质丘坡、丘顶，也可生于沙砾质草地，在石质丘顶可成为优势植物，组成小面积的群落片段；中旱生植物。

经济价值：全草入药，能祛风湿，主治风湿性关节炎。

137．黑果栒子 *Cotoneaster melanocarpus* Lodd. 采集号：13−519，13−590

落叶灌木，古北极分布种。

生境：常在丘陵坡地上成为灌丛的优势植物，也常散生于灌丛和林缘；中生植物。

经济价值：可作为园林观赏植物。

138．山楂 *Crataegus pinnatifida* Bunge

落叶小乔木，东亚分布种。

生境：生于沙地；中生植物。

经济价值：可栽培供观赏、幼苗可作嫁接山里红及苹果等砧木。果可食或作果酱，也可入药，能消食化滞、散瘀止痛，主治食积、消化不良、小儿疳积、细菌性痢疾、肠炎、产后腹痛、高血压等症。

139．辽山楂 *Crataegus sanguinea* Pall. 采集号：13−737，13−884

落叶小乔木，东古北极分布种。

生境：生于沙地；中生植物。

经济价值：本种果实可食，但果实分为血红色与橘红色（开始黄色成熟后才为橘红色）两类，血红色果实较小，其直径1.0～1.2cm，熟透后稍呈透明状，果肉无酸甜味；橘红色果较大，直径通常为1.2～1.5cm，果皮上有少量的灰白色小斑点，果肉有酸甜味。该植物也可作园林观赏树木。

140．水杨梅 *Geum aleppicum* Jacq. 采集号：13–646

多年生草本，泛北极分布种。

生境：散生于湖滨、河滩沼泽草甸；中生植物。

经济价值：全草入药，能清热解毒、利尿、消肿、止痛、解痉，主治跌打损伤、腰腿疼痛、疔疮肿毒、痈疽发背、痢疾、小儿惊风、脚气、水肿等症。全株含鞣质，可供提取栲胶。种子含干性油，可供制肥皂和油漆。

141．山荆子 *Malus baccata*（L.）Borkh. 采集号：13–430，13–485

落叶乔木，东亚分布种。

生境：生于花岗岩丘陵坡麓及沙地；中生植物。

经济价值：果实可供酿酒，出酒率10%。嫩叶可代茶叶用。叶含有鞣质，可供提取栲胶。本种抗寒力强，易于繁殖，在东北为优良砧木，但在内蒙古黄化现象严重，不适宜栽培作砧木，通常栽培供观赏用。

142．星毛委陵菜 *Potentilla acaulis* L.

多年生草本，东古北极分布种。

生境：生于沙质草原、砾石质草地及放牧退化草地，常形成斑块状小群落，是放牧退化的指示植物；旱生植物。

经济价值：为中等饲用植物。羊在冬季与春季喜食其花与嫩叶，牛、骆驼不食，马仅在缺草情况下少量采食。

143．鹅绒委陵菜 *Potentilla anserina* L. 采集号：13–236

多年生草本，泛北极分布种。

生境：为湖滨、河滩及低湿地草甸的优势植物，常见于苔草草甸、矮杂类草草甸、盐化草甸、沼泽化草甸等群落中；耐盐中生植物。

经济价值：在青海、甘肃高寒地区，本种的块根肥大，被称为“蕨麻”，含丰富淀粉，供食用；在达里诺尔国家级自然保护区产者，块根发育不良，不能食用，全株含鞣质，可供提制栲胶。根及全草入药，能凉血止血、解毒止痢、祛风湿，主治各种出血、细菌性痢疾、风湿性关节炎等。全草入蒙药（蒙药名为陶来音—汤乃），能止泻，主治痢疾、腹泻。嫩茎叶作野菜或为家禽饲料。茎叶可供提取黄色染料。又可作蜜源植物。

144．三出委陵菜 *Potentilla betonicifolia* Poir. 采集号：13–309，13–532

多年生草本，达乌里—蒙古分布种。

生境：生于向阳石质丘坡、石质丘顶及粗骨性土壤上；可在砾石丘顶上形成群落片段；旱生植物。

经济价值：地上部分入药，能消肿、利水，主治水肿。

145. 二裂委陵菜 *Potentilla bifurca* L. 采集号：13-933

多年生草本，古北极分布种。

生境：生于草原化草甸、轻度盐化草甸、草原、路边；旱生植物。

经济价值：在植物体基部有时由幼芽密集簇生而形成红紫色的垫状丛，被称为"地红花"，可入药，能止血，主治功能性子宫出血、产后出血过多。为中等饲用植物。青鲜时羊喜食，干枯后一般采食；骆驼四季均食；牛、马采食较少。

146. 大萼委陵菜 *Potentilla conferta* Bunge 采集号：13-605

多年生草本，东古北极分布种。

生境：为丘陵区草原的伴生种；旱生植物。

经济价值：根入药，能清热、凉血、止血，主治功能性子宫出血、鼻衄。

147. 金露梅 *Potentilla fruticosa* L.

落叶灌木，泛北极分布种。

生境：可成为沙地灌丛的建群种或伴生种；中生植物。

经济价值：为中等饲用植物。春季山羊乐意吃它的嫩枝，绵羊稍差一些，骆驼喜食；秋季和冬季羊与骆驼乐意吃它的嫩枝，牛和马则不喜食。也可作为庭园观赏灌木。叶与果含鞣质，可供提制栲胶。嫩叶可代茶叶用。花、叶入药，能健脾化湿、清暑、调经，主治消化不良、中暑、月经不调。花入蒙药（蒙药名为乌日阿拉格），能润肺、消食、消肿，主治乳腺炎、消化不良、咳嗽。

148. 腺毛委陵菜 *Potentilla longifolia* Willd. ex Schlecht. 采集号：13-692

多年生草本，东古北极分布种。

生境：生于草地，也见于大果榆疏林群落中；中旱生植物。

经济价值：全草入药，具有清热解毒、止血止痢的作用。

149. 多茎委陵菜 *Potentilla multicaulis* Bunge

多年生草本，东古北极分布种。

生境：生于丘坡草地；中旱生植物。

150. 多裂委陵菜 *Potentilla multifida* L. 采集号：13-664

多年生草本，泛北极分布种。

生境：生于湖滨、河滩草甸；中生植物。

经济价值：全草入药，有止血、杀虫、祛湿热的作用。

151. 掌叶多裂委陵菜 *Potentilla multifida* L. var. *ornithopoda* Wolf 采集号：13-1028

多年生草本，东古北极分布变种。

生境：生于湖滨、河滩草甸及路旁；中生植物。

经济价值：同多裂委陵菜。

152. 茸毛委陵菜 *Potentilla strigosa* Pall. ex Pursh

多年生草本，泛北极分布种。

生境：生于草地；旱生植物。

153. 菊叶委陵菜 *Potentilla tanacetifolia* Willd. ex Schlecht. 采集号：13-222，13-822

多年生草本，东古北极分布种。

生境：生于草原、沙质草地及石质丘陵阳坡灌丛中；旱生植物。

经济价值：为中等饲用植物。牛、马在青鲜时少量采食，干枯后几乎不食；在干鲜状态时，羊少量采食其叶。

154. 轮叶委陵菜 *Potentilla verticillaris* Steph. ex Willd. 采集号：13-629

多年生草本，达乌里—蒙古分布种。

生境：生于草地及阳坡灌丛中；旱生植物。

经济价值：可作为饲用植物。全草入药，具清热、解毒、消肿、行气之功效。

155. 稠李 *Prunus padus* L. 采集号：13-21009

落叶乔木，古北极分布种。

生境：常见于沙地上；中生植物。

经济价值：种子可供榨油，油供工业用和制肥皂。果实可生食，有甜味和涩味。木材可作建筑、家具等用材。树皮含鞣质，可供提取栲胶，也可作染料。也可作为观赏树种。种子入药，能补脾、止泄泻，主治脾虚泄泻。

156. 西伯利亚杏 *Prunus sibirica* L. 采集号：13-501，13-514

落叶灌木，东古北极分布种。

生境：常生长在石质向阳山坡，也散见于草原地带的沙地；旱生植物。

经济价值：杏仁入药，能去痰、止咳、定喘、润肠，主治咳嗽、气喘、肠燥、便秘等症。杏仁油可掺和干性油用于制油漆，也可作为肥皂、润滑油的原料，在医药上常用作软膏剂、涂布剂和注射药的溶剂等。果实不能食。

157. 秋子梨 *Pyrus ussuriensis* Maxim. 采集号：13-482，13-1012

落叶乔木，东亚分布种。

生境：生于花岗岩丘陵坡麓杂木林中；中生植物。

经济价值：本种抗寒性强，可作嫁接梨树的砧木。木质坚细，可供制作各种精细的家具。果味酸甜，熟后可食用或供酿酒；又可入药，能燥湿健脾、和胃止吐、止泻，主治消化不良、呕吐、热泻等症；制成秋梨膏能止咳化痰。果实也入蒙药（蒙药名为阿格力格—阿力玛），能清“巴达干”热、止泻，主治“巴达干宝日”病、耳病、烧心、泛酸。

158. 山刺玫 *Rosa davurica* Pall. 采集号：13-847

落叶灌木，华北—东北分布种。

生境：生于石质山坡，沙地灌丛；中生植物。

经济价值：果实含多种维生素，可食用，供制果酱与酿酒。花味清香，可制成玫瑰酱，做点心馅或提取香精。根、茎皮和叶含鞣质，可供提制栲胶。花、果入药，花能理气、活血、调经、健脾，主治消化不良、气滞腹痛、月经不调。果能养血活血，主治脉管炎、高血压、头晕。根能止咳祛痰、止痢、止血，主治慢性支气管炎、肠炎、细菌性痢疾、功能性子宫出血、跌打损伤。果实入蒙药（蒙药名为吉日乐格—扎木日），能清热、解毒、清“黄水”，主治毒热、热性“黄水”病、肝热、青腿病。

159．地榆 *Sanguisorba officinalis* L. 采集号：13−229，13−623

多年生草本，古北极分布种。

生境：生于湖滨、溪边草甸（五花草塘），为优势种和建群种；中生植物。

经济价值：根入药，能凉血止血、消肿止痛，并有降压作用，主治便血、血痢、尿血、崩漏、疮疡肿毒及烫火伤等症。全株含鞣质，可供提制栲胶。根含淀粉，可供酿酒。种子油可供制肥皂和工业用。此外全草可作农药，其水浸液对防治蚜虫、红蜘蛛和小麦秆锈病有效。

160．伏毛山莓草 *Sibbaldia adpressa* Bunge

多年生草本，东古北极分布种。

生境：生于砾石质丘坡或典型草原；旱生植物。

161．楼斗叶绣线菊 *Spiraea aquilegifolia* Pall. 采集号：13−673

落叶灌木，黄土—蒙古高原分布种。

生境：生于丘陵坡地或沙地灌丛；旱中生植物。

经济价值：可栽培供观赏用，也可作水土保持植物。也是早春蜜源植物。

162．土庄绣线菊 *Spiraea pubescens* Turcz. 采集号：13−593，13−682

落叶灌木，东亚分布种。

生境：生于石质丘陵区灌丛；中生植物。

经济价值：可栽培供观赏用。茎入药，有利尿作用，主治水肿病。

（二十五）豆科 Leguminosae

163．斜茎黄芪 *Astragalus laxmannii* Jacq.（= *Astragalus adsurgens* Pall.）采集号：13−191

多年生草本，东古北极分布种。

生境：生于河滩草甸、灌丛；中旱生植物。

经济价值：为优等饲用植物。开花前，牛、马、羊均乐食；开花后，茎质粗硬，适口性降低，骆驼冬季采食。可作为改良天然草场和培育人工牧草地之用，引种试验栽培颇有前途。又可作为绿肥植物，用以改良土壤。种子可作“沙苑子”入药，能补肝肾、固精、明目，主治腰膝酸疼、遗精早泄、尿频、遗尿、白带异常、视物不清等症。

164．达乌里黄芪 *Astragalus dahuricus*（Pall.）DC. 采集号：13−393，13−395

一年生或二年生草本，东古北极分布种。

生境：生于沙质草地、丘陵坡地；旱中生植物经济价值：为良好饲用植物。各种家畜均喜食，冬季其叶脱落，残存的茎枝粗老，家畜多不食。可引种栽培，用作放牧或刈制干草，又可作绿肥。

165. 乳白花黄芪 *Astragalus galactites* Pall. 采集号：13-565

多年生草本，达乌里—蒙古分布种。

生境：生于典型草原或丘陵区石质坡麓草地；旱生植物。

经济价值：为中等饲用植物。绵羊、山羊春季喜食其花和嫩叶，开花后采食其叶，马春、夏季均喜食。

166. 草木樨状黄芪 *Astragalus melilotoides* Pall. 采集号：13-819，13-831

多年生草本，东古北极分布种。

生境：生于丘坡草地和沙质草地；中旱生植物。

经济价值：为良等饲用植物。春季幼嫩时，羊、马、牛喜采食，可食率达80%；开花后茎质逐渐变硬，可食率降为40%～50%。此草又可作水土保持植物。全草入药，能祛湿，主治风湿性关节疼痛、四肢麻木。

167. 糙叶黄芪 *Astragalus scaberrimus* Bunge 采集号：13-675

多年生草本，东古北极分布种。

生境：多生于山坡、草地和沙质地；旱生植物。

经济价值：为中等饲用植物。春季开花时，绵羊、山羊最喜食其花，夏秋采食其枝叶，可食率达50%～80%以上。也可作水土保持植物。

168. 皱黄芪*Astragalus zacharensis* Bunge（=*Astragalus tataricus* Franch.）采集号：13-001，13-1009

多年生草本，华北分布种。

生境：生于草地；中旱生植物。

169. 小叶锦鸡儿 *Caragana microphylla* Lam. 采集号：13-600，13-672

灌木，达乌里—蒙古分布种。

生境：生于沙地草地、草原；旱生植物。

经济价值：为良好饲用植物。绵羊、山羊及骆驼均乐意采食其嫩枝，尤其于春末喜食其花。牧民认为它的花营养价值高，有抓膘作用，能使经冬后的瘦弱牲畜迅速肥壮起来。马、牛不乐意采食。全草、根、花、种子入药，花能降压，主治高血压；根能祛痰止咳，主治慢性支气管炎；全草能活血调经，主治月经不调；种子能祛风止痒、解毒，主治神经性皮炎、牛皮癣、黄水疮等症。种子入蒙药（蒙药名为乌禾日—哈日嘎纳），主治咽喉肿痛、高血压、血热头痛、脉热。

170. 甘草 *Glycyrrhiza uralensis* Fisch.

多年生草本，古地中海分布种。

生境：生于沙质草原、田边、路旁、低地边缘及河岸轻度碱化的草甸；中旱生植物。

经济价值：根入药，能清热解毒、润肺止咳、调和诸药等，主治咽喉肿痛、咳嗽、脾胃虚弱、胃及十二指肠溃疡、肝炎、癔病、痈疖肿毒、药物及食物中毒等症。根及根茎入蒙药（蒙药名为希和日—额布斯），能止咳润肺、滋补、止吐、止渴、解毒，主治肺痨、肺热咳嗽、吐血、口渴、各种中毒、“白脉”病、咽喉肿痛、血液病。在食品工业上可作啤酒的泡沫剂或酱油、蜜饯果品香料剂，又可作灭火器的泡沫剂及纸烟的香料。又为中等饲用植物。谢蕾前骆驼乐意采食，绵羊、山羊亦采食，但不十分乐食。渐干后各种家畜均采食，绵羊、山羊尤喜食其荚果。

171．少花米口袋 *Gueldenstaedtia verna*（Georgi）Boriss 采集号：13−631

多年生草本，东亚分布种。

生境：生于石质山坡草地；中旱生植物。

经济价值：为良好饲用植物。幼嫩时绵羊、山羊采食，结实后则乐意采食其荚果。全草入药，能清热解毒，主治痈疽、疔毒、瘰疬、恶疮、黄疸、痢疾、腹泻、目赤、喉痹、毒蛇咬伤。

172．狭叶米口袋 *Gueldenstaedtia stenophylla* Bunge

多年生草本，东古北极分布种。

生境：生于沙质草地；旱生植物。

经济价值：为良好饲用植物。幼嫩时绵羊、山羊采食，结实后则乐意采食其荚果。全草入药，能清热解毒，主治痈疽、疔毒、瘰疬、恶疮、黄疸、痢疾、腹泻、目赤、喉痹、毒蛇咬伤。

173．木岩黄芪*Hedysarum lignosum* Trautv.［= *Hedysarum fruticosum* Pall. var. *lignosum*（Trautv.）Kitag.］采集号：13−820

半灌木，达乌里—蒙古分布种。

生境：生于沙地；中旱生植物。

经济价值：为良好的饲用植物。青鲜时绵羊、山羊采食其枝叶，骆驼也采食。也可作为固沙植物。

174．山竹岩黄芪 *Hedysarum fruticosum* Pall. 采集号：13−823

多年生草本，蒙古高原沙地分布种。

生境：生于山坡草地；中旱生植物。

经济价值：为良好饲用植物，清鲜时绵羊、山羊采食其枝叶，骆驼也采食。

175．华北岩黄芪 *Hedysarum gmelinii* Ledeb. 采集号：13−941，13−950

多年生草本，古北极分布种。

生境：生于山坡草地；中旱生植物。

经济价值：为良好的饲用植物，绵羊、山羊和马均乐食。

176．山岩黄芪 *Hedysarum alpinum* L. 采集号：13−908，13−910

多年生草本，泛北极分布种。

生境：生于沙地；中生植物。

经济价值：为良好饲用植物，嫩枝为各种家畜所乐食。也可作绿肥或栽培作观赏植物用。根入药，具有强壮、解热、止汗等功效。

177．毛山黧豆 *Lathyrus palustris* L. var. *pilosus*（Cham.）Ledeb.

多年生草本，东古北极分布变种。

生境：为河流、湖滨草甸群落伴生种；中生植物。

经济价值：可作为饲用和绿肥植物。

178．山黧豆 *Lathyrus quinquenervius*（Miq.）Litv. ex Kom. et Alis. 采集号：13-315

多年生草本，东亚分布种。

生境：生于河流、湖滨，为草甸群落伴生种；中生植物。

经济价值：可以作为饲草料和绿肥植物。全草、花、种子入药，能祛风除湿、止痛，主治风湿关节痛、头痛。全草治关节痛。

179．胡枝子 *Lespedeza bicolor* Turcz. 采集号：13-582，13-583

直立灌木，东亚分布种。

生境：生于花岗岩丘陵区灌丛中；耐阴中生植物。

经济价值：为中等饲用植物，幼嫩时各种家畜均乐意采食，羊最喜食。山区牧民常采收它的枝叶作为冬春补喂饲料。花美丽可供观赏，枝条可供编筐，嫩茎叶可代茶用，籽实可食用。又可植作绿肥植物及保持水土，用以改良土壤。全草入药，能润肺解热、利尿、止血，主治感冒发热、咳嗽、眩晕头痛、小便不利、便血、尿血、吐血等症。

180．达乌里胡枝子 *Lespedeza davurica*（Laxm.）Schindl.（= *Lespedeza potaninii* V. Vassil.）采集号：13-524，13-589

多年生草本，东古北极分布种。

生境：生于干山坡、丘陵坡地、沙地以及草原群落中；中旱生植物。

经济价值：为优等饲用植物。幼嫩枝条为各种家畜所乐食，但开花以后茎叶粗老，可食性降低。全草入药，能解表散寒、主治感冒发热、咳嗽。

181．尖叶胡枝子 *Lespedeza juncea*（L. f.）Pers.［= *Lespedeza hedysaroides*（Pall.）Kitag.］采集号：13-547，13-550

草本状半灌木，东亚分布种。

生境：生于丘陵坡地、沙质地；中旱生植物。

经济价值：为良好饲用植物。幼嫩时，马、牛、羊均乐食，粗老后适口性降低。可作水土保持植物。全株入药，能止泻、利尿、止血，主治痢疾、吐血、遗精、子宫下垂。

182．天蓝苜蓿 *Medicago lupulina* L. 采集号：13-772，13-813

一年生或二年生草本，古北极分布种。

生境：生于湿草甸、田边、路旁；中生植物。

经济价值：为优等饲用植物。营养价值较高，适口性好，各种家畜一年四季均喜食，其中以羊最喜食。牧民认为家畜采食此草上膘快，可以与禾本科牧草混播或改良天然草场。此外，又为水土保持植物及绿肥植物。全草入药，能舒筋活络、利尿，主治坐骨神经痛、风湿筋骨痛、黄疸型肝炎、白血病。

183．苜蓿 *Medicago sativa* L. 采集号：13-686

多年生草本，原产于亚洲西南部的高原地区，现世界广泛栽培或逸生。

生境：生于路边草地；中生植物。

经济价值：为优良的栽培牧草。全草入药，能开胃、利尿排石，主治黄疸、水肿、尿路结石。也可作为蜜源植物或用以改良土壤及作绿肥。

184．扁蓿豆 *Melilotoides ruthenica*（L.）Sojak 采集号：13-361，13-394

多年生草本，东古北极分布种。

生境：生于丘陵坡地、沙质地、路旁草地等处，有时可以成为群落中的次优势种；中旱生植物。

经济价值：为优等饲用植物。营养价值高，适口性好，各种家畜一年四季均喜食。牧民认为家畜采食此草后，15～20天便可上膘。乳畜食后，乳的质量可提高，孕畜食后所产仔畜肥壮。可选择直立类型引种驯化，推广种植。也可作补播材料改良草场。又可作为水土保持植物。

185．白花草木樨 *Melilotus albus* Desr. 采集号：13-719，13-722

一年生或二年生草本，西亚分布种。

生境：生于草甸、路边；中生植物。

经济价值：为优等饲用植物。现已广泛栽培。幼嫩时为各种家畜所喜食。开花后质地粗糙、有强烈的“香豆素”气味，故家畜不乐意采食，但逐步适应后，适口性还可提高。营养价值较高，适应性强，较耐旱，可种植作饲料、绿肥及水土保持之用。又可作蜜源植物。全草入药，能芳香化浊、截疟，主治暑湿胸闷、口臭、头胀、头痛、疟疾、痢疾等症。全草也入蒙药（蒙药名为呼庆黑），能清热、解毒、杀“黏”，主治毒热、陈热。

186．草木樨 *Melilotus suaveolens* Ledeb. 采集号：13-031

一年生或二年生草本，东古北极分布种。

生境：多生于河滩、湖滨，是草甸或轻度盐化草甸的常见伴生种；旱中生植物。

经济价值：用途同白花草木樨。

187．线棘豆 *Oxytropis filiformis* DC.

多年生草本，达乌里—蒙古分布种。

生境：生于石质山坡和碎石坡地；旱生植物。

经济价值：夏季和秋季绵羊和山羊喜采食。

188．小花棘豆*Oxytropis glabra* DC. var. *tenuis* Palib.

多年生草本，亚洲中部分布变种。

生境：生于河滩草甸；中生植物。

经济价值：为有毒植物，含有强烈溶血活性的蛋白质毒素，家畜大量采食后，能引起慢性中毒，其中以马最为严重，其次为牛、绵羊与山羊。家畜采食后，开始发胖，继续采食，则出现腹胀、消瘦、双目失明、体温增高、口吐白沫、不思饮食，最后死亡。若在中毒初期，改饲其他牧草或将中毒家畜驱至生长有葱属植物或冷蒿的放牧地上，可以解毒。

189．砂珍棘豆 *Oxytropis racemosa* Turcz. 采集号：13-762，13-1006

多年生草本，黄土高原—蒙古高原分布种。

生境：生于沙地或砾石质坡地、草地；旱生植物。

190. 薄叶棘豆 *Oxytropis leptophylla*（Pall.）DC. 采集号：13-1010

多年生草本，达乌里—蒙古分布种。

生境：生于玄武岩台地草原群落中；旱生植物。

经济价值：茎叶较柔嫩，为绵羊、山羊所喜食，秋季采食它的荚果。根入药，能清热解毒，主治秃疮、瘰疬，鲜品捣烂敷患处，干品研末调敷。

191. 多叶棘豆 *Oxytropis myriophylla*（Pall.）DC. 采集号：13-930，13-973

多年生草本，东古北极分布种。

生境：生于草原群落中；中旱生植物。

经济价值：青鲜状态各种家畜均不采食，夏季或枯后绵羊、山羊采食少许，饲用价值不高。全草入药，能清热解毒、消肿、祛风湿、止血，主治流感、咽喉肿痛、痈疮肿毒、创伤、瘀血肿胀、各种出血。地上部分入蒙药（蒙药名为那布其日哈嘎—奥日都扎），能杀“黏”、消热、燥“黄水”、愈伤、生肌、止血、消肿、通便，主治瘟疫、发症、丹毒、腮腺炎、阵刺痛、肠刺痛、脑刺痛、麻疹、痛风、游痛症、创伤、月经过多、创伤出血、吐血、咳痰。

192. 黄毛棘豆 *Oxytropis ochrantha* Turcz. 采集号：13-280，13-913

多年生草本，东古北极分布种。

生境：生于玄武岩台地；中旱生植物。

经济价值：可作为饲用植物。

193. 披针叶黄华 *Thermopsis lanceolata* R. Br. 采集号：13-165

多年生草本，东古北极分布种。

生境：生于草原化草甸，也见于沙质地或路边；耐盐中旱生植物。

经济价值：羊、牛于晚秋、冬春喜食，或在干旱年份采食。全草入药，能祛痰、镇咳，主治痰喘咳嗽。牧民认为其花与叶可杀蛆。含臭豆碱、金雀花碱，能反射性地兴奋呼吸作用，比同剂量的山梗茶碱强5倍。

194. 野火球 *Trifolium lupinaster* L. 采集号：13-786，13-796

多年生草本，古北极分布种。

生境：生于草甸草原及沼泽化草甸；中生植物。

经济价值：为良好的饲用植物。青嫩时为各种家畜所喜食，其中以牛为最，开花后质地粗糙，适口性稍有下降，刈制成干草各种家畜均喜食。可在水分条件较好的地区引种驯化，推广栽培，与禾本科牧草混播建立人工打草场及放牧场。又为蜜源植物。全草入药，能镇静、止咳、止血，主治身热喘咳、神志不安、体瘦阴虚症。

195. 山野豌豆 *Vicia amoena* Fisch. 采集号：13-440，13-457

多年生草本，东古北极分布种。

生境：分布于灌丛和草甸草原群落中，有时也可见于田边、路旁；旱中生植物。

经济价值：为优等饲用植物。茎叶柔嫩，各种牲畜均乐食，羊喜采食其叶，马于秋、冬、春季采食，骆驼四季均采食。种子采收容易，发芽率高，耐阴性强，可与多年生丛生型禾本科牧草混播，用以改良天然草场和打草。全草入药，能祛风湿、活血、舒筋、止痛，主治风湿痹痛、筋骨疼痛、闪挫跌伤、无名肿毒、阴囊湿疹；全草也入蒙药（蒙药名：乌拉音-给希），能解毒、利尿，主治水肿。

196．广布野豌豆 *Vicia cracca* L. 采集号：13-325

多年生草本，泛北极分布种。

生境：生于河滩草甸、灌丛；中生植物。

经济价值：为优等饲用植物。品质良好，有抓膘作用，但产草量不甚高，可补播改良草场或引入与禾本科牧草混播。也为水土保持及绿肥植物。全草可作“透骨草”入药。

197．救荒野豌豆*Vicia sativa* L.

一年生草本，世界分布种。

生境：生于河滩草甸、农田；中生植物。

经济价值：为优等饲用植物和绿肥植物。营养价值较高，含有丰富的蛋白质和脂肪。

198．歪头菜 *Vicia unijuga* R. Br. 采集号：13-730

多年生草本，东古北极分布种。

生境：生于山地灌丛；中生植物。

经济价值：为优等饲用植物，马、牛最喜食其嫩叶和枝，干枯后仍喜食；羊一般采食，枯后稍食。营养价值较高，耐牧性强，可用作改良天然草地和混播之用。也可作为水土保持植物。全草入药，能解热、利尿、理气、止痛，主治头晕、水肿、胃痛；外用治疗毒。

（二十六）牻牛儿苗科 Geraniaceae

199．牻牛儿苗 *Erodium stephanianum* Willd. 采集号：13-567，13-571

一年生或二年生草本，东古北极分布种。

生境：生于山坡、河岸、沙质草原、沙丘、田间、路旁；旱中生植物。

经济价值：全草入药（药材名为老鹳草），能祛风湿、活血通络、止泻痢，主治风寒湿痹、筋骨疼痛、肌肉麻木、肠炎、痢疾等；又可供提取栲胶。根幼嫩时可食。

200．鼠掌老鹳草 *Geranium sibiricum* L. 采集号：13-367

多年生草本，古北极分布种。

生境：生于河岸湿地、沙地丘间草甸；中生植物。

经济价值：全草入药，能祛风湿、活血通络、止泻痢，主治湿痹痛、麻木拘挛、筋骨酸痛、泄泻痢疾。全草也作蒙药用（蒙药名为米格曼森法），能明目、活血调经，主治结膜炎、月经不调、白带异常。

201．灰背老鹳草 *Geranium wlassowianum* Fisch. ex Link. 采集号：13-185，13-234

多年生草本，东亚分布种。

生境：生于河岸湿地、沼泽地及沙丘间低湿地；湿中生植物。

经济价值：全草可作为“老鹳草”入药，能祛风湿、活血、通经、清热、解毒、止泻，主治风湿痹痛、跌打损伤、坐骨神经痛、肠炎、痢疾、拘挛麻木、痈疽、疱疹性结膜炎。

（二十七）亚麻科 Linaceae

202．宿根亚麻 *Linum perenne* L. 采集号：13−954，13−1013

多年生草本，古北极分布种。

生境：生于针茅草原或干燥的丘陵坡地；旱生植物。

经济价值：茎皮纤维可用。种子可供榨油。花、果可入药，能活血通络，主治瘀血、腹痛、产后恶露、闭经、痛经。

（二十八）蒺藜科 Zygophyllaceae

203．小果白刺 *Nitraria sibirica* Pall. 采集号：13−010，13−011

落叶灌木，古地中海分布种。

生境：生于湖滨盐化低地；旱生植物。

经济价值：果实味酸甜，可食。果实入药，能健脾胃、滋补强壮、调经活血，主治身体瘦弱、气血两亏、脾胃不和、消化不良、月经不调、腰腿疼痛等。果实也入蒙药（蒙药名为哈日莫格），能健脾胃、助消化、安神解表、下乳，主治脾胃虚弱、消化不良、神经衰弱、感冒。枝叶和果实可作饲料。

204．蒺藜 *Tribulus terrestris* L. 采集号：13−801，13−815

一年生草本，泛温带分布种。

生境：生于路边、沙地；中生植物。

经济价值：青鲜时可作饲料。果实入药（药材名为蒺藜），能平肝明目、散风行血，主治头痛、皮肤瘙痒、目赤肿痛。果实也做蒙药用（蒙药名为伊曼—章古），能补肾助阳、利尿消肿，主治阳痿肾寒、淋病、小便不利。

（二十九）芸香科 Rutaceae

205．草芸香 *Haplophyllum dauricum*（L.）Juss. 采集号：13−977

多年生草本，哈萨克斯坦—蒙古分布种。

生境：生于草原；旱生植物。

经济价值：良等饲用植物。在西部地区，青鲜时为各种家畜所乐食，秋季为羊和骆驼所喜食，有抓膘作用。全草入药，能祛风除湿、止痒，全草煎剂洗治皮癣、皮肤病、瘙痒。

（三十）远志科 Polygalaceae

206．远志 *Polygala tenuifolia* Willd.

多年生草本，东古北极分布种。

生境：生于草原、丘陵灌丛；旱生植物。

经济价值：根入药（药材名为远志），能益智安神、开郁豁痰、消痈肿，主治惊悸健忘、失眠多梦、咳嗽多痰、支气管炎、痈疽疮肿。根皮入蒙药（蒙药名为吉如很—其其格），能排脓、化痰、润肺、锁脉、消肿、愈伤，主治肺脓肿、痰多咳嗽、胸伤。

（三十一）大戟科 Euphorbiaceae

207. 乳浆大戟 *Euphorbia esula* L.

多年生草本，泛北极分布种。

生境：生于沙质草地、路边；旱生植物。

经济价值：全株入药，有毒，能利尿消肿、拔毒止痒，主治四肢水肿、小便不利、疟疾；外用治颈淋巴结结核、疮癣、瘙痒等。全草也作蒙药用，能破瘀、排脓、利胆、催吐，主治肠胃湿热、黄疸；外用治疥癣痈疮。

208. 地锦 *Euphorbia humifusa* Willd.

一年生草本，古北极分布种。

生境：生于田野、路旁及固定沙地；中生植物。

经济价值：全草入药，能清热利湿、凉血止血、解毒消肿，主治急性细菌性痢疾、肠炎、黄疸、小儿疳积、高血压、子宫出血、便血、尿血等；外用治创伤出血、跌打肿痛、疮疖、皮肤湿疹及毒蛇咬伤等。全草也作蒙药用（蒙药名为马拉盖音—扎拉—额布斯），能止血、燥“黄水”、愈伤、清脑、清热，主治便血、创伤出血、吐血、肺脓溃疡、咯脓血痰、“白脉”病、中风、结喉、发症。茎、叶含鞣质，可供提制栲胶。

209. 叶底珠 *Flueggea suffruticosa*（Pall.）Baillon [= *Securinega suffruticosa*（Pall.）Rehd.]

落叶灌木，东亚分布种。

生境：生于向阳石质山坡灌丛中；中生植物。

经济价值：叶及花入药，有毒，有祛风活血、补肾强筋的功效，主治颜面神经麻痹、小儿麻痹后遗症、眩晕、耳聋、神经衰弱、嗜睡症及阳痿。

（三十二）水马齿科 Callitrichaceae

210. 沼生水马齿 *Callitriche palustris* L. 采集号：13-132

一年生草本，泛北极分布种。

生境：生于河流、湖泊浅水及沼泽中；沼生植物。

经济价值：全草入药，能清热解毒、利尿消肿，主治目赤肿痛、水肿、湿热淋痛。

（三十三）鼠李科 Rhamnaceae

211. 小叶鼠李 *Rhamnus parvifolia* Bunge 采集号：13-504，13-538

落叶灌木，东古北极分布种。

生境：生于向阳石质山坡、沙丘间地或灌木丛中；旱中生植物。

经济价值：果实入药，能清热泻下、消瘰疬，主治腹满便秘、疥癣瘰疬。也可作为园林绿化树种。

212．乌苏里鼠李 *Rhamnus ussuriensis* J. Vass. 采集号：13-1020

落叶灌木或小乔木，华北—东北分布种。

生境：生于沙地杂木林中；中生植物。

经济价值：材质坚硬，可作车辆、镟铲、细木工雕刻等用材。枝叶可作农药。树皮及果实入药，皮能清热、通便，主治大便秘结。果实有小毒，能止咳、祛痰，主治支气管炎、肺气肿、痈疖、龋齿痛。此外，皮和果含鞣质，可供提制栲胶及黄色染料。种子可供榨油，其含油量为26%，供制润滑油用。又可为固土及庭园绿化树种。

（三十四）锦葵科 Malvaceae

213．野葵 *Malva verticillata* L.

一年生草本，古北极分布种。

生境：生于田间、路边、居民点附近；中生植物。

经济价值：种子作“冬葵子”入药，能利尿、下乳、通便。果实作蒙药用（蒙药名为萨嘎日木克—扎木巴），能利尿通淋、清热消肿、止渴，主治尿闭、淋病、水肿、口渴、肾热、膀胱热。

（三十五）堇菜科 Violaceae

214．斑叶堇菜 *Viola variegate* Fisch. et Link 采集号：13-669

多年生草本，华北—东北分布种。

生境：生于岩石缝、灌丛间；中生植物。

经济价值：全草入药，能凉血止血，主治创伤出血。

（三十六）瑞香科 Thymelaeaceae

215．狼毒 *Stellera chamaejasme* L.

多年生草本，东蒙古—黄土高原—青藏高原东部分布种。

生境：生于草原群落中；旱生植物。

经济价值：根入药，有大毒，能散结、逐水、止痛、杀虫，主治水气肿胀、淋巴结核、骨结核；外用治疥癣、瘙痒、顽固性皮炎。根也作蒙药用（蒙药名为达伏图茹），能杀虫、逐泻、消“奇哈”、止腐消肿，主治各种“奇哈”症、疖痛。

（三十七）柳叶菜科 Onagraceae

216．沼生柳叶菜 *Epilobium palustre* L. 采集号：13-458

多年生草本，泛北极分布种。

生境：生于河边、湖泊、沼泽草甸中；湿生植物。

经济价值：带根全草入药，能清热消炎、调经止痛、活血止血、去腐生肌，主治咽喉肿痛、牙痛、目赤肿痛、月经不调、白带过多、跌打损伤、疔疮痈肿、外伤出血等。

217．柳兰 *Epilobium angustifolium* L.

多年生草本，泛北极分布种。

生境：生于山地林缘及林间空地上；中生植物。

经济价值：全草或根状茎入药，有小毒，能调经活血，消肿止痛，主治月经不调、骨折、关节扭伤。也可以作为观赏植物。

（三十八）小二仙草科 Haloragaceae

218．狐尾藻 *Myriophyllum spicatum* L. 采集号：13-1031，13-1035

多年生草本，世界分布种。

生境：生于河流、湖泊浅水中；水生植物。

219．轮叶狐尾藻 *Myriophyllum verticillatum* L. 采集号：13-133，13-137

多年生草本，世界分布种。

生境：生于河流、湖泊浅水中；水生植物。

（三十九）杉叶藻科 Hippuridaceae

220．杉叶藻 *Hippuris vulgaris* L. 采集号：13-207

多年生草本，世界分布种。

生境：生于湖泊浅水或河流沼泽中；沼生植物。

经济价值：全草入药，能镇咳、疏肝、凉血止血、养阴生津、透骨蒸，主治烦渴、结核咳嗽、劳热骨蒸、肠胃炎等。全草也作蒙药用（蒙药名为当布嘎日），主治功能相同。

（四十）伞形科 Umbelliferae

221．东北羊角芹 *Aegopodium alpestre* Ledeb.

多年生草本，东古北极分布种。

生境：生于河流草甸；中生植物。

经济价值：早春萌发长出嫩茎、嫩叶，可作为野菜食用，适宜做凉菜、咸菜、蘸酱菜，也可炒食、煲汤，尤其做馅，口味甚佳，也可冷冻或腌制。此外，茎、叶均入药，地上部分汁液涂抹患处，可治风湿痛；口服地上部分煎剂可治眩晕。

222．红柴胡 *Bupleurum scorzonerifolium* Willd. 采集号：13-597，13-658

多年生草本，东古北极分布种。

生境：生于山地草原及沙质草原，为草原群落的优势杂类草，亦为草甸草原、山地灌丛、沙地植被的常见伴生种；旱生植物。

经济价值：青鲜时为各种牲畜所喜食，在渐干时也为各种牲畜所乐食。根及根茎入药（药材名为柴胡），能解表和里、升阳、疏肝解郁，主治感冒、寒热往来、胸满、胁痛、疟疾、肝炎、胆道感染、胆囊炎、月经不调、子宫下垂、脱肛等。根及根茎也作蒙药用（蒙药名为希拉子拉），能清热止咳，主治肺热咳嗽、慢性气管炎。

223．锥叶柴胡 *Bupleurum bicaule* Helm

多年生草本，东古北极分布种。

生境：生于干燥的石质坡地；旱生植物。

经济价值：根作柴胡入药，主治功能同红柴胡。

224．葛缕子 *Carum carvi* L. 采集号：13−1056

二年生草本，古北极分布种。

生境：生于草甸；中生植物。

经济价值：果实芳香油含量为3%～7%，可用作食品、糖果、牙膏和洁口剂的香料。全草及根入药，能健胃、祛风、理气，主治寒滞腰痛、胃寒呕逆、胃痛、腹痛、小肠疝气。

225．田葛缕子 *Carum buriaticum* Turcz. 采集号：13−598，13−653

二年生草本，东古北极分布种。

生境：生于沟谷草地；旱中生植物。

经济价值：用途同葛缕子。

226．毒芹 *Cicuta virosa* L.

多年生草本，古北极分布种。

生境：生于河流、湖泊边的沼泽；湿中生植物。

经济价值：根茎入药，有大毒，能外用拔毒、祛瘀，主治化脓性骨髓炎，将根茎捣烂，外敷用。果可供提取挥发油，油中主要成分是毒芹醛和伞花烃。全草有剧毒，人或家畜误食后往往中毒致死。根茎有香气，带甜味，切开后流出淡黄色毒液，其有毒物质主要是毒芹毒素（cicutoxin）。

227．兴安蛇床 *Cnidium dahuricum*（Jacq.）Turcz. ex C. A. Mey. 采集号：13−187，13−232

二年生或多年生草本，东古北极分布种。

生境：生于湖泊边缘草甸；中生植物。

228．碱蛇床 *Cnidium salinum* Turcz.

一年生草本，古北极分布种。

生境：生于湖泊边缘草甸；中生植物。

229．蛇床 *Cnidium monnieri*（L.）Cuss. 采集号：13−013

二年生或多年生草本，东古北极分布种。

生境：生于湖泊边缘草甸；中生植物。

经济价值：果实入药（药材名为蛇床子），能祛风、燥湿、杀虫、止痒、补肾，主治阴痒带下、阴道滴虫、皮肤湿疹、阳痿。果实也作蒙药用（蒙药名为呼希格图—乌热），能温中、杀虫，主治胃寒、消化不良、青腿病、游痛症、滴虫病、痔疮、皮肤瘙痒、湿疹。

230．沙茴香 *Ferula bungeana* Kitag. 采集号：13−323，13−384

多年生草本，亚洲中部分布种。

生境：生于沙质草原；旱生植物。

经济价值：全草及根入药，能清热解毒、消肿、止痛、抗结核，主治骨结核、淋巴结核、脓疮、扁桃体炎、肋间神经痛。

231．全叶山芹 *Ostericum maximowiczii*（Fr. Schmidt ex Maxim.）Kitag. 采集号：13–214，13–326

多年生草本，东北分布种。

生境：生于河流、湖滨草甸；湿中生植物。

232．防风 *Saposhnikovia divaricata*（Turcz.）Schischk. 采集号：13–1518

多年生草本，达乌里—蒙古分布种。

生境：生于草原及沙质草原；旱生植物。

经济价值：根入药（药材名为防风），能发表、祛风胜湿、止痛，主治风寒感冒、头痛、周身尽痛、风湿痛、神经痛、破伤风、皮肤瘙痒。

233．泽芹 *Sium suave* Walt. 采集号：13–025，13–147

多年生草本，泛北极分布种。

生境：生于河流、湖泊、沼泽地；湿生植物。

经济价值：全草入药，能散风寒、止头痛、降血压，主治感冒头痛、高血压。根及根茎入药，能散风寒湿邪，主治风寒头痛、巅顶痛、寒湿腹痛、泄泻、疝瘕、疥癣。

234．迷果芹 *Sphallerocarpus gracilis*（Bess.）K.–Pol. 采集号：13–388，13–576

一年生或二年生草本，东古北极分布种。

生境：生于路边、沙质草地；中生植物。

经济价值：青鲜时骆驼乐食，在干燥状态不喜欢吃，其他牲畜不吃。

235．柳叶芹 *Czernaevia laevigata* Turcz. 采集号：13–782，13–907

二年生草本，东亚分布种。

生境：生于河边沼泽或沟谷林缘草甸；中生植物。

（四十一）报春花科 Primulaceae

236．东北点地梅 *Androsace fillformis* Retz.

一年生草本，泛北极分布种。

生境：生于低湿草甸、河流沼泽草甸；中生植物。

经济价值：全草入药，能清凉解毒、消肿止痛，主治扁桃体炎、咽喉炎、口腔炎、急性结膜炎、跌打损伤。

237．长叶点地梅*Androsace longifolia* Turcz. 采集号：13–925，13–951

多年生草本，黄土高原—蒙古高原草原分布种。

生境：生于典型草原；旱生植物。

238．大苞点地梅 *Androsace maxima* L. 采集号：13−1007

一年生草本，古北极分布种。

生境：生于山坡草地，中生植物。

239．北点地梅 *Androsace septentrionalis* L. 采集号：13−185，13−356

一年生草本，泛北极分布种。

生境：散生于山地草甸草原、砾石质草原、山地草甸、林缘及沟谷中；旱中生植物。

经济价值：全草入药，能清热解毒、行水消肿，主治痈疖肿痛、创伤、咽喉肿痛、跌打损伤。全草作蒙药用（蒙药名为叶拉莫唐），能消肿愈创、解毒，主治疖痈、创伤、热性黄水病。

240．海乳草 *Glaux maritime* L. 采集号：13−106，13−109

多年生小草本，泛北极分布种。

生境：生于河流、低湿地矮草草甸、轻度盐化草甸上，可成为草甸优势成分之一；耐盐中生植物。

经济价值：中等饲用植物，茎细柔软、多汁，羊、兔、猪及禽类喜食，马、牛、骆驼也采食。在高寒草甸、沼泽草甸矮生草场，是牲畜采食的主要牧草之一。

241．球尾花 *Lysimachia thyrsiflora* L. 采集号：13−341，13−352

多年生草本，泛北极分布种。

生境：生于湖泊周围沼泽化草甸中；湿生植物。

242．粉报春 *Primula farinose* L. 采集号：13−794，13−811

多年生草本，古北极分布种。

生境：生于低湿草甸或河流灌丛中；中生植物。

经济价值：全草入蒙药（蒙药名为叶拉莫唐），能消肿愈创、解毒，主治疖痈、创伤、热性黄水病，多外用。也可作为观赏植物。

243．天山报春*Primula nutans* Georgi

多年生草本，泛北极分布种。

生境：生于低湿草甸或河流灌丛中；中生植物。

（四十二）白花丹科 Plumbaginaceae

244．二色补血草 *Limonium bicolor*（Bunge）O.Kuntze 采集号：13−317，13−320

多年生草本，东古北极分布种。

生境：生于沙质草原及典型草原和山地草原中；旱生植物。

经济价值：带根全草入药，能活血、止血、温中健脾、滋补强壮，主治月经不调、功能性子宫出血、痔疮出血、胃溃疡、诸虚体弱。也可作为干花供观赏。

（四十三）龙胆科 Gentianaceae

245．达乌里龙胆 *Gentiana dahurica* Fisch. 采集号：13−668，13−708

多年生草本，东古北极分布种。

生境：生于草地及山坡灌丛中；中旱生植物。

经济价值：根入药（药材名为秦艽），能祛风湿、退虚热、止痛，主治风湿性关节炎、低热、小儿疳积发热。花入蒙药（蒙药名为呼和棒仗），能清肺、止咳、解毒，主治肺热咳嗽、支气管炎、天花、咽喉肿痛。也可作为观赏植物。

246．大叶龙胆 *Gentiana macrophylla* Pall.

多年生草本，东古北极分布种。

生境：生于草甸；中生植物。

经济价值：根入药（药材名为秦艽），功能主治同达乌里龙胆。花入蒙药（蒙药名为呼和基力吉），能清热、消炎，主治热性黄水病、炭疽、扁桃腺炎。

247．鳞叶龙胆 *Gentiana squarrosa* Ledeb. 采集号：13−693

一年生草本，东古北极分布种。

生境：生于山地草原及草甸草原群落中；中生植物。

经济价值：全草入药，能清热利湿、解毒消痈，主治咽喉肿痛、阑尾炎、白带异常、尿血；外用治疮疡肿毒、淋巴结结核。

248．尖叶假龙胆 *Gentianella acuta*（Michx.）Hulten

一年生草本，泛北极分布种。

生境：生于湿草甸；中生植物。

经济价值：全草入蒙药（蒙药名为地格达），能清热、利湿，主治黄疸、发烧、头痛、肝炎。据民间访问，敖鲁古雅鄂温克族猎民以尖叶假龙胆治疗心绞痛有明显的效果。

249．扁蕾*Gentianopsis barbata*（Froel.）Ma 采集号：13−764，13−784

一年生直立草本，东古北极分布种。

生境：生于河流边低湿草甸；中生植物。

经济价值：全草入蒙药（蒙药名为特木日—地格达），能清热、利胆、退黄，主治肝炎、胆囊炎、头痛、发烧。

250．花锚 *Halenia corniculata*（L.）Cornaz 采集号：13−900，13−901

一年生草本，古北极分布种。

生境：生于低湿草甸；中生植物。

经济价值：全草入药，能清热解毒、凉血止血，主治肝炎、脉管炎、外伤感染发烧、外伤出血。又入蒙药（蒙药名为希给拉—地格达），能清热、解毒、利胆、退黄，主治黄疸型肝炎、感冒、发烧、外伤感染、胆囊炎。

251．小花肋柱花 *Lomatogonium rotatum*（L.）Fries ex Nym. 采集号：13−013

一年生草本，泛北极分布种。

生境：生于河流、沙丘间低湿草甸；中生植物。

经济价值：全草入蒙药（蒙药名为地格达），能清热、利湿，主治黄疸、发烧、头痛、肝炎。

252．密序肋柱花 *Lomatogonium rotatum*（L.）Fries ex Nyman var. *floribundum*（Franch.）T. N Ho［=*Lomatogonium floribundum*（Franch.）Y. Z. Zhao］采集号：13-008

一年生草本，华北分布变种。

生境：生于河流、沙丘间低湿草甸；中生植物。

经济价值：同小花肋柱花。

253．荇菜 *Nymphoides peltata*（S. G. Gmel.）Kuntze 采集号：13-303，13-308

多年生草本，古北极分布种。

生境：生于河流、湖泊静水中；水生植物。

经济价值：全草入药，能发汗、透疹、清热、利尿，主治感冒发热无汗、麻疹透发不畅、荨麻疹、水肿、小便不利；外用治毒蛇咬伤。

（四十四）萝藦科 Asclepiadaceae

254．地梢瓜 *Cynanchum thesioides*（Freyn）K.Schum. 采集号：13-535，13-1016

多年生草本，东古北极分布种。

生境：生于沙质草地、路边；旱生植物。

经济价值：带果实的全草入药，能益气、通乳、清热降火、消炎止痛、生津止渴，主治乳汁不通、气血两虚、咽喉疼痛；外用治瘊子。种子作蒙药用（蒙药名为脱莫根—呼呼—都格木宁），能利胆、退黄、止泻，主治热性腹泻、痢疾、发烧。全株含橡胶1.5%，树脂3.6%，可作工业原料；幼果可食；种缨可作填充料。

（四十五）旋花科 Convolvulaceae

255．银灰旋花 *Convolvulus ammannii* Desr.

多年生草本，东古北极分布种。

生境：生于石质丘陵及退化草地等地；旱生植物。

经济价值：全草入药，能解表、止咳，主治感冒、咳嗽。在新鲜状态时小牲畜喜食，干枯时乐食。

256．田旋花 *Convolvulus arvensis* L.

多年生草本，世界分布种。

生境：生于田间、撂荒地、村舍与路旁；中生植物。

经济价值：全草、花和根入药，能活血调红、止痒、祛风。全草主治神经性皮炎，花主治牙痛，根主治风湿性关节痛。全草各种牲畜均喜食，鲜时绵羊、骆驼采食差，干时各种家畜采食。

257．菟丝子 *Cuscuta chinensis* Lam. 采集号：13-953

一年生寄生草本，世界分布种。

生境：寄生于草本植物上，多寄生在豆科植物上，故有“豆寄生”之名，对胡麻、马铃薯等农作物也有危害；中生植物。

经济价值：种子入药（药材名为菟丝子），能滋补肝肾、益精明目、安胎，主治腰膝酸软、阳萎、遗精、头晕、目眩、视力减退、胎动不安。菟丝子蒙医也用（蒙药名为希拉—乌日阳古），能清热、解毒、止咳，主治肺炎、肝炎、中毒性发烧。

258．大菟丝子 *Cuscuta europaea* L. 采集号：13−725，13−733

一年生寄生草本，泛热带分布种。

生境：寄生于多种草本植物上，尤以豆科、菊科、黎科植物为甚；中生植物。

经济价值：种子入药，主治功效同菟丝子。

259．毛籽鱼黄草*Merremia sibirica*（L.）H. Hall.［= *Merremia sibirica*（L.）H. Hall. var. *vesiculosa* C. Y. Wu］

一年生缠绕草本，东亚分布变种。

生境：生于山坡、沙地灌丛；中生植物。

经济价值：可作为饲用植物。种子可入药（药材名为铃当子），能泻下、逐水，主治大便秘结、积食不化。

（四十六）紫草科 Boraginaceae

260．钝背草 *Amblynotus rupestris*（Pall. ex Georgi）Popov ex L. Sergiev.［= *Amblynotus obovatus*（Ledeb.）I. M. Johnst.］

多年生丛簇状小草本，哈萨克斯坦—蒙古分布种。

生境：生于石质丘陵坡地；旱生植物。

261．大果琉璃草 *Cynoglossum divaricatum* Steph. 采集号：13−749

二年生草本，东古北极分布种。

生境：生于沙质草地以及田边、路边及村旁；旱中生植物。

经济价值：果和根入药，果能收敛、止泻，主治小儿腹泻。根能清热解毒，主治扁桃体炎，疮疔痈肿。

262．石生齿缘草 *Eritrichium pauciflorum*（Ledeb.）DC.［=*Eritrichium rupestre*（Pall. ex Georgi）Bunge］

多年生草本，东古北极分布种。

生境：生于石质山坡及山地砾石质草原；中旱生植物。

经济价值：花及叶入药，能清温解热、解毒，主治温热病、感冒、脉管炎。带花全草入蒙药（蒙药名为额布斯—德仁），能清温解热，主治发烧、流感、瘟疫。

263．假鹤虱 *Eritrichium thymifolium*（DC.）Lian et J. Q. Wang

一年生草本，东古北极分布种。

生境：生于石质山坡；旱生植物。

264．反折假鹤虱 *Eritrichium deflexum*（Wahlenb）Lian et J. Q. Wang 采集号：13−865

一年生草本，泛北极分布种

生境：生于沙地灌丛、林缘；中生植物。

265. 鹤虱 *Lappula myosotis* V. Wolf. 采集号：13-345，13-376

一年生或二年生草本，泛北极分布种。

生境：生于草地及路边；旱中生植物。

经济价值：在东北、宁夏及新疆等地民间将果实入药，有消炎杀虫之效。

266. 卵盘鹤虱 *Lappula intermedia*（Ledeb.）Popov [= *Lappula redowskii* auct. non（Horn.）Greene:Fl. Intramongol. ed. 2, 4:165.1993.]

一年生草本，古北极分布种。

生境：生于沙质草地；中旱生植物。

经济价值：有的地方将果实代鹤虱用，能驱虫、止痒，主治蛔虫病、蛲虫病、虫积腹痛。蒙药也用（蒙药名为囊给—章古），功能主治相同。

267. 砂引草*Tournefortia sibirica* L.

多年生草本，古北极分布种。

生境：生于沙质草地、路边；中旱生植物。

268. 勿忘草 *Myosotis alpestris* F. W. Schmidt [= *Myosotis sylvatica* auct. non Ehrh. ex Hoffm.: Fl. Intramogol. ed. 2, 4: 181. 1993.]

二年生或多年生草本，泛北极分布种。

生境：生于河流溪边、沼泽草甸；湿中生植物。

269. 湿地勿忘草 *Myosotis caespitosa* Schultz 采集号：13-290

二年生或多年生草本，泛北极分布种。

生境：生于河流溪边、沼泽草甸；湿中生植物。

270. 附地菜 *Trigonotis peduncularis*（Trev.）Benth. ex Baker et Moore

一年生草本，古北极分布种。

生境：生于低湿草甸；旱中生植物。

经济价值：全草入药，能清热、消炎、止痛、止痢，主治热毒疮疡、赤白痢疾、跌打损伤。

（四十七）唇形科 Labiatae

271. 水棘针 *Amethystea caerulea* L.

一年生草本，东古北极分布种。

生境：生于山坡草地、路旁及居民点附近；中生植物。

经济价值：叶含6-羟基本犀草素、8-羟基木犀草素及木犀草素等黄酮类化合物。全草入药，能疏风解表、宣肺平喘，主治感冒、咳嗽气喘。此外，新鲜状态下，骆驼和绵羊乐食；开花以后变粗老，牲畜不吃。

272. 香青兰 *Dracocephalum moldavica* L. 采集号：13-981

一年生草本，古北极分布种。

生境：生于山坡草地、沙质草地及路边等地；中生植物。

经济价值：全株含芳香油，据国外报道，含油量在0.01%～0.17%，油的主要成分为柠檬醛25%～68%、牻牛儿苗醇30%、橙花醇7%，可作香料植物。地上部分作蒙药用（蒙药名为昂凯鲁莫勒—比日羊古），能泻肝炎、清胃热、止血，主治黄疸、吐血、衄血、胃炎、头痛、咽痛。

273．细穗香薷 *Elsholtzia densa* Benth.

一年生草本，东古北极分布种。

生境：生于河流草甸，也见于沙质草甸；中生植物。

经济价值：全草入药，有发汗、解暑、利湿、行水的功效。也入藏药（藏药名为齐柔），治培根病、胃病、梅毒性鼻炎、喉炎及寄生虫病，外用治疮疖及皮肤瘙痒。

274．细叶益母草 *Leonurus sibiricus* L. 采集号：13−620，13−651

一年生或二年生草本，东古北极分布种。

生境：生于路旁、沙质草地；旱中生植物。

经济价值：全草入药（药材名为益母草），能活血调经、利尿消肿，主治月经不调、痛经、经闭、恶露不尽、急性肾炎水肿。也作蒙药用（蒙药名为都日本—吉额布苏—乌布其干），能活血、调经、利尿、降血压，主治高血压、肾炎、月经不调、火眼。果实入药（药材名为茺蔚子），能活血调经、清肝明目，主治月经不调、经闭、痛经、目赤肿痛、结膜炎、前房出血、头晕胀痛。

275．薄荷 *Mentha haplocalyx* Briq. 采集号：13−076，13−077

多年生草本，东亚—北美分布种。

生境：生于河流、丘间低湿地；湿中生植物。

经济价值：地上部分入药（药材名为薄荷），能祛风热、清头目，主治风热感冒、头痛、目赤、咽喉肿痛、口舌生疮、牙痛、荨麻疹、风疹、麻疹初起。薄荷的新鲜茎和叶约含0.3%～0.6%的薄荷油，是一种有特种经济价值的芳香作物，中国是薄荷脑和薄荷素油的出口大国。

276．尖齿糙苏 *Phlomis dentosa* Franch.

多年生草本，华北分布种。

生境：生于草地；旱中生植物。

经济价值：在青鲜时牛、羊乐食其花和叶。

277．串铃草 *Phlomis mongolica* Turcz.

多年生草本，华北分布种。

生境：生于草地；旱中生植物。

278．多裂叶荆芥 *Schizonepeta multifida*（L.）Briq. 采集号：13−659，13−691

多年生草本，东古北极分布种。

生境：生于山地草原、湿润的草原中，为常见伴生种；中旱生植物。

经济价值：全草入药，能散寒解表、宣毒透疹；炒炭可止血。主治风寒感冒、麻疹表露迟缓、咽喉肿痛、吐衄、便血、痈疮肿痛。

279．黄芩 *Scutellaria baicalensis* Georgi 采集号：13-636，13-678

多年生草本，东古北极分布种。

生境：生于山坡草地；中旱生植物。

经济价值：根入药（药材名为黄芩），能祛湿热、泻火、解毒、安胎，主治温病发热、肺热咳嗽、肺炎、咯血、黄疸、肝炎、痢疾、目赤、胎动不安、高血压症、痈肿疖疮。也作蒙药用，功能主治相同。花后茎、叶可供炮制茶叶。

280．纤弱黄芩*Scutellaria dependens* Maxim.

多年生草本，东古北极分布种。

生境：生于河滩草甸和沼泽化草甸；中生植物。

281．盔状黄芩 *Scutellaria galericulata* L. 采集号：13-002

多年生草本，泛北极分布种。

生境：生于河滩草甸和沼泽化草甸；中生植物。

282．并头黄芩 *Scutellaria scordifolia* Fisch. ex Schrank 采集号：13-676

多年生草本，东古北极分布种。

生境：生于山坡草地及沙质草地；旱中生植物。

经济价值：全草入药，能清热解毒，利尿、涩肠，主治咽喉肿痛、肝经湿热、脾虚肠泻、跌打损伤、蛇咬伤。

283．塔头黄芩 *Scutellaria regeliana* Nakai 采集号：13-247，13-262

多年生草本，东北分布种。

生境：生于河滩草甸和沼泽化草甸；中生植物。

284．毛水苏 *Stachys riederi* Chamisso ex Beth. 采集号：13-295，13-387

多年生草本，东亚（中国—日本）北部分布种。

生境：生于河流、湖泊边湿草甸；湿中生植物。

经济价值：全草入药，能止血、祛风解毒，主治吐血、衄血、血痢、崩中带下、感冒头痛、中暑目昏、跌打损伤。

285．百里香 *Thymus serpyllum* L. 采集号：13-633，13-642

小半灌木，东古北极分布种。

生境：生于砾石质山坡草地；旱生植物。

经济价值：全草入药（药材名为地椒），有小毒，能祛风解表，行气止痛。主治感冒、头痛、牙痛、遍身疼痛、腹胀冷痛；外用防腐杀虫。百里香又是一种芳香油植物，茎叶含芳香油0.5%左右，可供提取芳柠醇、龙脑香，供香料、食品工业用。百里香为中等饲用植物，对小畜有一定的饲用价值，是黄土高原丘陵沟壑区家畜重要的饲料。牛和骆驼不食，在幼嫩时为羊和马所乐食，夏季家畜不食，秋季又开始为家畜所采食，在冬季植株保存较好，为羊、马、驴所乐食。百里香由于是矮小的半灌木，花色鲜艳，可被作为园林绿化植物使用。也可作为水土保持植物。

（四十八）茄科 Solanaceae

286．天仙子 *Hyoscyamus niger* L.

二年生草本，古北极分布种。

生境：生于路边草地及居民点附近；中生植物。

经济价值：种子入药（药材名为莨菪子，也称天仙子），能解痉、止痛、安神，主治胃痉挛、喘咳、癫狂。莨菪子也作蒙药用（蒙药名为莨菪），疗效相同。莨菪叶可作提制莨菪碱的原料。种子油可供制肥皂、油漆。

287．青杞 *Solanum septemlobum* Bunge 采集号：13-549，13-744

多年生草本，东古北极分布种。

生境：生于路边草地、居民点附近；中生植物。

经济价值：地上部分药用，可清热解毒，主治咽喉肿痛。

（四十九）玄参科 Scrophulariaceae

288．芯芭 *Cymbaria dahurica* L. 采集号：13-540

多年生草本，黄土—蒙古高原分布种。

生境：生于草地；旱生植物。

经济价值：全草入药，能祛风湿、利尿、止血，主治风湿性关节炎、月经过多、吐血、衄血、便血、外伤出血、肾炎水肿、黄水疮。也作蒙药用（蒙药名为韩琴色日高），疗效相同。

289．小米草 *Euphrasia pectinata* Ten. 采集号：13-186，13-210

一年生草本，古北极分布种。

生境：生于低湿草甸中；中生植物。

经济价值：全草入药，能清热解毒，主治咽喉肿痛、肺炎咳嗽、口疮。

290．水茫草*Limosella aquatica* L.

一年生草本，泛温带分布种。

生境：生于河边湿地；湿生植物。

291．柳穿鱼 *Linaria vulgaris* Mill. subsp. *sinensis*（Bebeaux）Hong 采集号：13-769，13-800

多年生草本，东亚分布亚种。

生境：生于沙质草地及草原中；旱中生植物。

经济价值：全草入药，能清热解毒、散瘀消肿，利尿，可用于治疗黄疸、头痛、头晕、痔疮、便秘、皮肤病、烫伤。也入蒙药用（蒙药名为浩尼—扎吉鲁西），能清热解毒、消肿、利胆、退黄，主治温疫、黄疸、烫伤、伏热等。枝叶柔细，花形与花色别致，适宜作花坛及花境边缘材料，也可盆栽或作切花。

292．疗齿草 *Odontites serotina*（Lam.）Dum. 采集号：13-064，13-072

一年生草本，古北极分布种。

生境：生于河流、丘间湿草甸；中生植物。

经济价值：有的地方用地上部分作蒙药用（蒙药名为巴西嘎），有小毒，能清热燥湿，凉血止痛，主治肝火头痛、肝胆瘀热、瘀血作痛。牲畜采食其干草。

293. 脐草*Omphalotrix longipes* Maxim. 采集号：13-176，13-251

一年生草本，东北—华北分布种。

生境：生于湖泊、河流湿草甸；中生植物。

294. 卡氏沼生马先蒿*Pedicularis palustris* L. subsp. *karoi*（Freyn）Tsoong 采集号：13-138，13-143

多年生草本，古北极分布种。

生境：生于河流、丘间湿草甸；湿中生植物。

295. 返顾马先蒿 *Pedicularis resupinata* L. 采集号：13-144，13-454

多年生草本，东古北极分布种。

生境：生于河流、沙丘间及湖泊周边草甸中；中生植物。

经济价值：根入药，能祛风湿、利尿，主治风湿性关节炎、尿路结石、疥疮。全草也作蒙药用（蒙药名为浩尼—额布日—其其格），能清热、解毒，主治肉食中毒，急性胃肠炎。也可作为观赏植物。

296. 穗花马先蒿 *Pedicularis spicata* Pall.

一年生草本，东亚分布种。

生境：生于草甸；中生植物。

经济价值：根可入药，有大补元气、生精安神、强心之功效。有的地方用全草作蒙药用（蒙药名为芦格鲁纳克福），效用同返顾马先蒿。也可以作为观赏植物。

297. 红纹马先蒿 *Pedicularis striata* Pall. 采集号：13-657

多年生草本，达乌里—蒙古分布种。

生境：生于草原；中生植物。

经济价值：全草作蒙药用（蒙药名为芦格鲁色日步），能利水涩精，主治水肿、遗精、耳鸣、口干舌燥、痈肿等。

298. 鼻花*Rhinanthus glaber* Lam. 采集号：13-227，13-255

一年生草本，古北极分布种。

生境：生于草甸；中生植物。

299. 北水苦荬*Veronica anagallis-aquatica* L. 采集号：13-797，13-1046

多年生草本，古北极分布种。

生境：生于河流、湖泊边低湿地；湿生植物。

300. 大婆婆纳 *Veronica dahurica* Stev. 采集号：13-969

多年生草本，东亚分布种。

生境：生于草甸；中生植物。

301. 白婆婆纳 *Veronica incana* L. 采集号：13-837

多年生草本，古北极分布种。

生境：生于草原、固定沙质草地，为草原群落的常见伴生种；中旱生植物。

经济价值：全草入药，能清热消肿、凉血止血，主治吐血、衄血、咯血、崩漏；外用主治痈疖红肿。

302．细叶婆婆纳 *Veronica linariifolia* Pall. ex Link 采集号：13−940

多年生草本，东古北极分布种。

生境：生于草原及山地灌丛中；旱中生植物。

经济价值：全草入药，能祛风湿、解毒止痛、清肺、化痰、止咳，主治风湿性关节痛、慢性气管炎、肺化脓症、咯血脓血；外用治痔疮、皮肤湿疹、风疹瘙痒、疖痈疮疡。

（五十）列当科 Orobanchaceae

303．列当 *Orobanche coerulescens* Steph. 采集号：13−1015

二年生或多年生根，古北极分布种。

生境：寄生于蒿属植物上；旱中生草本。

经济价值：全草入药，能补肾助阳、强筋骨，主治阳痿、腰腿冷痛、神经官能症、小儿腹泻等。外用治消肿，也作蒙药用（蒙药名为特木根—苏乐），主治炭疽。

304．黄花列当 *Orobanche pycnostachya* Hance

二年生或多年生根寄生草本，东古北极分布种。

生境：寄生于蒿属植物上；旱中生草本。

经济价值：全草入药，功效同列当。

（五十一）狸藻科 Lentibulariaceae

305．狸藻 *Utricularia vulgaris* L. subsp. *macrorhiza*（Le Conte）R. T. Clausen 采集号：13−452，13−462

多年生食虫草本，北美—亚洲分布种。

生境：生于静水中；水生植物。

（五十二）车前科 Plantaginaceae

306．车前 *Plantago asiatica* L. 采集号：13−051，13−1007

多年生草本，古北极分布种。

生境：生于河流溪边、湖泊边湿地，也见于路旁；湿中生植物。

经济价值：种子及全草入药（药材名为车前子），种子能清热、利尿、明目、祛痰，主治小便不利、泌尿系统感染、结石、肾炎水肿、暑湿泄泻、肠炎、目赤肿痛、痰多咳嗽等。全草能清热、利尿、凉血、祛痰，主治小便不利、尿路感染、暑湿泄泻、痰多咳嗽等。也作蒙药用（蒙药名为乌合日—乌日根纳），能止泻利尿，主治腹泻、水肿、小便淋痛。

307．平车前 *Plantago depressa* Willd.

一年生或二年生草本，东古北极分布种。

生境：生于河流、湖泊湿草地，也见于路旁、田野、居民点附近；耐盐中生植物。

经济价值：种子与全草入药，功效同车前。

308．盐生车前*Plantago maritima* L. subsp. *ciliata* Printz［= *Plantago maritima* L. var. *salsa*（Pall.）Pilger］采集号：13−062，13−656

多年生草本，古地中海分布种。

生境：生于湖泊边盐化湿草地；中生植物。

（五十三）茜草科 Rubiaceae

309．三瓣猪殃殃 *Galium trifidum* L. 采集号：13−150，13−279

多年生草本，泛北极分布种。

生境：生于湖泊边沼泽草甸；湿中生植物。

310．密花山猪殃殃*Galium dahuricum* Turcz. var. *densiflorum*（Cufod.）Ehrend.［=*Galium pseudoasprellum* Makino var. *densiflorum* Cufod.］采集号：13−1057，13−1058

多年生草本，东亚（中国—喜马拉雅）分布变种。

生境：生于湖滨草甸；中生植物。

311．猪殃殃 *Galium sputrium* L.［=*Galium aparine* L. var. *tenerum*（Gren. et Godr.）Reich.］采集号：13−806

一年生或二年生草本，古北极分布种。

生境：生于河流、湖滨湿地；中生植物。

经济价值：全草入药，有清热解毒、活血通络、消肿止痛之功效。

312．篷子菜 *Galium verum* L.

多年生草本，泛北极分布种。

生境：生于草原及草甸中；中生植物。

经济价值：茎可供提取绛红色染料，植株上部含2.5%的硬性橡胶，可作工业原料。全草入药，能活血去淤、解毒止痒、利尿、通经，主治疮痈中毒、跌打损伤、经闭、腹水、蛇咬伤、风疹瘙痒。

313．毛果篷子菜 *Galium verum* L. var. *trachycarpum* DC. 采集号：13−677，13−687

多年生草本，古北极分布种。

生境：生于丘陵草原中；中生植物。

经济价值：同篷子菜。

314．茜草 *Rubia cordifolia* L. 采集号：13−740，13−747

多年生攀援草本，东古北极分布种。

生境：生于石质丘陵区或沙地杂木林下、林缘及灌丛；中生植物。

经济价值：根入药（药材名为茜草），能凉血、出血、祛淤、通经，主治吐血、衄血、崩漏、经闭、跌打损伤。也作蒙药（蒙药名为麻日纳），能清热凉血、止泻、止血，主治赤痢、肺炎、肾炎、尿血、吐血、衄血、便血、血崩、产褥热、麻疹。根含茜根酸、紫色精和茜素，可作染料。

（五十四）忍冬科 Caprifoliaceae

315. 黄花忍冬 *Lonicera chrysantha* Turcz. 采集号：13−1010

落叶灌木，东古北极分布种。

生境：生于沙地林缘灌丛；中生植物。

经济价值：树皮可供造纸或制作人造棉。种子可供榨油。又为园林绿化树种。

316. 蒙古荚蒾 *Viburnum mongolicum* Rehd. 采集号：13−679，13−838

落叶灌木，东古北极分布种。

生境：生于丘陵区、沙地杂木林中及灌丛中；中生植物。

经济价值：可作为园林绿化树种。

（五十五）败酱科 Valerianaceae

317. 岩败酱 *Patrinia rupestris*（Pall.）Juss. 采集号：13−516

多年生草本，达乌里—蒙古分布种。

生境：生于石质丘陵顶部砾石质草原群落中；中旱生植物。

经济价值：根及全草入药，能清热解毒、活血排脓，主治肠炎、下痢脓血、慢性阑尾炎、肝炎、疔毒恶疮、痈肿不溃。

318. 毛节缬草 *Valeriana alternifolia* Bunge 采集号：13−374

多年生草本，古北极分布种。

生境：生于河流、湖泊、沙丘间低湿草甸；中生植物。

经济价值：根及根状茎入药，能安神、理气、止痛，主治神经衰弱、失眠、癔病、癫痫、胃腹胀痛、腰腿痛、跌打损伤。也作蒙药用（蒙药名为珠勒根—呼吉），能清热、消炎、消肿、镇痛，主治瘟疫、毒热、阵热、心跳、失眠、炭疽、白喉。

（五十六）川续断科 Dipsacaceae

319. 窄叶蓝盆花 *Scabiosa comosa* Fisch. ex Roem. et Schult. 采集号：13−654

多年生草本，达乌里—蒙古分布种。

生境：生于草原、山地草原中；中旱生植物。

经济价值：花作蒙药用（蒙药名为乌和日—西鲁苏），能清热泻火，主治肝火头痛、发烧、肺热、咳嗽、黄疸。也可以作为观赏植物栽培。

320. 华北蓝盆花 *Scabiosa tschiliensis* Grunning 采集号：13−965

多年生草本，华北—东北分布种。

生境：生于沙质草地及典型草原中；中旱生植物。

经济价值：同窄叶蓝盆花。

（五十七）桔梗科 Campanulaceae

321. 长柱沙参 *Adenophora stenanthina*（Ledeb.）Kitag. 采集号：13-569

多年生草本，达乌里—蒙古分布种。

生境：生于草原及沙质草原；旱中生植物。

经济价值：根入药（药材名为南沙参），能润肺、化痰、止咳，主治咳嗽痰黏、口燥咽干。也作蒙药用（蒙药名为鲁都特道日基），能消炎散肿、祛黄水，主治风湿性关节炎、神经痛、黄水病。

322. 皱叶沙参 *Adenophora stenanthina*（Ledeb.）Kitag. var. *crispata*（Korsh.）Y. Z. Zhao 采集号：13-202，13-322

多年生草本，达乌里—蒙古分布变种。

生境：生于草原及沙质草原；旱中生植物。

经济价值：根入药（药材名为南沙参），功效同长柱沙参。

323. 狭叶沙参 *Adenophora gmelinii*（Spreng.）Fisch.

多年生草本，东古北极分布种。

生境：生于山地草原；旱中生植物。

经济价值：根入药（药材名为南沙参），功效同长柱沙参。

324. 轮叶沙参 *Adenophora tetraphylla*（Thunb.）Fisch. 采集号：13-909，13-915

多年生草本，东亚分布种。

生境：生于河滩草甸；中生植物。

经济价值：根入药（药材名为南沙参），功效同长柱沙参。

（五十八）菊科 Compositae

325. 亚洲蓍 *Achillea asiatica* Serg. 采集号：13-065

多年生草本，东古北极分布种。

生境：生于湿草甸；中生植物。

经济价值：全草入蒙药（蒙药名为阿资亚—图勒格其—额布苏），能消肿、止痛，主治内痈、关节肿胀、疖疮肿毒。

326. 短瓣蓍 *Achillea ptarmicoides* Maxim. 采集号：13-756，13-780

多年生草本，东古北极分布种。

生境：生于湿草甸；中生植物。

327. 沙莞 *Arctogeron gramineum*（L.）DC.

多年生垫状草本，哈萨克斯坦—蒙古分布种。

生境：生于石质丘陵坡地上；旱生植物。

328. 碱蒿 *Artemisia anethifolia* Web. ex Stechm. 采集号：13-114

一年生草本，东古北极分布种。

生境：生于盐化低地；中生植物。

经济价值：可作饲用植物。

329．黄花蒿 *Artemisia annua* L.

一年生草本，泛北极分布种。

生境：生于河边、沙地及居民点附近，多散生或形成小群聚；中生植物。

经济价值：全草入药（药名为青蒿），能解暑、退虚热、抗疟，主治伤暑、疟疾、虚热。地上部分作蒙药用（药名为好尼—希日勒吉），能清热消肿，主治肺热咽喉炎、扁桃体炎等。

330．漠蒿（兴安沙蒿）*Artemisia desertorum* Spreng. 采集号：13–204

多年生草本，东古北极分布种。

生境：生于山地草原中，是贝加尔针茅草原的伴生种；中旱生植物。

经济价值：可作为饲用植物。

331．龙蒿 *Artemisia dracunculus* L. 采集号：13–742

多年生草本，泛北极分布种。

生境：生于草地或作为杂草分布于村舍、路旁，常散生或形成小群聚；中生植物。

经济价值：可作为饲草。

332．南牡蒿 *Artemisia eriopoda* Bunge 采集号：13–536，13–561

多年生草本，东亚分布种。

生境：生于山坡灌丛、草地；中旱生植物。

经济价值：叶供药用，治风湿性关节炎、头痛、水肿、毒蛇咬伤等症。

333．冷蒿 *Artemisia frigida* Willd. 采集号：13–701

小半灌木，泛北极分布种。

生境：多生长在沙质、沙砾质或砾石质土壤上，是草原小半灌木群落的主要建群植物，也是其他草原群落的伴生植物或亚优势植物；旱生植物。

经济价值：全草入药，能清热、利湿、退黄，主治湿热黄疸、小便不利、风痒疮疥。也入蒙药（蒙药名为阿格），能止血、消肿，主治各种出血、肾热、月经不调、疮痈。本种为优良牧草，羊和马四季均喜食其枝叶，骆驼和牛也乐食，干枯后，各种家畜均乐食，为家畜的抓膘草之一。

334．褐沙蒿 *Artemisia intramongolica* H. C. Fu 采集号：13–702，13–840

半灌木，东蒙古分布种。

生境：生于沙地；旱生植物。

经济价值：可以作为饲用和防风固沙植物。

335．蒙古蒿 *Artemisia mongolica*（Fisch. ex Bess.）Nakai 采集号：13–697

多年生草本，东古北极分布种。

生境：生长于沙地、河滩草地，作为杂草常侵入到耕地、路旁，有时也侵入到草甸群落中，多散生，亦可形成小群聚；中生植物。

经济价值：全草入药，作“艾（*Artemisia argyi*）”的代用品，有温经、止血、散寒、祛湿等功效。也可作为饲用植物，但适口性不高。在春季，马、牛、羊均采食其幼苗；到了夏季，由于该种枝茎粗硬，加之其他优良牧草均已长出，各种家畜基本不采食；但是到了秋季，特别是在下霜后和冬季，各种家畜均采食，尤以小家畜更喜食。刈割后调制干草饲养各种家畜，均喜食。

336．黑蒿 *Artemisia palustris* L. 采集号：13-188，13-195

一年生草本，东古北极分布种。

生境：生于沙质草原及灌丛中；旱中生植物。

经济价值：可作饲用植物。

337．魁蒿 *Artemisia princeps* Pamp.

多年生草本，东亚分布种。

生境：生于灌丛、路边；中生植物。

338．变蒿 *Artemisia pubescens* Ledeb. 采集号：13-243，13-975

多年生草本，古北极分布种。

生境：生于典型草原或山地草原和沙质草地；旱生植物。

经济价值：可作为饲用植物。

339．红足蒿 *Artemisia rubripes* Nakai

多年生草本，东亚分布种。

生境：多生于灌丛，作为杂草也侵入到农田、路旁；中生植物。

340．白莲蒿 *Artemisia gmelinii* Web. ex Stechm.（= *Artemisia sacrorum* Ledeb.）采集号：13-611

半灌木，东古北极分布种。

生境：生于石质山坡；中旱生植物。

经济价值：可作为饲用植物和水土保持植物。

341．密毛白莲蒿 *Artemisia gmelinii* Web. ex Stechm. var. *messerschmidiana*（Bess.）Poljakov 采集号：13-665，13-685

半灌木，东古北极分布变种。

生境：生于石质山坡；中旱生植物。

经济价值：同白莲蒿。

342．黄蒿 *Artemisia scoparia* Waldst. et Kit. 采集号：13-503

一年生或二年生草本，古北极分布种。

生境：多生长于沙质草地、典型草原、路边、荒地；中旱生植物。

经济价值：为中等牧草，一般家畜均喜食，用以调制干草适口性更佳。在春季和秋季，绵羊和山羊乐意采食，马、牛也乐食。幼苗入药，能清湿热、利胆、退黄，主治黄疸、肝炎、尿少色黄。根入藏药（藏药名为察尔汪），能清肺、消炎，主治咽喉炎、扁桃体炎、肺热咳嗽。

343．大籽蒿 *Artemisia sieversiana* Ehrhart ex Willd. 采集号：13－808

一年生或二年生草本，古北极分布种。

生境：散生或群居于农田、路旁、畜群点或水分较好的撂荒地、沙地上，有时也进入人为活动较明显的草原或草甸群落中；中生植物。

经济价值：全草入药，能祛风、清热、利湿，主治风寒湿痹、黄疸、热痢、疥癞恶疮。

344．线叶蒿 *Artemisia subulata* Nakai 采集号：13－768

多年生草本，东亚（中国—日本）北部分布种。

生境：生于河流、湖滨草甸；中生植物。

345．柳叶蒿*Artemisia integrifolia* L. 采集号：13－159，13－181

多年生草本，东古北极分布种

生境：生于河流、湖滨草甸；中生植物。

346．裂叶蒿 *Artemisia tanacetifolia* L.

多年生草本，泛北极分布种。

生境：草甸、草甸化草原及山地草原的伴生植物或亚优势植物，有时也出现在沙地林缘和灌丛间；中生植物。

经济价值：可作为饲草。全草入药，煎水洗治黄水疮、秃疮、斑秃及皮癣。

347．紫菀 *Aster tataricus* L. 采集号：13－774，13－777

多年生草本，东古北极分布种。

生境：生于沙地林下、灌丛中或河流溪边；中生植物。

经济价值：根及根茎入药（药材名为紫菀），能润肺下气、化痰止咳，主治风寒咳嗽气喘、肺虚久咳、痰中带血。花作蒙药用（蒙药名为敖纯—其其格），能清热、解毒、消炎、排脓，主治瘟病、流感、头痛、麻疹不透、疔疮。

348．小花鬼针草 *Bidens parviflora* Willd.

一年生草本，东亚分布种。

生境：生于田野、路旁、沙地林缘灌丛中；中生植物。

经济价值：全草入药，能祛风湿、清热解毒、止泻，主治风湿性关节炎、扭伤、肠炎腹泻、咽喉肿痛、虫蛇咬伤。

349．狼杷草 *Bidens tripartite* L.

一年生草本，泛热带分布种。

生境：生于河流、湖滨湿地；中生植物。

经济价值：全草入药，能清热解毒、养阴益肺、收敛止血，主治感冒、扁桃体炎、咽喉炎、肺结核、气管炎、肠炎痢疾、丹毒、癣疮、闭经等症。狼杷草籽和根可治痢疾、盗汗、丹毒。

350．矮狼杷草 *Bidens repens* D. Don 采集号：13－041，13－042

一年生草本，泛热带分布种。

生境：生于河流、湖滨湿地；中生植物。

351．羽叶鬼针草 *Bidens maximovicziana* Oett. 采集号：13−1036

一年生草本，东亚分布种。

生境：生于河滩湿地；中生植物。

352．柳叶鬼针草 *Bidens cernua* L. 采集号：13−1014，13−1026

一年生草本，泛北极分布种。

生境：生于湖泊边沼泽地；湿生植物。

353．兴安鬼针草 *Bidens radiate* Thuill. 采集号：13−043，13−403

一年生草本，古北极分布种。

生境：生于湖泊、河流沼泽边；中生植物。

354．翠菊 *Callistephus chinensis*（L.）Nees.

一年生或二年生草本，东亚分布种。

生境：多生于石质丘陵区灌丛中；中生植物。

经济价值：可栽培供观赏。花入药，有清肝明目的作用；花冲水当茶饮，治目赤红肿症。

355．飞廉 *Carduus crispus* L.

二年生草本，泛北极分布种。

生境：生于路边、沙地、田边；中生植物。

经济价值：地上部分入药，能清热、解毒、消肿、凉血、止血，主治无名肿毒、痔疮、外伤肿痛、各种出血。

356．细叶菊 *Chrysanthemum maximowiczii* Kom.［= *Dendranthema maximowiczii*（Kom.）Tzvel.］采集号：13−734

二年生草本，东北分布种。

生境：生于花岗岩石质丘陵区；中生植物。

经济价值：可作为观赏植物。

357．莲座蓟 *Cirsium esculentum*（Sievers）C. A. Mey.

多年生无茎或近无茎草本，东古北极分布种。

生境：生于河滩草甸或沙丘间草甸；中生植物。

经济价值：根入蒙药（蒙药名为塔卜长图—阿吉日嘎纳），能排脓止血、止咳消痰，主治肺脓肿、支气管炎、疮痈肿毒、皮肤病。

358．块蓟 *Cirsium salicifolium*（Kitag.）Shih

多年生草本，华北分布种。

生境：生于河滩湿草甸；中生植物。

经济价值：块根入药，能祛风湿、止痛，主治风湿性关节炎、四肢麻木。

359. 烟管蓟 *Cirsium pendulum* Fisch. ex DC. 采集号：13-1061，13-1064

多年生草本，东亚分布种。

生境：生于河滩草甸；中生植物。

经济价值：全草入药，能凉血止血、消散痈肿，主治咯血、衄血、尿血、痈肿疮毒等。

360. 还阳参 *Crepis crocea*（Lam.）Babc.

多年生草本，东古北极分布种。

生境：生于草地；中旱生植物。

经济价值：全草入药，能益气、止咳平喘、清热降火，主治支气管炎、肺结核。

361. 砂蓝刺头 *Echinops gmelinii* Turcz.

一年生草本，亚洲中部分布种。

生境：生于沙质草地、路边；旱生植物。

362. 驴欺口 *Echinops latifolius* Tausch.

多年生草本，东古北极分布种。

生境：生于山坡草地及杂类草丰富的山地草原中；中旱生植物。

经济价值：根入药（药材名为禹州漏芦），主治与功能同漏芦。花序也入药，能活血、发散，主治跌打损伤。花序还入蒙药（蒙药名为扎日—乌拉），能清热、止痛，主治骨折创伤、胸背疼痛。

363. 飞蓬 *Erigeron acer* L. 采集号：13-758，13-878

二年生草本，泛北极分布种。

生境：生于沙地林缘、低湿草甸、河岸草甸；中生植物。

经济价值：花序入药，可治疗发热性疾病；种子治疗出血性腹泻，煎剂治胃炎、腹泻、皮疹、疥疮。

364. 线叶菊 *Filifolium sibiricum*（L.）Kitam. 采集号：13-970

多年生草本，达乌里—蒙古分布种。

生境：生于砾石质山坡或草原群落中；耐寒性中旱生植物。

经济价值：为中等或劣等饲用植物。青鲜状态时一般不为家畜所采食；当秋季霜冻后，植株变成红色或暗褐色时，马、羊才开始采食；冬季和早春家畜也不乐食；枯草期的茎叶非常脆弱，易于折碎，因而不宜调制干草，利用率较低。地上全草，能清热解毒、凉血、散瘀，主治传染病高热、疔疮痈肿、血瘀刺痛。

365. 阿尔泰狗娃花 *Heteropappus altaicus*（Willd.）Novopokr. 采集号：13-265

多年生草本，东古北极分布种。

生境：生于丘陵坡地、沙质地、路旁与村舍附近及典型草原；中旱生植物。

经济价值：全草及根入药，全草能清热降火、排脓，主治传染性热病、肝胆火旺、疱疹疮疖；根能润肺止咳，主治肺虚咳嗽、咯血。花又入蒙药（蒙药名为宝日—拉伯），能清热解毒、消炎，主治血瘀病、瘟病、流感、麻疹不透。也为中等饲用植物，开花前，山羊、绵羊和骆驼喜食，干枯后各种家畜均采食。

366．狗娃花 *Heteropappus hispidus*（Thunb.）Less.

一年生或二年生草本，东亚分布种。

生境：生于河岸草甸及沙地；中生植物。

经济价值：根入药，能解毒消肿，主治疮肿、蛇咬伤。茎叶外用，捣烂可敷患处。

367．鞑靼狗娃花 *Heteropappus tataricus*（Lindl.）Tamamsch. 采集号：13–190

二年生草本，东古北极分布种。

生境：生长于砂质草地、砂质河岸或山坡草地；中生植物。

经济价值：根入药，茎叶外用；功效同狗娃花。

368．山柳菊 *Hieracium umbellatum* L. 采集号：13–770，13–766

多年生草本，古北极分布种。

生境：生于山地草甸、林缘及林下；中生植物。

经济价值：根及全草入药，能清热解毒、利湿消积，用于治疗痈肿疮疖、尿路感染、腹痛积块、痢疾。

369．欧亚旋复花 *Inula britanica* L. 采集号：13–020，13–197

多年生草本，古北极分布种。

生境：生于河流、湖泊周围草甸及湿润的沙质低地；中生植物。

经济价值：花序入药（药材名为旋覆花），能降气、化痰、行水，主治咳喘痰多、噫气、呕吐、胸隔痞闷、水肿。也入蒙药（蒙药名为阿扎斯儿卷），能散瘀、止痛，主治跌打损伤、湿热疮疡。

370．山苦荬*Ixeris chinensis*（Thunb.）Nakai 采集号：13–004

多年生草本，东古北极分布种。

生境：生于沙地灌丛以及草地、路边；中生植物。

经济价值：枝与叶可作养猪与养兔饲料。全草入药，能清热解毒、凉血、活血、排脓，主治阑尾炎、肠炎、痢疾、疮疖痈肿、吐血、衄血。

371．抱茎苦荬菜 *Ixeris sonchifolia*（Bunge）Hance 采集号：13–723，13–921

多年生草本，华北—东北分布种。

生境：生于山坡灌丛；中生植物。

经济价值：嫩茎叶可作鸡鸭饲料。全株可为猪饲料。全草可入药，能清热、解毒、消肿，主治头痛、牙痛、胃肠痛，可治阑尾炎、肠炎、肺脓肿、痈肿疮疖。

372．山莴苣 *Lagedium sibiricum*（L.）Sojak 采集号：13–310

多年生草本，古北极分布种。

生境：生于河流、湖泊周围湿地；中生植物。

经济价值：可作为饲草料。

373．长叶火绒草 *Leontopodium junpeianum* Kitam.（= *Leontopodium longifolium* Ling）采集号：13–368，13–1062

多年生草本，东亚分布种。

生境：生于山地灌丛及河流、沙地湿草甸；旱中生植物。

经济价值：全草入蒙药（蒙药名为查干—阿荣），能清肺、止咳化痰，主治肺热咳嗽、支气管炎。

374．火绒草 *Leontopodium leontopodioides*（Willd.）Beauv. 采集号：13-154

多年生草本，东古北极分布种。

生境：生于山坡草地及沙质草地；旱生植物。

经济价值：地上部分入药，能清热凉血、益肾利尿，可消除尿蛋白，主治急、慢性肾炎和尿道炎。全草也入蒙药（蒙药名为查干—阿荣），功能主治同长叶火绒草。

375．小滨菊 *Leucanthemella linearis*（Matsum.）Tzvel.

多年生草本，东亚（中国—日本）北部分布种。

生境：生于河流、沙地湿草甸；中生植物。

376．蹄叶橐吾 *Ligularia fischeri*（Ledeb.）Turcz.

多年生草本，东亚分布种。

生境：生于草甸中；中生植物。

经济价值：根作紫菀入药（药名为山紫菀），功能主治同紫菀。

377．箭叶橐吾 *Ligularia sagitta*（Maxim.）Mattf. 采集号：13-140，13-270

多年生草本，东亚分布种。

生境：生于河滩草甸、沙丘间沼泽草甸；湿中生植物。

经济价值：其根及根茎具有清热解毒、润肺下气、消肿止痛之功效，西北及西南地区民间用于治疗咳喘和支气管炎等症。

378．乳苣 *Mulgedium tataricum*（L.）DC. 采集号：13-821

多年生草本，古北极分布种。

生境：生于路边；中生植物。

经济价值：嫩叶可作为蔬菜食用。

379．栉叶蒿 *Neopallasia pectinata*（Pall.）Poljak. 采集号：13-527，13-639

一年生或二年生草本，古地中海分布种。

生境：生于退化草地、路边；旱中生植物。

经济价值：地上部分入药，能清利肝胆、消炎、止痛，主治急性黄疸性肝炎、头痛、头晕。地上部分也可入蒙药（蒙药名为乌合日—希鲁黑），能利胆，主治急性黄疸型肝炎。

380．鳍蓟 *Olgaea leucophylla*（Turcz.）Iljin

多年生草本，亚洲中部分布种。

生境：生于沙质草地；旱生植物。

经济价值：地上全草入药，能治痈疮肿毒、瘰疬及各种出血。

381．蝟菊 *Olgaea lomonosowii*（Trautv.）Iljin

多年生草本，达乌里—蒙古分布种。

生境：生于典型草原或石质丘陵区草地群落中；中旱生植物。

经济价值：全草入药，能清热燥湿、凉血止血、软坚散结，用于治疗湿热火毒、痈疽疮疖、理疮瘙痒及各种血热妄行之出血症、瘰疬痰核、瘿瘤积聚。

382．毛连菜 *Picris japonica* Thunb.（= *Picris davurica* Fisch. ex Hornem.）采集号：13−798

二年生草本，东古北极分布种。

生境：生于草甸、路边；中生植物。

经济价值：全草入蒙药（蒙药名：希拉—明站），能清热、消肿、止痛，主治流感、乳痈、阵刺。

383．密花风毛菊 *Saussurea acuminata* Turcz. 采集号：13−776，13−803

多年生草本，东北分布种。

生境：生于河流草甸；中生植物。

384．草地风毛菊 *Saussurea amara*（L.）DC.

多年生草本，古北极分布种。

生境：生于村旁、路边、盐化草地，为常见杂草；中生植物。

经济价值：可以作为饲用植物。全草入药，能清热、解毒、消肿，主治瘰疬、痈肿、疮疖。

385．风毛菊 *Saussurea japonica*（Thunb.）DC. 采集号：13−767

二年生草本，东亚分布种。

生境：生于村路边、山坡草地；中生植物。

386．翼茎风毛菊 *Saussurea japonica*（Thunb.）DC. var. *pteroclada*（Nakai et Kitag.）Raab−Straube 采集号：13−577

二年生草本，东亚分布变种。

生境：生于路边、山坡草地；中生植物。

387．桃叶鸦葱 *Scorzonera sinensis* Lipsch. et Krasch. 采集号：13−634

多年生草本，华北分布种。

生境：生于石质山坡草地；中旱生植物。

经济价值：根入药，能清热解毒、消炎、通乳，主治疔毒恶疮、乳痈、外感风热。

388．湿生狗舌草 *Tephroseris palustris*（L.）Four.（= *Senecio arcticus* Rupr.）采集号：13−103

多年生草本，泛北极分布种。

生境：生于河滩草甸；湿生植物。

389．狗舌草 *Tephroseris kirilowii*（Turcz. ex DC.）Holub

多年生草本，东亚分布种。

生境：生于沙地林缘灌丛；中旱生植物。

经济价值：全草入药，能清热解毒、利尿，用于肺脓肿、尿路感染、小便不利、白血病、口腔炎、疖肿。本种为“中国植物图谱数据库”收录的有毒植物，其毒性为全草有小毒，服用过量会引起肝肾损害。

390. 麻花头 *Serratula centauroides* L. 采集号：13-568

多年生草本，达乌里—蒙古分布种。

生境：生于草原群落中；中旱生植物。

经济价值：可作为饲用植物，早春返青后的基生叶，牛、马、羊均喜食。随着植株的生长，其他优良牧草的增多，其适口性逐渐下降，到夏季放牧时家畜基本不采食。秋季刈割调制干草后，各种家畜均喜食。

391. 伪泥胡菜 *Serratula coronata* L.

多年生草本，古北极分布种。

生境：生于河流草甸或丘间低地；中生植物。

经济价值：可作为饲用植物，青鲜状态时各种家畜均乐食，主要利用其上部的嫩枝，牛乐食其花和嫩叶。根入药，能解毒透疹，用于麻疹初期透发不畅、风疹瘙痒。地上部分入药可治喉炎、呼吸道感染、贫血等症。

392. 苣荬菜 *Sonchus arvensis* L. 采集号：13-045，13-046

多年生草本，东古北极分布种。

生境：生于河滩、林缘、田间、路边；中生植物。

经济价值：其嫩茎叶可供食用，春季挖采调菜。全草入药（药材名为败酱），能清热解毒、消肿排脓、祛瘀止痛，主治肠痈、疮疖肿毒、肠炎、痢疾、带下、产后瘀血腹痛、痔疮。

393. 漏芦 *Stemmacantha uniflora*（L.）Dittrich

多年生草本，东古北极分布种。

生境：生于草原、石质山坡，常为伴生种；中旱生植物。

经济价值：根入药（药材名为漏芦），能清热解毒、消痈肿、通乳，主治乳痈疮肿、乳汁不下、乳房作胀。花入蒙药（蒙药名为洪古尔—珠尔），能清热、解毒、止痛，主治感冒、心热、痢疾、血热及传染性热症。

394. 华蒲公英 *Taraxacum sinicum* Kitag. 采集号：13-1054

多年生植物，东古北极分布种。

生境：生于草甸；中生植物。

395. 蒲公英 *Taraxacum mongolicum* Hand.-Mazz.

多年生草本，东古北极分布种。

生境：生于草地，田边、路旁；中生植物。

经济价值：全草入药，能清热解毒、利尿散结。主治急性乳腺炎、淋巴结炎、瘰疬、疔毒疮肿、急性结膜炎、感冒发热、急性扁桃体炎、急性支气管炎、胃炎、肝炎、胆囊炎、尿路感染。全草入蒙药（蒙药名为巴嘎巴盖—其其格），能清热解毒，主治乳痈、淋巴结炎、胃热等。也可作生菜食用。

396. 碱菀*Tripolium pannonicum*（Jacq.）Dobr.（= *Tripolium vulgare* Nees）采集号：13-007，13-089

一年生草本，古北极分布种。

生境：生于河滩、湖泊周围低湿盐碱地上；中生植物。

397．苍耳 *Xanthium sibiricum* Patrin ex Widder 采集号：13−488，13−704

一年生草本，古北极分布种。

生境：生于田边、路旁；中生植物。

经济价值：种子可供榨油，可掺和桐油供制油漆，又可作油墨、肥皂、油毡的原料，还可供制硬化油及润滑油。花果期以后的茎叶、果实可入药。全草有毒，能祛风散热、解毒杀虫，主治头风、头晕、湿痹拘挛、目赤、目翳、风癞、疔肿、热毒疮疡、皮肤瘙痒。带总苞的果实入药（药材名为苍耳子），能散风祛湿、通鼻窍、止痛、止痒，主治风寒头痛、鼻窦炎、风湿痹痛、皮肤湿疹、瘙痒。

398．细叶黄鹌菜 *Youngia tenuifolia*（Willd.）Babc. et Stebb. 采集号：13−551，13−684

多年生草本，东古北极分布种。

生境：生于石质山坡草地及灌丛中；旱中生植物。

经济价值：可入药，有消肿止痛、清热利湿、凉血解毒之功效，主治感冒、痢疾等。也可作为饲用植物。

399．碱黄鹌菜 *Youngia stenoma*（Turcz. ex DC.）Ledeb.

多年生草本，东古北极分布种。

生境：生于盐化草甸；中生植物。

经济价值：可入药，有消肿止痛、清热利湿、凉血解毒之功效，主治感冒、痢疾等。也可作为饲用植物。

（五十九）香蒲科 Typhaceae

400．水烛 *Typha angustifolia* L.

多年生草本，世界分布种。

生境：生于河边、水库浅水中；水生植物。

经济价值：花粉（药材名为蒲黄）及全草或根状茎入药，花粉能止血、祛瘀、利尿，全草、根状茎能利尿、消肿。叶可供编织用。蒲绒可作枕芯。

401．拉氏香蒲 *Typha laxmanni* Lepech. 采集号：13−418

多年生草本，古北极分布种。

生境：生于河边、湖泊浅水中；水生植物。

经济价值：花粉（药材名为蒲黄）及全草或根状茎入药，花粉能止血、祛瘀、利尿，全草、根状茎能利尿、消肿。叶可供编织用。蒲绒可作枕芯。

402．宽叶香蒲 *Typha latifolia* L. 采集号：13−258，13−260

多年生草本，世界分布种。

生境：生于湖泊浅水中；水生植物。

经济价值：花粉（药材名为蒲黄）及全草或根状茎入药，花粉能止血、祛瘀、利尿，全草、根状茎能利尿、消肿。叶可供编织用。蒲绒可作枕芯。

（六十）黑三棱科 Sparganiaceae

403．小黑三棱 *Sparganium simplex* Huds. 采集号：13－130

多年生草本，东古北极分布种。

生境：生于河流、湖泊边浅水中；湿生植物。

经济价值：根茎入药（药材名为三棱），能破血祛瘀、行气消积、止痛，主治血瘀经闭、产后血瘀腹痛、气血凝滞、症瘕积聚、胸腹胀痛等。根茎亦作蒙药用（蒙药名为哈日—高日布勒吉—乌布斯），能清肺、疏肝、凉血、透骨蒸，主治肺热咳嗽、支气管扩张、气喘痰多、黄疸性肝炎、痨热骨蒸。

（六十一）眼子菜科 Potamogetonaceae

404．菹草 *Potamogeton crispus* L. 采集号：13－1513

多年生沉水植物，世界分布种。

生境：生于湖泊、河流静水中；水生植物。

经济价值：全草可作为绿肥及猪、鹅、鸭、鱼的饲料。

405．小眼子菜 *Potamogeton pusillus* L.（= *Potamogeton panormitanus* Biv.）采集号：13－307

多年生沉水植物，世界分布种。

生境：生于湖泊、河流静水中；水生植物。

经济价值：全草可作为绿肥及鱼、鸭的饲料。

406．龙须眼子菜*Potamogeton pectinatus* L.（= *Potamogeton intramongolicus* Ma）采集号：13－021，13－039

多年生沉水植物，世界分布种。

生境：生于湖泊、河流静水中；水生植物。

经济价值：全草可作鱼、鸭饲料，又可作绿肥。全草也可入药，能清热解毒，主治肺炎、疮疖。全草也作蒙药用（蒙药名为乌森呼日西），能清肺热、收敛，主治肺热咳嗽、疮疡。

407．穿叶眼子菜 *Potamogeton perfoliatus* L. 采集号：13－1042，13－1048

多年生沉水植物，世界分布种。

生境：生于湖泊中；水生植物。

经济价值：全草可作鱼和鸭的饲料。全草也入药，能渗湿、解表，主治湿疹、皮肤瘙痒。

408．角果藻 *Zannichellia palustris* L. 采集号：13－032，13－033

多年生草本，世界分布种。

生境：生于静水中，水生植物。

（六十二）水麦冬科 Juncaginaceae

409．水麦冬 *Triglochin palustris* L. 采集号：13－044

多年生草本，泛北极分布种。

生境：生于河滩及湖泊、沙丘间草甸；湿生植物。

经济价值：果实可入药，用于消炎，止泻。入藏医常用于治眼痛，腹泻。全草有毒，中毒可引起呼吸麻痹。

410．海韭菜 *Triglochin maritima* L. 采集号：13－344

多年生草本，泛北极分布种。

生境：生于河滩及湖泊、沙丘间盐化草甸；湿生植物。

（六十三）泽泻科 Alismataceae

411．泽泻 *Alisma orientale*（Sam.）Juz. 采集号：13－016，13－017

多年生草本，东亚分布种。

生境：生于河流、湖泊周围沼泽湿地；水生植物。

经济价值：根状茎入药，有利水渗湿、泄热通淋功能。主治小便不利、热淋涩痛、水肿胀满、泄泻、痰饮眩晕、遗精。

412．野慈姑*Sagittaria trifolia* L. 采集号：13－305，13－312

多年生草本，古北极分布种。

生境：生于河流、湖泊周围沼泽湿地；水生植物。

（六十四）花蔺科 Butomaceae

413．花蔺 *Butomus umbellatus* L. 采集号：13－049

多年生草本，古北极分布种。

生境：生于水边沼泽；水生植物。

经济价值：花蔺根茎含淀粉37%～40%，可制淀粉用，其酿造60°酒的出酒率达24%～26%。叶可作编织及造纸原料。花、叶美观，也可供观赏用。

（六十五）禾本科 Gramineae

414．远东芨芨草 *Achnatherum extremiorientale*（Hara）Keng et P.C. Kuo 采集号：13－520

多年生疏丛草本，东亚分布种。

生境：生于山地阳坡灌丛；旱中生植物。

经济价值：全草可作造纸原料，也可作牲畜饲料。

415．羽茅 *Achnatherum sibiricum*（L.）Keng 采集号：13－349，13－726

多年生疏丛生草本，东古北极分布种。

生境：生于典型草原、山地草原以及山地灌丛中，在群落中多为伴生种，有时可以成为优势种；中旱生植物。

经济价值：全草可作造纸原料。春夏季节青鲜时为牲畜所喜食。

416．芨芨草*Achnatherum splendens*（Trin.）Nevski

多年生丛生草本，古地中海分布种。

生境：生于盐化草甸；旱中生植物。

经济价值：良等饲用禾草。在春末和夏初，骆驼和牛乐食、羊和马采食较少；在冬季，植株残存良好，各种家畜均采食。为一种优良的造纸原料及人造丝原料。杆叶坚韧，长而光滑，可供制作扫帚，编织草帘子、筐、篓等。又可作为改良碱地、保护渠道、保持水土的植物。茎、颖果、花序及根入药，能清热利尿，主治尿路感染、小便不利、尿闭。花序能止血。

417. 冰草 *Agropyron cristatum*（L.）Gaertn. 采集号：13-385

多年生丛生禾草，东古北极分布种。

生境：生于典型草原，山坡、丘陵以及沙质草地；旱生植物。

经济价值：优良饲草；根可以作蒙药用（蒙药名为优日呼格），能止血、利尿，主治尿血、肾盂肾炎、功能性子宫出血、月经不调、咯血、吐血、外伤出血。

418. 根茎冰草*Agropyron michnoi* Roshev.

多年生丛生禾草，蒙古高原分布种。

生境：生于典型草原以及沙质草地；旱生植物。

经济价值：优良饲草；根可以作蒙药用（蒙药名为优日呼格），能止血、利尿，主治尿血、肾盂肾炎、功能性子宫出血、月经不调、咯血、吐血、外伤出血。

419. 沙芦草 *Agropyron mongolicum* Keng

多年生疏丛生禾草，亚洲中部分布种。

生境：生于干燥的沙质草原；旱生植物。

经济价值：本种是一种极耐旱和抗风寒的丛生草种，经引种试验，越冬情况良好，是一种优良牧草，马、牛、羊均喜食。根作蒙药用（蒙药名为蒙高勒—油日呼格），功能主治同冰草。

420. 毛沙芦草 *Agropyron mongolicum* Keng var. *villosum* H. L. Yang 采集号：13-347

多年生疏丛生禾草，亚洲中部分布变种。

生境：生于干燥的沙质草原；旱生植物。

经济价值：同沙芦草。

421. 毛稃沙生冰草 *Agropyron desertorum*（Fisch. ex Link）Schult. var. *pilosiusculum*（Melderis）H. L. Yang 采集号：13-497

多年生疏丛生禾草，亚洲中部分布种。

生境：生于干燥的沙质草原；旱生植物。

经济价值：优等饲用禾草。适口性和营养价值比冰草稍差，但其耐旱能力较强，是改良沙质草场的一种有价值的优良牧草。根作蒙药用（蒙药名为蒙高勒—油日呼格），功能主治同冰草。

422. 华北翦股颖 *Agrostis clavata* Trin.

多年生具细弱根茎的禾草，泛北极分布种。

生境：生于河流、湖泊、沙丘间潮湿低地；中生植物。

经济价值：良等饲用禾草，各种家畜均喜食。

423. 巨序翦股颖 *Agrostis gigantean* Roth

多年生具匍匐根茎的禾草，古北极分布种。

生境：生于河滩草甸，常可以形成巨序翦股颖草甸；中生植物。

经济价值：优等饲用禾草。草质柔软，适口性好，为各种家畜所喜食。

424. 芒翦股颖 *Agrostis vinealis* Schreber（= *Agrostis trinii* Turcz.）

多年生疏丛生禾草，古北极分布种。

生境：生于湿草甸；中生植物。

经济价值：良等饲用禾草，各种家畜均喜食。

425. 歧序翦股颖 *Agrostis divaricatissima* Mez 采集号：13-802

多年生禾草，东古北极分布种。

生境：生于湿草甸；中生植物。

经济价值：良等饲用禾草，各种家畜均喜食。

426. 苇状看麦娘 *Alopecurus arundinaceus* Poir. 采集号：13-1001

多年生草本，古北极分布种。

生境：生于草甸；中生植物。

经济价值：优等饲用禾草，适口性良好，无论是鲜草或是调制成干草，一年四季均为各种家畜所喜食，尤以牛最喜食。

427. 短穗看麦娘 *Alopecurus brachystachyus* M. Bieb. 采集号：13-142

多年生草本，东古北极分布种。

生境：生于草甸；湿中生植物。

经济价值：优等饲用禾草，适口性良好，无论是鲜草或是调制成干草，一年四季均为各种家畜所喜食，尤以牛最喜食。

428. 大看麦娘 *Alopecurus pratensis* L. 采集号：13-1034

多年生草本，古北极分布种。

生境：生于草甸；湿中生植物。

经济价值：可作为饲用植物。

429. 看麦娘 *Alopecurus aequalis* Sobol. 采集号：13-788

一年生草本，泛北极分布种。

生境：生于沟谷溪流湿地；湿中生植物。

经济价值：全草入药，能利水消肿、解毒，主治水肿、水痘。全草亦为良等饲禾草。适口性良好，各种家畜均乐食。

430. 野燕麦 *Avena fatua* L. 采集号：13-111

一年生草本，世界分布种。

生境：生于路边、居民点附近；中生植物。

431．菵草 *Beckmannia syzigachne*（Steud.）Fernald 采集号：13-101，13-104

一年生草本，泛北极分布种。

生境：生于水边、沼泽地；湿中生植物。

经济价值：中等饲用禾草。青草在开花前，马、牛、羊均喜食；开花结实后，马、牛、羊均乐食，但适口性减低。果后枯黄，家畜放牧时基本不采食。果实可作为精料，亦可食用。全草及种子入药，能补益气力、利肠胃。种子能清热、利胃肠。

432．无芒雀麦 *Bromus inermis* Leyss. 采集号：13-289

多年生禾草，古北极分布种。

生境：生于草甸河边及路旁；中生植物。

经济价值：优等饲用禾草，是世界上著名的优良牧草之一。草质柔软，叶量较大，适口性好，为各种家畜所喜食，尤以牛最喜食。营养价值较高，一年四季均可利用。作为一种建立人工草地的优良牧草，在草甸草原、典型草原地带以及温带较温润的地区可以推广种植。

433．沙地雀麦*Bromus korotkiji* Drob.（= *Bromus ircutensis* Kom.）采集号：13-193

多年生草本，蒙古高原分布种。

生境：生于沙地；旱中生植物。

434．拂子茅 *Calamagrostis epigejos*（L.）Roth. 采集号：13-554

多年生根茎型禾草，古北极分布种。

生境：生于河流草甸、丘间低地；中生植物。

经济价值：中等饲用禾草，仅在开花前为牛所乐食；其根茎发达，抗盐碱土壤，耐湿，并能固定泥沙。全草可入药，能催产助生，可用作催产及产后止血。

435．大拂子茅 *Calamagrostis macrolepis* Litv. 采集号：13-918

多年生根茎型禾草，东古北极分布种。

生境：生于沙丘间草甸；中生植物。

经济价值：为中等饲用植物；也是良好的纤维植物。

436．假苇拂子茅 *Calamagrostis pseudophragmites*（Hall. f.）Koeler. 采集号：13-125

多年生根茎型禾草，古北极分布种。

生境：生于沙地；中生植物。

经济价值：为中等偏低饲用植物，幼嫩至抽穗期含粗蛋白质较高，可达10%左右，各种家畜均乐食；花后期，茎叶变粗硬，家畜几乎不采食；抽穗前打贮的干草为各种家畜乐食。开花后晒制的干草，家畜，特别是羔羊，采食带长柔毛颖果的花序后易积留在瘤胃中而得“毛球病”，饲喂时应引起注意。假苇拂子茅含粗纤维36%～40%，可作造纸及人造纤维工业的原料。根状茎发达，能护提固岸、稳定河床，是良好的水土保持植物。

437．沿沟草*Catabrosa aquatica*（L.）P. Beauv.

多年生草本，泛北极分布种。

生境：生于河流湿地；湿生植物。

438. 糙隐子草 *Cleistogenes squarrosa*（Trin.）Keng 采集号：13-337

多年生丛生小禾草，华北分布种。

生境：生于典型草原和沙质草地；旱生植物。

经济价值：本种为优等饲用禾草。在青鲜时，为家畜所喜食，特别是羊和马最喜食。牧民认为在秋季家畜采食后上膘快，是一种抓膘的良草。

439. 薄鞘隐子草*Cleistogenes festucacea* Honda 采集号：13-671

多年生丛生小禾草，黑海—哈萨克斯坦—蒙古分布种。

生境：生于山坡向阳草地；旱生植物。

经济价值：可作为饲用植物。

440. 瘦野青茅*Deyeuxia macilenta*（Griseb.）Keng ex S. L. Lu

多年生草本，亚洲中部分布种。

生境：生于河流湿地；中生植物。

441. 大叶章 *Deyeuxia langsdorffii*（Link）Kunth 采集号：13-283

多年生草本，泛北极分布种。

生境：生于河流、湖泊周边湿草甸；中生植物。

经济价值：本种抽穗前刈割可作饲料，是中等饲用禾草。在青鲜状态时，为牛、马和羊所嗜食；调制成干草后，适口性更好。

442. 忽略野青茅 *Deyeuxia neglecta*（Ehrh.）Kunth 采集号：12-221，13-281

多年生根茎型禾草，泛北极分布种。

生境：生于河流、湖滨沼泽草甸；湿中生植物。

经济价值：中等饲用禾草。在青鲜状态时，为牛、马和羊所喜食；调制成干草后，适口性更好。

443. 止血马唐 *Digitaria ischaemum*（Schreb.）Schreb. ex Muhl.

一年生草本，泛北极分布种。

生境：生于路旁以及沙质草地；中生植物。

经济价值：中等饲用禾草。在秋后牛和马采食。全草入药，能凉血止血，用于血热妄行的出血症，如鼻衄、咯血、呕血、便血、尿血、痔血、崩漏等症。

444. 稗 *Echinochoa crusgalli*（L.）Beauv.

一年生草本，泛温带分布种。

生境：生于沼泽湿地、农田；湿生植物。

经济价值：谷粒供食用或酿酒。良等饲用禾草。青鲜时，为牛、马和羊喜食。根及幼苗入药，能止血，主治创伤出血不止。茎叶纤维可作造纸原料。全草可作绿肥。

445. 披碱草 *Elymus dahuricus* Turcz. 采集号：13-735

多年生疏丛生禾草，古北极分布种。

生境：生于草甸以及山坡、路边；中生植物。

经济价值：本种为优良牧草。耐旱、耐碱、耐寒、耐风沙，产草量高，结实性好，适口性强，品质优良，经栽培驯化以后（与野生状态下相比较），其蛋白质含量有较大的提高，而纤维素的含量则显著下降。

446．老芒麦 *Elymus sibiricus* L. 采集号：13−732

多年生疏丛生禾草，古北极分布种。

生境：生于草甸中；中生植物。

经济价值：良等饲用禾草。本种的草质比披碱草柔软，适口性较好，牛和马喜食，羊乐食。营养价值也较高，是一种有栽培前途的优良牧草，现已广泛种植。

447．毛披碱草 *Elymus villifer* C. P. Wang et H. L. Yang 采集号：13−714

多年生疏丛生禾草，华北分布种。

生境：生于花岗岩石质丘陵灌丛；中生植物。

经济价值：属于国家二级重点保护野生植物。

448．画眉草 *Eragrostis pilosa*（L.）Beauv.

一年生草本，泛温带分布种。

生境：生于路边、沙质草地；中生植物。

经济价值：全草入药，能疏风清热、利尿，主治尿路感染、肾盂肾炎、肾炎、膀胱炎、膀胱结石、肾结石、结膜炎、角膜炎等。花序入药，能解毒、止痒，用于治黄水疮。也可作为饲用植物。

449．小画眉草 *Eragrostis minor* Host

一年生草本，泛温带分布种。

生境：生于路边、沙质草地；中生植物。

经济价值：优等饲用禾草。草质柔软，适口性良好，羊喜食，马和牛乐食，在夏、秋季骆驼也乐食，牧民认为它是羊和马的抓膘牧草。全草及花序可入药。功效同画眉草。

450．达乌里羊茅 *Festuca dahurica*（St.−Yves）V.Krecz. 采集号：13−566

多年生密丛生禾草，东古北极分布种。

生境：生于山地草原及沙地上；旱生植物。

经济价值：优等牧草，为各种家畜四季喜食。返青早，冬季株丛保存良好，因此为冬春重要饲用植物。

451．羊茅 *Festuca ovina* L.

多年生密丛生禾草，泛北极分布种。

生境：生于草原群落中；旱生植物。

经济价值：优等饲用禾草。草质柔软，适口性好，青鲜时羊和马最喜食，牛采食较少；晒制成干草，各种家畜均喜食。牧民认为是夏、秋季节的抓膘牧草，对小畜有催肥的效果，因此，称之为“细草”。

452．紫羊茅 *Festuca rubra* L. 采集号：13−402

多年生具根茎型禾草，泛北极分布种。

生境：生于河滩草甸；中生植物。

经济价值：为优良的牧草。

453. 水甜茅 *Glyceria triflora*（Korsh.）Kom. 采集号：13-313

多年生草本，古北极分布种。

生境：生于河流湿地、沼泽；湿生植物。

经济价值：可作为饲用植物。

454. 狭叶甜茅 *Glyceria spiculosa*（Fr. Schmidt）Roshev. 采集号：13-141，13-145

多年生草本，东北分布种。

生境：生于河流湿地、沼泽；湿生植物。

经济价值：可作为饲用植物。

455. 光稃茅香 *Hierochloe glabra* Trin.

多年生具细弱根茎的禾草，东古北极分布种。

生境：生于湿润沙质草地上，可以形成光稃茅香群聚；中生植物。

经济价值：适口性较高，青鲜时马、牛等大家畜喜食。在春末或初夏，齐地面割下，稍折断，即可用来饲喂役畜，给早春放牧提供可贵的青饲草。光稃茅香开花后约一个月内，基生叶，仍保持柔软性，且耐践踏，适作为放牧场的草种，与其他禾本科牧草混播，不仅对生长无影响，而且因有光稃茅香混生，可提高其他牧草的适口性。光稃茅香的青草含有少量的香豆素。

456. 短芒大麦草 *Hordeum brevisubulatum*（Trin.）Link 采集号：13-122

多年生草本，东古北极分布种。

生境：生于河流湿草甸；中生植物。

经济价值：为良好的饲用植物。

457. 小药大麦草 *Hordeum roshevitzii* Bowd. 采集号：13-118

多年生草本，东古北极分布种。

生境：生于河流湿草甸；中生植物。

经济价值：为良好的饲用植物。

458. 颖芒大麦草 *Hordeum jubatum* L.

多年生草本，泛温带分布种。

生境：生于居民点附近，逸生植物；中生植物。

经济价值：可作为饲用植物。

459. 洽草 *Koeleria macrantha*（Ledeb.）Schultes [= *Koeleria cristata*（L.）Pers.]

多年生丛生小禾草，泛北极分布种。

生境：生于草地；旱生植物。

经济价值：本种春季返青较早，6月开花，7月上旬结实，为优等饲用禾草。草质柔软，适口性好，羊最喜食，牛和骆驼乐食。到深秋仍有鲜绿的基生叶丛，因此，被利用的时间长。营养价值较高，对家畜抓膘有良好效果，牧民称之为“细草”。适应性强，是改良天然草场的优良草种。

460．羊草 *Leymus chinensis*（Trin.）Tzvel.

多年生根茎型禾草，达乌里—蒙古分布种。

生境：生于典型草原、低山丘陵以及河滩草地；中旱生植物。

经济价值：优等饲用禾草，适口性好，一年四季为各种家畜所喜食。营养物质丰富，在夏秋季节是家畜抓膘牧草，为内蒙古草原主要牧草资源，亦为秋季收割干草的重要饲草。本种植物耐碱、耐寒、耐旱，在平原、山坡、沙壤土中均能适应生长。现已广泛种植。

461．赖草 *Leymus secalinus*（Georgi）Tzvel. 采集号：13-028，13-120

多年生根茎型禾草，东古北极分布种。

生境：生于沙地、路旁，常可以形成赖草群聚；旱中生植物。

经济价值：良等饲用禾草。在青鲜状态下为牛和马所喜食，而羊采食较差；抽穗后迅速粗老，适口性下降。根茎及须根入药，能清热、止血、利尿，主治感冒、鼻出血、哮喘、肾炎。

462．抱草 *Melica virgata* Turcz. 采集号：13-489，13-510

多年生丛生禾草，东古北极分布种。

生境：生于山坡灌丛及草地；旱中生植物。

经济价值：为充饥禾草。有文献记载，牲畜（羊）嚼食过多可中毒，发生停食、腹胀、痉挛等症状，严重者可致死亡。

463．白草 *Pennisetum flaccidum* Grisebach（= *Pennisetum centrasiaticum* Tzvel.）采集号：13-572

多年生根茎型禾草，古地中海分布种。

生境：生于丘陵坡地及沙质草地；中旱生植物。

经济价值：良等饲用禾草。适口性良好，为各种家畜所喜食，适应性较强。根茎入药，能清热凉血、利尿，主治急性肾炎尿血、鼻衄、肺热咳嗽、胃热烦渴。根状茎也作蒙药用（蒙药名为五龙），能利尿、止血、杀虫、敛疮、解毒，主治尿闭、毒热、吐血、衄血、尿血、创伤出血、口舌生疮等症。

464．芦苇 *Phragmites australis*（Cav.）Trin. ex Steudel

多年生具粗壮的匍匐根状茎的高大禾草，世界分布种。

生境：生于水边沼泽，有时也见于较干燥的沙地及农田；湿生植物。

经济价值：是我国当前主要造纸原料之一。茎秆纤维不仅可作造纸原料，还可作人造棉和人造丝的原料，茎秆也可供编织和盖房用。嫩芽也可食用。花序可供制作扫帚。花絮可供填枕头。根茎、茎秆、叶及花序均可入药。根茎（药材名为芦根）能清热生津、止呕、利尿，主治热病频渴、胃热呕逆、肺热咳嗽、肺痛、小便不利、热淋等。茎秆（药材名为苇茎）能清热排脓，主治肺痛、吐脓血。叶能清肺、止呕、止血、解毒。花序能止血、解毒。根状茎富含淀粉和蛋白质，可供制糖和酿酒用。因根状茎粗壮，蔓延力强，又是优良固堤和使沼泽变干的植物。优等饲用禾草，叶量大，营养价值较高。在抽穗期以前，由于含糖分较高，有甜味，各种家畜均喜食；抽穗以后，草质逐渐粗糙，适口性下降，但调制成干草，仍为各种家畜所喜食。再生性特别强，平均每天能长高1cm，有很强的繁殖能力。

465．细叶早熟禾 *Poa angustifolia* L. 采集号：13−1520

多年生具根茎草本，古北极分布种。

生境：生于河滩草甸，可成为优势种；旱中生植物。

经济价值：良等饲用禾草，牲畜乐食。

466．渐狭早熟禾 *Poa attenuata* Trin. ex Bunge 采集号：13−716

多年生丛生禾草，东古北极分布种。

生境：生于典型草原及丘陵区草地；旱生植物。

经济价值：良等饲用禾草，各种家畜乐食，在其抽穗期粗蛋白质的含量占干物质的10.29%，粗脂肪占2.61%。

467．硬质早熟禾 *Poa sphondylodes* Trin. ex Bunge 采集号：13−1523

多年生丛生禾草，东古北极分布种。

生境：生于典型草原及沙质草原；旱生植物。

经济价值：良等饲用禾草，马、羊喜食。地上部分入药，能清热解毒、利尿、止痛，主治小便淋涩、黄水疮。

468．散穗早熟禾 *Poa subfastigiata* Trin. 采集号：13−274

多年生根茎型草本，东古北极分布种。

生境：生于河滩、湖滨草甸；湿中生植物。

经济价值：良等饲用禾草，青鲜时牛羊乐食，在抽穗期其粗蛋白质的含量占干物质的12.68%。

469．沙鞭*Psammochloa villosa*（Trin.）Bor 采集号：13−032

多年生丛生禾草，东古北极分布种。

生境：生于流动、半流动沙地或风蚀坑周围；旱生植物。

经济价值：良等饲用禾草，适口性良好，牛和骆驼喜食，羊乐食，马采食较少。为固沙植物。茎叶纤维可作造纸原料。颖果可作面粉食用。

470．星星草 *Puccinellia tenuiflora*（Griseb.）Scribn.

多年生丛生耐盐碱禾草，东古北极分布种。

生境：生于盐化草甸，常可以形成群落；中生植物。

经济价值：各类家畜喜食，有些地区牧民利用它作为过冬前的抓膘饲料，交替利用它时，山羊、绵羊、骆驼特别喜食。开花期粗蛋白质含量高，据资料可达13.3%。

471．朝鲜碱茅 *Puccinellia chinampoensis* Ohwi 采集号：13−029，13−083

多年生丛生耐盐碱禾草，东北分布种。

生境：生于盐化草甸，常可以形成群落；中生植物。

经济价值：各类家畜喜食，为优良牧草，且在盐碱地上广为栽培。

472．鹤甫碱茅 *Puccinellia hauptiana*（Trin.）Krecz. 采集号：13−112

多年生草本，泛北极分布种。

生境：生于路边湿草地；中生植物。

经济价值：可作为饲用植物。

473．缘毛鹅观草 *Roegneria pendulina* Nevski 采集号：13－1521

多年生丛生禾草，东亚分布种。

生境：生于山坡灌丛及沙地灌丛；中生植物。

经济价值：可作为饲用植物。

474．直穗鹅观草 *Roegneria turczaninovii*（Drob.）Nevski 采集号：13－750

多年生疏丛禾草，东古北极分布种。

生境：生于山地林缘草甸或林下、沟谷草甸、山坡灌丛中；中生植物。

经济价值：可作为饲用植物。

475．肃草 *Roegneria stricta* Keng（= *Roegneria varia* Keng et S.L.Chen）采集号：13－609

多年生疏丛型草本，东亚分布种。

生境：生于石质山坡灌丛；中生植物。

经济价值：可作为饲用植物。

476．河北鹅观草 *Roegneria hondai* Kitag. 采集号：13－720

多年生疏丛型草本，华北分布种。

生境：生于石质山坡灌丛；中生植物。

经济价值：可作为饲用植物。

477．毛盘鹅观草 *Roegneria barbicalla*（Ohwi）Keng et S. L. Chen 采集号：13－213

多年生丛生禾草，华北分布种。

生境：生于灌丛间；中生植物。

经济价值：可作为饲用植物。

478．狗尾草 *Setaria viridis*（L.）Beauv. 采集号：13－622

一年生草本，世界分布种。

生境：生于荒地、田野、河边；中生植物。

经济价值：本种在幼嫩时是家畜的优良饲料，为各种家畜所喜食，但开花后，由于植物体变粗，刚毛变得很硬，会对动物口腔黏膜有损害作用。此外，其种子可食用，供喂养家禽以及蒸馏酒精。全草入药，能清热明目、利尿、消肿排脓，主治目翳、砂眼、目赤肿痛、黄疸肝炎、小便不利、淋巴结核（已溃）、骨结核等。颖果也作蒙药用（蒙药名为乌仁素勒），能止泻涩肠，主治肠痧、痢疾、腹泻、肠刺痛。

479．金色狗尾草 *Setaria glauca*（L.）Beauv.

一年生草本，古北极分布种。

生境：生于田野、路边、沙地；中生植物。

经济价值：在青苗时节是牲畜的优良饲料。种子可食，或供喂养家禽，还可供蒸馏酒精。药用同狗尾草（蒙药名为西日—达拉），功能主治亦同狗尾草。

480．断穗狗尾草 *Setaria arenaria* Kitag.

一年生草本，东蒙古分布种。

生境：生于沙质草地；中生植物。

经济价值：为良等饲用禾草。为马、牛和羊所喜食，骆驼乐食。

481．大针茅 *Stipa grandis* P. Smirn.

多年生密丛型禾草，达乌里—蒙古分布种。

生境：分布于草原地带，可形成大针茅草原群落；旱生植物。

经济价值：为良好的饲用植物。各种牲畜四季都乐意吃，基生叶丰富并能较完整地保存至冬春，可为牲畜提供大量有价值的饲草。生殖枝营养价值较差，特别是带芒的颖果能刺伤绵羊的皮肤而造成其伤亡。

482．克氏针茅 *Stipa krylovii* Roshev. 采集号：13−661

多年生密丛型禾草，亚洲中部分布种。

生境：生于较为干旱的草原地带，或在大针茅草原放牧加重的情况下，可成为建群种而演替为克氏针茅草原；旱生植物。

经济价值：为良好饲用植物，饲用价值大体与大针茅相同。

483．贝加尔针茅 *Stipa baicalensis* Roshev. 采集号：13−630，13−695

多年生丛生禾草，达乌里—蒙古分布种。

生境：生于山地、丘陵草原，为贝加尔针茅草原的建群种；中旱生植物。

经济价值：为良好的饲用植物。生殖枝营养价值较差，特别是带芒的颖果能刺伤绵羊的皮肤而造成其伤亡。

484．中华草沙蚕 *Tripogon chinensis*（Fr.）Hack. 采集号：13−604，13−690

多年生密丛草本，东古北极分布种。

生境：生于石质山坡及岩缝中，可形成群落片段；旱中生植物。

经济价值：为中等饲用禾草；羊和马乐食。

485．西伯利亚三毛草 *Trisetum sibiricum* Rupr. 采集号：13−898，13−904

多年生具短根状茎禾草，泛北极分布种。

生境：生于林缘及林间草地；中生植物。

经济价值：为良等饲用禾草。在青鲜状态时，为各种家畜所乐食；结实后，适口性有所下降。

（六十六）莎草科 Cyperaceae

486．华扁穗草 *Blysmus sinocompressus* Tang et Wang 采集号：13−331

多年生具长根状茎草本；东古北极分布种。

生境：生于河流、湖泊低湿草甸；湿生植物。

经济价值：可作为饲用植物。

487．内蒙古扁穗草 *Blysmus rufus*（Huds.）Link 采集号：13-199

多年生具长根状茎草本；泛北极分布种。

生境：生于河流、湖泊低湿草甸；湿生植物。

经济价值：可作为饲用植物。

488．紫鳞苔草 *Carex angare* Steud. 采集号：13-911

多年生草本，东古北极分布种。

生境：生于河流、湖泊周围草甸；中生植物。

经济价值：可作为饲用植物。

489．灰脉苔草 *Carex appendiculata*（Trautv.）Kukenth.

多年生草本，东古北极分布种。

生境：生于河岸、湖泊周围湿地，可形成塔头沼泽；湿生植物。

经济价值：可作为饲用植物。

490．纤弱苔草 *Carex capillaries* L. 采集号：13-405

多年生草本，泛北极分布种。

生境：生于河滩草甸；中生植物。

经济价值：可作为饲用植物。

491．扁囊苔草*Carex coriophora* Fisch. et C. A. Mey. ex Kunth 采集号：13-361，13-397

多年生草本，东古北极分布种。

生境：生于河岸、湖泊周围草甸；湿中生植物。

经济价值：可作为饲用植物。

492．寸草苔 *Carex duriuscula* C. A. Mey. 采集号：13-410

多年生具细长根状茎草本，泛北极分布种。

生境：生于河滩草甸及沙质低湿草甸上；中旱生植物。

经济价值：是一种很有价值的放牧型植物，牛、马、羊喜食。也可以作为园林绿化草坪植物。

493．针苔草*Carex dahurica* Kukenth. 采集号：13-746

多年生具细长根状茎草本，东西伯利亚分布种。

生境：生于河滩草甸及沙质低湿草甸上；湿中生植物。

494．无脉苔草 *Carex enervis* C. A. Mey. 采集号：13-398

多年生具长匍匐根状茎草本，东古北极分布种。

生境：生于河边、湖泊周围沼泽化草甸；中生植物。

经济价值：可作为饲用植物。

495．湿苔草 *Carex humida* Y. L. Chang et Y. L. Yang 采集号：13-893

多年生草本，东北分布种。

生境：生于溪边沼泽；湿生植物。

经济价值：可作为饲用植物。

496．小粒苔草 *Carex karoi* Freyn 采集号：13-787

多年生草本，东古北极分布种。

生境：生于河流草甸及沼泽化草甸；湿中生植物。

经济价值：可作为饲用植物。

497．黄囊苔草 *Carex korshinskyi* Kom. 采集号：13-1522

多年生草本，东古北极分布种。

生境：生于草地、沙丘及石质山坡，可成为沙质草原及羊草草原伴生种；中旱生植物。

经济价值：可作为饲用植物。

498．脚苔草（日阴菅）*Carex pediformis* C. A. Mey.

多年生草本，东古北极分布种。

生境：生于山地草原及灌丛；中旱生植物。

经济价值：耐践踏，为一种放牧型牧草；牛、马、羊喜食。干草可供编织各种垫子。

499．走茎苔草 *Carex reptabunda*（Trautv.）V. Krecz. 采集号：13-422

多年生草本，东古北极分布种。

生境：生于河流、湖滨草甸；中生植物。

经济价值：可作为饲用植物。

500．灰株苔草 *Carex rostrata* Stokes 采集号：13-346，13-408

多年生具粗而长的匍匐根状茎草本，泛北极分布种。

生境：生于河边沼泽；湿生植物。

经济价值：嫩叶可作牧草；茎叶可供造纸。

501．臌囊苔草 *Carex schmidtii* Meinsh.

多年生草本，东古北极分布种。

生境：生于河流溪边；湿中生植物。

经济价值：可作为饲用植物。

502．毛苔草 *Carex lasiocarpa* Ehrh. 采集号：13-409

多年生疏丛生草本，泛北极分布种。

生境：生于河流、湖滨沼泽草甸；湿生植物。

经济价值：可供造纸，茎叶可作编物、搓绳、制刷之用。

503．长杆苔草 *Carex kirganica* Kom. 采集号：13-399

多年生根茎型草本，西伯利亚—东北分布种。

生境：生于河流、湖滨沼泽、草甸；湿生植物。

504．膜囊苔草 *Carex vesicaria* L. 采集号：13-401

多年生草本，泛北极分布种。

生境：生于河流、湖滨草甸；中生植物。

经济价值：可作为饲用植物和造纸原料。

505．细毛苔草 *Carex sedakowii* C. A. Mey. 采集号：13−895

多年生草本，东古北极分布种。

生境：生于河流、湖滨草甸；湿生植物。

506．中间型荸荠 *Eleocharis palustris*（L.）Roem. et Schult.（= *Eleocharis intersita* G. Zinserl.）采集号：13−1519

多年生具匍匐根状茎草本，泛北极分布种。

生境：生于河边及湖泊周围沼泽，有时可形成密集中间型荸荠沼泽群聚；湿生植物。

经济价值：可作饲用植物。

507．牛毛毡 *Eleocharis yokoscensis*（Franch. et Sav.）Tang et F. T. Wang 采集号：13−102，13−124

多年生草本，东古北极分布种。

生境：生于河流沼泽湿地；湿生植物。

508．东方羊胡子草 *Eriophorum angustifolium* Roth（= *Eriophorum polystachion* auct. non L. : Fl. Intramongol. ed. 2, 5: 291. 1994.）采集号：13−173

多年生草本，泛北极分布种。

生境：生于沼泽湿地；湿生植物。

509．羊胡子草 *Eriophorum vaginatum* L.

多年生草本，北极—高山分布种。

生境：生于沼泽湿地；湿生植物。

510．红羊胡子草 *Eriophorum russeolum* Fries 采集号：13−286

多年生草本，北极—高山分布种。

生境：生于沼泽湿地；湿生植物。

511．花穗水沙草 *Juncellus pannonicus*（Jacq.）C. B. Clarke 采集号：13−434，13−446

多年生草本，古北极分布种。

生境：生于河流、湖泊周围草甸沼泽中；湿生植物。

经济价值：可作饲用植物。

512．槽鳞扁莎 *Pycreus sanguinolentus*（Vahl）Nees ex C. B. Clarke［= *Pycreus korshinskyi*（Meinsh.）V. Krecz.］采集号：13−799

一年生草本，东古北极分布种。

生境：生于河滩、湖岸沙地上；湿生植物。

经济价值：可作为饲用植物。

513．扁杆藨草 *Scirpus planiculmis* Fr. Schmidt 采集号：13−073

多年生具匍匐根状茎草本，古北极分布种。

生境：生于河滩沼泽湿地；湿生植物。

经济价值：本种可作牧草为家畜采食。茎亦可作编织及造纸原料。块茎可药用，能止咳、破血、通经、行气、消积、止痛，主治慢性气管炎、产后瘀阻腹痛、消化不良、闭经及一切气血瘀滞、胸腹胁痛。

514．水葱 *Scirpus tabernaemontani* Gmel. 采集号：13-009，13-021

多年生具粗壮根状茎草本，泛北极分布种。

生境：生于河流、湖泊附近浅水沼泽、沼泽化草甸中；湿生植物。

经济价值：本种可作编织材料，亦可作牧草。全草入药，能除湿利水，主治小便不通、水肿胀满。

515．藨草 *Scirpus triqueter* L.

多年生具根状茎细长草本，泛北极分布种。

生境：生于河流、湖泊周围沼泽、沼泽草甸；湿生植物。

经济价值：可作为造纸、人造纤维及编织材料。亦可作牧草，家畜稍采食。

（六十七）天南星科 Araceae

516．菖蒲*Acorus calamus* L.

多年生具根状茎草本，亚洲—北美间断分布种。

生境：生于河流、湖泊周围沼泽、浅水中；水生植物。

经济价值：根状茎入药，能化痰开窍、和中利湿，主治癫痫、神志不清、惊悸健忘、湿滞痞胀、泄泻痢疾、风湿痹痛等。也入蒙药（蒙药名为乌模黑—吉木苏），能温胃、消积、消炎、止痛、去腐、去黄水，主治胃寒、积食症、呃逆、化脓性扁桃腺炎、炭疽、关节痛、麻风病等。

（六十八）浮萍科 Lemnaceae

517．浮萍 *Lemna minor* L. 采集号：13-1517

一年生草本，世界分布种。

生境：生于河流、湖泊静水中；水生植物。

经济价值：全草入药，能发汗祛风、利水消肿，主治风热感冒、麻疹不透、荨麻疹，水肿、小便不利等。

518．品藻 *Lemna trisulca* L. 采集号：13-1516

一年生草本，世界分布种。

生境：生于河流、湖泊静水中；水生植物。

（六十九）灯心草科 Juncaceae

519．小灯心草 *Juncus bufonius* L. 采集号：13-095，13-464

一年生草本，世界分布种。

生境：生于河流、湖泊沼泽草甸上；湿生植物。

经济价值：中等饲用植物，仅绵羊、山羊采食一些。

520. 细灯芯草 *Juncus gracillimus*（Buch.）Krecz. et Gontsch.

多年生草本，古北极分布种。

生境：生于河流、湖泊沼泽；湿生植物。

经济价值：良等饲用植物，为马、山羊、绵羊所喜食。

521. 针灯心草 *Juncus wallichianus* Laharpe 采集号：13-423

多年生草本，东亚分布种。

生境：生于河流、水库沼泽湿地；湿生植物。

经济价值：茎、叶可供造纸与编织。嫩茎、叶作饲料。

（七十）百合科 Liliaceae

522. 矮葱 *Allium anisopodium* Ledeb. 采集号：13-917，13-919

多年生草本，东古北极分布种。

生境：生于草地上；旱生植物。

经济价值：羊、马和骆驼喜食，为优等饲用植物。

523. 双齿葱 *Allium bidentatum* Fisch. et Prokh. 采集号：13-350，13-359

多年生草本，东古北极分布种。

生境：生于石质山坡草地或典型草原群落中；旱生植物。

经济价值：羊、马、骆驼喜食，牛乐食，为优等饲用植物。

524. 黄花葱 *Allium condensatum* Turcz. 采集号：13-848，13-1008

多年生草本，达乌里—蒙古分布种。

生境：生于草原；中旱生植物。

经济价值：可作为饲用植物。

525. 长梗葱 *Allium neriniflorum*（Herb.）Baker 采集号：13-293

多年生草本，东亚分布种。

生境：生于丘陵区砾石坡地及草地；旱中生植物。

经济价值：鳞茎可食用。鳞茎也可入药，能温中通阳、理气宽中，主治胸闷、胸痛、心绞痛、胁肋刺痛、咳嗽、慢性气管炎、胃炎、痢疾。

526. 野韭 *Allium ramosum* L. 采集号：13-380

多年生草本，东古北极分布种。

生境：生于草地或草甸中；中旱生植物。

经济价值：叶可作蔬菜食用。花和花葶可腌渍作“韭菜花”调味佐料。羊和牛喜食，马乐食，为优等饲用植物。

527. 山韭 *Allium senescens* L. 采集号：13-209

多年生草本，东古北极分布种。

生境：生于草原及砾石质山坡上；中旱生植物。

经济价值：可作为饲用植物。

528. 辉葱 *Allium strictum* Schard. 采集号：13-869

多年生草本，古北极分布种。

生境：生于山地林下、林缘、沟谷低湿地上；中生植物。

经济价值：可作为饲用植物，羊和牛乐食。全草及种子入药，全草能发散风寒、止痢，主治感冒头痛、发热无汗、胸胁疼痛、肠炎痢疾。种子壮阳止浊。

529. 细叶葱 *Allium tenuissimum* L. 采集号：13-389，13-663

多年生草本，东古北极分布种。

生境：生于草原及沙质草地上；旱生植物。

经济价值：花序与种子可作调味品。各种牲畜均喜食，为优等饲用植物。

530. 知母 *Anemarrhena asphodeloides* Bunge 采集号：13-960

多年生草本，东亚分布种。

生境：生于山坡草地；中旱生植物。

经济价值：根茎入药（药材名为知母），能清热泻火、滋阴润燥，主治高热烦渴、肺热咳嗽、阴虚燥咳、消渴、午后潮热等。

531. 兴安天门冬 *Asparagus dauricus* Fisch. ex Link 采集号：13-383

多年生草本，东古北极分布种。

生境：生于草原及干燥的砾石质山坡灌丛；中旱生植物。

经济价值：中等饲用植物。幼嫩时绵羊、山羊乐食。

532. 小黄花菜 *Hemerocallis minor* Mill.

多年生草本，东亚分布种。

生境：生于山地草原及林缘灌丛或草甸中；中生植物。

经济价值：花蕾可供食用。根入药，能清热利尿、凉血止血，主治水肿、小便不利、淋浊、尿血、衄血、便血、黄疸等；外用治乳痈。

533. 细叶百合 *Lilium pumilum* DC. 采集号：13-818，13-833

多年生草本，东古北极分布种。

生境：生于草原及山地灌丛、草原中；中生植物。

经济价值：鳞茎入药，能养阴润肺、清心安神，主治阴虚、久咳、痰中带血、虚烦惊悸、神志恍惚。花及鳞茎也入蒙药（蒙药名为萨日良），能接骨、治伤、去黄水、清热解毒、止咳止血，主治骨折、创伤出血、虚热、铅中毒、毒热、痰中带血、月经过多等。可以作为观赏植物栽培。此外，鳞茎可食。

534. 少花顶冰花 *Gagea pauciflora*（Turcz. ex Trautv.）Ledeb. 采集号：13-1526

多年生类短命植物，东古北极分布种。

生境：生于草原或山坡草地；中生植物。

经济价值：可作为早春观赏植物。

535．大青山顶冰花 *Gagea daqingshanensis* L. Q. Zhao et J. Yang 采集号：13-1527

多年生类短命植物，华北分布种。

生境：生于草原或山坡草地；中生植物。

经济价值：可作为早春观赏植物。

536．黄精 *Polygonatum sibiricum* Delar. ex Redoute 采集号：13-486，13-783

多年生草本，东古北极分布种。

生境：生于灌丛或丘陵石缝中；中生植物。

经济价值：根茎入药（药材名为黄精），能补脾润肺、益气养阴，主治体虚乏力、腰膝软弱、心悸气短、肺燥咳嗽、干咳少痰、消渴等。根茎也入蒙药（蒙药名为查干—胡日），能滋肾、强壮、温胃、排脓、去黄水，主治肾寒、腰腿酸痛、滑精、阳痿、体虚乏力、寒性黄水病、头晕目眩、食积、食泻等。

537．玉竹 *Polygonatum odoratum*（Mill.）Druce 采集号：13-781

多年生草本，古北极分布种。

生境：生于沙地林缘；中生植物。

经济价值：根茎入药（药材名为玉竹），能养阴润燥、生津止渴，主治热病伤阴、口燥咽干、干咳少痰、心烦心悸、消渴等。根茎也入蒙药（蒙药名为模和日—查干），能强壮、补肾、去黄水、温胃、降气，主治久病体弱、肾寒、腰腿酸痛、滑精、阳痿、寒性黄水病、胃寒、暖气、胃胀、积食、食泻等。

（七十一）薯蓣科 Dioscoreaceae

538．穿龙薯蓣 *Dioscorea nipponica* Makino

多年生草本，东亚分布种。

生境：生于林缘灌丛和山坡林下；中生植物。

经济价值：根茎入药（药材名为穿山龙），有活血舒筋、祛风止痛、消食利水、化痰止咳的功能，过去常用于风寒湿痹、慢性气管炎、消化不良、劳损扭伤、疟疾、痈肿、筋骨麻木、大骨节病等症的治疗。现多用于提取薯蓣皂甙，是合成副肾皮质激素及口服和注射用避孕药物的主要原料。

（七十二）鸢尾科 Iridaceae

539．射干鸢尾 *Iris dichotoma* Pall. 采集号：13-980，13-1000

多年生草本，东亚分布种。

生境：生于草原及山地林缘或灌丛；中旱生植物。

经济价值：中等饲用植物，在秋季霜后牛、羊采食。根茎可入药，能清热解毒、活血消肿、止痛止咳，主治咽喉及牙龈肿痛、痄腮、乳痈、胃痛、肝炎、肝脾肿大、肺热咳喘、跌打损伤、水田性皮炎。

540．马蔺 *Iris lacteal* Pall. var. *chinensis*（Fisch.）Koidz.

多年生密丛草本，东古北极分布变种。

生境：生于河流、湖泊周围盐化滩地；中生植物。

经济价值：花、种子及根入药，能清热解毒、止血、利尿，主治咽喉肿痛、吐血、衄血、月经过多、小便不利、淋病、白带异常、肝炎、疮疖痈肿等。花及种子也入蒙药（蒙药名为查黑乐得格），能解痉、杀虫、止痛、解毒、利疸退黄、消食、治伤、生肌、排脓、燥黄水，主治霍乱、蛲虫病、虫牙，皮肤痒、虫积腹痛、热毒疮疡、烫伤、脓疮、黄疸性肝炎，胁痛、口苦等。为中等饲用植物，枯黄后为各种家畜所乐食。也可以作为园林绿化观赏栽培植物。

541．细叶鸢尾 *Iris tenuifolia* Pall. 采集号：13-852

多年生草本，哈萨克斯坦—蒙古分布种。

生境：生于典型草原及山坡草地；旱生植物。

经济价值：根及种子入药，能安胎养血，主治胎动不安、血崩。花及种子也入蒙药（蒙药名为纳仁—查黑勒德格），功能主治同马蔺。中等饲用植物。春季羊采食其花。

542．粗根鸢尾 *Iris tigridia* Bunge 采集号：13-512

多年生草本，哈萨克斯坦—蒙古分布种。

生境：生于石质山坡草地及灌丛中；旱生植物。

经济价值：中等饲用植物，春季羊采食。

（七十三）兰科 Orchidaceae

543．角盘兰 *Herminium monorchis*（L.）R. Br. 采集号：13-333，13-407

多年生陆生草本，古北极分布种。

生境：生于草甸及灌丛；中生植物。

经济价值：全草入药，能滋阴补肾，养胃，调经，用于治疗神经衰弱、头晕失眠、烦躁口渴、食欲不振、须发早白、月经不调。

544．绶草 *Spiranthes sinensis*（Pers.）Ames. 采集号：13-177，13-300

多年生陆生草本，大洋洲—亚洲分布种。

生境：生于河滩草甸；湿中生植物。

经济价值：块根或全草入药，能补脾润肺、清热凉血，主治病后体虚、神经衰弱、咳嗽吐血、咽喉肿痛、小儿夏季热、糖尿病、白带异常；外用治毒蛇咬伤。

545．宽叶红门兰*Orchis hatagirea* D. Don（= *Orchis latifolia* auct. non L.: Fl. Intramongol. ed. 2, 5: 564. 1994.）采集号：13-804

多年生陆生草本，东古北极分布种。

生境：生于河滩草甸；湿中生植物。

附录 2：自然保护区植被类型名录

Ⅰ　森林

一、温性常绿针叶林

1．油松林 Form. *Pinus tabuliformis*

二、落叶阔叶林

2．白桦林 Form. *Betula platyphylla*

3．山杨林 Form. *Populus davidiana*

4．家榆林 Form. *Ulmus pumila*

5．春榆林 Form. *Ulmus davidiana* var. *japonica*

6．大果榆林 Form. *Ulmus macrocarpa*

7．辽山楂林 Form. *Crataegus sanguinea*

8．山荆子林 Form. *Malus baccata*

9．稠李林 Form. *Prunus padus*

Ⅱ　灌丛、半灌丛

三、山地、沙地落叶阔叶灌丛

10．虎榛子灌丛 Form. *Ostryopsis davidiana*

11．山刺玫灌丛 Form. *Rosa davurica*

12．土庄绣线菊灌丛 Form. *Spiraea pubescens*

13．西伯利亚杏灌丛 Form. *Prunus sibirica*

14．黑果栒子 Form. *Cotoneaster melanocarpus*

15．东北沙木蓼 Form. *Atraphaxis manshurica*

16．小叶锦鸡儿灌丛 Form. *Caragana microphylla*

17．黄柳灌丛 Form. *Salix gordejevii*

18．沙生桦灌丛 Form. *Betula gmelinii*

19．耧斗叶绣线菊灌丛 Form. *Spiraea aquilegifolia*

四、盐碱地落叶阔叶灌丛

20．小果白刺灌丛 Form. *Nitraria sibirica*

五、沙地半灌丛

21．木岩黄芪半灌丛 Form. *Hedysarum lignosum*

22．褐沙蒿半灌丛 Form. *Artemisia intramongolica*

Ⅲ　草原

六、半灌木草原

23．白莲蒿草原 Form. *Artemisia gmelinii*

七、丛生禾草草原

24．贝加尔针茅草原 Form. *Stipa baicalensis*

25．大针茅草原 Form. *Stipa grandis*

26．克氏针茅草原 Form. *Stipa krylovii*

27．沙芦草草原 Form. *Agropyron mongolicum*

28．冰草草原 Form. *Agropyron cristatum*

29．达乌里羊茅草原 Form. *Festuca dahurica*

30．糙隐子草草原 Form. *Cleistogenes squarrosa*

八、根茎禾草草原

31．羊草草原 Form. *Leymus chinensis*

32．沙鞭草原 Form. *Psammochloa villosa*

九、杂类草草原

33．线叶菊草原 Form. *Filifolium sibiricum*

34．叉分蓼草原 Form. *Polygonum divaricatum*

35．白山蓟（鳍蓟）草原 Form. *Olgaea leucophylla*

36．星毛委陵菜草原 Form. *Potentilla acaulis*

十、小半灌木草原

37．冷蒿草原 Form. *Artemisia frigida*

38．百里香草原 Form. *Thymus serpyllum*

十一、一年生草本群聚

39. 黑蒿（泽蒿）群聚 Form. *Artemisia palustris*

40. 沙米群聚 Form. *Agriophyllum squarrosum*

41. 兴安虫实群聚 Form. *Corispermum chinganicum*

Ⅳ 草甸

十二、典型禾草草甸

42. 巨序剪股颖草甸 Form. *Agrostis gigantean*

43. 假苇拂子茅草甸 Form. *Calamagrostis pseudophragmites*

44. 无芒雀麦草甸 Form. *Bromus inermis*

45. 散穗早熟禾草甸 Form. *Poa subfastigiata*

46. 拂子茅草甸 Form. *Calamagrostis epigejos*

十三、典型苔草类草甸

47. 寸草苔草甸 Form. *Carex duriuscula*

48. 华扁穗草草甸 Form. *Blysmus sinocompressus*

49. 内蒙古扁穗草草甸 Form. *Blysmus rufus*

50. 无脉苔草草甸 Form. *Carex enervis*

51. 针苔草草甸 Form. *Carex dahurica*

十四、典型杂类草草甸

52. 地榆草甸 Form. *Sanguisorba officinalis*

53. 鹅绒委陵菜草甸 Form. *Potentilla anserine*

54. 金莲花草甸 Form. *Trollius chinensis*

55. 裂叶蒿草甸 Form. *Artemisia tanacetifolia*

56. 欧亚旋覆花草甸 Form. *Inula britannica*

十五、盐化草甸

57. 芨芨草盐化草甸 Form. *Achnatherum splendens*

58. 小药大麦草盐化草甸 Form. *Hordeum roshevitzii*

59. 短芒大麦草盐化草甸 Form. *Hordeum brevisubulatum*

60．朝鲜碱茅盐化草甸 Form. *Puccinellia chinampoensis*

61．星星草盐化草甸 Form. *Puccinellia tenuiflora*

62．赖草盐化草甸 Form. *Leymus secalinus*

63．马蔺盐化草甸 Form. *Iris lactea* var. *chinensis*

64．华蒲公英盐化草甸 Form. *Taraxacum sinicum*

65．西伯利亚蓼盐化草甸 Form. *Polygonum sibiricum*

66．盐地碱蓬盐化草甸 Form. *Suaeda salsa*

67．角果碱蓬盐化草甸 Form. *Suaeda corniculata*

68．碱蒿盐化草甸 Form. *Artemisia anethipolia*

十六、旱中生草甸

69．光稃茅香草甸 Form. *Hierochloe glabra*

70．白草草甸 Form. *Pennisetum flaccidum*

十七、沼泽化草甸

71．大叶章沼泽化草甸 Form. *Deyeuxia langsdorffii*

72．菵草沼泽化草甸 Form. *Beckmannia syzigachne*

73．箭叶橐吾沼泽化草甸 Form. *Ligularia sagitta*

Ⅴ 沼泽

十八. 木本沼泽

74．筐柳沼泽 Form. *Salix linearistipularis*

75．五蕊柳沼泽 Form. *Salix pentandra*

十九、草本沼泽

76．芦苇沼泽 Form. *Phragmites australis*

77．水甜茅沼泽 Form. *Glyceria triflora*

78．膨囊苔草 Form. *Carex lehmannii*

79．灰脉苔草沼泽 Form. *Carex appendiculata*

80．湿苔草沼泽 Form. *Carex humida*

81．中间型荸荠沼泽 Form. *Eleocharis intersita*

82．水葱沼泽 Form. *Scirpus tabernaemontani*

83. 扁杆藨草沼泽 Form. *Scirpus planiculmis*

84. 藨草沼泽 Form. *Scirpus triqueter*

85. 拉氏香蒲沼泽 Form. *Typha davidiana*

86. 宽叶香蒲沼泽 Form. *Typha latifolia*

87. 花蔺沼泽 Form. *Butomus umbellatus*

88. 泽泻沼泽 Form. *Alisma orientale*

89. 野慈姑沼泽 Form. *Sagittaria trifolia*

90. 杉叶藻沼泽 Form. *Hippuris vulgaris*

91. 菖蒲沼泽 Form. *Acorus calamus*

92. 小黑三棱沼泽 Form. *Sparganium emersum*

93. 小掌叶毛茛沼泽 Form. *Ranunculus gmelinii*

Ⅵ 水生植被

二十、浮水水生植被

94. 两栖蓼群落 Form. *Polygonum amphibium*

95. 浮萍群落 Form. *Lemna minor*

96. 品萍群落 Form. *Lemna trisulca*

97. 荇菜群落 Form. *Nymphoides peltata*

二十一、沉水水生植被

98. 龙须眼子菜群落 Form. *Potamogeton pectinatus*

99. 小眼子菜群落 Form. *Potamogeton pusillus*

100. 穿叶眼子菜群落 Form. *Potamogeton perfoliatus*

101. 菹草群落 Form. *Potamogeton crispus*

102. 角果藻群落 Form. *Zannichellia palustris*

103. 狐尾藻群落 Form. *Myriophyllum spicatum*

104. 轮叶狐尾藻群落 Form. *Myriophyllum verticillatum*

105. 狸藻群落 Form. *Utricularia vulgaris* subsp. *macrorhiza*

106. 毛柄水毛茛群落 Form. *Batrachium trichophyllum*

附录 3：自然保护区两栖类名录

无尾目 ANURA

一、蟾蜍科 Bufonidae

1．花背蟾蜍 *Bufo raddei*

2．大蟾蜍 *Bufo gargarizans*

二．蛙科 Ranidae

3．黑斑蛙 *Rana nigromaculata*

4．黑龙江林蛙 *Rana amurensi*

附录 4：自然保护区爬行类名录

爬行纲 REPTILIA

有鳞目 SQUAMATA

一、蜥蜴科 Lertidae

1．丽斑麻蜥 *Eremias argus*

二、 鬣蜥科 Agamidae

2．草原沙蜥 *Phrynocephalus frontalis*

三、 游蛇科 Colubridae

3．黄脊游蛇 *Coluber spinalis*

4．白条锦蛇 *Elaphe dione*

附录 5：自然保护区鸟类名录

Ⅰ 潜鸟目 GAVIIFORMES

一、潜鸟科 Gaviidae

1. 太平洋潜鸟 *Gavia pacifica*

Ⅱ 䴙䴘目 PODICIPEDIFORMES

二、䴙䴘科 Podicipedidae

2. 小䴙䴘 *Tachybaptus ruficollis*
3. 黑颈䴙䴘 *Podiceps nigricollis*
4. 凤头䴙䴘 *Podiceps cristatus*
5. 赤颈䴙䴘 *Podiceps grisegena*
6. 角䴙䴘 *Podiceps auritus*

Ⅲ 鹈形目 PELECANIFORMES

三、鹈鹕科 Pelecanidae

7. 卷羽鹈鹕 *Pelecanus crispus*

四、鸬鹚科 Phalacrocoracidae

8. 普通鸬鹚 *Phalacrocorax carbo*

Ⅳ 鹳形目 CICONIIFORMES

五、鹭科 Ardeidae

9. 苍鹭 *Ardea cinerea*
10. 草鹭 *Ardea purpurea*
11. 池鹭 *Ardeola bacchus*
12. 牛背鹭 *Bubulcus ibis*
13. 大白鹭 *Ardea alba*
14. 黄嘴白鹭 *Egretta eulophotes*
15. 夜鹭 *Nycicorax nycticorax*
16. 大麻鳽 *Botaurus stellaris*

六、鹳科 Ciconiidae

17．东方白鹳 *Ciconia boyciana*

18．黑鹳 *Ciconia nigra*

七、鹮科 Threskiornithidae

19．白琵鹭 *Platalea leucorodia*

Ⅴ 雁形目 ANSERIFORMES

八、鸭科 Anatidae

20．大天鹅 *Cygnus cygnus*

21．小天鹅 *Cygnus columbianus*

22．疣鼻天鹅 *Cygnus olor*

23．鸿雁 *Anser cygnoides*

24．豆雁 *Anser fabalis*

25．灰雁 *Anser anser*

26．斑头雁 *Anser indicus*

27．赤麻鸭 *Tadorna ferruginea*

28．翘鼻麻鸭 *Tadorna tadorna*

29．针尾鸭 *Anas acuta*

30．绿翅鸭 *Anas crecca*

31．花脸鸭 *Anas formosa*

32．罗纹鸭 *Anas falcata*

33．绿头鸭 *Anas platyrhynchos*

34．斑嘴鸭 *Anas poecilorhyncha*

35．赤膀鸭 *Anas strepera*

36．赤颈鸭 *Anas penelope*

37．白眉鸭 *Anas querquedula*

38．琵嘴鸭 *Anas clypeata*

39．长尾鸭 *Clangula hyemalis*

40．鸳鸯 *Aix galericulata*

41．赤嘴潜鸭 *Netta rufina*

42．红头潜鸭 *Aythya ferina*

43．白眼潜鸭 *Aythya nyroca*

44．青头潜鸭 *Aythya baeri*

45．凤头潜鸭 *Aythya fuligula*

46．斑背潜鸭 *Aythya marila*

47．斑脸海番鸭 *Melanitta fusca*

48．鹊鸭 *Bucephala clangula*

49．斑头秋沙鸭 *Mergellus albellus*

50．红胸秋沙鸭 *Mergus serrator*

51．普通秋沙鸭 *Mergus merganser*

52．中华秋沙鸭 *Mergus squamatus*

Ⅵ 隼形目 FALCONIFORMES

九、鹗科 Pandionidae

53．鹗 *Pandion haliaetus*

十、鹰科 Accipitridae

54．黑鸢 *Milvus migrans*

55．苍鹰 *Accipiter gentilis*

56．雀鹰 *Accipiter nisus*

57．日本松雀鹰 *Accipiter gularis*

58．白头鹞 *Circus aeruginosus*

59．白尾鹞 *Circus cyaneus*

60．白腹鹞 *Circus spilonotus*

61．鹊鹞 *Circus melanoleucos*

62．普通鵟 *Buteo buteo*

63．大鵟 *Buteo hemilasius*

64．毛脚鵟 *Buteo lagopus*

65．棕尾鵟 *Buteo rufinus*

66．金雕 *Aquila chrysaetos*

67．乌雕 *Aquila clanga*

68．草原雕 *Aquila nipalensis*

69．玉带海雕 *Haliaeetus leucoryphus*

70．白尾海雕 *Haliaeetus albicilla*

71．短趾雕 *Circaetus gallicus*

72．秃鹫 *Aegypius monachus*

十一、隼科 Falconidae

73. 猎隼 *Falco cherrug*

74. 燕隼 *Falco subbuteo*

75. 灰背隼 *Falco columbarius*

76. 红脚隼 *Falco amurensis*

77. 黄爪隼 *Falco naumanni*

78. 红隼 *Falco tinnunculus*

79. 游隼 *Falco peregrinus*

Ⅶ 鸡形目 GALLIFORMFS

十二、雉科 Phasianidae

80. 石鸡 *Alectoris chukar*

81. 斑翅山鹑 *Perdix dauurica*

82. 日本鹌鹑 *Coturnix japonica*

83. 环颈雉 *Phasianus colchicus*

Ⅷ 鹤形目 GRUIFORMES

十三、三趾鹑科 Turnicidae

84. 黄脚三趾鹑 *Turnix tanki*

十四、鹤科 Gruidae

85. 蓑羽鹤 *Anthropoides virgo*

86. 白枕鹤 *Grus vipio*

87. 灰鹤 *Grus grus*

88. 白头鹤 *Grus monacha*

89. 丹顶鹤 *Grus japonensis*

十五、秧鸡科 Rallidae

90. 黑水鸡 *Gallinula chloropus*

91. 白骨顶 *Fulica atra*

92. 小田鸡 *Porzana pusilla*

十六、鸨科 Otididae

93．大鸨 *Otis tarda*

Ⅸ 鸻形目 CHARADRIIFORMES

十七、反嘴鹬科 Recurvirostridae

94．反嘴鹬 *Recurvirostra avosetta*

95．黑翅长脚鹬 *Himantopus himantopus*

十八、燕鸻科 Glareolidae

96．普通燕鸻 *Glareola maldivarum*

十九、鸻科 Charadriidae

97．凤头麦鸡 *Vanellus vanellus*

98．灰头麦鸡 *Vanellus cinereus*

99．金鸻 *Pluvialis fulva*

100．剑鸻 *Charadrius hiaticula*

101．长嘴剑鸻 *Charadrius placidus*

102．金眶鸻 *Charadrius dubius*

103．环颈鸻 *Charadrius alexandrinus*

104．东方鸻 *Charadrius veredus*

105．蒙古沙鸻 *Charadrius mongolus*

二十、鹬科 Scolopacidae

106．大沙锥 *Callinago megala*

107．扇尾沙锥 *Gallinago gallinago*

108．孤沙锥 *Callinago solitaria*

109．半蹼鹬 *Limnodromus semipalmatus*

110．黑尾塍鹬 *Limosa limosa*

111．斑尾塍鹬 *Limosa lapponica*

112．小杓鹬 *Numenius minutes*

113．白腰杓鹬 *Numenius arquata*

114．大杓鹬 *Numenius madagascariensis*

115. 中杓鹬 *Numenius phaeopus*
116. 鹤鹬 *Tringa erythropus*
117. 红脚鹬 *Tringa totanus*
118. 泽鹬 *Tringa stagnatilis*
119. 青脚鹬 *Tringa nebularia*
120. 白腰草鹬 *Tringa ochropus*
121. 林鹬 *Tringa glareola*
122. 矶鹬 *Actitis hypoleucos*
123. 翻石鹬 *Arenaria interpres*
124. 小滨鹬 *Calidris minuta*
125. 翘嘴鹬 *Xenus cinereus*
126. 红腹滨鹬 *Calidris canutus*
127. 红颈滨鹬 *Calidris ruficollis*
128. 青脚滨鹬 *Calidris temminckii*
129. 长趾滨鹬 *Calidris subminuta*
130. 斑胸滨鹬 *Calidris melanotos*
131. 尖尾滨鹬 *Calidris acuminata*
132. 弯嘴滨鹬 *Calidris ferruginea*
133. 黑腹滨鹬 *Calidris alpine*
134. 阔嘴鹬 *Limicola falcinellus*
135. 流苏鹬 *Philomachus pugnax*
136. 灰尾漂鹬 *Heteroscelus brevipes*

二十一、鸥科 Laridae

137. 渔鸥 *Larus ichthyaetus*
138. 普通海鸥 *Larus canus*
139. 银鸥 *Larus argentatus*
140. 灰背鸥 *Larus schistisagus*
141. 棕头鸥 *Larus brunnicephalus*
142. 红嘴鸥 *Larus ridibundus*
143. 黑嘴鸥 *Larus saundersi*
144. 遗鸥 *Larus relictus*
145. 小鸥 *Larus minutus*

二十二、燕鸥科 Sternidae

146. 鸥嘴噪鸥 *Gelochelidon nilotica*
147. 红嘴巨燕鸥 *Hydroprogne caspia*
148. 灰翅浮鸥 *Chlidonias hybrida*
149. 白翅浮鸥 *Chlidonias leucopterus*
150. 普通燕鸥 *Sterna hirundo*
151. 白额燕鸥 *Sterna albifrons*

Ⅹ 沙鸡目 PTEROCLIFORMES

二十三、沙鸡科 Pteroclidae

152. 毛腿沙鸡 *Syrrhaptes paradoxus*

Ⅺ 鸽形目 COLUMBIFORMES

二十四、鸠鸽科 Columbidae

153. 岩鸽 *Columba rupestris*
154. 山斑鸠 *Streptopelia orientalis*
155. 灰斑鸠 *Streptopelia decaocto*

Ⅻ 鹃形目 CUCULIFORMES

二十五、杜鹃科 Cuculidae

156. 大杜鹃 *Cuculus canorus*
157. 中杜鹃 *Cuculus saturatus*
158. 小杜鹃 *Cuculus poliocephalus*
159. 四声杜鹃 *Cuculus micropterus*

XIII 鸮形目 STRIGIFORMES

二十六、鸱鸮科 Strigidae

160. 鹛鸮 *Bubo bubo*
161. 长耳鸮 *Asio otus*
162. 短耳鸮 *Asio flammeus*
163. 纵纹腹小鸮 *Athene noctua*
164. 花头鸺鹠 *Glaucidium passerinum*

XIV 雨燕目 APODIFORMES

二十七、雨燕科 Apodidae

165. 白腰雨燕 *Apus pacificus*

XV 佛法僧目 CORACIIFORMES

二十八、翠鸟科 Alcedinidae

166. 普通翠鸟 *Alcedo atthis*

XVI 戴胜目 UPUPIFORMES

二十九、戴胜科 Upupidae

167. 戴胜 *Upupa epops*

XVII 䴕形目 PICIFORMES

三十、啄木鸟科 Picidae

168. 蚁䴕 *Jynx torquilla*
169. 大斑啄木鸟 *Dendrocopos major*
170. 小斑啄木鸟 *Dendrocopos minor*
171. 星头啄木鸟 *Dendrocopos canicapillus*
172. 灰头绿啄木鸟 *Picus canus*

XVIII 雀形目 PASSERIFORMES

三十一、百灵科 Alaudidae

173. 蒙古百灵 *Melanocorypha mongolica*
174. 大短趾百灵 *Calandrella brachydactyla*
175. 短趾百灵 *Calandrella cheleensis*
176. 凤头百灵 *Galerida cristata*
177. 云雀 *Alauda arvensis*
178. 角百灵 *Eremophila alpestris*

三十二、燕科 Hirundinidae

179. 家燕 *Hirundo rustica*

180. 金腰燕 *Cecropis daurica*

181. 崖沙燕 *Riparia riparia*

三十三、鹡鸰科 Motacillidae

182. 山鹡鸰 *Dendronanthus indicus*

183. 白鹡鸰 *Motacilla alba*

184. 黄头鹡鸰 *Motacilla citreola*

185. 黄鹡鸰 *Motacilla flava*

186. 灰鹡鸰 *Motacilla cinerea*

187. 田鹨 *Anthus richardi*

188. 水鹨 *Anthus spinoletta*

189. 树鹨 *Anthus hodgsoni*

190. 北鹨 *Anthus gustavi*

191. 草地鹨 *Anthus pratensis*

192. 布氏鹨 *Anthus godlewskii*

193. 红喉鹨 *Anthus cervinus*

三十四、太平鸟科 Bombycillidae

194. 太平鸟 *Bombycilla garrulous*

三十五、伯劳科 Laniidae

195. 虎纹伯劳 *Lanius tigrinus*

196. 牛头伯劳 *Lanius bucephalus*

197. 红尾伯劳 *Lanius cristatus*

198. 棕背伯劳 *Lanius schach*

199. 灰伯劳 *Lanius excubitor*

200. 楔尾伯劳 *Lanius sphenocercus*

201. 荒漠伯劳 *Lanius isabellinus*

三十六、椋鸟科 Sturnidae

202. 北椋鸟 *Sturnus sturninus*

203. 灰椋鸟 *Sturnus cineraceus*

三十七、鸦科 Corvidae

204. 灰喜鹊 *Cyanopica cyanus*
205. 喜鹊 *Pica pica*
206. 寒鸦 *Corvus monedula*
207. 达乌里寒鸦 *Corvus dauuricus*
208. 秃鼻乌鸦 *Corvus frugilegus*
209. 小嘴乌鸦 *Corvus corone*
210. 大嘴乌鸦 *Corvus macrorhynchos*
211. 红嘴山鸦 *Pyrrhocorax pyrrhocorax*

三十八、鹪鹩科 Troglodytidae

212. 鹪鹩 *Troglodytes troglodytes*

三十九、岩鹨科 Prunellidae

213. 领岩鹨 *Prunella collaris*
214. 褐岩鹨 *Prunella fulvescens*
215. 棕眉山岩鹨 *Prunella montanella*

四十、鸫科 Turdidae

216. 红喉歌鸲 *Luscinia calliope*
217. 蓝歌鸲 *Luscinia cyane*
218. 红胁蓝尾 *Tarsiger cyanurus*
219. 赭红尾鸲 *Phoenicurus ochruros*
220. 北红尾鸲 *Phoenicurus auroreus*
221. 红腹红尾鸲 *Phoenicurus erythrogastrus*
222. 红尾水鸲 *Rhyacornis fuliginosa*
223. 黑喉石䳭 *Saxicola torquata*
224. 沙䳭 *Oenanthe isabellina*
225. 穗䳭 *Oenanthe oenanthe*
226. 漠䳭 *Oenanthe deserti*
227. 白顶䳭 *Oenanthe pleschanka*
228. 白背矶鸫 *Monticola saxatilis*
229. 蓝矶鸫 *Monticola solitarius*

230. 虎斑地鸫 *Zoothera dauma*

231. 白眉鸫 *Turdus obscurus*

232. 赤颈鸫 *Turdus ruficollis*

233. 斑鸫 *Turdus eunomus*

四十一、鹟科 Muscicapidae

234. 灰纹鹟 *Muscicapa griseisticta*

235. 北灰鹟 *Muscicapa dauurica*

236. 乌鹟 *Muscicapa sibirica*

237. 红喉姬鹟 *Ficedula albicilla*

238. 白眉姬鹟 *Ficedula zanthopygia*

239. 白腹姬鹟 *Ficedula cyanomelana*

240. 灰蓝姬鹟 *Ficedula tricolor*

四十二、莺科 Sylviidae

241. 矛斑蝗莺 *Locustella lanceolata*

242. 小蝗莺 *Locustella certhiola*

243. 黑眉苇莺 *Acrocephalus bistrigiceps*

244. 东方大苇莺 *Acrocephalus orientalis*

245. 厚嘴苇莺 *Acrocephalus aedon*

246. 稻田苇莺 *Acrocephalus agricola*

247. 褐柳莺 *Phylloscopus fuscatus*

248. 黄眉柳莺 *Phylloscopus inornatus*

249. 暗绿柳莺 *Phylloscopus trochiloides*

250. 冕柳莺 *Phylloscopus coronatus*

251. 极北柳莺 *Phylloscopus borealis*

252. 黄腰柳莺 *Phylloscopus proregulus*

253. 双斑绿柳莺 *Phylloscopus plumbeitarsus*

254. 灰柳莺 *Phylloscopus griseolus*

255. 巨嘴柳莺 *Phylloscopus schwarzi*

256. 冠纹柳莺 *Phylloscopus reguloides*

257. 淡脚柳莺 *Phylloscopus tenellipes*

258. 欧柳莺 *Phylloscopus trochilus*

259. 乌嘴柳莺 *Phylloscopus magnirostris*

260. 白喉林莺 *Sylvia curruca*

261. 短翅树莺 *Cettia diphone*

四十三、绣眼鸟科 Zosteropidae

262. 暗绿绣眼鸟 *Zosterops japonicus*

四十四、长尾山雀科 Aegithalidae

263. 银喉长尾山雀 *Aegithalos caudatus*

四十五、山雀科 Paridae

264. 北褐头山雀 *Parus montanus*

265. 沼泽山雀 *Parus palustris*

266. 大山雀 *Parus major*

267. 黄腹山雀 *Parus venustulus*

四十六、雀科 Passeridae

268. 麻雀 *Passer montanus*

四十七、燕雀科 Fringillidae

269. 燕雀 *Fringilla montifringilla*

270. 粉红腹岭雀 *Leucosticte arctoa*

271. 苍头燕雀 *Fringilla coelebs*

272. 白腰朱顶雀 *Carduelis flammea*

273. 黄雀 *Carduelis spinus*

274. 金翅雀 *Carduelis sinica*

275. 松雀 *Pinicloa enucleator*

276. 长尾雀 *Uragus sibiricus*

277. 蒙古沙雀 *Rhodopechys mongolicus*

278. 白眉朱雀 *Carpodacus thura*

279. 普通朱雀 *Carpodacus erythrinus*

280. 红腹灰雀 *Pyrrhula pyrrhula*

281. 锡嘴雀 *Coccothraustes coccothraustes*

282. 黑尾蜡嘴雀 *Eophona migratoria*

283. 红交嘴雀 *Loxia curvirostra*

四十八、鹀科 Emberizidae

284. 栗鹀 *Emberiza rutila*

285. 黄喉鹀 *Emberiza elegans*

286. 黄胸鹀 *Emberiza aureola*

287. 灰头鹀 *Emberiza spodocephala*

288. 田鹀 *Emberiza rustica*

289. 小鹀 *Emberiza pusilla*

290. 红颈苇鹀 *Emberiza yessoensis*

291. 苇鹀 *Emberiza pallasi*

292. 栗耳鹀 *Emberiza fucata*

293. 三道眉草鹀 *Emberiza cioides*

294. 芦鹀 *Emberiza schoeniclus*

295. 白眉鹀 *Emberiza tristrami*

296. 白头鹀 *Emberiza leucocephalos*

297. 铁爪鹀 *Calcarius lapponicus*

附录 6：自然保护区野生哺乳动物名录

哺乳纲 MAMMALIA

Ⅰ　食虫目 INSECTIVORA

一、猬科 Erinaceidae

1. 达乌尔猬 *Mesechinus dauuricu*

Ⅱ　翼手目 CHIROPTERA

二、蝙蝠科 Vespertilaonidae

2. 东方蝙蝠 *Vesperitlio sinensis*

3. 东亚伏翼 *Pipistrellus abramus*

4. 普通长耳蝠 *Plecotus auritus*

Ⅲ 食肉目 CARNIVORA

三、犬科 Canidae

5. 貉 *Nycterrutes procyonoides*

6. 沙狐 *Vulpes corsae*

7. 赤狐 *Vulpes vulpes*

8. 狼 *Canis lupus*

四、鼬科 Mustelidae

9. 艾鼬 *Mustela eversmanni*

10. 黄鼬 *Mustela sibirica*

11. 猪獾 *Arctonyx collaris*

五、猫科 Felidae

12. 兔狲 *Felis manul*

13. 猞猁 *Felis lynx*

14. 豹猫 *Felis bengalensis*

Ⅳ 偶蹄目 ARTIODACTYLA

六、鹿科 Cervidae

15. 西伯利亚狍 *Capreolus pygargus*

Ⅴ 兔形目 LAGOMORPHA

七、兔科 Leporidae

16. 草兔（蒙古兔）*Lepus capensis*

Ⅵ 啮齿目 RODENTIA

八、松鼠科 Sciuridae

17. 花鼠 *Eutamias sibiricus*

18. 达乌尔黄鼠 *Citellus dauricus*

九、跳鼠科 Dipodidae

19. 五趾跳鼠 *Aliactaga sibirica*

20. 三趾跳鼠 *Dipus sagitta*

十、鼠科 Muridae

21. 小家鼠 *Mus musculus*

22. 褐家鼠 *Rattus norvgicus*

十一、仓鼠科 Cricetidae

23. 长爪沙鼠 *Meriones unguiculatus*

24. 黑线仓鼠 *Cricetulus barabensis*

25. 大仓鼠 *Cricetulus triton*

26. 小毛足鼠 *Phodopus roborovskii*

27. 黑线毛足鼠 *Phodopus sungorus*

28. 麝鼠 *Ondatus zibethica*

十二、鼹形鼠科 Spalacidae

29. 草原鼢鼠 *Myospalax aspalax*

30. 东北鼢鼠 *Myospalax psilurus*

附录 7：自然保护区鱼类名录

Ⅰ 鲤形目 CYPRINIFORMES

一、鲤科 Cyprinidae

1. 鲤亚科 Cyprininae

（1）鲤 *Cyprinus carpio*

（2）鲫 *Carassius auratus*

2. 雅罗鱼亚科 Leuciscinae

（3）瓦氏雅罗鱼 *Leuciscus waleckii*

（4）拉氏鱥 *Phoxinus lagowskii* Dybowski

（5）草鱼 *Ctenopharyngodon idellus*

3. 鲢亚科 Hypophthalmichthyinae

（6）鲢 *Hypophthalmichthys molitrix*

（7）鳙 *Aristichthys nobilis*

4. 鮈亚科 Gobioninae

（8）麦穗鱼 *Pseudorasbora parva*

（9）棒花鱼 *Abbottina rivularis*（Basilewsky）

（10）蛇鮈 *Saurogobio dabryi*

（11）凌源鮈 *Gobio lingyuanensis* Mori

（12）似铜鮈 *Gobio coriparoides*

（13）细体鮈 *Gobio tenuicorpus*

（14）兴凯颌须鮈 *Gnathopogon chankaensis*（Dybowski）

二、鳅科 Cobitidae

5. 条鳅亚科 Noemacheilinae

（15）达里湖高原鳅 *Triplophysa*（*T.*）*dalaica*

（16）北鳅 *Lefua costata*

（17）北方条鳅 *Nemacheilus nudus*

6. 花鳅亚科 Cobitinae

（18）泥鳅 *Misgurnus anguillicaudatus*

（19）北方泥鳅 *Misgurnus bipartitus*

（20）北方花鳅 *Cobitis granoci*

Ⅱ 鲈形目 PERCIFORMES

三、鰕虎鱼科 Gobiidae

（21）波氏吻鰕虎鱼 *Ctenogobius cliffordpopei*（Nichols）

四、塘鳢科 Eleotridae

（22）黄蚴鱼 *Hypseleotris swinhonis*

Ⅲ 刺鱼目 GASTEROSTEIFORMES

五、刺鱼科 Gasterosteidae

（23）中华多刺鱼 *Pungitius sinensis*

附录 8：自然保护区浮游植物名录

Ⅰ 绿藻门 CHLOROPHYTA

1. 衣藻属 *Chlamydomonas*
2. 叶衣藻属 *Lobomonas*
3. 壳衣藻属 *Phacotus*
4. 实球藻属 *Pandorina*
5. 盘藻属 *Gonium*
6. 空球藻属 *Eudorina*
7. 小椿藻属 *Characium*
8. 弓形藻属 *Schroederia*
9. 四角藻属 *Tetraedron*
10. 顶棘藻属 *Chodatella*
11. 多芒藻属 *Golenrinia*
12. 小球藻属 *Chlorella*
13. 绿球藻属 *Chlorococcus*
14. 卵囊藻属 *Oocystis*
15. 拟新月藻属 *Closteriopsis*
16. 针联藻属 *Ankistrodesmus*
17. 四集藻属 *Quadrigula*
18. 蹄形藻属 *Kirchneriella*
19. 聚镰藻属 *Selenastrum*
20. 十字藻属 *Crucigenia*
21. 网球藻属 *Dictyosphaerium*
22. 联月藻属 *Dimorphococcus*
23. 四球藻属 *Westella*
24. 四月藻属 *Tetrallantos*
25. 栅藻属 *Scenedesmus*
26. 盘星藻属 *Pediastrum*
27. 集星藻属 *Actinastrum*
28. 腔星藻属 *Coelastrum*
29. 微胞藻属 *Microspora*

30. 丝藻属 *Ulothrix*
31. 竹枝藻属 *Draparnaldia*
32. 毛鞘藻属 *Bulbochaete*
33. 水绵属 *Spirogyra*
34. 新月藻属 *Closterium*
34. 角星鼓藻属 *Staurastrum*
36. 鼓藻属 *Cosmarium*

Ⅱ 蓝藻门 CYANOPHYTA

37. 蓝纤维藻属 *Dactylococcopsis*
38. 平裂藻属 *Merismopedia*
39. 楔形藻属 *Gomphosphaeria*
40. 微囊藻属 *Microcystis*
41. 色球藻属 *Chroococcus*
42. 粘杆藻属 *Gloeothece*
43. 螺旋藻属 *Spirulina*
44. 颤藻属 *Oscillatoria*
45. 席藻属 *Phormidium*
46. 拟项圈藻属 *Anabaenopsis*
47. 节球藻属 *Nodularia*
48. 项圈藻属 *Anabaena*

Ⅲ 硅藻门 BACILLARIOPHYTA

49. 直链藻属 *Melosira*
50. 小环藻属 *Cyclotella*
51. 等片藻属 *Diatoma*
52. 脆杆藻属 *Fragilaria*
53. 针杆藻属 *Synedra*
54. 星杆藻属 *Asterionella*
55. 弓杆藻属 *Eunotia*
56. 卵形藻属 *Cocconeis*
57. 曲壳藻属 *Achnanthes*
58. 月形藻属 *Amphora*

59. 桥弯藻属 *Cymbella*

60. 异端藻属 *Gomphonema*

61. 茧形藻属 *Amphiprora*

62. 侧结藻属 *Stauroneis*

63. 羽纹藻属 *Pinnularia*

64. 舟形藻属 *Navicula*

65. 棒杆藻属 *Rhopalodia*

66. 网眼藻属 *Epithemia*

67. 菱形藻属 *Nitzschia*

68. 弓形藻属 *Hantzschia*

69. 波纹藻属 *Cymatopleura*

70. 双菱藻属 *Surirella*

71. 马鞍藻属 *Campylodiscus*

Ⅳ 隐藻门 CRYPTOPHYTA

72. 蓝隐藻属 *Chroomonas*

73. 隐藻属 *Cryptomonas*

Ⅴ 裸藻门 EUGLRNOPHYTA

74. 扁裸藻属 *Phacus*

75. 裸藻属 *Euglena*

76. 囊裸藻属 *Trachelomonas*

77. 旋形藻属 *Monomorphina*

78. 素裸藻属 *Astasia*

Ⅵ 金藻门 Chrysophyta

79. 金藻属 *Chromulina*

80. 金颗藻属 *Chrysococcus*

81. 合尾藻属 *Synura*

82. 棕鞭藻属 *Ochromonas*

Ⅶ 甲藻门 PYRROPHYTA

83. 角甲藻属 *Ceratium*

84. 裸甲藻属 *Gymnodinium*

85. 多甲藻属 *Peridinium*

Ⅷ 黄藻门 XANTHOPHYTA

86. 葡萄藻属 *Botryococcus*

附录 9：自然保护区浮游动物名录

Ⅰ 原生动物 PROTOZOA

1. 变形虫属 *Amoeba*（Amoebidae）
2. 表壳虫属 *Arcella*（Arcellidae）
3. 沙壳虫属 *Difflugia*（Difflugiidae）
4. 匣壳虫属 *Centropyxis*（Difflugiidae）
5. 棘胞虫属 *Acanthocystis*（Acanthocystidae）
6. 栉毛虫属 *Didinium*（Didiniidae）
7. 焰毛虫属 *Askenasia*（Didiniidae）
8. 缨球虫属 *Cylotrichium*（Didiniidae）
9. 镏弹虫（板壳虫）属 *Coleps*（Colepidae）
10. 裸口虫属（纯毛虫）*Holophrya*（Holophryidae）
11. 漫游虫属 *Litonotus*（Amphileptidae）
12. 斜管虫属 *Chilodonella*（Chlamydodontidae）
13. 草履虫属 *Paramoecium*（Paramoecidae）
14. 小瓜虫属 *Ichthyophthirius*（Ophryoglenidae）
15. 尾丝虫属 *Uronema*（Frontoniidae）
16. 弹跳虫属 *Halteria*（Halteriidae）
17. 急游虫属 *Strombidium*（Halteriidae）
18. 筒壳虫属 *Tintinnidium*（Tintinnidae）
19. 钟虫属 *Vorticella*（Vorticellidae）
20. 聚缩虫属 *Zoothamnium*（Vorticellidae）

Ⅱ 轮虫 ROTIFERA

21. 轮虫属 *Rotaria*（Philodinidae）

22．狭甲轮属 *Colurella*（Brachionidae）

23．鞍甲轮属 *Lepadella*（Brachionidae）

24．臂尾轮属 *Brachionus*（Brachionidae）

25．裂足轮属 *Schizocerca*（Brachionidae）

26．棘管轮属 *Mytilina*（Mytilinidae）

27．须足轮属 *Euchlanis*（Brachionidae）

28．龟甲轮属 *Keratella*（Brachionidae）

29．水轮属 *Epiphanes*（Brachionidae）

30．腔轮属 *Lecane*（Lecanidae）

31．单趾轮属 *Monostyla*（Lecanidae）

32．晶囊轮属 *Asplanchna*（Asplanchnidae）

33．囊足轮属 *Asplanchnopus*（Asplanchnidae）

34．巨头轮属 *Cephalodella*（Notommatidae）

35．腹尾轮属 *Gastropus*（Gastropodidae）

36．无柄轮属 *Ascomorpha*（Gastropodidae）

37．同尾轮属 *Diurella*（Trichocercidae）

38．异尾轮属 *Trichocerca*（Trichocercidae）

39．多肢轮属 *Polyarthra*（Synchaetidae）

40．疣毛轮属 *Synchaeta*（Synchaetidae）

41．镜轮属 *Testudinella*（Testudinellidae）

42．泡轮属 *Pempholvx*（Testudinellidae）

43．巨腕轮属 *Pedalia*（Testudinellidae）

44．三肢轮属 *Filinia*（Testudinellidae）

Ⅲ　枝角类 CLADOCERA

45．秀体溞属 *Diaphanosoma*（Sididae）

46．船卵溞属 *Scapholeberis*（Daphniidae）

47．溞属 *Daphnia*（Daphniidae）

48．低额溞属 *Simocephalus*（Daphniidae）

49．象鼻溞属 *Bosmina*（Bosminidae）

50．盘肠溞属 *Chydorus*（Chydoridae）

Ⅳ　桡足类 COPEPODA

51．哲水蚤科 *Calanidae*（Calanoida）

52．镖水蚤科 *Diaptomidae*（Calanoida）

53．剑水蚤科 *Cyclopidae*（Cyclopoida）

附录 10：自然保护区底栖动物名录

Ⅰ 节肢动物门 ARTHRODA

昆虫纲 Insecta

摇蚊科 Chironomidae

1．雕翅摇蚊属 *Glyptotendipes*

2．粗腹摇蚊属 *Pelopia*

3．摇蚊属 *Tendipes*

（1）羽摇蚊 *Tendipes plumosus*

（2）塞氏摇蚊 *Tendipes thummi*

（3）半折摇蚊 *Tendipes semireductus*

Ⅱ 环节动物门 NNELIDA

寡毛纲 Oligochaeta

一、仙女虫科 Naididae

4．仙女虫属 *Nais*

二、颤蚓科 Tubificidae

5．水丝蚓属 *Limnodrilus*

6．单孔蚓属 *Monopylephorus*

7．颤蚓属 *Tubifex*

附录 11：自然保护区昆虫名录

Ⅰ 蜻蜓目 ODONATA

一、蜓科 Aeschnidae

1．黑纹伟蜓 *Anax nigrofasciatus* Oguma

2．碧伟蜓 *Anax parthenope julius* Brauer

二、蜻科 Libellulidae

3．红蜻 *Crocothemis servillia* Drury

4．六斑蜻 *Libellula angelina* Selys

5．黄蜻 *Pantala flavecens* Fabricius

6．秋赤蜻 *Sympetrum frequens* Selys

7．黄腿赤蜻 *Sympetrum imitans* Selys

8．褐带赤蜻 *Sympetrum pedemontanum*

三、色蟌科 Agriidae

9．豆娘 *Agrion quadrigerum* Selys

四、溪蟌科 Epallagidae

10．绿闪溪蟌 *Caliphaea confuse* Selys

五、蟌科 Coenagriidae

11．蓝纹蟌 *Coenagrion dyeri* Frasea

Ⅱ　直翅目 ORTHOPTERA

六、癞蝗科 Pamphagidae

12．内蒙古笨蝗 *Haplotropis brunneriana* Saussure

七、锥头蝗科 Pyrgomorphidae

13．长额负蝗 A*tractomorpha lata*（Motschulsky）

14．短额负蝗 *Atractomorpha sinensis* Bolivar

15．棉蝗 *Chondracris rosea rosea*（De Geer）

16．长翅燕蝗 *Eirenephilus longipennis*（Shiraki）

17．上海稻蝗 *Oxya shanghaiensis* Willemse

18．长翅稻蝗 *Oxya velox*（Fabricius）

八、斑翅蝗科 Oedipodidae

19．亚洲飞蝗 *Locusta migratoria migratoria* Linnaeus

20. 小赤翅蝗 *Celes skalozubovi* Adelung

21. 鼓翅皱膝蝗 *Angaracris barabensis*（Pallas）

22. 内蒙古皱膝蝗 *Angaracris neimongolensis* Zheng et Han

23. 红翅皱膝蝗 *Angaracris rhodopa*（Fischer-Walhelm）

24. 白边痂蝗 *Brydodema luctuosum luctuosum*（Stoll）

25. 小赤翅蝗 *Celes skalozubovi* Adelung

26. 小胫刺蝗 *Compsorhipis bryodemoides* Bei-Bienko

27. 大胫刺蝗 *Compsorhipis davidiana*（Saussure）

28. 小垫尖刺蝗 *Epacromius tergestinus tergestinus*（Charpentier）

29. 沼泽蝗 *Mecostethus grossus*（Linnaeus）

30. 亚洲小车蝗 *Oedaleus decorus asiaticus* Bey-Bienko

31. 葱色草绿蝗 *Parapleurus alliaceus alliaceus*（Germ.）

32. 盐池束颈蝗 *Sphingonotus yenchihensis* Cheng et Chiu

九、网翅蝗科 Arcypteridae

33. 白膝网翅蝗 *Arcyptera fusca albogeniculata* Ikonnikov

34. 白边雏蝗 *Chorthippus albomarginatus*（De Geer）

35. 褐色雏蝗 *Chorthippus brunneus*（Thunberg）

36. 狭翅雏蝗 *Chorthippus dubius*（Zubovsky）

37. 小翅雏蝗 *Chorthippus fallax*（Zubovsky）

38. 夏氏雏蝗 *Chorthippus hsiai* Cheng et Tu

39. 东方雏蝗 *Chorthippus intermedius*（Bei-Bienko）

40. 斑简蚍蝗 *Eremippus simplex maculates* Mistshulsky

41. 简蚍蝗 *Eremippus simplex simplex* Eversman

42. 红胫牧草蝗 *Omocestus haemorrhoidalis*（Charpentier）

43. 正蓝牧草蝗 *Omocestus zhenglanensis* Zheng et Han

44. 宽翅曲背蝗 *Paracyptera microptera meridionalis*（Ikonnikov）

45. 双片平器蝗 *Pezohippus biplatus* Kang et Mao

十、槌角蝗科 Gomphoceridae

46. 黑肛蛛蝗 *Aeropedellus nigrepiproctus* Kang et Cheng

47. 小蛛蝗 *Aeropedellus variegates minutus* Mistshenko

48. 锡林蛛蝗 *Aeropedellus xilinensis* Liu et Xi

49．毛足棒角蝗 *Dasyhippus barbipes*（Fischer-Waldheim）

50．李氏大足蝗 *Gomphocerus licenti*（Chang）

51．宽须蚁蝗 *Myrmeleotettix palpalis*（Zubowsky）

十一、剑角蝗科 Acrididae

52．条纹鸣蝗 *Mongolotettix japonicus vittatus*（Uvarov）

十二、蚱科 Tetrigidae

53．日本蚱 *Tetrix japonica*（Bolivar）

54．仿蚱 *Tetrix simulans*（Bey-Bienko）

55．钻形蚱 *Tetrix subulata*（Linnaeus）

56．亚锐隆背蚱 *Tetrix tartara subacuta* Bey-Bienko

十三、螽斯科 Tettigoniidae

57．长剑草螽斯 *Conocephalus gladiatus*（Redtenbacher）

58．长露水螽斯 *Conocephalus lengipennis* Haan

59．日本草螽 *Conocephalus japonicus* Redtenbacher

60．蒙古硕螽 *Deracantha mongolica* Cejchan

61．北方硕螽 *Deracantha onos* Pallas

62．小硕螽 *Deracanthella verrucosa*（Fischer-Waldheim）

63．小翅平脉树螽 *Elimaea fallax* Bey-Bienko

64．短翅鸣螽 *Gampsocleis grafiosa* Brunner

65．聒聒儿 *Gampsocleis inflata* Uvarov

66．大鸣螽 *Gampsocleis ratiosa* Brunner

67．塞氏鸣螽 *Gampsocleis sedakovi sedakovi*（Fischer-Waldheim）

68．乌苏里鸣螽 *Gampsocleis ussuriensis* Adelung

69．梨螽斯 *Holochlora japonica* Brunner et Wattenyi

70．绿螽斯 *Holochlora nawae* Matsumura et Shiraki

71．角螽斯 *Homorocoryphus lineosus* Walker

72．薄翅树螽 *Phaneroptera falcate*（Poda）

73．中露水螽斯 *Phaneroptera nakanocnsis* Shiraki

74．褐盾螽 *Platycleis tomini*（Pylnov）

75．巴氏棘硕螽 *Zichya barnovi baranovi* Bey-Bienko

76．毕氏棘硕螽 *Zichya piechockii* Cejchan

十四、蟋蟀科 Gryllidae

77．切培针蟀 *Nemobius chibae* Shirakii

Ⅲ　同翅目 HOMOPTERA

十五、角蝉科 Membracidae

78．黑圆角蝉 *Gargara genistae*（Fabricius）

十六、沫蝉科 Cercopidae

79．黄点尖胸沫蝉 *Aphrophora flavomaculata* Matsumura

80．小白带尖胸沫蝉 *Aphrophora oblique* Uhler

81．条纹新长沫蝉 *Neophilaenus linatus*（Linnaeus）

十七、叶蝉科 Cicadellidae

82．窗耳叶蝉 *Ledra aubitura* Walker

83．苹果塔叶蝉 *Pyramidotettix mali* Yang

84．山岩叶蝉 *Mogannia iwasakii* Matsumura

85．黑尾叶蝉 *Nephotettix cincticeps*（Uhler）

86．大青叶蝉 *Tettigella viridis*（Linnaeus）

87．四带脊冠叶蝉 *Aphrodes guttatus*（Motsumura）

88．橙带六室叶蝉 *Thomsoniella porrecta*（Walker）

89．大青叶蝉 *Tettigella viridis*（Linnaeus）

Ⅳ　半翅目 HEMIPTERA

十八、划蝽科 Corixidae

90．韦氏烁划蝽 *Stigara weymarni* Hungerford

十九、黾蝽科 Gerridae

91．细角黾蝽 *Gerris gracilicornis*（Horvath）

二十、姬蝽科 Nabidae

92. 黄缘修姬蝽 *Dolichonabis flavomarginata*（Scholtz）

93. 类原姬蝽 *Nabis feroides mimoferus* Hsiao

二十一、花蝽科 Anthocoridae

94. 乌苏里原花蝽 *Acompocoris ussuriensis* Lindberg

二十二、盲蝽科 Miridae

95. 条赤须盲蝽 *Trigonotylus coelestialium*（Kirkaldy）

96. 暗赤须盲蝽 *Trigonotylus viridis*（Provancher）

97. 长毛草盲蝽 *Lygus rugulipennis* Poppius

98. 西伯利亚草盲蝽 *Lygus sibiricus* Aglyamzyanov

99. 光翅草盲蝽 *Lygus adspersus* Schilling

100. 牧草盲蝽 *Lygus pratensis*（Linnaeus）

101. 原丽盲蝽 *Lygocoris pabulinus*（Linnaeus）

102. 红楔异盲蝽 *Polymerus cognatus*（Fieber）

103. 斑异盲蝽 *Polymerus unifasciatus*（Fabricius）

104. 三点苜蓿盲蝽 *Adelphocoris fasciaticollis* Reuter

105. 苜蓿盲蝽 *Adelphocoris lineaolatus*（Goeze）

106. 四点苜蓿盲蝽 *Adelphocoris quadripunctatus* Fabricius

二十三、网蝽科 Tingidae

107. 黑角小网蝽 *Agramma laetum*（Fallén）

二十四、猎蝽科 Reduviidae

108. 显脉土猎蝽 *Coranus hammarstroemi* Reuter

二十五、长蝽科 Lygaeidae

109. 拟横带红长蝽 *Lygaeus simulans* Deckert

110. 角红长蝽 *Lygaeus hanseni* Jakovlev

111. 斑腹直缘长蝽 *Ortholomus punctipennis*（Herrich-Schaeffer）

112. 丝光小长蝽 *Nysius thymi*（Wolff）

113. 小黑大眼长蝽 *Geocoris dispar*（Waga）
114. 东北林长蝽 *Drymus orientalis* Kerzhner（中国新记录种）
115. 琴长蝽 *Ligyrocoris sylvestris*（Linnaeus）
116. 淡边地长蝽 *Panaorus adspersus*（Mulsant & Rey）
117. 短胸叶缘长蝽 *Enblethis branchynotus* Horvath

二十六、缘蝽科 Coreidae

118. 东方原缘蝽 *Coreus marginatus orientalis* Kiritshenko
119. 闭环缘蝽 *Stictopleurus nysioides* Reuter
120. 苟环缘蝽 *Stictopleurus abutilon*（Rossi）
121. 粟缘蝽 *Liorhyssus hyalinus*（Fabricius）
122. 细角迷缘蝽 *Myrmus glabellus* Horvath
123. 离缘蝽 *Chorosoma macilentum* Stål
124. 亚蛛缘蝽 *Alydus zichyi* Horvath

二十七、盾蝽科 Scutelleridae

125. 扁盾蝽 *Eurygaster testudinarius*（Geoffroy）

二十八、蝽科 Pentatomidae

126. 藜蝽 *Tarisa elevata*（Reuter）
127. 赤条蝽 *Graphosoma rubrolineata*（Westwood）
128. 短翅蝽 *Masthletinus abbreviatus*（Reuter）
129. 金绿真蝽 *Pentatoma metallifera*（Motschulsky）
130. 横纹菜蝽 *Eurdema gebleri*（Kolenati）
131. 西北麦蝽 *Aelia sibica*（Reuter）
132. 珠蝽 *Rubiconia intermedia*（Wolff）
133. 茶翅蝽 *Halymorpha halys*（Stål）
134. 苍蝽 *Brachynema germarii*（Kolenati）
135. 紫翅果蝽 *Carpocoris purpureipennis*（De Geer）
136. 东亚果蝽 *Carpocoris seidenstuckeri*（Tamanini）
137. 实蝽 *Antneminia pusio longiceps*（Reuter）

二十九、同蝽科 Acanthosomatidae

138. 直同蝽 *Elasmostethus interstinctus* Linnaeus

Ⅴ 鞘翅目 COLEOPTERA

三十、虎甲科 Cicindelidae

139. 黄唇虎甲 *Cicindela chiloleuca* Fischer
140. 中国虎甲 *Cicindela chinensis* Geer
141. 云纹虎甲 *Cicindela elisae* Motschulsky
142. 斜纹虎甲 *Cicindela germanica* Abams
143. 双狭虎甲 *Cicindela gracilis* Pallas
144. 多型虎甲红翅亚种 *Cicindela hybrida nitida* Lichtenstein
145. 多型虎甲铜翅亚种 *Cicindela hybrida transbaicalica* Motschulsky
146. 丽狭虎甲 *Cicindela kaleea* Bates
147. 月斑虎甲 *Cicindela lunulata* Fabricius
148. 拟沙漠虎甲 *Cicindela pseudodeserticola* Horn
149. 连珠虎甲 *Cicindela striolata* Illiger

三十一、步甲科 Carabidae

150. 斑步甲 *Anisodactylus signatus*（Panzer）
151. 杂色钳须步甲 *Bembidion varium* Olivier
152. 赤胸步甲 *Calathus halensis* Schall
153. 乌帝步甲 *Callisthenes anthrax* Semenov
154. 小广肩步甲 *Calosoma cyanescens* Motschulsky
155. 齿星步甲 *Calosoma denticolle*
156. 青雅星步甲 *Calosoma inquisitor cyanescens* Motschulsky
157. 里腹胫步甲 *Calosoma maximowiczi* Morawitz
158. 锥步甲 *Calosoma glytopterus* Fischer-Waldheim
159. 粒步甲 *Calosoma granulalus* Linnaeus
160. 双斑猛步甲 *Cymindis binotata* Fischer-Waldheim
161. 异色猛步甲 *Cymindis daimio* Bates
162. 赤胸梳步甲 *Dolichus halensis*（Schaller）
163. 谷婪步甲 *Harpalus calceatus*（Duftschmid）
164. 黄鞘婪步甲 *Harpalus pallidipennis* Morawitz

165. 中华婪步甲 *Harpalus sinica* Hope

166. 黄缘心步甲 *Nebria livida* Linnaeus

167. 边圆步甲 *Omophron limbatum* Fabricius

168. 通缘步甲 *Pterostichus gebleri* Dejean

169. 中华金星步甲 *Calosoma chinense* Kirby

三十二、水龟虫科 Hydrophilidae

170. 水龟虫 *Hydrophilus acuminatus* Motschulsky

三十三、隐翅甲科 Staphylinidae

171. 刺隐翅虫 *Bledius salsus* Miyatake

172. 大隐翅虫 *Creophilus maxilosus*（Linnaeus）

173. 内蒙古小隐翅虫 *Heterothops neimongolensis* Zheng

174. 沟隐翅虫 *Oxytelus piceus*（Linnaeus）

175. 黄胸青腰隐翅虫 *Paederus idea* Lewis

176. 黑青腰隐翅虫 *Paederus poweri* Lewis

177. 宽胸褐翅隐翅虫 *Philonthus addendus* Sharp

178. 三点隐翅虫 *Philonthus aeneus* Rossi

179. 蒙新菲隐翅虫 *Philonthus ebeninus monxinus* Zheng

180. 西里斧须隐翅虫 *Tasgius praetorius* Bernhauer

三十四、瓢虫科 Coccinellidae

181. 二星瓢虫 *Adalia bipunctata*（Linnaeus）

182. 多异瓢虫 *Adalia varegata*（Goeze）

183. 奇变瓢虫 *Aiolocaria hexaspilota*（Hope）

184. 十九点瓢虫 *Bulaca lichatschovi* Hummell

185. 七星瓢虫 *Coccinella septempunctata* Linnaeus

186. 横斑瓢虫 *Coccinella transversoguttata* Faldermann

187. 横带瓢虫 *Coccinella trifasciata* Linnaeus

188. 十一星瓢虫 *Coccinella undecimpunctata* Linnaeus

189. 双七星瓢虫 *Coccinula quatuordecimpustulata*（Linnaeus）

190. 异色瓢虫 *Harmonia axyridis*（Pallas）

191. 拟多异瓢虫 *Hippodamia artica*（Schneid）

192. 亚洲显盾瓢虫 *Hyperaspis asiatica* Lewis

193. 六斑显盾瓢虫 *Hyperaspis gyotokui* Kamiya

194. 异色瓢虫十九斑变种 *Leis axyridis* var. *novemdecimpunctata* Faldermann

195. 双带盘瓢虫 *Lemnia biplagiata*（Swartz）

196. 龟纹瓢虫 *Propylaea japonica*（Thunberg）

197. 十八斑瓢虫 *Psyllobora vigintiduopuntata*（Linnaeus）

198. 黑中齿瓢虫 *Sospita gebleri* Crotch

199. 十二斑和瓢虫 *Synharmonia bissexnotata*（Mulsant）

200. 红褐唇瓢虫 *Chilocorus politus* Mulsant

201. 黑缘红瓢虫 *Chilocorus rubidus* Hope

202. 大红瓢虫 *Rododi rufopilosa* Musant

三十五、芫菁科 Meloidae

203. 中国豆芫菁 *Epicauta chinensis* Laporfe

204. 大头豆芫菁 *Epicauta megalocephala* Gebler

205. 暗头豆芫菁 *Epicauta obsccurocephala* Reitter

206. 西伯利亚豆芫菁 *Epicauta sibirica* Pallas

207. 四斑带芫菁 *Euzonita guadrimacutala* Pallas

208. 绿芫菁 *Lytta caraganae* Pallas

209. 绿边芫菁 *Lytta suturella* Motschulsky

210. 曲角短翅芫菁 *Meloe auricalotus* Marseul

211. 阔胸短翅芫菁 *Moloe brevicollis* Panzer

212. 圆胸短翅芫菁 *Moloe corvimus* Marseul

213. 原蜣短翅芫菁 *Moloe proscarabaeus* Linnaeus

214. 苹斑芫菁 *Mylabris calida* Pallas

215. 眼斑芫菁 *Mylabris cichorii*（Linnaeus）

216. 蒙古斑芫菁 *Mylabris mongolica*（Dokht）

217. 小斑芫菁 *Mylabris silendidula* Pallas

218. 丽斑芫菁 *Mylabris speoiosa* Pallas

三十六、拟步甲科 Tenebrionidae

219. 条纹东鳖甲 *Anatolica cellicola*（Faldermann）

220. 外脊东鳖甲 *Anatolica externecostata* Fairmaire

221. 何氏东方鳖甲 *Anatolica holderei* Reitter

222. 圆高鳖甲 *Hypsosoma rotundicolle* Fairmaire

223. 中华龙甲 *Leptodes chinensis* Kaszab

224. 角漠鳖甲 *Malaxumia angulosa*（Gebler）

225. 姬小胸鳖甲 *Microdera elegans*（Reitter）

226. 中华刺甲 *Odescelis chinensis* Kaszab

227. 蒙古漠王甲 *Platyope mongolica* Faldermann

228. 棕腹圆鳖甲 *Scytosoma rufiabdomina* Ren et Zheng

229. 黑菌虫 *Alphitobius diaperinus*（Panzer）

230. 小菌虫 *Alphitobius leavigatus*（Fabricius）

三十七、金龟子科 Scarabaeidae

231. 臭蜣螂 *Copris ochus*（Motschulsky）

232. 墨侧裸蜣螂 *Gymnopleurus mopsus* Pallas

233. 小驼嗡蜣螂 *Onthophagus gibbulus* Pallas

234. 日本蜣螂 *Onthophagus japonicas* Harold

235. 边斑嗡蜣螂 *Onthophagus marginalis* Gebler

236. 黑边嗡蜣螂 *Onthophagus marginalis nigrimago* Goidanich

237. 立叉嗡蜣螂 *Onthophagus olsoufieffi* Boucomont

238. 台湾蜣螂 *Scarabaeus tyohon* Fischer

239. 大蜣螂 *Scarabaeus tyohonon* Fischer

三十八、叶甲科 Chrysomelidae

240. 漠金叶甲 *Chrysolina aeruginosa*（Faldermann）

241. 薄荷金叶甲 *Chrysolina exanthematica gemmifera*（Motshulsky）

242. 杨叶甲 *Chrysolina populi* Linnaeus

243. 柳二十斑叶甲 *Chrysolina vigintipunctata*（Scopoli）

244. 黑缝角胫叶甲 *Gastrophysa mannesheimi*（Stål）

三十九、豆象科 Bruchidae

245. 锦鸡儿豆象 *Kytorhinus caraganae* T. Minacian

246. 柠条豆象 *Kytorhinus immixtus* Motschulsky

247. 窃豆象 *Acanthoscelides plagiatus* Reiche et Saulcy

248. 赭翅豆象 *Bruchidius apicipennis* Heyden
249. 甘草豆象 *Bruchidius ptilinoides* Fahraeus

四十、象甲科 Curculionidae

250. 短毛草象 *Chloebius psittacinus* Boheman
251. 长毛小眼象 *Eumyllocorus sectator*（Reitter）
252. 蒙古叶象 *Hypera mongolica* Motschulsky
253. 蓝绿象 *Hypomeces squamosus* Fabricius
254. 金绿树叶象 *Phyllobius virideaeris* Laichart
255. 棉尖象 *Phytoscaphus gossupii* Chao
256. 峰喙象 *Stelorrhinoides freyi*（Zumpt）
257. 圆锥绿象 *Chlorophanus circumcinctus* Gyllenhyl
258. 西伯利亚绿象 *Chlorophanus sibiricus* Gyllenhyl
259. 黄柳叶喙象 *Diglossotrox mannerheimi* Popoff
260. 亥象 *Heydenia crassicornis* Tournier
261. 淡绿球胸象 *Piazomias breviusculus* Fairmaire
262. 隆胸球胸象 *Piazomias globulicollis* Faldermann
263. 三纹球胸象 *Piazomias lineicollis* Kono et Morimoto
264. 金绿球胸象 *Piazomias virescens* Boheman
265. 大灰象 *Sympiezomias velatus*（Chevrolat）
266. 黄褐纤毛象 *Tanymecus urbanus* Gyllenhyl
267. 蒙古土象 *Xylinophorus mongolicus* Faust
268. 甘肃齿足象 *Deracanthus potanini* Faust
269. 长毛根瘤象 *Sitona foedus* Gyllenhyl
270. 细纹根瘤象 *Sitona lineellus* Bonsdorff
271. 黑斜纹象 *Chromoderus declivis* Olivier
272. 中国方喙象 *Cleonus freyi* Zumpt
273. 欧洲方喙象 *Cleonus piger* Scopoli
274. 黑锥喙象 *Conorrhynchus nigrivittis* Pallas
275. 粉红锥喙象 *Conorrhynchus conirostris* Gebler
276. 漏芦菊花象 *Larinus scabrirostris* Faldermann
277. 锥喙筒喙象 *Lixus fairmairei* Faust
278. 二脊象 *Plcurocleonus sollicitus* Gyllenhyl

Ⅵ　脉翅目 NEUROPTERA

四十一、褐蛉科 Hemerobiidae

279．全北褐蛉 *Humerobius humuli* Linnaeus

280．内蒙古齐褐蛉 *Kimminsia neimennica* Yang

281．北京齐褐蛉 *Kimminsia pekinensis* Yang

四十二、草蛉科 Chrysopidae

282．丽草蛉 *Chrysopa Formosa* Brauer

283．胡氏草蛉 *Chrysopa hummeli* Tjeder

284．多斑草蛉 *Chrysopa intima* Maclachlan

285．内蒙古大草蛉 *Chrysopa neimengana* Yang et Yang

286．结草蛉 *Chrysopa perplex* Maclachlan

287．叶色草蛉 *Chrysopa phyllochroma* Wesmael

288．大草蛉 *Chrysopa septempunctata* Wesmael

289．中华通草蛉 *Chrysopa sinica* Tjeder

四十三、粉蛉科 Coniopterygidae

290．圣洁粉蛉 *Coniopteryx parthenia* Navas et Marcet

四十四、蚁蛉科 Myrmeleontidae

291．褐纹树蚁蛉 *Dendroleon pantherinus* Fabricius

292．条斑次蚁蛉 *Deutoleon lineatus*（Fabricius）

293．中华东蚁蛉 *Euroleon sinicus*（Novas）

294．追击大蚁蛉 *Heoclisis japonica*（Maclachlan）

四十五、蝶角蛉科 Ascalaphidae

295．黄花蝶角蛉 *Ascalaphus sibiricus* Evermann

296．黄脊蝶角蛉 *Hybris subjacens* Walker

Ⅶ　鳞翅目 LEPIDOPTERA

四十六、蛱蝶科 Nymphalidae

297．重眉线蛱蝶 *Limenitis amphyssa* Menetries

298. 荨麻蛱蝶 *Aglais urticae*（Linnaeus）

299. 小豹蛱蝶中国亚种 *Brenthis daphne ochroleuca* Fruhostorfer

四十七、灰蝶科 Lycaenidae

300. 蓝灰蝶 *Everes argiades*（Pallas）

301. 红灰蝶 *Lycaena* phlaeas（Linnaeus）

302. 橙灰蝶 *Lycaena dispar*（Horvath）

四十八、眼蝶科 Satyridae

303. 蛇眼蝶 *Minois dryas* Scopoli

304. 仁眼蝶 *Eumenis autonoe*（Esper）

305. 爱珍眼蝶 *Coenonympha oedippus*（Fabricius）

306. 暗红眼蝶 *Erebia neriene* Bober

307. 白眼蝶 *Melanargia halimede*（Menetries）

四十九、粉蝶科 Pieridae

308. 云粉蝶 *Pontia daplidice*（Linnaeus）

309. 圆翅小粉蝶 *Leptidea gigantea*（Leech）

310. 斑缘豆粉蝶 *Colias erate*（Esper）

311. 菜粉蝶 *Pieris rapae*（Linnaeus）

五十、凤蝶科 Papilionidae

312. 柑橘凤蝶 *Papilio xuthus* Linnaeus

五十一、绢蝶科 Parnassiidae

313. 小红珠绢蝶 *Parnassius nomion* Fischer et Waldheim

Ⅷ 双翅目 DIPTERA

五十二、大蚊科 Tipulidae

314. 黄缘短柄大蚊 *Nephrotoma drakanae* Alexander

315. 离斑指突短柄大蚊 *Nephrotoma scalaris parvinotata*（Brunetti）

316. 间纹短柄大蚊 *Nephrotoma scurra*（Meigen）

317. 黄脊雅大蚊 *Tipula*（*Yamatotipula*）*pierrei* Tonnoir

318. 肋脊蜚大蚊 *Tipula*（*Vestiplex*）*subcarinata* Alexander

五十三、蚊科 Culicidae

319. 米赛按蚊 *Anopheles*（*Anopheles*）*messeae* Falleroni

320. 帕氏按蚊 *Anopheles*（*Cellia*）*pattomi* Christophers

321. 中华按蚊 *Anopheles*（*Anopheles*）*sinensis* Wiedemann

322. 浅色伊蚊 *Aedes campestris* Ma

323. 丛林伊蚊 *Aedes*（*Ochlerotatus*）*cataphylla* Dyar

324. 灰色伊蚊 *Aedes*（*Aedes*）*cinereus* Meigen

325. 普通伊蚊 *Aedes*（*Ochlerotatus*）*communis*（De Geer）

326. 黑海伊蚊 *Aedes*（*Ochlerotatus*）*cyprius* Ludlow

327. 屑皮伊蚊 *Aedes*（*Ochlerotatus*）*detritus*（Haliday）

328. 背点伊蚊 *Aedes*（*Ochlerotatus*）*dorsalis*（Meigen）

329. 刺痛伊蚊 *Aedes*（*Ochlerotatus*）*excrucians*（Walker）

330. 黄色伊蚊 *Aedes*（*Ochlerotatus*）*flavescens*（Mueller）

331. 黄背伊蚊 *Aedes*（*Ochlerotatus*）*flavidorsalis* Luh et Lee

332. 白黑伊蚊 *Aedes*（*Ochlerotatus*）*leucomelas*（Meigen）

333. 长柄伊蚊 *Aedes*（*Ochlerotatus*）*mercurator* Dyar

334. 黑头伊蚊 *Aedes*（*Ochlerotatus*）*pullatus*（Coquillett）

335. 刺螯伊蚊 *Aedes*（*Ochlerotatus*）*punctor*（Kirby）

336. 类溪边伊蚊 *Aedes*（*Ochlerotatus*）*riparioides* Su et Zhang

337. 溪边伊蚊 *Aedes riparius* Oyar et Knab

338. 短柄伊蚊 *Aedes*（*Ochlerotatus*）*sergievi* Danilov Markovich

339. 刺扰伊蚊 *Aedes*（*Aedimorphus*）*vexans*（Meigen）

340. 阿拉斯加脉毛蚊 *Culiseta*（*Culiseta*）*alaskaensis*（Ludlow）

341. 二带喙库蚊 *Culex*（*Culex*）*bitaeniorhynchus* Giles

342. 凶小库蚊 *Culex*（*Barraudius*）*modestus* Ficalbi

343. 淡色库蚊 *Culex*（*Culex*）*pipiens pallens* Coquillett

344. 三带喙库蚊 *Culex*（*Culex*）*tritaeniorhynchus* Giles

345. 迷走库蚊 *Culex*（*Culex*）*vagans* Wiedemann

Ⅸ 膜翅目 HYMENNOPTERA

细腰亚目 CLISTOGASTRA

五十四、切叶蜂科 Megachilidae

346．红腹黄斑切叶蜂 *Anthidinm ferrugineum* Fabricius

347．七黄斑切叶蜂 *Anthidinm septemspinosum* Lepelletier

348．蒙古拟孔蜂 *Hoplitis mongolica* Wu

349．海切叶蜂 *Megachile maritima* Kirby

350．盾暗斑蜂 *Stelis scutellaris* Panzer

五十五、熊蜂科 Bombidae

351．白带熊蜂 *Bombus albocinctus* Smith

352．猛熊蜂 *Bombus*（*Subterraneobombus*）*difficillimus* Skorikov

353．马熊蜂 *Bombus equestris* Fabricius

354．明亮熊蜂 *Bombus lucorum* Linnaeus

355．蒙古熊蜂 *Bombus mongol* Skorikov

356．密林熊蜂 *Bombus patagiatus albopilosus* Rinig

357．红体熊蜂 *Bombus pyrrhosoma* Skorikov

358．札幌熊蜂 *Bombus sapporoensis* Cockerell

359．西伯利亚熊蜂 *Bombus sibiricus* Fabricius

360．斯熊蜂 *Bombus sicheli* Radoszhowski

361．天山熊蜂 *Bombus tianshanicus* Panfilov

362．单熊蜂 *Bombus unicus* Morawitz

363．乌苏里熊蜂 *Bombus ussurensis* Radoszhowskii

364．地拟熊蜂 *Psithyrus barbutellus* Kiby

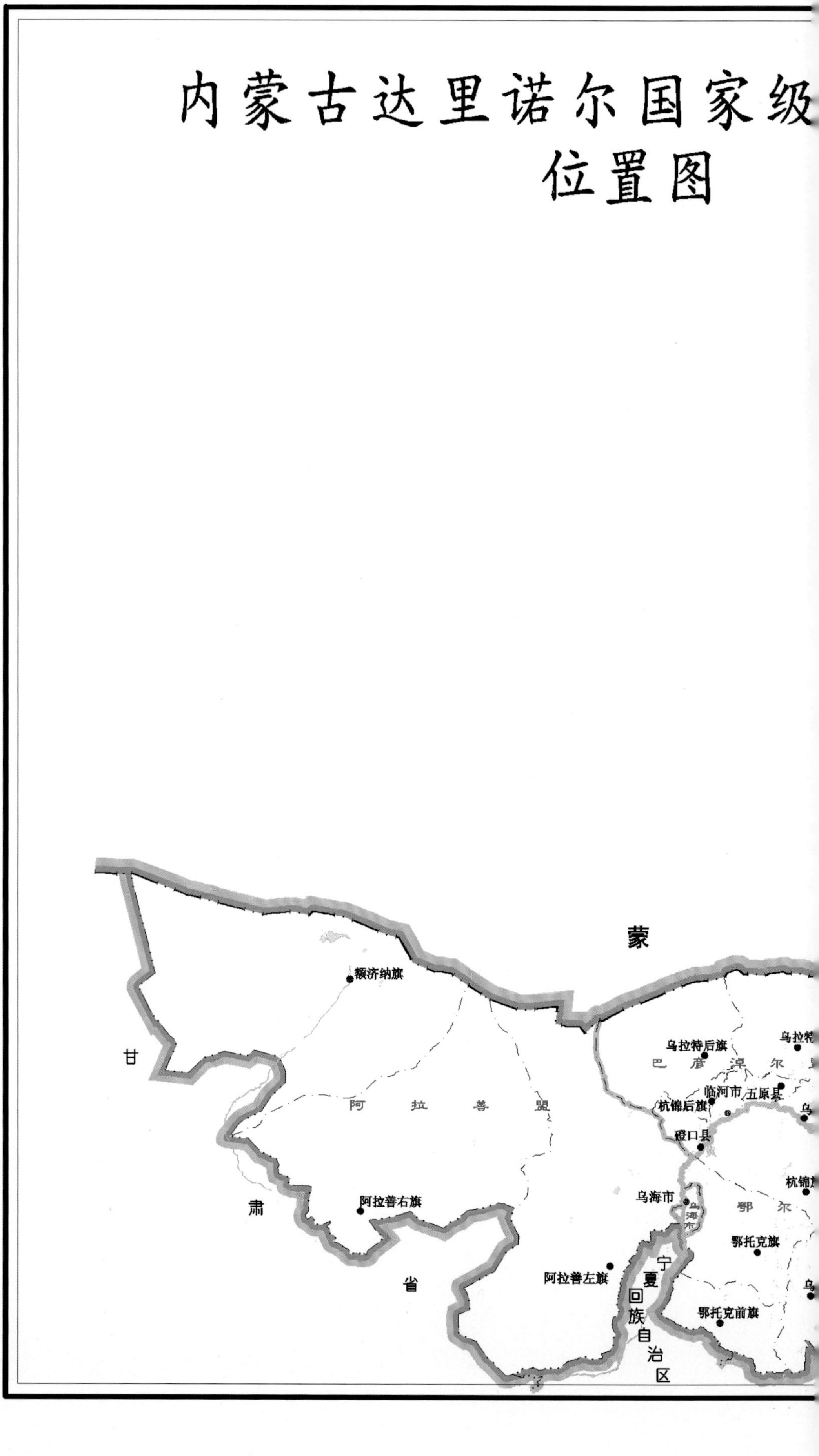
内蒙古达里诺尔国家级
位置图
蒙
额济纳旗
甘
肃
省
阿拉善盟
阿拉善右旗
阿拉善左旗
乌拉特后旗
巴彦淖尔
临河市
五原县
杭锦后旗
磴口县
乌海市
鄂尔
鄂托克旗
鄂托克前旗
宁夏回族自治区

内蒙古自治区林业勘察设院编绘 二〇〇六年二月

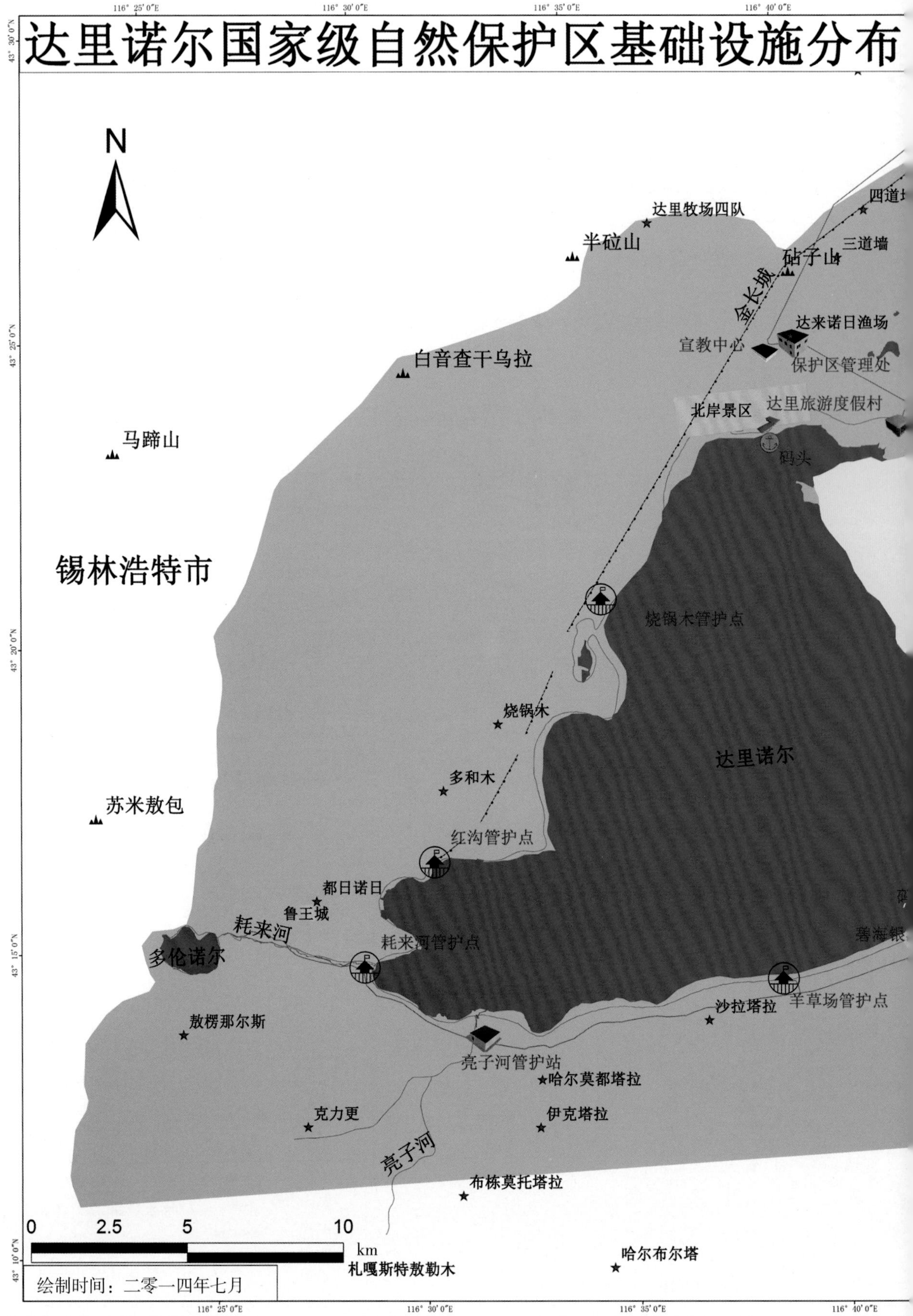

116° 25′0″E 116° 30′0″E 116° 35′0″E 116° 40′0″E

达里诺尔国家级自然保护区基础设施分布

43° 30′0″N

N

达里牧场四队
四道
半砬山
三道墙
砧子山
金长城
达来诺日渔场
宣教中心
保护区管理处
43° 25′0″N
白音查干乌拉
北岸景区
达里旅游度假村
马蹄山
码头
锡林浩特市
烧锅木管护点
43° 20′0″N
烧锅木
达里诺尔
多和木
苏米敖包
红沟管护点
都日诺日
鲁王城
耗来河
43° 15′0″N
多伦诺尔
耗来河管护点
羊草场管护点
沙拉塔拉
敖楞那尔斯
亮子河管护站
哈尔莫都塔拉
克力更
伊克塔拉
亮子河
布栋莫托塔拉

0 2.5 5 10
km

43° 10′0″N
哈尔布尔塔
扎嘎斯特敖勒木
绘制时间：二零一四年七月

116° 25′0″E 116° 30′0″E 116° 35′0″E 116° 40′0″E

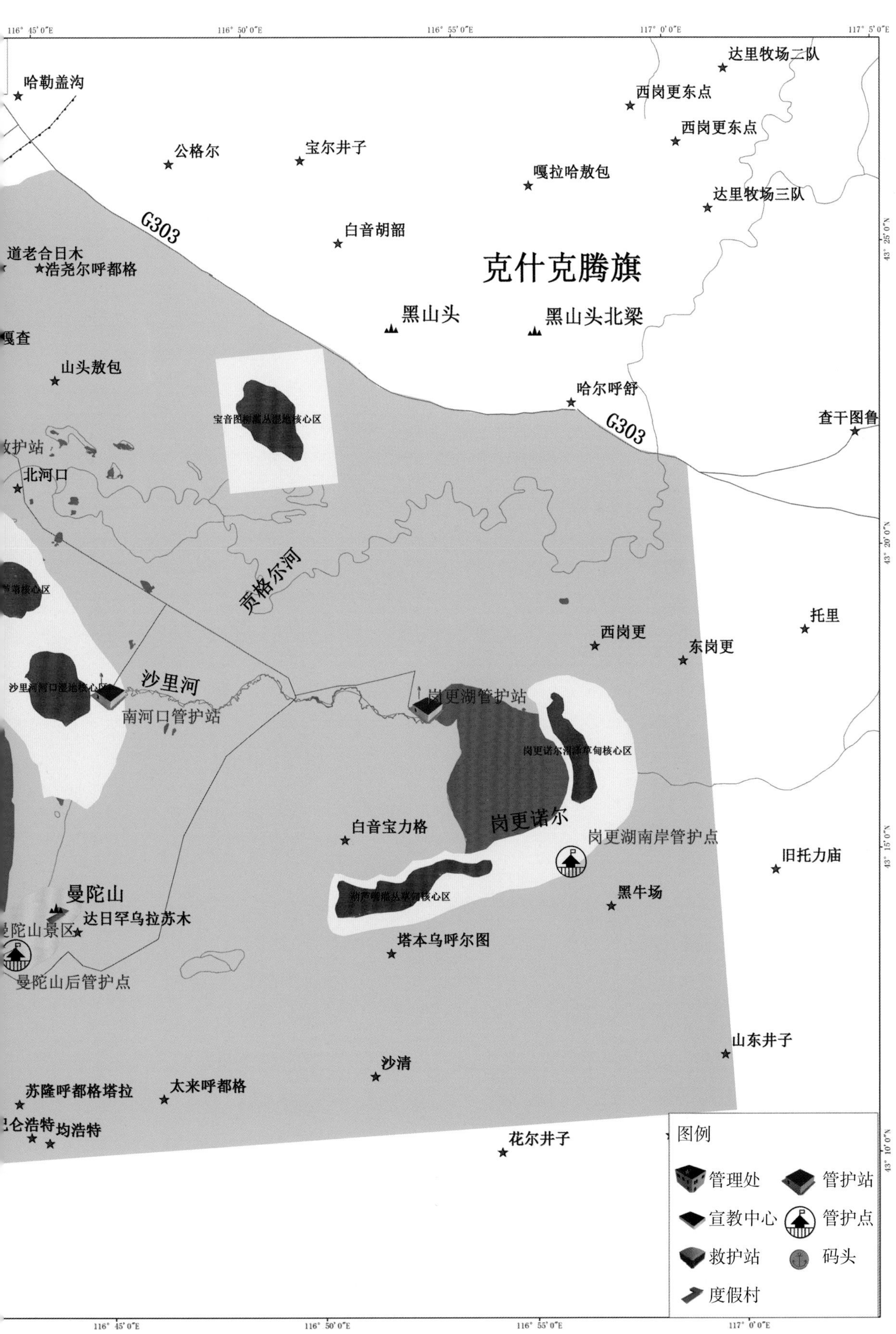
哈勒盖沟
公格尔
宝尔井子
达里牧场二队
西岗更东点
西岗更东点
嘎拉哈敖包
达里牧场三队
G303
白音胡韶
道老合日木
浩尧尔呼都格
克什克腾旗
黑山头
黑山头北梁
嘎查
山头敖包
哈尔呼舒
宝音图柳灌丛湿地核心区
G303
查干图鲁
救护站
北河口
贡格尔河
托里
西岗更
东岗更
沙里河
沙里河河口湿地核心区
南河口管护站
岗更湖管护站
岗更诺尔湖滨草甸核心区
白音宝力格
岗更诺尔
岗更湖南岸管护点
旧托力庙
曼陀山
黑牛场
达日罕乌拉苏木
曼陀山景区
塔本乌呼尔图
曼陀山后管护点
山东井子
沙清
苏隆呼都格塔拉
太来呼都格
均浩特
花尔井子
图例
管理处
管护站
宣教中心
管护点
救护站
码头
度假村

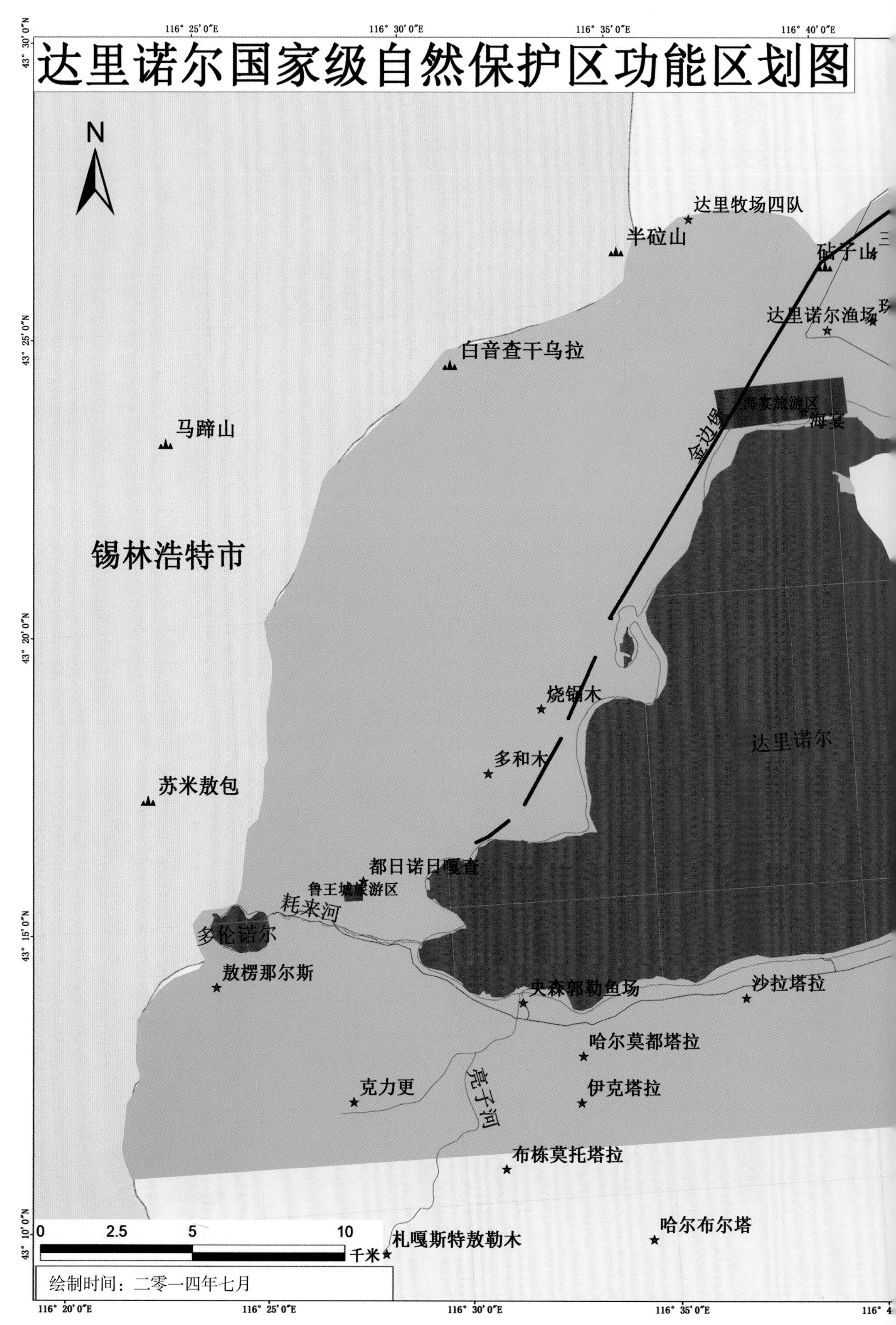
达里诺尔国家级自然保护区功能区划图
N
达里牧场四队
半砬山
砧子山
达里诺尔渔场
白音查干乌拉
海宴旅游区
海宴
金边堡
马蹄山
锡林浩特市
烧锅木
达里诺尔
多和木
苏米敖包
都日诺日嘎查
鲁王城旅游区
耗来河
多伦诺尔
敖楞那尔斯
央森郭勒鱼场
沙拉塔拉
哈尔莫都塔拉
克力更
伊克塔拉
亮子河
布栋莫托塔拉
哈尔布尔塔
札嘎斯特敖勒木
0 2.5 5 10
千米
绘制时间：二零一四年七月
116° 20′0″E
116° 25′0″E
116° 30′0″E
116° 35′0″E
116° 40′0″E
43° 30′0″N
43° 25′0″N
43° 20′0″N
43° 15′0″N
43° 10′0″N

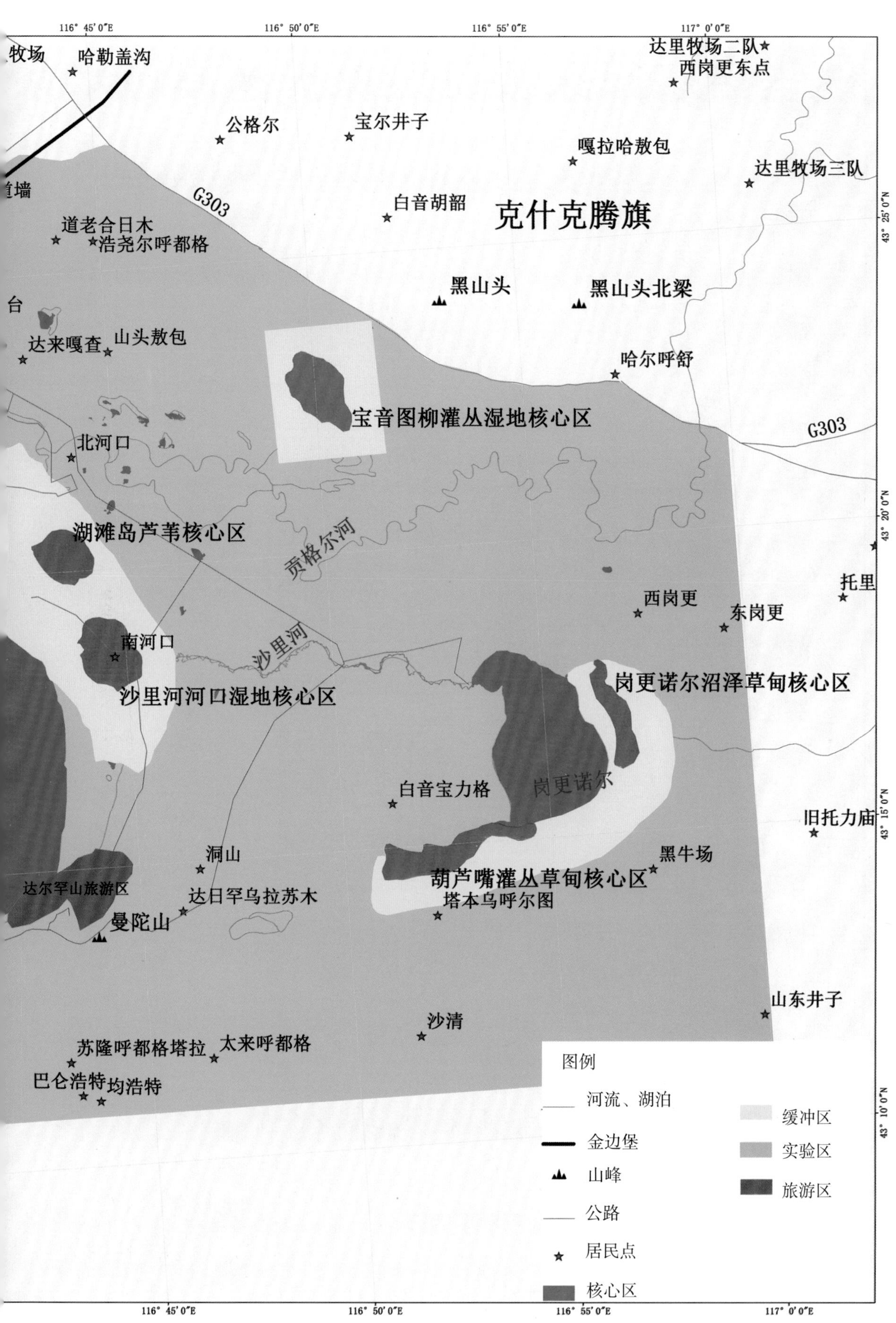
116° 45′0″E
116° 50′0″E
116° 55′0″E
117° 0′0″E
牧场
哈勒盖沟
达里牧场二队
西岗更东点
公格尔
宝尔井子
嘎拉哈敖包
达里牧场三队
G303
白音胡韶
克什克腾旗
道老合日木
浩尧尔呼都格
黑山头
黑山头北梁
山头敖包
达来嘎查
哈尔呼舒
宝音图柳灌丛湿地核心区
G303
北河口
湖滩岛芦苇核心区
贡格尔河
托里
西岗更
东岗更
南河口
沙里河
岗更诺尔沼泽草甸核心区
沙里河河口湿地核心区
白音宝力格
岗更诺尔
旧托力庙
洞山
黑牛场
达尔罕山旅游区
达日罕乌拉苏木
葫芦嘴灌丛草甸核心区
塔本乌呼尔图
曼陀山
山东井子
沙清
苏隆呼都格塔拉
太来呼都格
巴仑浩特
均浩特
43° 25′0″N
43° 20′0″N
43° 15′0″N
43° 10′0″N
图例
河流、湖泊
金边堡
山峰
公路
居民点
核心区
缓冲区
实验区
旅游区

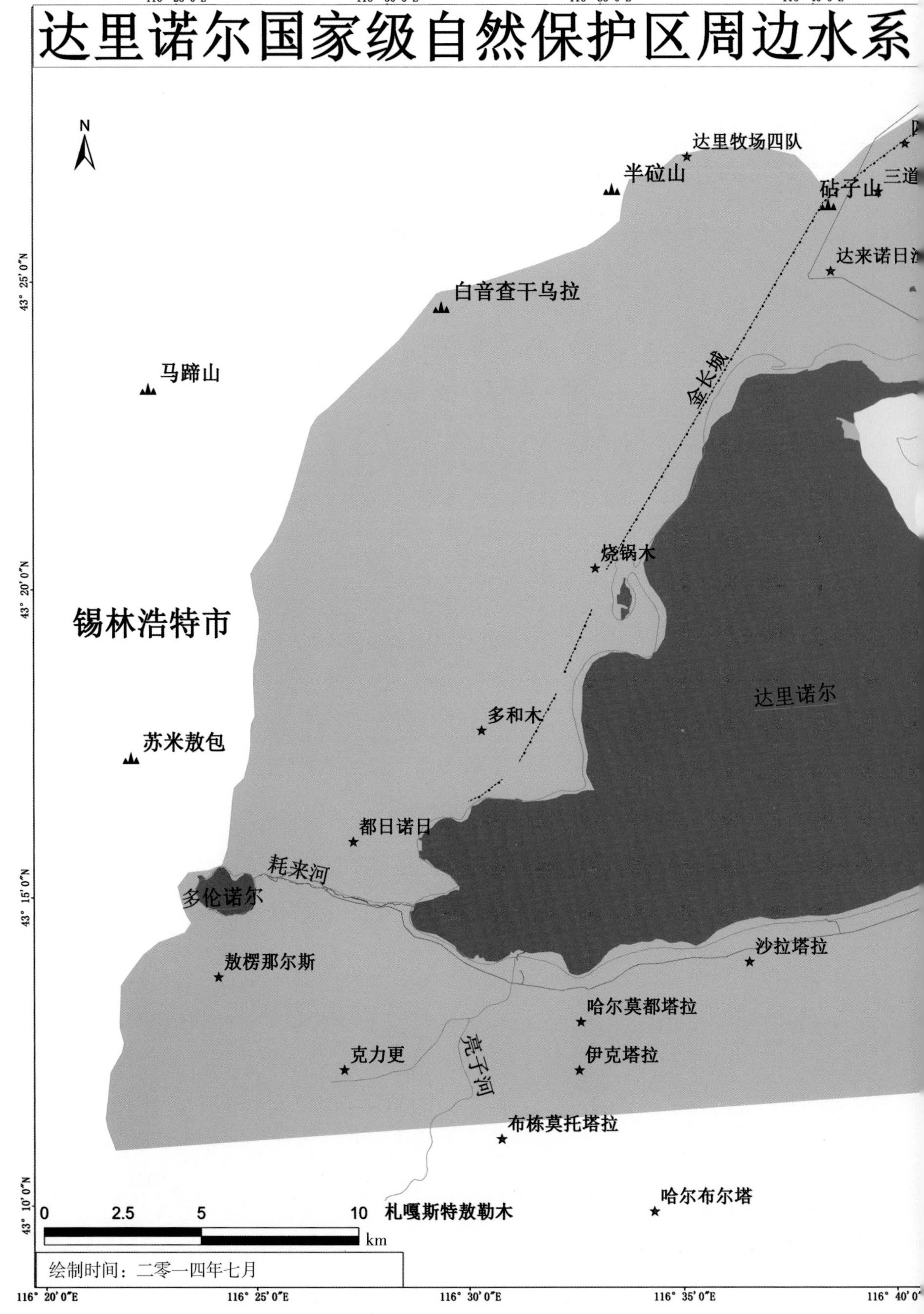
达里诺尔国家级自然保护区周边水系
116° 25′0″E
116° 30′0″E
116° 35′0″E
116° 40′0″E
N
达里牧场四队
半砬山
砧子山
三道
达来诺日
白音查干乌拉
马蹄山
金长城
烧锅木
锡林浩特市
达里诺尔
多和木
苏米敖包
都日诺日
耗来河
多伦诺尔
敖楞那尔斯
沙拉塔拉
哈尔莫都塔拉
亮子河
克力更
伊克塔拉
布栋莫托塔拉
哈尔布尔塔
札嘎斯特敖勒木
0 2.5 5 10
km
绘制时间：二零一四年七月
43° 25′0″N
43° 20′0″N
43° 15′0″N
43° 10′0″N
116° 20′0″E
116° 25′0″E
116° 30′0″E
116° 35′0″E
116° 40′0″E

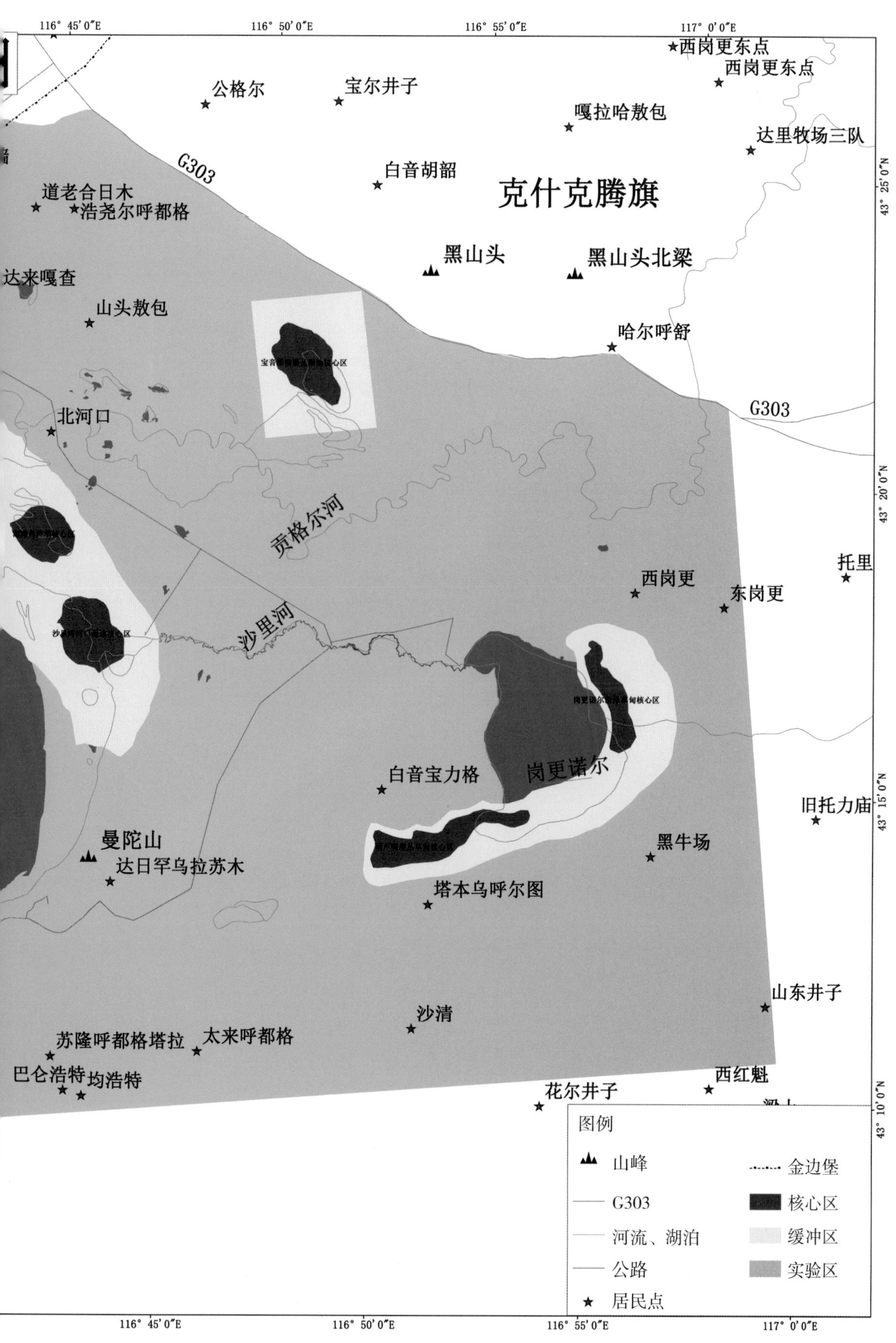
116° 45′0″E
116° 50′0″E
116° 55′0″E
117° 0′0″E
西岗更东点
西岗更东点
公格尔
宝尔井子
嘎拉哈敖包
达里牧场三队
G303
白音胡韶
克什克腾旗
道老合日木
浩尧尔呼都格
黑山头
黑山头北梁
达来嘎查
山头敖包
哈尔呼舒
北河口
G303
贡格尔河
托里
西岗更
东岗更
沙里河
白音宝力格
岗更诺尔
旧托力庙
曼陀山
达日罕乌拉苏木
黑牛场
塔本乌呼尔图
山东井子
沙清
苏隆呼都格塔拉
太来呼都格
巴仑浩特
均浩特
西红魁
花尔井子
43° 25′0″N
43° 20′0″N
43° 15′0″N
43° 10′0″N
图例
山峰
金边堡
G303
核心区
河流、湖泊
缓冲区
公路
实验区
居民点

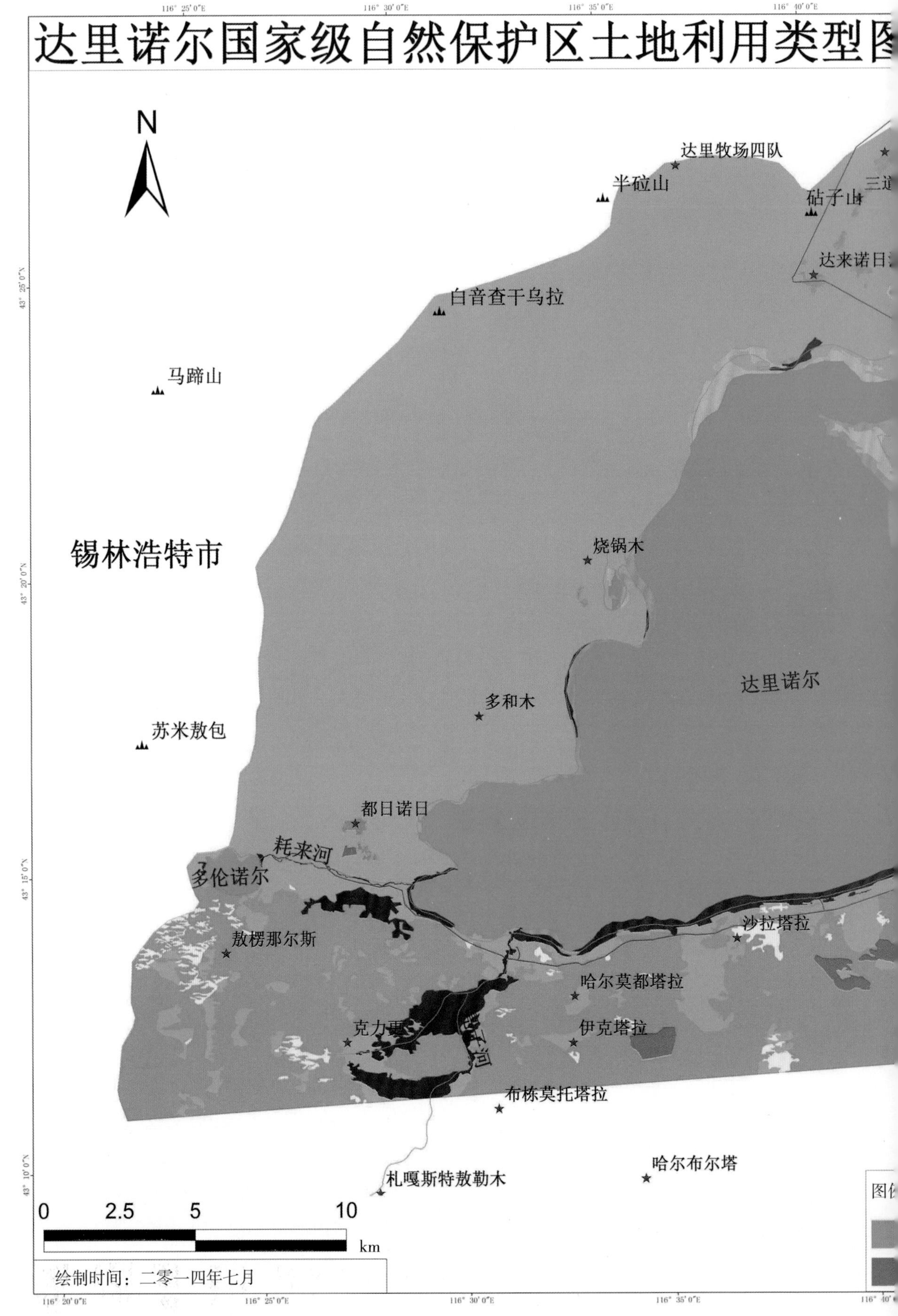
达里诺尔国家级自然保护区土地利用类型图
N
达里牧场四队
半砬山
砧子山
达来诺日
白音查干乌拉
马蹄山
锡林浩特市
烧锅木
达里诺尔
多和木
苏米敖包
都日诺日
耗来河
多伦诺尔
敖楞那尔斯
沙拉塔拉
哈尔莫都塔拉
伊克塔拉
克力更
布栋莫托塔拉
哈尔布尔塔
札嘎斯特敖勒木
0 2.5 5 10
km
绘制时间：二零一四年七月
116° 20′0″E
116° 25′0″E
116° 30′0″E
116° 35′0″E
116° 40′0″E
43° 25′0″N
43° 20′0″N
43° 15′0″N
43° 10′0″N

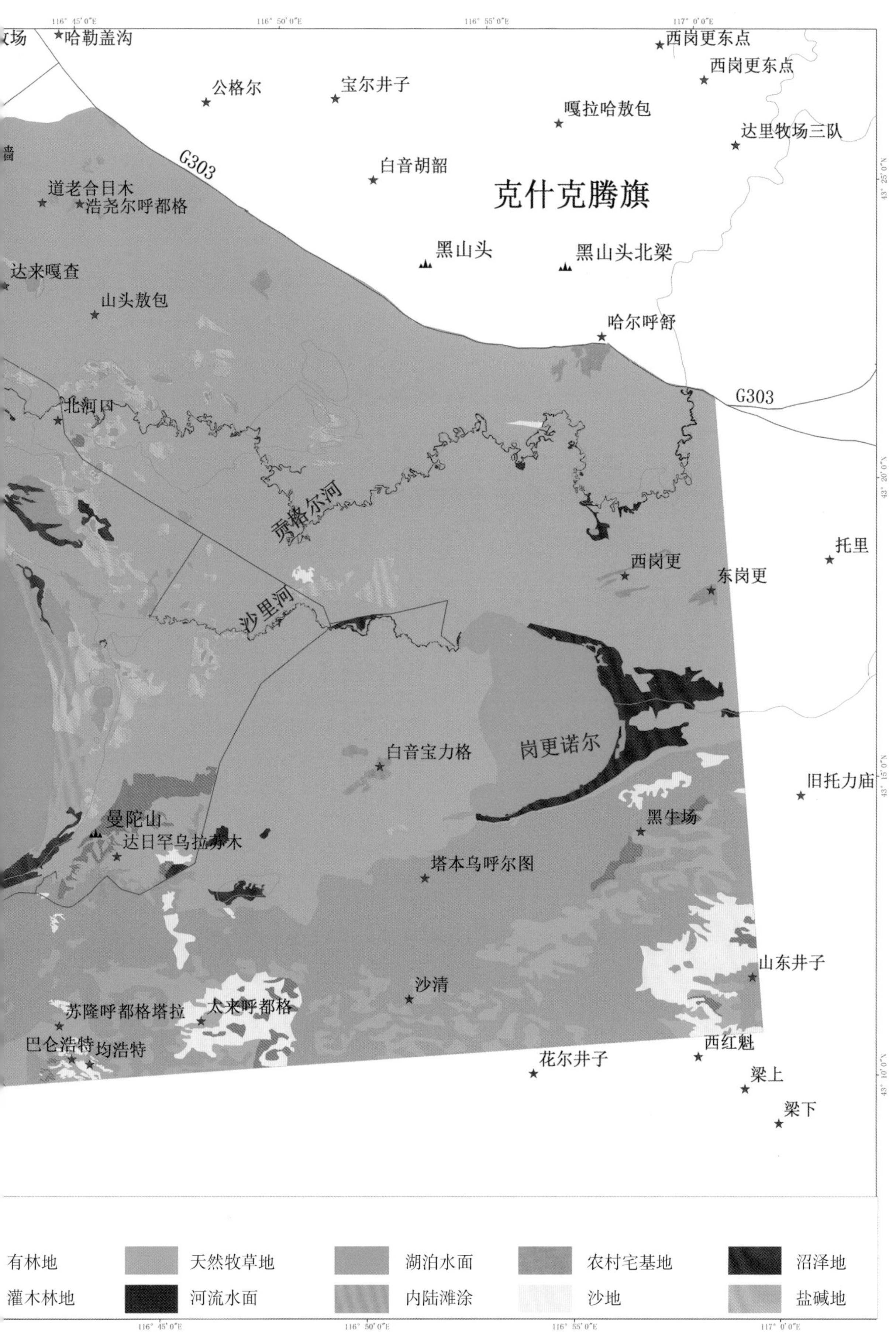

116° 45′0″E
116° 50′0″E
116° 55′0″E
117° 0′0″E
哈勒盖沟
西岗更东点
西岗更东点
公格尔
宝尔井子
嘎拉哈敖包
达里牧场三队
G303
白音胡韶
克什克腾旗
道老合日木
浩尧尔呼都格
黑山头
黑山头北梁
达来嘎查
山头敖包
哈尔呼舒
G303
北河口
贡格尔河
托里
西岗更
东岗更
沙里河
白音宝力格
岗更诺尔
旧托力庙
曼陀山
达日罕乌拉苏木
黑牛场
塔本乌呼尔图
山东井子
沙清
苏隆呼都格塔拉
太来呼都格
巴仑浩特
均浩特
西红魁
花尔井子
梁上
梁下
43° 25′0″N
43° 20′0″N
43° 15′0″N
43° 10′0″N
有林地
天然牧草地
湖泊水面
农村宅基地
沼泽地
灌木林地
河流水面
内陆滩涂
沙地
盐碱地

达里诺尔国家级自然保护区土壤类型图
N
达里牧场四队
半砬山
砧子山
三道
达来诺日渔
白音查干乌拉
马蹄山
烧锅木
锡林浩特市
达里诺尔
多和木
苏米敖包
都日诺日
耗来河
多伦诺尔
沙拉塔拉
敖楞那尔斯
哈尔莫都塔拉
克力更
亮子河
伊克塔拉
布栋莫托塔拉
哈尔布尔塔
札嘎斯特敖勒木
0 2.5 5 10
km
绘制时间：二零一四年七月

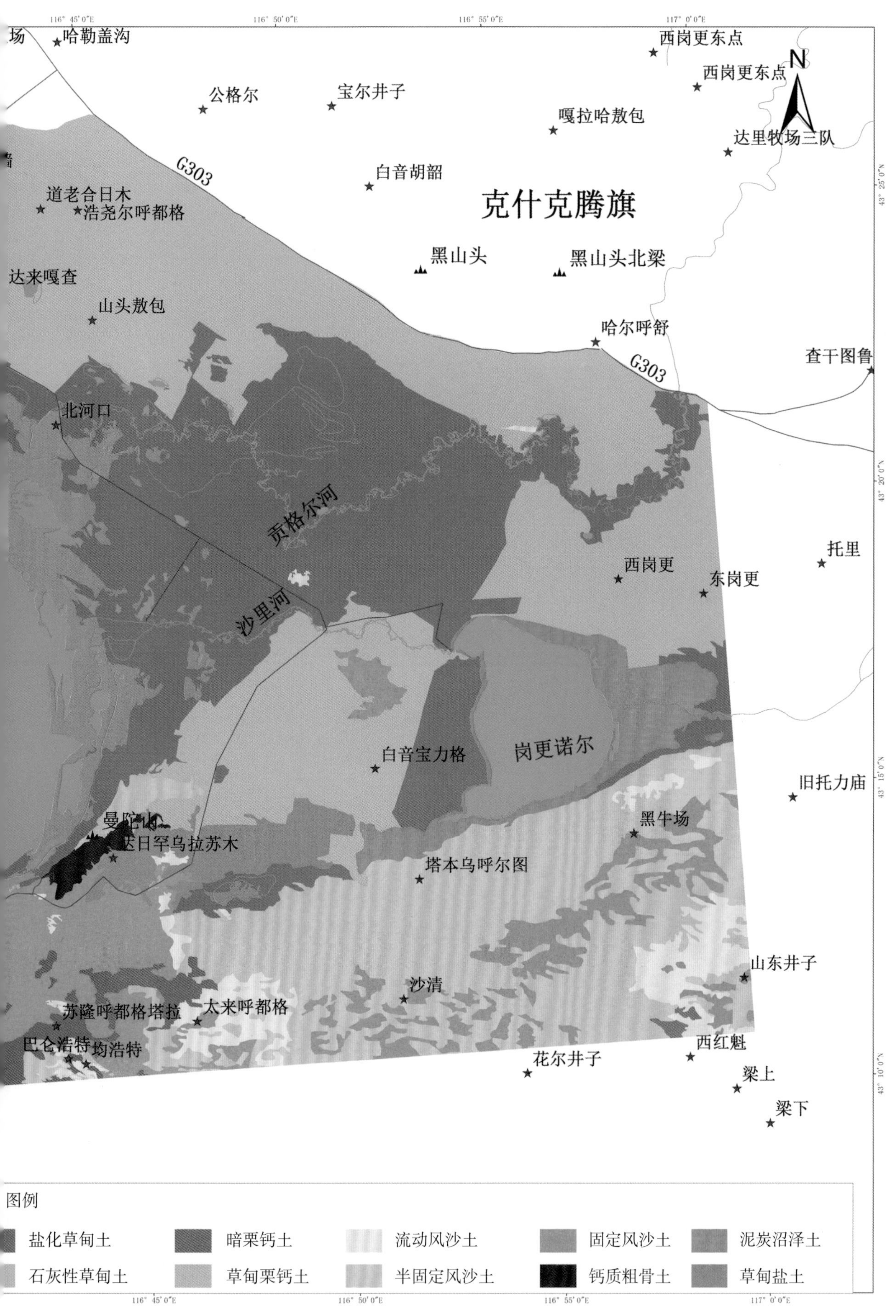
116° 45′ 0″E
116° 50′ 0″E
116° 55′ 0″E
117° 0′ 0″E
43° 25′ 0″N
43° 20′ 0″N
43° 15′ 0″N
43° 10′ 0″N
N
场
哈勒盖沟
西岗更东点
西岗更东点
公格尔
宝尔井子
嘎拉哈敖包
达里牧场三队
G303
白音胡留
克什克腾旗
道老合日木
浩尧尔呼都格
黑山头
黑山头北梁
达来嘎查
山头敖包
哈尔呼舒
查干图鲁
G303
北河口
贡格尔河
西岗更
东岗更
托里
沙里河
白音宝力格
岗更诺尔
旧托力庙
曼陀山
达日罕乌拉苏木
黑牛场
塔本乌呼尔图
山东井子
沙清
苏隆呼都格塔拉
太来呼都格
巴仑浩特
均浩特
西红魁
花尔井子
梁上
梁下
图例
盐化草甸土
暗栗钙土
流动风沙土
固定风沙土
泥炭沼泽土
石灰性草甸土
草甸栗钙土
半固定风沙土
钙质粗骨土
草甸盐土

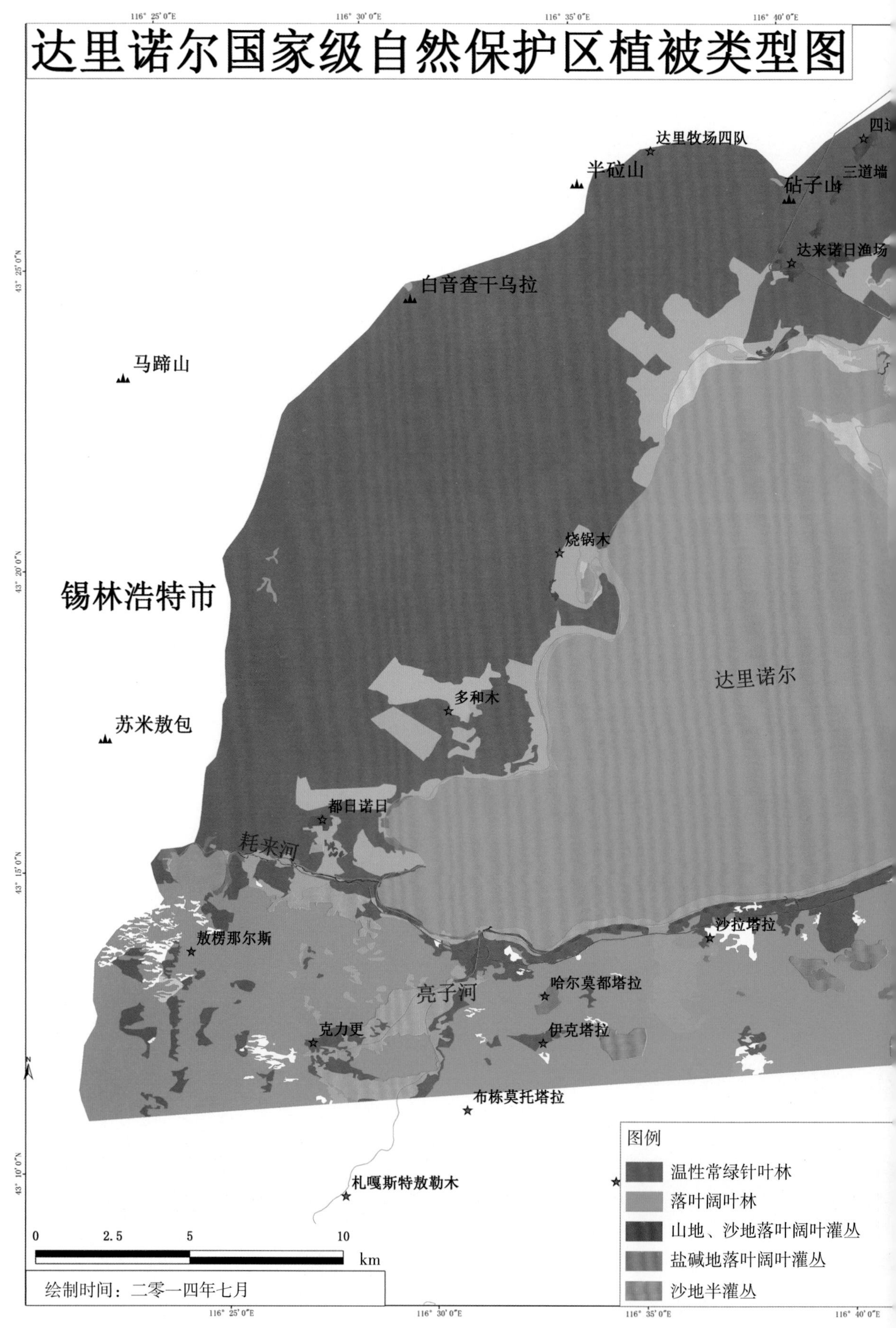

达里诺尔国家级自然保护区植被类型图
116° 25′0″E
116° 30′0″E
116° 35′0″E
116° 40′0″E
43° 25′0″N
43° 20′0″N
43° 15′0″N
43° 10′0″N
达里牧场四队
半砬山
砧子山
三道墙
达来诺日渔场
白音查干乌拉
马蹄山
烧锅木
锡林浩特市
达里诺尔
多和木
苏米敖包
都日诺日
耗来河
敖楞那尔斯
沙拉塔拉
哈尔莫都塔拉
亮子河
克力更
伊克塔拉
布栋莫托塔拉
札嘎斯特敖勒木
图例
温性常绿针叶林
落叶阔叶林
山地、沙地落叶阔叶灌丛
盐碱地落叶阔叶灌丛
沙地半灌丛
0
2.5
5
10
km
绘制时间：二零一四年七月

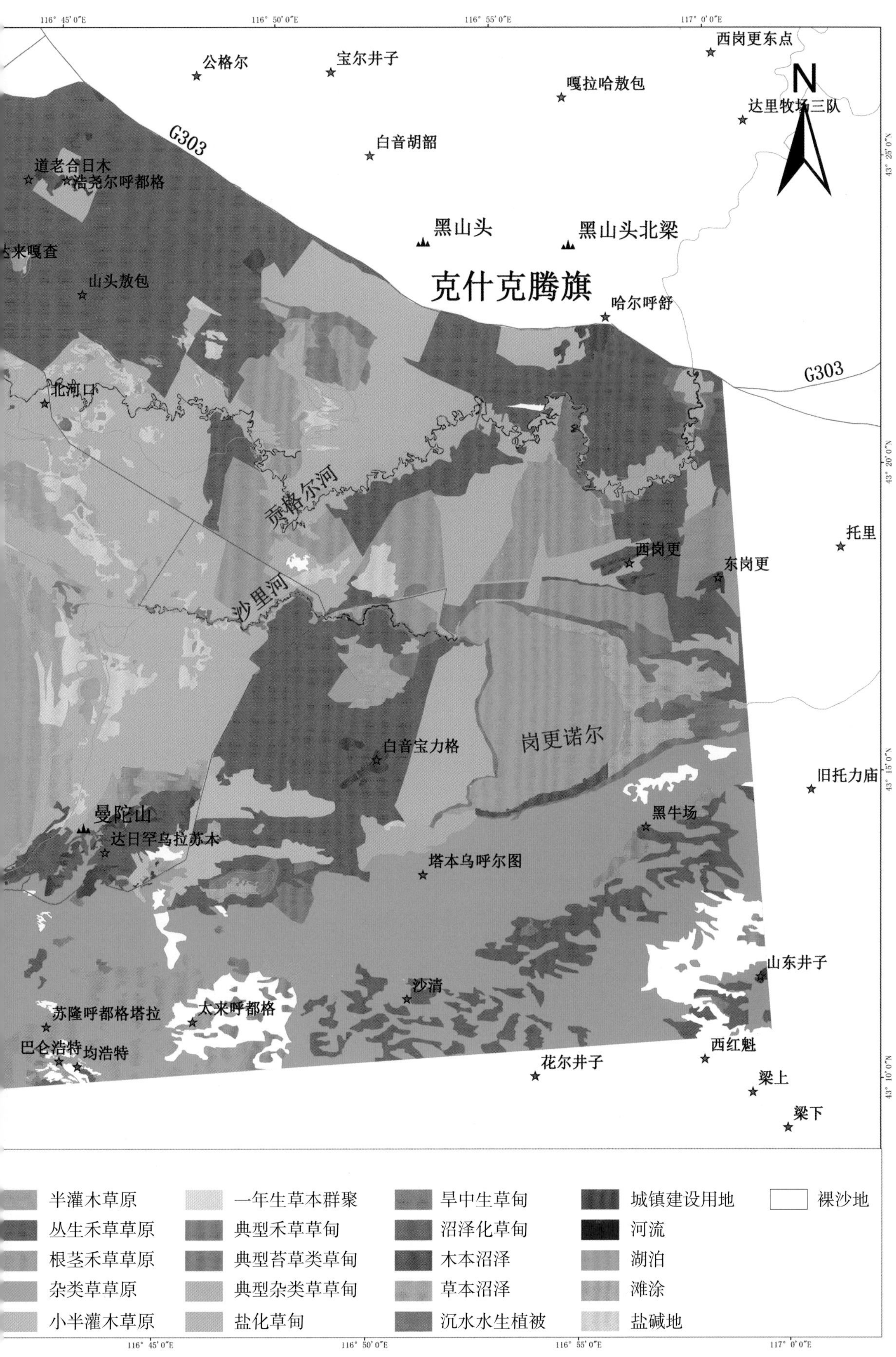
116° 45′0″E
116° 50′0″E
116° 55′0″E
117° 0′0″E
43° 25′0″N
43° 20′0″N
43° 15′0″N
43° 10′0″N
N
西岗更东点
公格尔
宝尔井子
嘎拉哈敖包
达里牧场三队
G303
白音胡留
道老合日木
浩尧尔呼都格
黑山头
黑山头北梁
太来嘎查
山头敖包
克什克腾旗
哈尔呼舒
G303
北洵口
贡格尔河
托里
西岗更
东岗更
沙里河
白音宝力格
岗更诺尔
旧托力庙
曼陀山
黑牛场
达日罕乌拉苏木
塔本乌呼尔图
山东井子
沙清
苏隆呼都格塔拉
太来呼都格
巴仑浩特
均浩特
西红魁
花尔井子
梁上
梁下
半灌木草原
丛生禾草草原
根茎禾草草原
杂类草草原
小半灌木草原
一年生草本群聚
典型禾草草甸
典型苔草类草甸
典型杂类草草甸
盐化草甸
旱中生草甸
沼泽化草甸
木本沼泽
草本沼泽
沉水水生植被
城镇建设用地
河流
湖泊
滩涂
盐碱地
裸沙地
116° 45′0″E
116° 50′0″E
116° 55′0″E
117° 0′0″E

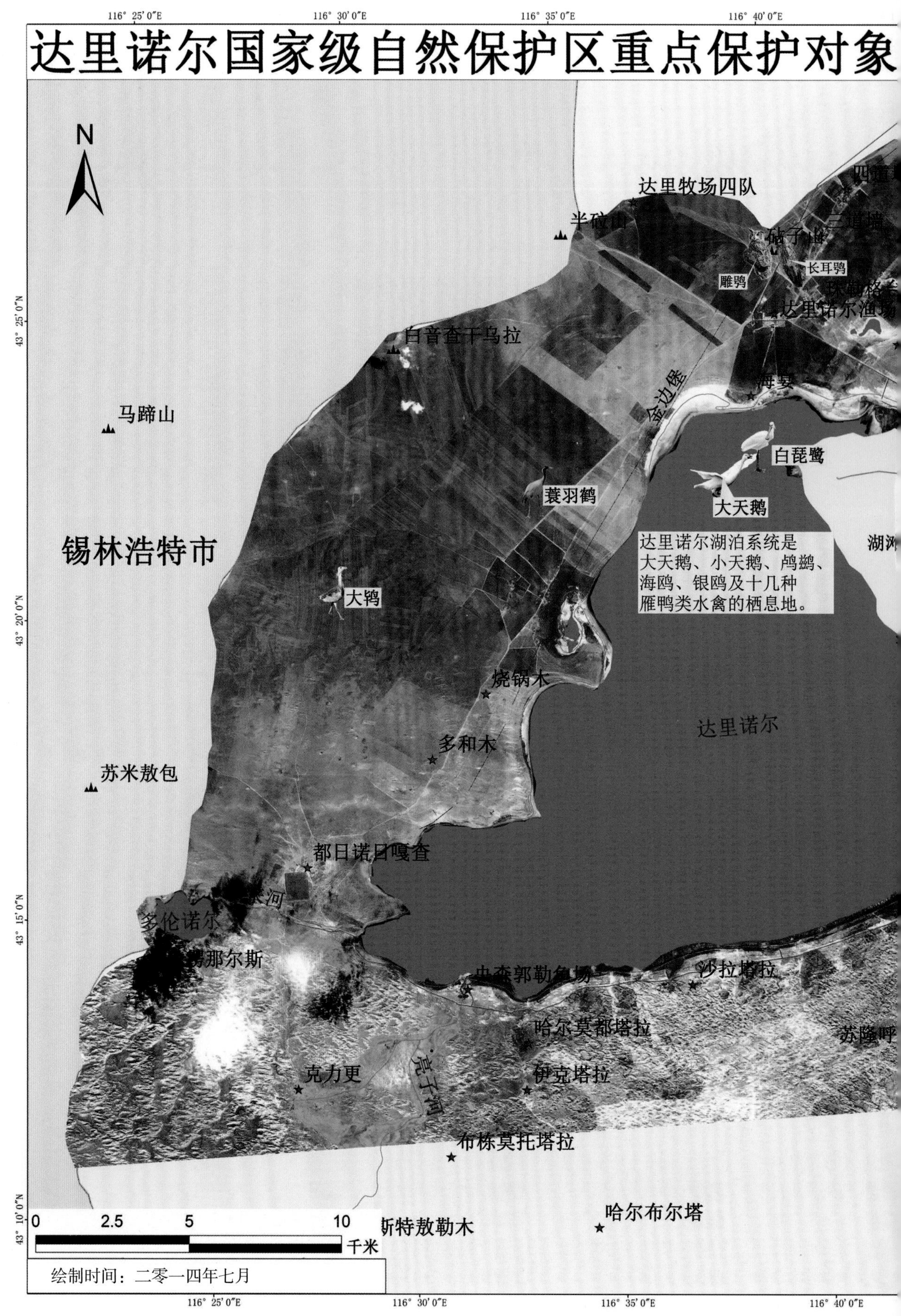
116° 25′0″E
116° 30′0″E
116° 35′0″E
116° 40′0″E
达里诺尔国家级自然保护区重点保护对象
N
达里牧场四队
半碹山
砧子山
长耳鸮
雕鸮
达里诺尔渔场
白音查干乌拉
金边堡
海宴
马蹄山
白琵鹭
蓑羽鹤
大天鹅
锡林浩特市
达里诺尔湖泊系统是
大天鹅、小天鹅、鸬鹚、
海鸥、银鸥及十几种
雁鸭类水禽的栖息地。
大鸨
烧锅木
达里诺尔
多和木
苏米敖包
都日诺日嘎查
多伦诺尔
中森郭勒鱼场
沙拉塔拉
哈尔莫都塔拉
苏隆呼
克力更
亮子河
伊克塔拉
布栋莫托塔拉
哈尔布尔塔
斯特敖勒木
43° 25′0″N
43° 20′0″N
43° 15′0″N
43° 10′0″N
0
2.5
5
10
千米
绘制时间：二零一四年七月

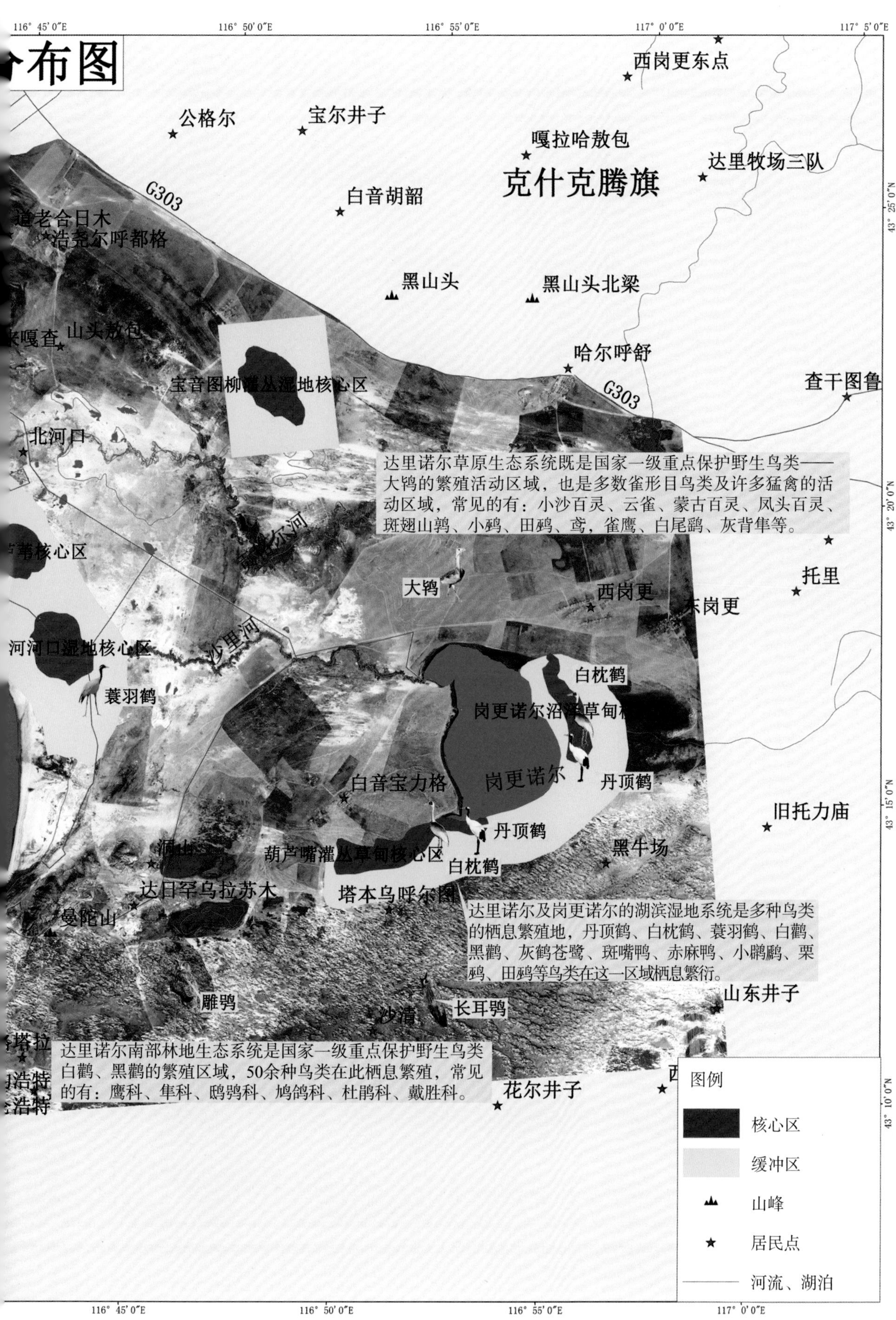
分布图
西岗更东点
公格尔
宝尔井子
嘎拉哈敖包
达里牧场三队
克什克腾旗
G303
白音胡韶
浩尧尔呼都格
黑山头
黑山头北梁
山头敖包
哈尔呼舒
宝音图柳灌丛湿地核心区
查干图鲁
北河口
达里诺尔草原生态系统既是国家一级重点保护野生鸟类——大鸨的繁殖活动区域，也是多数雀形目鸟类及许多猛禽的活动区域，常见的有：小沙百灵、云雀、蒙古百灵、凤头百灵、斑翅山鹑、小鸨、田鸦、鸢，雀鹰、白尾鹞、灰背隼等。
芦苇核心区
大鸨
西岗更
托里
东岗更
沙里河
河河口湿地核心区
蓑羽鹤
白枕鹤
岗更诺尔沼泽草甸核
白音宝力格
岗更诺尔
丹顶鹤
旧托力庙
丹顶鹤
黑牛场
葫芦嘴灌丛草甸核心区
白枕鹤
达日罕乌拉苏木
塔本乌呼尔图
曼陀山
达里诺尔及岗更诺尔的湖滨湿地系统是多种鸟类的栖息繁殖地，丹顶鹤、白枕鹤、蓑羽鹤、白鹳、黑鹳、灰鹤苍鹭、斑嘴鸭、赤麻鸭、小鹏鹏、栗鸦、田鸦等鸟类在这一区域栖息繁衍。
雕鸮
沙清
长耳鸮
山东井子
达里诺尔南部林地生态系统是国家一级重点保护野生鸟类白鹳、黑鹳的繁殖区域，50余种鸟类在此栖息繁殖，常见的有：鹰科、隼科、鸱鸮科、鸠鸽科、杜鹃科、戴胜科。
花尔井子
图例
核心区
缓冲区
山峰
居民点
河流、湖泊
116° 45′ 0″E
116° 50′ 0″E
116° 55′ 0″E
117° 0′ 0″E
117° 5′ 0″E
43° 25′ 0″N
43° 20′ 0″N
43° 15′ 0″N
43° 10′ 0″N

内 蒙 古 自 治 区 达

中巴 2 号影像　　　　分辨率 19.5m　　　　成像时间 2006-9-29

里诺尔遥感影像图

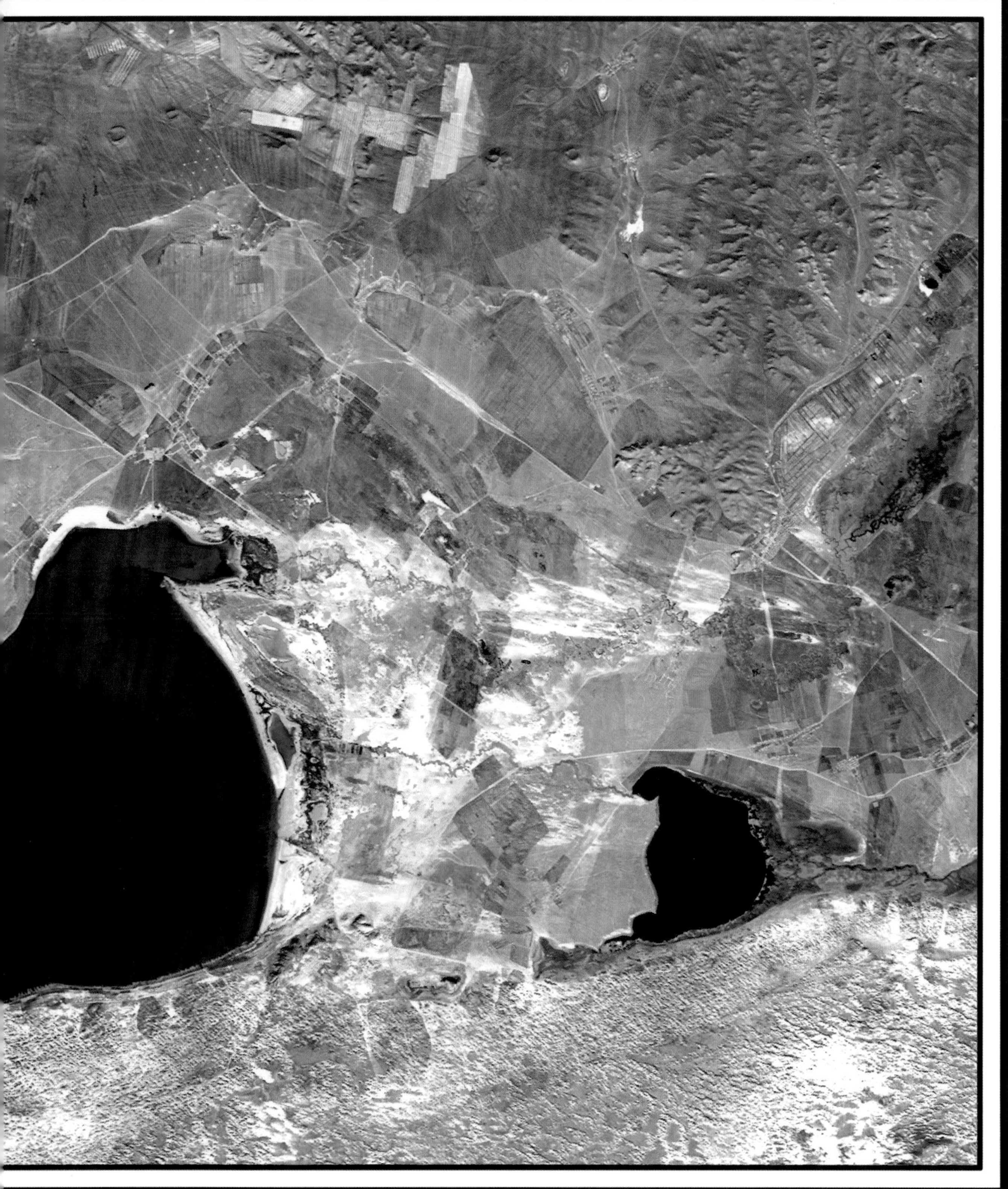

比例尺 1 ： 55000　　内蒙古农业大学湖泊环境研究所制 2008 年